中兽医基础与临床

汪德刚　主编

中国农业大学出版社
·北京·

图书在版编目(CIP)数据

中兽医基础与临床/汪德刚主编．—北京：中国农业大学出版社，2005.9(2023.8重印)

ISBN 978-7-81066-894-1

Ⅰ．中…　Ⅱ．汪…　Ⅲ．中兽医　Ⅳ．S853

中国版本图书馆 CIP 数据核字(2005)第 059288 号

书　名　中兽医基础与临床

作　者　汪德刚　主编

策划编辑　赵　艳　赵　中　　**责任编辑**　王艳欣

封面设计　郑　川　李尘工作室　　**责任校对**　王晓凤

出版发行　中国农业大学出版社

社　址　北京市海淀区圆明园西路 2 号　　**邮政编码**　100193

电　话　发行部 010-62818525,8625　　读者服务部 010-62732336

编辑部 010-62732617,2618　　出　版　部 010-62733440

网　址　http://www.cau.edu.cn/caup　　**E-mail**　cbsszs@cau.edu.cn

经　销　新华书店

印　刷　涿州市星河印刷有限公司

版　次　2005 年 9 月第 1 版　2023 年 8 月第 5 次印刷

规　格　787×980　16 开本　31.5 印张　579 千字

定　价　79.00 元

编 审 人 员

主　　编　汪德刚

副 主 编　张志远

参编人员　（按姓氏笔画为序）

王长林　陈　新　关现军　刘纪成　毕玉霞　汪德刚

汤法银　易本驰　周瑞兰　张丁华　张志远　张国祖

赵建平　赵清斌　董发明

主　　审　许剑琴

审　　稿　钟秀会　胡元亮　刘钟杰

前　言

伴随着畜牧业的迅猛发展，我国的动物疫病防治越来越重要。兽医工作服务对象与范围的拓展与变化，以及人们对动物性产品质量要求的不断提高，要求兽医工作者在思想观念、诊断方法、防治技术等方面不断进行更新和完善。党的二十大报告指出，要“促进中医药传承创新发展”。中兽医的理论基础、临床诊断、中药、方剂等都源自中医。中兽医学作为中国传统的独具特色的兽医学学科体系，主动适应、积极调整、迅猛发展，在现代动物疫病防治与保障和提高动物产品质量方面发挥着越来越重要的作用，新理论、新方法、新技术不断涌现，畜牧兽医工作者学习和应用中兽医理论和技术的热情日渐高涨。在此背景下，编写一本具有较强实用性的中兽医著作就非常必要和紧迫。

本书编写初期，就确立了以实用性和适应现代畜牧业特点为内容取舍的标准，不过分拘泥于中兽医学术体系的完整性，不拘泥于现行中兽医著作与教材的框架。全书以“基础篇”、“中药篇”、“临床篇”为架构，着重中兽医基础理论和实用防治技术的描述，而对现在使用较少的中兽医诊断方法、辨证理论与针灸技术则仅作简单介绍。

本书编写过程中，我们在“基础篇”中吸取最新同类教材和专著的宝贵经验，力求基础理论的科学严谨、表述准确和知识更新，详略得当，删繁就简，重点阐明中兽医学的思想精髓。在“中药篇”中我们对当前兽医临床和畜牧养殖中的热点方药进行重点介绍，并以此作为方药选择的主要取舍标准。同时参考了大量中药学资料和兽医中药方剂学资料，力求重点突出，兼顾全面。在“临床篇”中我们以中西兽医结合为主线，力图对同一疾病用中西兽医两种不同的理论体系去阐述、分析，并提出中西结合的综合治疗方案。此篇中，我们根据兽医工作服务对象的变化和畜牧业的生产特点，对动物种类及疾病种类进行了认真的选择，力求最大程度适合畜牧兽医工作的实际，包容最新的中西兽医结合研究成果，吸纳广大同行最成熟的防治经验，并对各种防治技术与方法进行客观的介绍与分析，以努力形成本书的特色。本书可作为高职高专动物医学类专业的教材和中西兽医结合临床工作者重要的参考书。

本书的编写人员大多是常年从事中兽医学教学、科研与生产工作的专家、教授。在编写过程中，虽然努力按照科学性、实用性、新颖性的原则进行写作，但由于时间仓促、水平有限，难免有不当和错误之处，恳请广大同行和读者在使用过程中提出宝贵意见，以便及时修订和完善。

中国畜牧兽医学会中兽医学分会理事长、中国农业大学博士生导师许剑琴教授，河北农业大学钟秀会教授，南京农业大学胡元亮教授，中国农业大学刘钟杰博士等中兽医学界知名专家在本书的编写过程中提出了大量宝贵意见并对全书进行了审阅。郑州牧业工程高等专科学校、中国农业大学出版社对本书的编写出版给予了关注、支持和帮助。在此一并致以真诚感谢。

编者

2023 年 8 月

目　录

中 药 篇

临 床 篇

绪　论

一、中兽医学的概念

中兽医学是中国传统兽医学(Traditional Chinese Veterinary Science)的简称,是专门研究中国传统兽医理、法、方、药及针灸技术,以防治动物(家畜、家禽、伴侣动物、水产动物、竞技动物以及野生动物)病证和动物保健为主要内容的一门综合性应用学科。

中兽医学具有悠久的历史,它起源于中国古代,是我国历代劳动人民同动物疾病作斗争的经验总结和理论升华。经过数千年的临床实践和继承发展,中兽医学逐渐形成以阴阳五行学说为指导思想,以整体观念和辨证论治为特点的理论体系和以四诊、辨证、方药及针灸为主要手段的诊疗方法。

中兽医学的主要内容包括基础理论、诊法、中药、方剂、针灸和病证防治等部分。其自成体系,相对于现代兽医学,具有独特的理论体系和诊疗手段。

中兽医学是中国传统文化遗产中的重要组成部分,也是现代兽医学中不可或缺的重要组成部分,其以整体观念和辨证论治为特色的病证防治技术是现代兽医工作者用于控制动物疾病的一种非常有效的手段。历史上,中兽医学为保障畜禽的健康和繁衍,保障畜牧业的发展,提高人们的生活水平做出了重要贡献。随着社会进步与科技发展,现代中兽医学已经融合了许多其它自然学科,并结合了现代高新技术,在对家畜、家禽、伴侣动物、竞技动物、水产动物以及野生动物等各类动物疾病的防治、人畜共患病的控制及整个现代畜牧业的稳定发展方面起着越来越重要的作用。

二、中兽医学发展简史

(一)中兽医学的起源　中兽医学有着悠久的历史,其起源可以追溯到原始社会(远古至公元前 22 世纪),即人类开始驯化野生动物,并将其转变为家畜的时期。人类在饲养动物的过程中,逐步对动物疾病有所了解,并不断地寻求治疗方法,这就促成了兽医知识的起源。

考古学发现,我国家畜的饲养约有 1 万年的历史。例如,桂林甑皮岩遗址(距今约 11 310±180—7 580±410)就出土有家猪的骨骼,浙江河姆渡遗址(距今约

6 310±100—6 065±120)出土有猪、犬和水牛的骨骸。又如，在新石器时代的河南仰韶遗址(约公元前5000至前3000年)中，发掘出有猪、马、牛等家畜的骨骼以及石刀、骨针和陶器等；在陕西半坡遗址(约公元前4800至前4300年)和姜寨遗址(约公元前4600至前4400年)中，不但发掘出猪、马、牛、羊、犬、鸡的骨骼残骸及石刀、骨针、陶器等生活和医疗用具，而且还有用细木围成的圈栏遗迹。在内蒙古多伦县头道洼新石器遗址中出土的砭石，经鉴定具有切割脓疡和针刺两种作用。这些考古发现说明，在新石器时代的仰韶文化时期，不但家畜的饲养已经普及，而且人类为了保护所饲养的动物，已开始把火、石器、骨器等战胜自然的工具用于防治动物疾病。

对药物的认识，同样也源于人类的生产劳动和生活实践。原始人集体出猎，共同采集食物，必然发生过因食用某种植物而使所患疾病得以治愈，或因误食某种植物而中毒的事例。经过无数次尝试，人们对某些植物的治疗作用和毒性有了认识，获得了原始的药理学和毒理学知识。如《淮南子·修务训》中有“神农……尝百草之滋味……一日而遇七十毒”的记载，便生动地说明了药物起源的情况。

(二)中兽医学知识的积累和初步发展 夏商时期(公元前21世纪至前11世纪)，随着农业、畜牧业和手工业水平的不断提高，兽医知识得到了初步发展。

商代(公元前16世纪至前11世纪)的甲骨文中，已有表示猪圈、羊栏、牛棚、马厩等的象形文字，说明当时对家畜的分栏护养已有了进一步发展。甲骨文中还记载有药酒及一些人畜通用的病名，如胃肠病、体内寄生虫病、齿病等。河北藁城商代遗址中，出土有郁李仁、桃仁等药物，表明当时对药物也有了进一步的认识。商代青铜器的出现和使用，为针灸、手术等治疗技术的进步提供了有利条件，如当时已有了阉割术或宫刑的出现。殷周之际出现的带有自发朴素性质的阴阳和五行学说，后来成为中医和中兽医学的指导思想和推理工具。

从西周到春秋时期(约公元前11世纪至前476年)，家畜去势术已用于猪、马、牛等动物。《周礼·天官》中已有“兽医，掌疗兽病，疗兽疡。凡疗兽病，灌而行之，以节之，以动其气，观其所发而养之。凡疗兽疡，灌而劀之，以发其恶，然后药之、养之、食之”的记载，说明当时不但设有专职兽医治疗动物疾病，而且已将内科病(兽病)和外科病(兽疡)区别开来，并在治疗方法上采用了灌药、手术、护理、食疗等综合措施。当时的书籍中，还记载有不少对家畜危害较大的疾病，如猪囊虫、狂犬病、疥癣、传染病、运动障碍以及外血吸虫如马、牛虻等。《周礼》、《诗经》和《山海经》中，载有人畜通用的药物100多种，并有兽医专用药物的记载，如“流赭(赭石)以涂牛马无病”等。《周礼》中还有“内饔……辨腥、臊、膻、香之不可食者”的记载，这是我国最早的肉品检验。

在这一时期,出现了造父(约公元前10世纪)、孙阳(号伯乐,约公元前7世纪)、王良(约公元前6世纪)等畜牧兽医名人。

(三)中兽医学知识的不断总结和学术体系的形成及发展 漫长的封建社会(公元前475年至公元1840年)是中兽医学知识不断总结,最终形成学术体系并得到发展的时期。

封建社会的前期(公元前475年至公元256年)是中兽医学进一步奠定基础和形成理论体系的重要阶段。

战国时期(公元前475年至前221年),出现了专门诊治马病的"马医"(见《列子》)。《墨子》中也有"……一罢马不能治,必索良医"的记载。关于家畜疾病,除以前出现的以外,尚有"牛疡"(见《古玺文字征》)、"羸牛"、"马肘溃"、"马折膝"(均见《战国策》)、"马刃伤"(见《楚辞》)、"马暴死"(见《晏子春秋》)等。《晏子春秋》中还有"大暑而疾驰,甚(重)者马死,薄(轻)者马伤"的记述。在《庄子》中则有"络马首,穿牛鼻"的记载。约公元前3世纪出现的《黄帝内经》被认为是我国现存最早、最珍贵的一部医学典籍,汇集了古代人民与疾病作斗争的珍贵经验和理论知识。该书分《素问》和《灵枢》两部:《素问》着重论述了医学基础理论与各家医论;《灵枢》又名《针经》,重点介绍了针灸经络的理论和针刺手法的运用。中兽医学的基本理论最早便源于《黄帝内经》。受其影响,中兽医学形成了以阴阳五行为指导思想,以整体观念和辨证论治为特点的学术体系。

秦代(公元前221年至前206年)颁布了世界上最早的畜牧兽医法规"厩苑律"(见《云梦秦简》),汉代(公元前206至公元220年)经进一步修订,更名为"厩律"。汉代出现了我国最早的一部人畜通用的药学专著《神农本草经》,该书收载药物365种(植物药252种、动物药67种、矿物药46种),其中特别提到"牛扁杀牛虱小虫,又疗牛病","桐花主傅猪疮","柳叶主马疥痂疮","梓叶傅猪疮"等。汉简中,不但有兽医方剂,而且还有将药物制成丸剂给马内服的记载(见《居延汉简》、《流沙坠简》和《武威汉简》)。汉代已采用针药结合的方法治疗动物疾病(见《列仙传》),并用革制的马鞋进行护蹄。据《汉书·艺文志》记载,当时曾出现有畜牧兽医专著《相六畜三十八卷》。马王堆汉墓出土有《相马经》,《三国志》注中还记载汉代曾出现有《马经》和《牛经》等书。河南方城汉墓出土有"据龙阉牛图",说明当时已掌握了走骟法。汉代名医张仲景(约公元150—219年)所著的《伤寒杂病论》一书,不仅充实和发展了前人辨证论治的原则,也对中兽医学产生了深远影响。张仲景所创立的六经辨证方法及许多方剂,一直为兽医临床所沿用。三国时期(公元220—265年),名医华佗(公元110—207年)曾发明了全身麻醉剂"麻沸散",并进行了剖腹涤肠手术,相传他还有关于鸡、猪去势的著述。

封建社会中期(公元 265—1368 年),中兽医学形成了完整的学术体系,并继续向前发展。

魏晋南北朝时期(公元 220—581 年),晋代名医葛洪(公元 281—341 年)所著的《肘后备急方》中有治六畜"诸病方",除记有灸熨和"谷道入手"等诊疗技术以及用黄丹治"马脊疮"等十几种动物疾病的治疗方法外,还指出疥癣中有虫,并提出了"杀所咬犬,取脑敷之"的防治狂犬病的方法。北魏(公元 386—534 年)贾思勰所著的《齐民要术》中有畜牧兽医专卷,记有包括掏结术,猪、羊的去势术,用削蹄法治疗漏蹄,以及群发病的防治措施等防治动物疾病的方技 40 多种,反映出当时的兽医技术已达到了较高水平。梁(公元 502—557 年)时曾有《伯乐疗马经》出现。

隋代(公元 581—618 年),兽医学的分科已趋完善,出现了有关病证诊治、方药及针灸等的专著,如《治马、牛、驼、骡等经》、《治马经》、《治马经图》、《杂撰马经》、《伯乐治马杂病经》、《疗马方》以及《马经孔穴图》等(原书均已散佚)。

唐代(公元 618—907 年)有了兽医教育的开端。据《旧唐书》记载,神龙年间(705—707 年)的太仆寺中设有"兽医六百人,兽医博士四人,学生一百人"。贞元末年(约 804 年),日本人平仲国等曾到中国学习兽医。唐代李石编著的《司牧安骥集》为我国现存最早的较为完整的一部中兽医学古籍,也是我国最早的一部兽医学教科书(明代时,日本有名为《假名安骥集》的编译本流传),对中兽医学的理法方药等均有较全面的论述。为了保障畜牧业的发展,唐代制定有畜牧兽医法,如"诸乘官畜产,而脊破领穿,疮三寸,苔二十"或"伤重五日内致死者,从杀罪"(见《唐律疏议》)。唐高宗显庆四年(公元 659 年)所颁布的《新修本草》,收载药物 844 种,被认为是世界上最早的一部人畜通用的药典。唐代时,我国少数民族地区的兽医学也有了很大发展,如新疆吐鲁番唐墓中出土有《医牛方》,西藏出现有《论马宝珠》和《医马论》等兽医书籍。

宋代(公元 960—1279 年)于公元 1007 年设置了"牧养上下监,以养疗京城诸坊病马",这是我国已知最早的兽医院。宋代还设有我国最早的尸体剖检机构"皮剥所"和最早的兽医药房"药蜜库"(见《宋史》)。北宋山西阳城著名兽医常顺(约公元 1061—1137 年),创用药浴法治马疥癣。当时出现有《明堂灸马经》、《伯乐针经》、《医驼方》、《疗驼经》、《贾躭医牛经》、《马经》、《医马经》、《相马病经》、《安骥集》、《安骥方》、《重集医马方》等兽医专著。现存王愈所著的《蕃牧纂验方》载方 57 个,并附有针灸疗法。此外,据《使辽录》(公元 1086 年)记载,当时我国少数民族地区已用醇作麻醉剂,进行马的切肺手术。

元代(公元 1271—1368 年)著名兽医卞宝(卞管勾)著有《痊骥通玄论》一书,除对马的起卧症(包括掏结术)进行了总结性论述外,还提出了"胃气不和,则生百病"

的脾胃发病学说。这一时期还出现有《安骥集八卷》和《治马、牛、驼经》等书。

封建社会后期(公元 1368—1840 年)是中兽医学在中国古代发展的高峰时期。

明代(公元 1368—1644)著名兽医喻本元、喻本亨兄弟集前人和自己的兽医学理论及临床经验之大成,编著了《元亨疗马集》(附牛驼经)刊行于 1608 年。该书理法方药俱备,是国内外流传最广的一部中兽医古典著作。在此前后,杨时乔还编著有《马书》、《牛书》,钱能编著有《类方马经》,内容都很丰富。明代著名科学家李时珍(公元 1518—1593 年),“岁历三十捻,书考八百余家”,编著了举世闻名的《本草纲目》,该书收载药物 1 892 种,方剂 11 096 个,其中专述兽医方面的内容有 200 多条。该书刊行后不久即传播到国外,为中外医药学的发展做出了杰出的贡献。此外,朝鲜于 1633 年刊行有汉文的《新编集成马医方、牛医方》。

鸦片战争以前的清代(公元 1644—1840 年),中兽医学虽处于缓慢发展的状态,但也有一些兽医著作出现。1736 年李玉书对《元亨疗马集》进行了改编,删除了“东溪素问四十七论”中的 20 多论,又根据其它兽医古籍增加了部分内容,成为现今广为流传的版本。1758 年,赵学敏编著了《串雅外编》,其中特列有“医禽门”和“医兽门”。1785 年,郭怀西编著有《新刻注释马牛驼经大全集》。此后编撰的兽医著作有《抱犊集》、《养耕集》(傅述风,1800 年)、《牛经备要医方》(沈莲舫)、《牛医金鉴》(约 1815 年)、《相牛心镜要览》(1822 年)、《牛马捷经》等。

(四)近代(1840—1949 年)中兽医学的发展 鸦片战争以后,中国沦为半殖民地半封建社会,中兽医学的发展陷入了困境。这一时期的主要著作有《活兽慈舟》(李南晖,约 1873 年)、《牛经切要》(1886 年)、《猪经大全》(约 1891 年)等。《活兽慈舟》收载了马、牛、羊、猪、犬、猫等动物的病证 240 余种,是我国较早记载犬、猫疾病的书籍。《猪经大全》对 48 种猪病提出了疗法,并附有病形图,是我国现存中兽医古籍中唯一的一部猪病学专著。

1904 年,北洋政府在保定建立了北洋马医学堂,从此西方现代兽医学开始有系统地在中国传播,使得中国出现了两种不同学术体系的兽医学,因而有了中、西兽医学之分。当时国内的反动统治阶级对中医和中兽医学采取了摧残及扼杀的政策,于 1929 年悍然通过了“废止旧医案”,立即遭到了广大人民群众的强烈反对。在此情况下,民间兽医遭受歧视和压迫,严重地阻碍了中兽医学的发展。但这一时期仍出现有《驹儿编全卷》(1909 年)、《治骡马良方》(1933 年)以及《兽医实验国药新手册》(1940 年)等书籍。

与当时反动统治者的做法相反,中国共产党在其领导的根据地积极倡导中、西(兽)医结合。1928 年,毛泽东在《井冈山的斗争》一文中就提出“用中西两法治疗”。解放区的华北大学农学院(开始属北方大学),在 1947 年便开始学习和研究中兽医学术，并把中兽医学作为兽医专业的必修课。各根据地及军队兽医系统中都吸收有中兽医，他们在防治动物疾病，特别是在军马保健工作中发挥了重要作用。

(五)中兽医学发展的新阶段 1949年中华人民共和国成立后，中兽医学进入了一个蓬勃发展的新阶段。

新中国成立初期，人民政府及时发出了“保护畜牧业，防止兽疫”的指示，并重视发挥民间兽医的作用。1956年1月，国务院颁布了“加强民间兽医工作”的指示，对中兽医提出了“团结、使用、教育和提高”的政策。当年9月在北京召开了第一届“全国民间兽医座谈会”，提出了“使中西兽医紧密结合，把我国兽医学术推向一个新的阶段”的战略目标。1958年，毛泽东同志做出“中国医药学是一个伟大的宝库，应当努力发掘，加以提高”的指示，进一步明确了中兽医学的发展方向。由于政府的重视和广大中兽医工作者的努力，中兽医学得到了前所未有的发展。如搜集整理出版了大量中兽医经验资料和古籍，编撰出版了一大批中兽医学书籍，开展了中兽医学的科学研究工作，在中兽医学理论、中药、方剂、针灸以及病证防治等方面，取得了丰硕的研究成果。近年来，中兽医学在临床应用方面，也有了进一步提高和发展，创造出了许多新疗法和新剂型。随着我国人民饲养宠物的增加，中兽医技术在治疗犬、猫疾病方面，积累了相当丰富的经验。中草药饲料添加剂的研究和应用，不但显示出中草药在促进动物生产性能和防治动物疾病方面有其独特的作用，而且也将在环保以及保护人民身体健康方面发挥重要作用。

自新中国成立初期开始，我国政府便非常重视中兽医教育工作，先后在全国各中、高等农业院校设立中兽医学课程或开办中兽医学专业，培养了大批中兽医专门人才。现在已形成了从大专到博士的完整的中兽医高等专门人才培养体系。我国于1956年便在中国畜牧兽医学会中成立了中兽医学小组，而后又于1979年成立了中西兽医结合学术研究会，后更名为中国畜牧兽医学会中兽医学分会。这一学术组织在团结广大中兽医工作者、促进中兽医学术的发展、扩大国际交流等方面做了大量工作。改革开放以来，随着我国对外交流的不断增加，中兽医学特别是兽医针灸在国外的影响也越来越大，不少院校先后多次举办了国际兽医针灸培训班，接收外国留学生，或派出专家到国外讲学，促进了中兽医学在世界范围内的传播。

三、中兽医学的基本特点

中兽医学的形成过程，受我国古代朴素唯物论和自发辩证法的指导和影响，在长期的临床实践中，逐步形成了以整体观念和辨证论治为特色的学术体系。

(一)整体观念 整体观念就是统一性、完整性和联系性的思想。中兽医学非常重视动物体本身的统一性、完整性及其与自然界的相互关系。它认为动物体是一个有机整体，构成动物体的各个组成部分之间，在结构上是不可分割的，在功能上是相互协调、相互为用的，在病理上是相互影响着的。同时，也认识到动物体与自然环境有着密切的关系，动物生活在自然环境中，它与外界环境之间息息相关。自然界为动物的生命活动提供了基本的物质基础和空间，成为动物正常生存的条件，但也可成为动物疾病发生的外部因素，动物在能动地适应自然和影响自然的过程中，维持着机体的正常生命活动，即动物体与自然环境构成一个有机整体。这种机体自身整体性，内外环境的统一性的思想，称之为整体观念。因此，中兽医学的整体观念，实际上是指动物体本身的整体性和动物体与自然环境的整体性两个方面，它贯穿于中兽医学生理、病理、诊法、辨证和治疗的各个方面。

1. 动物体本身的整体性 中兽医学认为，动物体是以心、肝、脾、肺、肾五个生理系统为中心，通过经络使各组织器官紧密相连而形成的一个完整统一的有机体。五脏与六腑互为表里，与九窍各有所属，各脏腑组织器官之间相互依赖、相互联系，以维持机体内部的平衡和正常的生命活动。

中兽医认识疾病，首先着眼于整体，重视整体与局部之间的关系。一方面，机体某一部分的病变，可以影响到其它部分，甚至引起整体性的病理改变，如脾气虚本为一脏的病变，但迁延日久，则会因机体生化乏源而引起肺气虚、心气虚，甚至全身虚弱。另一方面，整体的状况又可影响局部的病理过程，如全身虚弱的动物，其创伤愈合较慢等等。总之，疾病是整体患病，局部病变是整体患病的局部表现。

中兽医诊察疾病，往往从整体出发，通过观察机体外在的各种临床表现，去分析研究内在的全身或局部的病理变化，即“察其外而知其内”。由于动物体是一个有机整体，因此无论是整体还是局部的病变，都必然会在机体的形体、窍液及色脉等方面有所反映。以察口色为例，察口色观察的是口舌局部的变化，但通过对口色的观察，可以分析机体内部脏腑的虚实，气血的盛衰，津液的盈亏，病邪的轻重，疾病的进退等。

中兽医治疗疾病亦从整体出发，既注意脏腑之间的联系，又注意脏腑与形体、窍液的联系。如见口舌糜烂，当知心开窍于舌，便认为此即心火亢盛的表现，应以清心泻火的方法治疗。此外，“表里同治”，或“从五官治五脏”，以及“见肝之病，当先实脾”等，都是从整体观念出发，确定治疗原则和治疗方法的具体体现。

2. 动物与自然环境的相关性 中兽医学认为，动物体与自然环境之间是相互对立而又统一的。动物不能离开自然界而生存，自然环境的变化可以直接或间接地影响动物体的生理功能。当动物能够通过调节自身的功能活动以适应所处环境的变化时，便不致引起疾病，否则就会导致病理过程。例如，一年四季的气候变化是春温、夏热、秋凉、冬寒，动物可以通过气血进行调节适应。如春夏阳气发泄，气血趋于表，则皮肤松弛，疏泄多汗；秋冬阳气收藏，气血趋于里，则皮肤致密，少汗多尿。同样，随四时的不同，动物的口色有“春如桃花夏似血，秋如莲花冬似雪”的变化，脉象有“春弦、夏洪、秋毛、冬石”的改变，这都属于生理调节的范围。但当气候异常或动物调节适应机能失调，使得机体与外界环境之间失去平衡时，则可引起与季节性环境变化相关的疾病，如风寒、风热、中暑等。

由于动物体与自然环境相关，因此在治疗动物疾病时，就要考虑到自然环境对动物体的影响。古人在总结自然界变化对机体影响规律的基础上，提出了一些有关疾病防治的措施。例如，脾肾阳虚性咳喘，往往夏季减轻，秋冬加重，常用“温补脾肾”之剂调养，并着重在阳气最旺的夏季来调养预防，此谓“春夏养阳”；而阴虚肝旺的动物，春季易使病发作，故在阴盛的冬季给予滋补，以预防春季发生，此谓“秋冬养阴”。此外，“因时、因地、因畜制宜”的治疗原则，也是整体观念在中兽医治疗中的体现。

总之，中兽医学中的整体观念，对于动物疾病的防治有着极为重要的指导意义。临床实践中，一定要从整体观念出发，既要考虑到动物体本身的整体性，又要注意到动物体和外界环境的相关性，只有这样才能对疾病做出正确的诊断，采取有效的防治措施。

(二)辨证论治 辨证论治包括相互关联的辨证和论治两个过程。它是中兽医认识疾病、确定防治措施的基本过程。“辨证”就是把通过四诊及其它各种诊断手段所获取的病情资料，在中兽医学理论的指导下进行分析综合，以判断为某种性质的“证”的过程，即识别疾病证候的过程；“论治”是根据证的性质确定治则和治法的过程。辨证是论治的前提和依据，论治是治疗疾病的手段和方法，也是辨证的目的和结果。治疗原则和治疗措施是否恰当，取决于辨证是否正确；而辨证论治的正确性，又有待于临床治疗效果的检验。因此，辨证和论治是诊疗疾病过程中相互联系不可分割的两个方面，也是理法方药在临床上的具体运用。

为了很好地理解“证”的概念，必须把“病”、“证”、“症”三者做一比较。“病”，是指有特定病因、病理、发病形式、发展规律和转归的一个完整的病理过程，即疾病的全过程，如感冒、痢疾、肺炎等。“症”，即症状，是疾病的具体临床表现，如发热、咳嗽、呕吐、疲乏无力等。“证”，既不是疾病的全过程，也不是疾病的某一项临床表现，而是对疾病发展过程中，不同阶段和不同类型病机的本质，包括病因（如风寒、风热、湿热等）、病位（如表、里、脏、腑等）、病性（如寒、热等）和邪正关系（如虚、实等)的概括,它既反映了疾病发展过程中该阶段病理变化的全面情况,同时也提出了治疗方向。如“脾虚泄泻”证,既指出病位在脾,正邪力量对比属虚,临床症状主要表现为泄泻,又能据此推断出致病因素为湿,从而也就指出了治疗方向为“健脾燥湿”。由此可见,“病”是机体发生病理变化的全过程,“症”专指病证的外在表现,“证”是对疾病过程不同阶段和不同类型的概括。换言之,由于“证”反映的是疾病在某一特定阶段病理变化的实质,因此,在辨病基础上的辨证是中兽医认识和分析疾病的重要特点。

相对于“辨病治疗”和“对症治疗”,中兽医学的辨证论治,更能抓住疾病发展不同阶段的本质,它既看到同一种疾病可以包括不同的证,又看到不同的病在发展过程中可以出现相同的证,因而可以采取“同病异治”或“异病同治”的治疗措施。如同为外感表证,若属外感风寒,则治宜辛温解表,方用麻黄汤类,若属外感风热,则治宜辛凉解表,方用银翘散类,此谓“同病异治”;而脱肛、子宫下垂、虚寒泄泻等病,虽然性质不同,但当其均以中气下陷为主证时,都可以用补中益气之剂进行治疗,谓之“异病同治”。

四、学习中兽医学的目的和方法

(一)学习目的 主要是通过理论学习和教学实习,掌握以整体观念和辨证论治为特点的基本理论和实际操作技能,初步具有独立分析及诊治动物疾病的能力,并能贯彻“继承和发扬祖国兽医学遗产”的方针,为发展畜牧业生产和提高人民生活质量服务。

(二)学习方法

1. 以唯物辩证法为指导 中兽医学是在古代朴素唯物论和自发辩证法思想的指导下形成和发展起来的,受当时历史条件的限制,它在解释动物的生理功能和病理变化时,借用了一些属于古代哲学范畴的概念。因此,中兽医学中包含了大量的哲学内容。这就要求我们在学习时,理解中兽医学中的哲学内容,掌握中兽医学认识和分析事物的基本观点。在学习中,还要运用唯物辩证法的观点,对其去粗取精、去伪存真,吸收其精华,予以继承和发扬。

2. 注意理论联系实际 中兽医学的形成和发展经历了几千年的时间,其理论、方药以及针灸等诊疗技术都是从临床实践中总结出来的,是一门实践性极强的科学,只有做到理论与临床实践相结合,才能加深对中兽医学理论的认识,加快对各项临床诊疗技术的掌握。

3. 注意中、西兽医学是两套不同的学术体系 中、西兽医学是在不同历史条件下形成的两套不同的学术体系。因此，在学习中兽医学时，应根据中兽医学的特点，以“整体观念”和“辨证论治”为核心，逐步做到对中兽医学的理、法、方、药及针灸等内容融会贯通。虽然在学习中可以把中、西兽医学的有关内容进行相互比较，但不能生搬硬套，也不能强求用西兽医学的观点来解释中兽医学的一切理论，对于暂时还不能用现代兽医学观点做出解释的，先接受下来，慢慢理解，不应轻易否定。

基 础 篇

第一章 阴阳五行学说

阴阳五行学说，是我国古代带有朴素唯物论和自发辩证法性质的哲学思想，是用以认识世界和解释世界的一种世界观和方法论。在 2 000 多年以前的春秋战国时期，这一学说被引用到医药学中来，作为推理工具，借以说明动物体的组织结构、生理功能和病理变化，并指导临床的辨证及病证防治，成为中兽医学基本理论的重要组成部分。

第一节 阴阳学说

阴阳是古人用来说明一切矛盾着的事物中对立而又统一的两种不同属性的代名词，是古代的一种宇宙观和方法论，属于我国古代的唯物论和辩证法范畴。阴阳学说，是以阴和阳的相对属性及其消长变化来认识自然、解释自然、探求自然规律的一种宇宙观和方法论，是中国古代朴素的对立统一理论。中兽医学引用阴阳学说来阐释兽医学中的许多问题以及动物和自然的关系，它贯穿于中兽医学的各个方面，成为中兽医学的指导思想。

一、阴阳的基本概念

阴阳是对相互关联又相互对立的两种事物，或同一事物内部对立双方属性的概括。阴阳的最初含义是指日光的向背，向日为阳，背日为阴，以日光的向背定阴阳。向阳的地方具有明亮、温暖的特性，背阳的地方具有黑暗、寒冷的特性，于是又以这些特性来区分阴阳。在长期的生产生活实践中，古人遇到种种彼此相互联系又相互对立的现象，于是就不断地引申其义，将天地、上下、日月、昼夜、水火、升降、动静、内外、雌雄等，都用阴阳加以概括，阴阳也因此失去其最初的含义，成为一切事物对立而又统一的两个方面的代名词。古人正是从这一朴素的对立统一观念出发，认为阴阳两方面的相反相成、消长转化，是一切事物发生、发展、变化的根源。如《素问·阴阳应象大论》中说："阴阳者，天地之道也，万物之纲纪，变化之父母，生杀之本始。"意思是说，阴阳是宇宙间的普遍规律，是一切事物所服从的纲领，各种事物的产生与消亡，都根源于阴阳的变化。

阴阳既然是指矛盾的两个方面，也就代表了事物两种相反的属性。一般认为，识别阴阳的属性，是以上下、动静、有形无形等为准则。概括起来，凡是向上的、运动的、无形的、温热的、向外的、明亮的、亢进的、兴奋的及强壮的均属于阳，而凡是向下的、静止的、有形的、寒凉的、向内的、晦暗的、减退的、抑制的及虚弱的均属于阴。

阴阳既可以代表相互对立的事物或现象，又可以代表同一事物内部对立着的两个方面。前者如天与地、昼与夜、水与火、寒与热等，后者如人体内部的气与血、脏与腑，中药的温性与寒性等。

阴阳所代表的事物属性，不是绝对的，而是相对的。这种相对性，一方面表现为阴阳双方是通过比较而加以区分的，单一事物无法确定阴阳；另一方面，则表现为阴阳之中复有阴阳。如以背部和胸腹的关系来说，背部为阳，胸腹为阴；而属阴的胸腹，又以胸在膈前属阳，腹在膈后属阴。以脏腑的关系来说，脏为阴，腑为阳；而属于阴的五脏，又以心、肺位居膈前而属阳，肝、脾、肾位居膈后而属阴；属于阴的肝，又因其气主升，性疏泄而属阳，为阴中之阳。由此可见，阴阳是相对的，不是固定不变的，阴中有阳，阳中有阴，阴阳之中复有阴阳。也就是说，宇宙中的任何事物都可以概括为阴和阳两类，任何一种事物内部又可以分为阴和阳两个方面，而每一事物内部的阴或阳的一方，还可以再分阴阳。这种事物既相互对立又相互联系的现象，在自然界是无穷无尽的。故《素问·金匮真言论》说："阴中有阳，阳中有阴。"《素问·阴阳离合论》中说："阴阳者，数之可十，推之可百，数之可千，推之可万，万之大，不可胜数，然其要一也。"这种阴阳属性的相对性，不但说明了事物或现象阴阳属性的规律性、复杂性，而且也说明了阴阳概括事物或现象的广泛性，即每一事物或现象都包含着阴阳，都是一分为二的。

二、阴阳的相互关系

阴阳的相互关系，主要体现在对立制约、互根互用、消长平衡和相互转化四个方面。

(一)阴阳的对立制约 阴阳对立是指阴阳双方存在着相互排斥、相互斗争和相互制约的关系。对立，即相反，如动与静，寒与热，上与下等都是相互对立的两个方面。对立的双方，通过排斥、斗争以及相互制约，从而取得统一，使事物达到动态平衡。以动物体的生理机能为例，机能之亢奋为阳，抑制为阴，二者相互制约，从而维持动物体的生理状态。再以四季的寒暑为例，夏虽阳热，而夏至以后阴气却随之而生，以制约暑热之阳；冬虽阴寒盛，但冬至以后阳气却随之而生，以制约严寒之阴。阴阳双方的不断排斥与斗争，便推动了事物的变化或发展。故《素问·疟论》说："阴阳上下交争，虚实更作，阴阳相移。"

(二)阴阳的互根互用 阴阳互根是指阴阳双方具有相互依存、互为根本的关系，即阴或阳的任何一方，都不能脱离另一方而单独存在，每一方都以相对立的另一方作为存在的前提和条件。如热为阳，寒为阴，没有热就无所谓寒，上为阳，下为阴，没有上也无所谓下，双方存在着相互依赖、相互依存的关系，即阳依存于阴，阴依存于阳。故《素问·阴阳应象大论》说："阳根于阴，阴根于阳"。

阴阳的互用，是指阴阳双方存在着相互资生、相互促进的关系。所谓"孤阴不生，独阳不长"，"阴生于阳，阳生于阴"，便是说"孤阴"和"独阳"不但相互依存，而且还有相互资生、相互促进的关系，即阴精通过阳气的活动而产生，而阳气又由阴精化生而来。正如《医贯砭·阴阳论》中指出："无阳则阴无以生，无阴则阳无以化"。同时，阴和阳还存在着"阴为体，阳为用"的相互依赖关系。体，即本体（结构或物质基础）；用，指功用（功能或机能活动）。体是用的物质基础，用又是体的功能表现，二者不可分割。又如《素问·阴阳应象大论》中说："阴在内，阳之守也；阳在外，阴之使也。"指出阴精在内，是阳气的根源；阳气在外，是阴精的表现（使役）。

（三）阴阳的消长平衡 阴阳消长是指阴阳双方不断运动变化，此消彼长，又力求维系动态平衡的关系。阴阳双方在对立制约、互根互用的情况下，不是静止不变的，而是处于此消彼长的变化过程中，正所谓"阴消阳长，阳消阴长"。例如，机体各项机能活动（阳）的产生，必然要消耗一定的营养物质（阴），这就是"阴消阳长"的过程；而各种营养物质（阴）的化生，又必须消耗一定的能量（阳），这就是"阳消阴长"的过程。在生理情况下，这种阴阳的消长保持在一定的范围内，阴阳双方维持着一个相对的平衡状态。假若这种阴阳的消长，超过了这个范围，导致了相对平衡关系的失调，就会引发疾病。如《素问·阴阳应象大论》中所说的"阴盛则阳病，阳盛则阴病"，就是指由于阴阳消长的变化，使得阴阳平衡失调，引起了"阳气虚"或"阴液不足"的病证，其治疗应分别以温补阳气和滋阴增液，使阴阳重新达到平衡为原则。

（四）阴阳的相互转化 阴阳转化是指对立的阴阳双方在一定条件下，可向其属性相反的方面转化，即阴可以转化为阳，阳可以转化为阴。正如《素问·阴阳应象大论》中所说的"重阴必阳，重阳必阴"，"寒极生热，热极生寒"。又如《灵枢·论疾诊尺篇》也说："寒生热，热生寒，此阴阳之变也"。如果说阴阳消长是属于量变的过程，则阴阳转化属于质变的过程。在疾病的发展过程中，阴阳的转化是经常可见的。如动物外感风寒，出现耳鼻发凉、肌肉颤抖等寒象，若治疗不及时或治疗失误，寒邪入里化热，就会出现口干、舌红、气粗等热象，这就是由阴证向阳证的转化。又如患热性病的动物，由于持续高热，热甚伤津，气血两亏，呈现出体弱无力、四肢发凉等虚寒症状，这便是由阳证向阴证的转化。此外，临床上所见由实转虚，由虚转实，由表入里，由里出表等病证的变化，都是阴阳转化的例证。

综上所述，阴阳的对立制约、互根互用、消长平衡和相互转化，从不同的角度说明了阴阳之间的相互关系及其运动规律，它们之间不是孤立的，而是相互联系、相互影响、互为因果的。对立制约是阴阳最普遍的规律，阴阳双方通过对立制约而取得平衡；阴阳的互根互用说明了阴阳双方彼此依存，互相促进，不可分离；阴阳消长和相互转化是阴阳运动的最基本形式，阴阳消长稳定在一定范围内，则取得动态平衡，否则，便出现阴阳的转化。阴阳的运动是永恒的，而平衡只是相对的。了解这些内容，有助于理解阴阳学说在中兽医学领域的应用，更好地服务于临床实践。

三、阴阳学说在中兽医学中的应用

阴阳学说贯穿于中兽医学理论体系的各个方面，用以说明动物体的组织结构、生理功能和病理变化，并指导临床诊断和治疗。

(一)生理方面

1. 说明动物体的组织结构　动物体是一个对立而又统一的有机整体，其组织结构可以用阴阳两个方面来加以概括说明。就大体部位来说，体表为阳，体内为阴；上部为阳，下部为阴；背部为阳，胸腹为阴。就四肢的内外侧而论，则外侧为阳，内侧为阴。就脏腑而言，则脏为阴，腑为阳，而具体到每一脏腑，又有阴阳之分，如心阳、心阴，肾阳、肾阴，胃阳、胃阴等等。总之，动物体的每一组织结构，均可以根据其所在的上下、内外、表里、前后等各相对部位以及相对的功能活动特点来概括阴阳，并进而说明它们之间的对立统一关系。

2. 说明动物体的生理　一般认为，物质为阴，功能为阳，正常的生命活动是阴阳这两个方面保持对立统一的结果。如《素问・生气通天论》说："阴者，藏精而起亟(亟，可作气解)也；阳者，卫外而为固也。"就是说"阴"代表着物质或物质的贮藏，是阳气的源泉；"阳"代表着机能活动，起着卫外而固守阴精的作用；没有阴精就无以产生阳气，而通过阳气的作用又不断化生阴精，二者同样存在着相互对立、互根互用、消长转化的关系。在正常情况下，阴阳保持着相对平衡，以维持动物体的生理活动，正如《素问・生气通天论》所说："阴平阳秘，精神乃治。"否则，阴阳不能相互为用而分离，精气就会竭绝，生命活动也将停止，就像《素问・生气通天论》中所说的"阴阳离决，精气乃绝"。

(二)病理方面

1. 说明疾病的病理变化　中兽医学认为，疾病是动物体内的阴阳两方面失去相对平衡，出现偏盛偏衰的结果。疾病的发生与发展，关系到正气和邪气两个方面。正气，是指机体的机能活动和对病邪的抵抗能力，以及对外界环境的适应能力等；邪气，泛指各种致病因素。正气包括阴精和阳气两个部分，邪气也有阴邪和阳邪之分。疾病的过程，多为邪正斗争引起机体阴阳偏盛偏衰的过程。

在阴阳偏盛方面，认为阴邪致病，可使阴偏盛而阳伤，出现“阴胜则寒”的病证。如寒湿阴邪侵入机体，致使“阴胜其阳”，从而发生“冷伤之证”，动物表现为口色青黄，脉象沉迟，鼻寒耳冷，身颤肠鸣，不时起卧。相反，阳邪致病，可使阳偏盛而阴伤，出现“阳胜则热”的病证。如热燥阳邪侵犯机体，致使“阳胜其阴”，从而出现“热伤之证”，动物表现为高热，唇舌鲜红，脉象洪数，耳耷头低，行走如痴等症状。正如《素问·阴阳应象大论》中所说：“阴胜则阳病，阳胜则阴病，阳胜则热，阴胜则寒”。《元亨疗马集》中也有“夫热者，阳胜其阴也”，“夫寒者，阴胜其阳也”的说法。

在阴阳偏衰方面，认为一旦机体阳气不足，不能制阴，相对地会出现阴有余，发生阳虚阴盛的虚寒证；相反，如果阴液亏虚，不能制阳，相对地会出现阳有余，发生阴虚阳亢的虚热证。正如《素问·调经论》所说：“阳虚则外寒，阴虚则内热”。由于阴阳双方互根互用，任何一方虚损到一定程度，均可导致对方的不足，即所谓“阳损及阴，阴损及阳”，最终可导致“阴阳俱虚”。如某些慢性消耗性疾病，在其发展过程中，会因阳气虚弱致使阴精化生不足，或因阴精不足致使阳气化生无源，最后导致阴阳两虚。

阴阳的偏盛或偏衰，均可引起寒证或热证，但二者有着本质的不同。阴阳偏盛所形成的病证是实证，如阳邪偏盛导致实热证，阴邪偏盛导致实寒证等；而阴阳偏衰所形成的病证则是虚证，如阴虚则出现虚热证，阳虚则出现虚寒证等。故《素问·通评虚实论》说：“邪气盛则实，精气夺则虚。”

2. 说明疾病的发展　在病证的发展过程中，由于病性和条件的不同，可以出现阴阳的相互转化。如“寒极则热，热极则寒”，即是指阴证和阳证的相互转化。临床上可以见到由表入里、由实转虚、由热化寒和由寒化热等变化。如患败血症的动物，开始表现为体温升高，口舌红，脉象洪数等热象，当严重者发生“暴脱”时，则转而表现为四肢厥冷，口舌淡白，脉沉细等寒象。

3. 判断疾病的转归　认为若疾病经过“调其阴阳”，恢复“阴平阳秘”的状态，则以痊愈而告终；若继续恶化，终致“阴阳离决”，则以死亡为转归。

(三)诊断方面　既然阴阳失调是疾病发生、发展的根本原因，因此任何疾病无论其临床症状如何错综复杂，只要在收集症状和进行辨证时以阴阳为纲加以概括，就可以执简驭繁，抓住疾病的本质。

1. 分析症状的阴阳属性　一般来说，凡口色红、黄、赤者为阳，口色白、青、黑者为阴；凡脉象浮、洪、数、滑者为阳，沉、细、迟、涩者为阴；凡声音高亢、洪亮者为阳，低微、无力者为阴；身热属阳，身寒属阴；口干而渴者属阳，口润不渴者属阴；躁动不安者属阳，倦卧静默者属阴。

2. 辨别证候的阴阳属性　一切病证，不外“阴证”和“阳证”两种。八纲辨证就是分别从病性(寒热)、病位(表里)和正邪消长(虚实)几方面来分辨阴阳,并以阴阳作为总纲统领各证(表证、热证、实证属阳证,里证、寒证、虚证属阴证)。临床辨证,首先要分清阴阳,才能抓住疾病的本质。故《素问·阴阳应象大论》说:“善诊者,察色按脉,先别阴阳。”又如《元亨疗马集》说:“凡察兽病,先以色脉为主,……然后定夺其阴阳之病。”《景岳全书·传忠录》也说“凡诊病施治,必须先审阴阳,乃为医道之纲领,阴阳无谬,治焉有差?医道虽繁,而可以一言蔽之者,曰阴阳而已。故证有阴阳,脉有阴阳,药有阴阳……设能明彻阴阳,则医道虽玄,思过半矣。”

(四)治疗方面

1. 确定治疗原则　由于阴阳偏盛偏衰是疾病发生的根本原因,因此,泻其有余,补其不足,调整阴阳,使其重新恢复协调平衡就成为诊疗疾病的基本原则。正如《素问·至真要大论》中说:“谨察阴阳所在而调之,以平为期。”对于阴阳偏盛者,应泻其有余,或用寒凉药以清阳热,或用温热药以祛阴寒,此即“寒者热之,热者寒之”的治疗原则;对于阴阳偏衰者,应补其不足,阴虚有热则滋阴以清热,阳虚有寒则益阳以祛寒,此即“壮水之主以制阳光,益火之源以消阴翳”(见王冰《素问》注释)的治疗原则,但也要注意“阳中求阴”、“阴中求阳”,以使阴精、阳气生化之源不竭。

2. 用阴阳来概括药物的性味与功能,指导临床用药　一般来说,温热性的药物属阳,寒凉性的药物属阴;辛、甘、淡味的药物属阳,酸、咸、苦味的药物属阴;具有升浮、发散作用的药物属阳,而具沉降、涌泄作用的药物属阴。根据药物的阴阳属性,就可以灵活地运用药物调整机体的阴阳,以期补偏救弊。如热盛用寒凉药以清热,寒盛用温热药以祛寒,便是《内经》中所指出的“寒者热之,热者寒之”用药原则的具体运用。

(五)预防方面　由于动物体与外界环境密切相关,动物体的阴阳必须适应四时阴阳的变化,否则便易引起疾病。因此,加强饲养管理,增强动物体的适应能力,就可以防止疾病的发生。正如《素问·四气调神大论》所说:“春夏养阳,秋冬养阴,以从其根……逆之则灾害生,从之则疴疾不起,……。”《元亨疗马集·腾驹牧养法》中也提出了“凡养马者,冬暖屋,夏凉棚”,“切忌宿水、冻料、尘草、砂石……食之”的预防措施。此外,还可以通过春季放大血,灌四季调理药等方法来调和气血,协调阴阳,预防疾病。

第二节　五行学说

五行学说也属于古代哲学的范畴,它是以木、火、土、金、水五种物质的特性及其“相生”和“相克”规律来认识世界、解释世界和探求宇宙规律的一种世界观和方法论。在中兽医学中，五行学说被用以说明动物体的生理功能、病理变化，并指导临床实践。

一、五行的基本概念

五行中的“五”是指木、火、土、金、水五种物质，“行”是指这五种物质的运动和变化。古人在长期的生活和生产实践中发现，木、火、土、金、水是构成宇宙中一切事物的五种基本物质，这些物质既各具特性，又相互联系、运行不息。历代思想家就是将这五种物质的特性作为推演各种事物的法则，对一切事物进行分类归纳，并将五行之间的生克制化关系作为阐释各种事物之间普遍联系的法则，对事物间的联系和运动规律加以说明，从而形成五行学说的。

五行学说源于“五材说”，但五行又不同于“五材”。它不是单纯地指五种物质，而是包括了五种物质的不同属性及其相互之间的联系和运动，认为事物之间通过五行的生克制化关系以保持动态平衡，从而维持事物的生存和发展。

二、五行学说的基本内容

五行学说，是以五行的抽象特性来归纳各种事物，以五行之间生克制化的关系来阐释宇宙中各种事物或现象之间相互联系和协调平衡的。

（一）五行的特性　五行的特性，来自古人对木、火、土、金、水五种物质的自然现象及其性质的直接观察和抽象概括。一般认为，《尚书·洪范》中所说的“水曰润下、火曰炎上、木曰曲直、金曰从革、土爰稼穑”，是对五行特性的经典概括。

1. 木的特性　“木曰曲直”。曲，屈也；直，伸也。曲直，原指树木的枝条具有生长、柔和、能曲又能直的特性，后引申为凡有生长、升发、条达、舒畅等性质或作用的事物，均属于木。

2. 火的特性　“火曰炎上”。炎，有焚烧、热烈之意；上，即上升。炎上，原指火具有温热、蒸腾向上的特性，后引申为凡有温热、向上等性质或作用的事物，均属于火。

3. 土的特性　“土爰稼穑”。爰，通曰；稼，即种植谷物；穑，即收获谷物。稼穑，泛指人类种植和收获谷物等农事活动。由于农事活动均在土地上进行，因而引申为凡有生化、承载、受纳等性质或作用的事物，均属于土。故有“土载四行”、“万物土中生”和“土为万物之母”的说法。

4. 金的特性　“金曰从革”。从，即顺从；革，即变革。从革，是指金属物质可以顺从人意，变革形状，铸造成器。也有人认为，金属源于对矿物的冶炼，其本身是顺从人意，变革矿物而成，故曰“从革”。又因金之质地沉重，且常用于杀伐，因而引申为凡有沉降、肃杀、收敛等性质或作用的事物，均属于金。

5. 水的特性 “水曰润下”。润，即潮湿、滋润；下，即向下，下行。润下，是指水有滋润下行的特点，后引申为凡具有滋润、下行、寒凉、闭藏等性质或作用的事物，均属于水。

(二)五行的归类 五行学说是将自然界的事物和现象，以及动物体脏腑组织器官的生理、病理现象，进行广泛联系，按五行的特性以“取类比象”或“推演络绎”的方法，根据事物不同的形态、性质和作用，分别将其归属于木、火、土、金、水五行之中。现将自然界和动物体有关事物或现象的五行归类，择要列于表 1-1 中。

表 1-1 五行归类表

自然界							五行	动物体						
五音	五味	五色	五化	五气	五方	五季		五脏	六腑	五官	五体	情志	五脉	变动
角	酸	青	生	风	东	春	木	肝	胆	目	筋	怒	弦	握
徵	苦	赤	长	暑	南	夏	火	心	小肠	舌	脉	喜	洪	忧
宫	甘	黄	化	湿	中	长夏	土	脾	胃	口	肉	思	代	哕
商	辛	白	收	燥	西	秋	金	肺	大肠	鼻	皮毛	悲	浮	咳
羽	咸	黑	藏	寒	北	冬	水	肾	膀胱	耳	骨	恐	沉	栗

(三)五行的相互关系

1. 五行的相生、相克和制化 木、火、土、金、水五行之间不是孤立的、静止不变的，而是存在着有序的相生、相克以及制化关系，从而维持着事物生化不息的动态平衡，这是五行之间关系正常的状态。

(1)五行相生 生，即资生、助长、促进。五行相生，是指五行之间存在着有序的资生、助长和促进的关系，借以说明事物间有相互协调的一面。五行相生的次序如下：

木→火→土→金→水→木

在相生关系中，任何一行都有“生我”和“我生”两方面的关系。“生我”者为母，“我生”者为子。以木为例，水生木，水为木之母；木生火，火为木之子。再以金为例，土生金，土为金之母；金生水，水为金之子。五行之间的相生关系，也称为母子关系。

(2)五行相克 克，即克制、抑制、制约。五行相克，是指五行之间存在着有序的克制和制约关系，借以说明事物间相颉颃的一面。五行相克的次序如下：

木→土→水→火→金→木

在相克关系中，任何一行都有“克我”及“我克”两方面的关系。“克我”者为我

"所不胜","我克者"为我所胜。以土为例,土克水,则水为土之"所胜";木克土,则木为土之"所不胜"。再以火为例,火克金,则金为火之"所胜";水克火,则水为火之"所不胜"。五行之间的相克关系,也称为"所胜、所不胜"关系。

(3)五行制化　制,即制约、克制;化,即化生、变化。五行制化,是指五行之间相互生化、相互制约以维持平衡协调的关系。

五行的制化关系,是五行生克关系的相互结合。没有生,就没有事物的发生和成长;没有克,事物就会因过分亢进而为害,就不能维持正常的协调关系。因此,必须有生有克,相反相成,才能维持和促进事物间的平衡协调和发展变化。正如张景岳在《类经图翼·运气上》中所说:"盖造化之机,不可无生,亦不可无制。无生则发育无由,无制则亢而为害。"

2. 五行的相乘、相侮和母子相及　是五行间生克制化关系遭受破坏的结果。相乘、相侮是五行间相克关系异常的表现,母子相及则是五行间相生关系异常的变化。

(1)五行相乘　乘,凌也,有欺侮之意。五行相乘,是指五行中某一行对其所胜一行的过度克制,即相克太过,是事物间关系失去相对平衡的一种表现,其次序同于五行相克,即

木→土→水→火→金→木

引起五行相乘的原因有"太过"和"不及"两个方面。"太过"是指五行中的某一行过于亢盛,对其所胜加倍克制,导致被乘者虚弱。以木克土为例,正常情况下木克土,如木气过于亢盛,对土克制太过,土本无不足,但亦难以承受木的过度克制,导致土的不足,称为"木乘土"。"不及"是指某一行自身虚弱,难以抵御来自所不胜者的正常克制,使虚者更虚。仍以木克土为例,正常情况下木能制约土,若土气过于不足,木虽然处于正常水平,土却难以承受木的克制,导致木克土的力量相对增强,使土更显不足,称为"土虚木乘"。

(2)五行相侮　侮,有欺侮、欺凌之意。五行相侮,是指五行中某一行对其所不胜一行的反向克制,即反克,又称"反侮",是事物间关系失去相对平衡的另一种表现。五行相侮的次序与五行相克相反。

木→金→火→水→土→木

引起相侮的原因也有"太过"和"不及"两个方面。"太过"是指五行中的某一行过于强盛,使原来克制它的一行不但不能克制它,反而受到它的反克。例如,正常情况下金克木,但若木气过于亢盛,金不但不能克木,反而被木所反克,出现"木侮

金”的逆向克制现象。“不及”是指五行中的某一行过于虚弱，不仅不能克制其所胜的一行，反而受到它的反克。例如，正常情况下，金克木，木克土，但当木过度虚弱时，不仅金来乘木，而且土也会因木之虚弱而对其进行反克，称为“土侮木”。

(3)母子相及　及，即累及、连累之意。母子相及，是指五行之中互为母子的各行之间相互影响的关系，属于五行之间相生异常的变化，包括母病及子和子病犯母两种类型。

母病及子：指五行中作为母的一行异常，必然影响到子的一行，结果是母子都出现异常。例如，水生木，水为母，木为子，若水不足，无力生木，则导致木的不足，最终是水竭木枯，母子俱衰。母病及子的顺序与五行相生的顺序相同。

子病犯母：指五行中作为子的一行异常，会影响到作为母的一行，结果母子都出现异常。例如，木生火，木为母，火为子。若火太旺，势必耗木过多，导致木的不足；而木不足，生火无力，火势亦衰，最终是子耗母太过，母子皆不足。子病犯母的顺序与五行相生的顺序相反。

总之，五行的生克制化，是正常情况下五行之间相互资生、相互促进和相互制约的关系，是事物维持正常协调平衡关系的基本条件；而五行的相乘、相侮和母子相及，则是五行之间生克制化关系失调情况下发生的异常现象，是事物间失去正常协调平衡关系的表现。

三、五行学说在中兽医学中的应用

在中兽医学中，五行学说主要是以五行的特性来分析说明动物体脏腑、组织器官的五行属性，以五行的生克制化关系来分析脏腑、组织器官的各种生理功能及其相互关系，以五行的乘侮关系和母子相及来阐释脏腑病变的相互影响，并指导临床的辨证论治。

(一)生理方面

1. 按五行的特性来分别脏腑器官的属性　例如：木有升发、舒畅条达的特性，肝喜条达而恶抑郁，主管全身气机的舒畅条达，故肝属“木”；火有温热炎上的特性，心阳有温煦之功，故心属“火”；土有生化万物的特性，脾主运化水谷，为气血生化之源，故脾属“土”；金性清肃、收敛，肺有肃降作用，故肺属“金”；水有滋润、下行、闭藏的特性，肾有藏精、主水的作用，故肾属“水”。

2. 以五行生克制化的关系，说明脏腑器官之间相互资生和制约的关系　例如，肝能制约脾（木克土），脾能资生肺（土生金），而肺又能制约肝（金克木）等。又如，心火可以助脾土的运化（火生土），肾水可以抑制心火的有余（水克火），其它依此类推。五行学说认为机体就是通过这种生克制化来维持相对的平衡协调，保持正常的生理活动。

(二)病理方面　疾病的发生及传变规律,可以用五行学说加以说明。根据五行学说,疾病的发生是五行生克制化关系失调的结果,五脏之间在病理上存在着生与克的传变关系。相生的传变关系包括母病及子和子病犯母两种类型,相克的传变关系包括相乘为病和相侮为病两条途径。

1. 母病及子　指疾病的传变是从母脏传及子脏,如肝(木)病传心(火)、肾(水)病及肝(木)等。

2. 子病犯母　指疾病的传变是从子脏传及母脏,如脾(土)病传心(火)、心(火)病及肝(木)等。

3. 相乘为病　即相克太过而为病,其原因一是"太过",一是"不及"。如肝气过旺,对脾的克制太过,肝病传于脾,则为"木旺乘土";若先有脾胃虚弱,不能承受肝的正常相克,致使肝病传脾,则为"土虚木乘"。

4. 相侮为病　即反向克制而为病,其原因亦为"太过"和"不及"。如肝气过旺,肺无力对其加以制约,导致肝病传肺(木侮金),称为"木火刑金";又如脾土不能制约肾水,致使肾病传脾(水侮土),称为"土虚水侮"。

一般来说,按照相生规律传变时,病证都较轻;按照相克规律传变时,病证都较重。

(三)诊断方面　五行学说认为,动物体的五脏、六腑与五官、五体、五色、五液、五脉之间是存在着五行属性联系的一个有机整体,脏腑的各种功能活动及其异常变化可反映于体表的相应组织器官,即"有诸内,而必形诸外",故脏腑发生疾病时就会表现出色泽、声音、形态、脉象诸方面的变化,据此可以对疾病进行诊断。《元亨疗马集》中提出的"察色应症",便是以五行分行四时,代表五脏分旺四季,又以相应五色(青、黄、赤、白、黑)的舌色变化来判断健、病和预后。如肝木旺于春,口色桃色者平,白色者病,红者和,黄者生,黑者危,青者死等。又如《安骥集·清浊五脏论》中所说的"肝病传于南方火,父母见子必相生;心属南方丙丁火,心病传脾祸未生;……心家有病传于肺,金逢火化倒销形;肺家有病传于肝,金能克木病难痊",即是根据疾病相生、相克的传变规律来判断预后。

(四)治疗方面　根据五行学说,疾病是脏腑之间生克制化关系失调,出现"太过"或"不及"而引起的,因此抑制其过亢,扶助其过衰,使其恢复协调平衡便成为治疗的关键。根据相生规律提出的治疗原则是"虚则补其母,实则泻其子",若按相克规律,其治疗原则为"抑强扶弱"。后世医家根据这些治疗原则,制定出了很多治疗方法,如"扶土抑木"(疏肝健脾相结合)、"培土生金"(健脾补气以益肺气)、"滋水涵木"(滋肾阴以养肝阴)等等。同时,由于一脏的病变,往往牵涉其它脏器,通过调整有关脏器，可以控制疾病的传变，达到预防的目的。如《难经·七十七难》中说："见肝之病，则知肝当传之于脾，故先实其脾气"，即是根据肝气旺盛，易致肝木乘脾土而提出用健脾的方法，防止肝病向脾的传变。

四、阴阳学说和五行学说的相互关系

阴阳学说和五行学说在形成时，本来是两种朴素的哲学思想，到春秋战国时期才逐步结合起来。如《内经·素问》中便有"何以别阴阳，应四时，合之五行"等记载。中兽医学是以阴阳五行两者互相结合作为理论基础的。阴阳学说用对立互根、消长转化的观点来说明动物体的生理功能及病理变化，而五行学说则用五行归类及生克制化的论点来说明脏腑组织的性质及其相互关系。阴阳学说和五行学说虽各有特点，但两者在实践中相互印证，相互补充。如《中藏经》说："阴阳者天地之枢机，五行者阴阳之始终"，说明阴阳之中寓有五行，五行之中寓有阴阳。以五行学说而论，它就包含了五类事物内部阴阳两气的运行。如张景岳在《类经图翼》中说："五行即阴阳之质，阴阳即五行之气，气非质不立，质非气不行。"这就从本质上阐明了阴阳与五行之间的内在联系。

在中兽医学临床上，论阴阳必涉及五行，而言五行必联系阴阳。因此，必须把阴阳和五行结合起来，从而更有利于正确认识动物体的生命活动及其变化。

第二章　脏腑学说

第一节　概　述

一、脏腑学说的概念

脏腑，即内脏及其功能的总称，是动物体的重要组成部分。研究动物体各脏腑器官的生理活动、病理变化及其相互关系的学说，称为脏腑学说。古人称脏腑为“藏象”(《素问·六节藏象论》)。“藏”，即脏，指藏于体内的内脏；“象”即形象或征象，指脏腑的生理活动和病理变化反映于外的征象。由此可见，这一学说主要是通过研究机体外部的征象，来了解内脏活动的规律及其相互关系。

二、脏腑学说的内容

脏腑学说的内容，主要包括五脏、六腑、奇恒之腑及其相联系的组织、器官的功能活动以及它们之间的相互关系。

五脏，即心、肝、脾、肺、肾，是化生和贮藏精气的器官，具有藏精气而不泻的特点。前人把心包列入又称六脏，但心包位于心的外廓，有保护心脏的作用，其病变基本同于心脏，故历来把它归属于心，仍称五脏。

六腑，即胆、胃、大肠、小肠、膀胱、三焦(无三焦称五腑)，是受盛和传化水谷的器官，具有传化浊物，泻而不藏的特点。如《素问·五藏别论》中说：“五藏者，藏精气而不泻也，故满而不能实；六腑者，传化物而不藏，故实而不能满也。”

奇恒之腑，即脑、髓、骨、脉、胆、胞宫。“奇”是异，“恒”为常之意，因其形态似腑，功能似脏，不同于一般的脏腑，故称奇恒之腑。其中，胆为六腑之一，但六腑之中，唯有它藏清净之液，故又归于奇恒之腑。

脏与腑之间存在着阴阳、表里的关系。脏在里，属阴；腑在表，属阳；心与小肠、肝与胆、脾与胃、肺与大肠、肾与膀胱、心包络与三焦相表里。脏与腑之间的表里关系，是通过经脉来联系的，脏的经脉络于腑，腑的经脉络于脏，彼此经气相通，在生理和病理上相互联系、相互影响。

脏腑虽各有其功能，但彼此又相互联系。同时，脏腑还与肢体组织(脉、筋、肉、皮毛、骨)、五官九窍(舌、目、口、鼻、耳及前后阴)等有着密切联系。如五脏之间存在着相互资助与制约的关系,六腑之间存在着承接合作的关系,脏腑之间存在着表里相合的关系,五脏与肢体官窍之间存在着归属开窍的关系等,这就构成了机体内外各部功能上相互联系的统一整体。

由于历史的原因,中兽医学中脏腑的概念,与现代兽医学中"脏器"的概念,虽然名称相同,但其含义却大不相同。脏腑不完全是一个解剖学的概念,更重要的是一个生理、病理的概念。某一脏或腑所具有的功能,可能包括了现代兽医学中几个脏器的功能;而现代兽医学中某个脏器的功能,又可能分散在几个脏腑的功能之中。因此,不能将二者等同看待。

第二节 五 脏

五脏,是动物体内心、肝、脾、肺、肾五个脏器的合称。"脏"古与"藏"通。五脏的主要生理功能是化生和贮藏气、血、精、津液、神,具有藏而不泻的特点。由于五脏和奇恒之腑的关系极为密切,在介绍五脏的功能时,将对有关奇恒之腑加以叙述,不再另立章节。

一、心

心位于胸中,有心包护于外。心的主要生理功能是主血脉和藏神。心开窍于舌,在液为汗。心的经脉下络于小肠,与小肠相表里。

心是脏腑中最重要的器官,在脏腑的功能活动中起主导作用,使之相互协调,为机体生命活动的中心。如《灵枢·邪客篇》说:"心者,五脏六腑之大主也,精神之所舍也",《安骥集·师皇五脏论》也说:"心是脏中之君",都指出了心有统管脏腑功能活动的作用。

(一)心的生理功能

1. 主血脉 心是血液运行的动力,脉是血液运行的通道。心主血脉,是指心有推动血液在脉管内运行,以营养全身的作用。故《素问·痿论》说:"心主身之血脉"。由于心、血、脉三者密切相关,所以心脏的功能正常与否,可以从脉象、口色上反映出来。如心气旺盛、心血充足,则脉象平和,节律调匀,口色鲜明如桃花色。反之,心气不足、心血亏虚,则脉细无力,口色淡白。若心气衰弱,血行瘀滞,则脉涩不畅,脉律不整或有间歇,出现结脉或代脉,口色青紫等症状。

2. 藏神 神,指精神活动,即机体对外界事物的客观反应。心藏神,是指心为一切精神活动的主宰。如《灵枢·本神篇》说:"所以任物者谓之心"。任,即担任、承受之意。《安骥集·清浊五脏论》也有“心藏神”之说。正因为心藏神，心才能统辖各个脏腑，成为生命活动的根本。如《素问·六节藏象论》中说：“心者，生之本，神之变也。”

心藏神的功能与心主血脉的功能密切相关。因为血液是维持正常精神活动的物质基础，血为心所主，所以心血充盈，心神得养，则动物“皮毛光彩精神倍”。否则，心血不足，神不能安藏，则出现活动异常或惊恐不安。故《安骥集·碎金五脏论》说：“心虚无事多惊恐，心痛颠狂脚不宁”。同样，心神异常，也可导致心血不足，或血行不畅，脉络瘀阻。

(二)心与窍液的关系

1. 开窍于舌　舌为心之苗，心经的别络上行于舌，因而心的气血上通于舌，舌的生理功能直接与心相关，心的生理功能及病理变化最易在舌上反映出来。心血充足，则舌体柔软红润，运动灵活；心血不足，则舌色淡而无光；心血瘀阻，则舌色青紫；心经有热，则舌质红绛，口舌生疮。故《素问·阴阳应象大论》中说：“心主舌……开窍于舌”，《安骥集·师皇五脏论》也说“心者外应于舌”。

2. 在液为汗　汗是津液发散于肌腠的部分，即汗由津液所化生。如《灵枢·决气篇》说：“腠理发泄，汗出溱溱，是谓津。”津液是血液的重要组成部分，血为心所主，血汗同源，故称“汗为心之液”，又称心主汗。如《素问·宣明五气篇》指出：“五脏化液，心为汗”。心在液为汗，是指心与汗有密切关系，出汗异常，往往与心有关。如心阳不足，常常引起腠理不固而自汗；心阴血虚，往往导致阳不摄阴而盗汗。又因血汗同源，津亏血少，则汗源不足；而发汗过多，又容易伤津耗血。故《灵枢·营卫生会篇》有“夺血者无汗，夺汗者无血”之说。临床上，心阳不足和心阴血虚的动物，用汗法时应特别慎重。汗多不仅伤津耗血，而且也耗散心气，甚至导致亡阳的病变。

[附]心包络

心包络，又称心包或膻中，与六腑中的三焦互为表里。它是心的外卫器官，有保护心脏的作用。当外邪侵犯心脏时，一般是由表入里，由外而内，先侵犯心包络。如《灵枢·邪客篇》说：“故诸邪之在于心者，皆在于心之包络。”实际上，心包受邪所出现的病证与心是一致的。如热性病出现神昏症状，虽称为“邪入心包”，而实际上是热盛伤神，在治法上可采用清心泄热之法。由此可见，心包络与心在病理和用药上基本相同。

二、肺

肺位于胸中，上连气道。肺的主要功能是主气、司呼吸，主宣发和肃降，通调水道,外合皮毛。肺开窍于鼻,在液为涕。肺的经脉下络于大肠,与大肠相表里。

(一)肺的生理功能

1. 主气、司呼吸　肺主气,是指肺有主宰一身之气的生成、出入与代谢的功能。《素问·六节藏象论》说:“肺者,气之本”;《安骥集·天地五脏论》也说:“肺为气海”。肺主气,包括主呼吸之气和一身之气两个方面。

肺主呼吸之气,是指肺为体内外气体交换的场所,通过肺的呼吸作用,机体吸入自然界的清气,呼出体内的浊气,吐故纳新,实现机体与外界环境间的气体交换,以维持正常的生命活动。《素问·阴阳应象大论》中所说的“天气通于肺”便是此意。

一身之气,由自然界之清气、先天之精气和水谷生化之精气三者构成。肺主一身之气,是指全身之气均由肺所主,特别是和宗气的生成有关。宗气由水谷精微之气与肺所吸入的清气,在元气的作用下而生成。宗气是促进和维持机体机能活动的动力,它一方面维持肺的呼吸功能,进行吐故纳新,使内外气体得以交换;另一方面由肺入心,推动血液运行,并宣发到身体各部,以维持脏腑组织的机能活动,故有“肺朝百脉”之说。血液虽然由心所主,但必须依赖肺气的推动,才能保持其正常运行。

肺主气的功能正常,则气道通畅,呼吸均匀。若病邪伤肺,使肺气壅阻,引起呼吸功能失调,则出现咳嗽、气喘、呼吸不利等症状;若肺气不足,则出现体倦无力、气短、自汗等气虚症状。

2. 主宣发和肃降　宣发,即宣通、发散;肃降,即清肃、下降。肺主宣发和肃降,实际上是指肺气的运动具有向上、向外宣发和向下、向内肃降的双向作用。

肺主宣发,一是通过宣发作用将体内代谢过的气体呼出体外;二是将脾传输至肺的水谷精微之气布散全身,外达皮毛;三是宣发卫气,以发挥其温分肉和司腠理开合的作用。《灵枢·决气篇》所说“上焦开发,宣五谷味,熏肤、充身、泽毛,若雾露之溉,是谓气”,就是指肺的宣发作用。若肺气不宣而壅滞,则引起胸满、呼吸不畅、咳嗽、皮毛焦枯等症状。

肺主肃降,一是通过肺的下降作用,吸入自然界清气;二是将津液和水谷精微向下布散全身,并将代谢产物和多余水液下输于肾和膀胱,排出体外;三是保持呼吸道的清洁。肺居上焦,以清肃下降为顺;肺为清虚之脏,其气宜清不宜浊,只有这样才能保持其正常的生理功能。若肺气不能肃降而上逆,则引起咳嗽、气喘等症状。

3. 通调水道　通,即疏通;调,即调节;水道,是水液运行和排泄的通道。肺主通调水道,是指肺的宣发和肃降运动对体内水液的输布、运行和排泄有疏通和调节的作用。通过肺的宣发,将津液与水谷精微布散于全身,并通过宣发卫气而司腠理的开合,调节汗液的排泄。通过肺的肃降,津液和水谷精微不断向下输送,代谢后的水液经肾的气化作用，化为尿液由膀胱排出体外。故《素问·经脉别论》说：“饮入于胃，游溢精气，上输于脾，脾气散精，上归于肺，通调水道，下输膀胱。”肺通调水道的功能，是肺宣发和肃降作用共同配合的体现，若肺的宣降功能失常，就会影响到机体的水液代谢，出现水肿、腹水、胸水以及泄泻等症。由于肺参与了机体的水液代谢，故有“肺主行水”之说。又因肺居于胸中，位置较高，故也有“肺为水之上源”的说法。

4. 主一身之表，外合皮毛 一身之表，简称皮毛，包括皮肤、汗孔、被毛等组织，是机体抵御外邪侵袭的外部屏障。肺合皮毛，是指肺与皮毛不论在生理或是病理方面均存在着极为密切的关系。在生理方面，一是皮肤汗孔（又称“气门”）具有散气的作用，参与呼吸调节，而有“宣肺气”的功能；二是皮毛有赖于肺气的温煦，才能润泽，否则就会憔悴枯槁。正如《灵枢·脉度篇》所说：“手太阴气绝，则皮毛焦。太阴者行气温于皮毛者也，故气不荣则皮毛焦。”在病理方面，肺经有病可以反映于皮毛，而皮毛受邪也可传之于肺。如肺气虚的动物，不仅易汗，而且经久可见皮毛焦枯或被毛脱落；而外感风寒，也可影响到肺，出现咳嗽、流鼻涕等症状。故《素问·咳论》说：“皮毛者，肺之合也，皮毛先受邪气，邪气以从其合也。”

（二）肺与窍液的关系

1. 开窍于鼻 鼻为肺窍，有司呼吸和主嗅觉的功能。肺气正常则鼻窍通利，嗅觉灵敏。故《灵枢·脉度篇》说：“肺气通于鼻，肺和则鼻能知香臭矣。”同时，鼻为肺的外应，如《安骥集·师皇五脏论》中说：“肺者，外应于鼻。”在病理方面，如外邪犯肺，肺气不宣，常见鼻塞流涕，嗅觉不灵等症状。又如肺热壅盛，常见鼻翼扇动等。鼻为肺窍，鼻又可成为邪气犯肺的通道，如湿热之邪侵犯肺卫，多由鼻窍而入。此外，喉是呼吸的门户和发音器官，又是肺脉通过之处，其功能也受肺气的影响，肺有异常，往往引起声音嘶哑、喉痹等病变。

2. 在液为涕 涕，即鼻涕，是鼻黏膜的分泌物，有润泽鼻窍的作用。鼻为肺窍，故其分泌物属于肺。如《素问·宣明五气篇》说：“五脏化液……肺为涕”。肺气正常与否，常可以通过鼻涕的变化反映出来。肺气正常，则鼻涕润泽鼻窍而不外流；若肺受邪气，则鼻涕的分泌和性状均会发生变化。如肺受风寒之邪，则鼻流清涕；肺受风热之邪，则鼻流黄浊脓涕；肺败，则鼻流黄绿色腥臭脓涕；肺受燥邪，则鼻干无涕。

三、脾

脾位于腹内，其主要生理功能为主运化，主统血，主肌肉四肢。脾开窍于口，在液为涎。脾的经脉络于胃，与胃相表里。

(一)脾的生理功能

1. 主运化　运,指运输;化,即消化、吸收。脾主运化,主要是指它有消化、吸收、运输营养物质及水湿的功能。机体的脏腑经络、四肢百骸、筋肉、皮毛,均有赖于脾的运化以获取营养,故称脾为“后天之本”、“五脏之母”。

脾主运化的功能,主要包括两个方面:一是运化水谷精微,即经胃初步消化的水谷,再由脾进一步消化及吸收,并将营养物质转输到心、肺,通过经脉运送到周身,以供机体生命活动之需。脾的这种功能健旺,称为“健运”。脾气健运,其运化水谷的功能旺盛,全身各脏腑组织才能得到充分的营养以维持正常的生命活动。反之,脾失健运,水谷运化功能失常,就会出现腹胀、腹泻、精神倦怠、消瘦、营养不良等症。二是指运化水湿,即脾有促进水液代谢的作用。脾在运输水谷精微的同时,也把水液运送到周身各组织中,以发挥其滋养濡润的作用。故《素问·厥论》说:“脾主为胃行其津液者也”。代谢后的水液,则下达于肾,经膀胱排出体外。若脾运化水湿的功能失常,就会出现水湿停留的各种病变,如停留肠道则为泄泻,停于腹腔则为腹水,溢于肌表则为水肿,水湿聚集则成痰饮。故《素问·至真要大论》中说:“诸湿肿满,皆属于脾。”

因脾要将水谷精微及水湿上输于肺,其气机的特点是上升的,故有“脾主升清”之说。“清”,即是指精微的营养物质。若脾气不升反而下陷,除可导致泄泻外,也可引起内脏垂脱诸证,如脱肛、子宫垂脱等。

2. 主统血　统,有统摄、控制之意。脾主统血,是指脾有统摄血液在脉中正常运行,不致溢出脉外的功能。《难经·四十二难》所说的“脾……主裹血,温五脏”,即指脾统血的功能。裹血,就是包裹、统摄血液,不使其外溢。脾之所以能统血,全赖脾气的固摄作用。脾气旺盛,固摄有权,血液就能正常地沿脉管运行而不致外溢;否则,脾气虚弱,统摄乏力,气不摄血,就会引起各种出血性疾患,尤以慢性出血为多见,如长期便血等。

3. 主肌肉四肢　指脾可为肌肉四肢提供营养,以确保其健壮有力和正常发挥功能。肌肉的生长发育及丰满有力,主要依赖脾所运化水谷精微的濡养。故《素问·痿论》说:“脾主身之肌肉”。脾气健运,营养充足,则肌肉丰满有力,否则肌肉痿软,动物消瘦。故《元亨疗马集·定脉歌》说:“肉瘦毛长戊己(脾)虚”。

四肢的功能活动,也有赖于脾所运送的营养才得以正常发挥。当脾气健旺,清阳之气输布全身,营养充足时,四肢活动有力,步行轻健;否则脾失健运,清阳不布,营养无源,必致四肢活动无力,步行怠慢。如《素问·太阴阳明论篇》说:“今脾病不能为胃行其津液,四肢不得禀水谷气,气日以衰,脉道不利,筋骨肌肉皆无气以生,故不用焉。”动物患脾虚胃弱时,往往四肢痿软无力,倦怠好卧便是此理。

(二)脾与窍液的关系

1. 开窍于口　脾主水谷的运化，口是水谷摄入的门户；又脾气通于口，与食欲有着直接联系。脾气旺盛，则食欲正常。故《灵枢·脉度篇》说：“脾气通于口，脾和则口能知五谷矣。”若脾失健运，则动物食欲减退，甚至废绝。故《安骥集·碎金五脏论》说：“脾不磨时马不食”。

脾主运化，其华在唇。脾有经络与唇相通，唇是脾的外应。因此，口唇可以反映出脾运化功能的盛衰。若脾气健运，营养充足，则口唇鲜明光润如桃花色；否则脾不健运，脾气衰弱，则食欲不振，营养不佳，口唇淡白无光；脾有湿热，则口唇红肿；脾经热毒上攻，则口唇生疮。

2. 在液为涎　涎，即口津，是口腔分泌的液体，具有湿润口腔，帮助食物吞咽和消化的作用。《素问·宣明五气篇》说：“五脏化液……脾为涎”；《安骥集·师皇五脏论》也说：“脾者外应于唇，唇即生涎，涎即润其肉”。脾的运化功能正常，则津液上注于口而为涎，以辅助脾胃之消化，但不溢出口外；若脾胃不和，则涎液分泌增加，发生口涎自出等现象；若脾气虚弱，气虚不能摄涎，则涎液自口角而出；若脾经热毒上攻，则口唇生疮，口流黏涎。

四、肝

肝位于腹腔右上侧季肋部，有胆附于其下(马属动物无胆囊)。肝的主要生理功能是藏血，主疏泄，主筋。肝开窍于目，在液为泪。肝有经脉络于胆，与胆相表里。

(一)肝的生理功能

1. 藏血　指肝有贮藏血液及调节血量的功能。当动物休息或静卧时，机体对血液的需要量减少，一部分血液则贮藏于肝脏；而在使役或运动时，机体对血液的需要量增加，肝脏便排出所藏的血液，以供机体活动所需。故前人有“动则血运于诸经，静则血归于肝脏”之说。肝血供应的充足与否，与动物耐受疲劳的能力有着直接的关系。当动物使役或运动时，若肝血供给充足，则可增加对疲劳的耐受力，否则便易于产生疲劳，故《素问·六节藏象论》中称“肝为罢极之本”。肝藏血的功能失调主要有两种情况：一是肝血不足，血不养目，则发生目眩、目盲，或血不养筋，则出现筋肉拘挛或屈伸不利。二是肝不藏血，则可引起动物不安或出血。肝的阴血不足，还可引起阴虚阳亢或肝阳上亢，出现肝火、肝风等证。

2. 主疏泄　疏，即疏通；泄，即发散。肝主疏泄，是指肝具有保持全身气机疏通条达，通而不滞，散而不郁的作用。气机是机体脏腑功能活动基本形式的概括。气机调畅，升降正常，是维持内脏生理活动的前提。“肝喜条达而恶抑郁”，全身气机的舒畅条达，与肝的疏泄功能密切相关，这与肝含有清阳之气是分不开的。如

《血证论》中说:“设肝之清阳不升,则不能疏泄”。肝的疏泄功能,主要表现在以下几个方面。

(1)协调脾胃运化 肝气疏泄是保持脾胃正常消化功能的重要条件。这是因为,一方面,肝的疏泄功能,使全身气机疏通畅达,能协助脾胃之气的升降和二者的协调;另一方面,肝能输注胆汁,以帮助食物的消化,而胆汁的输注又直接受肝疏泄功能的影响。若肝气郁结,疏泄失常,影响脾胃,可引起黄疸,食欲减退,嗳气,肚腹胀满等消化功能紊乱的现象。

(2)调畅气血运行 肝的疏泄功能直接影响到气机的调畅,而气之与血,如影随形,气行则血行,气滞则血瘀。因此,肝疏泄功能正常是保持血流通畅的必要条件。若肝失条达,肝气郁结,则见气滞血瘀;若肝气太盛,血随气逆,影响到肝藏血的功能,可见呕血、衄血。

(3)调控精神活动 动物的精神活动,除“心藏神”外,与肝气有密切关系。肝疏泄功能正常,也是保持精神活动正常的必要条件。如肝气疏泄失常,气机不调,可引起精神活动异常,出现躁动或精神沉郁,胸胁胀痛等症状。

(4)通调水液代谢 肝气疏泄还包括疏利三焦,通调水液升降通路的作用。若肝气疏泄功能失常,气不调畅,可影响三焦的通利,引起水肿、胸水、腹水等水液代谢障碍的病变。

3. 主筋 筋,即筋膜(包括肌腱),是联系关节、约束肌肉、主司运动的组织。筋附着于骨及关节,由于筋的收缩及弛张而使关节运动自如。肝主筋,是指肝有为筋提供营养,以维持其正常功能的作用。如《素问·痿论》说:“肝主身之筋膜”。肝主筋的功能与“肝藏血”有关,因为筋需要肝血的滋养,才能正常发挥其功能。故《素问·经脉别论》说:“食气入胃,散精于肝,淫气于筋。”肝血充盈,筋得到充分的濡养,其活动才能正常。若肝血不足,血不养筋,可出现四肢拘急,或萎弱无力、伸屈不灵等症。若邪热劫津,津伤血耗,血不营筋,可引起四肢抽搐,角弓反张,牙关紧闭等肝风内动之证。

“爪为筋之余”,爪甲亦有赖于肝血的滋养,故肝血的盛衰,可引起爪甲(蹄)荣枯的变化。肝血充足,则筋强力壮,爪甲(蹄)坚韧;肝血不足,则筋弱无力,爪甲(蹄)多薄而软,甚至变形而易脆裂。故《素问·五藏生成篇》说:“肝之合筋也,其荣爪也。”

(二)肝与窍液的关系

1. 开窍于目 目主视觉,肝有经脉与之相连,其功能的发挥有赖于五脏六腑之精气,特别是肝血的滋养。如《素问·五藏生成篇》说:“目受血而能视”,《灵枢·脉度篇》也说:“肝气通于目,肝和则目能辨五色矣。”由于肝与目关系密切,故肝的功能正常与否，常常在目上得到反映。若肝血充足，则双目有神，视物清晰；若肝血不足，则两目干涩，视物不清，甚至夜盲；肝经风热，则目赤痒痛；肝火上炎，则目赤肿痛生翳。

2. 在液为泪　肝开窍于目，泪从目出，故泪为肝之液。如《素问·宣明五气篇》说："五脏化液……肝为泪"。在正常情况下，泪有濡润和保护眼睛的功能，但不会溢出目外。如《安骥集·师皇五脏论》中说："肝者外应于目，目即生泪，泪即润其眼。"当异物侵入目中时，则泪液大量分泌，起到清洁眼球和排除异物的作用。在病理情况下，肝的病变常常引起泪的分泌异常。如肝之阴血不足，则泪液减少，两目干涩；肝经风热，则两目流泪生眵。如《安骥集·碎金五脏论》说："肝盛目赤饶眵泪，肝热睛昏翳膜生，肝风眼暗生碧晕，肝冷流泪水泠泠。"

五、肾

肾位于腰部，左右各一（前人有左为肾，右为命门之说），故《素问·脉要精微论》说："腰者，肾之府也"。肾的主要生理功能为主藏精，主命门之火，主水，主纳气，主骨、生髓、通于脑。肾开窍于耳，司二阴，在液为唾。肾有经脉络于膀胱，与膀胱相表里。

（一）肾的生理功能

1. 藏精　"精"是一种精微物质，肾所藏之精即肾阴（真阴、元阴），是构成机体的基本物质，也是机体生命活动的物质基础，它包括先天之精和后天之精两个方面。先天之精，即本脏之精，是构成生命的基本物质。它禀受于父母，先身而生，与机体的生长、发育、生殖、衰老都有密切关系。胚胎的形成和发育均以肾精作为基本物质，同时它又是动物出生后生长发育过程中的物质根源。当机体发育成熟时，雄性则有精液产生，雌性则有卵子发育，出现发情周期，开始有了生殖能力；到了老年，肾精衰微，生殖能力也随之而下降，直至消失。后天之精，即水谷之精，由五脏、六腑所化生，故又称"脏腑之精"，是维持机体生命活动的物质基础。先天之精和后天之精，是融为一体，相互资生、相互联系的。先天之精有赖后天之精的供养才能充盛，后天之精需要先天之精的资助才能化生，故一方的衰竭必然影响到另一方的功能。

肾藏精，是指精的产生、贮藏及转输均由肾所主。肾所藏之精化生肾气，通过三焦，输布全身，促进机体的生长、发育和生殖。因而，临床上所见阳痿、滑精、精亏不孕等证，都与肾有直接关系。

2. 主命门之火　命门，即生命之根本的意思；火，指功能。命门之火，一般称元阳或肾阳（真阳），也藏之于肾。它既是肾脏生理功能的动力，又是机体热能的来源。肾主命门之火，是指肾之元阳，有温煦五脏、六腑，维持其生命活动的功能。肾所藏之精需要命门之火的温养，才能发挥其滋养各组织器官及繁殖后代的作用。五脏、六腑的功能活动，也有赖于肾阳的温煦才能正常，特别是后天脾胃之气需要先天命门之火的温煦，才能更好地发挥运化的作用。故命门之火不足，常导致全身阳气衰微。

肾阳和肾阴概括了肾脏生理功能的两个方面。肾阴对机体各脏腑起着濡润滋养的作用，肾阳则起着温煦生化的作用，二者相互制约，相互依存，维持着相对的平衡，否则就会出现肾阳虚或肾阴虚的病理过程。由于肾阳虚和肾阴虚的本质都是肾的精气不足，故二者之间存在着内在的联系，肾阴虚到一定程度可累及肾阳，反之肾阳虚也能伤及肾阴，甚至导致肾阴肾阳俱虚的病证出现。

3．主水 指肾在机体水液代谢过程中起着升清降浊的作用。动物体内的水液代谢过程，是由肺、脾、肾三脏共同完成的，其中肾的作用尤为重要。故《素问·逆调论》说："肾者，水脏，主津液也。"肾主水的功能，主要靠肾阳（命门之火）对水液的蒸化来完成。水液进入胃肠，由脾上输于肺，肺将清中之清的部分输布全身，而清中之浊的部分则通过肺的肃降作用下行于肾，肾再加以分清泌浊，将浊中之清经再吸收上输于肺，浊中之浊的无用部分下注膀胱，排出体外。肾阳对水液的这一蒸化作用，称为"气化"。如肾阳不足，命门火衰，气化失常，就会引起水液代谢障碍，发生水肿、胸水、腹水等症。

4．主纳气 纳，有受纳、摄纳之意。肾主纳气，是指肾有摄纳呼吸之气，协助肺司呼吸的功能。呼吸虽由肺所主，但吸入之气必须下纳于肾，才能使呼吸调匀，故有"肺主呼气，肾主纳气"之说。从二者关系来看，肺司呼吸，为气之本；肾主纳气，为气之根。只有肾气充足，元气固守于下，才能纳气正常，呼吸和利；若肾虚，根本不固，纳气失常，就会影响肺气的肃降，出现呼多吸少，吸气困难的喘息之证。

5．主骨、生髓、通于脑 肾有主管骨骼代谢，资生和充养骨髓、脊髓及大脑的功能。肾所藏之精有生髓的作用，髓充于骨中，滋养骨骼，骨赖髓而强壮，这也是肾的精气促进生长发育功能的一个方面。若肾精充足，则髓的生化有源，骨骼得到髓的充分滋养而坚强有力；若肾精亏虚，则髓的化源不足，不能充养骨骼，可导致骨骼发育不良，甚至骨脆无力等症。故《素问·阴阳应象大论》说："肾生骨髓"，《素问·解精微论》也说："髓者，骨之充也"。

髓由肾精所化生，有骨髓和脊髓之分。脊髓上通于脑，聚而成脑。故《灵枢·海论》说："脑为髓之海"。脑主持精神活动，又称"元神之府"。脑需要依靠肾精的不断化生才能得以滋养，否则就会出现呆痴，呼唤不应，目无所见，倦怠嗜卧等症状。

肾主骨，"齿为骨之余"，故齿也有赖肾精的充养。肾精充足，则牙齿坚固；肾精不足,则牙齿松动,甚至脱落。

《素问·五藏生成篇》指出:“肾之合骨也,其荣发也”。动物被毛的生长,其营养来源于血,而生机则根源于肾气,故毛发为肾的外候。被毛的荣枯与肾脏精气的盛衰有关。肾精充足,则被毛生长正常且有光泽;肾气虚衰,则被毛枯槁甚至脱落。

(二)肾与窍液的关系

1. 开窍于耳,司二阴　肾的上窍是耳。耳为听觉器官,其功能的发挥,有赖于肾精的充养。肾精充足,则听觉灵敏,故《灵枢·脉度篇》说:“肾气通于耳,肾和则耳能闻五音矣”。若肾精不足,可引起耳鸣,听力减退等症。故《安骥集·碎金五脏论》说:“肾壅耳聋难听事,肾虚耳似听蝉鸣。”

肾的下窍是二阴。二阴,即前阴和后阴。前阴有排尿和生殖的功能,后阴有排泄粪便的功能。这些功能都与肾有着直接或间接的联系,如前阴与生殖有关,但仍由肾所主;又排尿虽在膀胱,但要依赖肾阳的气化。若肾阳不足,则可引起尿频、阳痿等症。粪便的排泄虽通过后阴,但也受肾阳温煦作用的影响。若肾阳不足,阳虚火衰,可引起粪便秘结;若脾肾阳虚,可导致粪便溏泻。

2. 在液为唾　唾为口津,自口腔分泌,有帮助食物吞咽和消化的作用。《素问·宣明五气篇》说:“五脏化液……肾为唾”,认为唾的分泌与肾相关。唾与涎,均为口津,二者的区别在于涎自两腮出,溢于口,可自口角流出;唾生于舌下,从口中唾(吐)出。在中医临床上,口角流涎多从脾论治,唾液频吐多从肾论治。但在兽医临床上,二者很难区分。

第三节　六　腑

六腑是胆、胃、小肠、大肠、膀胱和三焦的总称,其共同的生理功能是传化水谷,具有泻而不藏的特点。

一、胆

胆附于肝(马有胆管,无胆囊),内藏胆汁。胆汁由肝疏泄而来,故《脉经》说:“肝之余气泄于胆,聚而成精。”因胆汁为肝之精气所化生,清而不浊,故《安骥集·天地五脏论》中称“胆为清净之腑”。胆的主要功能是贮藏和排泄胆汁,以帮助脾胃的运化。胆贮藏和排泄胆汁,和其它腑的转输作用相同,故为六腑之一;但其它腑所盛者皆浊,唯胆所盛者为清净之液,与五脏藏精气的作用相似,故又把胆列为奇恒之腑。胆有经脉络于肝,与肝相表里。胆汁的产生、贮藏和排泄均受肝疏泄功能的调节和控制。

肝胆本为一体，二者在生理上相互依存，相互制约，在病理上也相互影响，往往是肝胆同病。如肝胆湿热，临床上常见到动物食欲减退，发热口渴，尿色深黄，舌苔黄腻，脉弦数，口色黄赤等症状，治宜清湿热，利肝胆。

二、胃

胃位于膈下，上接食道，下连小肠。胃有经脉络于脾，与脾相表里。胃的主要功能为受纳和腐熟水谷。胃主受纳，是指胃有接受和容纳饮食物的作用。饮食入口，经食道容纳于胃，故胃有"太仓"、"水谷之海"之称。《安骥集·天地五脏论》中也称"胃为草谷之腑"。腐熟，是指饮食物在胃中经过胃的初步消化，形成食糜。饮食物经胃的腐熟或初步消化，一部分转变为气血，由脾上输于肺，再经肺的宣发作用布散到全身。故《灵枢·玉版篇》说："胃者，水谷气血之海也。"没有被消化吸收的部分，则通过胃的通降作用，下传于小肠，由小肠再进行进一步的消化吸收。由于脾主运化，胃主受纳、腐熟水谷，水谷在胃中可以转化为气血，而机体各脏腑组织都需要脾胃所运化气血的滋养，才能正常发挥功能，因此常常将脾胃合称为"后天之本"。

胃受纳和腐熟水谷的功能，称为"胃气"。由于胃需要把其中的水谷下传到小肠，故胃气的特点是以和降为顺。一旦胃气不降，便会发生食欲不振，水谷停滞，肚腹胀满等症；若胃气不降反而上逆，则出现嗳气、呕吐等症。胃气的功能状况，对于动物体的强健以及判断疾病的预后都至关重要。故《中藏经》说："胃气壮，五脏六腑皆壮也。"此外，还有"有胃气则生，无胃气则死"之说。临床上，也常常把"保胃气"作为重要的治疗原则。

三、小　　肠

小肠上通于胃，下接大肠。小肠有经脉络于心，与心相表里。小肠的主要生理功能是受盛化物和分别清浊，即小肠接受由胃传来的水谷，继续进行消化吸收以分别清浊。清者为水谷精微，经吸收后，由脾传输到身体各部，供机体活动之需；浊者为糟粕和多余水液，下注大肠或肾，经由二便排出体外。故《素问·灵兰秘典论篇》说："小肠者，受盛之官，化物出焉"；《安骥集·天地五脏论》也说："小肠为受盛之腑"。《医学入门》中指出："凡胃中腐熟水谷……自胃之下口传入于小肠，……分别清浊，水液入膀胱上口，滓秽入大肠上口。"因此，小肠有病，除影响消化吸收功能外，还出现排粪、排尿的异常。

四、大　　肠

大肠上通小肠，下连肛门。大肠有经脉络于肺，与肺相表里。大肠的主要功能是传化糟粕，即大肠接受小肠下传的水谷残渣或浊物，经过吸收其中的多余水液，最后燥化成粪便，由肛门排出体外。故《安骥集·天地五脏论》说："大肠为传送之腑"。大肠有病可见传导失常的各种病变。如大肠虚不能吸收水液，致使粪便燥化不及，则肠鸣、便溏；若大肠实热，消灼水液过多，致使粪便燥化太过，则出现粪便干燥、秘结难下等症。

五、膀　　胱

膀胱位于腹部，有经脉络于肾，与肾相表里。膀胱的主要功能为贮存和排泄尿液。故《安骥集·天地五脏论》说："膀胱为津液之腑"。水液经过小肠的吸收后，下输于肾的部分，经肾阳的蒸化成为尿液，下渗膀胱，到一定量后，引起排尿动作，排出体外。若肾阳不足，膀胱功能减弱，不能约束尿液，便会引起尿频、尿液不禁；若膀胱气化不利，可出现尿少、尿秘；若膀胱有热，湿热蕴结，可出现排尿困难、尿痛、尿淋漓、血尿等。

六、三　　焦

三焦是上、中、下焦的总称。从部位上来说，膈以上为上焦（包括心、肺等脏），脘腹部相当于中焦（包括脾、胃等脏腑），脐以下为下焦（包括肝、肾、大小肠、膀胱等脏腑）。如《安骥集·清浊五脏论》说："头至于心上焦位，中焦心下至脐论，脐下至足下焦位。"三焦总的功能是总司机体的气化，疏通水道，是水谷出入的通路。但上、中、下焦的功能各有不同。

上焦的功能是司呼吸，主血脉，将水谷精气敷布全身，以温养肌肤、筋骨，并通调腠理。中焦的主要功能是腐熟水谷，并将营养物质通过肺脉化生营血。下焦的主要功能是分别清浊，并将糟粕以及代谢后的水液排泄于外。故《灵枢·营卫生会篇》说："上焦如雾（指弥漫于胸中的宗气），中焦如沤（指水谷的腐熟），下焦如渎（指水液和糟粕的排泄通道）。"由之可见，水谷自受纳、腐熟，到精气的敷布，代谢产物的排泄，都与三焦有关。三焦的这些功能都是通过气化作用完成的，所以说三焦总司机体的气化作用。在病理情况下，上焦病包括心、肺的病变，中焦病包括脾、胃的病变，下焦病则主要指肝、肾的病变。

综上所述，三焦包含了胸腹腔上、中、下三部的有关脏器及其部分功能，所以说三焦是输送水液、养料及排泄废物的通道，而不是一个独立的器官。温病学上的三焦，是将这一概念加以引申，作为温病辨证的一种方法，其含义与上述三焦的概念有所不同。

三焦有经脉络于心包，与心包相表里。

[附]胞宫

胞宫，即子宫、输卵管和卵巢的总称，其主要功能是主发情和孕育胎儿。《灵枢·五音五味篇》说："冲脉、任脉，皆起于胞中"，可见胞宫与冲、任二脉相连。机体的生殖功能由肾所主，故胞宫与肾关系密切。肾气充盛，冲、任二脉气血充足，动物才会正常发情，发挥生殖及营养胞胎的作用。若肾气虚弱，冲、任二脉气血不足，则动物不能正常发情，或发生不孕症等。此外，胞宫与心、肝、脾三脏也有关系，因为动物的发情及胎儿的孕育都有赖于血液的滋养，需要以心主血、肝藏血、脾统血功能的正常作为必要条件。一旦三者的功能失调，便会影响胞宫的正常功能。

第四节 脏腑之间的关系

动物体是一个由五脏、六腑等组织器官构成的有机整体，各脏腑之间不但在生理上相互联系，分工合作，共同维持机体正常的生命活动，而且在病理上也相互影响。

一、脏与脏的关系

（一）心与肺 心与肺的关系，主要是气与血的关系。《素问·五藏生成篇》说："诸血者，皆属于心；诸气者，皆属于肺。"心主血，肺主气，二脏相互配合，保证了气血的正常运行。血的运行要靠气的推动，而气只有贯注于血脉中，靠血的运载才能到达周身，正所谓"气为血帅，血为气母，气行则血行，气滞则血瘀"。《素问·经脉别论》说："肺朝百脉"，意为心所主之血脉必然要朝会于肺，这说明心与肺、气与血是相互依存的。因此在病理上，无论是肺气虚弱或是肺失宣肃，均可影响到心的行血功能，导致血液运行迟滞，出现口舌青紫、脉迟涩等血瘀之症。相反，若心气不足或心阳不振，也会影响肺的宣发和肃降功能，导致呼吸异常，出现咳嗽、气促等肺气上逆之症。

（二）心与脾 心主血脉，藏神，脾主运化，统血，二者的关系十分密切。脾为心血的生化之源，若脾气充足，血液生化有源，则心血充盈；血行于脉中，虽靠心气的推动，但有赖于脾气的统摄才不致溢出脉外。脾的运化功能也有赖于心血的滋养和心神的统辖。若心血不足或心神失常，就会引起脾的运化失健，出现食欲减退，肢体倦怠等症；相反，若脾气虚弱，运化失职，也可导致心血不足或脾不统血，出现心悸、易惊或出血等症。

（三）心与肝 心与肝的关系主要表现在心主血、肝藏血，心藏神、肝主疏泄两个方面。首先，心主血、肝藏血，二者相互配合而起到推动血液循环及调节血量的作用。因此，心、肝之阴血不足，可互为影响。若心血不足，肝血可因之而虚，导致血不养筋，出现筋骨酸痛、四肢拘挛、抽搐等症；反之，肝血不足，也可影响心的功能，出现心悸、怔忡等症。其次，肝主疏泄、心藏神两者亦相互联系，相互影响。如肝疏泄失常，肝郁化火，可以扰及心神，出现心神不宁，狂躁不安等症；反之，心火亢盛，也可使肝血受损，出现血不养筋或血不养目等症。

(四)心与肾　心位于上焦，其性属火、属阳，肾位于下焦，其性属水、属阴，二者之间存在着相互作用、相互制约的关系。在生理条件下，心火不断下降，以资肾阳，共同温煦肾阴，使肾水不寒；同时，肾水不断上济于心，以资心阴，共同濡养心阳，使心阳不亢。这种阴阳相交，水火相济的关系，称为“水火既济”、“心肾相交”。在病理情况下，若肾水不足，不能上资心阴，就会出现心阳独亢或口舌生疮的阴虚火旺之证；若心火不足，不能下温肾阳，以致肾水不化，就会上凌于心，出现“水气凌心”的心悸症。此外，心主血，肾藏精，精血互化，故肾精亏损和心血不足之间也常互为因果。

(五)肺与脾　肺与脾的关系，主要表现在气的生成与水液代谢两个方面。在气的生成方面，肺主气，脾主运化，同为后天气血生化之源，存在着益气与主气的关系。脾所传输的水谷之精气，上输于肺，与肺吸入的清气结合而形成宗气，这就是脾助肺益气的作用。因此，肺气的盛衰很大程度上取决于脾气的强弱。故有“脾为生气之源，肺为主气之枢”之说。在水液代谢方面，脾运化水湿的功能，与肺气的肃降有关，脾、肺二脏相互配合，再加上肾的作用，共同完成水液的代谢过程。脾与肺在病理变化上也密切相关，若脾气虚弱，脾失健运，水湿不能运化，聚为痰饮，则影响肺气的宣降，出现咳嗽、气喘等症，故有“脾为生痰之源，肺为贮痰之器”之说。同样，肺有病也可影响到脾，如肺气虚，宣降失职，可引起水液代谢不利，湿邪困阻脾气，脾不健运，出现水肿、倦怠、腹胀、便溏等症。

(六)肺与肝　肺与肝的关系，主要表现在气机的升降方面。肝的经脉上行，贯膈而注于肺；肝以升发为顺，肺以肃降为常。肝气升发，肺气肃降，二者协调，则机体气机升降运行畅通无阻。如肝气升发太过而上逆，影响肺气的肃降，则出现胸满喘促等症；若肝阳过亢，肝火过盛则灼伤肺津，可引起肺燥咳嗽等证。若肺失肃降，则影响肝之升发，可出现胸胁胀满等症；若肺气虚弱，气虚血涩，则致肝血瘀滞，可引起肢体疼痛，视力减退等症。

(七)肺与肾　肺与肾的关系，主要表现在水液代谢和保持正常呼吸两个方面。在水液代谢方面，肺主宣降，肾主膀胱气化并司膀胱的开合，共同参与水液代谢，故有“肾主一身之水，肺为水之上源”之说。水液需经肺气的肃降才能下达于肾，肾有气化和升降水液的功能，脾运化的水液，要在肺肾的合作下，才能完成正常的代谢过程。因此，脾、肺、肾三脏的功能失调，均可导致水液停留，引起水肿等证。

在呼吸方面，肺司呼吸，为气之主，肾主纳气，为气之根，二者协同配合以完成机体的气体交换。肾的精气充足，肺所吸入之气才能下纳于肾，呼吸才能和利。若肾气不足，肾不纳气，则出现呼吸困难，呼多吸少，动则气喘的病证；若因肾阴不足而致肺阴虚弱，则出现虚热、盗汗、干咳等证。同样，肺的气阴不足，亦可影响到肾，而致肾虚之证。

（八）肝与脾 肝与脾的关系，主要是疏泄和运化的关系。肝藏血而主疏泄，脾生血而司运化，肝气的疏泄与脾胃之气的升降有着密切关系。肝的疏泄调畅，脾胃升降适度，则血液生化有源。若肝气郁滞，疏泄失常，就可引起脾不健运，出现食欲不振，肚腹胀满，腹痛，泄泻等症。反之，若脾失健运，水湿内停，日久蕴热，湿热郁蒸于中焦，也可导致肝疏泄不利，胆汁不能溢入肠道，横溢肌肤而形成黄疸。

（九）肝与肾 肝与肾的关系，主要表现在肾精和肝血相互资生方面。肾藏精，肝藏血，肝血需要肾精的滋养，肾精又需肝血的不断补充，即精能生血，血能化精，二者相互依存，相互补充。肝、肾二脏往往盛则同盛，衰则同衰，故有“肝肾同源”之说。在病理上，精血的病变亦常常互相影响。如肾精亏损，可导致肝血不足；肝血不足，也可引起肾精亏损。由于肝肾同源，肝肾阴阳之间的关系也极为密切。肝肾之阴，相互资生，在病理上也相互影响。如肾阴不足可引起肝阴不足，阴不制阳而致肝阳上亢，出现痉挛、抽搐等“水不涵木”之证；若肝阴不足，亦可导致肾阴不足而致相火外越，出现虚热、盗汗等证。

（十）脾与肾 脾与肾的关系，主要是先天与后天的关系。脾为后天之本，肾为先天之本。脾主运化，肾主藏精，二者相互资生，相互促进。肾所藏之精，需脾运化水谷之精的滋养才能充盈；脾的运化，又需肾阳的温煦，才能正常发挥作用。若肾阳不足，不能温煦脾阳，可引发腹胀、泄泻、水肿等证；而脾阳不足，脾不能运化水谷精气，则又可引起肾阳的不足或肾阳久虚，出现脾肾阳虚之证，主要表现为体质虚弱，形寒肢冷，久泻不止，肛门不收，或四肢浮肿。

二、腑与腑的关系

腑与腑之间的关系，主要是传化物的关系。水谷入于胃，经过胃的腐熟与初步消化，下传于小肠，由小肠进一步消化吸收以分别清浊，其中营养物质经脾转输于周身，糟粕则下注于大肠，经大肠的消化、吸收和传导，形成粪便，从肛门排出体外。在此过程中，胆排泄胆汁，以协助小肠的消化功能；代谢废物和多余的水分，下注膀胱，经膀胱的气化，形成尿液排出体外；三焦是水液升降排泄的主要通道。食物和水液的消化、吸收、传导、排泄是由各腑相互协调，共同配合而完成的。因六腑传化水谷,需要不断地受纳排空,虚实更替,故六腑以通为顺。正如《灵枢·平人绝谷篇》所说:“胃满则肠虚,肠满则胃虚,更虚更满,故气得上下”。一旦腑气不通或水谷停滞,就会引起各种病证,治疗时常以使其畅通为原则,故前人有“腑病以通为补”之说。

六腑在生理上相互联系,在病理上也相互影响。六腑之中一腑的不通,必然会影响水谷的传化,导致它腑的功能失常。如胃有实热,消灼津液,可使大肠传导不利,引起大便秘结;而粪便不通,又能影响胃的和降,致使胃气上逆,出现呕吐等证。又如胃有寒邪,不能腐熟水谷,可影响小肠分别清浊的功能,致使清浊不分而注入大肠,成为泄泻之证,若脾胃湿热,熏蒸肝胆,使胆汁外溢,则发生黄疸等。

三、脏与腑的关系

五脏主藏精气,属阴,主里;六腑主传化物,属阳,主表。心与小肠、肺与大肠、脾与胃、肝与胆、肾与膀胱、心包与三焦,彼此之间有经脉相互络属,构成了一脏一腑,一阴一阳,一表一里的阴阳表里关系。它们之间不仅在生理上相互联系,而且在病理上也互为影响。

(一)心与小肠 心与小肠的经脉相互络属,构成一脏一腑的表里关系。在生理情况下,心气正常,有利于小肠气血的补充,小肠才能发挥分别清浊的功能;而小肠功能的正常,又有助于心气的正常活动。在病理情况下,若小肠有热,循经脉上熏于心,则可引起口舌糜烂等心火上炎之症。反之,若心经有热,循经脉下移于小肠,可引起尿液短赤,排尿涩痛等小肠实热的病证。

(二)肺与大肠 肺与大肠的经脉相互络属,构成一脏一腑的表里关系。在生理情况下,大肠的传导功能正常,有赖于肺气的肃降,而大肠传导通畅,肺气才能和利。在病理情况下,若肺气壅滞,失其肃降之功,可引起大肠传导阻滞,导致粪便秘结;反之,大肠传导阻滞,亦可引起肺气肃降失常,出现气短、咳喘等证。在临床治疗上,肺有实热时,常泻大肠,使肺热由大肠下泻。反之,大肠阻塞时,也可宣通肺气,以疏利大肠。

(三)脾与胃 脾与胃都是消化水谷的重要器官,两者有经脉相互络属,构成一脏一腑的表里关系。脾主运化,胃主受纳;脾气主升,胃气主降;脾性本湿而喜燥,胃性本燥而喜润。二者一化一纳,一升一降,一燥一湿,相辅相成,共同完成消化、吸收、输送营养物质的任务。

胃受纳、腐熟水谷是脾主运化的基础。胃将受纳、消磨的水谷及时传输小肠,保持胃肠的虚实更替,故胃气以降为顺。若胃气不降,可引起水谷停滞胃脘的胀满、腹痛等证;若胃气不降反而上逆,则出现嗳气、呕吐等证。脾主运化是“为胃行其津液”，脾将水谷精气上输于心肺以形成宗气，并借助宗气的作用散布周身，故脾气以升为顺。若脾气不升，可引起食欲不振，食后腹胀，倦怠无力等清阳不升、脾不健运的病证；若脾气不升反而下陷，就会出现久泄、脱肛、子宫垂脱等病证。故《临证指南医案》说：“脾宜升则健，胃宜降则和。”

脾喜燥而恶湿，若脾不健运，则水湿停聚，阻遏脾阳，反过来又影响到脾的运化功能，可出现便溏、精神倦怠、食欲不振和食后腹胀等湿困脾阳的症状。胃喜湿而恶燥，只有在津液充足的情况下，胃的受纳、腐熟功能才能正常，水谷草料才能不断润降于肠。若胃中津液亏虚，胃失濡润，则出现水草迟细，胃中胀满等证。因此，脾与胃一燥一湿，燥湿相济，阴阳相合，方能完成水谷的运化过程。

由于脾胃关系密切，在病理上常常相互影响。如脾为湿困，运化失职，清气不升，可影响到胃的受纳与和降，出现食少、呕吐、肚腹胀满等症；反之，若饮食失节，食滞胃腑，胃失和降，亦可影响脾的升清及运化，出现腹胀、泄泻等证。

（四）肝与胆 胆附于肝，肝与胆有经脉相互络属，构成一脏一腑的表里关系。胆汁来源于肝，肝疏泄失常则影响胆汁的分泌和排泄；而胆汁排泄失常，又影响肝的疏泄，出现黄疸、消化不良等。故肝与胆在生理上关系密切，在病理上相互影响，常常肝胆同病，在治疗上也肝胆同治。

（五）肾与膀胱 肾与膀胱的经脉相互络属，二者互为表里。肾主水，膀胱有贮存和排泄尿液之功，两者均参与机体的水液代谢过程。肾气有助膀胱气化及司膀胱开合以约束尿液的作用。若肾气充足，固摄有权，则膀胱开合有度，尿液的贮存和排泄正常；若肾气不足，失去固摄及司膀胱开合的作用，则引起多尿及尿失禁等症；若肾虚气化不及，则导致尿闭或排尿不畅。

第三章 气血津液

气、血、津液是构成动物体的基本物质，也是维持动物体生命活动的基本物质。气，是不断运动的、极其细微的物质；血，是循行于脉中的红色液体；津液，是体内一切正常水液的总称。气、血、津液既是动物体脏腑、经络等组织器官生理活动的产物，又为脏腑经络的生理活动提供必需的物质和能量，是这些组织器官功能活动的物质基础。

研究气、血、津液的生成、输布、生理功能、病理变化及其相互关系的学说，称为气血津液学说。它从整体的角度来研究构成和维持动物体生命活动的基本物质，揭示机体脏腑经络等生理活动和病理变化的物质基础。

第一节 气

一、气的基本概念

气是不断运动的、极其细微的物质。中国古代哲学认为，气是构成整个宇宙的最基本物质，自然界的一切事物均由气所构成，如《庄子·知北游》说："通天下一气耳"。气存在于宇宙中，有两种状态：一种是弥散而剧烈运动不易察觉的"无形"状态，另一种是集中凝聚在一起的有形状态。习惯上，把弥散无形的气称为气，而把气经凝聚变化形成的有形实体称为形。气的概念被引用到中兽医学中，认为气是构成动物体和维持其生命活动的最基本物质。

(一)气是构成动物体生命的物质 《素问·宝命全形论》说："天地合气，命之曰人。"就是说，人是由天地之气相合而产生的。动物和人一样，也是由天地合气而产生的，天地之气是构成动物体的基本物质。构成动物体的气，也有两种状态：一种是气聚而成形之物，如机体的脏、腑、形、窍、血、津液等；另一种是呈弥散状态，难以直接察觉的无形之气，如机体的元气、宗气等。本章所讨论的气，主要是指这些呈弥散状态的气。

(二)气是维持动物体生命活动的物质 动物体不但要从自然界摄取清气，而且还必须摄入食物才能维持正常的生命活动。食物经脾胃的消化吸收，转变为水谷精微之气，再由水谷精微之气进一步转化为宗气、营气、卫气、血、津液等，起到营养全身各脏腑器官,维持其生理活动的作用。

气是不断运动的,机体的生命活动实际上就是体内气的运动和变化。如机体内外气体的交换,营养物质的消化、吸收和运输,血液的运行,津液的输布和代谢,体内代谢物的排泄等,都是通过气的运动来实现的。如果气的运动和变化停止,动物体的生命活动就会终止。

综上所述,气是存在于动物体内的至精至微的物质,是构成动物体的基本物质,也是维持动物体生命活动的基本物质。机体生命所赖者,唯气而已,气聚则生,气散则死。

二、气的生成

动物体内气的生成,主要源于两个方面。一是禀受于父母的先天之精气,即先天之气。它藏之于肾,是构成生命的基本物质,为动物体生长发育和生殖的根本,是机体气的重要组成部分。二是肺吸入的自然界清气和脾胃所运化的水谷精微之气,即后天之气。自然界的清气,由肺吸入,在肺内不断地同体内之气进行交换,实现吐故纳新,参与动物体气的生成;水谷精微之气,由脾胃所运化,输布于全身,滋养脏腑,化生气血,是维持机体生命活动的主要物质。

三、气的运动

气是不断运动的,气的运动称为气机,其基本形式有升、降、出、入四种。所谓升,是指气自下而上的运动,如脾将水谷精微物质上输于肺为升;所谓降,是指气自上而下的运动,如胃将腐熟后的食物下传小肠为降;所谓出,是指气由内向外的运动,如肺呼出浊气为出;所谓入,是指气由外向内的运动,如肺吸入清气为入。

气在体内依附于血、津液等载体,故气的运动,一方面体现于血、津液的运行,另一方面体现于脏腑器官的生理活动。升降运动是脏腑的特性,而其趋势则随脏腑的不同而有所不同。就五脏而言,心肺在上,在上者宜降;肝肾在下,在下者宜升;脾胃居中,通连上下,为升降的枢纽。就六腑而言,虽然六腑传化物而不藏,以通为用,宜降,但在食物的传化过程中,也有吸收水谷精微和津液的作用,故其气机的运动是降中寓升。

气机的升降,对于动物体的生命活动至关重要。只有各脏腑器官的气机升降正常,维持相对平衡,才能保证机体内外气体的交换,营养物质的消化、吸收,水谷精微之气以及血和津液的输布,代谢产物的排泄等新陈代谢活动的正常。否则,就会发生升降失调的病证。

四、气的生理功能

气构成和维持动物体的生命，对于动物体具有十分重要的多种生理功能。

(一)推动作用 气的推动作用，是指气有激发和推动的作用。气是活力很强的精微物质，能够激发、推动和促进机体的生长发育及各脏腑组织器官的生理功能，推动血液的生成、运行以及津液的生成、输布和排泄。若气的推动作用减弱，可影响动物体的生长、发育，或使脏腑组织器官的生理活动减退，出现血液和津液的生成不足，运行迟缓，输布、排泄障碍等病证。

(二)温煦作用 气的温煦作用，是指阳气能够生热，具有温煦机体脏腑组织器官以及血、津液等的作用。故《难经·二十二难》说："气主煦之"。动物体的体温，依赖于气的温煦作用得以维持恒定；机体各脏腑组织器官正常的生理活动，依赖于气的温煦作用得以进行；血和津液等液态物质，也依赖于气的温煦作用才能环流于周身而不致凝滞。若阳气不足，则会因产热过少而引起四肢、耳、鼻俱凉，体温偏低的寒证；若阳气过盛，则会因产热过多而引起四肢、耳、鼻俱热，体温偏高的热证。故有"气不足便是寒"，"气有余便是火"之说。

(三)防御作用 气的防御作用，是指气有保卫机体，抗御外邪的作用。气一方面可以抵御外邪的入侵，另一方面还可祛邪外出。气的防御功能正常，邪气就不易侵入；或虽有外邪侵入，也不易发病；即使发病，也易于治愈。若气的防御作用减弱，机体就易感外邪而发病，或发病后难以治愈。

(四)固摄作用 气的固摄作用，是指气有统摄和控制体内液态物质，防止其无故丢失的作用。气的固摄作用主要表现为以下三个方面：一是固摄血液，保证血液在脉中的正常运行，防止其溢出脉外；二是固摄汗液、尿液、唾液、胃液、肠液等，控制其正常的分泌量和排泄量，防止体液丢失；三是固摄精液，防止妄泄。气的固摄功能减弱，可导致体内液态物质的大量丢失。例如，气不摄血，可导致各种出血；气不摄津，可导致自汗、多尿、小便失禁、流涎等；气不固精，可出现遗精、滑精、早泄等。

(五)气化作用 所谓气化，是指通过气的运动而产生的各种变化。各种气的生成及其代谢，精、血、津液等的生成、输布、代谢及其相互转化等均属于气化的范畴。机体的新陈代谢过程，实际上就是气化作用的具体体现。如果气的气化作用失常，则影响机体的各种物质代谢过程，如食物的消化吸收，气、血、津液的生成、输布，汗液、尿液和粪便的排泄等。

(六)营养作用 气的营养作用，主要是指脾胃所运化的水谷精微之气对机体各脏腑组织器官所具有的营养作用。水谷精微之气，可以化为血液、津液、营气、卫气,机体的各脏腑组织器官无一不需这些物质的营养,才能正常发挥其生理功能。

五、气的分类

就整体来说,动物体的气是由肾中精气、脾胃运化的水谷精气和肺吸入的清气,在肺、脾、胃、肾等脏腑的综合作用下产生的。由于气的组成成分、来源、在机体分布的部位及其作用的不同,而有不同的名称,如呼吸之气、水谷之气、五脏之气、经络之气等。但就其生成及作用而言,主要有元气、宗气、营气、卫气四种。

(一)元气 元气根源于肾,包括元阴、元阳(即肾阴、肾阳)之气,又称原气、真气、真元之气。它由先天之精所化生,藏之于肾,又赖后天精气的滋养,才能不断地发挥其作用。如《灵枢·刺节真邪论》说:"真气者,所受于天,与谷气并而充身也。"元气是机体生命活动的原始物质及其生化的原动力。它赖三焦通达周身,使脏腑组织器官得到激发与推动,以发挥其功能,维持机体的正常生长发育。五脏六腑之气的产生,都要根源于元气的资助。因而元气充,则脏腑盛,身体健康少病。反之,若先天禀赋不足或久病损伤元气,则脏腑气衰,抗邪无力,动物就体弱多病,治疗时宜培补元气,以固根本。

(二)宗气 宗气由脾胃所运化的水谷精微之气和肺所吸入的自然界清气结合而成。它形成于肺,聚于胸中,有助肺以行呼吸和贯穿心脉以行营血的作用。如《灵枢·邪客篇》说:"故宗气积于胸中,出于喉咙,以贯心脉,而行呼吸焉。"呼吸及声音的强弱,气血的运行,肢体的活动能力等都与宗气的盛衰有关。宗气充盛,则机体有关生理活动正常;若宗气不足,则呼吸少气,心气虚弱,甚至引起血脉凝滞等病变。故《灵枢·刺节真邪论》说:"宗气不下,脉中之血,凝而留止。"

(三)营气 营气是水谷精微所化生的精气之一,与血并行于脉中,是宗气贯入血脉中的营养之气,故称"营气",又称荣气。营气进入脉中,成为血液的组成部分,并随血液运行周身。营气除了化生血液外,还有营养全身的作用。《灵枢·营卫生会篇》说:"谷入于胃,以传于肺,五脏六腑皆以受气,其清者为营,……营在脉中,……营周不休。"由于营气行于脉中,化生为血,其营养全身的功能又与血液基本相同,故营气与血可分而不可离,常并称为"营血"。

(四)卫气 卫气主要由水谷之气所化生,是机体阳气的一部分,故有"卫阳"之称。因其性剽悍、滑疾,故《素问·痹论》称"卫者,水谷之悍气也"。卫气行于脉外,敷布全身,在内散于胸腹,温养五脏六腑;在外布于肌表皮肤,温养肌肉,润泽皮肤,滋养腠理,启闭汗孔,保卫肌表,抗御外邪。故《灵枢·本藏篇》说:"卫气者,所以温分肉,充皮肤,肥腠理,司开合者也。"若卫气不足,肌表不固,外邪就可乘虚而入。

第二节 血

一、血的概念

血是一种含有营气的红色液体。它依靠气的推动，循着经脉流注周身，具有很强的营养与滋润作用，是构成动物体和维持动物体生命活动的重要物质。从五脏六腑到筋骨皮肉，都依赖于血的滋养才能进行正常的生理活动。

二、血的生成

血主要含有营气和津液，其生成主要有以下三个方面。第一，血液主要来源于水谷精微，脾胃是血液的生化之源。如《灵枢·决气篇》指出："中焦受气取汁，变化而赤，是谓血"即是说脾胃接受水谷精微之气，并将其转化为营气和津液，再通过气化作用，将其变化为红色的血液。《景岳全书》也说："血者，水谷之精气也，源源而来，而实生化于脾。"由于脾胃所运化的水谷精微是化生血液的基本物质，故称脾胃为"气血生化之源"。第二，营气入于心脉有化生血液的作用。如《灵枢·邪客篇》说："营气者，泌其津液，注之于脉，化以为血。"第三，精血之间可以互相转化。如《张氏医通》说："气不耗，归气于肾而为精，精不泄，归精于肝而化清血"，即认为肾精与肝血之间，存在着相互转化的关系。因此，临床上血耗和精亏往往相互影响。

三、血的生理功能

血具有营养和滋润全身的功能，故《难经·二十二难》说："血主润之"。血在脉中循行内至五脏六腑，外达筋骨皮肉，不断地对全身的脏腑、形体、五官九窍等组织器官起着营养和滋润作用，以维持其正常的生理活动。血液充盈，则口色红润，皮肤与被毛润泽，筋骨强劲，肌肉丰满，脏腑坚韧；若血液不足，则口色淡白，皮肤与被毛枯槁，筋骨萎软或拘急，肌肉消瘦，脏腑脆弱。此外，血还是机体精神活动的主要物质基础。若血液供给充足，则动物精神活动正常；否则，就会发生精神紊乱的病证。故《灵枢·平人绝谷篇》说："血脉和利，精神乃居。"

第三节 津 液

一、津液的概念

津液是动物体内一切正常水液的总称，包括各脏腑组织的内在体液及其分泌物，如胃液、肠液、关节液以及涕、泪、唾等。其中，清而稀者称为“津”，浊而稠者称为“液”。津和液虽有区别，但因其来源相同，又互相补充、互相转化，故一般情况下，常统称为津液。津液广泛地存在于脏腑、形体、官窍等器官，起着滋润濡养的作用。同时，津液也是组成血液的物质之一。因此，津液不但是构成动物体的基本物质，也是维持动物体生命活动的基本物质。

二、津液的生成、输布和排泄

津液的生成、输布和排泄，是一个很复杂的生理过程，涉及多个脏腑的一系列生理活动。《素问·经脉别论》所说“饮入于胃，游溢精气，上输于脾，脾气散精，上归于肺，通调水道，下属膀胱，水精四布，五经并行”，便是对津液代谢过程的简要概括。

(一)津液的生成 津液来源于饮食水谷，经由脾、胃、小肠、大肠吸收其中的水分和营养物质而生成。胃主受纳、腐熟水谷，吸收水谷中的部分精微物质；小肠接受胃下传的食物，分别清浊，吸收其中的大部分水分和营养物质后，将糟粕下输于大肠；大肠吸收食物残渣中的多余水分，形成粪便。胃、小肠、大肠所吸收的水谷精微，一起输送到脾，通过脾布散全身。

(二)津液的输布 津液的输布主要依靠脾、肺、肾、肝和三焦等脏腑的综合作用来完成。脾主运化水谷精微，将津液上输于肺。肺接受脾转输来的津液，通过宣发和肃降作用，将其输布全身，内注脏腑，外达皮毛，并将代谢后的水液下输肾及膀胱。肾对津液的输布也起着重要作用：一方面，肾中精气的蒸腾气化，推动着津液的生成、输布；另一方面，由肺下输至肾的津液，通过肾的气化作用再次分别清浊，清者上输于肺而布散全身，浊者化为尿液下注膀胱，排出体外。此外，肝主疏泄，可使气机调畅，从而促进了津液的运行和输布；三焦则是津液在体内运行、输布的通道。由此可见，津液的输布依赖于脾的转输、肺的宣降和通调水道以及肾的气化作用，而三焦是水液升降出入的通道，肝的疏泄又保障了三焦的通利和水液的正常升降。其中任何一个脏腑的功能失调，都会影响津液的正常输布和运行，导致津液亏损或水湿内停等证。

(三)津液的排泄 一是由肺宣发至体表皮毛的津液，被阳气蒸腾而化为汗液，由汗孔排出体外；二是代谢后的水液，经肾和膀胱的气化作用，形成尿液并排出体外；三是在大肠排泄粪便时，带走部分津液。此外，肺在呼气时，也会带走部分津液（水分）。

三、津液的生理功能

津液具有滋润和濡养的作用。津较清稀,滋润作用大于液;液较浓稠,濡养作用大于津。具体地说,津有两方面的功能:一是随卫气的运行敷布于体表、皮肤、肌肉等组织间,起到润泽和温养皮肤、肌肉的作用,如《灵枢·五癃津液别篇》说:“温肌肉、充皮肤,为其津”;二是进入脉中,起到组成和补充血液的作用,如《灵枢·痈疽篇》说:“津液和调,变化而赤为血”。液也有两方面的功能:一是注入经脉,随着血脉运行灌注于脏腑、骨髓、脊髓和脑髓,起到滋养内脏,充养骨髓、脊髓、脑髓的作用;二是流注关节、五官等处,起到滑利关节,润泽孔窍的作用。液在目、口、鼻可转化为泪、唾、涎、涕等。

第四节　气血津液之间的关系

气、血、津液均来源于脾胃所运化的水谷精微,都是构成机体和维持机体生命活动的基本物质,三者之间存在着相互依存、相互转化和相互为用的关系。

一、气和血的关系

(一)气能生血　气能生血,一方面是指气,特别是水谷精微之气是化生血液的原料;另一方面是指气化作用是化生血液的动力,从摄入的食物转化成水谷精微,到水谷精微转化成营气和津液,再到营气和津液转化成赤色的血,无一不是通过气化作用来完成的。因此,气旺则血充,气虚则血少。临床治疗血虚疾患时,常于补血药中配以补气药,就是取补气以生血之意。

(二)气能行血　血属阴而主静,气属阳而主动。血的运行必须依赖气的推动,故有“气为血帅”,“气行则血行,气滞则血瘀”之说。一旦出现气虚、气滞,就会导致血行不利,甚至引起血瘀等证。故临床上治疗血瘀证时,常在活血化瘀药中配以行气导滞之品。

(三)气能摄血　血液能正常循行于脉中而不致溢出脉外,全赖气对血的统摄。若气虚,气不摄血,则可引起各种出血之证。故临床上治疗出血性疾病时,常在止血药中配以补气药,以达到补气摄血的目的。

(四)血以载气　气无形而动,必须附着于有形之血,才能行于脉中而不致散失。若气不能依附于血,则将飘浮不定,故有“血为气母”之说。若血虚,气无所依,必将因气的流散而导致气虚。

二、气和津液的关系

(一)气能生津(液) 是指气是津液生成的物质基础和动力。津液源于水谷精气,而水谷精气赖脾胃之运化而生成,气有推动和激发脾胃的功能活动,使其运化正常,保证津液生成的作用。

(二)气能行津(液) 是指津液的输布和排泄均依赖于气的升降出入和有关脏腑的气化功能。若气化不利,就会影响到津液的输布和排泄,导致水液停留,出现痰饮、水肿等证。

(三)气能摄津(液) 是指气有固摄津液以控制其排泄的作用。若气虚不固,则引起多尿、多汗等津液流失的病证,临床治疗时应注意补气固津。

(四)津(液)以载气 津液为气的载体之一,气依附于津液而存在,否则就会涣散不定。因此,津液的丢失,必将引起气的耗损而致气虚之证。临床上,若出汗过多或吐泻过度,或因汗、吐、下太过而引起津液大量丢失,均可导致"气随液脱"的危候。故《金匮要略心典·痰饮篇》说:"吐下之余,定无完气"。

三、血和津液的关系

血和津液在性质上均属于阴,都是以营养、滋润为主要功能的液体,其来源相同,又能相互渗透转化,故二者的关系非常密切。津液是血液的组成部分,如《灵枢·痈疽篇》说:"津液和调,变化而赤为血";而血的液体部分渗于脉外,可成为津液,故有"津血同源"之说。若出血过多,可引起耗血伤津的病证;而严重的伤津脱液,又损及血液,引起津枯血燥。临床上有血虚表现的病证,一般不用汗法,而对于多汗津亏者,也不宜用放血疗法。故《灵枢·营卫生会篇》说:"夺血者无汗,夺汗者无血";《伤寒论》也说:"亡血家不可发汗"。

第四章 经 络

经络学说是中兽医学基础理论的重要组成部分，是研究机体生理作用和病理现象的依据，对于辨证、用药以及针灸治疗都具有重要的指导意义。《灵枢·经脉篇》说："经脉者，所以能决死生，处百病，调虚实，不可不通。"清代喻嘉言也说："凡治病不明脏腑经络，开口动手便错。"可见掌握经络学说的重要性。

第一节 经络的基本概念和经络系统

一、经络的概念

经络是动物体内经脉和络脉的总称，是机体联络脏腑、沟通内外和运行气血、调节功能的通路，是动物体组织结构的重要组成部分。经，即经脉，有路径的意思，是经络系统的主干；络，即络脉，有网络的意思，是经脉的分支。经络在体内纵横交错，内外连接，遍布全身，无处不至，把动物体的脏腑、器官、组织都紧密地联系起来，形成一个有机的统一整体。

经络学说是研究机体经络系统的组织结构、生理功能、病理变化及其与脏腑关系的学说，是中兽医学理论体系的重要组成部分。

二、经络系统的组成

经络系统主要由四部分组成，即经脉、络脉、内属脏腑部分和外连体表部分（表4-1）。其中，经脉是经络系统的主干，除分布在体表一定部位外，还深入体内连属脏腑；络脉是经脉的细小分支，一般多分布于体表，联系"经筋"和"皮部"。

（一）经脉 经脉主要由十二经脉、十二经别和奇经八脉构成。十二经脉，即前肢三阳经和三阴经，后肢三阳经和三阴经。十二经脉有一定的起止，一定的循行部位和交接顺序，与脏腑有着直接的络属关系，是全部经络系统的主体，又叫十二正经。十二经别是从十二经脉分出的纵行支脉，故又称为"别行的正经"。奇经八脉，包括任脉、督脉、冲脉、带脉、阴维脉、阳维脉、阴跷脉、阳跷脉八条，其循行、分布与十二经脉、十二经别有所不同。虽然大部分是纵行的，左右对称的，但也有横行和分布在躯干正中线的；除与子宫和脑有直接联系外，与五脏、六腑没有直接的络属关系，相互之间也不存在表里相合、相互衔接及相互循环流注的关系，故称其为别道奇行的“奇经”。因其有八条，故称“奇经八脉”。

表 4-1　经络组成表

- 经络
  - 联系径路
    - 经脉
      - 十二经脉——内属脏腑，外连肢节
      - 十二经别——从经脉分出，复合于经脉
      - 奇经八脉——别道奇行的经脉分支
    - 络脉
      - 十五大络——主要的络脉(大络)
      - 络脉——从经脉和大络分出的斜横分支
      - 孙络——络脉的细小分支
      - 浮络——浮现于体表的络脉
  - 内外连属
    - 内属——脏腑——同经脉及部分络脉相连属
    - 外连
      - 十二经筋——分布体表，不入脏腑
      - 十二皮部——皮肤部分的经络分区

(二)络脉　络脉是经脉的细小分支，多数无一定的循行路径。络脉包括十五大络、络脉、孙络、浮络和血络。十五大络，即十二络脉(每一条正经都有一条络脉)加上任脉、督脉的络脉和脾的大络，总共为十五条，它是所有络脉的主体。另有胃的大络，加起来实际上是十六条大络，但因脾胃相表里，故习惯上仍称十五大络。从十五大络分出的斜横分支，一般统称为络脉。从络脉中分出的细小分支，称为孙络。络脉浮于体表的，叫作浮络。络脉，特别是浮络，在皮肤上暴露出的细小血管，称为血络。

(三)内属脏腑部分　经络深入体内连属各个脏腑。十二经脉各与其本身脏腑直接相连，称之为“属”；同时也各与其相表里的脏腑相连，称之为“络”。阳经皆属腑而络脏，阴经皆属脏而络腑。如前肢太阴肺经的经脉，属肺络于大肠；前肢阳明大肠经的经脉，属大肠络于肺等。互为表里的脏腑之间的这种联系，称为“脏腑络属”关系。此外，通过经络的循环、交叉和交会，各经脉还与其它有关内脏贯通连接，构成脏腑之间错综复杂的联系。

(四)外连体表部分　经络与体表组织相联系，主要有十二经筋和十二皮部。经筋是经脉所连属的筋肉系统，即十二经脉及其络脉中气血所濡养的肌肉、肌腱、筋膜、韧带等，其功能主要是连缀四肢百骸，主司关节运动。皮部是经脉及其所属络脉在体表的分布部位，即皮肤的经络分区。经筋、皮部与经脉、络脉有紧密联系，故称经络“外络于肢节”。

第二节　十二经脉和奇经八脉

一、十 二 经 脉

(一)十二经脉的命名　十二经脉对称地分布于动物体的两侧,分别循行于前肢或后肢的内侧和外侧,每一经分别属于一个脏或一个腑。因此,每一经脉的名称包括前肢或后肢、阴或阳、脏或腑三个部分。根据阴阳学说,四肢内侧为阴,外侧为阳;脏为阴,腑为阳。故行于四肢内侧的为阴经,属脏;行于四肢外侧的为阳经,属腑。由于十二经脉分布于前、后肢的内、外两侧共四个侧面,每一侧面有三条经脉分布,这样一阴一阳就衍化为三阴三阳,即太阴、少阴、厥阴、阳明、太阳、少阳。各条经脉就是按其所属脏腑,并结合循行于四肢的部位来确定其名称的。十二经脉的命名见表 4-2。

表 4-2　十二经脉的命名表

循行部位(阴经行于内侧,阳经行于外侧)		阴经(属脏络腑)	阳经(属腑络脏)
前肢	前缘	太阴肺经	阳明大肠经
	中线	厥阴心包经	少阳三焦经
	后缘	少阴心经	太阳小肠经
后肢	前缘	太阴脾经	阳明胃经
	中线	厥阴肝经	少阳胆经
	后缘	少阴肾经	太阳膀胱经

(二)十二经脉的循行路线　一般来说,前肢三阴经,从胸部开始,循行于前肢内侧,止于前肢末端;前肢三阳经,由前肢末端开始,循行于前肢外侧,抵达于头部;后肢三阳经,由头部开始,经背腰部,循行于后肢外侧,止于后肢末端;后肢三阴经,由后肢末端开始,循行于后肢内侧,经腹达胸。从十二经脉的分布来看,前肢三阳经止于头部,后肢三阳经又起于头部,所以称头为“诸阳之会”。后肢三阴经止于胸部,而前肢三阴经又起于胸部,所以称胸为“诸阴之会”。

(三)十二经脉的流注次序　气血由中焦水谷精气所化生,十二经脉是气血运行的主要通道,经脉中气血的运行是依次循环贯注的,即经脉在中焦受气后,上注于肺,自前肢太阴肺经开始,逐经依次相传,至后肢厥阴肝经,再复注于肺,首尾相贯,如环无端,构成十二经脉循环。其流注次序见表 4-3。

表 4-3 十二经脉流注次序表

三阳(表)			三阴(里)	
前肢阳明	大肠	←	肺	前肢太阴
后肢阳明	胃	→	脾	后肢太阴
前肢太阳	小肠	←	心	前肢少阴
后肢太阳	膀胱	→	肾	后肢少阴
前肢少阳	三焦	←	心包	前肢厥阴
后肢少阳	胆	→	肝	后肢厥阴

营气在脉中运行时，还有一条分支，即由前肢太阴肺经开始，专注于任脉，上行通连督脉，循脊背，绕经阴部，又连接任脉，到胸腹再与前肢太阴肺经衔接，构成了十四经脉的循行通路。

二、奇 经 八 脉

奇经八脉是任、督、冲、带、阴维、阳维、阴跷、阳跷八条经脉的总称。因其不直接与脏腑相连属，有别于十二正经，故称"奇经"。其中，任脉行于腹正中线，总任一身之阴脉，称为"阴脉之海"。任脉还有妊养胞胎的作用，故又有"任主胞胎"之说。督脉行于背正中线，总督一身之阳脉，有"阳脉之海"之称。十二经脉加上任、督二脉，合称"十四经脉"，是经脉的主干。冲脉行于颈、腹两侧，经后肢内侧达足或蹄之中心，与后肢少阴经并行。冲脉总领一身气血的要冲，能调节十二经气血，故有"十二经之海"和"血海"之称。因任、督、冲脉，同起于胞中，故有"一源三歧"之说。带脉环行于腰部，状如束带，有约束纵行诸脉、调节脉气的作用。阴维脉和阳维脉，分别具有维系、联络全身阴经或阳经的作用。阴跷脉和阳跷脉，具有交通一身阴阳之气和调节肌肉运动，司眼睑开合的作用。

总之，奇经八脉出于十二经脉之间，具有加强十二经脉的联系和调节十二经脉气血的功能。当十二经脉中气血满溢时，则流注于奇经八脉，蓄以备用。古人将气血比作水流，将十二经脉比作江河，而将奇经八脉比作湖泊，相互间起着调节、补充的作用。

[附]马体十四经脉的循行路线

关于十四经脉的循行部位，《元亨疗马集》中提到："马、牛周身有十二道经脉"，对每一条经脉都记有一个代表穴位，如胸堂心之经，鹘脉肺之经等，但缺乏经脉具体循行部位的描述。20世纪70年代，有关学者在汇总了关于马体经络循行资料的基础上，参考人体经络的循行路线，绘制了马体经脉循行路线示意图，以供参考。

第三节 经络的主要作用

经络能密切联系周身的组织和脏器，在生理功能、病理变化、药物及针灸治疗等方面，都起着重要作用。

一、生 理 方 面

(一)运行气血，温养全身 动物体的各组织器官，均需气血的温养，才能维持正常的生理活动，而气血必须通过经络的传注，方能通达周身，发挥其温养脏腑组织的作用。故《灵枢·本藏篇》说："经脉者，所以行血气而营阴阳，濡筋骨，利关节者也。"

(二)协调脏腑，联系周身 经络既有运行气血的作用，又有联系动物体各组织器官的作用，使机体内外上下保持协调统一。经络内连脏腑，外络肢节，上下贯通，左右交叉，将动物体各个组织器官，相互紧密地联系起来，从而起到了协调脏腑功能枢纽的作用。

(三)保卫体表，抗御外邪 经络在运行气血的同时，卫气伴行于脉外，因卫气能温煦脏腑、腠理、皮毛，开合汗孔，因而具有保卫体表、抗御外邪的作用。同时，经络外络肢节、皮毛，营养体表，是调节防卫机能的要塞。

二、病 理 方 面

经络同疾病的发生与传变有着密切的联系，主要表现在以下两个方面。

(一)传导病邪 当病邪侵入时，动物体通过经络以调整体内营卫气血等防卫力量来抵抗病邪。若动物体正气虚弱，气血失调，病邪可通过经络由表及里传入脏腑而引发病证。如外感风寒在表不解，可通过前肢太阴肺经传入肺脏，引起咳喘等证。

(二)反映病变 脏腑有病，可通过经络反映到体表，临床上可据此对疾病进行诊断。如心火亢盛，可循心经上传于舌，出现口舌红肿糜烂的症状；肝火亢盛，可循肝经上传于眼，出现目赤肿痛、睛生翳膜等症状；肾有病，可循肾经传于腰部，出现腰胯疼痛无力等症状。

三、治疗方面

(一)传递药物的治疗作用 1186年,南宋的张洁古在《珍珠囊》一书中,以经络学说为基础,首先提出了药物归经的理论。认为药物作用于机体,需通过经络的传递,经络能够选择性地传递某些药物,致使某些药物对某些脏腑具有主要作用。例如,同为泻火药,由于被不同的经络传递,则有黄连泻心火,黄芩泻肺火,白芍泻脾火,知母泻肾火,木通泻小肠火,黄芩又泻大肠火,石膏泻胃火,柴胡、黄芩泻三焦火,柴胡、黄连泻肝胆火,黄柏泻膀胱火等的区分。据此总结出了"药物归经"或"按经选药"的原则。此外,按照药物归经的理论,在临床实践中还归结出了某些引经药,如桔梗引药上行专入肺经,牛膝引药下行专入肝肾两经等。

(二)感受和传导针灸的刺激作用 经络能够感受和传导针灸的刺激作用。针刺体表的穴位之所以能够治疗内脏的疾病,就是借助于经络的这种感受和传导作用。因此,在针灸治疗方面就提出了"循经取穴"的原则,即治疗某一经的病变,就在这一经上选取某些特定的穴位,对其施以一定的刺激,达到调理气血和脏腑功能的目的。如胃热针玉堂穴(后肢阳明胃经),腹泻针带脉穴(后肢太阴脾经),冷痛针三江穴(后肢阳明胃经)和四蹄穴(前蹄头属前肢阳明大肠经,后蹄头属后肢阳明胃经)等。

总之,经络理论与中兽医临床实践有着紧密的关系,特别是在针灸方面更为突出。根据经络理论,按经选药或循经取穴,通过用药物或针灸的方法治疗动物疾病,往往能取得较好疗效。

第五章　病因病理学说

第一节　病因病机的基本概念

病因，即致病因素，也就是引起动物疾病发生的原因。病机，是指各种病因作用于机体，引起疾病发生、发展与转归的机理。

中兽医学认为，动物体内部各脏腑组织之间以及动物体与外界环境之间，是一个既对立又统一的整体，在正常情况下处于相对的平衡状态，以维持动物体的生理活动。如果这种相对平衡的状态在病因的作用下遭到破坏或失调，一时又不能经自行调节而恢复，就会导致疾病的发生。故《素问·调经论》说："血气不和，百病乃变化而生。"

疾病的发生和变化，虽然错综复杂，但不外动物体内在的因素和致病的外在因素两个方面，中兽医学分别称为"正气"与"邪气"。"正气"，是指动物体各脏腑组织器官的机能活动，及其对外界环境的适应能力和对致病因素的抵抗力；"邪气"，指一切致病因素。疾病的发生与发展就是"正邪相争"的结果。正气充盛的动物，卫外功能固密，外邪不易侵犯；只有在动物体正气虚弱，卫外不固，正不胜邪的情况下，外邪才能乘虚侵害机体而发病。在正、邪这两方面的因素中，中兽医学特别强调正气是在疾病发生与否的过程中起着主导作用的方面。如《元亨疗马集·八邪论》说："真气守于内，精神固于外，其病患安得而有之。"《素问·刺法论》和《素问·评热病论》中也分别有"正气存内，邪不可干"和"邪之所凑，其气必虚"之说。诚然，在某些特殊情况下，邪气也可成为发病的主要方面，如某些强毒攻击，或强烈的理化因素所致的伤害等。即使如此，邪气还是要通过损伤机体的正气而发生作用。

动物体的正气盛衰，取决于体质因素和所处的环境及饲养管理等条件。正如《元亨疗马集·正证论》所说："马逢正气，疴瘵不生，半在人之所蓄。"一旦饲养管理失调，就会致使正气不足，卫外功能暂时失固。此时如果有外邪侵袭，虽然可以引起动物发病，但由于动物体质及机能状态的不同，即动物体正气强弱的差异，而在发病时间以及所表现出的症状上均有所差异。就发病时间而言，有的邪至即发病，有的则潜伏体内待机而发，亦有重新感邪引动伏邪而发病者。就所表现出的症状而论，有的表现出虚证，有的则表现为实证。如同为外感风寒，体质虚弱，肺卫不固的动物，易患表虚证，病情较重；而体质强壮的动物，则易患表实证，病情较轻。由此可见动物体正气的盛衰，与疾病的发生与发展均有着密切的关系。

第二节 病 因

病因，即引起动物疾病发生的原因，中兽医学称之为“病源”或“邪气”。根据病因的性质及致病的特点，中兽医学中将其分为外感、内伤和其它致病因素（包括外伤、虫兽伤、寄生虫、中毒、痰饮、瘀血等）三大类。如《元亨疗马集·脉色论》说：“风寒暑湿伤于外，饥饱劳役扰于内，五行生克，诸疾生焉。”

研究病因的性质及其致病特性的学说，称为病因学说。中兽医学的病因学说，不仅仅是研究病因本身的特性，更重要的是研究病因作用于机体所引起疾病的特性，从而将其作为临床辨证和确定治疗原则的依据之一。在长期与动物疾病进行斗争的实践中，人们逐渐认识到不同的致病因素会引起不同的病证，表现出不同的症状。因此，根据疾病所表现出的症状特征，就可以推断其发生的原因，称为“随证求因”。如某一动物表现出四肢交替跛行，即可推断出是以风邪为主引起的风湿症，因为风邪有游走善动的特性。而一旦知道了病因，就可以根据病因来确定治疗原则，称为“审因施治”。如以风邪为主而引起的风湿症，当用祛风为主的药物进行治疗。

研究病因，不仅对辨证论治有着重要意义，而且也可以针对病因采取预防措施，防止疾病的发生。如加强饲养管理，合理使役，改善厩舍的环境卫生，以及消除外界环境不良因素等，对于保护动物健康，防止时疫杂病的发生是非常重要的。

一、外感致病因素

外感致病因素是指来源于自然界，多从皮毛、口鼻侵入机体而引发疾病的致病因素，包括六淫和疫疠。

（一）六淫 六淫是指自然界风、寒、暑、湿、燥、火（热）六种反常气候。它们原本是四季气候变化的六种表现，称为六气。在正常情况下，六气于一年之中有一定的变化规律，而动物在长期的进化过程中，也适应了这种变化，所以不会引起动物的疾病。只有当动物体正气虚弱，不能适应六气的变化，或因自然界阴阳不调，六气出现太过或不及的反常变化时，才能成为致病因素，侵犯动物体而导致疾病的发生。这种情况下的六气，便称为“六淫”。“淫”有太过、浸淫之意，六淫就是超过限度的六气。

六淫致病，具有下列共同的特点。

外感性：六淫之邪多从肌表、口鼻侵犯动物体而发病，故六淫所致之病统称为外感病。

季节性：六淫致病常有明显的季节性。如春天多温病，夏天多暑病，长夏多湿病，秋天多燥病，冬天多寒病等。但四季之中，六气的变化是复杂的，所以六淫致病的季节性也不是绝对的。如夏季虽多暑病，但也可出现寒病、温病、湿病等。

兼挟性：六淫在自然界不是单独存在的，六淫邪气既可以单独侵袭机体而发病，又可以两种或两种以上同时侵犯机体而发病。如外感风寒、风热、湿热、风湿等。

转化性：一年之中，四季六气是可以相互转化的，如久雨生晴，久晴多热，热极生风，风盛生燥，燥极化火等。因此，六淫致病，其证候在一定条件下，也可以相互转化。如感受风寒之邪，可以从表寒证转化为里热证等。

从现代科学角度看，六淫除气候因素外，还包括了生物（如细菌、病毒等）、物理、化学等多种致病因素。

此外，临床上除感受外界风、寒、暑、湿、燥、火六淫邪气，引起相应的病证之外，尚可因机体脏腑本身机能失调而产生类似于风、寒、湿、燥、火的病理现象。由于它们不是由外感受的，而是由内而生，故称为“内生五邪”，即内风、内寒、内湿、内燥、内火五种。因其所引起的病证与外感五邪症状相近，故在相应的病因中一并叙述。

1. 风邪

（1）风邪的概念　风是春季的主气，但一年四季皆有，故风邪引起的疾病虽以春季为多，但亦可见于其它季节。导致动物发病的风邪，常称之为“贼风”或“邪风”，所致之病统称为外风证。因风邪多从皮毛肌腠侵犯机体而致病，其它邪气也常依附于外风入侵机体，外风成为外邪致病的先导，是六淫中的首要致病因素，故有“风为百病之始”、“风为六淫之首”之说。

相对于外风而言，风从内生者，称为“内风”。内风的产生与心、肝、肾三脏有关，特别是与肝脏的功能失调有关，故也称“肝风”。故《素问・至真要大论》说：“诸风掉眩，皆属于肝。”

（2）风邪的性质与致病特性

▷ 风为阳邪，其性轻扬开泄。风性善动不居，具有升发、向上、向外的特性，故为阳邪。因风性轻扬，故风邪所伤，最易侵犯动物体的上部（如头面部）和肌表。正如《素问・太阴阳明论》所说：“伤于风者，上先受之”。风性开泄，是指风邪易使皮毛腠理疏泄而开张，出现汗出、恶风的症状。

▷ 风性善行数变。善行，是指风有善动不居的特性，故风邪致病也具有部位游走不定，变化无常的特点。如以风邪为主的风湿症，常表现出四肢交替疼痛，部位游移不定,故称“行痹”、“风痹”。数变,是指“风无常方”(《素问·风论》),风邪所致的病证具有发病急、变化快的特点,如荨麻疹(又称遍身黄),表现为皮肤瘙痒,发无定处,此起彼伏。

▷ 风性主动。风具有使物体摇动的特性,故风邪所致疾病也具有类似摇动的症状,如肌肉颤动、四肢抽搐、颈项强直、角弓反张、眼目直视等。故《素问·阴阳应象大论》说:“风胜则动”。

2. 寒邪

(1)寒邪的概念　寒为冬季的主气,但四季皆有。寒邪有外寒和内寒之分。外寒由外感受,多由气温较低,保暖不够,淋雨涉水,汗出当风,以及采食冰冻的饲草饲料,或饮凉水太过所致。外寒侵犯机体,据其部位的深浅,有伤寒和中寒之别。寒邪伤于肌表,阻遏卫阳,称为“伤寒”;寒邪直中于里,伤及脏腑阳气,称为“中寒”。内寒是机体机能衰退,阳气不足,寒从内生的病证。

(2)寒邪的性质与致病特性

▷ 寒性阴冷,易伤阳气。寒是阴气盛的表现,其性属阴。机体的阳气本可以化阴,但阴气过盛,阳气不但不能驱除寒邪,反而会为阴寒所伤,正所谓“阴胜则阳病”。因此,感受寒邪,最易损伤机体的阳气,出现阴寒偏盛的寒象。如寒邪外束,卫阳受损,可见恶寒怕冷,皮紧毛乍等症状;若寒邪中里,直伤脾胃,脾胃阳气受损,可见肢体寒冷,下利清谷,尿清长,口吐清涎等症状。故《素问·至真要大论》说:“诸病水液,澄彻清冷,皆属于寒。”

▷ 寒性凝滞,易致疼痛。凝滞,即凝结、阻滞,不通畅之意。机体的气血津液之所以能运行不息,畅通无阻,全赖一身阳气的推动。若寒邪侵犯机体,阳气受损,经脉受阻,可使气血凝结阻滞,不能通畅运行而引起疼痛,即所谓“不通则痛”。因此,寒邪是导致多种疼痛的原因之一。如寒邪伤表,使营卫凝滞,则肢体疼痛;寒邪直中肠胃,使胃肠气血凝滞不通,则肚腹冷痛。故《素问·痹论》说:“痛者,寒气多也,有寒故痛也。”

▷ 寒性收引。收引,即收缩牵引之意。寒邪侵入机体,可使机体气机收敛,腠理、经络、筋脉和肌肉等收缩挛急。故《素问·举痛论》说:“寒则气收”。如寒邪侵入皮毛腠理,则毛窍收缩,卫阳受遏,出现恶寒、发热、无汗等症;寒邪侵入筋肉经络,则肢体拘急不伸,冷厥不仁;寒邪客于血脉,则脉道收缩,血流滞涩,可见脉紧、疼痛等症。

3. 暑邪

(1)暑邪的概念　暑为夏季的主气,为夏季火热之气所化生,有明显的季节性,独见于夏令。如《素问·热论》说："先夏至日者为病温，后夏至日者为病暑"。暑邪纯属外邪，无内暑之说。

(2)暑邪的性质与致病特性

▷ 暑性炎热，易致发热。暑为火热之气所化生，属于阳邪，故伤于暑者，常出现高热、口渴、脉洪、汗多等一派阳热之象。

▷ 暑性升散，易耗气伤津。暑为阳邪，阳性升散，故暑邪侵入机体，多直入气分，使腠理开泄而汗出。汗出过多，不但耗伤津液，引起口渴喜饮、唇干舌燥、尿短赤等症，而且气也随之而耗，导致气津两伤，出现精神倦怠、四肢无力、呼吸浅表等症。严重者，可扰及心神，出现行如酒醉、神志昏迷等症。

▷ 暑多挟湿。夏暑季节，除气候炎热外，还常多雨潮湿。热蒸湿动，湿气较大，故动物体在感受暑邪的同时，还常兼感湿邪，故有"暑多挟湿"或"暑必兼湿"(《冯氏锦囊秘录》)之说。临床上，除见到暑热的表现外，还有湿邪困阻的症状，如汗出不畅、渴不多饮、身重倦怠、便溏泄泻等。

4. 湿邪

(1)湿邪的概念　湿为长夏的主气，但一年四季都有。湿有外湿、内湿之分。外湿多由气候潮湿、涉水淋雨、厩舍潮湿等外在湿邪侵入机体所致；内湿多由脾失健运，水湿停聚而成。外湿和内湿在发病过程中常相互影响。感受外湿，脾阳被困，脾失健运，则湿从内生；而脾阳虚损，脾失健运，而使水湿内停，又易招致外湿的侵袭。

(2)湿邪的性质与致病特性

▷ 湿为阴邪，阻遏气机，易损阳气。湿性类水，故为阴邪。湿邪留滞脏腑经络，容易阻遏气机，使气机升降失常。又因脾喜燥恶湿，故湿邪最易伤及脾阳。脾阳既为湿邪所伤，就会使水湿不运，溢于皮肤则成水肿，流溢胃肠则成泄泻。又因湿困脾阳，阻遏气机，致使气机不畅，可发生肚腹胀满、腹痛、里急后重等症状。

▷ 湿行重浊，其性趋下。重，即沉重之意，指湿邪致病，常见迈步沉重，呈黏着步样，或倦怠无力，如负重物。浊，即秽浊，指湿邪为病，其分泌物及排泄物有秽浊不清的特点，如尿混浊，泄痢脓垢，带下污秽，目眵量多，舌苔厚腻，以及疮疡疔毒，破溃流脓淌水等。湿性趋下，主要指湿邪致病，多先起于机体的下部，故《素问·太阴阳明论》有"伤于湿者，下先受之"之说。

▷ 湿性黏滞，缠绵难退。黏，即黏腻；滞，即停滞。湿性黏滞，是指湿邪致病具有黏腻停滞的特点。湿邪致病的黏滞性，在症状上可以表现为粪便黏滞不爽，尿涩滞不畅；在病程上可表现为病变过程较长，缠绵难退，或反复发作，不易治愈，如风湿症等。

5. 燥邪

(1)燥邪的概念　燥是秋季的主气,但一年四季皆有。燥有外燥、内燥之分。外燥多由久晴不雨,气候干燥,周围环境缺乏水分所致。因其多见于秋季,故又称"秋燥"。外燥多从口鼻而入,其病常从肺卫开始,有温燥、凉燥之分。初秋尚热,犹有夏火之余气,燥与热相合侵犯机体,多为温燥;深秋已凉,西风肃杀,燥与寒相合侵犯机体,多为凉燥。内燥多由汗下太过,或精血内夺,以致机体阴津亏虚所致。

(2)燥邪的性质与致病特性

▷ 燥性干燥,易伤津液。燥邪为病,易伤机体的津液,出现津液亏虚的病变,如口鼻干燥,皮毛干枯,眼干不润,粪便干结,尿短少,口干欲饮,干咳无痰等。故《素问·阴阳应象大论》说:"燥胜则干",《素问·玄机原病式》也说:"诸涩枯涸,干劲皴揭,皆属于燥"。

▷ 燥易伤肺。肺为娇脏,喜润恶燥;更兼肺开窍于鼻,外合皮毛,故燥邪为病,最易伤肺,致使肺阴受损,宣降失司,引起肺燥津亏之证,如鼻咽干燥,干咳无痰或少痰等。肺与大肠相表里,若燥邪自肺而影响大肠,可出现粪便干燥难下等症。

6. 火邪

(1)火邪的概念　火、热、温三者,均为阳盛所生,其性相同,但又同中有异。一是在程度上有所差异,即温为热之渐,火为热之极;二是热与温,多由外感受,而火既可由外感受,又可内生。内生的火多与脏腑机能失调有关。火证常见热象,但火证和热证又有些不同,火证的热象较热证更为明显,且表现出炎上的特征。此外,火证有时还指某些肾阴虚的病证。

(2)火邪的性质与致病特性

▷ 火为热极,其性炎上。火为热极,其性燔灼,故火邪致病,常见高热,口渴,骚动不安,舌红苔黄,尿赤,脉洪数等热象。又因火有炎上的特性,故火邪侵犯机体,症状多表现在机体的上部,如:心火上炎,口舌生疮;胃火上炎,齿龈红肿;肝火上炎,目赤肿痛等。

▷ 火邪易生风动血。火热之邪侵犯机体,往往劫耗阴液,使筋脉失养,而致肝风内动,出现四肢抽搐,颈项强直,角弓反张,眼目直视,狂暴不安等症。血得寒则凝,得热则行,故火热邪气侵犯血脉,轻则使血管扩张,血流加速,甚则灼伤脉络,迫血妄行,引起出血和发斑,如衄血、尿血、便血以及因皮下出血而致体表出现出血点和出血斑等。

▷ 火邪易伤津液。火热邪气,最易迫津液外泄,消灼阴液,故火邪致病除见热象外,往往伴有咽干舌燥,口渴喜饮冷水,尿短少,粪便干燥,甚至眼窝塌陷等津干液少的症状。

▷ 火邪易致疮痈。火邪之邪侵犯血分，可聚于局部，腐蚀血肉而发为疮疡痈肿。故《灵枢·痈疽篇》说："大热不止，热胜则肉腐，肉腐则为脓，故名曰痈。"《医宗金鉴·痈疽总论歌》也说："痈疽原是火毒生"。临床上，凡疮疡局部红肿、高突、灼热者，皆由火热所致。

(二)疫疠

1. 疫疠的概念　疫疠，也是一种外感致病因素，但它与六淫不同，具有很强的传染性。所谓"疠"，是指天地之间的一种不正之气；"疫"，是指瘟疫，有传染的意思。如马的偏次黄(炭疽)、牛瘟、猪瘟以及犬瘟热等，都是由疫疠引起的疾病。疫疠可以通过空气传染，由口鼻而入致病，也可随饮食入里或蚊虫叮咬而发病。

疫疠流行有的有明显的季节性，称为"时疫"。如动物的流感多发生于秋末，猪乙型脑炎多发生于夏季蚊虫肆虐的季节。

2. 疫疠致病的特点　疫疠发病急骤，能相互传染，蔓延迅速，不论动物的年龄如何，染后症状基本相似。正如《素问·遗篇·刺法论》指出的："五疫之至，皆相染易，无问大小，病状相似"。又如《三农记·卷八》说："人疫染人，畜疫染畜，染其形相似者，豕疫可传牛，牛疫可传豕，……"。

3. 疫疠流行的条件

(1)气候反常　气候的反常变化，如非时寒暑，湿雾瘴气，酷热，久旱等，均可导致疫疠流行。如《元亨疗马集·论马划鼻》说："炎暑熏蒸，疫症大作，……"。

(2)环境卫生不良　如未能及时妥善处理因疫疠而死动物的尸体或其分泌物、排泄物，导致环境污染，为疫疠的传播创造了条件。关于这一点，古人已有相当的认识，如宋代《陈敷农书·医之宜篇》中便说："已死之肉，经过村里，其气尚能相染也。"

(3)社会因素　社会因素对疫疠的流行也有一定的影响。如战乱不止，社会动荡不安，人民极度贫困，则疫疠就不断地发生和流行；而社会安定，国家和人民富足，就会采取有效的防治措施，预防和控制疫疠的发生和流行。

4. 预防疫疠的一般措施

▷ 加强饲养管理，注意动物和环境的卫生。

▷ 发现有病的动物，立即隔离，并对其分泌物、排泄物以及已死动物的尸体进行妥善处理。如《陈敷农书·医之宜篇》所说："欲病之不相染，勿令与不病者相近"。

▷ 进行预防接种。

二、内伤致病因素

内伤致病因素，主要包括饲养失宜和管理不当，可概括为饥、饱、劳役、逸四种。饥饱是饲喂失宜，而劳役则属管理使役不当。此外，动物长期休闲，缺乏适当运动也可以引起疾病，称为“逸伤”。内伤因素，既可以直接导致动物疾病，也可以使动物体的抵抗能力降低，为外感因素致病创造条件。

（一）饥 指饮食不足而引起的饥渴。《安骥集·八邪论》说：“饥谓水草不足也，故脂伤也。”水谷草料是动物气血的生化之源，若饥而不食，渴而不饮，或饮食不足，久而久之，则气血生化乏源，就会引起气血亏虚，表现为体瘦无力，毛焦肷吊，倦怠好卧，以及成年动物生产性能下降，幼年动物生长迟缓，发育不良等。

（二）饱 指饮喂太过所致的饱伤。胃肠的受纳及传送功能有一定的限度，若饮喂失调，水草太过，或乘饥渴而暴饮暴食，超过了胃肠受纳及传送的限度，就会损伤胃肠，出现肷腹膨胀，嗳气酸臭，气促喘粗等症。如大肚结（胃扩张）、肚胀（肠臌胀）、瘤胃臌胀等均属于饱伤之类。故《素问·痹论》说：“饮食自倍，肠胃乃伤。”《安骥集·八邪论》也说：“水草倍，则胃肠伤。”

（三）劳役 指劳役过度或使役不当。久役过劳可引起气耗津亏，精神短少，力衰筋乏，四肢倦怠等症。若奔走太急，失于牵遛，可引起走伤及败血凝蹄等。如《素问·痹论》说：“劳则气耗”。《安骥集·八邪论》也说：“役伤肝。役，行役也，久则伤筋，肝主筋。”

此外，雄性动物因配种过度而致食欲不振、四肢乏力、消瘦，甚至滑精、阳痿、早泄、不育等，也属于劳伤。

（四）逸 指久不使役或运动不足。合理的使役或运动是保证动物健康的必要条件，若长期停止使役或失于运动，可使机体气血蓄滞不行，或影响脾胃的消化功能，出现食欲不振，体力下降，腰肢软弱，抗病力降低等逸伤之证。雄性动物缺乏运动，可使精子活力降低而不育；雌性动物过于安逸，可因过肥而不孕。又如驴怀骡产前不食症、难产、胎衣不下等，均与缺乏适当的使役及运动有关。平时缺乏使役或运动的动物，突然使役，容易引起心肺功能失调。

三、其它致病因素

（一）外伤 常见的外伤性致病因素有创伤、挫伤、烫火伤及虫兽伤等。

创伤往往由锋利的刀刃切割、尖锐物体刺破、子弹或弹片损伤所致。与创伤不同，挫伤常常是没有外露伤口的损伤，主要由钝力所致，如跌扑、撞击、角斗、蹴踢等。创伤和挫伤均可引起不同程度的肌肤出血、瘀血、肿胀，甚至筋断骨折或脱臼等。若伤及内脏、头部或大血管，可导致大失血、昏迷，甚至死亡。若损伤以后，再有外邪侵入，可引起更为复杂的病理变化，如发热、化脓、溃烂等；若病邪侵入脏腑，则病情更为严重。

烫火伤包括烫伤和烧伤，可直接造成皮肤、肌肤等组织的损伤或焦灼，引起疼痛、肿胀，严重者可引起昏迷甚至死亡。

虫兽伤是指虫兽咬伤或螫伤，如狂犬咬伤，毒蛇咬伤，蜂、虻、蝎子的咬螫等。除损伤肌肤外，还可引起中毒或引发传染病，如蛇毒中毒、蜂毒中毒、感染狂犬病等。

(二)寄生虫 有内、外寄生虫之分。

外寄生虫包括虱、蜱、螨等，寄生于动物体表，除引起动物皮肤瘙痒、揩树擦桩、骚动不安，甚至因继发感染而导致脓皮症外，还因吸吮动物体的营养，引起动物消瘦、虚弱、被毛粗乱，甚至泄泻、水肿等证。

内寄生虫包括蛔虫、绦虫、蛲虫、血吸虫、肝片吸虫等多种，它们寄生在动物体的脏腑组织中，除引起相应的病证外，有时还可因虫体缠绕成团而导致肠梗阻、胆道阻塞等症。

(三)中毒 有毒物质侵入动物体内，引起脏腑功能失调及组织损伤，称为中毒。凡能引起中毒的物质均称为毒物。常见的毒物有有毒植物，霉败、污染或品质不良、加工不当的饲料，农药，化学毒物，矿物毒物及动物性毒物等。此外，某些药物或饲料添加剂用量不当，也可引起动物中毒。

(四)痰饮 痰和饮是因脏腑功能失调，致使体内津液凝聚变化而成的水湿。其中，清稀如水者称饮，黏浊而稠者称痰。痰和饮本是体内的两种病理性产物，但一旦形成，又成为致病因素而引起各种复杂的病理变化。

痰饮包括有形痰饮和无形痰饮两种。有形痰饮，视之可见，触之可及，闻之有声，如咳嗽之咯痰，喘息之痰，胸水，腹水等。无形痰饮，视之不见，触之不及，闻之无声，但其所引起的病证，通过辨证求因的方法，仍可确定为痰饮所致，如肢体麻木为痰滞经络，神昏不清为痰迷心窍等。

1. 痰 痰不仅是指呼吸道所分泌的痰，还包括了瘰疬、痰核以及停滞在脏腑经络等组织中的痰。痰的形成，主要是由于脾、肺、肾等内脏的水液代谢功能失调，不能运化和输布水液，或邪热郁火煎熬津液所致。由于脾在津液的运化和输布过程中起着主要作用，而痰又常出自于肺，故有“脾为生痰之源，肺为贮痰之器”之说。痰引起的病证非常广泛，故有“百病多由痰作祟”之说。痰的临床表现多种多样，如痰液壅滞于肺，则咳嗽气喘；痰留于胃，则口吐黏涎；痰留于皮肤经络，则生瘰疬；痰迷心窍，则精神失常或昏迷倒地等。

2. 饮 多由脾、肾阳虚所致，常见于胸腹四肢。如饮在肌肤，则成水肿；饮在胸中，则成胸水；饮在腹中，则成腹水；水饮积于胃肠，则肠鸣腹泻。

(五)瘀血 指全身血液运行不畅，或局部血液停滞，或体内存在离经之血。瘀血也是体内的病理性产物，但形成后，又会使脏腑、组织、器官的脉络血行不畅或阻塞不通，引起一系列的病理变化，成为致病因素。

因瘀血发生的部位不同，而有无形和有形之分。无形瘀血，指全身或局部血流不畅，并无可见的瘀血块或瘀血斑存在，常有色、脉、形等全身性症状出现。如肺脏瘀血，可出现咳喘、咳血；心脏瘀血可出现心悸、气短、口色青紫、脉细涩或结代；肝脏瘀血，可出现腹胀食少、胁肋按痛、口色青紫或有痞块等。有形瘀血，指局部血液停滞或存在着离经之血，所引起的病证常表现为局部疼痛、肿块或有瘀斑，严重者亦可出现口色青紫、脉细涩等全身症状。因此，瘀血致病的共同特点是疼痛，刺痛拒按，痛有定处；瘀血肿块，聚而不散，出现瘀血斑或瘀血点；多伴有出血，血色紫暗不鲜，甚至黑如柏油色。

(六)七情 是中医学中人的主要内伤性致病因素，而在中兽医学的典籍中，对此却缺乏论述，其原因可能与过去人们认为动物无情无志，或其大脑信号系统不如人完善有关。但在兽医临床实践中，时常可见动物，尤其是犬、猫等宠物因情绪变化而引发的疾病，与人的七情所伤相近。因此，七情作为一种致病因素，也应引起兽医工作者的注意。

七情，指人的喜、怒、忧、思、悲、恐、惊七种情志变化。这本是人体对客观事物或现象所做出的七种不同的情志反应，一般不会使人发病。只有突然、强烈或持久的情志刺激，超过人体本身生理活动的调节范围，引起脏腑气血功能紊乱时，才会引发疾病。与人相似，很多种动物都有着丰富的情绪变化，在某些情况下，如离群，失仔，打斗，过度惊吓，环境及主人的变化，遭受到主人呵斥、打骂等，都可能会使动物的情绪变化过于剧烈，从而引发疾病。

七情主要是通过直接伤及内脏和影响气机运行两个方面来引起疾病。

(1)直接伤及内脏 由于五脏与情志活动有相对应的关系，因此七情太过可损伤相应的脏腑。《素问·阴阳应象大论》将其概括为“怒伤肝”、“喜伤心”、“思伤脾”、“忧伤肺”、“恐伤肾”。

怒伤肝：指过度愤怒，使得肝气上逆，引起肝阳上亢或肝火上炎，肝血被耗的病证。

喜伤心：指过度欢喜，会使心气涣散，出现神不守舍的病证。

思伤脾：指思虑过度，会使气机郁结，导致脾失健运的病证。

忧伤肺：指过度忧伤，会耗伤肺气，出现肺气虚的病证。

恐伤肾：指恐惧过度，会耗伤肾的精气，出现肾虚不固的病证。

虽然情志所伤对脏腑有一定的选择性，但临床上并非绝对如此，因为人体或动物体是一个有机的整体，各脏腑之间是相互联系的。

(2)影响脏腑气机 七情可以通过影响脏腑气机，导致气血运行紊乱而引发疾病。《素问·举痛论》将其概括为："怒则气上，喜则气缓，悲则气消，恐则气下……惊则气乱……思则气结"。

怒则气上：指过度愤怒影响肝的疏泄功能，导致肝气上逆，血随气逆，出现目赤舌红，呕血，甚至昏厥猝倒等症。兽医临床上，可以见到犬在激烈争斗之后出现这种情况。

喜则气缓：指欢喜过度会使心气涣散，神不守舍，出现精神不能集中，甚至失神狂乱的症状。

悲则气消：指过度悲伤会损伤肺气，出现气短，精神萎靡不振，乏力等症。

恐则气下：指过度恐惧可使肾气不固，气泄于下，出现大小便失禁，甚至昏厥的症状。兽医临床上，多种动物都会因为过度恐惧而有此表现。

惊则气乱：指突然受惊，损伤心气，致使心气紊乱，出现心悸、惊恐不安等症状。兽医临床上，此种现象也十分常见。

思则气结：指思虑过度，导致脾气郁结，从而出现食欲减退甚至废绝，肚腹胀满，或便溏等症状。临床上，犬、猫等多种动物都会因离群、失仔或环境变化过大而有这些表现。

此外，过度的情志变化，还会加重原有的病情。

虽然人们现在尚不十分清楚动物的情志活动，但情志活动作为动物对外界客观事物或现象的反应是肯定存在的，情志的过度变化同样也会引起动物的疾病，必须引起重视。

第三节 病 机

病机，即疾病发生、发展与变化的机理。中兽医学认为，疾病的发生、发展与变化的根本原因，不在机体的外部，而在机体的内部。也就是说，各种致病因素都是通过动物体内部因素而起作用的，疾病就是正气与邪气相互斗争，发生邪正消长、阴阳失调和升降失常的结果。因此，虽然疾病的发生、发展错综复杂、千变万化，但就其病机过程来讲，总不外乎邪正消长、阴阳失调、升降失常等几个方面。至于在这些病理过程中出现的气血津液、脏腑经络等方面的异常变化，已分别在有关章节内叙述。

一、邪正消长

邪正消长，是指在疾病的发生、发展过程中，致病邪气与机体抗病能力之间相互斗争所发生的盛衰变化。一般来说，邪气侵犯动物体之后，正气与邪气即相互发生作用。一方面，邪气对机体的正气起着破坏和损害的作用；另一方面，正气对邪气起着祛除并恢复其损害的作用。因此，在正邪斗争中双方力量的消长变化，关系着疾病的发生、发展和转归。

在疾病的发生方面，如果机体正气强盛，抗邪有力，则能免于发病；如果正气虽盛，但邪气更强，正邪相争有力，机体虽不能免于发病，但所发之病多实证、热证；如果机体体质素虚，正气衰弱，抗病无力，则易于发病，且所发之病多为虚证、寒证。

在疾病的发展和转归方面，若正气不甚虚弱，邪气亦不太过强盛，邪正双方势均力敌，则为邪正相持，疾病处于迁延状态；若正气日益强盛或战胜邪气，而邪气日益衰弱或被祛除，则为正胜邪退，疾病向好转或痊愈的方向发展；如果正气日益衰弱，邪气日益亢盛，则为邪盛正虚，疾病向恶化或危重的方向发展；若正气虽然战胜了邪气，邪气被祛除，但正气亦因之而大伤，则为邪去正伤，多见于重病的恢复期。此外，疾病过程中正邪力量对比的变化，还会引起证候的虚实转化和虚实错杂，如邪去正伤，是由实转虚的情况；而病邪久留，损伤正气，或正气本虚，无力祛邪所致痰、食、水、血郁结，则是虚实错杂的证候。

二、升 降 失 常

气机的升降出入是动物体气化功能的基本运动形式，是脏腑功能活动的特点。在正常情况下，动物体各脏腑的机能活动都有一定的形式。例如，脾主升，胃主降，由于脾胃是后天之本，居于中焦，通达上下，是全身气机升降的枢纽，升则上归心肺，降则下归肝肾，而肝之升发，肺之肃降，心火下降，肾水上升，肺气宣发，肾阳蒸腾，肺主呼吸，肾主纳气，都要脾胃配合来完成升降运动。如果这些脏腑的升降功能失常，即可出现种种病理现象，例如：脾之清气不升，反而下降，就会出现泄泻甚至垂脱之证；若胃之浊阴不降，反而上逆，则出现呕吐、反胃；若肺失肃降，则咳嗽、气喘；若肾不纳气，则喘息、气短；若心火上炎，则口舌生疮；肝火上炎，则目赤肿痛。凡此种种，不胜枚举。虽然病证繁多，但究其病机，无不与脏腑经络以及营卫之气的升降失常有关。

三、阴 阳 失 调

中兽医学认为，动物体内部阴阳两个方面既对立又统一，保持相对平衡状态，维持动物体正常的生命活动。如果阴阳的相对平衡遭到破坏，就会导致阴阳失调，其结果决定了疾病的发生、发展和转归。

在疾病的发生方面，认为疾病是阴阳失调，发生偏盛偏衰所致。在阴阳的偏盛方面，阳盛者必伤阴，故阳胜则阴病而见热证；阴盛者必伤阳，故阴胜则阳病而见寒证。在阴阳的偏衰方面，阳虚则阴相对偏胜，表现为虚寒证；阴虚则阳相对偏胜，表现为虚热证。由于阴阳互根互用，阴损及阳，阳损及阴，最终可导致阴阳俱损。

在疾病的发展方面，由于整个疾病过程，阴阳总是处于不断的变化之中，阴阳失调的病变，其病性在一定的条件下可以向相反的方向转化，即出现由阴转阳或由阳转阴的变化。此外，若阳气极度虚弱，阳不制阴，偏盛之阴盘踞于内，逼迫衰极之阳浮越于外，可出现阴阳不相维系的阴盛格阳之证，阳气被郁，深伏于里，不能外达四肢，也可发生格阴于外的阳盛格阴之证。严重者还可以导致亡阴、亡阳的病变。

在疾病的转归方面，若经过治疗，阴阳逐渐恢复相对平衡，则疾病趋于好转或痊愈；否则，若阴阳不但没有趋向平衡，反而遭到更加严重的破坏，就会导致阴阳离决，疾病恶化甚至动物死亡。

第六章　辨　　证

证，即证候，是对疾病发展过程中某一阶段病因、病位、病机、病性、邪正双方力量对比等方面情况的概括。辨证，是以脏腑、气血津液、经络、病因等理论为基础，以四诊所获取的资料为依据，认识疾病、诊断疾病的过程。

中兽医的辨证方法很多，如八纲辨证、脏腑辨证、气血津液辨证、六经辨证和卫气营血辨证等。这些辨证方法，虽各有特点和侧重，但又互相联系、互相补充。八纲辨证是所有辨证方法的总纲，是对疾病所表现出共性的概括；脏腑辨证是各种辨证方法的基础，是以脏腑理论为基础的，多用于辨内伤杂病；气血津液辨证是与脏腑辨证密切相关的一种辨证方法；六经、卫气营血辨证，主要是针对外感病的辨证方法。

第一节　八纲辨证

八纲，即表、里、寒、热、虚、实、阴、阳。八纲辨证，就是将四诊所搜集到的各种病情资料进行分析综合，对疾病的部位、性质、正邪盛衰等加以概括，归纳为八个具有普遍性的证候类型。

尽管疾病的临床表现错综复杂，但基本上都可用八纲加以归纳。疾病的类别，不外阴证、阳证；疾病部位的深浅，不外表证、里证；疾病的性质，不外热证、寒证；邪正的盛衰，不外实证、虚证。因此，八纲就是把疾病的证候，分为四个对立面，成为四对纲领，用以指导临床治疗。其中，阴阳两纲又可以概括其它六纲，即表、热、实证为阳，里、寒、虚证为阴，所以阴阳又是八纲的总纲。

一、表　　里

表里是辨别疾病的病位和病位深浅的两个纲领。一般来说，病邪侵犯肌表而病位浅者属表，病在脏腑而病位深者为里。

(一)表证　《元亨疗马集·八证论》说："夫表者，一身之外也，皮肤为表，六腑亦然。"表证病位在肌表，病变较浅，多由皮毛受邪所引起。表证常具有起病急、病程短、病位浅的特点。

表证的一般症状表现是舌苔薄白，脉浮，恶风寒(被毛逆立、寒颤)。因肺合皮毛，故表证又常有鼻流清涕、咳嗽、气喘等症状。表证多见于外感病的初期，主要有风寒表证和风热表证两种。

表证的治疗宜采用汗法，又称解表法，根据寒热轻重的不同，或辛温解表，或辛凉解表。

(二)里证 《元亨疗马集·八证论》中说："夫里者，一身之内也，诸内为里，五脏亦然。"相对表证而言，里证病位在脏腑，病变较深，多见于外感病的中后期或内伤诸病。里证的形成大致有三种情况：一是表邪不解，内传入里；二是外邪直接侵犯脏腑；三是饥饱劳役及情志因素影响气血的运行，使脏腑功能失调。

因里证的病因复杂，病位广泛，故症状繁多。临证时，应进一步辨别疾病所在的脏腑，病性的寒热，病势的盛衰(虚实)，具体内容将在脏腑辨证中介绍。

里证的治疗不能一概而论，需根据病证的寒热虚实，分别采用温、清、补、消、泻诸法。

(三)表证与里证的关系

1. 表里转化 包括表邪入里和里邪出表两个方面。

(1)表邪入里 表邪不解，内传入里，由表证转化为里证。多因机体抵抗力下降，或邪气过盛，或护理不当，或误治、失治等因素所致。如温病初期，多为表热证，若失治、误治，则表热症状消失，出现高热、粪干、尿短赤、舌红苔黄、脉洪数等里热症状，说明病邪已经由表入里，转化成了里热证。

(2)里邪出表 病邪从里透达于外，由肌表而出，里证便转化为表证。多为机体抵抗力增强，邪气衰退，病情好转的征象。如某些痘疹类疾病，先有内热、喘促、烦躁等症，继而痘疹渐出，热退喘平，便是里邪出表的表现。

表里转化，反映了疾病发展的趋势。表邪入里表示病势加重，里邪出表反映病势减轻。

2. 表里同病 指表证和里证同时在同一个病畜体上出现。如患畜表邪未解，既有发热、恶寒的表证表现，又出现咳嗽、气喘、粪干、尿赤等里热的症状；又如脾胃素虚，常见草料迟细，粪便稀薄等里虚证表现，又感风寒，见发热、恶寒、无汗等表实证症状。这都是表里同病的病证。

引起表里同病的原因，一是外感和内伤同时致病；二是外感表证未解病邪入里；三是先有内伤而又感受外邪，或先有外感，又伤饮食等。

表里同病，往往与寒热、虚实互见，常见的有表里俱寒、表里俱热、表寒里热、表热里寒，表里俱实、表里俱虚、表虚里实、表实里虚等，临床上需要仔细辨别。

表里同病的治疗原则，一般是先解表后攻里或表里同治；如果里证紧急，也可先攻里后解表。

(四)表里辨证要点

▷ 辨别表里要掌握其特征,尤其应该掌握表证的特征。如发热恶寒并见的属表证,若发热而没有恶寒,或仅有恶寒者多属里证。脉浮属表证,脉沉属里证。

▷ 在辨别表里的同时,还应注意是否有表里同病或兼其它不同之证,如表里俱寒、表里俱热、表里俱虚、表里俱实或表寒里热、表热里寒、表虚里实、表实里虚或半表半里证等。

▷ 初病表现为表证,继而出现里证,应辨别表证是否已经入里,查明表证已解或未解。初病里证,继而出现表证,应辨别是否里证出表,或是又感表邪。

二、寒　热

寒热是辨别疾病性质的两个纲领,用以概括机体阴阳偏盛偏衰的两种证候。一般来说,寒证是感受寒邪或机体机能活动衰退所表现的证候,即所谓"阴盛则寒","阳虚则外寒";热证是感受热邪或机体机能活动亢盛所反映的证候,即所谓"阳盛则热","阴虚则内热"。

(一)寒证　《元亨疗马集·八证论》中说:"夫寒者,冷也,阴胜其阳也。"故寒证就是"阴胜其阳"的证候,或为阴盛,或为阳虚,或阴盛阳虚同时存在。引起寒证的病因,一是外感风寒,或内伤阴冷;二是内伤久病,阳气耗伤,或在内伤阳气的同时,又感受了阴寒邪气。

寒证的一般症状是口色淡白或淡青,口津滑利,舌苔白,脉迟,尿清长,粪稀,鼻寒耳冷,四肢发凉等。有时还有恶寒,被毛逆立,肠鸣腹痛的症状。常见的寒证有外感风寒、寒滞经脉、寒伤脾胃等。

"寒者热之"。故治疗寒证宜采用温法,根据病情,或辛温解表,或温中散寒,或温肾壮阳。

(二)热证　《元亨疗马集·八证论》说:"夫热者,暑也,阳胜其阴也。"故热证就是"阳胜其阴"的证候,或阳盛,或阴虚,或阳盛阴虚同时存在。引起热证的病因也主要有两个方面,一是外感风热,或内伤火毒;二是久病阴虚,或在阴虚的同时,又感受热邪。

热证的一般症状表现是口色红,口津减少或干黏,舌苔黄,脉数,尿短赤,粪干或泄痢腥臭,呼出气热,身热。有时还有目赤、气促喘粗、贪饮、恶热等症状。常见的热证有燥热、湿热、虚热、火毒疮痈等。临证时,须辨清其为表热还是里热,实热还是虚热,气分热还是血分热等。

"热者寒之"。故治疗热证宜用清法,根据病情或辛凉解表,或清热泻火,或壮水滋阴。

(三)寒证与热证的关系

1. 寒热转化　指在一定的条件下,寒证可以转化为热证,热证也可以转化为寒证。

(1)寒证转为热证　疾病本为寒证,后出现热证,随热证的出现而寒证消失。多因失治、误治,寒邪从阳化热,致使机体的阳气偏盛所致。例如,外感风寒,出现恶寒重,发热轻,苔薄白,脉浮紧的表寒证,若误治、失治,致使寒邪入里化热,则出现不恶寒,反恶热,口渴贪饮,舌红苔黄,脉数的里热证,这就是由寒证转化为热证的证候。

(2)热证转为寒证　疾病原属热证,后出现寒证,随寒证的出现而热证消失。多因误治、失治,损伤了机体的阳气,致使机体机能衰退所致。例如,高热病畜,因大汗不止,阳从汗泄,或吐泻过度,阳随津脱,最后出现体温降低,四肢厥冷,脉微欲绝的虚寒证,便是热证转化为寒证的证候。

寒证、热证的互相转化,反映着邪正盛衰的情况。由寒证转化为热证,表示机体正气尚盛;由热证转化为寒证,则代表机体邪盛正虚,正不胜邪。

2. 寒热错杂　指在同一患畜身上,既有寒证,又有热证,寒证和热证同时存在的情况。常见的有以下两种。

(1)单纯里证的寒热错杂　有上寒下热和上热下寒两种。

上寒下热指患畜的上部有寒证的表现,而下部有热证的表现。如寒在胃而热在膀胱的证候,患畜上部有胃脘冷痛,草料迟细的寒象,下部又有小便短赤,尿频尿痛的热象。

上热下寒指患畜上部有热证的表现,而下部有寒证的表现。如热在心经而寒在胃肠的证候,上部有口舌生疮,牙龈溃烂的热象,下部又有腹痛起卧,粪便稀薄的寒象。

(2)表里同病的寒热错杂　有表寒里热和表热里寒两种证型。

表寒里热常见于先有内热,又外感风寒,或外感风寒,外邪入里化热而表寒未解的病证。例如,寒在表、热在里的证候,既有发热、恶寒、被毛逆立的表寒症状,又有气喘、口渴、舌红、苔黄的里热症状。

表热里寒多见于素有里寒而复感风热,或表热证未解,误用下法而致脾胃阳气损伤的病证。例如,患畜平素就有草料迟细,口流清涎,粪便稀薄的里寒症状,若外感风热则又可见发热、咽喉肿痛、咳嗽等表热的症状。

3. 寒热真假　在疾病的发展过程中,特别是在病情危重的阶段,有时会出现一些症状与疾病本质相反的假象。这种外部症状表现与疾病本质不一致的现象,叫作“寒热真假”。

(1)真热假寒　即内有真热而外见假寒的证候。临床多表现为四肢冰冷,苔黑,脉沉,似属寒证,但体温极高,苔黑且干燥,脉虽沉按之却数而有力,更见口渴贪饮,口臭,尿短赤,粪燥结,舌色深红等内热之象。这种情况下,四肢冰冷,苔黑,脉沉就是假寒的现象,而内热才是疾病的本质。此为内热过盛,阴阳之气不相顺接,阳热郁闭于内,不能布达于四肢下部而形成的阳盛于内,拒阴于外的阴阳格拒现象。

(2)真寒假热　即内有真寒而外见假热的证候。临床常表现为体表发热,苔黑,脉大,似属热证,但体表虽热而不烫手,苔虽黑却湿润滑利,脉虽大却按之无力,更有小便清长,大便稀薄等一派内寒之象。这种情况下,体表发热,苔黑,脉大就是假热的现象,而内寒才是疾病的本质。此为阴盛于内,逼阳于外所形成的阴阳格拒现象。

从以上分析可知,所谓寒热真假,就是由于寒热格拒所致的疾病现象和本质不符的情况。"真"是疾病的本质,"假"则是疾病的现象。诊断时,应抓住本质,不要为假象所迷惑。

(四)寒热辨证要点

▷ 辨寒热一般应综合病畜口渴与二便情况,四肢、耳鼻冷热,舌质、舌苔,脉象等表现来加以辨别。口渴贪冷饮为热,不饮水或喜饮温水为寒;尿液短赤、粪便燥结或便脓血为热,尿液清长、粪便稀薄为寒;四肢、耳鼻不温或冰冷为寒,四肢、耳鼻温热为热;舌质红、苔黄燥为热,舌质青白、苔白滑为寒;脉数滑为热,脉沉迟为寒等。

▷ 辨寒热,须分别部位。如寒热有在表、在里、在上、在下、在脏、在腑、在气、在血等不同。

▷ 辨寒热,应注意寒热错杂及虚实的不同情况,如表热里寒、上寒下热、上下俱热、表里俱寒、虚寒、虚热、实寒、实热等。

▷ 辨寒热,须分清真假,不要为其表面的假象所迷惑,只有抓住病证的本质,才能做出正确诊断。

三、虚　实

虚实是概括和辨别畜体正气强弱和病邪盛衰的两个纲领。一般而言,虚证是正气不足的证候,而实证则是邪气亢盛有余的证候。故《素问·通评虚实论》说:"邪气盛则实,精气夺则虚"。

(一)虚证　《元亨疗马集·八证论》中说:"夫虚者,劳伤之过也,真气不守,卫气散乱也。"故虚证是对机体正气虚弱所出现的各种证候的概括。形成虚证的原因主要是劳役过度,饮喂不足,老弱体虚,大病、久病之后,或病中失治、误治等,均可使畜体的阴精、阳气受损而致虚。此外,先天不足的动物,其体质也往往虚热。

虚证的一般症状表现是口色淡白,舌质如绵,无舌苔,脉虚无力,头低耳耷,体瘦毛焦,四肢无力。有时还表现出虚汗、虚喘、粪稀或完谷不化等症状。在临证中,常将虚证分为气虚、血虚、阴虚、阳虚等类型。

"虚则补之"。故治疗虚证宜采用补法,或补气,或补血,或气血双补;或滋阴,或助阳,或阴阳并济。

(二)实证　《元亨疗马集·八证论》中说:"夫实者,结实之谓也,停而不动,止而不行也。"这里指的是病邪结聚和停滞,是比较狭义的实证。广义来讲,凡邪气亢盛而正气未衰,正邪斗争比较激烈而反映出来的亢奋证候,均属于实证。引起实证的原因有两个方面:一是感受外邪;二是内脏机能活动失调,代谢障碍,以致痰饮、水湿、瘀血等病理产物停留体内。

实证的具体症状表现因病位和病性等的不同,有很大差异。但就一般症状而言,常见高热,烦躁,喘息气粗,腹胀疼痛,拒按,大便秘结,小便短少或淋漓不通,舌红苔厚,脉实有力等。

"实则泻之"。故治疗实证宜采用泻法,除攻里泻下之外,还包括活血化瘀、软坚散结、涤痰逐饮、平喘降逆、理气消导等法。

(三)虚证与实证的关系

1. 虚实转化　疾病的过程就是正邪斗争的过程,正邪斗争在证候上的反映,主要表现为虚实转化。

(1)实证转为虚证　先有实证,后出现虚证,随虚证的出现而实证消失。多因误治、失治,损伤津液、正气而致。例如,便秘或结症的动物,本为实证,若因治疗不当或泻下峻猛,则会发生结去后而泄泻不止,继而出现体瘦毛焦,倦怠喜卧,口色淡白,舌体如绵,脉细而无力的现象,这便是由原来的实证转化为了虚证。

(2)虚证转为实证　先有虚证,后出现实证,随实证的出现虚证消失。例如,外感风寒表虚证,可以转化为汗出而喘的肺热实证。

临床上由虚转实比较少见,多见的是先有虚证,后出现虚实错杂证。例如,患畜先有脾胃虚弱,此时又过食不易消化的草料,则可出现草料停滞胃肠,肚腹胀满,以及向纵深发展而形成结症,这便是虚中挟实证。

2. 虚实错杂　指一个患畜身上同时存在着虚证与实证两种证候。一般来说,虚实错杂的产生,有以下三个方面的原因:一是体虚感受外邪,如素体气虚,复感风寒外邪;二是邪气亢盛,损伤机体正气,如结症日久不除,耗伤正气;三是脏腑功能虚衰,使病理产物留聚体内,如肾虚水泛。

虚实错杂的证候,由于在虚实程度及病情的轻重缓急方面存在着不同,要分清主次和轻重缓急，采取或先补后攻、或先攻后补、抑或攻补兼施的方法进行治疗。

(1)虚中挟实　是以正虚为主，兼有邪实的证候。例如，肾主水，肾虚而水泛，水泛则生痰，痰生则上渍于肺，故临床上除有耳鼻四肢俱冷，动则气喘等肾虚的表现外，还有痰鸣、呼吸困难等痰实的症状，这就是虚中挟实之证。

(2)实中挟虚　是以邪实为主，兼有正虚的证候。例如，动物因暴饮暴食，或草料突然更换而发生结症，若日久不除，脾胃损伤加剧，运化功能下降，气血生化不足，临床上除有粪便不通，肚腹胀满疼痛，起卧打滚等脏实证的表现外，还有因久病而出现的体瘦毛焦，痿弱无力等脾虚的症状，这便是实中挟虚证。

(3)虚实并重　是正虚与邪实均十分明显的证候，多由以下两种情况引起。一是原为严重的实证，日久则正气大伤，而实邪未减；二是原来正气就虚，又感受了较重的邪气。

3. 虚实真假　指疾病发展到严重阶段时，动物所表现出的症状与疾病本质不相符的情况，主要有真实假虚和真虚假实两种证性。

(1)真实假虚　是本质为实，现象似虚的证候。例如，伤食患畜常表现为精神倦怠，食欲减退，泄泻等，似属脾虚泄泻，但强迫其运动过后，精神反而好转，按摩腹部疼痛剧烈或拒按。泄泻是虚象，但此畜泄后反而精神好了许多，说明其体内有实的地方，而且实是疾病的本质，虚象是一些迷惑人的假象。

(2)真虚假实　是本质为虚，现象似实的证候。例如，脾虚患畜往往出现间歇性的肚胀，似属实证，但按之不拒，且形体消瘦，口色、脉象一派虚象，实为脾虚，肚胀乃运化失职所致。

辨别虚实真假，一般应从脉象有力无力，舌质的胖嫩与苍老，叫声的低微与洪亮，体质的虚弱与强壮，病的久新等方面进行综合分析。

(四)虚实辨证要点

▷ 一般来说，外感初病，证多属实；内伤久病，证多属虚。临床症状表现为亢盛、有余的属实；表现为衰弱、不足的属虚。其中，声音气息的强弱，痛处的喜按与拒按，舌质的苍老与胖嫩，脉象的有力无力等，对鉴别虚证、实证具有重要的临床意义。若病程短，声高气粗，痛处拒按，舌质苍老，脉实有力的属实证；病程长，声低气短，痛处喜按，舌质胖嫩，脉虚无力的属虚证。

▷ 辨虚实要分析虚实的真假，不要被表面现象所迷惑，因为有时会出现“大实有羸状，至虚有盛候”的特殊情况。

▷ 辨虚实须分部位和虚实错杂的情况，察其虚实是在上、在下、在表、在里，是独见还是夹杂互见，是在脏还是腑，在脏腑中是在气还是在血，是一脏独虚，还是脏虚腑实等。

▷ 辨虚实应注意是否有寒热、表里等掺杂互见。

四、阴　　阳

阴阳是概括病证类别的两个纲领，是八纲辨证的总纲。临床上，疾病虽然错综复杂，但均可分为阴证和阳证两种。如《类经·阴阳类》指出疾病"必有所本，或本于阴或本于阳，病变虽多，其本则一"。《素问·阴阳应象大论》说："善诊者，察色按脉，先别阴阳"。由此可见，阴阳是辨证的基本纲领。

(一)阴证　是阳虚阴盛，机能衰退，脏腑功能下降的表现。多见于里证的虚寒证。阴证在临床上的主要表现是体瘦毛焦，倦怠肯卧，体寒肉颤，怕冷喜暖，口流清涎，肠鸣腹泻，尿液清长，舌淡苔白，脉沉迟无力。在外科疮黄方面，凡不红、不热、不痛，脓液稀薄而少臭味者，均系阴证的表现。

(二)阳证　阳证是邪气盛而正气未衰，正邪斗争亢奋的表现。多见于里证的实热证。阳证在临床上的主要表现是精神兴奋，狂躁不安，口渴贪饮，耳鼻温热，口舌生疮，尿液短赤，舌红苔黄，脉象洪数有力，腹痛起卧，气急喘粗，粪便秘结。在外科疮痈方面，凡红、肿、热、痛明显，脓液黏稠发臭者，均系阳证的表现。

(三)亡阴与亡阳

1. 亡阴　是阴液衰竭出现的一系列证候。临床上主要表现为精神兴奋，躁动不安，汗出如油，耳鼻温热，口渴贪饮，气促喘粗，口干舌红，脉数无力或脉大而虚。多见于大出血或脱水，或热性病的经过中。治宜益气救阴。

2. 亡阳　是阳气将脱所出现的一系列证候。临床上主要表现为精神极度沉郁，或神志呆痴，肌肉颤抖，汗出如水，耳鼻发凉，口不渴，气息微弱，舌淡而润或舌质青紫，脉微欲绝。多见于大汗、大泻、大失血、过劳等患畜。治宜回阳救逆。

大热、大汗、大吐、大泻、大失血均可引起亡阴、亡阳。阴阳互根，阴液耗损，阳则无所依附而散越；阳气衰亡，阴则无以化生而耗竭。故亡阴与亡阳往往同时存在，或稍有先后之差。

五、八纲辨证与八证论

八纲辨证是中医学的基本辨证方法，它把极其复杂的疾病证候归纳为表、里、寒、热、虚、实、阴、阳八类证候，用以指导临床治疗。

八证论是中兽医学辨证的基本方法，它把各种复杂的疾病证候归纳为正、邪、表、里、寒、热、虚、实八类证候，以指导临床治疗。其中，表证和里证，寒证和热证，虚证和实证的含义与八纲辨证完全相同，而正证和邪证是辨别动物健康和疾病状态的两个纲领。

正证:是动物健康无病的状态。《元亨疗马集·八证论》说:“夫正者,端正也,无偏无倚,无太过无不及也”,又说:“马牛有此精神爽,尿清粪润口中红,脉平色正无疴瘵,气血调和脏腑宁”。

邪证:是与正证相对而言,泛指动物体的疾病状态。《元亨疗马集·八证论》说:“夫邪者,所偏之谓也,太过不及也,真气散乱,邪疫相侵,故为邪”,又说:“外感风寒暑湿,内伤饥饱劳役,邪疫相侵,致成其患也”。既说明了邪证是指动物体的一切疾病状态,同时也指出了疾病的发生,是由于正气不足,并受到邪气的侵袭所致。

中兽医学中用正证和邪证作为辨别动物健康和疾病状况的两个纲领,是因为动物不同于人,它没有语言,病痛不能自行陈述,其有病无病,真病假病,必须靠人从各个方面的体征和表现来鉴别和判断。因此,辨证首先要辨清动物有没有病,这对于兽医具有重要的临床实际意义。

根据以上分析可知,八纲辨证和八证论的区别仅在于:八纲辨证以阴和阳,概括分辨病证的基本属性,是病证的总纲;八证论以正和邪,概括分辨动物体的健康与有病状态,是中兽医不同于中医的特点之一。因此,八纲和八证完全可以结合起来,从而使中兽医的辨证纲要更加全面和完整。就是说,中兽医的辨证纲要包括正、邪、阴、阳、表、里、寒、热、虚、实十个字,或者概括成正邪、阴阳、六要三个部分。在临床实践中,辨正邪,就是分辨有病和无病;辨阴阳,是总的分辨病证的属性,提纲挈领地把握病证的根本;辨六要,则是具体地分辨疾病的病位(表、里)、病性(寒、热)和病势(虚、实)。这样,中兽医的辨证纲要就比较全面,层次也就更清楚了。

第二节 脏腑辨证

脏腑辨证,是根据脏腑的生理功能、病理变化,对疾病证候进行分析归纳,借以推究病因病机,判断病位、病性和正邪盛衰等状况的一种辨证方法。

八纲辨证是分析、归纳各种证候的类别、部位、性质、正邪盛衰等关系的纲领。如果要进一步分析疾病的具体病理变化,就必须落实到脏腑上来,用脏腑辨证的方法加以辨别,脏腑辨证是各种辨证方法的基础和核心。当然,在临床实践中,脏腑辨证也必须与八纲、气血津液等辨证方法有机地结合起来,才能对脏腑气血阴阳、寒热虚实的变化做出较全面的概括,为论治提供依据。

一、心与小肠病证

(一)心气虚 多由久病体虚,暴病伤正,误治、失治,老龄脏气亏虚等因素引起。

主证：心悸，气短乏力，自汗，运动后尤甚，舌淡苔白，脉虚。

治则：养心益气，安神定悸。

方例：养心汤（党参、黄芪、炙甘草、茯苓、茯神、川芎、当归、柏子仁、酸枣仁、远志、五味子、肉桂，《证治准绳》）加减。

（二）心阳虚　病因同心气虚，多在心气虚的基础上发展而来。

主证：除心气虚的症状外，兼有形寒肢冷，耳鼻四肢不温，舌淡或紫暗，脉细弱或结代。

治则：温心阳，安心神。

方例：保元汤（党参、黄芪、桂枝、甘草，《博爱心鉴》）加减。

（三）心血虚　多因久病体虚，血液生化不足，或失血过多，劳役过度，损伤心血所致。

主证：心悸，躁动，易惊，口色淡白，脉细弱。

治则：补血养心，镇惊安神。

方例：归脾汤（见补益方）加减。

（四）心阴虚　除引起心血虚的病因之外，热证损伤阴津，腹泻日久等均可损伤心阴而致病。

主证：除有心血虚的主证外，尚兼有午后潮热，低热不退，盗汗，舌红少津，脉细数。

治则：养心阴，安心神。

方例：补心丹（党参、生地、玄参、丹参、天冬、麦冬、当归、五味子、茯神、桔梗、远志、酸枣仁、柏子仁、朱砂，《世医得效方》）加减。

（五）心热内盛　多因感受暑热之邪或其它淫邪内郁化热，或过服温补药所致。

主证：高热，大汗，精神沉郁，气促喘粗，粪干尿少，口渴，舌红，脉象洪数。

治则：清心泻火，养阴安神。

方例：香薷散或白虎汤（均见清热方）加减。

（六）痰火扰心　多因气郁化火，炼液为痰，痰火内盛，上扰心神所致。

主证：发热，气粗，眼急惊狂，蹬槽越桩，狂躁奔走，咬物伤人以及一些其它兴奋型的表现，苔黄腻，脉滑数。

治则：清心祛痰，镇惊安神。

方例：镇心散或朱砂散（均见安神开窍方）加减。

（七）痰迷心窍　多因湿浊内生，气郁化痰，痰浊阻闭心窍所致。

主证：神志痴呆，行如酒醉，或昏迷嗜睡，口流痰涎或喉中痰鸣，苔腻、脉滑。

治则：涤痰开窍。

方例：寒痰可用导痰汤（胆南星、枳实、陈皮、半夏、茯苓、炙甘草，《济生方》）加减，热痰可用涤痰汤（菖蒲、半夏、竹茹、陈皮、茯苓、枳实、甘草、党参、胆南星、生姜、大枣，《济生方》）加减。

（八）心火上炎 多由六淫内郁化火而致。

主证：舌尖红，舌体糜烂或溃疡，躁动不安，口渴喜饮，苔黄，脉数。

治则：清心泻火。

方例：洗心散（见清热方）或泻心汤（大黄、黄连、黄芩，《金匮要略》）加减。

（九）小肠实热 多由六淫内郁化热或心热下移所致。

主证：小便赤涩，尿道灼痛，尿血，舌红，苔黄，脉数，及心火热炽的某些症状。

治则：清利小肠。

方例：导赤散（生地、木通、甘草梢、竹叶，《小儿药证直诀》）加减。

（十）小肠中寒 多因外感寒邪或内伤阴冷所致。

主证：腹痛起卧，肠鸣，粪便稀薄，口内湿滑，口流清涎，口色青白，脉象沉迟。

治则：温阳散寒，行气止痛。

方例：橘皮散（见理气方）加减。

二、肝与胆病证

（一）肝火上炎 多由外感风热或由肝气郁结而化火所致。

主证：双目红肿，羞明流泪，睛生翳障，视力障碍，或有鼻衄，粪便干燥，尿浓赤黄，口色鲜红，脉象弦数。

治则：清肝泻火，明目退翳。

方例：决明散（见平肝方）或龙胆泻肝汤（见清热方）加减。

（二）肝血虚 多因脾肾亏虚，生化之源不足，慢性病耗伤肝血，或失血过多所致。

主证：眼干，视力减退，甚至出现夜盲、内障，或倦怠肯卧，蹄壳干枯龟裂，或眩晕，站立不稳，时欲倒地，或见肢体麻木，震颤，四肢拘挛抽搐，口色淡白，脉弦细。

治则：滋阴养血，平肝明目。

方例：四物汤（见补益方）加减。

（三）肝风内动 以抽搐、震颤等为主要症状，常见的有热极生风、肝阳化风、阴虚生风和血虚生风四种。

1. 热极生风 多由邪热内盛，热极生风，横蹿经脉所致。见于温热病的极期。

主证：高热，四肢痉挛抽搐，项强，甚则角弓反张，神志不清，撞壁冲墙，圆圈运动，舌质红绛，脉弦数。

治则:清热,息风,镇痉。

方例:羚角钩藤汤(羚羊角片、霜桑叶、川贝母、鲜生地、钩藤、菊花、茯神、生白芍、生甘草、竹茹,《通俗伤寒论》)加减。

2. 肝阳化风　多因肝肾之阴久亏,肝阳失潜而致。

主证:神昏似醉,站立不稳,时欲倒地,或头向左或向右盘旋不停,偏头直颈,歪唇斜眼,肢体麻木,拘挛抽搐,舌质红,脉弦数有力。

治则:平肝息风。

方例:镇肝熄风汤(见平肝方)加减。

3. 阴虚生风　多因外感热病后期阴液耗损,或内伤久病,阴液亏虚而发病。

主证:形体消瘦,四肢蠕动,午后潮热,口咽干燥,舌红少津,脉弦细数。

治则:滋阴定风。

方例:大定风珠(生白芍、阿胶、生龟板、干地黄、麻仁、五味子、生牡蛎、麦冬、炙甘草、鸡子黄、鳖甲,《温病条辨》)加减。

4. 血虚生风　多由急慢性出血过多,或久病血虚所引起。

主证:除血虚所致的眩晕,站立不稳,时欲倒地,蹄壳干枯龟裂,口色淡白,脉细之外,尚有肢体麻木,震颤,四肢拘挛抽搐的表现。

治则:养血息风。

方例:复脉汤(炙甘草、生地黄、生白芍、麦冬、阿胶、麻仁,《温病条辨》)加减。

(四)寒滞肝脉　多由外寒客于肝经,致使气血凝滞而成。

主证:形寒肢冷,耳鼻发凉,外肾硬肿如石如冰,后肢运步困难,口色青,舌苔白滑,脉沉弦。

治则:温肝暖经,行气破滞。

方例:茴香散(见温里方)加减。

(五)肝胆湿热　多因感受湿热之邪,或脾胃运化失常,湿邪内生,郁而化热所致。

主证:黄疸鲜明如橘色,尿液短赤或黄而混浊。母畜带下黄臭,外阴瘙痒,公畜睾丸肿胀热痛,阴囊湿疹,舌苔黄腻,脉弦数。

治则:清利肝胆湿热。

方例:茵陈蒿汤(见清热方)加减。

(六)肝胆寒湿　多因夜卧湿地,寒湿之邪内侵,或因脾不健运,水湿内生,又感寒邪,致使寒湿合邪侵入肝胆所致。

主证:黄疸晦暗如烟熏,食少便溏,舌苔滑腻,脉沉迟。

治则:祛寒利湿退黄。

方例:茵陈四逆汤(见清热方之茵陈蒿汤)加减。

三、脾与胃病证

(一)脾气虚 多由畜体素虚,劳役过度或饮喂失调,内伤脾气,以致脾气虚弱。临床上脾气虚可分为以下三种证型。

1. 脾虚不运 多由饮食失调,劳役过度,以及其它疾患耗伤脾气所致,见于慢性消化不良的病程中。

主证:草料迟细,体瘦毛焦,倦怠肯卧,肚腹虚胀,肢体浮肿,尿短,粪稀,口色淡黄,舌苔白,脉缓弱。

治则:益气健脾。

方例:参苓白术散(见补益方)或香砂六君子汤(见补益方之四君子汤)加减。

2. 脾气下陷 多由脾不健运进一步发展而来,见于久泻久痢、直肠脱、阴道脱、子宫脱等证。

主证:久泻不止,脱肛、子宫脱或阴道脱,尿淋漓难尽,并伴有体瘦毛焦,倦怠肯卧,多卧少立,草料迟细,口色淡白,苔白,脉虚等。

治则:益气升阳。

方例:补中益气汤(见补益方)加减。

3. 脾不统血 多因久病体虚,脾气衰虚,不能统摄血液所致,见于某些慢性出血病和某些热性疾病的慢性病程中。

主证:便血、尿血、皮下出血等慢性出血,并伴有体瘦毛焦,倦怠肯卧,口色淡白,脉细弱。

治则:益气摄血,引血归经。

方例:归脾汤(见补益方)加减。

(二)脾阳虚 多由脾气虚发展而来,或因过食冰冻草料,暴饮冷水,损伤脾阳所致,见于急、慢性消化不良。

主证:在脾不健运症状的基础上,同时出现形寒怕冷,耳鼻四肢不温,肠鸣腹痛,泄泻,口色青白,口腔滑利,脉象沉迟。

治则:温中散寒。

方例:理中汤(见温里方)加减。

(三)寒湿困脾 多因长期过食冰冻草料,暴饮冷水,使寒湿停于中焦,或久卧湿地,或阴雨苦淋,导致寒湿困脾,见于消化不良、水肿、妊娠浮肿、慢性阴道及子宫炎的病程中。

主证:耳耷头低,四肢沉重肯卧,草料迟细,粪便稀薄,小便不利,或见浮肿,口黏不渴,舌苔白腻,脉象迟缓而濡。

治则:温中化湿。

方例:胃苓散(见祛湿方之五苓散)加减。

(四)胃阴虚 多由高热伤阴,津液亏耗所致,见于热性病的后期。

主证:体瘦毛焦,皮肤松弛,弹性减退,食欲减退,口干舌燥,粪球干小,尿少色浓,口色红,苔少或无苔,脉细数。

治则:滋养胃阴。

方例:养胃汤(沙参、玉竹、麦冬、生扁豆、桑叶、甘草,《临证指南》)加减。

(五)胃寒 多由外感风寒,或饮喂失调,如长期过食冰冻草料,暴饮冷水等所致,见于消化不良病程中。

主证:形寒怕冷,耳鼻发凉,食欲减退,粪便稀软,尿液清长,口腔湿滑或口流清涎,口色淡或青白,苔白而滑,脉象沉迟。

治则:温胃散寒。

方例:桂心散(见温里方)加减。

(六)胃热 多由胃阳素强,或外感邪热犯胃,或外邪传内化热,或急性高热病中热邪波及胃脘所致。

主证:耳鼻温热,草料迟细,粪球干小而尿少,口干舌燥,口渴贪饮,口腔腐臭,齿龈肿痛,口色鲜红,舌有黄苔,脉象洪数。

治则:清热泻火,生津止渴。

方例:清胃解热散(知母、石膏、玄参、黄芩、大黄、枳壳、陈皮、神曲、连翘、地骨皮、甘草,《中兽医治疗学》)加减。

(七)胃食滞 多由暴饮暴食,伤及脾胃,食滞不化,或草料不易消化,停滞于胃所致。

主证:不食,肚腹胀满,嗳气酸臭,腹痛起卧,粪干或泄泻,矢气酸臭,口色深红而燥,苔厚腻,脉滑实。

治则:消食导滞。

方例:病情轻者,可用曲麦散(见消导方)加减;病情重者,可用调气攻坚散(醋香附、三棱、莪术、木香、藿香、沉香、枳壳、莱菔子、槟榔、青皮、郁李仁、麻油、醋,《中兽医治疗学》)加减。

四、肺与大肠病证

(一)肺气虚 多因久病咳喘伤及肺气,或其它脏器病变影响及肺,使肺气虚弱而成。

主证：久咳气喘，且咳喘无力，动则喘甚，鼻流清涕，畏寒喜暖，易于感冒，容易出汗，日渐消瘦，皮燥毛焦，倦怠肯卧，口色淡白，脉象细弱。

治则：补肺益气，止咳定喘。

方例：补肺散（党参、黄芪、紫菀、五味子、熟地、桑白皮，《永类钤方》）加减。

（二）肺阴虚 多因久病体弱，或邪热久恋于肺，损伤肺阴所致，或由于发汗太过而伤及肺阴所致，见于慢性支气管炎及肺结核。

主证：干咳连声，昼轻夜重，甚则气喘，鼻液黏稠，低热不退，或午后潮热，盗汗，口干舌燥，粪球干小，尿少色浓，口色红，舌无苔，脉细数。

治则：滋阴润肺。

方例：百合固金汤（见补益方）加减。

（三）痰饮阻肺 因脾失健运，湿聚为痰饮，上贮于肺，使肺气不得宣降而发病。

主证：咳嗽，气喘，鼻液量多，色白而黏稠，苔白腻，脉滑。

治则：燥湿化痰。

方例：二陈汤（见化痰止咳平喘方）加减。

（四）风寒束肺 因风寒之邪侵袭肺脏，肺气闭郁而不得宣降所致，见于感冒、急慢性支气管炎。

主证：以咳嗽、气喘为主，兼有发热轻而恶寒重，鼻流清涕，口色青白，舌苔薄白，脉浮紧。

治则：宣肺散寒，祛痰止咳。

方例：麻黄汤或荆防败毒散（均见解表方）加减。

（五）风热犯肺 多因外感风热之邪，以致肺气宣降失常所致，见于风热感冒、急性支气管炎、咽喉炎等病程中。

主证：以咳嗽和风热表证共见为特点。咳嗽，鼻流黄涕，咽喉肿痛，触之敏感，耳鼻温热，身热，口干贪饮，口色偏红，舌苔薄白或黄白相间，脉浮数。

治则：疏风散热，宣通肺气。

方例：表热重者，用银翘散（见解表方）加减；咳嗽重者，用桑菊饮（桑叶、菊花、杏仁、甘草、薄荷、连翘、芦根、桔梗，《温病条辨》）加减。

（六）燥热伤肺 由感受燥热之邪，在表未解，入里伤及肺脏所致。

主证：干咳无痰，咳而不爽，被毛焦枯，唇焦鼻燥，口色红而干，苔薄黄少津，脉浮细而数。常伴有发热微恶寒。

治则：清肺润燥养阴。

方例：清燥救肺汤（见化痰止咳平喘方）加减。

(七)肺热咳喘　多因外感风热或因风寒之邪入里郁而化热,以致肺气宣降失常所致,见于咽喉炎、急性支气管炎、肺炎、肺脓疡等病。

主证:咳声洪亮,气促喘粗,鼻翼扇动,鼻涕黄而黏稠,咽喉肿痛,粪便干燥,尿液短赤,口渴贪饮,口色赤红,苔黄燥,脉洪数。

治则:清肺化痰,止咳平喘。

方例:麻杏石甘汤(见化痰止咳平喘方)或清肺散(见清热方)加减。

(八)大肠液亏　内有燥热,使大肠津液亏损,或胃阴不足,不能下滋大肠,均可使大肠液亏,多见于老畜及母畜产后和热病后期等病程中。

主证:粪球干小而硬,或粪便秘结干燥,努责难以排下,舌红少津,苔黄燥,脉细数。

治则:润肠通便。

方例:当归苁蓉汤(见泻下方)加减。

(九)食积大肠　多因过饥暴食,或草料突换,或久渴失饮,或劳逸失度,或老畜咀嚼不全,致使草料停于肠中,而成此病,见于结症。

主证:粪便不通,肚腹胀满,回头观腹,不时起卧,饮食欲废绝,口腔酸臭,尿少色浓,口色赤红,舌苔黄厚,脉象沉而有力。

治则:通便攻下,行气止痛。

方例:大承气汤(见泻下方)加减。

(十)大肠湿热　外感暑湿,或感染疫疠之气,或喂霉败秽浊的或有毒的草料,以致湿热或疫毒蕴结,下注于肠,损伤气血而发病,见于急性胃肠炎、菌痢等的病程中。

主证:发热,腹痛起卧,泄痢腥臭,甚则脓血混杂,口干舌燥,口渴贪饮,尿液短赤,口色红黄,舌苔黄腻或黄干,脉象滑数。

治则:清热利湿,调气和血。

方例:白头翁汤或郁金散(均见清热方)加减。

(十一)大肠冷泻　多由外感风寒或内伤阴冷(如喂冰冻草料,暴饮冷水)而发病。

主证:耳鼻寒凉,肠鸣如雷,泻粪如水,或腹痛,尿少而清,口色青黄,舌苔白滑,脉象沉迟。

治则:温中散寒,渗湿利水。

方例:桂心散(见温里方)或橘皮散(见理气方)加减。

五、肾与膀胱病证

(一)肾阳虚 根据临床症状及病理变化特点可分为以下四种证型。

1. 肾阳虚 素体阳虚,或久病伤肾,或劳损过度,或年老体弱,下元亏损,均可导致肾阳虚衰。

主证:形寒肢冷,耳鼻四肢不温,腰痿,泄泻,小便减少,腰腿不灵,难起难卧,四肢下部浮肿,粪便稀软或垂缕不收。公畜性欲减退,阳痿不举,垂缕不收,母畜宫寒不孕。口色淡,舌苔白,脉沉无力。

治则:温补肾阳。

方例:肾气散(见补益方之六味地黄汤)加减。

2. 肾气不固 多由肾阳素亏,劳损过度,或久病失养,肾气亏耗,失其封藏固摄之权而致。

主证:小便频数而清,或尿后余沥不尽,甚至遗尿或小便失禁,腰腿不灵,难起难卧,公畜滑精早泄,母畜带下清稀,胎动不安,舌淡苔白,脉沉弱。

治则:固摄肾气。

方例:缩泉丸(乌药、益智仁、山药,《妇人良方》)或固精散(见收涩方)加减。

3. 肾不纳气 由于劳役过度,伤及肾气,或久病咳喘,肺虚及肾所引起,见于慢性支气管炎、慢性肺泡气肿等的病程中。

主证:咳嗽,气喘,呼多吸少,动则喘甚,重则咳而遗尿,形寒肢冷,汗出,口色淡白,脉虚浮。

治则:温肾纳气。

方例:人参蛤蚧散(人参、蛤蚧、杏仁、甘草、茯苓、贝母、桑白皮、知母,《卫生宝鉴》)加减。

4. 肾虚水泛 素体虚弱,或久病失调,损伤肾阳,不能温化水液,致水邪泛滥而上逆,或外溢肌肤所致,见于慢性肾炎、心衰、胸腹下水肿、阴囊水肿等病程中。

主证:体虚无力,腰脊板硬,耳鼻四肢不温,尿量减少,四肢腹下浮肿,尤以两后肢浮肿较为多见,严重者宿水停脐,或阴囊水肿,或心悸,咳喘痰鸣,舌质淡胖,苔白,脉沉细。

治则:温阳利水。

方例:济生肾气丸(熟地、山药、山茱萸、茯苓、泽泻、牡丹皮、官桂、炮附子、牛膝、车前子)加减。

(二)肾阴虚 因伤精、失血、耗液而成,或急性热病耗伤肾阴,或其它脏腑阴虚而伤及于肾,或因过服温燥劫阴之药所致,见于久病体弱,慢性贫血,或某些慢性传染病过程中。

主证：形体瘦弱，腰胯无力，低热不退或午后潮热，盗汗，粪便干燥，公畜举阳滑精或精少不育，母畜不孕，视力减退，口干、色红、少苔，脉细数。

治则：滋阴补肾。

方例：六味地黄汤（见补益方）加减。

（三）膀胱湿热 由湿热下注膀胱，气化功能受阻所致。

主证：尿频而急，尿液排出困难，常作排尿姿势，痛苦不安，或尿淋漓，尿色混浊，或有脓血，或有砂石，口色红，苔黄腻，脉濡数。

治则：清利湿热。

方例：八正散（见祛湿方）加减。

第三节 气血津液辨证

气血津液辨证，是应用有关气血津液的理论，对气、血、津液病变的各种证候，加以提纲挈领的概括，以阐述和分析疾病的一种辨证方法。

气血津液是脏腑功能活动的物质基础，而其生成及运行又有赖于脏腑的功能活动，因此气血津液的病变与脏腑的功能活动密切相关。脏腑发生病变，可以影响到气血津液的变化，而气血津液的病变也必然会影响到脏腑的功能，故气血津液辨证应与脏腑辨证互相参照。

一、气病辨证

气的病证很多，如《素问·举痛论》说："百病生于气也"，即指出了气病的广泛性。临床常见的气病有气虚、气陷、气滞、气逆四种。

（一）气虚证 是全身或某一脏腑组织机能减退所表现出的证候。常见于某些慢性病，急性病的恢复期，或年老体弱动物。多因久病耗伤正气，或饲养管理不当，劳役过度，脏腑机能衰退所致。

主证：耳耷头低，被毛粗乱，役时多汗，四肢无力，气短而促，叫声低微，运动时诸症加剧，舌淡无苔，脉虚弱。

治则：补气。

方例：四君子汤（见补益方）加减。

（二）气陷证 是气虚无力升举反而下陷的证候，属气虚证的一种，多由气虚进一步发展而来。常因劳役过度而又营养不足，或久病虚损，或用药不当，攻伐太过，使脏气受损而致。因其主要发生于中焦，故又称"中气下陷"。

主证：少气倦怠，内脏下垂，脱肛或阴道、子宫脱出，久泄久痢，口唇不收，弛缓下垂，舌淡、无苔，脉虚弱。

治则：升举中气。

方例：补中益气汤（见补益方）加减。

（三）气滞证 是机体某一部位或某一脏腑的气机阻滞、运行不畅所表现出的证候。引起气滞的原因很多，如饲养管理不当，饮喂失调，或感受外邪，跌打损伤，或痰饮、瘀血、粪积、虫积等，均可使气的运行发生障碍而致气滞。此外，气虚运行无力，也可发生气滞。

主证：胀满，疼痛。

治则：行气。

方例：越鞠丸、橘皮散等（均见理气方）加减。

（四）气逆证 是指气的下降受阻，不降反逆所表现出的证候。多指肺、胃之气上逆。

主证：肺气上逆则见咳嗽，气喘；胃气上逆，则见嗳气，呕吐。

治则：降气镇逆。

方例：肺气上逆者，用苏子降气汤（见化痰止咳平喘方）加减；胃气上逆者，用旋复代赭汤（旋复花、党参、生姜、代赭石、半夏、甘草、大枣）加减。

二、血病辨证

血运行于脉中，对全身各脏腑组织器官起着营养和滋润作用。若外邪侵袭，脏腑失调，则血的化生和运行失常而出现病候。临床上常见的有血虚、血瘀、血热、血寒四种。

（一）血虚证 是血液亏虚，脏腑百脉失养，表现为全身虚弱的证候。成因有先天不足，或脾胃虚弱、生化乏源，或各种急慢性出血，或久病不愈，或瘀血不去、新血不生，或肠道寄生虫病等。

主证：可视黏膜淡白、苍白或黄白，四肢麻痹，甚至抽搐，心悸，苔白，脉细无力。

治则：补血。

方例：四物汤（见补益方）加减。

（二）血瘀证 是畜体某一局部或某一脏腑的血液运行受阻，或存在离经之血的证候。引起血瘀的常见因素有寒凝、气滞、气虚、外伤及邪热与血互结等。

主证：局部见肿块，疼痛拒按，痛处固定不移，夜间痛甚，皮肤粗糙起鳞，出血，舌有瘀点、瘀斑，脉细涩。

治则：活血祛瘀。

方例：桃红四物汤（见理血方）加减。

（三）血热证　是热邪侵犯血分而引起的病证，多由外感热邪深入血分所致。

主证：躁动不安或昏迷，口干津少，舌质红绛，脉细数，并有各种出血现象。

治则：清热凉血。

方例：犀角地黄汤（见清热方）加减。

（四）血寒证　是局部脉络寒凝气滞，血行不畅所表现出的证候，常因感受寒邪而引起。

主证：形寒肢冷，喜暖恶寒，四肢疼痛，得温痛减，可视黏膜紫暗，舌淡暗，苔白，脉沉迟。

治则：温经散寒。

方例：四逆汤或参附汤（均见温里方）加减。

三、津液病辨证

津液有滋养脏腑，润滑关节，濡养肌肤等作用。津液病变，常表现为津液不足和水液停聚两个方面。

（一）津液不足　又称津亏、津伤，是津液亏少，全身或某些脏腑组织器官失其濡润滋养而出现的证候。津液不足的产生，有生成不足与丢失过多两个方面。脾胃虚弱、运化无权则津液生成减少，若渴而不得饮水则津液化生之源匮乏，二者均可导致津液生成减少；若热盛伤津耗液，或汗、吐、泻太过，或失血、多尿等导致津液大量丢失，亦可导致津液不足的证候。

主证：口渴咽干，唇燥舌干，甚者鼻镜龟裂无汗，皮毛干枯缺乏光泽，小便短少，大便干硬，甚至粪结，舌红，脉细数。

治则：增津补液。

方例：增液汤（玄参、生地、麦冬，《温病条辨》）加减。

（二）水湿内停　是指畜体局部或全身停积过量的水液。凡外感、内伤，影响了肺、脾、肾等脏腑对津液的输布、排泄功能，皆可使局部或全身蓄积过量水湿，多兼有水肿、痰饮。

主证：咳嗽痰多，呼吸有痰声，肚腹膨大下垂，小便短少，大便溏稀，少食纳呆，胸腹下、四肢末端浮肿，苔腻，脉濡。

治则：利水胜湿。

方例：五苓散（见祛湿方）加减。

第四节　卫气营血辨证

卫气营血辨证，是清代著名医家叶天士创立的用于辨外感温热病的一种辨证方法。它是在六经辨证的基础上发展起来的，又弥补了六经辨证的不足。

温病（温热病）是感受温热病邪所引起的多种急性热病的总称，是外感病的一大类别，以发展迅速，变化较多，热象偏重，易化燥伤阴为特征。

卫、气、营、血是对温热病四类证候的概括，同时又代表着温热病过程中由浅入深，由轻转重的四个阶段。具体来说，温热病邪首先犯卫，邪在卫分不解，则内传于气分；气分病邪不解，则入营分；邪在营分不解，则入血分。如此病邪步步深入，病情逐渐加重。就温热病四个阶段病变的部位来说，卫分主表，病在肺与皮毛；气分主里，病在肺、肠、胃等脏腑；营分是邪热入于心营，病在心与心包；血分是邪热已深入肝、肾，重在动血、耗血。

温热病的一般治法是，病在卫分宜辛凉解表，病在气分宜清热生津，病在营分宜清营透热，病在血分宜清热凉血。

一、卫气营血证治

（一）卫分病证　是温热病邪侵犯肌表，卫分功能失常所表现出的证候。一般见于温热病的初期，属于表热证。

主证：发热重，恶寒轻，咳嗽，咽喉肿痛，口干微红，舌苔薄黄，脉浮数。

治则：辛凉解表。

方例：银翘散（见解表方）加减。

（二）气分病证　是温热病邪深入脏腑，正盛邪实，正邪相争激烈，阳热亢盛的里热证。多由卫分病传来，或由温热之邪直入气分所致。主要表现为但热不寒，呼吸喘粗，口干津少，口色鲜红，舌苔黄厚，脉洪大。但因温热之邪所侵袭的脏腑和部位的不同，又有不同的证候表现。常见的有温热在肺、热入阳明、热结肠道三种证型。

1. 温热在肺

主证：发热，呼吸喘粗，咳嗽，口色鲜红，舌苔黄燥，脉洪数。

治则：清热宣肺，止咳平喘。

方例：麻杏石甘汤（见化痰止咳平喘方）加减。

2. 热入阳明

主证：身热，大汗，口渴喜饮，口津干燥，口色鲜红，舌苔黄燥，脉洪大。

治则:清热生津。

方例:白虎汤(见清热方)加减。

3. 热结肠道

主证:发热,肠燥便干,粪结不通或稀粪旁流,腹痛,尿短赤,口津干燥,口色深红,舌苔黄厚,脉沉实有力。

治则:滋阴,清热,通便。

方例:增液承气汤(见泻下方之大承气汤)加减。

(三)营分病证 是温热病邪入血的轻浅阶段,以营阴受损,心神被扰为其特点。证见高热,舌质红绛,斑疹隐隐,神昏或躁动不安。

营分病证的形成,一是由卫分传入,即温热病邪由卫分不经气分而直入营分,称为"逆传心包";二是由气分传来,即先见气分证的热象,而后出现营分证的症状;三是温热之邪直入营分,即温热病邪侵入机体,致使畜体起病后便出现营分症状。

营分证介于气分证和血分证之间。若疾病由营转气,是病情好转的表现;若由营入血,则病情更加深重。营分证有热伤营阴和热入心包两种证型。

1. 热伤营阴

主证:高热不退,夜甚,躁动不安,呼吸喘促,舌质红绛,斑疹隐隐,脉细数。

治则:清营解毒,透热养阴。

方例:清营汤(见清热方)加减。

2. 热入心包

主证:高热,神昏,四肢厥冷或抽搐,舌绛,脉数。

治则:清心开窍。

方例:清宫汤(玄参、莲子、竹叶心、麦冬、连翘、犀角,《温病条辨》)加减。

(四)血分病证 是温热病的最后阶段,也是疾病发展过程中最为深重的阶段。血分证或由营分传来,即先见营分证的营阴受损,心神被扰的症状,而后才出现血分证见证;或由气分传变,即不经营分,直接由气分传入血分。肝藏血,肾藏精,故血分病以肝肾病变为主,临床上除具有较重的营分证候外,还有耗血、动血、伤阴、动风的病理变化。其特征是身热,神昏,舌质深绛,黏膜和皮肤发斑,便血,尿血,项背强直,阵阵抽搐,脉细数。常见的有血热妄行、气血两燔、肝热动风和血热伤阴等四种证型。

1. 血热妄行

主证:身热,神昏,黏膜、皮肤发斑,尿血,便血,口色深绛,脉数。

治则:清热解毒,凉血散瘀。

方例:犀角地黄汤(见清热方)加减。

2. 气血两燔

主证：身大热，口渴喜饮，口燥苔焦，舌质红绛，发斑，衄血，便血，脉数。

治则：清气分热，解血分毒。

方例：清瘟败毒饮（生石膏、生地、犀角、黄连、栀子、桔梗、黄芩、知母、玄参、连翘、甘草、丹皮、鲜竹叶，《疫诊一得》）加减。

3. 肝热动风

主证：高热，项背强直，阵阵抽搐，口色深绛，脉弦数。

治则：清热平肝息风。

方例：羚角钩藤汤（羚羊角、霜桑叶、川贝母、鲜生地、双钩藤、滁菊花、茯神、生白芍、生甘草、竹茹，《通俗伤寒论》）加减。

4. 血热伤阴

主证：低热不退，精神倦怠，口干舌燥，舌红无苔，尿赤，粪干，脉细数无力。

治则：清热养阴。

方例：青蒿鳖甲汤（见清热方）加减。

二、卫气营血的传变规律

外感温热病多起于卫分，病情较轻；继之表邪入里，传入气分，病情较重；进而深入营分，病情更重；最后邪陷血分，则病情最为深重。这种渐次深入是温热病发展的一般规律。如《外感温热篇》说："大凡看法，卫之后方言气，营之后方言血。"

由于季节气候的不同，病邪盛衰的差异，以及患畜体质强弱的不同，上述传变规律并不是固定不变的。临床上所见的温热病，有的起病就不经卫分，而直接从气分或营分开始。传变除循经而传的情况外，还有越经而传的。如卫分病可不经气分而传入营分，气分病不经营分而传入血分，酿成气血两燔。

因此，在临床辨证时，应根据疾病的不同情况，具体分析，灵活运用，不得生搬硬套。

第七章　防治法则

第一节　预　　防

预防，就是采取一定的措施，防止动物疾病的发生和发展。前人称其为"治未病"。

祖国医学历来重视预防，如《素问·四时调神大论》中就有"是故圣人不治已病，治未病；不治已乱，治未乱。夫病已成而后药之，乱已成而后治之，譬犹渴而穿井，斗而铸锥，不亦晚乎！"的记载。这种"治未病"的预防思想，在指导后世医学的医疗实践中，起着极为重要的作用。

"治未病"包括两方面的内容，一是未病先防，二是既病防变。

一、未病先防

未病先防，就是在动物未发病之前，采取各种有效措施，预防疾病的发生。疾病的发生，关系到邪正两个方面。邪气侵犯是导致疾病发生的重要条件，而正气不足是疾病发生的内在原因和根据，外邪通过内因而起作用。所以，未病先防，重在培养机体的正气，增强其抗邪能力。培养正气，主要着手于以下三个方面。

(一)加强饲养管理，合理使役　中兽医认为，加强饲养管理，合理使役是预防动物疾病发生的关键。正如《元亨疗马集》中所说："冬暖，夏凉，春牧，秋厩，节刍水，知劳役，使寒暑无侵，则马骡无疴瘵也"。很多兽医古籍中都记载了有关动物饲养、管理和使役的注意事项，如《元亨疗马集·三饮三喂刍水论》中论述得就很详细。在饲养方面提出过于饥渴时不能暴食暴饮，劳役前后不能饮喂过饱，饮水和草料必须清洁，不能混有杂物；有汗和料后不能立即饮水，膘大马、休闲马和夏季要减料等。在管理方面，提出厩舍要冬暖夏凉，经常打扫干净。在使役方面，提出要先慢步，后快步，快慢要交替使用；使役后不可立即卸掉鞍具，待休息后方可饮喂等。这些都是很好的经验，至今仍有重要的参考价值。

(二)针药调理　就是根据地区、气候以及动物体质的情况，采用放六脉血和灌四季药的方法来预防疾病。这种通过针药调理，使动物更好地适应外界环境条件的变化，以减少疾病发生的方法在民间广为流传，至今仍有不少地区广泛使用。

（三）疫病预防　中兽医对于疫病的认识可见于历代农书和兽医专著，如《元亨疗马集》说："都中战马，遍染瘟疫，……癖瘟癖瘴，不可不御也"；《三农记·卷八》记载："人疫传人，畜疫传畜，染其形似者；豕疫可传牛，牛疫可传豕，当知避焉"；《陈敷农书》中说："已死之肉，经过村里，其气尚能相染也。欲病之不相染，勿令与不病者相近"；《三农记》中还说："倘逢天时行灾，重加利剂，宜避疫之药常熏栏中"；《齐民要术》中还有对羊传染性疫病早期诊断与隔离的记载，指出："羊有病，辄相污。欲令别病，法当栏前作渎，深二尺，广四尺。往还皆跳过者，无病；不能过去，入渎中行，过，便别之"。从这些记载可以看出，古人很早就对动物的传染性疾病有了一定认识，并根据当时的社会条件和科学水平采取了一些力所能及的防治办法，如隔离，预防性给药（利剂的使用，贯众、苍术等泡水，使动物饮用），药熏（苍术、石菖蒲、艾叶、雄黄等药物燃烟熏棚厩的定期消毒），粪便堆放发酵，以及搞好清洁卫生工作（水洁、料洁、草洁、槽洁、圈洁、动物体洁净等），均是预防动物疾病发生的重要措施。

二、既病防变

未病先防，是积极的预防措施。如果疾病已经发生，就应及早诊断和治疗，以防止疾病的进一步发展与传变，这就叫作既病防变，也是"治未病"的重要内容。

（一）早期诊治　一般来说，疾病之初，病位较浅，病情多轻，病邪伤正程度轻浅，正气抗邪、抗损害和康复能力均较强，因而早期诊治有利于疾病的早日痊愈，防止因病邪深入而加重病情。如《素问·阴阳应象大论》说："风邪之至，疾如风雨，故善治者治皮毛，其次治肌肤，其次治筋脉，其次治六腑，其次治五脏。治五脏者，半死半生也。"这说明外邪侵入机体后，如果不作及时处理，病邪就有可能逐步深入，由表入里，侵犯内脏，使病情愈来愈复杂，治疗也愈来愈困难，由此可见早期诊治的重要性。《元亨疗马集》中也有"每遇饮马，就便看验有无病患，交点匹数，每三日一次，……令兽医遍看口色，有病者灌啗，甚者别槽医治"的记载，说明古代兽医就非常重视对病畜的早期发现，及早诊治，防止疾病进一步的发展与恶化。

（二）防止传变　动物体的各脏腑之间密切相关，一脏有病，可以影响它脏。因此，治疗时要掌握疾病传变的规律，"务在先安未受邪之地"，治其未病之脏腑，以防止疾病的传变。如《难经·七十七难》说："《经》言上工治未病，中工治已病者，何谓也？然：所谓治未病者，见肝之病，则知肝当传之于脾，故先实其脾气，无令得受肝之邪，故曰治未病焉。中工治已病，见肝之病，不晓相传，但一心治肝，故曰治已病也。"就是强调根据肝病易于传脾的特点，在治疗肝病时应注意调补脾脏，使脾气充实，防止肝病向脾的传变，此为既病防变法则的具体体现。又如温热病伤及胃阴，若病势进一步发展多耗及肾阴，故应在甘寒养胃的方药中加入某些咸寒滋肾之品，这也是既病防变法则的具体应用。

第二节 治 则

治则，就是治疗动物疾病的法则。它是以四诊所收集的客观资料为依据，在对疾病综合分析和判断的基础上提出的临证治疗规律，是各种证候具体治疗方法的指导原则。

中兽医学的治病法则，包括扶正与祛邪、治病求本、同治与异治、三因制宜和治疗与护养等方面的内容。这些原则，对于指导临床具体立法和处方用药具有重要的意义。

一、扶正与祛邪

疾病的过程，在一定意义上可以说是正气与邪气双方相互斗争的过程。正邪斗争的胜负，决定着疾病的进退，邪胜则病进，正胜则病退。因此，在治疗法则上也就离不开"扶正"和"祛邪"两个方面，即通过扶助正气或祛除邪气，借以改变正邪双方力量的对比，使疾病向痊愈的方面转化。总的来说，各种治疗措施都是根据扶正和祛邪这两个原则而制定的。

(一)扶正与祛邪的概念及其关系 扶正，就是使用补益正气的方药及加强病畜护养等方法，以扶助机体正气，提高机体抵抗力，达到祛除邪气，战胜疾病，恢复健康的目的。祛邪，就是使用祛除邪气的方药，或采用针灸、手术等方法，以祛除病邪，达到邪去正复的目的。

扶正与祛邪，虽然方法不同，但二者密切相关，相互为用，相辅相成。扶正，能使正气加强，有助于机体抗御和祛除病邪，也就是说扶正是为了更好地祛邪；祛邪，能够排除病邪的侵害和干扰，使邪去正安，也就是说祛邪的目的是为了保存正气以及有利于正气的恢复。因此，从这个意义上可以说"扶正即可以祛邪，祛邪即可以安正"。但由于在疾病过程中，正气是矛盾的主要方面，任何治疗措施都是通过畜体的生理功能而起作用的，因此中兽医学非常重视机体的内在因素，在扶正与祛邪二者之间尤其强调扶助正气。然而，无论是扶正还是祛邪都要运用适当，做到祛邪而不伤正，扶正又不留邪。

(二)扶正与祛邪的运用原则 扶正，适用于以正气虚为主而邪气也不盛的虚证，具体有益气、养血、滋阴、助阳等方法。祛邪，适用于以邪气盛为主而正气也未衰的实证，具体有发汗、攻下、清解、消导等方法。

中兽医学重视机体的内在因素，但并不排除外在因素的致病作用，亦不忽略祛除病邪在治疗上的重要作用。一般在临床运用的时候，须结合邪正盛衰消长的具体情况，根据正邪双方在疾病过程中所占的地位，区别扶正和祛邪的主次、先后，灵活掌握。当病情比较简单，或是正虚，或是邪实时，单独扶正或祛邪，即可达到治疗目的。但在很多疾病过程中，邪正虚实往往混杂出现，所以在运用中应把“扶正”与“祛邪”两方面辩证地结合起来，根据病畜的具体情况，分别采用“祛邪兼扶正”，“扶正兼祛邪”，“先扶正后祛邪”，“先祛邪后扶正”等方法，才能收到预期的效果。

1. 祛邪兼扶正　适用于邪盛为主，兼有正衰的病证。在处方用药时，应在祛邪的方剂中，稍加一些补益药。如治年老体虚、久病或产后津枯肠燥便秘的当归苁蓉汤就是一个实例。

2. 扶正兼祛邪　适用于正虚为主，兼有留邪的病证。在处方用药时，应在补养的方剂中，稍加一些祛邪药。如治疗奶牛前胃弛缓而有食滞时就应采用此法。

3. 先扶正后祛邪　适用于正虚邪不盛，或正虚邪盛而以正虚为主的病证。如此时兼以祛邪，反而更伤正气，只有先扶正，待正气增强后再祛邪。

4. 先祛邪后扶正　适用于邪盛正不太虚，或邪盛正虚的病证。如此时兼以扶正，反而会有留邪的弊端，故只能先祛邪，然后再扶正。如阳明腑证之热结肠腑，便闭不通，导致化燥化热而阴伤，则须急下存阴，以免热结愈甚而阴津更伤，故应先施以大承气汤泻下热结，待结去后再以养阴生津药物进行调理。

总之，扶正与祛邪是最基本的治则，在临床运用时，要根据病情，灵活掌握，特别是在需要扶正与祛邪同时并用时，应分清主次，有所偏重。

二、治 病 求 本

本，指疾病的本质；标，指疾病的现象。治病求本，是指在治疗疾病时，必须寻求出疾病的本质，针对本质进行治疗。它是辨证论治的一个基本原则，对于疾病的治疗具有重要的指导意义。如《素问・阴阳应象大论》说：“治病必求于本”。

治病求本的具体内容很多，中兽医提出的“标本缓急”、“正治反治”即体现了这一基本原则。

(一)治标与治本　标与本是一个相对的概念，常用来概括说明事物的本质与现象，因果关系以及病变过程中矛盾的主次关系等。就其在治则中的运用而言，应随疾病过程中的具体情况加以区分。以正邪关系言，则正气为本，邪气为标；就病因与症状言，则病因为本，症状为标；以病之先后言，则先病为本，后病为标，原发病为本，继发病为标；就病位表里言，则脏腑病为本，肌表经络病为标；就本质与现象关系言，则本质是本，现象属标；等等。

一般来说，本是疾病的主要矛盾或矛盾的主要方面，起着主导和决定的作用；标是病变的次要矛盾或矛盾的次要方面，处于从属和次要的地位。辨证论治的一个根本原则，就是要抓住疾病的本质，并针对本质进行治疗。例如，马患结症而继发肠臌气时，结症为本，气胀为标。如果病势缓慢，气胀不重，只要破除结症之本，气胀之标也就随之消失。正如《景岳全书·求本论》说："直取其本，则所生诸病，无不随本皆退"。

但是，在疾病过程中矛盾是错综复杂的，在一定条件下是可以转化的。因此，标和本常有主次轻重的不同，治疗也就相应地有了先后缓急的区分。

1. 急则治其标　指疾病过程中标证紧急，若不及时治疗就会危及患畜生命或影响本病治疗时所采取的一种急救治标法。例如，结症继发肠臌气，显然结症是本，臌气是标，但若臌气严重，病势急剧，如不能快速解除，就会危及患畜的生命，同时也影响了直肠入手破结，此时的当务之急就应是穿刺放气或用其它办法解除气胀以治标，待气胀缓解后再破结通肠以治本。因此可见，急则治其标仅为权宜急救之法，待危象消除，病势缓解后还必须治本，才能拔除病根。

2. 缓则治其本　指在一般情况下，凡病势缓而不急的，皆需从本论治，即所谓"治病必求于本"，它对指导慢性病的治疗更有意义。如脾虚泄泻之证，若泄泻不甚，无伤津脱液的严重症状，只需健脾补虚，使脾虚之本得治，则泄泻之标自除。

3. 标本兼治　当标病与本病俱重，在时间或条件上又不允许单独治标或单独治本时，应采取标本同治的方法。当然，标本同治，也不是治标与治本不分主次地平均对待，仍然要分清主次，有所着重。例如气虚感冒时，先病正气虚为本，后感外邪为标，单纯益气则表邪难去，仅用发汗解表则更伤正气，所以常采用益气为主兼以解表，标本同治的原则。

应当指出，在临床应用时，不能将急则治其标，缓则治其本的原则绝对化，急的时候也未尝不可治本。如亡阳虚脱，急用回阳救逆，就是治本；大出血后，气随血脱之时，急用益气固脱也是治本。同样，缓的时候也不是不可以治标，有时治标反更有利于治本。总之，在辨证论治中，分清疾病的标本缓急，是抓主要矛盾、解决主要问题的一个重要原则。急则先治是基本要求，治病求本才是关键。若标本不明、主次不清，势必影响疗效，甚至延误病机，造成不良后果。

(二)正治与反治

1. 正治　又称逆治，是逆着疾病症象而治的一种治疗法则。逆，是指所采用方药的性质与疾病症象的性质相反。

临床上，大多数疾病的现象与疾病的本质是一致的。如热证表现为热象，寒证表现为寒象，虚证表现为虚象，实证表现为实象。此时，应采用正治法，即采用"热者寒之”、“寒者热之”、“虚者补之”、“实者泻之”的治疗法则。正治含有正规和常规治疗的意思，是临床上常用的治疗方法。

2. 反治　又称从治，是顺从疾病症象而治的一种治疗法则。从，是所指采用方药的性质与疾病症象的性质相同。

临床上，有时会因病情复杂或病势严重，机体不能如常地反映出正邪相争的情况，而出现一些与疾病性质不相符合的假象。如寒证出现热象，热证出现寒象，虚证出现实象，实证出现虚象等。在治疗时，就不能简单地见寒治寒，见热治热，而应透过现象，治其本质。因在此情况下，疾病所表现出的症状与疾病的本质相反，所以采用了和疾病症象性质相同的药物来治疗，但实际上仍是逆着疾病的本质进行的治疗。反治法有“热因热用”、“寒因寒用”、“塞因塞用”、“通因通用”等几种不同的具体运用。

热因热用是指用温热性药物治疗具有热象病证的方法。主要适用于阴寒内盛，阳气格拒于外而呈现体表温热，脉大，色红的真寒假热证。因热象是假，而阳虚寒盛才是其本质，故仍应以温热药进行治疗。

寒因寒用是指用寒凉性药物治疗具有寒象病证的方法。主要适用于里热极盛，格阴于外，证见四肢厥冷的真热假寒证。因寒象是假，而热盛才是其本质，故仍须用寒凉药物进行治疗。

塞因塞用是指用补益性药物治疗具有闭塞不通病证的方法。主要适用于真虚假实证。如因中气不足，脾虚不运所致的脘腹胀满，就得用健脾益气，以补开塞的方法来进行治疗。

通因通用是指用通利的药物治疗泄泻病证的方法。主要适用于真实假虚证。如由于食积停滞，影响运化所致的腹泻，则不仅不能用止泻药，反而应当用消导泻下药以去其积滞，方能奏效。

从上可以看出，正治法一般适用于病情比较单纯，疾病本质与症状表现相一致的病证；反治法一般适用于病情比较复杂，疾病本质与症状表现不一致的病证。但不管正治、反治，都是紧紧扣住治病求本的根本原则，从疾病的本质来分析，反治法仍不失热以治寒、寒以治热、补以治虚、泻以治实之意。因此，反治法在本质上和正治法是一致的。

此外，还有一种反佐法，也属反治法之范畴。当疾病发展到阴阳格拒的严重阶段而出现假象，或对大寒证、大热证进行治疗时，若单纯以热治寒，或以寒治热，往往会发生药物下咽即吐的格拒现象而影响治疗效果。此时，就要用反佐法以起诱导作用，防止疾病对药物的格拒、对抗作用。反佐法的具体运用有两种：一种是药物反佐，就是在临证配方时在大寒剂中佐以少许温热药，或在大热剂中佐以少许寒凉药；

另一种是服法反佐，就是热证用寒凉药采取温服法，寒证用温热药采取冷服法。

三、同治与异治

同治与异治，即异病同治和同病异治。

(一)异病同治　指不同的疾病，由于病机相同或处于同一性质的病变阶段(证候相同)，可以采用同一种治法。例如，久泄、久痢、脱肛、阴道脱和子宫脱等病证，凡属气虚下陷者，均可用补中益气的相同方法治疗。又如，在许多不同的传染病过程中，只要出现气分证(大热、大汗、大渴、脉洪大)，都可以用清气(清热生津)的方法治疗。

(二)同病异治　指同一种疾病，由于病因、病机以及发展阶段的不同，而采用不同的治法。例如，同为感冒，由于有风寒和风热的不同病因和病机，治疗就有辛温解表和辛凉解表之分。又如，同属外感温热病，由于有卫、气、营、血四个病变阶段(证候不同)，治疗也相应地有解表、清气、清营和凉血的不同治法。

四、三因制宜

三因制宜，包括因时制宜、因地制宜和因畜制宜三个方面。中兽医学认为动物体与外界环境之间有着密切的关系，四时气候、地域环境以及患畜本身的性别、年龄、体质等因素，对于疾病的发生、发展变化与转归，都有着不同程度的影响。因而，在治疗疾病时，就必须根据这些具体因素，区别对待，采取相应的治疗措施。

(一)因时制宜　就是根据不同季节的气候特点来考虑治疗用药的原则。如春夏季节，气候由温渐热，阳气升发，动物腠理疏松开泄，即使是患外感风寒，也不宜过用辛温发散之品，以免开泄太过，耗伤阳气；而秋冬季节，气候由凉变寒，阴气日增，动物腠理致密，阳气内敛，此时若非大热之证，就当慎用寒凉之品，以防苦寒伤阳。《素问・六气正纪大论篇》说“用热远热，用温远温，用寒远寒，用凉远凉”就是这个意思。再如，暑邪致病带有明显的季节性，且暑多挟湿，故暑天治病，应注意清暑化湿。

(二)因地制宜　就是根据不同地区的地理环境特点来考虑治疗用药的原则。如南方气候炎热而潮湿，病多湿热或温热，故多用清热化湿之品；北方气候寒冷而干燥，病多风寒或燥证，故常用温热润燥之味。即便是同一种疾病，地域不同，采用的治则可能也不同。如同为感冒，在东南地区，以风热为多，常用辛凉解表之法；而在西北地区，则以风寒居多，常用辛温发汗之法。即使相同的病证，治疗用药也应当考虑不同地域的特点，如外感风寒证，在西北、东北严寒地区，药量可以稍重，而在南方温热地区，药量就应稍轻。

(三)因畜制宜 就是根据动物年龄、性别、体质等不同特点来考虑治疗用药的原则。

1. 年龄 成年动物正气旺盛,体质强健,病多实证,治宜攻邪泻实,药量亦可稍重。老龄动物生机减退,脏腑气血已衰,病多虚证或虚中挟实,治疗时要注意扶正补虚,即令祛邪也勿伤其正。幼龄仔畜生机旺盛,但脏腑娇嫩,气血未充,因而治疗幼仔疾患,忌用峻剂,药量宜轻。此外,幼畜多外感病和胃肠病,故又当重视宣肺散邪和调理脾胃功能。

2. 性别 性别不同,生理、病理特点各异,治疗用药亦各有不同。母畜有经产、妊娠、分娩等特点,治疗时要注意安胎,通经下乳,妊娠禁忌等问题。公畜有精室及性功能等特有病证,治疗多应补肾滋阴。

3. 体质 体质不同,机体的反应性也不相同,病证的属性有别,治法方药也就当有所不同。一般说来,体质强壮者,其病多为实证、热证,其体耐受攻伐,药量稍重亦无妨;体质瘦弱者,其病多为虚证、寒证或虚中挟实,其体不耐克伐,应注意采用温补之剂,即令有邪而挟实,也应攻补兼施。

三因制宜的原则,充分体现了中兽医治病的整体观念和在实际应用时的原则性和灵活性。只有把天时气候、地域环境以及患畜的年龄、性别、体质因素,同疾病的病理变化结合起来全面分析,采用适宜的方法,才能取得较好的疗效。

五、治疗与护养

针药治疗与护理调养,是医治动物疾病不可分割的两个方面。俗话说:“三分治疗,七分护理。”经验证明,对病畜护养的好坏,直接影响治疗效果。《三农记》中指出:“人但知药能治病,而不知调护,无药而治也。”《元亨疗马集·七十二症》中,每症也多有调理一项。例如,提出寒病忌凉,不可寒夜外拴,宜养于暖厩之中;热病忌热,栅内不可过温,宜拴于阴凉之处;伤食者少喂,伤水者少饮,伤热者宜饮凉水,伤冷者宜饮温水;表散之病忌风,勿拴巷道檐下;四肢拘挛,步行艰难之病,则昼夜放纵;低头难者宜用高槽;肩膊痛者宜用低槽;破伤风患畜,背上宜搭毡毯,养于安静光暗之厩舍,时时给以粒状饲料;患腰瘫腿痪者,必须在卧地多垫软草,不可卧于潮湿之处;患肚痛起卧者,必须专人照料,防止跌滚。凡此种种,都是前人的宝贵经验。说明中兽医对病畜的护养工作向来十分重视,值得我们很好地学习运用。

第三节 治 法

治法,指临证时对某一具体病证所确定的治疗方法,是治则理论在临床中的具体应用，主要包括内治法和外治法两大类。

一、内　治　法

(一)八法　即汗、吐、下、和、温、清、补、消八种药物治疗的基本方法。药物治疗是临床上应用最为广泛的一种方法，而八法又是其中最为主要的内容。正如《医学心悟》所说："论病之源，以内伤外感四字括之。论病之情，以寒、热、虚、实、表、里、阴、阳八字统之。而论治病之方，则以汗、吐、下、和、温、清、补、消八法尽之。盖一法之中，八法备焉，八法之中，百法备焉。"

1. 汗法　又叫解表法，是运用具有解表发汗作用的药物，以开泄腠理，祛除病邪，解除表证的一种治疗方法。主要用于治疗表证。外邪致病，大多先侵犯肌表，继则由表及里，当病邪在肌表，尚未传里时，应采取发汗解表法，使表邪从汗而解，从而控制疾病的传变，达到早期治疗的目的。由于表证有表寒、表热之分，汗法又分辛温解表和辛凉解表两种。

辛温解表主要由味辛性温的解表药如麻黄、桂枝、紫苏、生姜等组成方剂，适用于表寒证，代表方为麻黄汤、桂枝汤等。

辛凉解表主要由味辛性凉的解表药如薄荷、柴胡、桑叶、菊花等组成方剂，适用于表热证，代表方为银翘散、桑菊饮等。

根据兼证的不同，汗法又有加减之变通。如阳虚者，宜补阳发汗；阴虚者，宜滋阴发汗；兼有湿邪在表的，如风湿证，则应于发汗药中配以祛风除湿药。

使用汗法时，应注意以下几点：

▷ 体质虚弱、下痢、失血、自汗、盗汗、热病后期等有津亏情况时，原则上禁用汗法。若确有表证存在，必须用汗法时，也应妥善配以益气、养阴等药物。

▷ 发汗应以汗出邪去为度，不可发汗太过，以防耗散津液，损伤正气。

▷ 夏季或平素表虚多汗者，应慎用辛温发汗之剂。

▷ 发汗后，应忌受寒凉。

2. 吐法　又叫涌吐法或催吐法，是运用具有涌吐性能的药物，使病邪或有毒物质从口中吐出的一种治疗方法。主要适用于误食毒物、痰涎壅盛、食积胃腑等证，代表方为瓜蒂散、盐汤探吐方等。

吐法是一种急救方法，用之得当，收效迅速，用之不当，易伤元气，损伤胃脘。因此，如非急证，只是一般性的食积、痰壅，尽可能用导滞、化痰的方法，特别是马属动物，由于生理特点不易呕吐，更不适用吐法。

使用吐法时，应注意以下两点。

▷ 心衰体弱的病畜不可用吐法。

▷ 怀孕或产后、失血过多的动物,应慎用吐法。

3. 下法　又叫攻下法或泻下法,是运用具有泻下通便作用的药物,以攻逐邪实,达到排除体内积滞和积水,以及解除实热壅结的一种治疗方法。主要适用于里实证,凡胃肠燥结、停水、虫积、实热等证,均可以用本法治疗。根据病情的缓急和患病动物体质的强弱,下法通常分攻下、润下和逐水三类。

攻下法也叫峻下法,是使用泻下作用猛烈的药物以泻火、攻逐胃肠内积滞的一种方法。适用于膘肥体壮,病情紧急,粪便秘结,腹痛起卧,脉洪大有力的病畜。代表方为大承气汤。

润下法也叫缓下法,是使用泻下作用较缓和的药物,治疗年老、体弱、久病、产后气血双亏所致津枯肠燥便秘的一种治疗方法。代表方为当归苁蓉汤。

逐水法是使用具有攻逐水湿功能的药物,治疗水饮聚积的实证如胸水、腹水、粪尿不通等的一种治疗方法。代表方是大戟散。

使用下法时,应注意以下几点:

▷ 表邪未解不可用下法,以防引邪内陷。

▷ 病在胃脘而有呕吐现象者不可用下法,以防造成胃破裂。

▷ 体质虚弱,津液枯竭的便秘不可峻下。

▷ 怀孕或产后体弱母畜的便秘不可峻下。

▷ 攻下法、逐水法,易伤气血,应用时必须根据病情和体质,掌握适当剂量,一般以邪去为度,不可过量使用或长期使用。

4. 和法　又叫和解法,是运用具有疏通、和解作用的药物,以祛除病邪、扶助正气和调整脏腑间协调关系的一种治疗方法。主要适用于病邪既不在表,又未入里的半表半里证和脏腑气血不和的病证(如肝脾不和)。前者的代表方为小柴胡汤,后者为逍遥散、痛泻要方。

使用和法时,应注意以下几点:

▷ 病邪在表,未入少阳经者,禁用和法。

▷ 病邪已入里的实证,不宜用和法。

▷ 病属阴寒,证见耳鼻俱凉,四肢厥逆者,禁用和法。

5. 温法　又叫祛寒法或温寒法,是运用具有温热性质的药物,促进和提高机体的功能活动,以祛除体内寒邪,补益阳气的一种治疗方法。主要适用于里寒证或里虚证。根据"寒者热之"的治疗原则,按照寒邪所在的部位及其程度的不同,温法又可分为回阳救逆、温中散寒、温经散寒三种。

回阳救逆适用于肾阳虚衰,阴寒内盛,阳虚欲脱的病证。代表方为四逆汤。

温中散寒适用于脾胃阳虚所致的中焦虚寒证。代表方为理中汤。

温经散寒适用于寒气偏盛，气血凝滞，经络不通，关节活动不利的痹证。代表方为黄芪桂枝五物汤。

使用温法时，应注意以下两点。

▷ 素体阴虚，体瘦毛焦，阴液将脱者不用温法。

▷ 热伏于内，格阴于外的真热假寒证禁用温法。

6. 清法　又叫清热法，是运用具有寒凉性质的药物，清除体内热邪的一种治疗方法。主要适用于里热证。临床上常把清法分为清热泻火、清热解毒、清热凉血、清热燥湿、清热解暑几种。

清热泻火适用于热在气分的里热证。由于热邪所在脏腑的不同，选择的方剂也不同，如白虎汤、麻杏石甘汤、龙胆泻肝汤、清胃散等。

清热解毒适用于热毒亢盛所引起的病证，如疮黄肿毒等。代表方有消黄散、黄连解毒汤等。

清热凉血适用于温热病邪入于营分、血分的病证。代表方有清营汤、犀角地黄汤等。

清热燥湿适用于湿热证。根据湿热所在的脏腑不同，选用的方剂也不同，如茵陈蒿汤、白头翁汤、八正散等。

清热解暑适用于暑热证。代表方为香薷散。

使用清法时，应注意以下几点。

▷ 表邪未解，阳气被郁而发热者禁用清法。

▷ 体质素虚，脏腑本寒，胃火不足，粪便稀薄者禁用清法。

▷ 过劳及虚热证禁用清法。

▷ 阴盛于内，格阳于外的真寒假热证禁用清法。

7. 补法　又叫补虚法或补益法，是运用具有营养作用的药物，对畜体阴阳气血不足进行补益的一种治疗方法。适用于一切虚证。因临床上虚证有气虚、血虚、阴虚、阳虚的不同，故补法也就分为了补气、补血、滋阴、助阳四种。

补气适用于气虚证，是运用补气的药物如党参、黄芪、白术等以增强脏腑之气的方法。代表方有四君子汤、参苓白术散、补中益气汤等。因气能生血，故在以补血法治疗血虚时，也应注意补气以生血。

补血适用于血虚证，是运用补血的药物如当归、白芍、阿胶等以促进血液化生的方法。代表方为四物汤、当归补血汤等。

滋阴适用于阴虚证，是运用补阴的药物如熟地、枸杞子、麦冬等以补阴精或增津液的方法。代表方为六味地黄丸。

助阳适用于阳虚证，是运用补阳的药物如巴戟天、淫羊藿、肉苁蓉等以壮脾肾之阳的方法。代表方为肾气散。

气血阴阳是相互联系的，气虚常兼血虚，血虚常导致阴虚，气虚亦常导致阳虚，所以在使用补法时，必须针对病情，全面考虑，灵活运用，才能取得较好的疗效。

脾胃乃后天之本，水谷之海，气血生化之源，所以补气血应以补中焦脾胃为主；肾与命门为水火之脏，是真阴真阳化生之源，所以补阴阳应以补下焦肾与命门为主。

通常情况下，补不宜急，“虚则缓补”。但在特殊情况下，如大出血引起的虚脱症，必须用急补法。

使用补法时，应注意以下几点：

▷ 在一般情况下，使用补法切忌纯补，应于补药之中配合少量疏肝和脾之药，达到补而不腻的目的。否则，易造成脾胃气滞，影响消化，不仅妨碍食欲，而且对药物的吸收也有限制，影响补益效果。

▷ 应注意“大实有虚象”，诊断时必须认清虚实的真假，避免“误补益疾”的错治。

▷ 在邪盛正虚或外邪尚未完全消除的情况下，忌用纯补法，以防“闭门留寇”而致留邪之弊。

8. 消法　又叫消导法或消散法，是运用具有消散破积作用的药物，以达到消散体内气滞、血瘀、食积等的一种治疗方法。临床上常用的有行气解郁、活血化瘀、消食导滞三种。

行气解郁适用于气滞证。常用方剂如越鞠丸等。

活血化瘀适用于瘀血停滞的瘀血证。常用方剂如桃红四物汤等。

消食导滞适用于胃肠食积。常用方剂如曲麦散等。

消法用于食积时，其作用与下法相似，能祛除有形之实邪，但在临床运用上又有所不同。

下法着重解除粪便燥结，目的在于猛攻逐下，作用较强，适应急性病证；而消法则具有消积运化的功能，目的在于渐消缓散，作用缓和，适应慢性病证。

消法虽较下法作用缓和，但过度使用也可使患畜气血损耗，因此，当孕畜和虚弱动物患有积食、气滞、瘀血等证时，应配合补气养血药使用，并掌握好剂量。

(二)八法并用　汗、吐、下、和、温、清、补、消八种治疗方法，各有其适用范围，但疾病往往是错综复杂的，有时单用一种方法难以达到治疗目的，必须将八法配合使用，才能提高疗效。

1. 攻补并用　实证宜攻，虚证宜补，这是治疗的常规，但在临证时亦应灵活运用。如正虚而邪实的病证，若单纯用补法，会使邪气更加固结；若单纯用攻法，又恐正气不支，造成虚脱。在这种情况下，既不能先攻后补，也不能先补后攻，必须采取攻补并用的治疗方法，祛邪而又扶正，才是两全之计。临床上年老体弱或久病、产后动物所患的结症，就属于这种正虚邪实的证候，常用当归苁蓉汤等方剂，以当归、黄芪等药补气血，大黄、芒硝等药攻结粪，以期达到邪去正复的目的。

2. 温清并用 温法和清法本是两种互相对抗的疗法，原则上不能并用。但对寒热错杂的病证，如单纯使用温法或清法，皆会偏盛一方，引起不良的变证，使病情加重。对此，必须采取温清并用的方法，才能使寒热错杂的病情趋于协调。例如，肺脏有火，表现气促喘粗，双鼻流涕，鼻液黏稠，口色鲜红；肾脏有寒，表现尿液清长，肠鸣便稀，舌根流滑涎，即为上热下寒的特有症状，对此病证只能温清并用。常用方剂为温清汤（知母、贝母、苏叶、桔梗、桑枝、郁李仁、白芷、官桂、二丑、小茴香、猪苓、泽泻）。此外，为了协助治疗兼证，也有温清并用的情况，如白术散治胎病，方中以温补为主，补脾养血，但因热能动血，故用黄芩以清热。

3. 消补并用 是把消导药和补养药结合起来使用的治疗方法。对正气虚弱，复有积滞，或积聚日久，正气虚弱，必须缓治而不能急攻的，皆可采取消补并用的方法进行治疗。如脾胃虚弱，消化不良，又贪食精料，致使草料停积胃中所形成的宿草不消，单用消导药效果不够显著，最好配合补养药，如用党参、白术以补脾胃，枳实、厚朴以宣气滞，神曲、麦芽、山楂以导积滞，即为消补并用的方法。临床上常将四君子汤和曲麦散合用，就是这个道理。

4. 汗下清并用 邪在表宜用汗法，邪在里宜用下法，有热邪在宜用清法，如果既有表证，又有里证，且又寒热错杂之时，则当汗、下、清三法并用。例如，动物在夏季，内有实火，证见口腔干燥、粪干尿赤、苔黄厚、脉洪数，又外受雨淋，复患风寒感冒，又见发热、恶寒、精神沉郁、食欲不振等表证，对于这种风寒袭于表，蕴热结于里的复杂证候，应当采取汗、下、清三法并用，用麻黄、桂枝等疏散在表之邪，使其从汗而解，又用大黄、芒硝之类通利大肠，使实结从大便而解，更用栀子、黄芩等清除在里之热，共奏解表、泻下、清热之效。防风通圣散就是汗、下、清三法并用的方剂。

二、外 治 法

外治法是不通过内服药物的途径，直接使药物作用于病变部位的一种治疗方法。同内治法一样，在应用外治法时，要根据辨证的结果，针对不同的病证，选择不同的治法。外治法内容丰富，临床常见有贴敷、掺药、点眼、吹鼻、熏、洗、口噙、针灸等方法。

（一）贴敷法 把药物碾成细面，或把新鲜药物捣烂，加酒、或醋、或鸡蛋清、或植物油、或水调和，贴敷在患部，使药物在较长时间内发挥作用。凡疮疡初起、肿毒、四肢关节和筋骨肿痛以及体外寄生虫,常用不同处方的药物贴敷。如《元亨疗马集》雄黄散用醋水调敷治疗疮疡初起,有清热消肿解毒的功用。

(二)掺药法 疮疡破溃后,疮口经过清理,在患部撒上药面叫掺药法。根据所用方药的不同,可具有消肿散瘀、拔毒去腐、止血敛口、生肌收口等不同作用。消肿散瘀的方药如治马心火舌疮的冰硼散,拔毒去腐的如九一丹等,多用于疮疡初期脓多之证;止血敛口常用的桃花散,不仅有止血、结痂、促进伤口愈合的作用,还有防止毒物吸收等作用;生肌收口常用的生肌散,适用于疮疡溃后久不收口。

(三)点眼法 是将极细药面或药液滴入眼中,以达明目退翳的作用的方法。常用的有拨云散。

(四)吹鼻法 将药面吹入鼻内,使患畜打喷嚏,以达到理气辟秽、通关利窍作用的方法。如通关散吹鼻内治疗冷痛及高热神昏、痰迷心窍等。

(五)熏法 是将药物点燃后用烟熏治疗某些疾病的方法,如用硫磺熏治羊疥癣,用艾叶熏治袖口黄。

(六)洗法 是将药物煎熬成汤,趁热擦洗患部,以达活血止痛、消肿解毒作用的方法。常用于跌打损伤、疥癞、脱肛等。如防风汤,水煎去渣,候温洗直肠脱出部。

(七)口噙法 是将药面装入长形纱布袋内,两端系绳噙于口内,以达清热解毒、消肿止痛的作用的方法。如将青黛散装入纱布袋内,噙于口内,治疗心火舌疮。

(八)针灸疗法 是运用各种不同针具,或用艾灸、熨、烙等方法,对动物体表的某些穴位或特定部位施以适当的刺激,从而达到治疗目的的方法。

中　药　篇

第八章　中药与方剂基本知识

第一节　中药的产地、采集与贮藏

中药的来源，除部分人工制品外，主要是天然的动物、植物和矿物。中药的产地、采集和贮藏是否适宜是影响药材质量的重要因素，不合理的采集还会破坏药材资源，降低药材产量。早在《神农本草经》里已指出："阴干、暴干，采造时月，生熟，土地所出，真伪存新，并各有法。"唐代著名医家孙思邈在《千金翼方·卷一》中，专论"采药时节"及"药出州土"，列举了233种中药的采收时节及519种中药的产地分布。历代医药学家都十分重视中药的产地与采集，并通过长期实践，积累了丰富的知识和经验。时至今日，人们利用现代科学技术，发现了中药的产地、采集及加工和贮藏是否适宜，与药材有效成分含量有很大关系，并取得了诸多成果。重视药物的产地、采集和贮藏，对保证药材质量和保护药材资源有着重要的意义。

一、中药的产地

天然药材的分布和生产，离不开一定的自然条件。我国幅员辽阔，自然地理状况十分复杂，水土、气候、日照、生物分布等生态环境各地不尽相同，甚至差别很大。因而天然中药材的生产多有一定的地域性，且产地与其产量、质量有密切关系。古代医药学家经过长期使用、观察和比较，知道即便是分布较广的药材，由于自然条件的不同，各地所产，其质量优劣也不一样，并逐渐形成了"道地药材"的概念。

道地药材的确定，与药材产地、品种、质量等多种因素有关，而临床疗效则是其关键因素。如四川的黄连、川芎、附子，江苏的薄荷、苍术，广东的砂仁，东北的人参、细辛、五味子，宁夏的枸杞子，云南的茯苓，河南的四大怀药（地黄、牛膝、山药、菊花），山东的阿胶等，都是著名的道地药材，受到人们的称道。

道地药材是在长期的生产和用药实践中形成的，并不是一成不变的。环境条件的变化使山西上党人参几近灭绝，人们遂贵东北人参；三七原产广西，称为广三七、田七，云南产者后来居上，称为滇三七，成为三七的新道地产区。

长期的临床医疗实践证明，重视中药产地与质量的关系，强调道地药材的开发和应用，对于保证中药疗效，起着十分重要的作用。随着人民生活水平的提高，对肉、蛋、奶的需求量不断增多，畜牧业的发展对中药的需求量日益增加，再加上很多药材的生产周期较长，产量有限，因此，单靠强调道地药材产区扩大生产，已经无法满足药材需求。在这种情况下，进行药材的引种栽培以及药用动物的驯养，成为解决道地药材不足的重要途径。在现代技术条件下，我国已成功地对不少名贵或短缺药材进行异地引种，并开展药用动物的驯养，如天麻的大面积引种，人工培育牛黄，人工养鹿取茸，人工养麝及活麝取香，人工虫草菌的培养等等。当然，在药材的引种和驯养工作中，必须确保该品种原有的性能和疗效。

二、中药的采集

中药材所含有效成分是药物具有防病治病作用的物质基础，而有效成分的质和量与中药材的采收季节、时间和方法有着十分密切的关系。由此看来，中药材的采集是确保药物质量的重要环节之一，因而也是影响药物性能和疗效的重要因素。

（一）植物类药材的采收 不同的生长发育阶段，植物中化学成分的积累是不相同的，甚至会有很大差别。首先，植物生长年限的长短与药物中所含化学成分的质和量有着密切关系。据研究资料报道，甘草中的甘草酸为其主要有效成分，生长3～4年者含量较之生长1年者几乎高出1倍。人参总皂苷的含量，以6～7年采收者最高。其次，植物在生长过程中随月份的变化，有效成分的含量也各不相同。如丹参以有效成分含量最高的7月份采收为宜。黄连中小檗碱含量大幅度升高的趋势可延续到第六年，而一年内又以7月份含量最高，因而黄连的最佳采收期是第六年的7月份。再者，时辰的变更与中药有效化学成分含量亦有密切关系。如金银花每天之内以早晨9时采摘最好，否则因花蕾开放而降低质量；曼陀罗中生物碱的含量，早晨叶子含量高，晚上根中含量高。

植物类药材其根、茎、叶、花、果实、种子各器官的生长成熟期有明显的季节性，根据前人长期的实践经验，其采收时节和方法通常以入药部位的生长特性为依据，大致可按药用部位归纳为以下几种情况。

1. 全草类　多数在植物充分生长、枝叶繁茂的花前期或刚开花时采收。有的割取植物的地上部分，如薄荷、荆芥、益母草、紫苏等。以带根全草入药的，则连根拔起全株，如车前草、蒲公英、紫花地丁等。茎叶同时入药的藤本植物，其采收原则与此相同，应在生长旺盛时割取，如夜交藤、忍冬藤等。

2. 叶类　叶类药材采集通常在花蕾将放或正在盛开的时候进行。此时正当植物生长茂盛的阶段，性味完壮，药力雄厚，最适宜采收，如大青叶、荷叶、艾叶、枇杷叶等，荷叶在荷花含苞欲放或盛开时采收者，色泽翠绿，质量最好。有些特定的品种,如霜桑叶,须在深秋或初冬经霜后采集。

3. 花类　花的采收一般在花正开放时进行,由于花朵次第开放,所以要分次采集,采摘时间很重要。若采收过迟,则易致花瓣脱落和变色,气味散失,影响质量,如菊花、旋复花。有些花要求在含苞欲放时采摘花蕾,如金银花、槐米、辛夷等;有的在刚开放时采摘最好,如月季花;而红花则宜于花冠由黄色变橙红色时采。至于蒲黄之类以花粉入药的,则须于花朵盛开时采收。

4. 果实和种子类　多数果实类药材,应当于果实成熟后或将成熟时采收,如瓜蒌、枸杞子、马兜铃。少数品种有特殊要求,应当采用未成熟的幼嫩果实,如乌梅、青皮、枳实等。以种子入药的,如果同一果序成熟期相近,可以割取整个果序,悬挂在干燥通风处,以待果实全部成熟,然后进行脱粒。如果同一果序的果实次第成熟,则应分次摘取成熟果实。有些干果成熟后很快脱落,或果壳裂开、种子散失,如小茴香、白豆蔻、牵牛子等,最好在开始成熟时适时采收。容易变质的浆果,如枸杞子、女贞子,在略熟时清晨或傍晚采收为好。

5. 根和根茎类　古人经验以阴历二、八月为佳,认为春初"津润始萌,未充枝叶,势力醇浓","至秋枝叶干枯,津润归流于下",并指出"春宁宜早,秋宁宜晚"。这种认识是很正确的。早春二月,新芽未萌;深秋时节,多数植物的地上部分停止生长,其营养物质多贮存于地下部分,有效成分含量高,此时采收质量好,产量高,如天麻、苍术、葛根、桔梗、大黄、玉竹等。天麻在冬季至翌年清明前茎苗未出时采收者称"冬麻",体坚色亮,质量较佳;春季茎苗出土再采者称"春麻",体轻色暗,质量较差。此外,也有少数例外的,如半夏、延胡索等则以夏季采收为宜。

6. 树皮和根皮类　通常在清明和夏至间(即春夏时节)剥取树皮。此时植物生长旺盛,不仅质量较佳,而且树木枝干内浆汁丰富,形成层细胞分裂迅速,树皮易于剥离,如黄柏、厚朴、杜仲等。但肉桂多在立秋后采收,因此时油多容易剥离。木本植物生长周期长,应尽量避免伐树取皮或环剥树皮等简单方法,以保护药源。至于根皮,则与根和根茎相类似,应于秋后苗枯或早春萌芽前采集,如牡丹皮、地骨皮、苦楝根皮等。

(二)动物类药材的采收　动物类药材因品种不同,采收各异。其具体时间,以保证药效及容易获得为原则。如桑螵蛸应在3月中旬采收,过时则虫卵已孵化;鹿茸应在清明后45～60天截取,过时则角化;驴皮应在冬至后剥取,其皮厚质佳;小昆虫等,应于数量较多的活动期捕获,如斑蝥于夏秋季清晨露水未干时捕捉。

(三)矿物类药物的采收　矿物类药物的采收一般不受时间限制,可随时采收,但应注意保护资源。

三、中药的贮藏

中草药在贮存保管中，因受周围环境和自然条件等因素的影响，常会发生霉烂、虫蛀、变色、泛油等现象，导致药材变质，影响或失去疗效。因此必须贮存和保管好中药材，以保证药材的质量和疗效。

（一）药材的防霉 大气中存在着大量的霉菌孢子，如果散落在药材表面上，在适当的温度（25℃左右）、湿度（空气中相对湿度在85%以上或药材含水率超过15%）以及适宜的环境（如阴暗不通风的场所）、足够的营养条件下，即萌发成菌丝，分泌酵素，分解和溶蚀药材而使药材腐坏，产生秽臭恶味。

因此，防霉的重要措施是保证药材的干燥，入库后防湿、防热、通风，对已生霉的药材，可以撞刷、晾晒等方法简单除霉，霉迹严重的，可用水、醋、酒等洗刷后再晾晒。

（二）药材的防虫 虫蛀对药材的影响甚大，虫害的预防和消灭，对于大量贮存保管的药材仓库，主要是用氯化苦、磷化铝等化学药剂熏蒸法杀虫。对于药房中小量保存的药材，除药剂杀虫外，可采用下列方法防虫。

1. 密封法 一般按件密封，可采用适当容器，用蜡封固，怕热的药材可用干砂或稻糠埋藏密封，贵细药材，可充二氧化碳或氮气密封。

2. 冷藏法 温度在5℃左右即不易生虫，因此可采用冷窖、冷库等设施干燥冷藏。

3. 对抗法 这是一种传统方法，适用于数量不多的药材。如泽泻与丹皮同贮，泽泻不生虫、丹皮不变色，蕲蛇中放花椒，鹿茸中放樟脑，瓜蒌中放酒等均不生虫。

（三）药材的其它变质情况

1. 变色 酶引起的变色，如药材中所含成分的结构中有酚羟基，则在酶作用下，经过氧化、聚合，形成了大分子的有色化合物，使药材变色，如含黄酮类、羟基蒽醌类、鞣质类等的药材。非酶引起的变色原因比较复杂，或因药材中所含糖及糖酸分解产生糠醛及其类似化合物，与一些含氮化合物缩合成棕色色素，或因药材中含有的蛋白质中的氨基酸与还原糖作用，生成大分子的棕色物质，使药材变色。此外，某些外因如温度、湿度、日光、氧气、杀虫剂等多与变色的快慢有关。因此防止药材的变色，常需干燥避光冷藏保存。

2. 泛油 泛油指含油性药材的油性成分泛于药材表面以及某些药材受潮、变色后表面泛出油样物质。前者如柏子仁、杏仁、桃仁、郁李仁（含脂肪油）、当归、肉桂（含挥发油），后者如天门冬、太子参、枸杞等（含糖质）。药材泛油，除油质成分损失外，常与药材的变质现象相联系，防止泛油的主要方法是冷藏和避光保存。

此外，有的中药由于化学成分自然分解、挥发、升华而不宜久贮，应注意贮存期限。

第二节　中药的炮制

炮制是药物在应用前或制成各种剂型以前必要的加工处理过程，包括对原药材进行的一般修治整理和部分药材的特殊处理。古代称之为炮炙、修治、修事等。由于中药材大都是生药，在制备各种制剂之前，一般应根据医疗、配方、制剂的不同要求，并结合药材的自身特点，进行一定的加工处理，才能使之既充分发挥疗效又避免或减轻不良反应，在最大程度上符合临床用药的目的。药物炮制方法的应用与发展有着悠久的历史，方法多样，内容丰富。炮制是否得当，直接关系到药效优劣，少数毒性和烈性药物的合理炮制更是确保用药安全的重要措施。正如前人所说“不及则功效难求，太过则性味反失”。

一、炮制的目的

总的说来，药材炮制的目的大致可以归纳为以下五个方面。

1. 降低或消除药物的毒副作用，保证用药安全　如附子、川乌、草乌、半夏、天南星、马钱子等生用内服容易中毒，炮制后能降低其毒性。巴豆、续随子泻下作用剧烈，宜去油取霜用。常山用酒炒，可减轻其催吐的副作用。

2. 增强药物作用，提高临床疗效　如蜂蜜、酒、醋、姜汁、胆汁等中药炮制中常用的液体辅料，本身就是药物，它们与被拌和的药物的某些作用之间，存在着协同配伍关系。如蜜炙百部、紫菀，能增强其润肺止咳作用；酒炒川芎、当归，能增强其通经活血作用；醋炒延胡索、香附，能增强其止痛作用；姜汁炙可加强止呕作用，如姜黄连、姜竹茹；牛胆汁制南星能增强其息风止痉作用。其它如明矾煅为枯矾，可增强其燥湿、收敛作用；槐花炒炭，能增强其止血作用。

3. 改变药物的性能和功效，使之能适应病情的需要　药物的性味功效经过炮制处理后可在一定程度上得到改变，以适应不同的病情和体质的需要。如吴茱萸，味辛热燥烈，宜于里寒之证，若用黄连水拌炒，或用甘草水浸泡，去其温烈之性，对于肝火犯胃之呕吐腹痛，亦常用之；生地黄为甘、苦、寒之品，长于清热凉血，经入黄酒反复蒸晒后而变为熟地黄，其药性微温而以补血见长，适宜于血虚证；生姜煨熟，则能减缓其发散力，而增强温中之效，尤宜于治疗中寒腹痛之症；何首乌生用能泻下通便，制熟后则失去泻下作用而专补肝肾等。

再者，由于每一药物往往具有多种功效，这些互不相同的功效有时不能同时适用于某一病症。如麻黄具有辛温发汗解表和平喘止咳等功效，对于风寒表实而兼咳喘者，可全面发挥其功效；对于热壅于肺，汗出而咳喘者，其温散发汗作用显然不利于病情，若通过炮制以蜜炙麻黄入药，则辛温发汗之力受到制约，而平喘止咳之力增强，宜用于咳喘之症。

4. 改变药物的某些性状　一般的中药材在采集以后，均可直接使用鲜品。如地黄、芦根、石斛等许多鲜品的疗效，较之干品更佳。然而，由于产地、季节等因素的限制，多种药材无法直接使用鲜品，皆须干燥处理，才可贮存、运输。多数药材可以日光曝晒，或人工烘烤进行干燥，但少数动物药及富含汁液的植物药，需经特殊处理。如肉苁蓉之肉质茎富含汁液，春季采者所含水分较少，可半埋于沙中晒干；而秋季采者，茎中水分较多，需投入盐水湖中，加工成盐苁蓉，方可避免变质。桑螵蛸为螳螂之卵鞘，内有虫卵，应蒸后晒干，杀死虫卵，以防贮存过程中因虫卵孵化而失效。

5. 纯净药材　保证药材品质和用量准确及矫臭、矫味，以便于服用。

二、炮制的方法

炮制方法是历代逐渐发展和充实起来的，其内容丰富、方法多样。现代的炮制方法在古代炮制经验的基础上有很大的发展和改进，根据目前的实际应用情况，可分为五大类型。

（一）修治

1. 纯净处理　采用挑、捡、簸、筛、刮、刷等方法，去掉灰屑、杂质及非药用部分，使药物清洁纯净。如捡去合欢花中的枝、叶，刷除枇杷叶、石韦叶背面的绒毛，刮去厚朴、肉桂的粗皮等。

2. 粉碎处理　采用捣、碾、镑、锉等方法，使药物粉碎，以符合制剂和其它炮制法的要求。如牡蛎、龙骨捣碎便于煎煮，川贝母捣粉便于吞服，水牛角、羚羊角镑成薄片或锉成粉末等。

3. 切制处理　采用切、铡的方法，把药物制成一定的规格，便于进行其它炮制，也有利于干燥、贮藏和调剂时称量。根据药材的性质和临床需要，切片有很多规格。如天麻、槟榔宜切薄片，泽泻、白术宜切厚片，黄芪、鸡血藤宜切斜片，桑白皮、枇杷叶宜切丝，白茅根、麻黄宜铡成段，茯苓、葛根宜切成块等。

（二）水制　是指用水或其它液体辅料处理药物的方法。水制的目的主要是清洁药材、软化药材，以便于切制和调整药性。常用的有洗、淋、泡、润、漂、水飞等。

1. 洗　将药材放入清水中，快速洗涤，除去上浮杂物及下沉脏物，及时捞出晒干备用。除少数易溶或不易干燥的花、叶、果及肉类药材外，大多需要淘洗。

2. 淋　将不宜浸泡的药材，用少量清水浇洒喷淋，使其清洁和软化。

3. 泡　将质地坚硬的药材，在保证药效的前提下，放入水中浸泡一段时间，使其软化。

4. 润　又称闷或伏。根据药材质地的软硬，加工时的气温、工具，用淋润、洗润、泡润、浸润、盖润、露润、包润、伏润、双润等多种方法，使清水或其它液体辅料徐徐入内，在不损失或少损失药效的前提下，使药材软化，便于切制饮片，如淋润荆芥、泡润槟榔、酒洗润当归、姜汁浸润厚朴、伏润天麻、盖润大黄等。

5. 漂　将药物置水池或长流水中浸渍一段时间，并反复换水，以去掉腥味、盐分及毒性成分的方法。如将昆布、海藻、盐附子漂去盐分，紫河车漂去腥味等。

6. 水飞　系借药物在水中的沉降性质分取药材及细粉末的方法。将不溶于水的药材粉碎后置乳钵或碾槽内加水共研，大量生产则用球磨机研磨，再加入大量的水，搅拌，较粗的粉粒即下沉，细粉混悬于水中，倾出；粗粒再飞再研，倾出的混悬液沉淀后，分出，干燥即成极细粉末。此法所制粉末既细又减少了研磨中粉尘飞扬损失。常用于矿物类、贝甲类药材的制粉，如飞朱砂、飞炉甘石、飞雄黄。

(三)火制　用火加热处理药物的方法。本法是使用最为广泛的炮制方法，常用的火制法有炒、炙、煅、煨、烘焙等。

1. 炒　有炒黄、炒焦、炒炭等程度不同的清炒法。炒黄(炒香、炒爆)是用文火或中火加热，加热时间相对较短，炒至药物表面呈黄色或较原色稍深，或发泡鼓起，或爆裂，并透出药物固有的气味。种子类药材多炒黄，如杏仁、苏子等；有的药物则炒至有爆裂声为度，称为炒响，如王不留行须炒至爆花，葶苈子炒响等。炒焦是用中火或武火加热，比炒黄的火候大，时间较久，炒至药物表面呈焦黄或焦褐色，内部颜色加深，并有焦香气味。炒炭是用武火或中火加热，炒至药物表面焦黑色，内部呈焦黄色或焦褐色。炒炭要求存性，"存性"是指炒炭药物只能部分炭化，更不能灰化，未炭化部分仍应保存药物的固有气味。炒黄、炒焦使药物易于粉碎加工，并可缓和药性。种子类药物炒后煎煮时有效成分更容易溶出。炒炭能缓和药物的烈性、副作用或增强其收敛止血的功效。除清炒外，还可拌固体辅料如土、麦麸、米炒，可减少药物的刺激性，增强疗效，如土炒白术、麸炒枳壳、米炒斑蝥等。与砂或滑石、蛤粉同炒的方法习称烫，药物受热均匀酥脆，易于煎出有效成分或便于服用，如砂炒穿山甲、蛤粉炒阿胶等。

2. 炙　是将药材与液体辅料拌炒，使辅料逐渐渗入药材内部的炮制方法。通常使用的液体辅料有蜜、酒、醋、姜汁、盐水、童便等。如蜜炙黄芪、蜜炙甘草、酒炙川芎、醋炙香附、盐水制杜仲等。炙可以改变药性,增强疗效或减少副作用。

3. 煅　将药材用猛火直接或间接煅烧,使质地松脆,易于粉碎,充分发挥疗效。其中直接放在炉火上或容器内而不密闭加热者,称为明煅,此法多用于矿物药或动物甲壳类药材,如煅牡蛎、煅石膏等。将药材置于密闭容器内加热煅烧者,称为密煅或焖煅,本法适用于质地轻松,可炭化的药材,如煅血余炭、煅棕榈炭等。

4. 煨　将药材包裹于湿面粉、湿草纸中,放入热火灰中加热,或用草纸与饮片隔层分放加热的方法,称为煨法。其中以面糊包裹者,称面裹煨;以湿草纸包裹者,称纸裹煨;以草纸分层隔开者,称隔纸煨;将药材直接埋入火灰中,使其高热发泡者,称直接煨。

5. 烘焙　将药材用微火加热,使之干燥的方法称为烘焙。

(四)水火共制　常见的水火共制包括蒸、煮、燀(抄)、淬等。

1. 煮　是用清水或液体辅料与药物共同加热的方法,如醋煮芫花、酒煮黄芩。

2. 蒸　是利用水蒸气或隔水加热的方法。不加辅料者,称为清蒸;加辅料者,称为辅料蒸。加热的时间,视炮制的目的而定。如改变药物性味功效者,宜久蒸或反复蒸晒,如蒸制熟地黄、何首乌;为使药材软化,以便于切制者,以蒸软透心为度,如蒸茯苓、厚朴;为便于干燥或杀死虫卵,以利于保存者,加热蒸至"园气",即可取出晒干,如蒸银杏、女贞子、桑螵蛸。

3. 燀(抄)　这是一种将药材置沸水中短时间浸煮及时取出干燥,或取出趁热进一步加工的方法。多适用于须去种皮的种子类药材,主要有苦杏仁、桃仁、白扁豆等。

4. 淬　是将药物煅烧红后,迅速投入冷水或液体辅料中,使其酥脆的方法。淬后不仅易于粉碎,且辅料被其吸收,可发挥预期疗效。如醋淬自然铜、鳖甲,黄连煮汁淬炉甘石等。

(五)其它方法　除上述方法以外的一些特殊制法,均概括于此类。常用的有制霜、发酵、发芽等。

1. 制霜　种子类药材压榨去油或矿物药材重结晶后的制品称为霜,其相应的炮制法称为制霜。前者如巴豆霜,后者如西瓜霜。

2. 发酵　将药材与辅料拌和,在一定的温度和湿度的条件下,利用霉菌使其发泡、生霉,并改变原药的药性,以生产新药的方法,称为发酵法。如神曲、淡豆豉。

3. 发芽　将具有发芽能力的种子药材用水浸泡后,经常保持一定的湿度和温度,使其萌发幼芽。如谷芽、麦芽、大豆黄卷等。

第三节　中药的性能

中药的性能是指每味药物的性质和能力。它是药物用于畜禽疾病治疗的物质基础。疾病的发生、发展都是畜禽生理机能紊乱、阴阳失去平衡所致的各种病理状态。药物的治疗作用则在于恢复生理功能、调节阴阳平衡,使动物迅速康复。这种以药物的作用来纠正动物机能的偏差,是由药物本身的性能所决定的。

中药的性能又称药性,是中药作用的基本性质和特征的高度概括。药性理论是中药理论的核心,主要包括四气五味、归经、升降沉浮、毒性等。

一、四气五味

《神农本草经》说"药有酸、咸、甘、苦、辛五味,又有寒、热、温、凉四气",即指出药物有四气和五味,分别代表药物的药性和药味两个方面。性味对于认识药物的共性和个性,以及指导临床用药,都有实际意义。

(一)四气　四气又称四性,是指药物的寒、热、温、凉四种不同的性质。此外,还有一些四气不甚显著的所谓平性药物,这些药物虽然性质较平、作用缓和,但是它们仍有偏温或偏凉的差别。所以对寒、热、温、凉、平五种药性,一般仍称为四气。

四气中,寒凉与温热是两类性质完全不同的药物,而寒与凉,或温与热,只是程度上的不同。具体地说,凉极为寒,微寒为凉;大温为热,微热为温。古人说:"寒为凉之极,凉为寒之渐;热为温之极,温为热之渐"。药性的寒、凉、温、热,是古人根据药物作用于机体所发生的反应和对于疾病所产生的治疗效果而做出的概括性归纳,是同所治疗疾病的寒热性质相对而言的。凡是能减轻或消除热证的药物,一般属于寒性或凉性;反之,凡是能减轻或消除寒证的药物,大多属于热性或温性。正如《神农本草经》所说,"疗寒以热药,疗热以寒药"。《素问》中说:"寒者热之,热者寒之"。这是治病的常规。如为寒热夹杂的病症,亦可寒热药物并用。

寒凉药大多具有清热、泻火、凉血、燥湿、攻下、解毒等作用,常用于肌肤发热、体温升高、口红、脉数的热证,如知母、石膏、黄连、茵陈、连翘、蒲公英等。温热药多具有散寒、温中、通络、助阳、补气、补血等作用,常用于形寒肢冷,口淡、脉迟的虚寒证,如附子、肉桂、干姜、菟丝子、党参、黄芪等。由此可见,如果用药不明四气,治病不分寒热,不但难于起效,而且往往会延误病情,甚至造成死亡。

(二)五味　五味,即酸、苦、甘、辛、咸五种不同的滋味,代表药物不同的功效和应用。五味也是药物作用的标志,另外有些药物具有淡味或涩味,因都分属于五味之中,所以仍然称为五味。五味的确定取决于两个方面,一是与实际口尝感觉有关，二是药物临床应用的归纳和总结。所以，把五味上升为药性理论来认识，已远远超出了味觉的概念，与药物功效应用密切相关。因此，本草书籍中记载的味，有时与实际口感味道并不相符。不同的味就有不同的作用。味相同的药物，其作用也有相近或共同之处。《内经》将五味归纳为酸收、苦坚、甘缓、辛散、咸软。

酸味药物有收敛和固涩作用。如乌梅、诃子治疗泄泻、脱肛，五味子、山茱萸能止虚汗、治遗精。涩与酸味相似，也有止泻、止血、涩精、固脱、止汗等作用，如龙骨、牡蛎、赤石脂、芡实等。所以，将涩味归于酸味。

辛味药物有发散、行气、行血的作用，常用于治疗表证或气血阻滞证。如麻黄、桂枝之发散表邪，陈皮、木香之行气宽中，红花、川芎之行血破瘀的作用。

甘味药物有补益、和中、缓急等作用。常用于治疗虚证，并缓和拘急疼痛，调和药性，解药食毒。如甘草、大枣能缓中，黄芪、党参能补气益中，熟地、阿胶能补血养血。

苦味药物有泄和燥的作用。泄，包括通泄，如大黄，适用于热结便秘；降泄，如杏仁适用于肺气上逆的咳喘；清泄，如栀子适用于热盛心烦等证。燥，即燥湿，用于湿证，有苦寒燥湿热、苦温燥寒湿之分。此外，还有苦能坚阴之说。

咸味药物有软坚散结和泻下作用。多用于瘰疬、瘿瘤、痰核、癥瘕等证。如牡蛎、海藻能软坚消痰，芒硝、肉苁蓉能润下通便。

淡味药物有渗湿、利尿作用。多用于治疗水肿、小便不利等证。如茯苓、通草等。

（三）四气和五味的关系 凡药物的性能都是气和味的综合，二者不可分割。如麦冬、黄连从四气来说，都属寒性，皆治热病。但从五味来说，麦冬味甘而性寒，治虚热；黄连味苦而性寒，治实热。又如麻黄、薄荷从五味来说都属辛味，辛能发散，麻黄味辛而性温，发散外感风寒，薄荷味辛而性凉，疏散外感风热。

同一种药性（气），而有五味的差别（即性同而味异）。例如同一温性药，有辛温（苏叶、生姜）、酸温（五味子、山萸肉）、甘温（党参、白术）、苦温（苍术、厚朴）、咸温（蛤蚧、肉苁蓉）的不同，同一种味，亦各有四性的不同（味同而性异）。如以辛为例，有辛寒（浮萍）、辛凉（薄荷）、辛温（半夏）、辛热（附子）的不同。临床常用者主要有以下 10 种。

酸温：有收敛、止汗、涩精等作用。如乌梅、山茱萸、五味子等。

酸寒：有敛肺、生津等作用。如枯矾、五倍子等。

苦温：有燥湿、散寒等作用。如苍术、艾叶等。

苦寒：有清热、泻火、燥湿、解毒、泻下等作用。如知母、黄连、茵陈、大黄等。

甘温：有补气、补血、助阳等作用。如黄芪、熟地、杜仲等。

甘寒：有养阴、生津、利水等作用。如麦冬、生地、芦根、车前子等。

辛温：有发散风寒（如麻黄）、行气（如厚朴）、行血（如红花）、温中（如干姜）等作用。

辛凉：有发散风热的作用。如薄荷等。

咸温：有温补肾阳的作用。如肉苁蓉等。

咸寒：软坚（如海藻）、泻下（如芒硝）、滋阴潜阳（如龟板、鳖甲等）作用。

以上是以味为主，配合两种性（温、寒），另外两种性（热、凉），可将热性包括于温性、凉性包括于寒性之中。

这仅是药物的共性，也有不少例外，如甘寒药物能生津，而蝉蜕也属甘寒，但无生津作用，因此不能一概而论。

另外，还有不少药物是一性（气）而兼数味。如桂枝性温味辛甘。因辛能发散，甘能壮补，温能散寒，故本品有发散风寒、通经络之功，常与补药同用。又如当归为甘辛苦温，而甘能补，辛能散，苦能泻，故本品为补而不滞之品。由此可见，药物的性味是错综复杂的。这种复杂情况，也正体现了每种药物具有多种作用。

二、升降浮沉

升降浮沉是指药物作用于畜体的四种趋向。升是指向前、向上，降是指向后、向下，浮是指向上、向外，沉是指向下、向内，也就是说，升是上升，降是下降，浮是发散，沉是泄利。但升降与沉浮仅是程度上的差异，故有升极则浮，降极则沉之说。

由于各种疾病在病机和症候上，常有向上（如呕吐、咳喘）、向下（如泄痢、脱肛），或向外（如自汗、盗汗）、向内（如表证入里）等病势趋向的不同，以及在上、在下、在表、在里等病位的差异，因此能够针对病情，改善或消除这些病症的药物，相对来说也就分别具有升降浮沉的不同作用趋向。药物的这种性能，有助于调整紊乱的脏腑气机，使之归于平顺，或因势利导，祛邪外出。

升浮药物属阳，具有上行（如桂枝）、提升（如升麻）、发散（如麻黄）、散寒（如附子）、祛风（如防风）等作用。沉降药物属阴，具有下行（如牛膝）、泻下（如大黄）、降逆（如代赭石）、清热（如黄连）、渗利（如木通）、潜阳（如龟板）等功效。凡病变部位在上、在表者，用药宜升浮不宜沉降，如外感风寒表证，当用麻黄、桂枝等升浮药来解表散寒；在下、在里者，用药宜沉降不宜升浮，如肠燥便秘之里实证，当用大黄、芒硝等沉降药来泻下攻里。病势上逆者，宜降不宜升，如肝火上炎引起的双目红肿、羞明流泪，应选用石决明、龙胆等沉降药以清热泻火、平肝潜阳；病势下陷者，宜升不宜降，如久泻脱肛或子宫脱垂，当用黄芪、升麻等升浮药物益气升阳。一般说来，治疗用药不能够违反这一规律。

升降浮沉与药物的气味、质地、药用部分、炮制、配伍等均有关系。

1. 升降浮沉与药物气味的关系　以药物的四气来说，温热药物主升浮，寒凉药物主沉降；以五味来说，辛、甘、淡主升浮，酸、苦、咸主沉降。这也正如李时珍所说，“酸咸无升，辛甘无降，寒无浮，热无沉，其性然也”，升降浮沉与四气五味有密切的关系。

2. 升降浮沉与药物质地、药用部分的关系　凡质地轻而疏松的药物，如植物的叶、花、空心的根、茎，大多具有升浮的作用，如薄荷、辛夷花、升麻等。凡质地坚实的药物，如植物的籽实、根茎及金石、贝壳类药物，大多具有沉降的作用，如苏子、大黄、磁石、牡蛎等。但这也不是绝对的，如“诸花皆升，旋覆花独降”，“诸子皆降，牛蒡子独升”等。又如苏子味辛性温，从气味上讲，属升，但因质重而主降。

3. 升降浮沉与药物炮制和配伍的关系　以炮制来说，生用主升，熟用主降，酒制能升，生姜制能散，醋制能收，盐水炒能下行。以药物配伍来说，如将升浮药物配于大队沉降药物之中，也能随之下降，而沉降药物配于大队升浮药物之中，也能随之上升。此外，桔梗专能载药上升，牛膝专能引药下行，所以，古人说：“升降在物，亦可在人”。因此，在临床用药时，除掌握药物的普遍规律外，还应知道它们的特殊性，才能更好地达到用药目的。

三、归　　经

归经，指药物对机体的选择性作用，即某药对某经（脏腑或经络）或某几经发生明显的作用，而对其它经则作用较小或没有作用。也就是说，凡某种药物能治某经的病症，即为归入某经之药。如同属寒性的药物，都具有清热作用，然有黄连偏于清心热、黄芩偏于清肺热、龙胆偏于清肝热等不同。再如同为补药，有党参补脾、蛤蚧补肺、杜仲补肾等的区别。因此，将各种药物对机体各部分的治疗作用进行系统归纳，便形成了归经理论。

中药的归经，是以脏腑、经络理论为基础，以所治具体病证为根据的。由于经络沟通机体的内外表里，所以一旦机体发生病变，体表的病证可以通过经络而影响内在脏腑，而脏腑的病变也可以通过经络反映到所属体表。各个脏腑、经络发生病变时所发生的症状是各不相同的，如肺经病变多见咳嗽、气喘等症，心经病变多见心悸、神昏等症，脾经病变多见食滞、泄泻等症。在临床上，将药物的疗效与病因病机以及脏腑、经络联系起来，就可以说明药物和归经之间的相互关系。如桔梗的主要作用为止咳化痰，故归肺经；朱砂能够安神，则归心经；麦芽能消积化滞，故入脾经。由此可见，药物的归经理论，具体指出了药效的所在，是从客观疗效观察中总结出来的规律。还有一药而归数经者，即是其对数经的病变都能发挥作用。如杏仁归肺与大肠经，是因为它既能平喘止咳，又能润肠通便；石膏归肺与胃经，是因为它能清肺火和胃火。

在应用中药的时候，如果只掌握其归经，而忽略了四气五味、升降浮沉等性能，是不够全面的。因为同一脏腑经络的病变，有寒、热、虚、实以及上逆、下陷等的不同，同归一经的药物，其作用也有温、清、补、泻以及上升、下降的区别。因此，不可只注意归经，而将入该经的药物不加区分地应用。如同归肺经的药物，黄芩清肺热，干姜温肺寒，百合补肺虚，葶苈子泻肺实，其功效是显著不同的。在其它脏腑经络方面，亦是如此，所以应用时必须认真区别。

中药的归经理论对于中药的临床应用具有重要的指导意义。一是根据动物脏腑经络的病变"按经选药"。如肺热咳喘，应选用入肺经的黄芩、桑白皮；胃热，宜选用入胃经的石膏、黄连；肝热，当选用入肝经的龙胆、夏枯草；心火亢盛，应选用入心经的黄连、连翘等。二是根据脏腑经络病变的相互影响和传变规律选择用药，即选用入它经的药物配合治疗。如肺气虚而见脾虚者，在选择入肺经的药物的同时，选择入脾经的补脾药物以补脾益肺（培土生金），使肺有所养而逐渐恢复；又如肝阳上亢而见肾水不足者，在选用入肝经药物的同时，选择入肾经滋补肾阴的药物以滋肾养肝（滋水涵木），使肝有所养而虚阳自潜。总之，既要全面了解和掌握中药性能，又要熟悉脏腑经络之间的相互关系，才能更好地指导临床用药。

四、毒　　性

毒性是指药物对机体的伤害作用，即毒副作用。中药的毒性与副作用不同，前者对动物体的危害性较大，甚至可危及生命；后者是指在常用剂量时出现的与治疗需要无关的不适反应，一般比较轻微，对机体危害不大，停药后能消失。为了确保用药安全，必须认识中药的毒性，了解产生毒性的原因，掌握中药中毒的解救方法和预防措施。

有毒药物的毒副作用有程度的不同，故历代本草中常标明"无毒"、"小毒"、"有毒"、"大毒"、"剧毒"等，以示区别。这是掌握药性必须注意的问题。

无毒：指所标示的药物服用后一般无副作用，使用安全。

小毒：指所标示的药物使用较安全，虽可出现一些副作用，但一般不会导致严重后果。

有毒、大毒：指所标示的药物容易使人畜中毒，使用时必须谨慎。而标示为"大毒"者，其毒性比"有毒"者更甚。

剧毒：指所标示的药物毒性强烈，多供外用，或只可极少量入丸散内服，并要严格掌握炮制、剂量、服法、宜忌等。

一般来说，有毒药物的中毒剂量与治疗量比较接近，临床应用安全系数较小，或对机体组织器官损害严重，甚至导致死亡。因此，在使用有毒特别是大毒药物时，为保证用药安全，必须注意以下几点：

1. 严格控制剂量　用量过大是发生中毒的主要原因之一。因此，使用有毒药物时，必须根据患畜的年龄、体质、病情轻重，严格控制用量，中病即止，以防过量或蓄积性中毒。

2. 注意正确用法　了解此类药物的用法各有不同，是防止中药中毒的重要环节。有的宜入丸散，不宜煎服；有的只供外用，禁止内服；有的入汤剂当久煎等。临床应用每因用法不当而引起中毒，如乌头、附子中毒，多因煎煮时间过短所致。

3. 遵守炮制工艺　炮制的目的之一是降低或消除药物的毒副作用。因此，严格的炮制工艺，科学的质量标准，是临床安全用药的重要保证。

此外，利用合理的配伍、避免配伍禁忌等，都是应当特别注意的。

任何事物都具有两重性，药物的毒性亦然。有毒药物偏性强，根据以偏纠偏、以毒攻毒的原则，有其可以利用的一面。古往今来，人们在利用有毒中药治疗恶疮肿毒、疥癣、瘰疬、瘿瘤、癌肿等病时，积累了大量经验，获得了肯定疗效。

以上是现今有关药物毒性的概念。在古代本草中，还常把药物的偏性称为毒，把药物统称为毒药，这是广义的毒，与本节毒性的含义不同，当知区别。

第四节　中药的配伍

配伍是指根据动物病情的需要和药物的性能特点，有目的地将两味以上的药物配合在一起使用。这是中兽医用药的基本形式。

前人把单味药的应用同药与药之间的配伍关系称为药物的“七情”。“七情”的提法首见于《神农本草经》，其序例云：“药……有单行者，有相须者，有相使者，有相畏者，有相恶者，有相反者，有相杀者。凡此七情，合和视之。”其中首先谈到“单行”。单行就是指单味药治病。病情比较单纯选用一味针对性较强的药物即能获得疗效，如清金散单用黄芩治轻度的肺热咳血，现代单用鹤草芽驱除绦虫，以及许多行之有效的“单方”等。它符合简便廉价的要求，便于使用和推广。但若病情较重，或病情比较复杂，单味药力量有限，且难全面兼顾治疗要求，有的药物具有毒副作用，单味应用难以避免不良反应，因此往往需要同时使用两种以上的药物。药物配合使用，药与药之间会发生某些相互作用，如有的能增强或降低原有药效，有的能抑制或消除毒副作用，有的则能产生或增强毒副反应。因此，在使用两味以上药物时，必须有所选择，这就提出了药物的配伍关系问题。前人总结的“七情”之中，除单行者外，其余六个方面都是讲配伍关系。另外，中草药的配伍还存在配伍禁忌、妊娠禁忌及饮食禁忌等，现分述如下。

一、配伍关系

1. 相须　即性能功效相类似的药物配合应用，可以增强原有疗效。如石膏和知母配合，能明显增强清热泻火的治疗效果；大黄与芒硝配合，能明显增强攻下泻热的治疗效果；全蝎与蜈蚣同用，能明显增强止痉定搐的作用。

2. 相使　即在性能功效方面有某些共性，或性能功效虽不相同，但是治疗目的一致的药物配合应用，而以一种药为主，另一种为辅，能提高主药疗效。如补气利水的黄芪与利水健脾的茯苓配合时，茯苓能提高补气药黄芪的利水功效；黄连配木香治湿热泄痢、腹痛里急，以黄连清热燥湿、解毒止痢为主，木香调中宣滞、行气止痛，可增强黄连治疗湿热泄痢的效果；雷丸驱虫，配伍泻下通便的大黄，可增强雷丸的驱虫效果。

3. 相畏　即一种药物的毒性反应或副作用，能被另一种药物减轻或消除。如生半夏和生南星的毒性或副作用能被生姜减轻或消除，所以说生半夏和生南星畏生姜。

4. 相杀　即一种药物能减轻或消除另一种药物的毒性或副作用。如生姜能减轻或消除生半夏和生南星的毒性或副作用，所以说生姜杀生半夏和生南星的毒。由此可知，相畏、相杀实际上是同一配伍关系的两种说法。

5. 相恶　即两药合用，一种药物能使另一种药物原有的功效降低，甚至丧失。如人参恶莱菔子，因莱菔子能削弱人参的补气作用。

相恶只是两药的某些方面或某几方面的功效减弱或丧失，并非二药的功效全部相恶。如生姜恶黄芩，只是生姜的温肺、温胃功效与黄芩的清肺、清胃功效互相牵制而疗效降低，但生姜还能开胃治不欲饮食并喜呕之证，黄芩尚可清泄少阳以除热邪，在这些方面，两药并不一定相恶。

6. 相反　即两种药物合用，能产生或增强毒性反应或副作用。如甘草反甘遂，乌头反半夏等。古人将其总结为“十八反”、“十九畏”（见“配伍禁忌”）。

上述除单行外的六个方面，其变化关系可以概括为四项，即在配伍应用的情况下：有些药物因产生协同作用而增进疗效，是临床用药时要充分利用的；有些药物可能互相拮抗而抵消或削弱原有功效，用药时应加以注意；有些药物则由于相互作用，而能减轻或消除原有的毒性或副作用，在应用毒性药或烈性药时必须考虑选用；一些药物因相互作用而产生或增强毒副作用，属于配伍禁忌，原则上应避免配用。正如李时珍在《本草纲目》中对“药性七情”的论述“独行者，单方不用辅也；相须者，同类不可离也；相使者，我之佐使也；相畏者，受彼之制也；相杀者，制彼之毒也；相恶者，夺我之能也；相反者，两不相合也。凡此七情，合而视之，当用相须相使者良，勿用相恶相反者。若有毒制宜，可用相畏相杀者，不尔不合用也。”

综上所述，可知从单味药到配伍应用，是通过很长的实践与认识过程逐渐积累丰富起来的。药物按一定法度加以组合，并确定一定的分量比例，制成适当剂型，即为方剂。方剂是药物配伍的发展，也是药物配伍应用的较高形式。

二、用药禁忌

药物具有治疗作用和毒副作用两重性，利用前者、避免后者是选药组方的基本原则。后者就是用药禁忌的问题，包括配伍禁忌、妊娠禁忌等内容。

1. 配伍禁忌　中药“七情”中的“相恶”和“相反”的配伍关系，均属用药禁忌。有关反药的内容，历代古籍中记载并不一致，被后世公认并影响较大的是金元时期概括的“十八反”和“十九畏”。

十八反：甘草反甘遂、大戟、海藻、芫花；乌头反贝母、瓜蒌、半夏、白蔹、白及；藜芦反人参、沙参、丹参、玄参、细辛、芍药。编成歌诀为“本草明言十八反，半蒌贝蔹及攻乌，藻戟遂芫俱战草，诸参辛芍叛藜芦”，如此便于诵读记忆。

十九畏：硫磺畏朴硝，水银畏砒霜，狼毒畏密陀僧，巴豆畏牵牛子，丁香畏郁金，川乌、草乌畏犀角，牙硝畏荆三棱，官桂畏赤石脂，人参畏五灵脂。

十八反和十九畏诸药，一般均作为处方用药的配伍禁忌。但在古今方剂中，也有一些应用十八反和十九畏的例子。据研究，当甘草与甘遂合用时，毒性的大小主要取决于甘草的用量比例，甘草的剂量若与甘遂相等或大于甘遂，则毒性较大；又如贝母和半夏分别与乌头配伍，则未见明显的增强毒性；而细辛配伍藜芦，可导致实验动物中毒死亡。由于对“十九畏”和“十八反”的研究，还有待进一步作较深入的实验和观察，并研究其机理，因此，目前应采取慎重态度。一般说来，对于其中一些药物，若无充分根据和应用经验，仍须避免盲目配合应用。

2. 妊娠禁忌　某些药物具有损害胎元以致堕胎的副作用，应该作为妊娠禁忌的药物。根据药物对于胎元损害程度的不同，一般可分为禁用与慎用二类。禁用的大多是毒性较强，或药性猛烈的药物，如巴豆、牵牛、大戟、斑蝥、商陆、麝香、三棱、莪术、水蛭、虻虫等；慎用的包括通经去瘀、行气破滞，以及辛热等药物，如桃仁、红花、大黄、枳实、附子、干姜、肉桂等。

凡禁用的药物，绝对不能使用；慎用的药物，则可根据孕畜患病的情况，酌情使用，但没有特殊需要时，应尽量避免，以防发生事故。

3. 服药时的饮食禁忌　饮食禁忌简称食忌，也就是通常所说的忌口。在古代文献上有常山忌葱，地黄、何首乌忌葱、蒜、萝卜，薄荷忌鳖肉，茯苓忌醋，鳖甲忌苋菜，以及蜜反生葱等记载。这说明服用某些药时不可同吃某些食物。另外，由于疾病的关系，在服药期间，凡属生冷、黏腻、腥臭等不易消化及有特殊刺激性的食物，都应根据需要予以避免。

第五节　方剂的组成原则与加减变化

方剂又称处方，俗称汤头。方含有方法之意，剂是指调剂。方剂是在单味药治病的基础上进一步发展起来的，是为了适应复杂病情和提高治疗效果，按照一定的原则和方法把药物组合调剂而成。

一、组成原则

中兽医的理、法、方、药是互相衔接，一脉相承的。因此，在辨证施治过程中，治法是方剂的依据，方是从属于法的，即古人所说："方从法立，以法统方"。方剂是治法的具体体现，只有以治法为指导选药组方施治，才能较好地完成辨证施治全过程。

药物通过配伍组成方剂之后，不仅能使药物相互协调，加强药效，并能减少或缓和某些药物的毒性，消除不利作用。药物配合，全面兼顾，还能更好地适应复杂病情的需要，即"药有个性之特长，方有合群之妙用"。方剂是以治法为依据，按照一定的原则选择药物配合而成。一个完整的方剂包括主、辅、佐、使四个部分。

主药即君药，指方剂中针对病因或主证起主要治疗作用的药物。如麻黄汤中的麻黄，大承气汤中的大黄。一般方剂中主药为一味，药量相应较大。若主证复杂时，主药也可两味以上，如百合固金汤中的百合、生地为主药。

辅药即臣药，指辅助主药起治疗作用的药物。如补中益气汤中的党参、白术、甘草补脾益胃，协助黄芪加强补中益气作用为辅药，麻黄汤中桂枝能增强麻黄发汗解表作用为辅药。

佐药在方剂中的作用有三：一是治疗兼证或次要证候的药物，如银翘散中的桔梗、牛蒡子宣肺祛痰、利咽止咳，治疗兼证为佐药；二是制约主药的毒性或烈性的药物，如四逆汤中的炙甘草，能缓和干姜、附子燥烈之性，为佐药；三是用作反佐，如在温热剂中加入少量的寒凉药，或在寒凉剂中加入少量的温热药，其作用在于消除病势拒药（格拒不纳）的现象。

使药引导诸药直达病所，或起调和药性的作用。如牛膝引药下行，桔梗上行入肺，这类药通称为引经药，俗称药引子。甘草性平味甘，在许多方剂中配伍应用，起调和诸药的作用,是常用的使药。

例如,麻黄汤是治疗外感风寒表实证的代表方。方中的麻黄辛温发汗,解表散寒为主药;桂枝辛温通阳,可助麻黄发汗散寒为辅药;杏仁苦平利肺止咳,治兼证气喘咳嗽为佐药;甘草甘缓和中,协调诸药为使药。

主、辅、佐、使的组方原则,是为了使用处方时注意药物的配伍和主次关系,并不是死板格式。有的方剂由单味、两味或三味药组方,只有主药、主辅药或主辅佐药,有时一味药可兼有辅、佐或佐、使之双重作用,有的方剂则只分出主次两个部分即可。

二、加减变化

方剂的组成有一定的原则,但在临床应用时尚需随证加减。须根据病情、体质、年龄、性别的不同,以及饲养管理、气候、地区的差异,灵活化裁,加减使用,才能收到预期的治疗效果。常用的加减变化有以下几种:

(一)药味增减 指在方剂的主药、主证不变的情况下,随着兼证的不同,适当增添或减去一些药物,也称为随证加减。如郁金散治疗肠黄热甚者,宜去诃子,加银花、连翘以清热解毒;腹痛重者,加乳香、没药、延胡索以活血止痛;水泻不止,去大黄,加茯苓、猪苓、泽泻、乌梅以利水止泻。

(二)药量增减 指方中的药味不变,只增减药量,就能改变方剂药力的大小,改变其功效和主治,甚至方名也因而改变。如小建中汤(芍药、桂枝、炙甘草、生姜、大枣、饴糖)即桂枝汤中芍药倍量于桂枝和加饴糖组成,而使解肌发表的桂枝汤,变为温中补虚的小建中汤。桂枝汤以桂枝为主药,小建中汤则以芍药为主药。由此看出,虽然药物组方基本相同,但由于方中药物用量的改变,功用也就发生了变化。

(三)配伍变化 指方中主药不变而配伍药物发生改变,有时可直接影响该方的主要作用。如麻黄汤中配伍桂枝,可增强辛温解表、发汗散寒的作用,若不配伍桂枝而改配清热泻火的石膏,则成麻杏石甘汤,有辛凉宣泄、清肺平喘的作用,由辛温散寒变成了辛凉清热的方剂。

(四)合方 指两个或两个以上的方剂合并成一个方使用,目的是为了扩大方剂的作用,增强疗效。如四君子汤补气,四物汤补血,两方合并名八珍汤,则成气血双补之剂。又如平胃散燥湿运脾,五苓散健脾利水,两方合用名胃苓汤,具有健脾渗湿、利水止泻之功,用治水湿泄泻等证,功效更好。

(五)剂型变化 同一个方剂,由于剂型不同,作用也有变化。一般来讲,汤剂和散剂作用快而力峻,适用于病情较重或较急者;丸剂作用慢而力缓,多用于病情较轻或较缓者。

从上述加减变化可以看出，方剂的运用，既有严格的原则，又要根据病情灵活变化。只有这样，才能做到用药有法，即"师其法而不泥其方"。

第六节　中药的剂型、用药剂量与用法

一、中药的剂型

所谓剂型是指将原料药（植物、动物或矿物类中药材）加工制成适合于医疗或预防应用的形式，称药物剂型。如汤剂、散剂、丸剂、片剂、注射剂、口服液等。中药的应用古代以汤剂为其最主要的形式，也有制成丸、散、膏、丹等剂型内服或外用。目前中药剂型有 40 多种，按其形态可分为液体剂型、半固体剂型、固体剂型、气体剂型四大类。现将常用的剂型予以介绍。

（一）液体剂型

1. 汤剂　是指将药材饮片或粗颗粒加水煎煮，去渣取汁供内服或外用的液体剂型。它是从古至今兽医临床上广泛应用的一种剂型。

2. 溶液剂　是指不挥发性药物溶解于水、醇或油中制成的供内服或外用的澄明溶液，如金银花露等。

3. 混悬液　是指水溶性较小的药物以微粒形式分散在溶媒中形成的液体制剂，如金黄散洗剂等。

4. 乳剂　是指两种互不相溶的液体在第三种物质（乳化剂）的作用下，一种液体以小液滴的形式分散在另一种液体中形成的一种剂型，可供内服或外用。

5. 注射剂　俗称针剂，是指灌装于特定容器中的灭菌溶液、混悬液、乳浊液或粉末（粉针剂），用注射方法给药的一种剂型。

6. 酊剂　是指用不同浓度的乙醇提取药材，去渣取液，或用乙醇溶解化学药物而制得的液体剂型。

7. 酒剂　又称药酒，是指用蒸馏酒浸提药材而制得的澄清液体剂型。多供内服，可加糖或蜂蜜矫味着色。

8. 醑剂　是指挥发性药物的乙醇溶液，可供内服或外用。

9. 流浸膏剂　是指将药材浸出液浓缩除去部分溶媒而制得的液体剂型，除另有规定外，一般流浸膏每毫升相当于原药材 1 g，多供内服用。

10. 搽剂　是由刺激性药物制成的油性或醇性液体剂型。多供外用，涂搽于完整的皮肤表面。

11. 滴眼剂　是用于眼部的外用剂型，除水溶液外，还有少数混悬液应用，其

质量要求与注射剂相同。

(二)半固体剂型

1. 软膏剂　是药物与适宜的基质混合而制成的供外用的一种半固体剂型。供眼用的灭菌软膏称为眼膏。

2. 浸膏剂　是药材的浸出液经浓缩除去溶媒而制成的膏状或干粉状的半固体或固体剂型。除另有规定外,浸膏剂每克相当于原药材 2～5 g。浸膏剂多作为制备其它制剂的原料,也可直接应用。

3. 糊剂　是指粉末状药物与油脂性成分(如凡士林、羊毛脂、液体石蜡、植物油等)或水溶性成分(如明胶、淀粉、甘油等)混合制成的一种半固体剂型,如氧化锌糊。

(三)固体剂型

1. 散剂　是多种药物经粉碎、过筛、均匀混合而制成的一种固体剂型。可供内服或外用,在兽医临床上应用广泛。

2. 丸剂　是由药物加适宜的黏合剂和其它辅料制成的一种球状固体剂型。供内服用。

3. 片剂　是一种或多种药物与赋形剂混合后,经压制而成的一种圆片状分剂量剂型。主要供内服用。此外,还有肠溶片、注射用片等。

4. 胶囊剂　是将药物盛装于空胶囊中而制成的一种固体剂型。空胶囊大多用明胶制成。

5. 颗粒剂　是指药物与赋形剂混合加黏合剂或润湿剂而制成的一种颗粒状的固体剂型。

6. 微囊剂　是利用天然的或合成的高分子材料(囊材)将固体或液体药物(囊心物)包裹而成的微型胶囊。可用微囊制成散剂、片剂、胶囊剂、注射剂、软膏剂等,以延长药效、提高稳定性或掩盖不良气味等。

7. 栓剂　是药物与基质混合制成专供塞入动物腔道的一种固体剂型。可起局部作用或全身作用,有阴道栓和肛门栓两种。

(四)气体剂型　以气体为分散介质,常见的有以下两种。

1. 气雾剂　是将药物和抛射剂(液化气体或压缩气体)共同装于具有阀门系统的耐压容器中,使用时揿按阀门,借抛射剂的压力将药物喷出的一种剂型。可供吸入给药,皮肤、黏膜给药或空间消毒用。

2. 喷雾剂　是借助于机械(喷雾器或雾化器)将药物喷出的一种剂型。可用于消毒。

(五)中药新剂型　随着中药研究的深入,利用现代科技将中药制成各种新剂型的成药不断增多，这些新剂型各有其独特的特点，有些可起到长效作用，有些具有靶向作用，有些能更好地被动物机体吸收，提高药物的疗效。例如脂质体、毫微型胶囊、前体药物制剂及β-环糊精包合物等。

目前中药的应用以原药材直接制备成汤剂用于兽医临床，或者通过提取其中有效成分，再按照一定的工艺制成各种剂型的制剂（即中成药）应用于临床。这样满足了防治畜禽疾病的不同要求，使中药的应用更加广泛。

二、中药的用药剂量

剂量是药物在临床应用时的分量。一般包括重量（千克、克、毫克）、容量（升、毫升）及数量（如大枣五枚、蜈蚣一条）等。古代计量单位不同年代有所不同，现在统一使用公制单位。重量以吨、千克、克、毫克为单位，容量以升、毫升为单位，少量的药物仍采用数量计（如生姜三片、葱白五个等）。

中成药的用药剂量在说明书上均有标示，动物的用量可以按说明书来使用。直接使用原药材时，是指每味药每头或每只动物一次的用量，或按畜禽每千克体重给药量的多少。

剂量与中药的药性、疗效以及患畜的畜种、病情、年龄、体质都有密切的关系，所以在用药时应该考虑这些因素。

剂量与药性、疗效的关系：性质平和的药物用量稍多时反应不大，性质峻烈的药物用量大则易产生毒性、副作用，甚至中毒死亡，所以应严格控制其剂量。剂量与药物的疗效也有非常密切的关系，剂量合适有利于药物充分发挥应有的疗效、减少毒副作用。

剂量与病情的关系：若病势重剧，用药力弱、药量轻，则疗效不佳；若病势轻，用药力猛、药量大，则易损正气。因此，药物的剂量应根据病情恰到好处，尽量做到祛邪而不伤正，扶正而不留邪。

剂量与畜种、年龄、体质的关系：畜种不同，其体格大小不同，对药物的耐受也有很大差别。同种畜禽，其幼畜禽、老龄畜禽和成年畜禽也有差别，成年畜禽用药量可稍大，幼畜禽、老龄畜禽用药量应相对减少。正常家畜和孕畜或哺乳畜在用药品种和剂量上都应有所区别。体格健壮的家畜对药物耐受性强，剂量可稍重；体质虚弱的家畜对药物耐受性差，剂量宜稍轻。

三、中药的用法

中药的用药方法根据治疗要求和药物剂型而定。分经口给药和非经口给药两个方面。经口给药是最常用的给药方法，通常所用的剂型为汤剂、散剂、丸剂、片剂、颗粒剂、胶囊剂、口服液、酒剂、流浸膏剂等，可利用混饲、混饮和经口投药(或灌药)的给药方法。混饲即将药物粉碎加入饲料中拌匀让畜禽自由采食(多为固体药物)；混饮即将药物加入水中混匀让畜禽自由饮用(多为液体药物或易溶于水的药物)；经口投药(或灌药)即将中药丸剂、片剂、颗粒剂、汤剂、流浸膏剂等直接经口投入或灌入畜禽胃内。固体剂型可用水调成糊状或用水溶解成液体状再灌入，也可直接将药物经投药器投服。给药前后，病畜禽应停食 2～4 h，以利于药物的吸收，对胃有刺激性的药物可不停食。灌服中药一般每天一次或两次，液体药物不宜过热或过冷。

非经口给药的方法很多，可通过涂、敷、洗、熏蒸、塞入直肠或阴道、植入、灌肠、注射(包括皮下注射、皮内注射、肌肉注射、静脉注射、穴位注射、脊髓腔注射等)给药，所用剂型有外用散剂、软膏剂、硬膏剂、洗剂、汤剂、栓剂、植入剂、灌肠剂、注射剂等。

第七节　中药的化学成分

一、中药的化学成分概述

中药 95%以上来源于植物，其所含的化学成分十分复杂，有时一种药材有多种临床应用，其有效成分可以有多种。例如鸦片中的吗啡具有镇痛作用，罂粟碱有解痉作用，而可待因有止咳作用。概括来说中药成分，可以分为有效成分、辅助成分、无效成分和组织成分。

1. 有效成分　指具有显著生理活性和药理作用，在临床上有一定应用价值的成分。这类成分仅存在于某些植物中，包括生物碱类、苷类、挥发油类等，如小檗碱是黄连抗菌的有效成分，苦杏仁苷是苦杏仁止咳平喘的有效成分，薄荷挥发油中的薄荷醇和薄荷酮是薄荷辛凉解表的有效成分。

2. 辅助成分　指具有次要生理活性和药理作用的成分，有时它们在临床上也有一定的应用价值。有些辅助成分能促进有效成分的吸收，增强疗效，如洋地黄皂苷能促进洋地黄强心苷的吸收，从而增强洋地黄的强心作用。有些辅助成分能使有效成分更好地发挥作用，如槟榔中的鞣质，可保护槟榔碱在胃液中不溶解，到肠中才被游离出来。

3. 无效成分　指无生理活性，在临床上没有医疗作用的成分。它们包括蛋白质、鞣质、黏液质、色素、树脂等。

4. 组织成分　组织成分是指一些构成药材细胞的物质或其它不溶性物质，如纤维素、栓皮、石细胞等。

上述分类并不是绝对的和固定不变的，应根据具体的中药进行具体分析，才能确定某成分是否是有效成分、辅助成分、无效成分或组织物质。例如，鞣质在地榆与五倍子中为有效成分，在大黄中为辅助成分，而在肉桂中为无效成分。同时应从发展的观点来分析，随着人们的不断实践，特别是现代科学技术的发展，中药中越来越多的化学成分被认识，用于药理研究，进而被开发利用。原来认为是“无效”成分，现在已发现不少成分具有医疗价值，而成为有效成分。如天花粉蛋白有引产、抗癌作用，叶绿素能促使肉芽生长，菠萝蛋白酶有驱虫、抗炎、抗水肿的作用。中药的化学成分不仅与药理作用、临床应用有密切的联系，而且与生药的鉴定、品质评价，新制剂的开发研究，新资源的发掘利用均有密切联系。

二、中药的化学成分简介

1. 生物碱类　生物碱类是存在于生物体（主要为植物）中的一类含氮碱性有机化合物，大多数有复杂的环状结构，氮多包含在环内，有显著的生物活性，是中草药中重要的有效成分之一。如黄连中的小檗碱（黄连素）、麻黄中的麻黄碱、喜树中的喜树碱、长春花中的长春新碱等。

含生物碱的中草药很多，如麻黄、黄连、乌头、延胡索、粉防己、颠茄、洋金花、贝母、槟榔、百部等，分布于100多科中。以罂粟科、豆科、防己科、毛茛科、夹竹桃科、茄科、石蒜科等植物中分布较多。同一科属或亲缘关系较近的科常含有同一结构或类似结构的生物碱，但同一种生物碱亦可分布在不同科中，如小檗碱在毛茛科、芸香科、小檗科的一些植物中都有存在。中草药中生物碱含量一般都较低，大多少于1%，但有少数含量特别多或特别少的特殊情况，如黄连中小檗碱含量可高达8%～9%，金鸡纳树皮中生物碱含量为10%～15%，而长春花中的长春新碱含量只有百万分之一。

2. 苷类　苷又称配糖体，是由糖或糖的衍生物（如糖醛酸）的半缩醛羟基与另一非糖物质中的羟基以缩醛键（苷键）脱水缩合而成的环状缩醛衍生物。水解后能生成糖与非糖化合物，非糖部分称为苷元，通常有酚类、蒽醌类、黄酮类等化合物。这类成分大多具有生物活性，如柳树皮和杨树皮中的水杨苷有解热镇痛作用，牡丹皮和徐长卿中的牡丹酚有镇痛镇静作用，杜鹃花科植物中所含的熊果苷有抗菌作用。黄酮类及黄酮苷在植物界分布广泛，有多方面的药理作用。许多中草药均含本类成分，如槐米、黄芩、陈皮、葛根、野菊花、水飞蓟、银杏叶等。香豆素以豆科、芸香科、菊科、唇形科的植物中较多，一般具降压、抗菌作用，目前还发现有抑制肿瘤细胞与防护紫外线损伤的作用。强心苷易被酶、酸或碱水解。强心苷的生物活性与其化学结构有很大关系，如果被水解成苷元或内酯环被破坏，强心作用就减弱或消失。在采集、贮藏、制造含强心苷的中草药过程中更应注意防止水解问题。

3. 挥发油类　挥发油又称精油，是一类具有挥发性、可随水蒸气蒸馏出来的油状液体，大部分具有香气，如薄荷油、丁香油等。含挥发油的中草药非常多，多具芳香气味，尤以唇形科（薄荷、紫苏、藿香等）、伞形科（茴香、当归、白芷、川芎等）、菊科（艾叶、茵陈蒿、苍术、白术、木香等）、芸香科（橙、橘、花椒等）、樟科（肉桂等）、姜科（生姜、姜黄、郁金等）等科更为丰富。含挥发油的中药或提取出的挥发油大多具有发汗、理气、止痛、抑菌、矫味等作用。

4. 树脂类　树脂类是许多植物正常生长过程中分泌的一类物质，在植物体内常与挥发油、树胶、有机酸等混合存在。与挥发油共存的称油树脂，如松油脂；与树胶共存的称胶树脂，如阿魏；与大量芳香族有机酸共存的称香树脂，如安息香，这种与树脂共存的芳香酸通称为香脂酸；有些树脂与糖结合成苷，称苷树脂，如牵牛苷树脂。树脂由多种成分混合而成，其中有树脂酸、树脂醇、树脂烃以及它们的一些更高的聚合物。近年研究已知这些成分多为二萜、三萜的衍生物，有时还有木脂素类。树脂在植物体内分布广泛，如乳香、没药可活血、止痛、消肿，安息香活血、防腐，苏合香芳香开窍，阿魏用于散痞块，松香有祛风止痛作用等。大多数中草药中含有的少量树脂在制药时均作为杂质而除去。

5. 有机酸类　有机酸类是分子结构中含有羧基（—COOH）的化合物。在中草药的叶、根，特别是果实中广泛分布，如乌梅、五味子、覆盆子等。常见的植物中的有机酸如酒石酸、草酸、苹果酸、枸橼酸、抗坏血酸（维生素 C）、苯甲酸、水杨酸、咖啡酸等，除少数以游离状态存在外，一般都与钾、钠、钙等结合成盐，有些与生物碱类结合成盐。脂肪酸多与甘油结合成酯或与高级醇结合成蜡。有的有机酸是挥发油与树脂的组成成分。一般认为脂肪族有机酸无特殊生物活性，但有些有机酸如酒石酸、枸橼酸作药用。有报告认为苹果酸、枸橼酸、酒石酸、抗坏血酸等综合作用于中枢神经。有些特殊的酸是某些中草药的有效成分，如土槿皮中的土槿皮酸有抗真菌作用。咖啡酸的衍生物有一定的生物活性，如绿原酸为许多中草药的有效成分，有抗菌、利胆、升高白细胞等作用。

6. 糖类　糖类在中草药里普遍存在，按其组成可分为三类：单糖、低聚糖和多聚糖。多聚糖水解后生成单糖或低聚糖，淀粉、菊糖、树胶、黏液、纤维素是中草药中最常见的多糖。这类成分大多数被视为无效成分而在制剂时除去。有些成分具有一定的作用，如阿拉伯胶、西黄蓍胶等少数树胶在医药上作赋形剂。现代研究发现，许多多糖成分有药理活性，如黄芪多糖可增强免疫作用等。

7. 氨基酸、蛋白质和酶类　蛋白质是高分子化合物，由 α-氨基酸组成，这些氨基酸有十多种。酶是生活有机体内具有特殊催化能力的蛋白质。蛋白质的性质不稳定,遇酸、碱、热或某些试剂作用都可沉淀。例如,将含蛋白质的水溶液加热至沸,或加入乙醇等溶剂,或加入中性盐类(如氯化钠),或加入醋酸铅等试剂,都可使蛋白质沉淀,中草药中蛋白质可据此种性质提取或去除。

蛋白质与酶等在制药时一般都被视为杂质而除去,因为糖浆中有大量蛋白质时易霉变,注射剂中有蛋白质时易产生混浊以及注射后产生疼痛等。但最近也发现有一些蛋白质、氨基酸与酶具有生物活性作用,如从天花粉中提取的天花粉蛋白可用于人工引产与治疗绒毛膜上皮癌(即恶性葡萄胎),菠萝蛋白酶可用于抗水肿与抗炎,南瓜子中提取的南瓜子氨酸可用于抑制血吸虫、绦虫、蛲虫的生长,使君子中的使君子氨酸可驱蛔虫等。

8. 鞣质类　鞣质又称单宁,是一类结构复杂的酚类化合物,在植物中广泛分布,尤以树皮中为多,具有收敛、止血、抗菌作用。鞣质类成分味涩,大多数为无定形物质,较难提纯,能与蛋白质结合生成沉淀,此性质在工业上用以鞣革。

根据鞣质的结构可将鞣质分为两类。一类为水解鞣质,具有酯式或苷式结构,大多数由没食子酸或其衍生物与葡萄糖结合而成,可被酸、碱、酶水解。含这类鞣质的中草药有五倍子、没食子、石榴果皮等。水解鞣质在医药上已提纯应用为消炎收敛药,名鞣酸。另一类是缩合鞣质,一般由儿茶素组成,结构复杂,不能水解,加酸加热能产生一种缩合物质——鞣酐(鞣红),中草药中的鞣质多数属于缩合鞣质。

9. 植物色素类　植物色素类在中草药中分布很广,主要有脂溶性色素与水溶性色素两类。脂溶性色素主要为叶绿素、叶黄素与胡萝卜素,三者常共存。此外尚有藏红花素、辣椒红素等。叶绿素等在制药或提取其它有效成分时常须作为杂质去除,以使药物纯化,中草药(特别是叶类、全草类)的乙醇提取液中含有多量叶绿素,可在浓缩液中加水使之沉出,也可通过氧化铝、碳酸钙等吸附剂除去。叶绿素本身有抑菌作用,可制备成消炎的药物。水溶性色素主要为花色苷类,又称花青素,普遍存在于花中,花色苷在制药或提取有效成分时,常作为杂质去除。

10. 油脂和蜡类　油脂是脂肪油和脂肪的总称,在室温呈液态的称为脂肪油,呈固态或半固态的称为脂肪。植物油脂在种子内含量最多,动物油脂多存在于脂肪组织中。油脂可供食用与药用。蜡性质稳定,不溶于水,其化学组成为分子质量较大的一元醇的长链脂肪酸酯。具有药理作用的油脂或含油脂的中草药如蓖麻油作为泻下剂,郁李仁、火麻仁具润肠作用,大风子油抑菌,薏苡仁油脂中的薏苡仁酯据报道有驱蛔虫与抗癌等作用。大多数的油脂与蜡在医药上作为制造油注射剂、软膏、硬膏的赋形剂,如麻油、花生油、棉籽油、蜂蜡等。

11. 无机成分　植物中的无机成分多为钾、钠、钙的盐类,它们或与各种有机物质结合存在于细胞中，或呈各种结晶状态，如草酸钙、碳酸钙、硅酸盐等。一般情况下中草药中的无机成分均为无效成分。但有的中草药内无机盐成分含量很高，如夏枯草内主要无机成分为钾盐，其含量在3%以上，可起钾盐的药理作用。有些无机成分如附子中的钙，与其强心作用有关，海带、海藻所含的碘，福寿草中的锂都有一定的治疗作用。

第八节　中药添加剂概述

一、中药添加剂的概念

中药饲料添加剂是指以中兽医理论为指导辅以饲养和饲料工业等学科理论技术而制成的纯天然物饲料添加剂。中药添加剂是以提高动物生产性能和饲料利用率为目标，而以确保人体健康为最终目的的纯天然物的饲料添加剂，这是该类添加剂的最大优点。

现代科学试验证明，中药添加剂含有多种氨基酸、维生素、微量元素等物质，能增进机体新陈代谢，促进蛋白质和酶的合成，从而促进生长，提高繁殖力和生产性能，防治疾病，提高饲料报酬及畜禽鱼虾产品的数量和质量，增加饲养效益。

二、中药添加剂的特点

1. 天然性　自从发现抗生素、化学合成药和类固醇激素作饲料添加剂给人类健康带来危害以后，国内外有关专家和学者都在寻找改进和替代抗生素等的添加剂，于是我国传统的天然中药饲料添加剂应运而生，且日益发展。中药添加剂的问世不是偶然的，有其深远的历史根源。中药来源于天然的动植物或矿物，并保持了成分的天然状态和生物活性，是经过人和动物体的长期实践筛选保留下来的对人和动物体防病治病的精华物质，经过精心炮制，祛除毒性和副作用，增强了这些天然来源的中药的疗效，并保持了其天然性。根据不完全统计，目前已有200多种中草药及方剂可用作饲料添加剂。

2. 多能性　饲料添加剂的发展方向是“多能性”。中药由于其成分多种多样，再加上合理组合，其组成成分均在几十种、上百种甚至更多，如：山楂的成分已知的就有70多种，据报道尚有未测知的生物活性成分；乌头中所含生物碱类就有数十种之多；黄芪中所含的微量元素就达14种等等。多种成分的组合可产生多样的生物活性，再加上中药的合理配伍应用，使不同中药之间出现协同作用或相加作用，来调整动物机体的功能，供给机体所需的营养成分，最终达到提高动物生产性能的目的。这是化学合成物质所无法比拟的。中药的多能性具体体现在以下几个方面：

(1)防病治病　中药添加剂对畜禽防治疾病的作用，主要是根据祖国医学扶正祛邪的原则，采取健脾开胃，补气活血，增强机体免疫功能，促进新陈代谢，以防病治病。若病已发生，则必须清热解毒，清热燥湿，提高机体免疫力，达到治愈疾病的目的。研究和验证表明，中药添加剂对细菌性传染病、病毒性传染病、寄生虫病及其它疾病都具有较好的作用。目前常用的药物主要有黄芩、黄连、大黄、金银花、连翘、金荞麦、板蓝根、大青叶、蒲公英、藿香、柴胡、白头翁、黄芪、穿心莲、苦参、苍术、山豆根、贝母、紫菀、甘草、常山等。

(2)促生长作用　中药一般均含有蛋白质、糖、脂肪、淀粉、维生素、矿物质、微量元素等成分，可起到一定的营养作用，有些是动物机体所必需的。如使用松针、泡桐叶、党参茎叶等拌入饲料，能促进生长，增加产量。经分析，均含有较丰富的氨基酸、维生素、微量元素，故称之为营养性添加剂。如松针含有18种氨基酸、维生素A、维生素B_1、维生素B_2、维生素E、维生素K、维生素C和微量元素，党参茎叶也含有18种氨基酸、12种无机元素和活性物质，艾叶等兼有营养和防病促生长的功能。如用3%泡桐叶干粉拌饲料饲喂雏鸡，试验组比对照在提高日增重和饲料报酬方面均有显著作用。

(3)激素样作用　由于外源激素的毒副残留作用，因而在饲料添加剂中被淘汰和禁用。有些中药可起到与激素相似的作用，现已发现香附、当归、甘草、补骨脂、蛇床子等有雌激素样作用，淫羊藿、人参、冬虫夏草、阳起石、韭菜子等有雄激素样作用，细辛、附子、吴茱萸、五味子、高良姜等具有肾上腺素样作用，秦艽、水牛角、雷公藤、穿心莲等有促肾上腺皮质激素样作用，酸枣仁、枸杞子、大蒜等有胆碱样作用。

(4)维生素样作用　是指本身不含某一维生素成分，而却具有某一维生素的功能。现已发现有些中药具有维生素样作用，如维生素A样作用的小茴香，维生素E样作用的当归、川芎、续断等，维生素P样作用的黄芩、桑寄生、陈皮等。

(5)抗应激和“适应原”样作用　应激反应，是指动物机体对应激原的非特异防御应答的生理反应。目前对由应激原引起的应激综合征实无良策，但研究天然物中草药后，发现：刺五加、人参、延胡索等有提高机体防御抵抗力和调节缓和应激原的作用；黄芪、党参等可调节和提高机体功能，可阻止应激反应警戒期的肾上腺增生、胸腺萎缩，以及阻止应激反应的抵抗期、衰竭期出现的异常变化，起到抗应激的作用；柴胡、石膏、黄芩、鸭跖草、地龙、水牛角、西河柳等有抗热应激的作用等。

“适应原”样作用，是指能使机体在恶劣环境中的生理功能得到调节，并使其朝着有利方向进行和增强适应能力的作用。如刺五加、人参等本身就含有“适应原”物质，黄芩、党参等均有“适应原”样作用。

3. 毒副作用小，不易产生耐药性　中药大多数是自然生长的植物，无污染。不少中草药又属于人类食品和畜禽的饲料，经长期临床应用实践证明，极少出现危害人畜安全的毒副作用。据报道，中药添加剂多为复合作用，而且应用都是复方。现代医学研究证明，中药添加剂有免疫增强作用，其主要药理作用是：能扩张血管，增加血流量，改善微循环，兴奋神经系统，加快机体新陈代谢过程，刺激机体造血机能，促进红细胞再生，增加血红蛋白及红细胞数目，加快机体获得营养物质的速度，增加白细胞数目，提高机体免疫球蛋白的含量及 HI 效价，从而增强免疫功能，提高抗病力和饲料利用率及生产性能。而其防治疾病的作用原理是因其药物成分，在核糖核酸、脱氧核糖核酸及能量代谢过程等各个环节上来干扰和破坏病原微生物的代谢功能，从而产生较强的抑杀病原体的作用，故不易产生耐药性和残留。

三、中药添加剂的研究利用前景与展望

目前，经研究和验证，可以开发和用作饲料添加剂的中药已达 200 多种，其应用对象包括鸡、鸭、鹅、鸽、猪、羊、牛、鹿、兔、鱼、虾等 10 多种动物，其研究和验证工作出现了可喜势头。中国农业科学院饲料研究所采用生物技术加工处理，将黄柏、板蓝根、陈皮、大蒜等 10 种中药和中草药发酵剂按一定比例配制而成的肉鸡中草药添加剂，1995 年通过农业部验收，据北京农业大学出版社出版的《鸡病中药防治》中综述，应用中草药防治鸡病共有 20 种，其中传染病 9 种，寄生虫病 4 种，普通病 7 种，其研究应用主要成就很多，例如北京农业大学用金荞麦全草的根茎叶花提取物，以 0.1%比例拌料饲喂，连喂 10～15 天，预防雏鸡白痢 14 088 只，保护率达 94%～99.2%，同时该制剂对防治鸡的各型葡萄球菌病也有良好效果。预防量为 0.1%拌料，治疗量为 0.2%拌料，连用 3～5 天，总有效率达 83%以上。近年来，大量的研究资料证明，中药添加剂对雏鸡白痢、大肠杆菌病、葡萄球菌病、曲霉菌病、禽霍乱等细菌性传染病有防治效果。同时对鸡传染性支气管炎、传染性喉气管炎、传染性霉形体病、传染性法氏囊病、鸡痘等病毒性传染病也有防治效果，对兔、禽球虫病也有明显防治效果。目前市场上的兽用中成药和中药添加剂品种很多，而且效果不错，很受欢迎。

中药饲料添加剂源于天然药物，由于目前国内外迫切要求解决滥用抗生素、化学合成药物和激素类药品带来的肉、蛋、奶等畜产品中残留、耐药性、毒副作用，并给人类健康造成危害等问题，中药饲料添加剂由于残留少和不易产生耐药性，在许多方面都优于抗生素类和化学合成药物，因此深受生产者和消费者青睐，但目前市

场上的产品科技含量不高，制约着它向更高层次的发展。充分利用我国中药材资源的优势，在现代医药学理论的指导下，应用中兽医传统理论和现代生物工程技术，不断地加大科技开发力度，采用高新技术工艺对中药的有效成分进行提取、精制，向微量化方向发展，才能发挥其天然、毒副作用小的优势，从而获得巨大效益。比如目前使用的松针粉饲料添加剂，要在饲料中添加5%～10%或以上，才能发挥其作用，用量很大，且松针粉本身的有效成分又不稳定和不一致，很难发挥均衡的促长作用。若用其提取物——松针活性物质，则只需要添加0.03%～0.05%即可，不仅使用方便，而且质量可靠，效果显著。

此外，要制定中药添加剂的产品质量标准和生产规范，提高产品质量，同时可根据不同动物的不同特性及生理需要，开发专用型功能性系列产品，发挥天然植物优势，向高新层次发展，以造福人类。随着科学技术的进步和中兽医医药学的研究不断深入发展，逐步达到安全方便、少量高效，从而发挥中药添加剂的优点。

四、应用中药添加剂应注意的问题

中药添加剂是一种原料来源广、价格低廉、作用广泛、安全性高、效益显著的天然增效剂。建议今后在研制应用中，应注意以下几个问题：

▷ 在剂型选择上，应根据其含有的有效成分和对动物所产生的效应来提取有效成分，制成添加剂，并要保证其药用性能和营养价值，同时不影响日粮营养水平。

▷ 在配方组成上，应注意中药十八反和十九畏及妊娠禁忌的条件性配伍问题，还要注意到氨基酸、维生素、微量元素之间的协同与拮抗作用。

▷ 使用时要根据不同动物的不同重量阶段的特点，设计科学配方，如对育肥猪，应选择健胃消食、活血散瘀、安神镇静的药物为主，对奶牛、奶羊等泌乳动物则应以活血化瘀、促进新陈代谢及与泌乳激素分泌有关，增强乳腺发育和促进泌乳的药物为主，对蛋鸡宜选用平补消食类的药物为主。

▷ 采用中西药结合配制，提高中药添加剂的效果，取长补短，互相协同，如营养性的西药添加剂与中药配合使用，以利于中药活血化瘀的作用，促进营养物质的吸收；利用中药的安神镇静作用，可使机体能量等营养物质消耗减少，有促进增重的效果。

▷ 对有毒性的中药，应确定有毒成分，并要通过安全试验证明安全有效，方能使用，以免给人畜造成不良后果。

第九章　常用中草药与方剂

第一节　解表药与解表方

一、解　表　药

凡以发散表邪、解除表证为主要作用的药物，称解表药，又称发表药。

本类药物辛散轻扬，主入肺、膀胱经，偏行肌表，有促进肌体发汗，使表邪由汗而出的作用，从而起到治愈表证，防止疾病传变的作用，即《内经》所谓“其在皮者，汗而发之”的意思。解表药除主要具有发汗解表作用外，部分药尚兼有利尿退肿、止咳平喘、透疹、止痛、消疮等作用。

解表药主要用治恶寒、发热、头痛、身痛、无汗或有汗不畅、脉浮之外感表证。部分解表药尚可用于水肿、咳喘、麻疹、风疹、风湿痹痛、疮疡初起等兼有表证者。

使用解表药必须根据四时气候变化及患畜体质不同而恰当选择、配伍用药。冬季多风寒，春季多风热，夏季多挟暑湿，秋季多兼燥邪，故除针对外感风寒、风热表邪不同，相应选择长于发散风寒或风热的药物外，还有解表药与祛暑、化湿、润燥药的不同配伍。若动物体虚外感，正虚邪实，难以祛散表邪者，应根据体质不同，用解表药分别与补气、助阳、滋阴、养血等补养药配伍用药，以扶正祛邪。温病初起，邪在卫分，除选用发散风热药物外，应同时配伍清热解毒药。

使用发汗作用较强的解表药时，不要用量过大，以免发汗太过，耗伤阳气，损及津液，造成“亡阳”、“伤阴”的弊端。又汗为津液，血汗同源，因此，表虚自汗、阴虚盗汗以及疮疡日久、淋病、失血者，虽有表证，也应慎用。使用解表药还要注意因时因地而异，例如：春夏腠理疏松，容易出汗，解表药用量宜轻；冬季腠理致密，不易汗出，解表药用量宜重；同样，北方严寒地区用药宜重，南方炎热地区用药宜轻。解表药多为辛散之品，入汤剂不宜久煎，以免有效成分挥发而降低药效。

根据解表药药性及临床应用不同，可分为辛温解表药（发散风寒药）及辛凉解表药（发散风热药）两类。

（一）辛温解表药（发散风寒药）　本类药物性味多属辛温，辛以发散，温可祛寒，故以发散风寒为主要作用。主要用于外感风寒所致恶寒发热，无汗或汗出不畅，头痛身痛，口不渴，舌苔薄白，脉浮等风寒表证。部分药物还可用治痹证及咳喘、水肿、麻疹、疮疡初起兼有风寒表证者。

麻 黄

为麻黄科草本状小灌木草麻黄、木贼麻黄和中麻黄的草质茎。主产于河北、山西、内蒙古、甘肃等地。立秋至霜降之间采收，阴干切段。生用、蜜炙或捣绒用。

【性味归经】辛、微苦，温。归肺、膀胱经。

【功效】发汗解表，宣肺平喘，利水消肿。

【应用】

▷ 用于风寒感冒。多用于外感风寒，恶寒无汗，发热，脉浮而紧的感冒重证，即风寒表实证，每与桂枝相须为用，如麻黄汤。

▷ 用于咳嗽气喘。常配伍杏仁、甘草同用，如三拗汤。此外，本品配伍细辛、干姜、半夏等，还可治寒痰停饮，咳嗽气喘，痰多清稀，如小青龙汤。对于肺热壅盛，高热喘急者，每与石膏、杏仁、甘草配用，以清肺平喘，如麻杏石甘汤。

▷ 用于风水水肿。对风邪袭表、肺失宣降的水肿、小便不利兼有表证的风水证，每与甘草同用，即甘草麻黄汤；若兼见内热及脾虚者，可配伍石膏、生姜、甘草及白术等药。

此外，取麻黄散寒通滞作用，用治风寒痹证，阴疽，痰核。

【用法用量】煎服，马、牛 15～30 g，猪、羊 3～10 g。发汗解表宜生用，止咳平喘多炙用。

【使用注意】本品发散力强，凡表虚自汗、阴虚盗汗及虚喘均当慎用。

【现代研究】

主要成分：本品主要成分为麻黄碱，并含少量伪麻黄碱、挥发油等。

药理研究：麻黄挥发油有发汗作用，麻黄碱能使处于高温环境中的人汗腺分泌增多增快。麻黄挥发油乳剂有解热作用。麻黄碱和伪麻黄碱均有缓解支气管平滑肌痉挛的作用。伪麻黄碱有明显的利尿作用。麻黄碱能兴奋心脏，收缩血管，升高血压；对中枢神经系统有明显的兴奋作用，可引起兴奋、失眠、不安。麻黄挥发油对流感病毒有抑制作用。

桂 枝

为樟科常绿乔木肉桂的嫩枝。主产于广东、广西及云南。常于春季割取嫩枝，晒干或阴干，切片或切段用。

【性味归经】辛、甘，温。归心、肺、膀胱经。

【功效】发汗解肌,温通经脉,助阳化气。

【应用】

▷ 用于风寒感冒。治风寒表实无汗者,常配麻黄同用,以开宣肺气,发散风寒,如麻黄汤;若治表虚有汗者,当与白芍同用,以调和营卫,发汗解肌,如桂枝汤。

▷ 用于寒凝血滞诸痛证。如胸阳不振,心脉瘀阻,胸痹心痛,常与枳实、薤白同用,如枳实薤白桂枝汤;若中焦虚寒,脘腹冷痛,每与白芍、饴糖同用,如小建中汤;若风寒湿痹,肩臂疼痛,可与附子同用,如桂枝附子汤。

▷ 用于痰饮、蓄水证。如脾阳不运,痰饮眩悸者,常与茯苓、白术同用,如苓桂术甘汤;若膀胱气化不行,水肿小便不利者,每与猪苓、泽泻等同用,如五苓散。

▷ 用于心悸。如心阳不振,不能宣通血脉,见心悸动、脉结代者,每与甘草、党参、麦冬同用,如炙甘草汤。此外,若阴寒内盛,引动下焦冲气,上凌心胸所致奔豚者,常重用本品,如桂枝加桂汤。

【用法用量】煎服,马、牛 15～45 g,猪、羊 3～10 g。

【使用注意】本品辛温助热,容易伤阴动血,凡外感热病、阴虚火旺、血热妄行等证,均当忌用。孕畜慎用。

【现代研究】

主要成分:本品含挥发油,其主要成分为桂皮醛等。

药理研究:桂枝煎剂有降温解热作用,对金黄色葡萄球菌、白色葡萄球菌、伤寒杆菌、常见致病皮肤真菌、流感病毒均有抑制作用。桂皮油、桂皮醛对结核杆菌有抑制作用。桂皮油有健胃、缓解胃肠痉挛及利尿、强心等作用。桂皮醛有镇痛、镇静、抗惊厥作用。

紫　　苏

为唇形科一年生草本植物紫苏的茎、叶,其叶称紫苏叶,其茎称紫苏梗。我国南北均产。夏秋季采收,阴干,生用。

【性味归经】辛,温。归肺、脾经。

【功效】发汗解表,行气宽中。

【应用】

▷ 用于风寒感冒,咳嗽痰多。本品发汗解表,宣肺止咳,常与羌活、防风等同用,如羌苏达表汤。若兼气喘咳嗽,每与前胡、杏仁等药同用,如杏苏散。

▷ 用于脾胃气滞,胸闷呕吐。本品为醒脾宽中,行气止呕良药,兼有理气安胎之功。如治外感风寒,内伤湿滞,气机不畅,胸闷呕吐,每与藿香、陈皮、半夏等配伍,如藿香正气散;若胎气上逆,胸闷呕吐,胎动不安者,常取砂仁、陈皮等理气安胎药同用。

此外，又可用于鱼蟹中毒，腹痛吐泻。可单用本品煎汤服，或配伍生姜、陈皮、藿香等药同用。

【用法用量】煎服，马、牛 15～45 g，猪、羊 5～15 g。不宜久煎。

【现代研究】

主要成分：本品含挥发油，其中主要为紫苏醛、左旋柠檬烯及少量 α-蒎烯等。

药理研究：苏叶煎剂有缓和的解热作用，有促进消化液分泌，增进胃肠蠕动的作用；能减少支气管分泌，缓解支气管痉挛。本品水煎剂对大肠杆菌、痢疾杆菌、葡萄球菌均有抑制作用。

［附药］紫苏梗

为紫苏的茎。性味辛、甘，微温。归肺、脾、胃经。功能宽胸利膈，顺气安胎。适用于胸腹气滞、痞闷作胀及胎动不安、胸胁胀痛等症。

荆　芥

为唇形科一年生草本植物荆芥的地上部分。主产于江苏、浙江及江西等地。多系人工栽培。秋冬采收，阴干切段。生用、炒黄或炒炭。

【性味归经】辛，微温。归肺、肝经。

【功效】发表散风，透疹消疮，炒炭止血。

【应用】

▷ 用于外感表证。用治风寒感冒，恶寒发热无汗者，常与防风、羌活、独活等药同用，如荆防败毒散；治疗风热感冒，头痛目赤，与金银花、连翘、薄荷等药配伍，如银翘散。

▷ 用于麻疹不透、风疹瘙痒。用治表邪外束，麻疹不透，常与蝉蜕、薄荷、紫草等药同用，如透疹汤；配伍苦参、防风、赤芍等药同用，又治风疹瘙痒或湿疹痒痛，如消风散。

▷ 用于疮疡初起兼有表证。常配伍羌活、川芎、独活等药同用，如败毒散；偏于风热者，每与金银花、连翘、柴胡等药配伍，如银翘败毒散。

▷ 用于吐衄下血，常配伍生地黄、白茅根、侧柏叶等凉血止血药；治便血、痔血，每与地榆、槐花、黄芩炭等同用。

【用法用量】煎服，马、牛 15～45 g，猪、羊 5～15 g，不宜久煎。发表透疹消疮宜生用，止血宜炒用。

【现代研究】

主要成分：本品含多种挥发油，油中主要成分为右旋薄荷酮、消旋薄荷酮及少量右旋柠檬烯。

药理研究:①解热作用,其煎剂及浸剂均能使汗腺分泌旺盛,皮肤血液循环加强,有和缓的解热作用;②抗菌作用,1∶1 000浓度能抑制结核杆菌生长;③荆芥炒炭后能缩短出、凝血时间。

生　姜

为姜科多年生草本植物姜的根茎。各地均产。秋、冬两季采挖,除去须根,切片生用。

【性味归经】辛,温。归肺、脾、胃经。

【功效】发汗解表,温中止呕,温肺止咳。

【应用】

▷ 用于风寒感冒。可单煎或配葱白煎服,或加入其它辛温解表剂中,作辅药使用,以增发汗解表之力,如桂枝汤等方剂中均有本品。

▷ 用于胃寒呕吐。有"呕家圣药"之称。畏寒呕吐者,配半夏,即小半夏汤;胃热呕吐者,可配黄连、竹茹等同用。某些止呕药用姜汁制过,能增强止呕作用,如姜半夏、姜竹茹等。

▷ 用于风寒咳嗽。每与杏仁、紫苏、陈皮、半夏等药同用,如杏苏二陈汤。

此外,生姜能解半夏、天南星及鱼蟹毒。

【用法用量】煎服或捣汁服,马、牛15～60 g,猪、羊5～15 g。

【使用注意】本品伤阴助火,故阴虚内热患畜忌服。

【现代研究】

主要成分:本品含挥发油,油中主要为姜醇、姜烯、水芹烯、柠檬醛、芳香醇、甲基庚烯酮、壬醛、α-龙脑等,尚含辣味成分姜辣素。

药理研究:生姜能促进消化液分泌,有增进饮食作用;有镇吐、镇痛、抗炎消肿作用;醇提取物能兴奋血管运动中枢、呼吸中枢、心脏;正常人嚼生姜,可升高血压;对伤寒杆菌、霍乱弧菌、堇色毛癣菌、阴道滴虫均有不同程度的抑杀作用。

[附药] 生姜皮、姜汁

生姜皮为生姜根茎切下的外表皮。性味辛,凉。功能和脾行水消肿,主要用于水肿,小便不利。煎服。

生姜汁用生姜捣汁入药。功同生姜,但偏于开痰止呕,便于临床应急服用。如遇南星、半夏中毒的喉舌麻木肿痛,或呕逆不止、难以下食者,可取汁冲服,易于入喉;也可配竹沥,喂服或鼻饲给药,治中风痰热神昏者。用量3～10滴,冲服。

防　风

为伞形科多年生草本植物防风的根。主产于东北、河北、四川、云南等地。春秋季采挖，晒干切片生用或炒炭用。

【性味归经】辛、甘，微温。归膀胱、肝、脾经。

【功效】发表散风，胜湿止痛，止痉、止泻。

【应用】

▷ 用于感冒，风疹瘙痒，常配以荆芥、羌活、独活等药同用，如荆防败毒散；又治外感风湿，头痛如裹、身重肢痛者，每与羌活、藁本等药同用，如羌活胜湿汤；还可用治风热表证，发热恶风、咽痛微咳者，常配伍薄荷、蝉蜕、连翘等辛凉解表药同用。若治风疹瘙痒，多配伍苦参、荆芥、当归等散风止痒、活血消瘀药同用，如消风散。

▷ 用于风湿痹痛。配伍羌活、桂枝、姜黄等祛风湿药，如蠲痹汤。

▷ 用于破伤风证。用治风毒内侵，贯于经络，引动内风，角弓反张的破伤风证，常配伍天麻、天南星、白附子等药同用，如玉真散。

▷ 用于肝郁侮脾，腹痛泄泻。本品炒用，又能止泻。常配伍陈皮、白芍、白术同用，如痛泻要方。本品炒炭，尚可用治肝郁侮脾的腹痛泄泻及肠风下血。

【用法用量】煎服，马、牛 15～45 g，猪、羊 5～15 g。

【使用注意】阴虚火旺，血虚发痉患畜慎用。

【现代研究】

主要成分：本品含挥发油、甘露醇、苦味苷、酚类、多糖类及有机酸等。

药理研究：本品有解热、抗炎、镇痛、抗惊厥作用。防风新鲜汁对绿脓杆菌和金黄色葡萄球菌有一定抗菌作用，煎剂对痢疾杆菌、溶血性链球菌等有不同程度的抑制作用。

白　芷

为伞形科多年生草本植物白芷或杭白芷的根。主产于四川、浙江、河南、河北、安徽等地，秋季采挖，晒干切片生用。

【性味归经】辛，温。归肺、胃经。

【功效】解表散风，通窍止痛，燥湿，消肿排脓。

【应用】

▷ 用于外感风寒。配伍防风、羌活等药同用，如九味羌活汤。

▷ 祛风止痛，用于风湿痹痛。可单用，即都梁丸；或与荆芥、防风、川芎等药同用，如川芎茶调散。属于外感风热者，可配伍薄荷、菊花、蔓荆子等同用。治鼻渊，每与苍耳子、辛夷、薄荷等同用，如苍耳子散。风寒湿痹，腰背疼痛，常与羌活、独活、威灵仙同用。

▷ 用于疮痈肿毒。每与银花、当归、穿山甲等药配用，如仙方活命饮。与瓜蒌、贝母、蒲公英等同用，又治乳痈肿痛。

此外，本品尚可用治皮肤风湿瘙痒及毒蛇咬伤。

【用法用量】煎服，马、牛 15～30 g，猪、羊 5～10 g。外用适量。

【使用注意】阴虚血热者忌服。

【现代研究】

主要成分：兴安白芷含白芷素、白芷醚、白芷毒素等，杭白芷根含 6 种呋喃香豆精和两种白色结晶物。

药理研究：小量白芷毒素有兴奋中枢神经、升高血压作用，并能引起流涎呕吐；大量能引起强直性痉挛，继以全身麻痹。白芷能对抗蛇毒所致的中枢神经系统抑制；白芷水煎剂对大肠杆菌、痢疾杆菌、伤寒杆菌、绿脓杆菌、变形杆菌有一定抑制作用；水浸剂对奥杜盎小芽胞癣菌等致病真菌有一定抑制作用。

细　　辛

为马兜铃科多年生草本植物北细辛、汉城细辛或华细辛的全草。前两种习称“辽细辛”，主产于辽宁、吉林、黑龙江；后一种主产于陕西等地。夏秋采收，阴干生用。

【性味归经】辛，温。有小毒。归肺、肾、心经。

【功效】祛风散寒，通窍，止痛，温肺化饮。

【应用】

▷ 用于风寒感冒，阳虚外感。常与羌活、防风、白芷等同用，治疗一般风寒感冒，如九味羌活汤；常与附子、麻黄同用，治疗恶寒无汗、发热脉沉的阳虚外感，如麻黄附子细辛汤。

▷ 祛风止痛，用于风湿痹痛。常配独活、桑寄生、防风等同用，如独活寄生汤。

▷ 用于寒痰停饮，气逆咳喘。常与麻黄、桂枝、干姜等同用，如小青龙汤。若外无表邪，纯系寒痰停饮涉肺，气逆咳喘者，可配茯苓、干姜、五味子等同用，如苓甘五味姜辛汤。

此外，本品辛温行散，芳香透达，吹鼻取嚏，有通关开窍醒神之功。用治闭证、实证者，常与皂荚研末和匀，吹少许入鼻中取嚏，如通关散。亦可单用为散，吹鼻取嚏。

【用法用量】煎服或入丸散剂，马、牛 10～15 g，猪、羊 1.5～3 g。外用适量。

【使用注意】阴虚阳亢，肺燥伤阴干咳患畜忌用。反藜芦。

【现代研究】

主要成分：本品含挥发油，其主要成分为甲基丁香油酚，尚含黄樟醚、N-异丁基十二碳四烯胺及消旋去甲乌药碱等。

药理研究：细辛挥发油、水及醇提取物分别具有解热、抗炎、镇静、抗惊厥及局部麻醉作用；大剂量挥发油可使中枢神经系统先兴奋后抑制，显示一定毒副作用；其醇浸液及挥发油体外实验有抑菌作用；所含消旋去甲乌药碱有强心、扩张血管、松弛平滑肌、增强脂代谢及升高血糖等广泛作用；所含黄樟醚毒性较强，系致癌物质，高温易破坏。

辛　夷

为木兰科植物辛夷或玉兰、望春花的干燥花蕾。捣烂生用或炒炭用。主产于河南、四川、安徽等地。

【性味归经】辛，温。入肺、胃经。

【功效】疏风解表，通利鼻窍。

【应用】

▷ 疏风解表，用于外感风寒表实证，与细辛、升麻、藁本、川芎、白芷等同用。

▷ 通利鼻窍。常用于脑颡流鼻，与酒知母、酒黄柏、香白芷、金银花、薄荷、射干等配伍，如辛夷散。

【用法用量】煎服或入丸散剂，马、牛 15～45 g，猪、羊 5～10 g。

【使用注意】阴虚火旺者忌用。

【现代研究】

主要成分：本品含挥发油，油中含枸橼醛、丁香油酚、桂皮醛、桉油精、对烯丙基甲醚等。

药理研究：辛夷有收敛作用而保护鼻黏膜，并能促进黏膜分泌物的吸收，减轻炎症，乃至鼻腔通畅；辛夷浸剂或煎剂均有浸润麻醉作用，辛夷水或醇提取物有降压作用；水煎剂对横纹肌有乙酰胆碱样作用，并能兴奋子宫平滑肌，亢奋肠运动；对多种致病菌有抑制作用；挥发油有镇静、镇痛作用。

苍　耳　子

为菊科植物苍耳的成熟带总苞片的果实。生用或炒黄用。全国各地均产。

【性味归经】苦、辛，温。有小毒。入肺经。

【功效】祛风除湿，通利鼻窍。

【应用】

▷ 本品散风通窍，常用治风寒感冒、鼻窍不通、浊涕下流、脑颡流鼻等证，常与辛夷、白芷、薄荷等同用。

▷ 祛风除湿止痛。用治风湿痹痛，常与威灵仙、苍术、羌活等配伍。

此外，用于皮肤湿疹、瘙痒、疥癣等症，外用内服均可。

【用法用量】煎服或入丸散剂，马、牛 15～30 g，猪、羊 3～10 g。

【使用注意】本品有小毒，应注意掌握用量。

【现代研究】

主要成分：本品含苍耳苷、脂肪油、生物碱、苍耳醇、蛋白质、维生素 C 等。

药理研究：苷类物质有显著降血糖作用；煎剂有镇咳作用；对心脏有抑制作用，使心率减慢，收缩力减弱；对金黄色葡萄球菌、乙型链球菌、肺炎双球菌有一定抑制作用，并有抗真菌作用。本品有一定毒性。

藁　本

为伞形科植物藁本或辽藁本的干燥根茎。前者主产于湖南、湖北、四川，后者主产于辽宁、河北等地。

【性味归经】辛，温。入膀胱经。

【功效】发表散寒，祛风胜湿。

【应用】

▷ 发表散寒，用于外感风寒挟湿证，常与羌活、独活、川芎、白芷、防风、细辛等同用。

▷ 祛风胜湿，用于风寒湿痹，肢节冷痛等，多与羌活、防风、威灵仙等配伍。

【用法用量】煎服或入丸散剂，马、牛 12～30 g，猪、羊 3～9 g。

【现代研究】

主要成分：本品含挥发油，其中主要成分是 3-丁基苯肽、蛇床内酯。

药理研究：本品中挥发油有镇静、镇痛、解热及抗炎作用，并能抑制肠和子宫平滑肌，还能明显减慢耗氧速度，延长小鼠存活时间，增加组织耐缺氧能力，对抗由脑垂体后叶素所致的大鼠心肌缺血。醇提取物有降压作用，对常见致病性皮肤癣菌有抗菌作用。

葱　白

为百合科植物葱近根部的鳞茎，鲜用。全国各地均产。

【性味归经】辛,温。入肺、胃经。

【功效】发汗解表,散寒通阳。

【应用】

▷ 用于外感风寒轻证,常与生姜同用,或配合其它辛温解表药,以助发汗之效。

▷ 通阳气、散阳寒,配附子、干姜等,治寒凝腹痛诸证。

【用法用量】煎服或入丸散剂,马、牛 30～90 g,猪、羊 15～30 g。

【现代研究】

主要成分:本品含挥发油,油中主要成分为蒜素,还含有二烯丙基硫醚、苹果酸、维生素 B、维生素 C、铁盐等。

药理研究:对白喉杆菌、结核杆菌、痢疾杆菌、葡萄球菌、链球菌有抑制作用,对皮肤真菌也有抑制作用。此外,还有发汗、解热、利尿、健胃、祛痰作用。

(二)辛凉解表药(发散风热药)　本类药物多性味辛凉,发汗解表作用较和缓,辛以发散,凉可祛热,故以发散风热为主要作用。主要适用于外感风热所致的发热、微恶风寒、咽干口渴、头痛目赤、舌苔薄黄、脉浮数等证。某些药物还可用治风热所致目赤多泪、咽喉肿痛、麻疹不透以及风热咳嗽等证。

薄　荷

为唇形科多年生草本植物薄荷的茎叶。我国南北均产,尤以江苏产者为佳。收获期因地而异,一般每年可采割 2～3 次,鲜用或阴干切段生用。

【性味归经】辛,凉。归肺、肝经。

【功效】疏散风热,清利头目,利咽,透疹,疏肝解郁。

【应用】

▷ 用于风热感冒,温病初起。常配金银花、连翘、牛蒡子、荆芥等同用,如银翘散。

▷ 用于目赤,咽喉肿痛,多配合桑叶、菊花、蔓荆子等同用;用治风热壅盛,咽喉肿痛,常配桔梗、生甘草、僵蚕、荆芥、防风等同用。

▷ 用于麻疹不透、风疹瘙痒,常配蝉蜕、荆芥、牛蒡子、紫草等,如透疹汤;治疗风疹瘙痒,可与苦参、白鲜皮、防风等同用,取其祛风透疹止痒之效。

▷ 用于肝郁气滞、胸闷胁痛。常配合柴胡、白芍、当归等疏肝理气之品,治疗肝郁气滞,胸胁胀痛,如逍遥散。

此外,本品芳香辟秽,还可用治夏令感受暑湿秽浊之气所致痧胀腹痛吐泻等症,常配藿香、佩兰、白扁豆等同用。

【用法用量】煎服,马、牛 15～45 g,猪、羊 5～10 g。宜后下。其叶长于发汗,梗偏于理气。

【使用注意】本品芳香辛散,发汗耗气,故体虚多汗患畜不宜使用。

【现代研究】

主要成分:本品主含挥发油。油的主要成分为薄荷醇以及薄荷酮、异薄荷酮等。

药理研究:薄荷油内服通过兴奋中枢神经系统,使皮肤毛细血管扩张,促进汗腺分泌,增加散热,而起到发汗解热作用;薄荷油能抑制胃肠平滑肌收缩,能对抗乙酰胆碱而呈现解痉作用;薄荷油能促进呼吸道腺体分泌而对呼吸道炎症有治疗作用;体外试验薄荷煎剂对单纯性疱疹病毒、森林病毒、流行性腮腺炎病毒有抑制作用,对金黄色葡萄球菌、白色葡萄球菌、甲型链球菌、乙型链球菌、卡他球菌、肠炎球菌、福氏痢疾杆菌、炭疽杆菌、白喉杆菌、伤寒杆菌、绿脓杆菌、大肠杆菌等有抑菌作用;薄荷油外用,能刺激神经末梢的冷感受器而产生冷感,并反射性地造成深部组织血管的变化而起到消炎、止痛、止痒作用。

菊　花

为菊科多年生草本植物菊的头状花序。由于产地、花色及加工方法的不同,又分为白菊花、杭菊花、滁菊花。主产于浙江、安徽、河南和四川等省。花期采收,阴干生用。

【性味归经】辛、甘、苦,微寒。归肺、肝经。

【功效】疏散风热,平肝明目,清热解毒。

【应用】

▷ 用于风热感冒,发热。每与桑叶、连翘、薄荷、桔梗等同用,如桑菊饮。

▷ 用于目赤昏花。多与桑叶、决明子、龙胆草、夏枯草等同用,共奏疏风清肝明目之效。若肝肾不足,目暗昏花,又常配枸杞子、熟地黄、山萸肉等同用,如杞菊地黄丸,共收滋补肝肾、益阴明目之功。

▷ 用于眩晕惊风。与石决明、珍珠母、牛膝等同用,可用治肝阳上亢,头痛眩晕;配羚羊角、钩藤、白芍等同用,可用治惊厥抽搐实肝风证,如羚角钩藤汤。

▷ 用于疔疮肿毒。本品甘寒益阴,清热解毒,尤善解疔毒,故可用治疔疮肿毒,常配金银花、生甘草同用,如甘菊汤。

【用法用量】煎服,马、牛 15～60 g,猪、羊 5～15 g。疏散风热多用黄菊花(杭菊花),平肝明目多用白菊花(滁菊花)。

【现代研究】

主要成分:本品含挥发油,油中为龙脑、樟脑、菊油环酮等。此外,尚含有菊苷、腺嘌呤、胆碱、水苏碱、微量维生素 A、维生素 B_1、氨基酸及刺槐素等。

药理研究：1∶1～1∶5 菊花水浸剂或煎剂，对金黄色葡萄球菌、多种致病性杆菌及皮肤真菌均有一定抗菌作用；高浓度时，对流感病毒 PR8 和钩端螺旋体也有抑制作用。菊花制剂有扩张冠状动脉，增加冠脉血流量，提高心肌耗氧量的作用，并具有降压作用，还能抑制毛细血管通透性而有抗炎作用；菊花浸膏灌胃，对人工发热家兔有解热作用。

柴　胡

为伞形科多年生草本植物柴胡（北柴胡）和狭叶柴胡（南柴胡）的根或全草。前者主产于辽宁、甘肃、河北、河南等地，后者主产于湖北、江苏、四川等地。春秋两季采挖，晒干，切段，生用或醋炙用。

【性味归经】苦、辛，微寒。归肝、胆经。

【功效】疏散退热，疏肝解郁，升阳举陷。

【应用】

▷ 用于寒热往来、感冒发热，多配黄芩等同用，如小柴胡汤；用治感冒发热，本品也有良好的疏散退热作用，常与甘草同用。若热邪较甚，可配葛根、黄芩、石膏等同用，如柴葛解肌汤。现有用柴胡制成的单味或复方注射液，对于外感发热，有较好的解热作用。

▷ 用于肝郁气滞、胸胁疼痛，常与当归、白芍等同用，如逍遥散；对于胸胁疼痛，不论内伤肝郁，外伤跌扑，均可应用，常与香附、川芎、芍药等同用，如柴胡疏肝散。

▷ 用于气虚下陷、久泻脱肛，常配人参、黄芪、升麻等同用，如补中益气汤。

此外，本品还可退热截疟，又为治疗疟疾寒热的常用之品，常与黄芩、常山、草果等同用。

【用法用量】煎服，马、牛 15～45 g，猪、羊 3～10 g。和解退热宜生用，疏散肝郁宜醋炙，骨蒸劳热当用鳖血拌炒。

【使用注意】柴胡性升散，古人有“柴胡劫肝阴”之说，肝阳上亢，肝风内动，阴虚火旺及气机上逆患畜忌用或慎用。

【现代研究】

主要成分：柴胡根含 α-菠菜甾醇、春福寿草醇及柴胡皂苷，另含挥发油等。狭叶柴胡根含皂苷、挥发油、柴胡醇、春福寿草醇、α-菠菜甾醇。

药理研究：柴胡具有镇静、安定、镇痛、解热、镇咳等广泛的中枢抑制作用；柴胡及其有效成分柴胡皂苷有抗炎作用，柴胡皂苷又有降低血浆胆固醇作用；柴胡有较好的抗脂肪肝、抗肝损伤、利胆、降转氨酶作用；柴胡煎剂对结核杆菌有抑制作用；柴胡挥发油有抗感冒病毒作用，还有增强机体免疫的作用。

葛　根

为豆科多年生落叶藤本植物野葛或甘葛藤的根。分布于我国南北各地。春秋两季采挖，切片，晒干。生用或煨用。

【性味归经】甘、辛，凉。归脾、胃经。

【功效】解肌退热，透发麻疹，生津止渴，升阳止泻。

【应用】

▷ 用于外感表证。常与柴胡、黄芩、白芷等同用，如柴葛解肌汤。

▷ 用于麻疹不透。常与升麻、芍药、甘草等同用，如升麻葛根汤，也可配薄荷、牛蒡子、荆芥、蝉蜕等同用。

▷ 用于热病口渴、阴虚消渴，常与芦根、天花粉、知母等同用；若用治内热消渴，又多配乌梅、天花粉、麦冬、党参、黄芪等同用，如玉泉丸。

▷ 用于热泻热痢，脾虚泄泻。本品既能清透邪热，又能升发清阳，鼓舞脾胃清阳之气上升而奏止泻止痢之效，故可用治表证未解，邪热入里之热泻热痢证，常与黄芩、黄连、甘草同用，如葛根芩连汤；若脾虚泄泻，常配党参、茯苓、甘草等同用，如七味白术散。

【用法用量】煎服，马、牛 20～60 g，猪、羊 5～15 g。退热生津宜生用，升阳止泻宜煨用。

【现代研究】

主要成分：本品主要含黄酮类物质：大豆素、大豆苷，还含有大豆素-4,7-二葡萄糖苷、葛根素、葛根素-7-木糖苷、葛根醇、葛根藤素及异黄酮苷和淀粉。

药理研究：葛根能扩张冠脉血管和脑血管，增加冠脉血流量和脑血流量；葛根总黄酮能降低心肌耗氧量，增加氧供应；葛根能直接扩张血管，使外周阻力下降，而有明显的降压作用，能较好缓解高血压病人的“项紧”症状；葛根素能抑制血小板凝集；葛根有广泛的β-受体阻滞作用；黄豆苷元对小鼠离体肠管有明显解痉作用，能对抗乙酰胆碱所致的肠管痉挛；葛根还具有明显的解热作用，并有轻微降血糖作用。

[附药] 葛花

为葛的未开放的花蕾。性味甘，平。功能善醒脾和胃。主要用于烦渴、呕吐、胸膈饱胀等症。

牛 蒡 子

为菊科二年生草本植物牛蒡的成熟果实。主产于河北、浙江等地。秋季采收，晒干，生用或炒用，用时捣碎。

【性味归经】辛、苦，寒。归肺、胃经。

【功效】疏散风热，透疹利咽，解毒散肿。

【应用】

▷ 用于风热感冒，咽喉肿痛。常配金银花、连翘、荆芥、桔梗等同用，如银翘散。若风热壅盛，咽喉肿痛，热毒较甚者，可与大黄、薄荷、荆芥、防风等同用，如牛蒡汤；若风热咳嗽，痰多不畅者，常配荆芥、桔梗、前胡、甘草。

▷ 用于麻疹不透。用治麻疹不透或透而复隐，常配薄荷、荆芥、蝉蜕、紫草等同用，如透疹汤。

▷ 用于痈肿疮毒，常与大黄、芒硝、栀子、连翘、薄荷等同用。本品配瓜蒌、连翘、天花粉、青皮等同用，又可用治肝郁化火，胃热壅络之乳痈证，如瓜蒌牛蒡汤；本品配玄参、黄芩、黄连、板蓝根等同用，还可用治瘟毒发斑、喉痹等热毒之证，如普济消毒饮。

【用法用量】煎服，马、牛 15～30 g，猪、羊 5～15 g。炒用寒性略减。

【使用注意】本品性寒，滑肠通便，故气虚便溏患畜慎用。

【现代研究】

主要成分：本品含牛蒡子苷、脂肪油、维生素 A、维生素 B_1 及生物碱等。

药理研究：煎剂对肺炎双球菌有显著抗菌作用，水浸剂对多种致病性皮肤真菌有不同程度的抑制作用。本品有解热、利尿作用。最近发现牛蒡子有抗肿瘤作用，其粗提取物呈选择毒性，较低量就可以抑制癌细胞增殖，使肿瘤细胞向正常细胞接近。

蝉 蜕

为蝉科昆虫黑蚱羽化后的蜕壳。主产于山东、河北、河南、江苏、浙江等省。夏季采收，去净泥土，晒干生用。

【性味归经】甘，寒。归肺、肝经。

【功效】疏散风热，透疹止痒，明目退翳，止痉。

【应用】

▷ 用于风热感冒、咽痛音哑，常配薄荷、连翘、菊花等同用；用治风热上攻，咽痛音哑，常与胖大海同用，如海蝉散。

▷ 用于麻疹不透、风疹瘙痒，常与薄荷、牛蒡子、紫草等同用，如透疹汤；用治风湿热相搏，风疹湿疹、皮肤瘙痒，常配荆芥、防风、苦参等同用，如消风散。

▷ 用于目赤翳障。常配菊花、白蒺藜、决明子等同用，如蝉花散。

▷ 用于破伤风证。轻证可单用本品研末，以黄酒冲服，重证可配伍天麻、僵蚕、全蝎同用，即五虎追风散。

【用法用量】煎服或单味研末冲服，马、牛 15～60 g，猪、羊 5～15 g。一般病证用量宜小；止痉则需大量。

【使用注意】孕畜应当慎用。

【现代研究】

主要成分：本品含大量甲壳质和蛋白质、氨基酸、有机酸等。

药理研究：本品具有抗惊厥作用，其酒剂能使实验性破伤风家兔的平均存活期延长，可减轻家兔已形成的破伤风惊厥。本品能对抗士的宁、可卡因、烟碱等中枢兴奋药引起的小鼠惊厥死亡。抗惊厥作用蝉蜕身较头足强。本品能抑制小鼠的自发活动，能协同环己巴比妥钠的麻醉作用而表现有镇静作用。本品尚有解热作用，其中蝉蜕头足较身部的解热作用强。

桑　叶

为桑科落叶乔木桑树的叶。分布于我国南北各地，经霜后采收，晒干，生用或蜜炙用。

【性味归经】苦、甘，寒。归肺、肝经。

【功效】疏散风热，清肺润燥，平肝明目。

【应用】

▷ 用于风热感冒，头痛咳嗽。常用于风热感冒，或温病初起，温邪犯肺，发热、头痛、咳嗽等症，常配菊花、连翘、杏仁等同用，如桑菊饮。

▷ 用于肺热燥咳。轻者可配杏仁、沙参、贝母等同用，如桑杏汤；重者可配生石膏、麦冬、阿胶等同用，如清燥救肺汤。

▷ 用于肝阳眩晕、目赤昏花，常配菊花、石决明、白芍等同用。本品既能疏散风热，又能清泄肝火，益阴，凉血明目，故配菊花、夏枯草、车前子等清肝明目之品，可用治肝经风热，肝火上攻所致目赤、涩痛，多泪等实证；配合滋补精血之黑芝麻同用，即桑麻丸，又可用治肝肾不足、眼目昏花之虚证。

此外，本品甘寒，尚能凉血止血，还可用治血热妄行吐血、衄血之证，可单用，或配其它止血药同用。

【用法用量】煎服或入丸散，马、牛 15～30 g，猪、羊 5～10 g。外用煎水洗眼。

桑叶蜜炙能增强润肺止咳的作用，故肺燥咳嗽多用蜜炙桑叶。

【现代研究】

主要成分：本品含脱皮固酮、芸香苷、桑苷、槲皮素、异槲皮素、东莨菪素、东莨菪苷等。

药理研究：鲜桑叶煎剂体外试验对金黄色葡萄球菌、乙型溶血性链球菌等多种致病菌有抑制作用，煎剂有抑制钩端螺旋体的作用。对多种原因引起的动物高血糖症均有降糖作用，所含脱皮固酮能促进葡萄糖转化为糖原，但不影响正常动物的血糖水平。脱皮固酮还能降低血脂水平。

升　麻

为毛茛科多年生草本植物大三叶升麻或兴安升麻（北升麻）和升麻的根茎。主产于辽宁、黑龙江、湖南及山西等地。夏秋两季采挖，晒干切片。生用或蜜炙用。

【性味归经】辛、甘，微寒。归肺、脾、胃、大肠经。

【功效】发表透疹，清热解毒，升举阳气。

【应用】

▷ 用于风热，麻疹不透。用治麻疹透发不畅，常与葛根、白芍、甘草等同用，如升麻葛根汤。

▷ 用于口疮，咽喉肿痛。用治胃火上攻，口舌生疮等证，多与石膏、黄连、丹皮等同用，如清胃散；用治咽喉肿痛，可与黄芩、黄连、玄参等配伍，如普济消毒饮；用治外感疫疠，阳毒发斑，咽痛目赤，可与鳖甲、当归、雄黄等同用，如升麻鳖甲汤；用治瘟毒发斑，可与石膏、大青叶、紫草等同用。

▷ 用于气虚下陷，久泻脱肛，崩漏下血。本品为升阳举陷之要药，故常用治气虚下陷、久泻脱肛，胃、子宫下垂等证，多与人参、黄芪、柴胡等同用，如补中益气汤。

【用法用量】煎服，马、牛 15～30 g，猪、羊 3～6 g。发表透疹解毒宜生用，升阳举陷固脱宜炙用。

【使用注意】麻疹已透以及阴虚火旺，肝阳上亢、上盛下虚的患畜，均当忌用。

【现代研究】

主要成分：本品含升麻碱、苦味素、水杨酸、咖啡酸、阿魏酸、鞣质、生物碱等。

药理研究：对结核杆菌、金黄色葡萄球菌、白色葡萄球菌和卡他球菌有中度抗菌作用。提取物具有解热、抗炎、镇痛、抗惊厥作用。对氯化乙酰胆碱、组胺和氯化钡所致的肠管痉挛均有一定的抑制作用，还具有抑制心脏、减慢心率和降低血压作用。其生药与炭药均能缩短凝血时间。

二、解 表 方

凡具有发汗解肌作用,用于治疗表证的一类方剂,称解表方。在八法中属于汗法。

由于病邪的性质和患畜体质的不同,表证可呈现表寒与表热两个类型。所以,解表方又分为辛温解表和辛凉解表两类。对于体质虚弱患畜的外感病证,应根据病情在解表方中适当配以滋阴、助阳、补气、养血的药物,以扶正祛邪。

辛温解表方,主要由麻黄、桂枝、荆芥、防风等辛温解表药物组成,具有较强的发汗散寒作用,适用于外感风寒引起的表寒证。对于表虚证,可在辛温解表药中配用白芍以敛阴止汗,防止耗散正气。

辛凉解表方,主要由桑叶、菊花、薄荷、牛蒡子等辛凉解表药物组成,具有清解透泄作用,适用于外感风热引起的表热证。如发热明显,可配以清热解毒的银花、连翘等。

使用解表方,应以病邪在表为原则。同时先辨明是表寒证还是表热证,辛温、辛凉不可误用。既有表证,又有里证,宜先解表后治里;表里俱急,则表里双解。若病邪已完全入里,则不宜用解表方。若是里虚证,应禁用汗法。

麻黄汤(《伤寒论》)

【组成】麻黄 30 g　桂枝 45 g　杏仁 60 g　炙甘草 20 g

为末,水冲服,或煎汤灌服。

【功效】发汗解表,宣肺平喘。

【主治】外感风寒表实证。证见恶寒发热,无汗咳喘,苔薄白,脉浮紧。

【方解】本方是辛温解表的代表方。风寒外袭,使皮毛紧凑,阳气不能外达,汗液不得外排,故见恶寒发热无汗;肺合皮毛,因皮毛紧闭,肺气不能宣通而上逆,故见咳喘。治宜发汗宣肺。方中麻黄辛温,发汗解表以散风寒,宣肺利气以平咳喘,为主药;桂枝发汗解肌,温经散寒,既能助麻黄发汗解表,又能温煦四肢,解除肢体疼痛,为辅药;杏仁宣降肺气,助麻黄以平咳喘,为佐药;甘草和中,调和药性,缓和桂枝辛燥之性,防麻黄峻猛之力,为使药。诸药共用,共收发汗解表,宣肺平喘之效。

【临床应用】本方是发汗解表的重剂,多用于风寒表实证。临床上常用本方加减治疗感冒、流感以及慢性气管炎见咳嗽痰多清稀者。如外感风寒,咳嗽,气粗痰多者,可去桂枝通阳发汗,使其专于宣肺止咳,名三拗汤。本方为发汗峻剂,只宜用于外感风寒表实证。若表虚有汗不宜应用,对风热表证也当忌用。

桂枝汤(《伤寒论》)

【组成】桂枝 45 g 白芍 45 g 炙甘草 20 g 生姜 60 g 大枣 60 g

研末,开水冲服或煎汤服。

【功效】解肌发表,调和营卫。

【主治】外感风寒表虚证。证见恶风发热,汗出,鼻流清涕,舌苔薄白,脉浮缓。

【方解】本方主治营卫不和之风寒表虚证。方中桂枝发散风寒,解肌通阳为主药;白芍敛汗和营,与桂枝相配,散中有收,营卫调和,为辅药;大枣益气养胃,助白芍和营,助生姜、甘草温中,生姜祛寒,助桂枝发散,为佐药;甘草调和诸药,缓急和中,为使药。各药相合,刚柔相济,协调阴阳,共奏解表祛风,调和营卫之效。

【临床应用】本方主治外感风寒表虚证。若咳喘加重时,加杏仁、厚朴以平喘止咳,名桂枝加厚朴杏仁汤。本方加葛根,名桂枝加葛根汤,主治恶风自汗,项背强痛。本方芍药倍量、加饴糖,名小建中汤,主治虚寒腹痛;再加黄芪名黄芪建中汤,用治气虚而腹痛。本方对流感、外感性腹痛、产后发热等均有良效。

本方重在解肌发表,调和营卫,与专于发汗的方剂不同,只适用于外感风寒的表虚证。若表实无汗不宜应用,表热证也当忌用。

荆防败毒散(《摄生众妙方》)

【组成】荆芥 30 g 防风 30 g 羌活 25 g 独活 25 g 柴胡 25 g 前胡 25 g 桔梗 30 g 枳壳 25 g 茯苓 45 g 川芎 20 g 甘草 15 g

研末水冲服,或煎汤灌服。

【功效】发汗解表,散寒除湿。

【主治】外感挟湿的表寒证。证见发热无汗,恶寒颤抖,皮紧肉硬,肢体疼痛,咳嗽,舌苔白腻,脉浮。

【方解】本方为治外感风寒挟湿证而设立的辛温解表剂。方中荆芥、防风发散肌表风寒,羌活、独活祛除风湿,四药共用解表祛邪,为主药;川芎散风止痛,柴胡协助荆防疏解表邪,茯苓渗湿健脾,均为辅药;枳壳理气宽胸,前胡、桔梗宣肺止咳,为佐药;甘草益气和中,调和诸药为使药。诸药相合,共奏发汗解表、散寒祛湿之效。

【临床应用】本方对外感风寒主兼各症均能兼顾,属辛温解表之平剂。一般风寒外感诸证皆可应用。如不兼有湿证,可去独活、羌活。本方去荆芥、防风,加银花、连翘、薄荷、生姜,名银翘败毒散,治疮疡热毒红肿。本方不宜用于风热表证及风热兼湿证。

发汗散(《元亨疗马集》)

【组成】麻黄 25 g　党参 30 g　升麻 20 g　当归 30 g　川芎 30 g　葛根 20 g　白芍 20 g　紫荆皮 15 g　香附 15 g

共为末，开水冲，候温加葱白三根、生姜 15 g、白酒 60 mL 调和灌服。

【功效】发表散寒，补气和血。

【主治】气血不足兼外感风寒证。证见恶寒发热无汗，咳嗽流涕，体瘦食少，脉浮。

【方解】本方是扶正解表之剂。患畜体质虚弱，气血不足，而感受风寒之邪，由于正气不足，不能鼓邪外出，故宜补益与解表散寒药同时并用，才能达到发汗而不伤元气，扶正祛邪的目的。方中麻黄散寒解表为主药；党参补气，当归、川芎、白芍补血和血，以扶正为辅药；葛根解肌，升麻解表升阳，二药合用，助麻黄散解表邪，紫荆皮、香附二药活血理气，为佐药。白芍尚能和营敛阴，防麻黄发散太过。诸药合用，共奏扶正解表之效。

【临床应用】主治牛风寒感冒。凡体虚内伤，发热恶寒无汗咳嗽者，均可加减使用。

银翘散(《温病条辨》)

【组成】银花 30 g　连翘 30 g　淡豆豉 25 g　桔梗 25 g　荆芥穗 25 g　淡竹叶 30 g　薄荷 15 g　牛蒡子 25 g　芦根 60 g　甘草 10 g

研末水冲服，或水煎灌服。

【功效】辛凉解表，清热解毒。

【主治】外感风热或温病初起。症见发热无汗或微汗，微恶风寒，口渴咽痛，咳嗽，苔薄白或薄黄，脉浮数。

【方解】本方由清热解毒药与解表药组成，是辛凉解表的要方，既能清表热又能解热毒。方中银花、连翘清热解毒，轻宣透表为君药；荆芥穗、薄荷、淡豆豉辛散表邪、透热外出，共为辅药；桔梗、牛蒡子宣肺祛痰止咳，利咽止痛，芦根、淡竹叶引热下行，生津止渴，共为佐药；甘草调和诸药，为使药。诸药合用，共奏辛凉透表，清热解毒之效。

【临床应用】治疗各种家畜的风热感冒和温病初起，也常用于治疗流感、急性咽喉炎、支气管炎、肺炎及某些感染性疾病初期而见有表热证者。发热甚者，加栀子、黄芩、石膏以清热；津伤口渴者，加天花粉生津止渴；咽喉肿痛者，可加玄参、射干；疮初起有风热表证者，加紫花地丁、蒲公英等增强清热解毒之力。

小柴胡汤(《伤寒论》)

【组成】柴胡 45 g　黄芩 45 g　党参 30 g　制半夏 25 g　炙甘草 15 g　生姜 20 g　大枣 60 g

研末水冲服，或水煎灌服。

【功效】和解少阳，扶正祛邪。

【主治】少阳病。证见寒热往来，精神不振，饥不欲食，口干色淡红，脉弦。

【方解】本方为治伤寒之邪传入少阳的代表方。邪犯少阳，则寒热往来；少阳气机壅滞，胃失和降，故不欲饮食而呕吐。由于少阳位于半表半里，在治疗上既不宜发汗，又不宜泻下，唯采用和解表里之法为妥。方中柴胡清解透泄少阳之热邪，疏解气机郁滞为主药，黄芩清泄少阳之热邪为辅药，二者合用，和解少阳之寒热往来；半夏、生姜和胃降逆止呕，党参、甘草补正和中为佐药；大枣调和营卫为使药。诸药合用，共奏和解少阳，扶正祛邪之功。

【临床应用】本方主治外感热病中的半表半里证。凡流感、肺炎、急性肠胃炎、肾炎、乳房炎及产后外感等病见有寒热往来者，均可酌情选用本方加减治疗。本方去党参、甘草，加大黄、枳实、白芍，名大柴胡汤，功效和解少阳，内泻热结。主治少阳阳明合病。

第二节　清热药及方剂

一、清　热　药

凡以清解里热为主要作用的药物，称为清热药。

清热药的药性寒凉，具有清热泻火、燥湿、凉血、解毒及清虚热等功效。本类药物主要用于表邪已解、里热炽盛，而无积滞的里热病证，如外感热病，高热烦渴，湿热泄痢，瘟毒发斑，痈肿疮毒及阴虚发热等。清热药是以《内经》“热者寒之”及《本经》“疗热以寒药”的原则指导用药的。

由于发病原因不一，病情发展变化的阶段不同，以及患畜体质的差异，里热证既有气分与血分之分，又有实热与虚热之异。因此，就有多种类型的临床表现。针对热证的不同类型，并根据药物的功效，将清热药分为以下五类：清热泻火药，功能清气分热，用于高热烦渴等气分实热；清热燥湿药，功能清热燥湿，用于泄痢、黄疸等湿热病证；清热凉血药，功能清解营分、血分热邪，用于吐衄发斑等血分实热证；

清热解毒药，功能清解热毒，用于痈肿疮疡等热毒炽盛的病证；清虚热药，功能清虚热、退骨蒸，用于温邪伤阴、夜热早凉，阴虚发热、骨蒸劳热等证。

(一)清热泻火药 热与火均为六淫之一，统属阳邪。热为火之渐，火为热之极，故清热与泻火两者不可分，凡能清热的药物，大抵皆能泻火。清热泻火药，以清泄气分邪热为主，主要用于热病邪入气分而见高热、烦渴、汗出、烦躁，甚或神昏、脉象洪大等气分实热证。这类药物各有不同的作用部位，分别适用于肺热、胃热、心火、肝火等引起的脏腑火热证。体虚而有里热证时，应注意扶正祛邪，可配伍补血药同用。

石　膏

石膏为一种矿石，即二水硫酸钙($CaSO_4 \cdot 2H_2O$)。分布极广，几乎全国各地皆产，主产于湖北、甘肃及四川，以湖北应城产者最佳。全年可挖。研细生用或煅用。

【性味归经】辛、甘，大寒。归肺、胃经。

【功效】清热泻火，除烦止渴，收敛生肌。

【应用】

▷ 用于壮热烦渴。为清泄肺胃二经气分实热的要药。适用于温热病邪在气分，壮热、烦渴、汗出、脉洪大等实热证。常与知母相须为用，如白虎汤。若温邪渐入血分，气血两燔而发斑疹者，宜与生地等清热凉血药同用，以两清气血，如化斑汤。

▷ 用于肺热咳喘。用于邪热郁肺，气急喘促、咳嗽痰稠、发热口渴等症，常与麻黄、杏仁等配伍，如麻杏石甘汤。

▷ 用于胃火上炎等证。本品清泻胃火，常与升麻、黄连等配伍，如清胃散。

▷ 用于疮疡不敛。本品煅用有清热收湿、敛疮生肌之效，故又用于疮疡溃烂，久不收口，以及湿疹浸淫、水火烫伤等，常与黄连、青黛等研粉外用。如欲去腐生肌，可配升丹外用，如九一丹。

【用法用量】煎服，马、牛 30～250 g，猪、羊 15～30 g。宜打碎先煎。内服宜生用，外用宜火煅研末。

【使用注意】脾胃虚寒及阴虚内热患畜忌用。

【现代研究】

主要成分：生石膏的主要成分为含水硫酸钙($CaSO_4 \cdot 2H_2O$)，煅石膏的主要成分为脱水硫酸钙($CaSO_4$)。

药理研究：生石膏可抑制发热中枢而起退热作用，并能抑制汗腺分泌。近来报道石膏及白虎汤对内毒素发热有明显的解热效果，并可减轻其口渴状态。生石膏内服，经过胃酸作用，一部分变为可溶性钙盐而被吸收，使血钙浓度增加，而抑制骨骼肌的兴奋性，起镇痛、镇痉作用。同时，能降低血管的通透性，故有消炎作用。在体外培养上，石膏的Hank's液能增强家兔肺泡巨噬细胞对白色葡萄球菌及胶体金的吞噬能力，并能促进吞噬细胞的成熟。本品能缩短凝血时间，促进胆汁排泄，并有利尿作用。

知　母

为百合科多年生草本植物知母的根茎。主产于河北、山西及东北等地。春秋季均可采挖，除去茎苗和须根晒干为毛知母，剥去外皮晒干者为知母肉。切片入药，生用或盐水炙用。

【性味归经】苦、甘，寒。归肺、胃、肾经。

【功效】清热泻火，滋阴润燥。

【应用】

▷ 用于热病烦渴。用于温热病邪热亢盛，壮热、烦渴、脉洪大等肺胃实热证。常与石膏相须为用，如白虎汤。

▷ 用于肺热咳嗽，阴虚燥咳。用于肺热咳嗽、痰黄黏稠，常配瓜蒌、浙贝母、胆南星同用；用于阴虚燥咳、干咳少痰者，多与贝母同用，如二母散。

▷ 用于骨蒸潮热。本品能滋肾阴、润肾燥而退骨蒸，故有滋阴降火之功。用于阴虚火旺，骨蒸潮热、盗汗等症，常与黄柏同用，配入养阴药中，以加强滋阴降火之效，如知柏地黄丸。

▷ 用于阴虚消渴，肠燥便秘。用于内热伤津，口渴引饮之消渴病，常与天花粉、葛根等配用，如玉液汤。用于肠燥便秘，常与生首乌、当归、麻仁同用，又有润肠通便之效。

【用法用量】煎服，马、牛 20～50 g，猪、羊 6～15 g。清热泻火宜生用，滋阴降火宜盐水炙用。

【使用注意】本品性寒质润，有滑肠之弊，故脾虚便溏患畜不宜用。

【现代研究】

主要成分：本品根茎含多种甾体皂苷、黄酮苷，并含多量的黏液质、糖类及烟酸。

药理研究：本品有明显的解热、祛痰、利尿、降血糖作用。本品煎剂对痢疾杆菌、肺炎双球菌等多种致病菌以及常见的致病性皮肤真菌均有不同程度的抑制作用。大剂量可导致呼吸、心跳停止。

栀　子

为茜草科常绿灌木栀子的成熟果实。产于我国长江以南各地。秋冬采收。生用、炒焦或炒炭用。

【性味归经】苦，寒。归心、肝、肺、胃、三焦经。

【功效】泻火除烦，清热利湿，凉血解毒，消肿止痛。

【应用】

▷ 用于热病烦闷。用于温热病，躁扰不宁等证，每与淡豆豉合用，以宣泄邪热，解郁除烦，如栀子豉汤。若火毒炽盛，高热烦躁，三焦俱热者，又常与黄芩、黄连、黄柏同用，以直折火势，如黄连解毒汤。

▷ 用于湿热黄疸。用于肝胆湿热郁结所致黄疸、发热、小便短赤等症，常与茵陈、大黄合用，如茵陈蒿汤。

▷ 用于血热吐衄。用于血热妄行的吐血、衄血、尿血等症，常与白茅根、生地黄、黄芩等同用。

▷ 用于疮疡肿毒，跌打损伤。用于热毒疮疡，红肿热痛，多配银花、连翘、蒲公英等。

【用法用量】煎服，马、牛 15～45 g，猪、羊 6～12 g。栀子皮（果皮）偏于达表而去肌肤之热，栀子仁（种子）偏于走里而清内热。生用走气分而泻火，炒黑则入血分而止血。

【使用注意】本品苦寒伤胃，脾虚便溏患畜不宜用。

【现代研究】

主要成分：本品含栀子素、栀子苷、去羟栀子苷和藏红花素、藏红花酸、熊果酸、鞣酸等。

药理研究：①栀子煎剂及醇提取液有利胆作用，能促进胆汁分泌，并能降低血中胆红素，可促进血液中胆红素迅速排泄；②对溶血性链球菌和皮肤真菌有抑制作用；③有解热、镇痛、镇静、降压及止血作用；④水浸液在试管内对多种皮肤真菌有抑制作用。

天　花　粉

为葫芦科多年生宿根草质藤本植物栝楼，或日本栝楼的干燥块根。产于我国南北各地。秋冬季采挖，鲜用或切成段、块、片，晒干用。

【性味归经】甘、微苦，微寒。归肺、胃经。

【功效】清热生津，清肺润燥，解毒消痈。

【应用】

▷ 用于热病口渴，消渴多饮。用于热病津伤，口燥烦渴，常与芦根、麦门冬等同用；用于阴虚内热，消渴多饮，常与葛根、山药等同用，如玉液汤。

▷ 用于肺热燥咳。用于燥热伤肺，干咳少痰，痰中带血等肺热燥咳之证，常与天冬、麦冬、生地等同用，如滋燥饮。

▷ 用于痈肿疮疡。用于疮疡初起，热毒炽盛者，未成脓使之消散，脓已成可溃疮排脓，常与金银花、白芷、穿山甲等同用，如仙方活命饮。

【用法用量】煎服，马、牛 15～30 g，猪、羊 12～15 g。

【使用注意】孕畜忌服，反乌头。

【现代研究】

主要成分：本品含皂苷、蛋白质、淀粉、葡萄糖等。

药理研究：天花粉蛋白为中期引产及治疗恶性葡萄胎和绒癌的有效成分。它直接作用于胎盘滋养层细胞使之变性坏死，使绒毛膜促性腺激素下降到先兆流产的临界水平以下，导致胎儿死亡而娩出。有时可引起变态反应。高剂量可引起肝、肾细胞变性、坏死。对溶血性链球菌、肺炎双球菌、白喉杆菌有较强的抑制作用。天花粉蛋白还有一定的抗癌作用。近年发现天花粉蛋白对艾滋病病毒有抑制作用，能提高机体免疫力，延长艾滋病病人生存时间。

芦　根

为禾本科多年生草本植物芦苇的地下茎。我国各地均有分布。春末夏初或秋季均可采挖。洗净，切段，鲜用或晒干用。

【性味归经】甘，寒。归肺、胃经。

【功效】清热生津，除烦止呕。

【应用】

▷ 用于热病烦渴。用于热病伤津，烦热口渴或舌燥少津之证，常与天花粉、麦门冬等同用。

▷ 用于胃热呕逆。本品能清泄胃热而降逆止呕，常与竹茹、姜汁等同用。

▷ 用于肺热咳嗽，肺痈吐脓。用于肺热咳嗽，咯痰黄稠，多与瓜蒌、贝母、黄芩同用；外感风热，身热咳嗽，多与桑叶、菊花、桔梗等同用，如桑菊饮；肺痈吐脓，又常与薏苡仁、冬瓜仁等配伍，以增强清热排脓之效，如苇茎汤。

此外，本品又有利尿与透疹作用，配伍白茅根、车前子等治小便短赤、热淋涩痛，配伍薄荷、蝉蜕等治麻疹透发不畅。

【用法用量】煎服，马、牛 20～60 g，猪、羊 10～12 g。鲜芦根清热生津、利尿之效佳，干芦根则次之。

【使用注意】脾胃虚寒患畜忌服。

【现代研究】

主要成分:本品含薏苡素、天门冬素等。

药理研究:本品能溶解胆结石。体外实验对β-溶血性链球菌有抑制作用。

夏 枯 草

为唇形科多年生草本植物夏枯草的果穗。我国各地均产,主产于江苏、浙江、安徽、河南等地。夏季当果穗半枯时采收,晒干。

【性味归经】苦、辛,寒。归肝、胆经。

【功效】清肝火,散郁结。

【应用】

▷ 用于目赤肿痛,头痛眩晕。用于肝火上炎,目赤肿痛,头痛眩晕,常与菊花、决明子等同用。亦用于肝阴不足,目珠疼痛,至夜尤甚者,常与当归、枸杞子等同用。

▷ 用于瘰疬瘿瘤。用于肝郁化火,痰火凝聚,结于颈项,而致瘰疬、瘿瘤等病证。治瘰疬每与浙贝母、玄参、牡蛎同用,治瘿瘤多与海蛤壳、昆布、海藻等配伍。

【用法用量】煎服,或熬膏服。马、牛 15～60 g,猪、羊 6～15 g。

【使用注意】脾胃虚弱患畜慎用。

【现代研究】

主要成分:本品全草含三萜皂苷及咖啡酸、生物碱和水溶性盐类等。

药理研究:夏枯草的茎叶、花穗及全草均有降压作用。夏枯草提取物的结晶 A(齐墩果酸与熊果酸混合物)及以 A 为主要苷元的总皂苷,具有降压活性及抗心律失常作用。煎剂体外对痢疾杆菌、伤寒杆菌、霍乱弧菌、大肠杆菌、人型结核杆菌、葡萄球菌均有不同程度的抑制作用。本品利尿作用明显。其煎剂对艾氏腹水癌及 S180 肉瘤有抑制作用,并能兴奋子宫及增强肠蠕动。

淡 竹 叶

为禾本科植物淡竹的干燥茎叶。产于浙江、江苏、湖南、湖北、广东等地。

【性味归经】甘、淡,寒。入心、胃、小肠经。

【功效】清热,利尿。

【应用】

▷ 本品上能清心热,下能利尿,用于心经实热,口生疮,尿短赤等证,常与木通、生地等同用。

▷ 本品可清胃热及治外感风热,用治胃热常与石膏、麦冬等同用,治外感风热常与薄荷、荆芥、金银花等配伍。

【用法用量】煎服,马、牛 15～45 g,猪、羊 6～12 g。

【现代研究】

主要成分:本品含三萜化合物和甾类物质芦竹素等。

药理研究:对人工发热的动物有退热作用。利尿作用较弱,但能增加尿中氯化物的排出。对金黄色葡萄球菌、绿脓杆菌有一定的抑制作用。

(二)清热燥湿药 本类药物性味苦寒,苦能燥湿,寒能清热,故有清热燥湿的功效,并能清热泻火。主要用于湿热证、火热证,例如:湿温或暑温挟湿,因湿热蕴结,气机不畅,而见身热不扬、胸膈痞闷、小便短赤、舌苔黄腻;湿热蕴结脾胃,升降失常,而致痞满吐利;湿热壅滞大肠,传导失职,则见泄泻、痢疾、痔漏肿痛;湿热蕴蒸肝胆,可见黄疸尿赤、耳肿流脓;湿热下注,则带下色黄,或热淋灼痛;湿热流注关节,则见关节红肿热痛;湿热浸淫肌肤,则成湿疹、湿疮;诸脏腑火热证。上述病症,均属本类药物应用范围。苦寒多能伐胃,性燥多能伤阴,故一般用量不宜过大。凡脾胃虚寒,津伤阴亏者当慎用。如需用时,可与健胃及养阴药同用。此外,本类药物多兼泻火、解毒作用,可用治热证火证及痈肿疮毒,可与清热泻火、清热解毒药参酌使用。

黄 芩

为唇形科多年生草本植物黄芩的根。主产于河北、山西、内蒙古、河南及陕西等地。春秋两季采挖。蒸透或开水润透切片。生用、酒炙或炒炭用。

【性味归经】苦,寒。归肺、胃、胆、大肠经。

【功效】清热燥湿,泻火解毒,凉血止血,除热安胎。

【应用】

▷ 用于湿温暑湿,湿热痞闷,黄疸泄痢,尤善清中上焦湿热。用治湿温暑湿,湿热郁阻,胸脘痞闷、恶心呕吐、舌苔黄腻,多与滑石、白蔻仁、通草等同用,如黄芩滑石汤;若湿热中阻,痞满呕吐,常与黄连、干姜、半夏等配伍,辛开苦降,如半夏泻心汤;若大肠湿热,泄泻痢疾,可与黄连、葛根同用,如葛根芩连汤。

▷ 用于肺热咳嗽,热病烦渴。配桑白皮、知母、麦冬等同用,以增强清肺止咳之功,如清肺汤。此外,本品还可用治外感热病,中上焦郁热所致的壮热、溲赤便秘、苔黄脉数,常与薄荷、栀子、大黄等同用,以泻火通便,如凉膈散。本品兼入少阳胆经,与柴胡同用,治邪在少阳寒热往来,有和解少阳之功,如小柴胡汤。

▷ 用于痈肿疮毒,咽喉肿痛。常与银花、连翘、牛蒡子、板蓝根等同用。

▷ 用于血热吐衄。本品清热凉血止血,可治疗火毒炽盛迫血妄行的出血证,如吐血衄血，常配伍生地、白茅根、三七等同用。

▷ 用于胎热不安。本品有除热安胎之效，常与白术、当归等配伍，如当归散。

【用法用量】煎服，马、牛 15～45 g，猪、羊 6～10 g。清热多生用，安胎多炒用，止血多炒炭用。清上焦热多酒炒用。本品又分枯芩和条芩。枯芩即生长年久的宿根，善清肺火；条芩为生长年少的子根，善清大肠之火，泄下焦湿热。

【使用注意】本品苦寒伤胃，脾胃虚寒患畜不宜使用。

【现代研究】

主要成分：本品含黄芩苷元、黄芩苷、汉黄芩素、汉黄芩苷、黄芩新素、苯甲酸、β-谷甾醇等。

药理研究：黄芩煎剂在体外有较广的抗菌谱，对伤寒杆菌、痢疾杆菌、绿脓杆菌、百日咳杆菌、葡萄球菌、链球菌、肺炎双球菌、脑膜炎双球菌等均有抑制作用。对流感病毒、钩端螺旋体及多种致病真菌亦有抑制作用。动物实验有解热、降压、利尿、镇静、利胆、保肝、降低毛细血管通透性以及抑制肠管蠕动等功能。黄芩苷、黄芩苷元对豚鼠离体气管过敏性收缩及整体动物过敏性气喘，均有缓解作用，与麻黄碱有协同作用。

黄　连

为毛茛科多年生草本植物黄连、三角叶黄连或云连的根茎。黄连多系栽培，主产于四川、云南、湖北。秋季采挖，干燥，生用或清炒、姜炙、酒炙、吴茱萸水炒用。

【性味归经】苦，寒。归心、肝、胃、大肠经。

【功效】清热燥湿，泻火解毒。

【应用】

▷ 用于胃肠湿热，泄痢呕吐。本品清热燥湿之力胜于黄芩，尤长于清中焦湿火郁结，用于湿热中阻，气机不畅，脘腹痞满，恶心呕吐，常与黄芩、干姜、半夏等同用，如半夏泻心汤。治湿热泄痢，轻者单用即效。若泄痢腹痛，里急后重，与木香同用，如香连丸；若泄痢身热，配伍葛根、黄芩、甘草，如葛根芩连汤；若下痢脓血，又可配当归、肉桂、白芍、木香等，如芍药汤。本品善除脾胃大肠湿热，为治湿热泄痢要药。

▷ 用于热盛火炽、高热烦躁，常与黄芩、黄柏、栀子等同用，如黄连解毒汤。若热毒炽盛，阴液已伤，水亏火炎，心烦不眠，常配黄芩、白芍、阿胶等同用，如黄连阿胶汤；若心火内伤，迫血妄行，吐血衄血，可与黄芩、大黄同用，如泻心汤。

▷ 用于痈疽疔毒、皮肤湿疮、耳目肿痛，多与黄芩、栀子、连翘等同用，如黄连解毒汤。治皮肤湿疮，可用黄连制成软膏外敷；治耳道疖肿、耳道流脓，可用黄连浸汁涂患处，或配枯矾、冰片，研粉外用；治眼目红肿，用黄连煎汁。

此外，本品善清胃火，可用于胃火炽盛的呕吐，常与竹茹、橘皮、半夏同用。本品兼清肝火，若肝火犯胃，肝胃不和，胁肋胀痛、呕吐，可与吴茱萸同用，如左金丸。

【用法用量】煎服，马、牛 10～30 g，猪、羊 5～15 g。外用适量。炒用能降低寒性。姜汁炙清胃止呕，酒炙清上焦火，猪胆汁炒泻肝胆实火。

【使用注意】本品大苦大寒，过服久服易伤脾胃，脾胃虚寒患畜忌用。苦燥伤津，阴虚津伤者慎用。

【现代研究】

主要成分：本品含小檗碱（黄连素）、甲基黄连碱等多种生物碱。其中黄连素约占 5%～8%。

药理研究：本品抗菌范围广，对痢疾杆菌、伤寒杆菌、绿脓杆菌、大肠杆菌、白喉杆菌、百日咳杆菌、结核杆菌、葡萄球菌、脑膜炎双球菌、溶血性链球菌、肺炎双球菌等均有较显著的抑制作用，对钩端螺旋体、阿米巴原虫、滴虫、流感病毒及多种致病性皮肤真菌也有抑制作用，其中对痢疾杆菌的抑制作用最强。本品能增强白细胞的吞噬能力，又有降压、利胆、解热、镇静、镇痛、抗利尿、局部麻痹等作用。此外，本品对血管平滑肌有松弛作用，对子宫、膀胱、肠胃道平滑肌松弛都呈兴奋作用，小檗碱及其一些衍生物有抗癌作用。

黄　柏

为芸香科落叶乔木黄檗（关黄柏）、黄皮树（川黄柏）除去栓皮的树皮。关黄柏主产于辽宁、吉林、河北等地，川黄柏主产于四川、贵州、湖北、云南等地。清明前后，剥取树皮，刮去粗皮，晒干压平，润透切片或切丝，生用或盐水炙、酒炙、炒炭用。

【性味归经】苦，寒。归肾、膀胱、大肠经。

【功效】清热燥湿，泻火解毒，退热除蒸。

【应用】

▷ 用于湿热，热淋脚气，泄痢黄疸。长于清泄下焦湿热。用于湿热下注，常与山药、芡实、车前子等同用，如易黄汤；用治膀胱湿热，小便灼热、淋漓涩痛，常配车前子、滑石、木通等清热利尿通淋之品；治湿热下注，腰膝疼痛，多与苍术、牛膝同用，如三妙丸；用于湿热泄痢，可配白头翁、黄连、秦皮等药，如白头翁汤；用治湿热黄疸尿赤，常与栀子同用，如栀子柏皮汤。

▷ 用于疮疡肿痛，内服外用均可，内服多与黄连、栀子同用，外用以本品研细末，用猪胆汁或鸡蛋清调涂患处；治湿疹湿疮，阴痒阴肿，可与荆芥、苦参、蛇床子等同用，内服外洗均可，也可配青黛、滑石、甘草研细末撒敷。

▷ 用于阴虚发热，盗汗遗精。常与知母相须为用，并配熟地、山萸肉、龟板等滋阴降火药同用，如知柏地黄丸、大补阴丸。

【用法用量】煎服或入丸散，马、牛 20～60 g，猪、羊 10～12 g。外用适量。清热燥湿解毒多生用，泻火除蒸退热多盐水炙用，止血多炒炭用。

【使用注意】本品苦寒，容易损伤胃气，故脾胃虚寒患畜忌用。

【现代研究】

主要成分：本品含小檗碱、黄柏碱、防己碱、棕榈碱等多种生物碱。此外，还有黄柏酮、黄柏内酯等。

药理研究：本品抗菌谱和抗菌效力与黄连相似，对痢疾杆菌、伤寒杆菌、结核杆菌、金黄色葡萄球菌、溶血性链球菌等多种致病细菌均有抑制作用；对某些皮肤真菌、钩端螺旋体也有抑制作用。对血小板有保护作用，外用可促使皮下渗血的吸收。本品有利胆、利尿、降压、解热等作用，但其作用不如黄连。此外，还有降血糖及促进小鼠抗体生成作用。

龙 胆 草

为龙胆科多年生草本植物龙胆和三花龙胆或条叶龙胆的根。各地均有分布。以东北产量最大，故习称“关龙胆”。秋季采挖，晒干、切段，生用。

【性味归经】苦，寒。归肝、胆、膀胱经。

【功效】清热燥湿，泻肝胆火。

【应用】

▷ 用于阴肿阴痒，湿疹，黄疸尿赤。尤善清下焦湿热。用治湿热下注，阴肿阴痒，阴囊肿痛，湿疹瘙痒等，常配黄柏、苦参、苍术等药；用治肝胆湿热，黄疸、尿赤，可与茵陈、栀子、黄柏等同用。

▷ 用于肝火头痛、目赤耳聋、胁痛口苦。多与柴胡、黄芩、木通等同用，如龙胆泻肝汤。

▷ 用于肝经热盛，热极生风所致的高热惊厥、手足抽搐。本品能清泻肝胆实火，多与牛黄、钩藤、黄连等同用，能协奏清肝息风的作用，如凉惊丸。

【用法用量】煎服，马、牛 15～45 g，猪、羊 6～15 g。外用适量。

【使用注意】脾胃虚寒患畜不宜用。阴虚津伤患畜慎用。

【现代研究】

主要成分：本品含龙胆苦苷、龙胆碱、龙胆黄素、龙胆糖等。

药理研究：①龙胆煎剂对绿脓杆菌、变形杆菌、伤寒杆菌、金黄色葡萄球菌、某些皮肤真菌及钩端螺旋体，均有一定的抑制作用，并有抗炎作用；②龙胆碱有镇静作用，还可使肌肉松弛，对麻醉动物有降压作用；③本品少量口服，可反射性增强胃液分泌，并能增加游离酸，有助消化、增进食欲作用。此外，又有保肝、利胆作用。

秦　皮

为木犀科植物白蜡树、大叶白蜡树或小叶白蜡树的干燥树皮。主产于陕西、河北、河南、辽宁、吉林等地。

【性味归经】苦，寒。入肝、胆、大肠经。

【功效】清热燥湿，清肝明目。

【应用】

▷ 清热燥湿，治湿热泄痢，常与白头翁、黄连等同用，如白头翁汤。

▷ 清肝明目，用治肝热上冲的目赤肿痛、睛生翳障等证，常与黄连、竹叶等同用。

【用法用量】煎服，马、牛 15～45 g，猪、羊 6～15 g。

【现代研究】

主要成分：白蜡树皮含栗树皮苷、马栗树皮素及鞣质，小叶白蜡树皮含秦皮素、秦皮苷、马栗树皮素、马栗树皮苷等多种香豆精类及鞣质、皂苷。

药理研究：煎剂对金黄色葡萄球菌、痢疾杆菌、大肠杆菌等有抑制作用。所含马栗树皮苷、马栗树皮素有消炎作用，对人工关节炎有抑制作用，有镇静、抗惊作用。马栗树皮苷有镇痛、利尿及促进尿酸排泄的作用，并有止咳、祛痰的功效。秦皮乙素还有显著平喘活性，有松弛气管平滑肌及对抗组胺作用。

苦　参

本品为豆科多年生落叶亚灌木苦参的干燥根。切片生用或炒用。主产于山西、河南、河北等地。

【性味归经】苦，寒。入心、肝、肾、小肠、大肠经。

【功效】清热燥湿，祛风杀虫，利尿。

【应用】

▷ 本品能清热燥湿，与栀子、龙胆草等同用，可用治湿热黄疸；用治脾经湿热、热痢便血、急慢肠黄，常与木香、甘草等配伍。

▷ 具有祛风杀虫作用，与党参、玄参等同用可治皮肤风痒、肺风毛燥等证，与雄黄、枯矾等配伍，可治疥癣。

▷ 清热利尿，用治湿热内蕴、小便不利之证，常与当归、木通、车前子等同用。

【用法用量】煎服，马、牛 15～45 g，猪、羊 6～15 g。

【现代研究】

主要成分:本品含苦参碱、羟基苦参碱、甲基野靛碱、臭豆碱等多种生物碱,另含黄酮类化合物。

药理研究:本品醇提取物对阴道滴虫、阿米巴原虫有杀死作用。煎剂对结核杆菌、痢疾杆菌、金黄色葡萄球菌、大肠杆菌、多种皮肤真菌均有抑制作用,有利尿、抗炎、抗过敏、镇痛及平喘、祛痰作用。苦参、苦参碱、苦参黄酮等均有抗心律失常作用。苦参有增加冠脉流量,防止心肌缺血及降血脂作用,总碱还有防止白细胞减低及抗辐射作用。

三　棵　针

为小檗科植物拟豪猪刺、细叶小檗、小黄连刺、刺黑果的根、茎。主产于湖北、西南和华北等地。

【性味归经】苦,寒。入肝、胃、大肠经。

【功效】清热燥湿,泻火解毒。

【应用】

▷ 本品善清湿热,常用以治疗泄泻、痢疾、黄疸、湿疹等证。治泄痢常与委陵菜、辣蓼等同用。

▷ 具有泻火解毒作用,可用以治疗肺热咳嗽、咽喉肿痛和疮痈肿毒等证,常与金银花、连翘、甘草等同用。

【用法用量】煎服,马、牛 60～90 g,猪、羊 15～30 g。

胡　黄　连

为玄参科多年生草本植物胡黄连和西藏胡黄连的干燥根茎。切片生用或酒炒用。主要产于西藏、云南等地。

【性味归经】苦,寒。入心、肝、胃、大肠经。

【功效】清热燥湿,退虚热,杀虫。

【应用】

▷ 本品为清化肝胆湿热和解毒止痢的主药,其作用类似黄连,可用于肠黄泄痢,疮黄肿毒等湿热证。

▷ 能退虚热,可用于阴虚发热之证。常与银柴胡、地骨皮等同用。

▷ 具有杀虫作用,常与使君子等同用。

【用法用量】煎服,马、牛 12～30 g,猪、羊 3～9 g。

(三)清热解毒药　凡能清解热毒或火毒的药物叫清热解毒药。这里所称的毒，为火热壅盛所致，有热毒与火毒之分。本类药物于清热泻火之中更长于解毒的作用。主要适用于痈肿疔疮、丹毒、瘟毒发斑、痄腮、咽喉肿痛、热毒下痢、虫蛇咬伤、癌肿、水火烫伤以及其它急性热病等。在临床用药时，应根据各种证候的不同表现及兼证，结合具体药物的特点，有针对性的选择应用，并根据病情的需要给以相应的配伍。如热毒在血分者，应配伍清热凉血药；火热炽盛者，应配伍清热泻火药；挟有湿邪者，应配伍利湿、燥湿、化湿药；疮痈、咽喉肿痛，应与外用药配合应用。此外，热毒血痢，里急后重者，可与活血行气药配伍；疮疡属虚者，应与补气养血托疮药同用。本类药物药性寒凉，中病即止，不可连服，以免伤及脾胃。

金　银　花

为忍冬科多年生半常绿缠绕性木质藤本植物忍冬的花蕾。我国南北各地均有分布。夏初当花含苞未放时采摘，阴干。生用，炒用或制成露剂使用。

【性味归经】甘，寒。归肺、心、胃经。

【功效】清热解毒，疏散风热。

【应用】

▷ 用于痈肿疔疮。为治一切痈肿疔疮阳证的要药。治疗痈疮初起红热肿痛者，可单用本品煎服，或用渣敷患处，亦可与皂角刺、穿山甲、白芷配伍，如仙方活命饮；如用于疔疮肿毒，红肿热痛，坚硬根深者，常与紫花地丁、蒲公英、野菊花同用，如五味消毒饮；如用于肠痈腹痛者，常与当归、地榆、黄芩配伍，如清肠饮；若用于肺痈咳吐脓血者，常与鱼腥草、芦根、桃仁等同用，以清肺排脓。

▷ 用于外感风热，温病初起。常与连翘、薄荷、牛蒡子等同用，如银翘散。

▷ 用于热毒血痢。常用于热毒血痢便脓血者。单用浓煎即可奏效，亦可与黄芩、黄连、白头翁等药同用，以增强止痢效果。

此外，金银花加水蒸馏可制成金银花露，有清热解暑的作用，可用于暑热烦渴，咽喉肿痛。

【用法用量】煎服，马、牛 30～60 g，猪、羊 6～12 g。

【使用注意】脾胃虚寒及气虚疮疡脓清患畜忌用。

【现代研究】

主要成分：本品含环己六醇、黄酮类、肌醇、皂苷、鞣质等。叶含黄醇素、鞣质。茎含皂苷等。

药理研究：本品具有广谱抗菌作用，对金黄色葡萄球菌、痢疾杆菌等致病菌有较强的抑制作用，对钩端螺旋体、流感病毒及致病霉菌等多种病原微生物亦有抑制作用，有明显的抗炎及解热作用。金银花的水及酒浸液对 S180 肉瘤及艾氏腹水瘤有明显的细胞毒作用。本品有一定降低胆固醇的作用。

连　翘

为木犀科落叶灌木连翘的果实。产于我国东北、华北、长江流域至云南。野生、家种均有。白露前采初熟果实,色尚青绿,称青翘。寒露前采熟透果实则为黄翘。青翘采得后即蒸熟晒干,筛取籽实作连翘心用。以青翘为佳,生用。

【性味归经】苦,微寒。归肺、心、胆经。

【功效】清热解毒,消痈散结,疏散风热。

【应用】

▷ 用于痈肿疮毒,瘰疬痰核。本品既能清心火,解疮毒,又能散气血凝聚,兼有消痈散结之功,故有“疮家圣药”之称。治痈肿疮毒,常与金银花、蒲公英、野菊花等解毒消肿之品同用;治瘰疬痰核,常与夏枯草、贝母、玄参、牡蛎等清肝散结,化痰消肿之品同用。

▷ 用于外感风热、温病初起,常与金银花、薄荷、牛蒡子等同用,如银翘散;治热入营血,舌绛神昏,常与玄参、丹皮、金银花等同用,以清热解毒,透热转气,如清营汤;治热入心包,高热神昏,常用清心泻火的连翘心与麦冬、莲子心等同用,如清宫汤。

此外,还可用治热淋涩痛,多与竹叶、木通、白茅根等利尿通淋药同用,兼有清心利尿之功。

【用法用量】煎服,马、牛 15～60 g,猪、羊 6～12 g。

【使用注意】脾胃虚寒及气虚脓清患畜不宜用。

【现代研究】

主要成分:本品含三萜皂苷,果皮含甾醇、酚性成分(连翘酚)、生物碱、皂苷、齐墩果酸、香豆精类,还有丰富的维生素 P 及少量挥发油。

药理研究:①广谱抗菌作用,对金黄色葡萄球菌、志贺氏痢疾杆菌有很强的抑制作用,对其它致病菌、流感病毒、真菌都有一定抑制作用;②抗炎作用;③所含齐墩果酸有强心、利尿及降血压作用,维生素 P 可降低血管通透性及脆性,防止溶血;④煎剂有镇吐作用、抗肝损伤作用。

鱼　腥　草

为三白草科多年生草本植物蕺菜。分布于长江流域以南各地。夏秋间采集,洗净、晒干,生用。

【性味归经】辛,微寒。归肺经。

【功效】清热解毒,消痈排脓,利尿通淋。

【应用】

▷ 用于肺痈吐脓,肺热咳嗽。以清肺见长,有清热解毒,消痈排脓之效。为治疗痰热壅肺,发为肺痈,咳吐脓血之要药,常与桔梗、芦根、瓜蒌等药同用。也可用治肺热咳嗽,常与黄芩、贝母、知母等药同用。

▷ 用于热毒疮疡。常与野菊花、蒲公英、金银花等同用,亦可单用鲜品捣烂外敷。

▷ 用于湿热淋证。常与车前草、白茅根、海金沙等药同用。

此外,本品又能清热止痢,还可用治湿热泄痢。

【用法用量】煎服,马、牛 60～80 g,猪、羊 20～30 g。外用适量。

【使用注意】本品含挥发油,不宜久煎。

【现代研究】

主要成分:本品含鱼腥草素、挥发油、蕺菜碱、槲皮素、氯化钾等。

药理研究:鱼腥草素对金黄色葡萄球菌、肺炎双球菌、甲型链球菌、卡他球菌、伤寒杆菌以及结核杆菌等多种革兰氏阳性及阴性细菌均有不同程度的抑制作用。本品能增强白细胞吞噬能力,提高机体免疫力,并有抗炎作用。所含槲皮素及钾盐,能扩张肾动脉,增加肾动脉血流量,因而有较强的利尿作用。此外,本品还有一定的镇痛、止血、镇咳作用。

板　蓝　根

为十字花科植物菘蓝的根,或爵床科植物马蓝的根茎及根。秋季采挖,除去泥沙,晒干。

【性味归经】苦,寒。归心、胃经。

【功效】清热解毒,凉血利咽。

【应用】主要用于温热病发热、头痛、喉痛,或瘟毒发斑、痄腮、痈肿疮毒、丹毒、大头瘟疫等多种热毒炽盛之证。本品有类似于大青叶的清热解毒凉血之功,而更以解毒利咽散结见长。如用于外感风热、发热头痛或温病初起有上述证候者,常与金银花、连翘、荆芥等同用;治大头瘟疫,头面红肿、咽喉不利等证,常配伍玄参、连翘、牛蒡子等,如普济消毒饮。

【用法用量】煎服,马、牛 15～60 g,猪、羊 3～12 g。

【使用注意】脾胃虚寒患畜忌用。

【现代研究】

主要成分:菘蓝根含靛蓝、靛玉红、β-谷甾醇、棕榈酸、尿苷、次黄嘌呤、尿嘧啶、青黛酮和胡萝卜苷等,马蓝根含靛蓝、β-谷甾醇、蒽醌类、三萜类成分等。

药理研究:对多种革兰氏阳性菌、革兰氏阴性菌及病毒均有抑制作用。可增强免疫功能,对由 ADP 诱导的血小板聚集有一定的抑制作用。

蒲 公 英

为菊科多年生草本植物蒲公英及其多种同属植物的带根全草。全国各地均有分布。夏秋两季采收,洗净晒干。鲜用或生用。

【性味归经】苦、甘,寒。归肝、胃经。

【功效】清热解毒,消痈散结,利湿通淋。

【应用】

▷ 用于痈肿疔毒,乳痈内痈。为治疗乳痈良药。用治痈肿疔毒,常与野菊花、紫花地丁、金银花等药同用,如五味消毒饮;治疗乳痈肿痛,单用本品浓煎内服,或以鲜品捣汁内服,渣敷患处,也可与全瓜蒌、金银花、牛蒡子等药同用;用治肠痈腹痛,常与大黄、牡丹皮、桃仁等同用;用治肺痈吐脓,常与鱼腥草、冬瓜仁、芦根等同用;与板蓝根、玄参等配伍,还可用于咽喉肿痛;鲜品外敷用于蛇咬伤。

▷ 用于热淋涩痛,常与白茅根、金钱草、车前子等同用,以加强利尿通淋的效果;治疗湿热黄疸,常与茵陈、栀子、大黄等同用。

此外,本品还有清肝明目的功效,用治肝火上炎引起的目赤肿痛,可单用取汁点眼,或浓煎内服。

【用法用量】煎服,马、牛 20～60 g,猪、羊 6～12 g。外用适量。

【使用注意】用量过大,可致缓泻。

【现代研究】

主要成分:本品含蒲公英甾醇、蒲公英素、蒲公英苦素、菊糖、果胶、胆碱等。

药理研究:对金黄色葡萄球菌、溶血性链球菌有较强的抑制作用,对肺炎双球菌、脑膜炎球菌、白喉杆菌、绿脓杆菌、变形杆菌、痢疾杆菌、伤寒杆菌及卡他球菌等有一定的抑制作用。有利胆、保肝、利尿、健胃及轻泻作用。煎剂还有激发机体免疫功能的作用。

大 青 叶

为十字花科二年生草本植物菘蓝的叶片。主产于江苏、安徽、河北、河南、浙江等地。冬季栽培,夏秋采收。鲜用或晒干生用。

【性味归经】苦、咸,大寒。归心、肺、胃经。

【功效】清热解毒,凉血消斑。

【应用】

▷ 用于热入营血，瘟毒发斑。常与栀子等同用。本品还可用治风热表证，温病初起，发热头痛，口渴咽痛等症，常与金银花、连翘、牛蒡子等药同用。

▷ 用于喉痹口疮，常以鲜品捣汁内服，或配入玄参、山豆根、黄连等复方使用；用治丹毒痈肿等症，可用鲜品捣烂外敷，或与蒲公英、紫花地丁、蚤休等药同煎内服。

【用法用量】煎服，马、牛 30～90 g，猪、羊 15～30 g。外用适量。

【使用注意】脾胃虚寒患畜忌用。

青　黛

为菘蓝、马蓝、蓼蓝、草大青等叶中的色素。秋季采收以上植物的落叶，加水浸泡，至叶腐烂，叶落脱皮时，捞去落叶，加适量石灰乳，充分搅拌至浸液由乌绿色转为深红色时，捞取液面泡沫，晒干而成。

【性味归经】咸，寒。归肝、肺、胃经。

【功效】清热解毒，凉血消斑，清肝泻火，定惊。

【应用】

▷ 用于瘟毒发斑，常与生地、丹皮等药同用；治血热妄行的吐血、衄血，常与生地、丹皮、白茅根等药同用。

▷ 用于痄腮喉痹，火毒疮疡。治外感瘟疫时毒所致痄腮喉痹，可单用本品配冰片少许调敷，或与黄芩、板蓝根、玄参同用煎服；用治火毒疮疡，又可配蒲公英、紫花地丁、金银花等解毒消疮药同用。

▷ 用于咳嗽胸痛，痰中带血。常与海蛤粉同用，如黛蛤散。重症可配瓜蒌、栀子、丹皮等同用，如咳血丸。

▷ 用于暑热惊痫，惊风抽搐。本品咸寒，善清肝火，清热息风止痉。用治暑热惊痫，常与甘草、滑石同用，如碧玉散；用治小儿惊风抽搐，多与钩藤、牛黄等同用，如凉惊丸。

【用法用量】内服，马、牛 12～24 g，猪、羊 3～9 g。本品难溶于水，一般作散剂冲服或入丸剂服用。外用适量。

【使用注意】胃寒患畜慎用。

【现代研究】

主要成分：本品含靛蓝和靛玉红。

药理研究：本品乙醇浸液对金黄色葡萄球菌、炭疽杆菌、志贺氏痢疾杆菌、霍乱弧菌等有抑制作用。靛玉红对动物移植性肿瘤有中等强度的抑制作用。靛蓝有一定保肝作用。

射　干

为鸢尾科多年生草本植物射干的根茎。主产于湖北、河南、江苏、安徽等地。全年均可采挖，以秋季采收为佳。除去苗茎、须根，洗净，晒干，切片。

【性味归经】苦，寒。归肺经。

【功效】清热解毒，祛痰利咽。

【应用】

▷ 用于咽喉肿痛。可单用，捣汁含咽，或以醋研汁噙，引涎出即可，亦可与黄芩、桔梗、甘草等同用。

▷ 用于痰盛咳喘。本品善清肺火，降气消痰，以平喘止咳。常与桑白皮、马兜铃、桔梗等清热化痰药同用，如射干马兜铃汤。适当配伍也可用治寒痰气喘，咳嗽痰多等症，应与细辛、生姜、半夏等温肺化痰药配伍，如射干麻黄汤。

【用法用量】煎服，马、牛 15～45 g，猪、羊 6～12 g。

【使用注意】孕畜忌用或慎用。

【现代研究】

主要成分：本品含鸢尾苷、鸢尾黄酮苷、鸢尾黄酮等。

药理研究：对常见致病性真菌有较强的抑制作用，对外感及咽喉疾患中的某些病毒（腺病毒、$ECHO_{11}$）也有抑制作用，有抗炎、解热及止痛作用。

山　豆　根

为豆科蔓生性矮小灌木越南槐的根。产于广西、广东、江西、贵州等地。全年可采，以秋季采者为佳。洗净泥土，晒干，切片生用。本品又名广豆根。

【性味归经】苦，寒。归肺、胃经。

【功效】清热解毒，利咽消肿。

【应用】

▷ 用于热毒蕴结，咽喉肿痛。为治疗咽喉肿痛的要药。轻者可单用本品，水煎服或含漱；重者需配玄参、板蓝根、射干等药，以增强疗效。

▷ 用于牙龈肿痛。可单用煎汤漱口，或与石膏、黄连、升麻、牡丹皮等同用。

此外，本品还可用于湿热黄疸，肺热咳嗽，痈肿疮毒等症。近年来用于钩端螺旋体病有一定的疗效，用治钩端螺旋体病多与大青叶、甘草合用。本品对慢性迁延性肝炎也有一定疗效。

【用法用量】煎服，马、牛 15～45 g，猪、羊 6～12 g。外用适量。

【使用注意】本品大苦大寒，过量服用易引起呕吐、腹泻、胸闷、心悸等副作用，故用量不宜过大。脾胃虚寒患畜慎用。

【现代研究】

主要成分：本品含苦参碱、氧化苦参碱、臭豆碱和甲基金雀花碱。另外，还含有多种黄酮类化合物，如紫檀素、红车轴草苷等。

药理研究：①广豆根有抗癌作用，所含苦参碱、氧化苦参碱对S180肉瘤、吉田肉瘤、腹水肝癌等实验性肿瘤均呈抑制作用；②美蓝试管法对白血病细胞有抑制作用；③可抑制胃酸分泌，对实验性溃疡有明显的修复作用；④对金黄色葡萄球菌、絮状表皮癣菌及白色念珠菌有抑制作用；⑤有升高白细胞、抗心律失常作用。

紫花地丁

为堇菜科植物辽堇菜的干燥或新鲜全草。主要产于江苏、福建、云南及长江以南各地。

【性味归经】苦、辛，寒。入心、肝经。

【功效】清热解毒。

【应用】本品有较强的清热解毒作用。多用于痈肿疮毒、丹毒、肠痈等证。常与蒲公英、金银花等同用。同时，本品尚能解蛇毒，可用治毒蛇咬伤。

【用法用量】煎服，马、牛30～60 g，猪、羊6～12 g。

【现代研究】

主要成分：本品含苷类、黄酮类、蜡等。

药理研究：对结核杆菌、痢疾杆菌、金黄色葡萄球菌、肺炎球菌、皮肤真菌及钩端螺旋体有抑制作用，有一定的解热、消肿、消炎作用。

黄药子

为薯蓣科植物黄独的干燥块茎。主要产于湖北、湖南、江苏、江西、山东、河北等地。

【性味归经】苦，平。有小毒。入心、肺、脾经。

【功效】清热凉血、解毒消肿。

【应用】本品性平味苦，具有清热凉血、解毒消肿作用，善清肺胃之火，可用于治疗肺热咳喘、咽喉肿痛、衄血、疮痈肿毒、毒蛇咬伤等证。治疮痈肿毒，常与栀子、黄芩、黄连、白药子等同用，如消黄散；治咽喉肿痛，常与山豆根、射干、牛蒡子等同用；治衄血，常与栀子、生地等同用；治毒蛇咬伤可与半边莲等配伍。

【用法用量】煎服，马、牛15～60 g，猪、羊5～15 g。

白 药 子

为防己科多年生藤本植物头花千金藤的干燥块根。主要产于江西、湖南、湖北、广东、浙江、陕西、甘肃等地。

【性味归经】苦,寒。入心、肺、脾经。

【功效】清热解毒,凉血止血,散瘀消肿。

【应用】本品能清热凉血、解毒消肿,又善发散风邪、宣散肺气,常用于治疗风热咳嗽、咽喉肿痛、肠黄泄痢、疮疡肿毒等证。多与黄药子同用。

【用法用量】煎服,马、牛 20～60 g,猪、羊 5～15 g。

穿心莲(一见喜)

为爵床科一年生草本植物穿心莲的干燥全草。主要产于广东、福建等地。

【性味归经】苦,寒。入肺、大肠、肝经。

【功效】清热解毒,消肿止痛,解蛇毒。

【应用】可用于肠黄腹泻、痢疾、感冒发烧、肺热咳嗽及咽喉肿痛等证,还可用于外伤感染、痈肿疖疮及毒蛇咬伤等外科病证的治疗。

【用法用量】煎服,马、牛 15～45 g,猪、羊 6～12 g。

【现代研究】

主要成分:本品叶含穿心莲内酯、去氧穿心莲内酯、新穿心莲内酯等。根还含多种黄酮类成分。

药理研究:煎剂对金黄色葡萄球菌、绿脓杆菌、变形杆菌、肺炎双球菌、溶血性链球菌、痢疾杆菌、伤寒杆菌均有不同程度的抑制作用。有抗病毒和增强白细胞对细菌的吞噬能力的作用。有解热、抗炎、利胆、抗蛇毒及毒蕈碱样作用。

(四)清热凉血药 清热凉血药多为甘苦咸寒之品。咸能入血,寒能清热。多归心、肝经。心主血,肝藏血,故本类药物具有清解营分、血分热邪的作用,主要用于营分、血分等实热证。如温热病热入营分,热灼营阴,心神被扰,症见舌绛、身热夜甚、心烦不寐、脉细数,甚则神昏谵语、斑疹隐隐;邪陷心包,神昏谵语、舌蹇肢厥、舌质红绛;热入血分,热盛迫血,心神扰乱,症见舌色深绛、吐血衄血、尿血便血、斑疹紫暗、躁扰不安甚或昏狂。亦可用于其它疾病引起的血热出血证。本类药物中的生地、玄参等,既能清热凉血,又能滋养阴液,标本兼顾。清热凉血药,一般适用于热在营血的病症。如果气血两燔,可配清热泻火药同用。

生　地　黄

为玄参科多年生草本植物地黄的根。主产于我国河南、河北、内蒙古及东北。大部分地区有栽培。秋季采挖，鲜用或干燥切片生用。

【性味归经】甘、苦，寒。归心、肝、肺经。

【功效】清热凉血，养阴生津。

【应用】

▷ 用于热入营血，口干舌绛。本品甘寒质润，苦寒清热，入营分、血分，为清热凉血、养阴生津之要药。治温热病热入营血，壮热神昏，口干舌绛，常与玄参等同用，如清营汤。治温病后期，余热未尽，阴液已伤，夜热早凉，舌红脉数者，常与鳖甲、青蒿、知母等同用，如青蒿鳖甲汤。

▷ 用于血热妄行，斑疹吐衄。本品清热泻火，凉血止血。治血热吐衄、便血崩漏，常与鲜荷叶、生艾叶、生侧柏叶同用，如四生丸；治温热病热入营血，血热毒盛，吐血衄血，斑疹紫黑，常与赤芍、丹皮同用。

▷ 用于津伤口渴，内热消渴。本品甘寒，清热养阴，生津止渴。治内热消渴，常与山药、黄芪同用，如滋萃饮；治温病伤阴，肠燥便秘，可与玄参、麦冬同用，如增液汤。

【用法用量】煎服，马、牛 20～45 g，猪、羊 6～12 g，鲜品用量加倍，或以鲜品捣汁入药。鲜生地味甘苦性大寒，作用与干地黄相似，滋阴之力稍逊，但清热生津，凉血止血之力较强。

【使用注意】本品性寒而滞，脾虚湿滞腹满便溏患畜不宜使用。

【现代研究】

主要成分：本品含 β-谷甾醇、地黄素、甘露醇、葡萄糖、生物碱、铁质、维生素 A 等。

药理研究：有一定的强心、利尿、升高血压、降低血糖作用。有止血作用，生地黄的提取物能促进血液的凝固。小鼠口服生地黄，能缩短出血时间。地黄煎剂有保护肝脏，防止肝糖原减少的作用，有一定的抗辐射损伤作用。对多种皮肤真菌的生长有抑制作用。

丹　皮

为毛茛科多年生落叶小灌木牡丹的根皮。产于安徽、山东等地。秋季采收，晒干。生用或炒用。

【性味归经】苦、辛，微寒。归心、肝、肾经。

【功效】清热凉血，活血散瘀。

【应用】

▷ 用于斑疹吐衄。本品微寒，能清营分、血分实热，有凉血止血之功。治温病热入营血，迫血妄行，发斑发疹，吐血衄血，多与生地黄、赤芍同用。

▷ 用于温邪伤阴，阴虚发热。本品辛寒，善于清透阴分伏热。多用治温病后期，邪伏阴分，津液已伤，夜热早凉，热退无汗之证，常与鳖甲、生地黄、知母等同用，如青蒿鳖甲汤。

▷ 用于跌打损伤。本品又能活血行瘀。治血滞痞瘕等，常与桃仁、赤芍、桂枝同用，如桂枝茯苓丸；治跌打损伤，瘀肿疼痛，常与当归、桃仁、乳香等同用。

▷ 用于痈疡肿毒，肠痈腹痛。本品苦寒，清热凉血，散瘀消痈。用治火毒炽盛，痈肿疮毒，可与金银花、连翘、蒲公英等同用；用治肠痈初起，多配伍大黄、桃仁、芒硝等，如大黄牡丹皮汤。

【用法用量】煎服，马、牛 20～45 g，猪、羊 6～12 g。散热凉血生用，活血散瘀酒炒用，止血炒炭用。

【使用注意】血虚有寒，孕畜不宜用。

【现代研究】

主要成分：本品含牡丹酸、牡丹酸苷、牡丹酚原苷、芍药苷、挥发油及植物甾醇等。

药理研究：丹皮酚及糖苷成分能降低毛细血管的通透性，均有抗炎作用。丹皮酚有镇静、降温、解热、镇痛、解痉、抗过敏作用。水煎液、丹皮酚及除去丹皮酚的水煎液，均有明显降压作用。其煎剂对痢疾杆菌、伤寒杆菌等多种致病菌及致病性皮肤真菌均有抑制作用。丹皮酚可使动物子宫内膜充血，有通经作用，并有抗小鼠早孕作用。此外，丹皮酚尚有抗溃疡及抑制胃液分泌的作用。

玄　参

为玄参科多年生草本植物玄参的根。产于我国长江流域及陕西、福建等省，野生、家种均有。立冬前后采挖，反复堆晒到内部色黑，晒干、切片。生用。

【性味归经】苦、甘、咸，寒。归肺、胃、肾经。

【功效】清热凉血，滋阴解毒。

【应用】

▷ 用于温邪入营，内陷心包，瘟毒发斑，津伤便秘。本品苦甘咸寒而质润，功能清热凉血，养阴润燥，泻火解毒。治温病热入营分，身热夜甚、心烦口渴、舌绛脉数，常配生地、麦冬同用，如清营汤；治温病邪陷心包，神昏谵语，多与麦冬、连翘心等同用，如清宫汤；若温热病气血两燔，发斑发疹，常与石膏、知母同用，如化斑汤。

▷ 用于咽喉肿痛，瘰疬痰核，痈肿疮毒。本品咸寒，有清热凉血，解毒散结，利咽消肿之功。治外感温毒，热毒壅盛之咽喉肿痛、大头瘟疫，与薄荷、连翘、板蓝根等同用，如普济消毒饮；治阴虚火旺的咽喉肿痛，可与麦冬、桔梗、甘草同用，如玄麦甘桔汤；治痰火郁结之瘰疬痰核，多与贝母、生牡蛎同用，如消瘰丸；用治疮疡肿毒，多配银花、连翘、紫花地丁等同用；若配银花、甘草、当归，可治脱疽，如四妙勇安汤。

此外，本品配百合、地黄、川贝母等同用，治劳嗽咳血，配地骨皮、银柴胡、丹皮等同用，治骨蒸劳热，皆取清热凉血、滋阴润燥之效。

【用法用量】煎服，马、牛 20～45 g，猪、羊 6～12 g。

【使用注意】本品性寒而滞，脾胃虚寒、食少便溏患畜不宜服用。反藜芦。

【现代研究】

主要成分：本品含生物碱、糖类、甾醇、氨基酸、胡萝卜素等。

药理研究：本品水浸剂、醇浸剂和煎剂均有降血压作用，对肾性高血压犬的降压效果更明显。小剂量浸剂有轻微强心作用，剂量加大则呈中毒现象。有扩张血管，促进局部血液循环而消除炎症的作用，可用于血栓闭塞性脉管炎。对多种皮肤真菌有抑制作用，对绿脓杆菌也有抑制作用，在体外有中和白喉毒素的作用。

白 头 翁

为毛茛科多年生草本植物白头翁的根。分布于我国东北、内蒙古及华北等地。春秋采挖。除去叶及残留的花茎和须根，保留根头白绒毛，晒干，生用。

【性味归经】苦，寒。归大肠经。

【功效】清热解毒，凉血止痢。

【应用】用于热毒血痢。本品苦寒降泄，清热解毒，凉血止痢，尤善于清胃肠湿热及血分热毒，为治热毒血痢的良药。可单用，或配伍黄连、黄柏、秦皮同用，如白头翁汤。近年来用本品治疗细菌性痢疾及阿米巴痢疾，均有良好效果。

此外，本品与秦皮配伍，煎汤外洗，可用治阴痒（滴虫性阴道炎）；与柴胡、黄芩、槟榔配伍，还可用于治疗疟疾。

【用法用量】煎服，马、牛 20～45 g，猪、羊 6～12 g。外用适量。

【使用注意】虚寒泄痢患畜忌服。

【现代研究】

主要成分：本品含原白头翁素、白头翁酸、皂苷等。

药理研究：①对肠黏膜有收敛作用，故能止血、止泻；②对金黄色葡萄球菌、绿脓杆菌、痢疾杆菌、枯草杆菌、伤寒杆菌、沙门氏菌等具有明显的抗菌作用；③白头翁煎剂及所含皂苷有明显的抗阿米巴原虫作用;④本品对阴道滴虫有明显的杀灭作用,对流感病毒也有轻度抑制作用;⑤具有一定的镇静、镇痛及抗痉挛作用,其地上部分具有强心作用;⑥有抗白血病作用。

地　骨　皮

为茄科落叶灌木枸杞或宁夏枸杞的根皮。分布于我国南北各地。初春或秋后采挖,剥取根皮,晒干,切段入药。

【性味归经】甘、淡,寒。归肺、肝、肾经。

【功效】凉血退蒸,清肺降火。

【应用】

▷ 用于阴虚发热,盗汗骨蒸。本品甘寒清润,能清肝肾之虚热,除有汗之骨蒸,为退虚热、疗骨蒸之佳品,常与知母、鳖甲、银柴胡等配伍,如地骨皮汤。

▷ 用于肺热咳嗽。本品甘寒,善清泄肺热,除肺中伏火,则清肃之令自行,故多用治肺火郁结,气逆不降,咳嗽气喘,皮肤蒸热等证,常与桑白皮、甘草等同用,如泻白散。

▷ 用于血热妄行的吐血、衄血、尿血等血热出血症。本品甘寒清热,凉血止血,可单用酒煎服,亦可配白茅根、侧柏叶等凉血止血药同用。

此外,本品于清热除蒸泻火之中,兼有生津止渴的作用,可与生地黄、天花粉、五味子等同用,治内热消渴。

【用法用量】煎服,马、牛 15～45 g,猪、羊 6～15 g。

【使用注意】外感风寒发热与脾虚便溏患畜不宜用。

【现代研究】

主要成分:本品含甜菜碱、β-谷甾醇及亚油酸。此外,还含桂皮酸、多种酚类物质等。

药理研究:本品水、醇提取物,对发热家兔有解热作用。本品煎剂有降血压、降血糖作用,并有降血清胆固醇及兴奋子宫作用。对伤寒杆菌、甲型副伤寒杆菌、福氏痢疾杆菌有较强抑制作用。

(五)清热解暑药

青　　蒿

为菊科一年生草本植物黄花蒿的全草。广布于全国各地。夏秋两季采收。鲜用或阴干,切段入药。

【性味归经】苦、辛,寒。归肝、胆、肾经。

【功效】清虚热,除骨蒸,解暑,截疟。

【应用】

▷ 用于温邪伤阴,夜热早凉。本品苦寒清热,辛香透散,长于清透阴分伏热,故可治温病后期,余热未清,夜热早凉,热退无汗,或热病后低热不退等,常与鳖甲、知母、丹皮等同用,如青蒿鳖甲汤。

▷ 用于阴虚发热,劳热骨蒸。本品有退虚热、除骨蒸的作用,常与银柴胡、胡黄连、知母、鳖甲等同用,如清骨散。

▷ 用于感受暑邪,发热头痛口渴。本品芳香而散,善解暑热,故可治上述感受暑邪之证,常与连翘、茯苓、滑石、通草等同用。

▷ 用于疟疾寒热。本品有截疟与解除疟疾寒热之功。可单用较大剂量鲜品捣汁服,或随证配伍桂心、黄芩、滑石、青黛等应用。

【用法用量】煎服,马、牛 30～60 g,猪、羊 6～12 g,不宜久煎;或鲜用绞汁。

【使用注意】脾胃虚弱,肠滑泄泻患畜忌服。

【现代研究】

主要成分:本品含挥发油等。青蒿、黄花蒿都含有抗疟成分——青蒿素。

药理研究:生药和青蒿素都可抑制疟原虫发育,而直接杀灭疟原虫,青蒿素对小鼠血吸虫成虫有明显杀灭作用。挥发油有镇咳、祛痰、平喘作用。黄花蒿水煎剂氯仿提取物对大鼠有明显利胆作用。本品有一定降压解热及抑制皮肤真菌的作用。对艾美耳属球虫有一定的治疗作用,对牛双芽巴贝斯虫病和牛环形泰勒虫病有较好疗效。

香　　薷

为唇形科多年生草本植物海州香薷的全草。主产于江西、安徽及河南等地。果实成熟后割取全草,晒干、切段,生用。

【性味归经】辛,微温。归肺、脾、胃经。

【功效】发汗解表,化湿和中,利水消肿。

【应用】

▷ 用于阴暑证。本品辛温发散,入肺经能发汗解表而散寒,其气芳香,入于脾胃又化湿祛暑而和中,故善治外感风寒,内伤暑湿,恶寒发热、无汗、呕吐腹泻的阴暑证,常配伍厚朴、扁豆同用,如香薷饮。

▷ 用于水肿。本品辛散温通,善于发越阳气,入肺启上源,以利水消肿。用于小便不利及水肿者,可单用或配伍健脾利水的白术同用,如薷术丸。

【用法用量】煎服,马、牛 15～45 g,猪、羊 3～12 g。利水退肿须浓煎。

【使用注意】本品辛温发汗之力较强，表虚有汗及阳暑证当忌用。

【现代研究】

主要成分：本品含挥发油，主要成分为香薷二醇、甾醇、酚性物质、黄酮苷等。

药理研究：挥发油有发汗解热作用，能刺激消化腺分泌及胃肠蠕动。此外，本品还有利尿作用。

绿　豆

为豆科(蝶形花科)草本植物绿豆的干燥种子。生用。各地均产。

【性味归经】甘，寒。入心、胃经。

【功效】清热解毒，消暑止渴。

【应用】本品有清热解暑、解毒的功效，可用于暑热烦渴、痈肿热毒、药毒、泄痢等证。常与甘草、葛根、黄连等同用。

【用法用量】煎服，马、牛 90～500 g，猪、羊 30～60 g。

【现代研究】

主要成分：本品含蛋白质、脂肪、糖类、胡萝卜素、维生素 B_1、维生素 B_2、烟酸和磷脂等。

药理研究：本品能防治实验性高脂血症。

荷　叶

为睡莲科多年生水生草本植物莲的叶片。鲜用或晒干用。主要产于浙江、江西、江苏、湖北、广东等地。

【性味归经】苦，平。入肝、脾、胃经。

【功效】解暑清热，升发清阳，散瘀止血。

【应用】

▷ 鲜品善清夏季之暑邪，用治暑热，尿短赤等证，常与藿香、佩兰等同用。

▷ 能升发脾阳，用治暑热泄泻，脾虚气陷等证，常与白术、扁豆等同用。

▷ 兼能散瘀血，可用治衄血、便血等。

【用法用量】煎服，马、牛 30～90 g，猪、羊 12～18 g。

二、清　热　方

以寒凉性的药物为主组成，具有清热、泻火、凉血、解毒等作用，以治疗里热证的一类方剂，称为清热方。

里热证，有气分、血分之分，实热、虚热之别，脏腑偏胜之殊，以及湿热、暑热等区别。因而，清热剂又可分为清气分热、清营凉血、清热解毒、清脏腑热、清热燥湿、清热解暑及清虚热等类。

使用清热方剂时，遇到重危复杂的症候，尤其是表现寒热夹杂的症状时，必须认真辨明寒热的真假。清热方只可用于真热假寒证，不可用于真寒假热证。对屡用清热剂而热仍不退者，应考虑改用滋阴养血法。此外，使用清热方剂还应注意掌握用药时机和用量，以免产生损伤脾胃阳气和留邪之弊。

白虎汤（《伤寒论》）

【组成】石膏（打碎先煎）250 g　知母 60 g　甘草 45 g　粳米 100 g

水煎至米熟汤成，去渣温服。

【功效】清气分实热，生津，解烦渴。

【主治】阳明经证及气分热盛或肺胃热盛。证见高热大汗，口舌红燥，大渴贪饮，脉象洪大。

【方解】本方为治阳明经热盛及气分实热的主方。因邪热客于气分，阳明热盛，故大热而恶热；热已入里，迫津外泄，故见汗出；汗出津伤，又热邪灼胃，故大渴贪饮；热盛于经，故脉象洪大。即阳明经病的“四大”见证。由于阳明气分实热，而未见腑实，故当选用甘寒滋润，清热生津之剂，而不宜用苦寒直折的攻下剂，以免化燥伤津。方中主用石膏，以清胃火而透肌热；辅以知母清胃热泻肺火兼生津液；甘草、粳米调和胃气、益胃养阴，并和解石膏、知母寒凉伤胃之弊，共为使药。四药配合，共奏清热生津之效。

【临床应用】临床常以本方加减治疗热性病，如乙型脑炎、中暑、肺炎而有上述见证者。以石膏、知母为主药，配朱砂、天竺黄、青黛、滑石、玄明粉等，名“加减白虎汤”，用于马乙型脑炎有一定疗效。如阳明经热兼阳明腑实，大便秘结，宜配承气之类予以下之。本方加人参（可用党参代替），用治高热汗出，气津两伤，或素体亏虚，高热不退的患畜。里热盛而表邪未解或因虚发热者，不可误投。

清营汤（《温病条辨》）

【组成】犀角（锉细末冲服，可用 10 倍量水牛角代替）6 g　生地 60 g　玄参 60 g　竹叶心 30 g　金银花 60 g　连翘 45 g　黄连 30 g　丹参 45 g　麦冬 45 g

共为细末，开水冲服或水煎服。

【功效】清营解毒，透热养阴。

【主治】温热病邪传入营分。证见高热，口渴或不渴，烦躁或时有神昏，舌绛而干，或见斑疹隐现，脉细数。

【方解】本方为治温热病邪由气分传入营分，热伤营阴，而气分病邪尚未尽解之症。治法上在清营解毒之中，配以清气分之药，达到气营两清之目的。方中犀角清营分热毒为主药；以生地、玄参、麦冬清热凉血养阴为辅药；以黄连、金银花、连翘、竹叶心清气分热毒，并使营分邪热转出气分而解为佐药；丹参可协助主药清热凉血，兼活血散瘀，防止血与热结，以及引导诸药入心而清热，为使药。诸药相合，清营为主，清气佐之。共奏清营解毒，透热养阴之功效。

【临床应用】本方在临床上可随证加减应用。加大青叶、板蓝根等可用治乙脑、流脑、败血症而有上述见证者。若气分热重而营分热轻，应重用金银花、连翘、黄连、竹叶心，并相应减少犀角、生地、玄参的用量。

犀角地黄汤(《千金方》)

【组成】犀角 9 g(可用 10 倍量水牛角代替)　生地 150 g　芍药 60 g　丹皮 45 g

水煎服。

【功效】清热解毒，凉血散瘀。

【主治】热入血分所致的郁热不退之证。有热甚动血，热扰心营见证者。

【方解】本方为治血分热毒的主方。若不清其热则血不宁，不滋其阴则火不熄，不化其血则新血不能生。故方中以犀角清心凉血为主药；生地养阴清热，凉血止血，并助主药解血分热毒为辅药；丹皮泄血中伏热，凉血散瘀，芍药和营泄热兼生新血，共为佐使药。四药合用，共奏清热解毒，凉血散瘀之功。

【临床应用】本方既清热凉血，又滋阴生津，为治热入血分证的探本求源之法，用于败血症、热甚动血所致的出血，热病发斑或紫癜。热扰心神所致的神昏、体热、舌绛、脉细数等，可加石菖蒲、胆南星、牛黄等。如心肺火盛，可加黄芩、黄连等泻火之品。

黄连解毒汤(《外治秘要》)

【组成】黄连 30 g　黄芩 45 g　黄柏 45 g　栀子 60 g

共为细末，开水冲服，或水煎服。

【功效】泻实火，解热毒。

【主治】一切火热炽盛，疮黄肿毒，症见大热烦躁，甚则发狂，或见发斑等。

【方解】本方为泻火解毒之主方，用治因热极化毒所致的三焦极热，邪火炽盛。火邪充斥三焦，故见内外火热；热扰心神，故烦躁不安，甚则狂乱；热壅肌肉，则为疮痈肿毒。在治法上，解毒必泻火，泻火须泻心。因火主于心，泻其所主。方中黄连泻心火兼泻中焦火，为主药；黄芩泻肺火于上焦，为辅药；黄柏泻肾火于下焦，为佐药；栀子通泻三焦全身之火，导热下行从膀胱而出，为使药。四药相合，可用治三焦积热，邪火妄行而引起的一切实热火盛之症。

【临床应用】本方可用于败血症、痢疾、肺炎及各种急性炎症等属于火毒盛者。本方去黄柏、加大黄名泻心汤，尤适用于口舌生疮、胃肠积热。若兼见大便秘结，则宜配合泻下通便之品，以助泻热之效。用治疮疡肿毒，还可外用调敷。

五味消毒饮(《医宗金鉴》)

【组成】金银花 90 g　野菊花 60 g　蒲公英 90 g　紫花地丁 90 g　紫背天葵 30 g

水煎取汁，候温加黄酒 120 mL，灌服。

【功效】清热解毒，消疮散肿。

【主治】各种疮疡肿毒。证见局部红肿热痛，身热，口红，脉数者。

【方解】疮疡肿毒多由于感受湿热火毒，或内生积热，热毒浸淫肌肤而成。治应清热解毒。方中以金银花清热解毒，消散痈肿为主药；紫花地丁、紫背天葵、蒲公英、野菊花清热解毒，消散疮黄肿毒，均为辅药；加酒以行气血、助药效为使药。诸药合用，发挥强大的清热解毒之功。

【临床应用】用于疮黄肿毒初起，红肿热痛之阳证。若热重可加连翘、黄芩等；肿甚，加防风、蝉蜕；血热毒盛，加赤芍、丹皮、生地。本方不仅可内服，还可外用调敷患部，鲜品效果更好。

消黄散(《元亨疗马集》)

【组成】黄药子 25 g　白药子 25 g　知母 25 g　栀子 20 g　黄芩 20 g　大黄 30 g　浙贝母 20 g　连翘 25 g　郁金 20 g　朴硝 90 g　甘草 15 g

共为细末，开水冲调，候温加蜂蜜 120 g、鸡蛋清 4 个，同调灌服，亦可水煎灌服。

【功效】清热泻火解毒，消散疮痈。

【主治】热毒、黄肿或马遍身黄。

【方解】本方症主要由于役后体热未散，心胸壅极，热注三焦，或汗出当风，风湿相搏，或皮肤不洁，尘迷毛窍，内热熏蒸，气血相凝，或胃肠极热，随血运行所致。治宜疏风清热解毒。方中以黄药子、白药子、黄芩、栀子清热解毒为主药；大黄、朴硝清胃肠之热毒，连翘清热解毒，助主药之清热解毒效力为辅药；郁金凉血散瘀，贝母清热散结，二药合用功善消肿，知母滋阴降火，蜂蜜、鸡蛋清清热解毒，润燥消肿，均为佐药；甘草清热解毒，调和诸药，为使药。各药相合，共奏疏风清热，解毒消肿之功。

【临床应用】本方主治一切热毒及诸黄疮肿，临床可随证加减应用。高热可加金银花、蒲公英等，心热舌疮可加薄荷、天花粉等，咽喉肿痛可加玄参、马勃、射干、山豆根等，大肠燥结，重用芒硝、大黄等。

仙方活命饮(《妇人良方》)

【组成】金银花 90 g　陈皮 45 g　白芷 15 g　当归 25 g　防风 20 g　甘草 15 g　浙贝母 20 g　天花粉 20 g　乳香 15 g　没药 15 g　赤芍 15 g　穿山甲(蛤粉炒)30 g　皂角刺 15 g

水煎取汁，候温加黄酒 120 mL，灌服。

【功效】清热解毒，消肿止痛。

【主治】痈疮肿毒之阳证。症见局部红肿热痛，或见发热恶寒，脉数有力。

【方解】本方为治阳证痈疮肿毒初起之要方。本方症多因热毒蕴结，局部气血痰湿郁滞而成，治宜清热解毒，理气活血，消肿止痛。方中金银花清热解毒，消散疮肿，是治疮痈之要药，为主药；防风、白芷除湿祛风，排脓消肿，当归、乳香、没药活血散瘀，消肿定痛，赤芍凉血活血，消肿止痛为辅药；天花粉、浙贝母清痰散结消肿，陈皮理气行滞，均为佐药；穿山甲、皂角刺善走能散，贯穿经络，直达病所而溃痈破坚，甘草清热解毒，加酒以助药势，增强活血通络作用，使药力速达病所。

【临床应用】用于疮痈肿毒、局部红肿热痛。脓未成，服之能消；脓已成，可速使外溃。临床可随证加减应用。热毒盛者，可加蒲公英、地丁、野菊花、连翘、黄连等清热解毒药；痛不甚可减乳香、没药；脓未成，则轻用穿山甲、皂刺。对疮已溃或阴证者忌用。

加减普济消毒饮(《牛经备要医方》)

【组成】大黄 60 g　酒黄芩 30 g　酒黄连 25 g　甘草 30 g　马勃 20 g　薄荷 60 g　玄参 60 g　牛蒡子 30 g　升麻 20 g　柴胡 60 g　桔梗 60 g　滑石 120 g　板蓝根 60 g　青黛 30 g　陈皮 30 g　连翘 60 g　荆芥 60 g

水煎服，或共为细末开水冲服。

【功效】清热解毒，疏风消肿。

【主治】热毒上攻头部引起的头面肿痛，腮腺硬肿。症见颈项间漫肿无头，角热目赤，口角流涎，便干尿赤，舌红苔黄等。

【方解】本方系由《医方集解》的普济消毒饮中去僵蚕，加滑石、青黛、荆芥而成，为治牛头颈咽喉黄症之要方。该方症系暑湿热熏蒸，或感受风热疫毒，以致心肺积热，热毒上攻而成。治以清热解毒为主。方中黄连、黄芩、连翘清泻上焦热毒为主药；牛蒡子、薄荷、荆芥、柴胡、升麻疏风透邪为辅药；马勃、板蓝根、甘草、青黛清利咽喉，解毒消肿，玄参滋阴降火，滑石、大黄导热下行，陈皮理气散结，共为佐药；桔梗引药上行，开肺透邪，为使药。诸药合用，共奏清热解毒，疏风消肿之功。

【临床应用】临床用于牛感受疫毒所致的大头黄、锁喉黄等。本方加山豆根，减马勃、升麻、滑石、荆芥，治牛锁喉黄有良好疗效。临床也可加减用于一般痈疮肿毒的治疗。

龙胆泻肝汤(《医宗金鉴》)

【组成】龙胆草(酒炒)45 g　黄芩 30 g　栀子(酒炒)30 g　泽泻 30 g　木通 30 g　车前子 20 g　当归(酒炒)25 g　柴胡 30 g　甘草 15 g　生地(酒洗)30 g

水煎服。

【功效】泻肝胆经实热。

【主治】肝胆实火上炎所致的目赤肿痛以及肝经湿热下注所引起的尿淋浊涩痛、阴肿等症。

【方解】肝胆实火上炎，则目赤肿痛；肝经湿热下注，则见尿淋浊黄赤，阴肿阴痒等。方中龙胆草泻肝胆实火、除下焦湿热为主药；栀子、黄芩清热泻火，泽泻、木通、车前子清利湿热从小便而出，共为辅药；然而方中主辅药皆为苦寒之品，为防苦燥伤阴，且证为火盛伤阴，故加当归、生地养血益阴以和肝佐之，达泻中有补，邪去而不伤正之目的；甘草和中解毒，协调诸药，柴胡疏肝理气，引药归经，皆为使药。诸药合用，共奏泻肝火利湿热之效。

【临床应用】临床主要对于急性结膜炎、胆囊炎、急性湿疹以及肾炎、膀胱炎、尿道炎、睾丸炎等属于肝胆实热或湿热者，均可加减应用。用治急性结膜炎时，可加菊花、白蒺藜；用治急性泌尿系统感染，可加萹蓄、金钱草等。本方苦寒药多，不宜过用久服。

清肺散(《元亨疗马集》)

【组成】板蓝根 90 g　葶苈子 60 g　甘草 30 g　浙贝母 45 g　桔梗 45 g　蜂蜜 120 g

诸药共为细末，候温加蜂蜜同调灌服。

【功效】清肺平喘。

【主治】肺热喘粗。症见气促喘粗、咳嗽、口干、舌红等。

【方解】肺热咳喘，常由于燥热之邪侵袭肺脏，以致肺热壅滞，气失宣降；或因胃中积热，上蒸于肺而成。方中以贝母清热散结，止咳化痰，葶苈子泻肺行水，祛痰定喘，为主药；以桔梗开宣肺气而祛痰、调和升降为辅药；板蓝根、甘草清热解毒，蜂蜜润燥解毒，清肺止咳，共为佐使药。诸药合用，共奏清肺平喘之效。

【临床应用】临床凡肺热咳嗽，如支气管炎、肺炎等均可加减应用。热盛痰多者，可加知母、瓜蒌、桑白皮、黄药子、白药子等；喘甚，可加款冬花、苏子、杏仁、紫菀等；肺燥干咳，可加玄参、沙参、麦冬、天花粉等。

郁金散(《元亨疗马集》)

【组成】郁金 45 g　诃子 30 g　黄芩 30 g　大黄 45 g　黄连 20 g　栀子 30 g　白芍 30 g　黄柏 30 g

共为细末，开水冲调，候温灌服。

【功效】清热解毒，导滞止痢。

【主治】肠黄作泻。症见荡泻如水，赤秽腥臭，腹内疼痛，舌红苔黄，渴欲饮水，脉洪数等。

【方解】本方为治热毒炽盛，积于大肠而致肠黄作泻之主方。方中重用郁金凉血散瘀，行气解郁为主药；辅以黄连、黄芩、黄柏、栀子(黄连解毒汤)清三焦郁火兼化湿热，白芍、诃子敛阴涩肠而止泄痢，大黄清血热，下积滞，推陈致新，共为佐药。诸药合用，共奏清热解毒，涩肠止泄痢之功。

【临床应用】本方为治疗胃肠炎的常用方剂，临床可随证加减应用。在肠黄初期，内有积滞，应重用大黄，加芒硝、枳壳、厚朴，少用或不用诃子、白芍，以防留邪于内；热毒盛者，加银花、连翘；腹痛甚者，加乳香、没药；黄疸甚者，重用栀子并加茵陈；热毒去而泻不止者，重用诃子、白芍，加乌梅、石榴皮，少用或不用大黄。

白头翁汤(《伤寒论》)

【组成】白头翁 90 g　黄柏 45 g　黄连 45 g　秦皮 45 g

水煎服。

【功效】清热化湿解毒，凉血止痢。

【主治】湿热结于大肠所致的湿热痢疾、热泻等。症见里急后重，泄痢频繁，或便下脓血、秽恶腥臭，发热腹痛，口渴欲饮，口舌红燥兼黄，脉弦数等。

【方解】本方以寒能胜热，苦能燥湿的大苦大寒药物组成，用治湿热结于大肠所致的急性肠黄。方中白头翁清热解毒，清大肠血热而专治热痢为主药；黄连清化湿热固大肠，黄柏清下焦湿热，秦皮清肝经湿热而凉血解毒。合而用之，可清热解毒，凉血止痢。

【临床应用】主要用于大肠热毒伤于血分的湿热泄痢。临床可随证加减应用。体弱血虚者可加阿胶、甘草。若本方同郁金散加减合用，效果更佳。本方去秦皮，加黄芩、枳壳、砂仁、厚朴、苍术、猪苓、泽泻名三黄加白散，其清热燥湿作用更强。

香薷散(《元亨疗马集》)

【组成】香薷 60 g　黄芩 30 g　黄连 25 g　甘草 20 g　柴胡 30 g　当归 30 g　连翘 45 g　天花粉 60 g　栀子 30 g

共为细末，开水冲，候温加蜂蜜 60 g，同调灌服。

【功效】清心解暑，养血生津。

【主治】马、牛中暑。症见发热恶热，气促喘粗，精神沉郁，倦怠无力，闭眼不睁，脉象洪数，口干舌红，便干尿短赤等。

【方解】暑症多因暑天炎热、负重奔走太急，以致邪热积于心胸，气血壅热而发。治宜清心解暑，养血生津。方中香薷解表祛暑化湿退热为主药；柴胡、黄连、黄芩、栀子、连翘通泻诸经之火为辅药；暑热最易耗气伤津，故以当归、天花粉养血生津为佐药；甘草和中解毒，蜂蜜润肠清热，为使药。诸药相合，则成清热解暑，养血生津之剂。

【临床应用】临床随证加减。用于马、牛伤暑、中暑症。若高热不退，可加石膏、知母、薄荷、菊花等；昏迷抽搐，加茯神、钩藤等；津液大伤，加生地、玄参、麦冬等。

茵陈蒿汤(《伤寒论》)

【组成】茵陈蒿 250 g　栀子 60 g　大黄 45 g

水煎服。

【功效】清热利湿，退疸除黄。

【主治】湿热黄疸或阳黄症。症见黄色鲜明，二便不利，苔黄腻，脉滑数等。

【方解】阳黄由湿热交蒸，热不得外越，湿不得下泄，肝失疏泄，胆汁外溢所致，治宜清热利湿。方中以茵陈蒿利胆清热、去湿除黄为主药；栀子清利三焦湿热，大黄通泄郁热，共为佐药。三药合用，共达清热利湿，使湿热从二便排出，则黄疸自退。

【临床应用】本方为治湿热黄疸的基础方，凡属阳证、实证、热证，均可加减使用。必要时尚可加龙胆草、柴胡、黄芩疏肝清热，加茯苓、车前子、滑石健脾渗湿利水。本方去栀子、大黄，加干姜、附子、甘草等药，名茵陈四逆汤，可用治阴黄。

洗心散(《元亨疗马集》)

【组成】天花粉 30 g　黄芩 30 g　黄连 20 g　连翘 30 g　茯神 25 g　黄柏 20 g　桔梗 30 g　栀子 30 g　牛蒡子 20 g　木通 15 g　白芷 10 g

共为细末,开水冲,候温加鸡蛋清 4 个,同调灌服。

【功效】泻火解毒,散瘀消肿。

【主治】心热舌疮。症见舌红,舌体肿胀溃烂,口内垂涎,采食障碍。

【方解】本方由黄连解毒汤加味而来,主治心热舌疮。心开窍于舌,心火上炎,可致舌体肿胀,破溃成疮。治宜泻火解毒。方中黄芩、黄连、黄柏、栀子通泻三焦火,导热下行为主药;辅以连翘助主药泻火解毒;天花粉降火生津,牛蒡子消肿解毒,白芷止痛生肌,茯神安心神,木通清心火、利尿,皆为佐药;桔梗排脓消肿,并载药上达病所,为使药。诸药合用,共达泻火解毒,散瘀消肿之效。

【临床应用】临床用于心经积热所致的舌体肿胀或溃破成疮的病症,若与外用药冰硼散或青黛散同用,效果更好。

青蒿鳖甲汤(《温病条辨》)

【组成】青蒿 45 g　鳖甲 90 g　生地 60 g　知母 45 g　丹皮 60 g

共为细末,开水冲服,或水煎服。

【功效】养阴透热。

【主治】温热病后期,阴液耗伤,留热于阴,或老龄,久病体虚或产后血虚所致的阴虚发热。症见低热不退,夜热早凉,口干舌红少苔,脉细数。

【方解】本方为治虚热常用方剂。虚热多为阴虚而邪热留恋阴分所致。治宜养阴透热。方中青蒿透阴分之邪而泻伏火,鳖甲直入阴分,滋阴退虚热,青蒿得鳖甲能深入阴分而透邪外达,共为主药;生地、知母滋阴以助退热,丹皮助青蒿以透泄阴分之伏热,共为辅佐药。诸药相合有相辅相成之效。凡见伏热于内者皆可应用。

【临床应用】本方多用于阴虚内热而血分瘀热偏重者,临床可随证加减应用。如阴虚火旺,低热不退,可酌加地骨皮、石斛等以退虚热。

苇茎汤(《千金方》)

【组成】苇茎 150 g　冬瓜仁 60 g　薏苡仁 90 g　桃仁 60 g

水煎服。

【功效】清肺化痰,祛瘀排脓。

【主治】肺痈。症见发热咳嗽,痰黄而腥臭或带脓血,口干舌红,苔黄腻,脉滑数。

【方解】肺痈多由风热外侵，蕴黄内结，内外合邪，以致痰热瘀血郁结于肺而成。治宜清热化痰，逐瘀排脓。方中苇茎(鲜芦根)清肺泄热为主药；冬瓜仁清热化痰排脓，薏苡仁利湿排脓，桃仁活血化瘀，共为佐药。四药合用，共奏清热化痰，逐瘀排脓之效。

【临床应用】本方为治疗肺脓疡、大叶性肺炎等的常用方剂。初起能消，脓成能排。但其清热解毒力尚嫌不足，临床上多配清热解毒药以增强疗效。初起可加蒲公英、金银花、连翘、薄荷、牛蒡子等，脓成可加贝母、桔梗、生甘草、鱼腥草等。

第三节　泻下药及方剂

一、泻　下　药

凡能引起腹泻，或润滑大肠，促进排便的药物，称为泻下药。

本类药物的主要作用是泻下通便，以排除胃肠积滞、燥屎及有害物质(毒、瘀、虫等)；或清热泻火，使实热壅滞之邪通过泻下而清解；或逐水退肿，使水湿停饮随从大小便排除，达到祛除停饮，消退水肿的目的。主要适用于大便秘结，胃肠积滞，实热内结及水肿停饮等里实证。

根据本类药物作用的特点及使用范围的不同，可分为攻下药、润下药及峻下逐水药三类。其中攻下药和峻下逐水药泻下作用峻猛，尤以后者为甚；润下药能润滑肠道，作用缓和。

使用泻下药应注意的是：里实兼表邪者，当先解表后攻里，必要时可与解表药同用，表里双解，以免表邪内陷；里实而正虚者，应与补益药同用，攻补兼施，使攻邪而不伤正。攻下药、峻下逐水药，其作用峻猛，或具有毒性，易伤正气及脾胃，故年老体虚、脾胃虚弱患畜当慎用，孕畜胎前产后及应当忌用。应用作用较强的泻下药时，当奏效即止，慎勿过剂，以免损伤胃气。应用作用峻猛而有毒性的泻下药时，一定要严格炮制法度，控制用量，避免中毒现象发生，确保用药安全。

(一)攻下药　本类药物多为苦寒，其性沉降，主入胃、大肠经。具有较强的泻下通便作用，并能清热泻火。主要适用于大便秘结、燥屎坚结及实热积滞之证。应用常辅以行气药，以加强泻下及消除胀满作用。若治冷积便秘者，须配用温里药。具有较强清热泻火作用的攻下药，又可用于热病高热神昏、谵语发狂，火热上炎所致的头痛、目赤、咽喉肿痛、牙龈肿痛以及火热炽盛所致的吐血、衄血、咯血等上部出血证。上述病证，无论有无便秘，应用本类药物，以清除实热，或导热下行，起到

“釜底抽薪”的作用。此外，对痢疾初起，下痢后重，或饮食积滞，泻而不畅之证，可适当配用本类药物，以攻逐积滞，消除病因。对肠道寄生虫病，本类药与驱虫药同用，可促进虫体的排出。根据“六腑以通为用”，“不通则痛”，“通则不痛”的理论指导，目前临床上常以攻下药为主，配伍清热解毒药、活血祛瘀药等，用于治疗胆石症、胆道蛔虫症、胆囊炎、急性胰腺炎、肠梗阻等急腹症，并取得了良好效果，为攻下药开辟了新的临床用途。

大　黄

为蓼科多年生草本植物掌叶大黄、唐吉特大黄或药用大黄的根及根茎。掌叶大黄和唐吉特大黄药材称北大黄，主产于青海、甘肃等地。药用大黄药材称南大黄，主产于四川。于秋末茎叶枯萎或次春发芽前采挖。除去须根，刮去外皮，切块干燥，生用，或酒炒、酒蒸、炒炭用。

【性味归经】苦，寒。归脾、胃、大肠、肝、心包经。

【功效】泻下攻积，清热泻火，止血，解毒，活血祛瘀。

【应用】

▷ 用于大便秘结，胃肠积滞。大黄苦寒，有较强的泻下通便、荡涤胃肠积滞作用，为治疗积滞便秘之要药，尤用于热结便秘之证。治温热病热结便秘、高热不退，或杂病热结便秘者，常与芒硝、枳实、厚朴同用，以增强泻下通腑泄热作用，如大承气汤；治里实热结而兼气血虚亏，或兼阴虚津亏者，可与补气血药或养阴生津药同用；治脾阳不足，冷积便秘者，须与附子、干姜等温里药同用，如温脾汤；治湿热痢疾初起，腹痛里急后重者，常与黄连、木香等同用，以清除肠道湿热积滞；治食积腹痛，泻而不畅者，可与青皮、木香等同用，以攻积导滞。

▷ 用于血热妄行之吐血、衄血、咯血以及火邪上炎所致的目赤、咽喉肿痛等证。本品苦降，能使上炎之火下泄，又具清热泻火，止血之功。用治上述病证，常与黄连、黄芩同用，如泻心汤。现代临床单用大黄粉治疗上消化道出血，有较好疗效。

▷ 用于热毒疮疡，烧烫伤。本品可内服外用。内服能清热解毒，并借其泻下通便作用使热毒下泄。治热毒痈肿疔疮，常与金银花、蒲公英、连翘等同用；治肠痈腹痛，常与牡丹皮、桃仁等同用，如大黄牡丹皮汤。本品外用能清热毒、消肿块。治热毒痈肿疔疖，可研末蜜水调敷；治口舌生疮，可与枯矾研末涂抹患处；治烧烫伤，可单用粉，或配地榆粉，用麻油调敷患处。

▷ 用于瘀血证。本品有较好的活血祛瘀作用，为治疗瘀血证的常用药物。治孕畜产后瘀阻腹痛、恶露不尽者，常与桃仁、庶虫等同用，如下瘀血汤；治跌打损伤，瘀血肿痛，可与桃仁、红花、穿山甲等同用，如复元活血汤。

此外，本品苦寒降泄，又可配伍清泄湿热药，用于黄疸、淋证等湿热病证。治湿热黄疸者，常配茵陈、栀子，如茵陈蒿汤；治湿热淋证者，常配木通、车前子、栀子等，如八正散。

【用法用量】煎服，马、牛 20～90 g，猪、羊 6～12 g。外用适量。生大黄泻下力较强，欲攻下者宜生用；入汤剂应后下，或用开水泡服，久煎则泻下力减弱。酒制大黄泻下力较弱，活血作用较好，宜用于瘀血证。大黄炭则多用于出血证。

【使用注意】本品苦寒，易伤胃气，脾胃虚弱动物慎用；其性沉降，且善活血祛瘀，故孕畜、哺乳期母畜应忌用。

【现代研究】

主要成分：本品主含蒽醌衍生物，一部分为游离状态，如大黄酸、大黄酚、大黄素、芦荟大黄素、大黄素甲醚，大部分为结合状态，如大黄酸-8-葡萄糖苷、大黄素甲醚葡萄糖苷、芦荟大黄素葡萄糖苷、大黄酚葡萄糖苷及番泻苷 A、B、C、E、F 等。又含有大黄鞣质、脂肪酸、草酸钙、葡萄糖、果糖和大量淀粉。

药理研究：大黄泻下有效成分是蒽苷，主要是番泻苷，作用部位主要在大肠，能增加肠蠕动，抑制肠内水分吸收，促进排便。大黄有抗感染作用，对多种革兰氏阳性和阴性细菌均有抑制作用，其中最敏感的为葡萄球菌和链球菌，其次为白喉杆菌、伤寒杆菌、副伤寒杆菌、肺炎双球菌、痢疾杆菌等，对流感病毒也有抑制作用。由于鞣质所致，故泻后又有便秘现象。有健胃和利胆作用。此外，还有止血、保肝、降压、降低血清胆固醇等作用。

芒　　硝

为含硫酸钠的天然矿物经精制而成的结晶体。主含含水硫酸钠（$Na_2SO_4 \cdot 10H_2O$）。主产于河北、河南、山东、江苏、安徽等省的碱土地区。将天然产品用热水溶解，过滤，放冷析出结晶，通称“皮硝”。取萝卜洗净切片，置锅内加水与皮硝共煮，取上层液，放冷析出结晶，即芒硝。芒硝经风化失去结晶水而成的白色粉末称玄明粉（元明粉）。

【性味归经】咸、苦，大寒。归胃、大肠经。

【功效】泻下，软坚，清热。

【应用】

▷ 用于实热积滞，大便燥结。本品咸苦寒，其性降泄，有较强的泻热通便，润下软坚，荡涤胃肠作用，适用于胃肠实热积滞，大便燥结，发狂等证，常与大黄相须为用，以增强泻下通便、泄热作用，如大承气场、调胃承气汤。近代临床，亦常用于胆石症腹痛便秘者。

▷ 用于咽痛、口疮、目赤及痈疮肿痛。本品外用有清热消肿作用。治咽喉肿痛、口舌生疮，可与硼砂、冰片、朱砂同用，制成散剂外用，如冰硼散，或以芒硝置西瓜中制成的西瓜霜外用；治目赤肿痛，可用芒硝置豆腐上化水或用玄明粉配制眼药水，外用滴眼；治乳痈初起，可用本品化水或细纱布包裹外敷；治肠痈初起，可与大黄、大蒜同用，捣烂外敷；治痈疮肿痛，可单用本品煎汤外洗。

【用法用量】内服，马、牛 60～150 g，猪、羊 30～45 g，冲入药汁内或开水溶化后服。

【使用注意】孕畜及哺乳母畜忌用或慎用。

【现代研究】

主要成分：本品含硫酸钠以及少量的氯化钠、硫酸镁等。

药理研究：本品为盐类泻药，不易被肠壁吸收，存留肠内成为高渗溶液，阻止肠内水分吸收，使肠内容物体积增大，引起机械刺激，促进肠蠕动而排下稀便。

番泻叶（泻叶）

为豆科草本状小灌木狭叶番泻叶和尖叶番泻叶的叶。狭叶番泻叶主产于印度、埃及、苏丹，尖叶番泻叶主产于埃及。

【性味归经】甘、苦，寒。归大肠经。

【功效】泄热导滞。

【应用】本品有较强的泄热通便作用。用治热结便秘，常与大黄、芒硝、厚朴等同用；用治宿食积滞，常与槟榔、大黄、山楂等配伍；配牵牛子、大腹皮等可治腹水。

【用法用量】煎服或泡水灌服，马、牛 30～60 g，猪、羊 6～9 g。

【使用注意】孕畜禁用。

【现代研究】

主要成分：狭叶番泻叶和尖叶番泻叶均含番泻苷、芦荟大黄素葡萄糖苷、大黄酸葡萄糖苷以及芦荟大黄素、大黄酸、山柰酚、植物甾醇及其苷等。

药理研究：番泻苷 A 较其它蒽醌类的泻下作用更强，用于急性便秘比慢性便秘者更适，刺激大肠引起泻下时，可能伴有腹痛。蒽醌类对多种细菌（葡萄球菌、大肠杆菌等）及皮肤真菌（奥杜盎氏小芽胞癣菌等）有抑制作用。

芦　荟

为百合科多年生常绿肉质植物库拉索芦荟及好望角芦荟的液汁经浓缩的干燥物。主产于非洲，我国亦有栽培。全年可割取植物的叶片，收集流出的汁液，放锅内熬成稠膏，倾入容器，冷却凝固即成。

【性味归经】苦,寒。归肝、胃、大肠经。

【功效】泄热导滞。

【应用】本品有强烈的大肠性泻下作用,用治热结便秘,常与大黄、芒硝等同用。

【用法用量】入丸散剂,马、牛 20～35 g,猪、羊 3～7 g。

【使用注意】脾胃虚弱,食少便溏及孕畜禁用。

【现代研究】

主要成分:本品含芦荟大黄素苷、对香豆酸、少量 α-葡萄糖、多种氨基酸等,并含微量挥发油。

药理研究:芦荟蒽醌衍生物具有刺激性泻下作用,伴有显著腹痛和盆腔充血,严重时可引起肾炎。其提取物可抑制 S180 肉瘤和艾氏腹水癌的生长,并对离体蟾蜍心脏有抑制作用。水浸剂对多种皮肤真菌和人型结核杆菌有抑制作用。

(二)润下药

火　麻　仁

为桑科植物大麻的成熟种仁。去壳生用。主要产于东北、华北、西南等地。

【性味归经】甘,平。归脾、胃、大肠经。

【功效】润肠通便,滋养益津。

【应用】本品多脂,润燥滑肠,兼有益津作用,为常用的润下药。用于邪热伤阴,津枯肠燥所致粪便燥结,常与大黄、杏仁、白芍等同用,如麻子仁丸;若用治病后津亏及产后血虚所致的肠燥便秘,常与当归、生地等配伍。

【用法用量】煎服,马、牛 120～180 g,猪、羊 12～18 g。

【现代研究】

主要成分:本品主要含脂肪油。

药理研究:有润滑肠道的作用,同时在肠中遇碱性肠液后产生脂肪酸,刺激肠壁,使蠕动增强。对麻醉猫、正常大鼠均有明显的降压作用。

郁　李　仁

为蔷薇科植物欧李及郁李的成熟种子。去皮捣碎用。南北各地均有分布,多系野生。主产于河北、辽宁、内蒙古等地。

【性味归经】辛、甘,平。入大肠、小肠经。

【功效】润肠通便,利水消肿。

【应用】

▷ 本品富含油脂,体润滑降,具有润肠通便之功效,适用于老弱病畜,肠燥便秘,多与火麻仁、瓜蒌仁等同用。

▷ 本品尚可利尿消肿,用于四肢浮肿、尿不通利之证,常与薏苡仁、茯苓等配伍。

【用法用量】煎服,马、牛 20～60 g,猪、羊 6～12 g。

【现代研究】

主要成分:本品含苦杏仁苷、脂肪油、挥发性有机酸等。

药理研究:有润滑性缓泻作用。对实验动物(犬)有显著降压作用。

蜂　　蜜

为蜜蜂科昆虫中华蜜蜂和意大利蜂采酿成的蜜。各地均产。

【性味归经】甘,平。入肺、脾、大肠经。

【功效】滑肠通便,润肺止咳,解毒,补中。

【应用】

▷ 本品甘而滋润,滑利大肠,用治体虚不宜攻下的肠燥便秘等证,可用单味,亦可配复方中使用。

▷ 润肺止咳,用治肺燥干咳、肺虚久咳等证。在使用化痰止咳药如枇杷叶、款冬花等时,常用蜂蜜拌炒即蜜炙,以增强润肺之功。

▷ 解毒。外用涂敷烫伤、疮肿,以解毒和保护疮面;解药毒,如用于缓解乌头、附子等药的毒性。

▷ 益气补中,尚可用于脾胃虚弱等证。

【用法用量】入煎剂冲服,马、牛 120～240 g,猪、羊 9～30 g。

【现代研究】

主要成分:本品含果糖、葡萄糖、蔗糖、麦芽糖、含氮化合物、有机酸、挥发油、酶类、无机盐及微量元素等。

药理研究:有抑菌、祛痰、解毒、缓泻、保护肝脏、促使创伤愈合等作用。有一定的降压、扩张冠状动脉、降低血糖的作用。

食　用　油

为植物油和动物油,如菜籽油、芝麻油、花生油、豆油及猪脂等。

【性味归经】甘、寒。入大肠经。

【功效】润燥滑肠。

【应用】本品滑利润肠,用治肠燥津枯,粪便秘结,可单用或与其它泻下药同用。

【用法用量】马、牛 250～500 mL，猪、羊 90～120 mL。

(三)峻下逐水药

牵牛子(二丑、黑白丑)

为旋花科植物裂叶牵牛或圆叶牵牛的干燥成熟种子。各地均产。

【性味归经】苦，寒。有毒。入肺、肾、大肠经。

【功效】泻下通便，利尿消肿，去积杀虫。

【应用】

▷ 本品泻下力强，适用于肠胃实热壅滞大便秘结之证，常与芒硝、大黄、槟榔、枳壳、枳实等同用。

▷ 利尿消肿。本品又有利尿作用，使水湿从粪便排出，故能消除水肿胀满，常与甘遂、大戟、大黄等同用。

▷ 去积杀虫。本品既能杀虫，又有泻下作用，使虫体得以排出，用治虫积，常与槟榔、使君子等同用。

【用法用量】煎服，马、牛 15～25 g，猪、羊 3～9 g。

【使用注意】孕畜及体虚者禁用。

【现代研究】

主要成分：本品含牵牛子苷、牵牛子酸甲、没食子酸及脂肪油等。

药理研究：牵牛子苷在肠内遇胆汁及肠液分解出牵牛子素，刺激肠道，增进蠕动，导致强烈的泻下。对人体有毒性，大量使用除直接引起呕吐、腹痛、腹泻及黏液血便外，还可刺激肾脏，引起血尿，严重者可损及神经系统，发生语言障碍、昏迷等。

续随子(千金子)

为大戟科植物续随子的干燥成熟种子。打碎生用或制霜用。主要产于浙江、河北、河南等地。

【性味归经】辛，温。有毒。入肝、肾经。

【功效】泻下逐水，破血散瘀。

【应用】本品泻下逐水的作用较强，且能利尿，可用于二便不利之水肿实证，常与大黄、大戟、牵牛子、木通等同用。本品又能破血散瘀，用于血瘀之证，常与桃仁、红花等配伍。

【用法用量】煎服，马、牛 10～20 g，猪、羊 2～6 g。

【现代研究】

主要成分：本品含脂肪油 40%～50%，油中分离出千金子甾醇、巨大戟萜醇-

20-棕榈酸酯等、含萜的酯类化合物。又含白瑞香素、续随子素、马栗树皮苷等。

药理研究：种子中的脂肪油，新鲜时无色、无味，但可很快变恶臭而有强辛辣味，对胃肠有刺激，可产生峻泻，作用强度为蓖麻油的 3 倍，致泻成分为千金子甾醇。山羊食此植物后，在其乳汁中含有此种毒性物质。

甘　遂

为大戟科多年生草本植物甘遂的块根。主产于陕西、山西、河南等地。秋末或春初采挖。撞去外皮，晒干。醋制过用。

【性味归经】苦，寒。有毒。归肺、肾、大肠经。

【功效】泻水逐饮，消肿散结。

【应用】

▷ 用于水肿，臌胀，胸胁停饮等证。本品苦寒性降，泻水逐饮力峻，药后可连续泻下，使潴留水饮排泄体外。凡水肿，大腹臌胀，胸胁停饮，正气未衰者，均可用之。可单用研末服，或与牵牛子同服，或与大戟、芫花为末，枣汤送服，如十枣汤。

▷ 用于风痰癫痫。甘遂尚有逐痰涎作用，可用于风痰癫痫之证。以甘遂为末，入猪心煨后，与朱砂末为丸服，如遂心丹。

▷ 用于疮痈肿毒。本品外用能消肿散结。治疮痈肿毒，可用甘遂末水调外敷。

【用法用量】入丸散服，马、牛 15～25 g，猪、羊 2～6 g。外用适量。内服醋制用，以减低毒性。

【使用注意】虚弱动物及孕畜忌用。反甘草。

【现代研究】

主要成分：本品含四环三萜类化合物 α-大戟醇、γ-大戟醇、甘遂醇、大戟二烯醇。此外，尚含棕榈酸、柠檬酸、鞣质、树脂等。

药理研究：本品醇浸膏对小鼠有明显泻下作用，能刺激肠黏膜，引起炎性充血和蠕动增加，造成峻泻。其毒副作用大，可引起呼吸困难、血压下降等。醋制后其泻下作用和毒性均有减轻。

大　戟

为茜草科植物红芽大戟（红大戟）和大戟科植物大戟（京大戟）的干燥根。切片生用或醋炒用。主要产于广西、云南、广东等地。

【性味归经】苦，寒。有毒。入肺、大肠、肾经。

【功效】泻水逐饮，消肿散结。

【应用】

▷ 京大戟泻水逐饮的功效较好，适用于水饮泛滥所致的水肿喘满，胸腹积水等证，常与甘遂、牵牛子等配合，如大戟散。

▷ 红大戟消肿散结的功效较好，多用于热毒壅滞所致的疮黄肿毒等证。

【用法用量】煎服，马、牛 10～15 g，猪、羊 2～6 g。

【使用注意】孕畜及体虚者忌用。反甘草。

【现代研究】

主要成分：本品含大戟苷、生物碱、树胶、树脂等。

药理研究：泻下作用，京大戟的泻下与毒性作用均大于红大戟。红大戟对痢疾杆菌、肺炎双球菌、溶血性链球菌有抑制作用。本品毒性大，中毒后腹痛、腹泻，重者可因呼吸麻痹致死。动物实验证明，本品如与甘草配伍，毒性增加。

芫　花

为瑞香科植物芫花的干燥花蕾。生用或醋炒用。主产于陕西、安徽、江苏、浙江、四川、山东等地。

【性味归经】苦，寒。有毒。入肺、大肠、肾经。

【功效】泻水逐饮，祛痰止咳。

【应用】

▷ 本品泻水逐饮之功效与大戟、甘遂类似，而作用稍次，以泻胸胁之水饮积聚见长，适用于胸胁积水，水草肚胀等证，常与大戟、甘遂、大枣等同用。

▷ 用于痰壅气逆、咳嗽痰喘之证。常与大枣同煎。

▷ 本品外用尚能杀虫治癣。

【用法用量】煎服，马、牛 15～25 g，猪、羊 2～6 g。

【使用注意】孕畜及体虚者忌用。反甘草。

【现代研究】

主要成分：本品含芫花素、羟基芫花素、芫根苷、芹菜素，另含谷甾醇、苯甲酸等。

药理研究：芫花水浸剂、煎剂及醇浸剂有兴奋离体兔回肠的作用，能使肠蠕动增加，张力提高，加大剂量则呈抑制作用。煎剂有利尿作用。醋制芫花的醇水提取物对肺炎球菌、溶血性链球菌、伤寒杆菌有抑制作用，水浸液对黄癣菌、大芽胞菌、铁锈色小芽胞菌、星状皮癣菌等皮肤真菌有抑制作用。芫花有镇静、镇咳、祛痰作用。芫花素能引起犬的子宫收缩。芫花与甘草合用，毒性有增强倾向。

商　陆

为商陆科植物商陆的干燥根。生用或醋炒用。主产于河南、安徽、湖北等地。

【性味归经】苦,寒。有毒。入肺、大肠、肾经。

【功效】泻下利水,消散肿毒。

【应用】

▷ 本品苦寒沉降,通利二便,长于利水,用于水肿胀满、粪便秘结、小便不利之实证,常与大戟、甘遂等同用。

▷ 本品消散肿毒,外用治痈疮肿毒,常以鲜品捣烂外敷。

【用法用量】煎服,马、牛 15～30 g,猪、羊 2～6 g。

【使用注意】脾胃虚弱者,孕畜忌用。

【现代研究】

主要成分:本品含商陆碱、三萜皂苷、加利果酸、生物碱和大量硝酸钾。

药理研究:有利尿作用,但用量过大则引起心脏抑制。其生物碱部分有镇咳作用。对痢疾杆菌、肺炎双球菌有不同程度的抑制作用。

巴　豆

为大戟科植物巴豆的干燥成熟种子。生用、炒焦用或制霜用。主要产于四川、广东、云南、广西等地。

【性味归经】辛,热。有大毒。入胃、大肠、肺经。

【功效】泻下寒积,逐水退肿,祛痰蚀疮。

【应用】

▷ 本品药性猛烈,为温通峻下药,用于里寒冷积便秘,常与干姜、大黄同用。

▷ 本品具有强烈的泻下作用,可消除水肿,适用于体质壮实的水肿、腹水,常与杏仁等配伍。

【用法用量】入丸散剂。巴豆霜:马、牛 5～10 g,猪、羊 1.5～3 g。

【使用注意】孕畜及泌乳期母畜忌用。畏牵牛子。

【现代研究】

主要成分:本品含巴豆油 34%～57%,其中含巴豆油酸和甘油酯。油中尚含巴豆醇二酯和多种巴豆醇三酯。此外,还含巴豆毒素、巴豆苷、生物碱、β-谷甾醇等。

药理研究:巴豆油外用,对皮肤有强烈刺激作用。口服半滴至一滴,即能产生口腔及胃黏膜的烧灼感及呕吐,短时期内可有多次大量水泻,伴有剧烈腹痛和里急后重。巴豆煎剂对金黄色葡萄球菌、白喉杆菌、绿脓杆菌均有不同程度的抑制作用。巴豆提取物对小鼠 S180 肉瘤、艾氏腹水癌等有明显的抑制作用。巴豆油、巴豆树脂和巴豆醇酯类有弱的致癌活性。

二、泻　下　方

以泻下药为主组成，具有通导大便，排除胃肠积滞，消除脏腑实热和体内水饮的作用，用以治疗里实证的方剂，称为泻下方，也称攻里方。

泻下剂的主要作用是攻逐里实。根据病邪性质的不同及畜体体质情况的差异，泻下剂常分为攻下、润下、攻补兼施和峻下逐水等类。临床应用时，必须根据病畜正气的强弱、邪气的盛衰，选择适当的泻下剂。但孕畜、老龄阴虚体弱的患畜，应忌服峻下剂。

大承气汤(《伤寒论》)

【组成】大黄 60～90 g(后下)　芒硝 150～300 g(冲服)　厚朴 30 g　枳实 30 g

水煎温服或为末冲服。芒硝于服前溶于药内，加水量宜大。

【功效】泄热攻下，消积通肠。

【主治】结症。症见粪便秘结，腹部胀满，二便不通，口干舌燥，苔厚而干，脉沉实。

【方解】本方为寒凉攻下的基础方。由于大肠气机阻滞，则肠胀积滞；脏腑积热伤津，则粪便燥结不下。故以行气破结，急下存阴之法，以除有形之实邪。方中大黄苦寒泄热通便为主药；辅以芒硝咸寒软坚润燥，厚朴、枳实宽中破气，消积导滞，行气散结为佐药。四药相合，共成峻下之功。

【临床应用】常用于马属动物之大肠便秘。应用时可根据病情加减化裁，如加槟榔、油类等。对老龄体虚，肠燥津枯之结症，可用本方减厚朴、枳实，加玄参、麦冬、生地，成为攻补兼施之剂，名增液承气汤(《温病条辨》)；本方减芒硝，名小承气汤(《伤寒论》)，为轻下热结之剂，主治痞、满、实而不燥之阳明腑实证；本方减厚朴、枳实，加甘草，名调胃承气汤(《伤寒论》)，有缓下热结之功，用于阳明腑实内结而不痞满者。本方减量可用于治疗猪、犬之便秘。由于地区不同及患畜体质的差异，芒硝及槟榔的用量应酌情而定。

马价丸(《元亨疗马集》)

【组成】木香 20 g　槟榔 20 g　青皮 25 g　大黄 60 g　芒硝 120 g(冲服)　牵牛子 60 g　三棱 30 g　木通 15 g　郁李仁 30 g

共为末，开水冲，候温加葱白数根、白酒 120 mL，同调灌服。

【功效】行气化积，泄热通便。

【主治】马属动物结症。

【方解】本方为治疗马大肠粪结之剂。方中大黄、芒硝泄热攻逐结粪为主药；辅以牵牛子、槟榔助主药攻逐泻下；木香、青皮、三棱、葱白、白酒疏利滞气、行血，可助结粪推下，且能止痛，郁李仁润下滑肠，皆为佐药；木通利尿，引药下行，为使药。诸药合用，共成攻逐泻下之功。

【临床应用】古籍中有多方是以马价丸为方名的。本方选自《元亨疗马集》经验良方中治马七结的马价丸。本方用于马属动物大肠便秘，比较安全，也可随证加减，若继发胀肚，可加莱菔子、厚朴、砂仁等以理气消胀；病久体虚者，加党参、当归、甘草、大枣以扶助正气；伤津甚者，加玄参、生地、麦冬等以滋阴润燥。

当归苁蓉汤（《中兽医诊疗经验·第二集》）

【组成】当归 200 g　肉苁蓉 100 g　番泻叶 60 g　广木香 15 g　厚朴 30 g　炒枳壳 30 g　醋香附 30 g　瞿麦 15 g　通草 10 g　神曲 60 g

水煎取汁，候温加麻油 250～500 g，同调灌服。

【功效】润燥滑肠，理气通便。

【主治】老弱、久病、体虚患畜之结症。

【方解】本方为治疗马大肠燥结的润下剂。方中以当归补血润肠，肉苁蓉补肾润肠为主药；辅以番泻叶泄热通便；麻油润肠通下，木香、香附、厚朴、枳壳通行滞气，助主药理气通便，瞿麦、通草利尿以清燥粪所化之热，皆为佐药。

【临床应用】此方药性平和，马的一般结症都可应用，但偏于治疗老弱久病及胎产家畜的结症。用时可随证加减，体瘦气虚者加黄芪；孕畜去瞿麦、通草，加白芍。

温脾汤（《备急千金要方》）

【组成】大黄 60 g　芒硝 200 g　附子 50 g　干姜 40 g　当归 50 g　党参 50 g　甘草 20 g

水煎服，大黄后下，芒硝溶化，温服；或共为末，开水冲，后入芒硝，温服。

【功效】攻下寒积，温补脾阳。

【主治】肠腑寒结，脾阳不振。症见粪便秘结，腹痛起卧，口鼻肢端凉，口内滑利，口色淡白，脉沉迟。

【方解】本方为脾阳虚弱，寒结积聚之里虚寒实证而设。方中大黄、芒硝攻下通结为主药；党参、附子、干姜温补脾阳，振奋运化推导之力，促使结粪后送，为辅药；当归养血润燥为佐药；甘草调和诸药为使药。诸药配合，寒热同用，攻补兼施，标本相顾，则里虚寒实之证当解。

【临床应用】本方为应用温下法治疗寒结之代表方剂。使用时可加减化裁。

如肚腹胀满，加厚朴、木香、乌药等；水饮积聚，加苍术、槟榔等。

十枣汤(《伤寒论》)

【组成】大枣 150 g　大戟、甘遂、芫花各等份

后三味共为细末，每服 30～60 g，大枣煎汤调服。

【功效】攻逐水饮。

【主治】胸腹积水，属实症者。

【方解】本方为峻下逐水剂，用以治疗水肿，胸腹水饮。方中大戟善泻脏腑水湿，芫花善消胸胁伏饮、痰癖，甘遂善行经络水湿，共为主药；三药皆有毒性，其攻逐力猛，易伤正气，故重用大枣益气健脾，使脾气健旺而制水，又能缓和主药的毒性，为佐药。各药相合，攻逐水饮。

【临床应用】本方适用于胸腹积水症。老龄体虚及妊娠母畜忌服。

第四节　消导药及方剂

一、消　导　药

凡以消积导滞、促进消化、治疗饮食积滞为主要作用的药物，称为消导药，又叫消食药。

消食药多味甘性平，主归脾胃二经，功能消化饮食积滞、开胃和中。主要用治饮食积滞，脘腹胀满、嗳腐吞酸、恶心酸吐、不思饮食、大便失常等脾胃虚弱的消化不良证。

使用本类药物，应根据不同的病情予以适当配伍。若宿食停积、脾胃气滞者，当配理气药以行气导滞。若脾胃气虚、运化无力者，须配健脾益胃药以标本兼顾、消补并用。若素体脾胃虚寒者，宜配温里药以温运脾阳、散寒消食。若兼湿浊中阻者，宜配芳香化湿药以化湿醒脾、消食开胃。若食积化热，可配苦寒攻下药以泄热化积。

山　楂

为蔷薇科落叶灌木或小乔木山里红、山楂或野山楂的果实。前两种习称“北山楂”，后一种称“南山楂”。秋季果实成熟时采收，北山楂切片，干燥，南山楂直接干燥。生用或炒用。主产于河北、山东、辽宁、河南等地。

【性味归经】酸、甘，微温。归脾、胃、肝经。

【功效】消食化积，行气散瘀。

【应用】

▷ 用于肉食积滞证。本品有消积化滞之功，尤为消化油腻肉食积滞之要药。凡肉食积滞之脘腹胀满、嗳气吞酸、腹痛便溏者，单用煎服有效，或配莱菔子、神曲等同用。若治食积气滞、腹胀满痛较甚者，宜与青皮、枳实、莪术等同用。

▷ 用于泄痢腹痛，疝气痛。本品能行气止痛。治泄痢腹痛，可用焦山楂水煎服，亦可与木香、槟榔、枳壳等同用。治疝气作痛，可与橘核、荔枝核等同用。

▷ 用于瘀阻胸腹痛。本品性温能通行气息，有活血祛瘀止痛之功。治产后瘀阻腹痛、恶露不尽，可单用本品水煎服，或配川芎、当归、益母草等应用。若治瘀滞胸胁痛，可与川芎、桃仁、红花等同用。

现代单用本品制剂治疗冠心病、高血压病、高血脂症、细菌性痢疾等，均有较好的疗效。

【用法用量】煎服，马、牛 20～45 g，猪、羊 10～15 g。生山楂消食散瘀，焦山楂止泻止痢。

【现代研究】北山楂含酒石酸、柠檬酸、山楂酸、黄酮类、内酯、糖类及苷类等。野山楂含柠檬酸、鞣质、皂苷、果糖、维生素 C 等。

山楂能增加胃中消化酶的分泌，促进消化。所含脂肪酶可促进脂肪分解。所含多种有机酸能提高蛋白酶的活性，使肉食易被消化。山楂有收缩子宫、强心、抗心律失常、增加冠脉血流量、扩张血管、降低血压、降血脂等作用，对痢疾杆菌及大肠杆菌有较强的抑制作用。

神　　曲

为用面粉和其它药物混合后经发酵而成的加工品。原主产于福建，现各地均产。

【性味归经】甘、辛，温。归脾、胃经。

【功效】消食和胃。

【应用】用于饮食积滞证。本品有消食健胃、和中止泻之功。常用治食滞脘腹胀满、食少纳呆、肠鸣腹泻者，可与山楂、麦芽、木香等同用。又本品略兼解表之功，故外感食滞者用之尤宜。此外，凡丸剂中有金石、贝壳类药物者，可用本品糊丸以助消化。

【用法用量】煎服，马、牛 20～60 g，猪、羊 10～15 g。

【现代研究】本品含酵母菌、酶类、维生素 B 复合体、麦角固醇、挥发油、苷类等。本品有促进消化、增进食欲的作用。

神曲另有一个品种称建曲，又名泉州神曲、范志曲、老范志神曲。为麦粉、麸皮、紫苏、荆芥、防风、厚朴、白术、木香、枳实、青皮等数十种药物经发酵专制而成，主产于福建泉州。性味苦微温。消食化积功效与神曲相似，并能理气化湿、健脾和中，还善用治暑湿泄泻、呕吐不食。用法用量与神曲同。

麦　芽

为禾本科一年生草本植物大麦的成熟果实经发芽干燥而成。全国各地均产。将麦粒用水浸泡后，保持适宜温度、湿度，待幼芽长至 0.5 cm 时，干燥。生用或炒用。

【性味归经】甘，平。归脾、胃经。

【功效】消食健胃，回乳消胀。

【应用】

▷ 用于米面食滞证。本品能促进淀粉性食物的消化。可与山楂、神曲、鸡内金等同用。若治小儿乳食停滞，单用本品煎服或研末服有效。若治脾虚食少，食后饱胀，可与白术、陈皮等同用。

▷ 用于断乳乳房胀痛。单用生麦芽或炒麦芽(或生、炒麦芽煎服有效)。

此外，本品兼能疏肝解郁，用于肝气郁滞或肝胃不和之胁痛、脘腹痛等，可与其它疏肝理气药同用。

【用法用量】煎服，马、牛 20～60 g，猪、羊 10～15 g。生麦芽功偏消食健胃，炒用多用于回乳消胀。

【使用注意】哺乳期母畜不宜使用。

【现代研究】本品含淀粉酶、转化糖酶、蛋白质分解酶、维生素 B、麦芽糖、葡萄糖、磷脂及微量大麦芽碱等。

本品所含消化酶及维生素 B 有助消化作用。麦芽煎剂对胃酸与胃蛋白酶的分泌有促进作用。所含淀粉酶不耐高温，煎剂消化淀粉的效力仅相当于粉剂的 1/3，炒黄后效价约丧失 1/2。生麦芽中所含麦角类化合物有抑制催乳素分泌的作用。麦芽浸膏口服有降低血糖的作用。

莱　菔　子

为十字花科一年生或二年生草本植物莱菔(萝卜)的成熟种子。各地均产。

【性味归经】辛、甘，平。归脾、胃、肺经。

【功效】消食除胀，降气化痰。

【应用】

▷ 用于食积气滞证。本品味辛能行散，消食化积之中，尤善行气消胀。故多用治食积气滞所致脘腹胀满、嗳气吞酸、腹痛等，常与山楂、神曲、陈皮等同用，如保和丸。若治食积泄痢，里急后重，可与木香、枳实、大黄等同用。

▷ 用于咳喘痰多、胸闷食少。本品有消食开胃、化痰止咳、降气平喘之功，可与白芥子、苏子等同用，如三子养亲汤。

【用法用量】煎服，马、牛 15～45 g，猪、羊 6～12 g。

【使用注意】本品辛散耗气，故气虚及无食积、痰滞者慎用。又不宜与人参同用。

【现代研究】本品含少量挥发油，并含芥子碱、芥子碱硫氰酸盐、莱菔子素以及生物碱、黄酮等。本品生用或炒用均能增强兔离体回肠的节律性收缩作用、抑制小鼠的胃排空作用、提高豚鼠胃幽门部环行肌紧张性和降低胃底纵行肌紧张性，炒用作用大于生用。炒莱菔子能明显对抗肾上腺素对兔离体回肠节律性收缩的抑制。本品水提物及所含芥子碱硫氰酸盐有显著的降压作用，其醇总提取物也有降压作用。本品水提物对葡萄球菌及大肠杆菌、痢疾杆菌、伤寒杆菌等杆菌有一定的抑制作用。水浸剂对多种致病性皮肤真菌有抑制作用。其水提物有一定的抗炎作用。

鸡 内 金

为雉科动物家鸡的砂囊内壁。剥离后，洗净晒干，研末，生用或炒用。

【性味归经】甘，平。归脾、胃、小肠、膀胱经。

【功效】消食健脾，涩精止遗。

【应用】

▷ 用于饮食积滞，疳积。本品有较强的消食化积作用，并能健运脾胃。广泛用于米面肉食等各种食滞证。病情较轻者，单用研末服有效。若治食积不化，脘腹胀满，可与山楂、麦芽、青皮等同用。治脾虚疳积，可与白术、山药、使君子等同用。

▷ 用于肾虚遗精、遗尿。治遗精，可与芡实、菟丝子、莲肉等同用。治遗尿，多与桑螵蛸、覆盆子、益智仁等同用。

此外，本品尚能通淋化石，可用治砂石淋证及胆结石等，多与金钱草同用。

【用法用量】煎服或研末服，马、牛 10～30 g，猪、羊 3～9 g。研末用效果比煎剂好。

【现代研究】本品含胃激素、角蛋白、氨基酸以及微量胃蛋白酶、淀粉酶等。

口服鸡内金粉后，胃液的分泌量、酸度和消化力均增高，胃运动加强、排空加快。其酸提取液或煎剂能加速从尿中排除放射性锶。

二、消 导 方

以消导药为主组成，具有消积导滞，健脾消食功效，用以治疗草料积滞，胃肠胀满，食积不化等症的方剂，称为消导方。

水谷停滞，往往是由于脾失健运，胃失和降而逐渐产生，引起家畜食欲减退，肚腹胀满、腹痛、腹泻等症。除重用山楂、神曲、麦芽等消导药外，还需配伍行气宽中及理气健脾的药物共同组成方剂。如积滞郁而化热，则宜配伍清热药；若脾胃虚弱，则宜配合补养药；积滞兼寒的，则又宜配伍祛寒药等。

消导方与泻下方都能驱除有形实邪。但下方一般用于急性有形实邪，是猛攻急泻的方剂；消导方一般用于慢性的积滞胀满，是一类渐消缓散的方剂。

保和丸（《丹溪心法》）

【组成】山楂 60 g　神曲 60 g　半夏 30 g　茯苓 30 g　陈皮 30 g　连翘 30 g　莱菔子 30 g

共为末，开水冲调，候温灌服。

【功效】消食和胃，清热利湿。

【主治】食积停滞。症见肚腹胀满，食欲不振，嗳气酸臭，或大便失常，舌苔厚腻，脉滑等。

【方解】本方为消食和胃之剂。由于饲养管理不当，喂多役少，饲喂无节，贪食过多，肠胃受伤，则脾运不及，影响肠胃的传化功能，于是水谷停积于胃肠，故有腹痛胀满或滞下等症出现。宜用平和之品，消而化之。方中山楂、神曲消食导滞为主药；辅以莱菔子消食下气，宽胸利膈，以增强主药消导作用；由于积滞往往化热生湿，故用陈皮、半夏、茯苓化湿和胃，连翘清热散结，共为佐使药。诸药相合，而成和胃消食之剂。

【临床应用】食积甚者，加麦芽、枳实、槟榔等。本方加白术，名大安丸，其功能消食补脾，主治脾虚食滞不化，粪便溏薄等症。

曲麦散（《元亨疗马集》）

【组成】神曲 60 g　麦芽 45 g　山楂 45 g　厚朴 30 g　枳壳 30 g　青皮 30 g　陈皮 30 g　苍术 30 g　甘草 15 g

共为末，开水冲，候温加生油 60 g，白萝卜一个，同调灌服。

【功效】消积化谷，破气宽肠。

【主治】料伤。症见精神倦怠，眼闭头低，拘行束步，四足如攒，口色鲜红。脉洪大。

【方解】“饮食自倍，肠胃乃伤”，谷料过多，饲喂无节，造成脾胃失职，宿谷难消，料毒积于胃肠，不能运化，于是脾气不得上升，胃气不得下降，因而水谷停滞，肚腹胀满。治宜消积化谷，破气宽肠。方中用神曲、山楂、麦芽消食化谷为主药；辅以青皮、厚朴、枳壳、萝卜行气宽肠，助主药消胀；陈皮、苍术理气健脾，使脾气能升，胃气得降，运化复常，皆为佐药；甘草和中协调诸药，为使药。

【临床应用】用于治疗马、牛料伤。若脾胃虚弱而草谷不消，则去青皮、生油、苍术，加白术、茯苓、木香、党参、山药、砂仁等以补气健脾。

木香导滞丸（《松崖医经》）

【组成】木香 20 g　槟榔 20 g　枳实 45 g　大黄 60 g　神曲 45 g　茯苓 30 g　黄芩 20 g　黄连 15 g　白术 20 g　泽泻 15 g

共为末，开水冲调，候温灌服。

【功效】调气导滞，清热利湿。

【主治】湿热、食积所致的下痢后重、草谷不化、粪便秘结等。

【方解】本方为调气导滞与清热利湿并用之剂。本方症是由于食积与湿热互结于肠胃，气机受阻所致。故以枳实破气消积导滞，大黄荡涤食积为主药；辅以木香、槟榔下气导滞，黄芩、黄连清热燥湿，茯苓、白术、泽泻、神曲渗湿和中均为佐使药。各药配合，积滞可去，湿热能清。

【临床应用】主治湿热积滞所致的下痢后重、腹胀、泄泻等症。

和胃消食汤（《牛经大全》）

【组成】刘寄奴 120 g　厚朴 45 g　青皮 45 g　木通 45 g　神曲 60 g　山楂 90 g　枳壳 30 g　槟榔 30 g　香附 30 g　茯苓 45 g　甘草 20 g

共为末，开水冲调，候温灌服。

【功效】消食和胃，理气和血。

【主治】牛宿草不转、腹胀、伤食泄泻等。

【方解】刘寄奴苦泄温通，活血理气为主药；厚朴、枳壳、青皮宽中行气、消食导滞，香附活血止痛，山楂、神曲、槟榔消食化积，共为辅药；茯苓健脾利湿，木通利水通便为佐药；甘草调和诸药为使药。诸药配合，共奏消食和胃，理气和血之功。

【临床应用】用于治疗牛的宿草不转，消化不良，肚腹胀痛，伤食泄泻等。

第五节　化痰止咳平喘药及方剂

一、化痰止咳平喘药

凡能祛痰或消痰，治疗“痰证”为主要作用的药物，称化痰药；以制止咳嗽、减轻哮鸣和喘息为主要作用的药物,称止咳平喘药。因化痰药每兼止咳、平喘作用,而止咳平喘药又每兼化痰作用,且病证上痰、咳、喘三者相互兼杂,故将化痰药与止咳平喘药合并介绍。

化痰药主治痰证,而痰又有寒痰、热痰、燥痰、湿痰之分,化痰药也相应因药性有温燥与凉润之别而分为温化寒痰药与清化热痰药两类。痰者,既是病理产物,又是致病因子,它"随气升降,无处不到",所以喘的痰证甚多,如痰阻于肺之哮喘痰多,痰蒙心窍之滑脉、胸痛,痰蒙清阳之眩晕,肝风夹痰之中风、惊厥,痰阻经络之肢体麻木、半身不遂、口眼歪斜,痰火互结之症病、瘿瘤,痰凝肌肉,流注骨节之阴疽流注等,皆可用化痰药治之。止咳平喘药,用于外感、内伤所致的各种咳嗽和喘息。

应用本节药物,除应根据病证不同,针对性地选择不同的化痰药及止咳平喘药外,因咳喘每多夹痰,痰多易发咳喘,故化痰、止咳、平喘三者常配伍同用。再则应根据痰、咳、喘的不同病因病机而配伍,以治病求本,标本兼顾:如外感而致者,当配解表散邪药;火热而致者,应配清热泻火药;里寒者,配温里散寒药;虚劳者,配补虚药。此外,如痰厥、惊厥、眩晕、昏迷者,则当配平肝息风、开窍、安神药;痰核、瘰痰、瘰瘤者,配软坚散结之品;阴疽流注者,配温阳通滞散结之品。

某些温燥之性强烈的刺激性化痰药,凡痰中带血等有出血倾向者,宜慎用;麻疹初起有表邪之咳嗽,不宜单投止咳药,当以透解清宣为主,以免恋邪而致久喘不已及影响麻疹之透发,对收敛性及温燥之药尤为所忌。

(一)化痰药　本节中的温化寒痰药,药性多温燥,有温肺祛痰,燥湿化痰之功;清化热痰药,药性多寒凉,有清化热痰之功,部分药物质润,兼能润燥,部分药物味咸,兼能软坚散结。

温化寒痰药主治寒痰、湿痰证,如咳嗽气喘、痰多色白,苔腻之证,以及由寒痰、湿痰所致的眩晕、肢体麻木、阴疽流注等。清化热痰药主治热痰证,如咳嗽气喘,痰黄质稠者,其中痰干稠难咳,唇舌干燥之燥痰证,宜选质润之润燥化痰药,其它如痰热痰火所致的癫痫、中风惊厥、瘿瘤瘰疬等,均可以清化热痰药用之。

应用时除分清不同痰证而选用不同的化痰药外,应据成痰之因,审因论治。"脾为生痰之源",脾虚则津液不归正化而聚湿生痰,故常配健脾燥湿药同用,以标本兼顾,又因痰易阻滞气机,"气滞则痰凝,气行则痰消",故常配理气药同用,以加强化痰之功。

温燥之性的温化寒痰药,不宜用于热痰、燥痰之证;药性寒凉的清化热痰药、润燥化痰药,则寒痰与湿痰证不宜用。

半　夏

为天南星科多年生草本植物半夏的块茎。夏、秋两季茎叶茂盛时采挖，除去外皮及须根，晒干，为生半夏，一般用姜汁、明矾制过入药。我国大部分地区均有。主产于四川、湖北、江苏、安徽等地。

【性味归经】辛，温。有毒。归脾、胃、肺经。

【功效】燥湿化痰，降逆止呕，消痞散结；外用消肿止痛。

【应用】

▷ 用于湿痰，寒痰证。本品辛温而燥，为燥湿化痰，温化寒痰之要药。尤善治脏腑之湿痰。治痰湿阻肺之咳嗽气逆，痰多质稠者，常配橘皮同用，如二陈汤；治湿痰内盛，胃气失和而夜寐不安者，配秫米以化痰和胃安神。

▷ 用于胃气上逆呕吐。半夏为止呕要药。各种原因的呕吐，皆可随证配伍用之，对痰饮或胃寒呕吐尤宜，常配生姜同用，如小半夏汤。若胃热呕吐，则配黄连；胃阴虚呕吐，则配石斛、麦冬；胃气虚呕吐，则配人参、白蜜，如大半夏汤。

▷ 用于肚腹胀满。半夏辛开散结，化痰消痞。治肚腹胀满，常配干姜、黄连、黄芩，以苦辛通降，消痞散结，如半夏泻心汤。

▷ 用于瘿瘤痰核、痈疽肿毒及毒蛇咬伤等。本品内服能消痰散结，外用能消肿止痛。治瘿瘤痰核，配昆布、海藻、贝母等；治痈疽发背、无名肿毒、毒蛇咬伤，以生品研末调敷或鲜品捣敷。

【用法用量】煎服，马、牛 15～30 g，猪、羊 3～10 g，犬 1～5 g。

【使用注意】反乌头。其性温燥，一般而言阴虚燥咳，血证，热痰，燥痰应慎用。然经过配伍热痰证亦可用之。

【现代研究】

主要成分：本品含 β-谷甾醇、葡萄糖苷，多种氨基酸和挥发油，皂苷，辛辣性醇类，胆碱，左旋麻黄碱等生物碱及少量脂肪、淀粉等。

药理研究：①其对咳嗽中枢有镇静作用，可解除支气管痉挛，并使支气管分泌减少而有镇咳祛痰作用；②可抑制呕吐中枢而止呕；③所含葡萄糖醛酸的衍化物，有显著的解毒作用；④半夏对小鼠有明显的抗早孕作用，煎剂可降低兔眼内压。

天 南 星

为天南星科多年生草本植物天南星、异叶天南星或东北天南星的块茎。秋、冬两季采挖，除去须根及外皮，晒干，即生南星；用姜汁、明矾制过用，为制南星。天南星主产于河南、河北、四川等地，异叶天南星主产于江苏、浙江等地，东北天南星主产于辽宁、吉林等地。

【性味归经】苦、辛,温。有毒。归肺、肝、脾经。

【功效】燥湿化痰,祛风解痉;外用消肿止痛。

【应用】

▷ 用于湿痰,寒痰证。本品燥湿化痰功似半夏而温燥之性更甚,祛痰较强。治顽痰阻肺,咳喘胸闷,常配半夏、枳实等,如导痰汤;若属痰热咳嗽,则须配黄芩、瓜蒌等清热化痰药用之。

▷ 用于风痰证,如眩晕、中风、癫痫、口眼斜及破伤风等。本品专走经络,善祛风痰而止痉。治风痰眩晕,配半夏、天麻等;治风痰留滞经络,瘫痪、四肢麻木、口眼歪斜等,则配半夏、川乌、白附子等,如青州白丸子;治破伤风角弓反张,痰涎壅盛,则配白附子、天麻、防风等,如玉真散。

▷ 用于痈疽肿痛,毒蛇咬伤等。本品外用有消肿散结止痛之功。治痈疽肿痛、痰核,可研末醋调敷;治毒蛇咬伤,可配雄黄外敷。

此外,近年来以生南星内服或局部应用治癌肿有一定效果,尤以子宫颈癌更为多用。

【用法用量】煎服,马、牛 15～25 g,猪、羊 3～10 g,犬 1～2 g。

【使用注意】阴虚燥痰及孕畜忌用。

【现代研究】

主要成分:本品主含三萜皂苷、安息香酸、氨基酸、*D*-甘露醇等,近年分离得二酮哌嗪类生物碱,为抗心律失常的有效成分。

药理研究:①煎剂具有祛痰及抗惊厥、镇静、镇痛作用;②水提取液对小鼠实验性肿瘤(S180 肉瘤、肝癌、鳞状上皮型子宫颈癌移植于鼠者)有明显抑制作用;③二酮哌嗪类生物碱能对抗乌头碱所致的实验性心律失常;④动物实验证明,其所含皂苷能刺激胃黏膜,反射性引起支气管分泌增加,而起到祛痰作用。

[附药] 胆南星

为天南星用牛胆汁拌制而成的加工品。药性苦、微辛,凉;归肝胆经。功能清热化痰,息风定惊。主治中风、癫痫、惊风、头风眩晕、痰火咳喘等证。

白 芥 子

为十字花科植物白芥的种子。主产于安徽、河南等地。

【性味归经】辛、温。入肺经。

【功效】温肺化痰,散结止痛。

【应用】

▷ 本品辛散利气,温肺祛痰。用治寒痰停滞,咳嗽气喘,常与苏子、莱菔子同用,如三子养亲汤;如系痰饮停滞胁痛,可与甘遂、大戟等配伍。

▷ 散结止痛,祛经络之痰。用治痰湿阻滞经络所致的肢体关节疼痛,常与桂枝、白附子等同用。

【用法用量】煎服,马、牛 15～45 g,猪、羊 3～12 g。

【使用注意】肺虚久咳及无寒痰停滞者忌用。

桔　　梗

为桔梗科多年生草本植物桔梗的根。春、秋两季采挖,除去须根,剥去外皮或不去外皮,切片,晒干生用。全国大部分地区均有。以东北、华北地区产量较大,华东地区质量较优。

【性味归经】苦、辛,平。归肺经。

【功效】宣肺化痰,利咽,排脓。

【应用】

▷ 用于肺气不宣的咳嗽痰多,胸闷不畅。本品辛散苦泄,宣开肺气,化痰利气,无论属寒属热皆可应用。风寒者,配紫苏、杏仁,如杏苏散;风热者,配桑叶、菊花、杏仁,如桑菊饮;若胸膈痞闷,痰阻气滞,升降失司者,配枳壳以升降气机,理气宽胸。

▷ 用于咽喉肿痛。本品能宣肺利咽。凡外邪犯肺,咽喉肿痛者,配射干、马勃、板蓝根等以清热解毒利咽。

▷ 用于肺痈咳吐脓痰。本品性散上行,能利肺气以排壅肺之脓痰。治肺痈咳而胸满,时出浊唾腥臭,久久吐脓者,配甘草用之,如桔梗汤(《金匮要略》)。临床上常配以鱼腥草、冬瓜仁等以加强清肺排脓之效。

此外,又可以其宣开肺气而通二便,用治癃闭、便秘。

【用法用量】煎服,马、牛 15～45 g,猪、羊 3～10 g,犬 2～5 g,兔、家禽 1～1.5 g。

【使用注意】本品性升散,凡气机上逆,呕吐、呛咳,眩晕,阴虚火旺咳血等,不宜用。用量过大易致恶心呕吐,又因桔梗皂苷有溶血作用,不宜作注射给药。

【现代研究】

主要成分:本品含多种皂苷,主要为桔梗皂苷,另外还含菊糖、植物甾醇等。

药理研究:①能反射性增加气管分泌,稀释痰液而有较强的祛痰作用,并有镇咳作用;②桔梗皂苷有抗菌消炎作用,并能抑制胃液分泌和抗溃疡;③有解痉、镇痛、镇静、降血糖、降血脂等作用;④桔梗皂苷有很强的溶血作用,但口服能在消化道中分解破坏而失去溶血作用。

旋 复 花

为菊科多年生草本植物旋复花或欧亚旋复花的头状花序。夏、秋两季花开时采收，除去杂质，阴干或晒干。生用或蜜炙用。主产于河南、河北、江苏、浙江、安徽等地。

【性味归经】苦、辛、咸，微温。归肺、胃经。

【功效】降气化痰，降逆止呕。

【应用】

▷ 用于咳喘痰多及痰饮蓄结胸膈痞满等。本品苦降辛开，化痰下气。降气化痰而平咳喘，化痰利水而除痞满。治寒痰咳喘，配苏子、半夏；若属痰热者，则配桑白皮、瓜蒌以清热化痰；若顽痰胶结，胸中满闷者，则配海浮石、海蛤壳等以化痰软坚。

▷ 用于嗳气，呕吐。本品不仅降肺气，又善降胃气而止呕吐。治痰浊中阻，胃气上逆而嗳气呕吐者，配代赭石、半夏、生姜等，如旋复代赭汤。

此外，还可用于胸胁痛。本品有活血通络之功，常配香附等同用，如香附旋复花汤。

【用法用量】煎服，马、牛 15～30 g，猪、羊 6～12 g，犬 3～6 g。

【使用注意】阴虚劳嗽，津伤燥咳者忌用；又因本品有绒毛，易刺激咽喉作痒而致呛咳呕吐，故须布包入煎。

【现代研究】

主要成分：本品含黄酮苷，旋复花甾醇 A、B、C，葡萄糖，槲皮素等。

药理研究：所含黄酮苷对组胺引起的动物支气管痉挛有缓解作用，并有较弱的利尿作用。

白 前

为萝藦科多年生草本植物柳叶白前或芫花叶白前的根茎及根。秋季采挖，洗净。晒干生用或蜜炙用。主产于浙江、安徽、福建、湖北、江西、湖南等地。

【性味归经】辛、苦，微温。归肺经。

【功效】降气化痰。

【应用】本品既可祛痰以除肺气之壅实，又能止咳嗽以制肺气之上逆，颇有标本兼治之长，凡肺气壅塞、痰多诸证，均可应用。偏寒者，常与紫菀、半夏同用；偏热者，常与桑白皮、地骨皮配伍；外感咳嗽，可与荆芥、桔梗、陈皮等同用，如止嗽散。

【用法用量】煎服，马、牛 20～35 g，猪、羊 3～12 g，家禽 1～2 g。

【现代研究】

主要成分：柳叶白前含皂苷，芫花叶白前含三萜皂苷。

药理研究:所含皂苷有祛痰作用。

前　胡

为伞形科多年生草本植物白花前胡或紫花前胡的根。冬季至次春茎叶枯萎或未抽花时采挖,除去须根,晒干,切片生用或蜜炙用。前者主产于浙江、湖南、四川等地,后者主产于江西、安徽等地。

【性味归经】辛、苦,微寒。归肺经。

【功效】降气化痰,宣散风热。

【应用】

▷ 用于咳喘痰多色黄者。本品苦能泄降,寒能清热,宜于痰热阻肺,肺气失降者,常配杏仁、桑皮、贝母等;用于寒痰湿痰证,常与白前相须为用。

▷ 用于外感风热咳嗽有痰者。本品味辛性寒,能发散风热,宣肺气,化痰止嗽,常配伍桑叶、牛蒡子、桔梗等同用;若属风寒咳嗽,则配伍荆芥、紫菀等同用。

【用法用量】煎服,马、牛 15～30 g,猪、羊 6～12 g,家禽 1～3 g。

【使用注意】阴虚咳嗽,寒痰咳嗽者均不宜用。

【现代研究】

主要成分:白花前胡含挥发油及白花前胡内酯甲、乙、丙、丁,紫花前胡含挥发油、前胡苷、前胡素、伞形花内酯、甘露醇等。

药理研究:①紫花前胡煎剂,麻醉猫口服,能明显增强呼吸道分泌,而有较好的祛痰作用,且作用时间长,其效力与桔梗相当;②前胡煎剂对流感病毒有抑制作用;③白花前胡素能增加冠状动脉流量,但不影响心率和收缩力。

瓜　蒌

为葫芦科多年生草质藤本植物栝楼和双边栝楼的成熟果实。秋季采收,将壳与种子分别干燥生用,或以仁制霜用。全国均有,主产于河北、河南、安徽、浙江、山东、江苏等地。

【性味归经】甘、微苦,寒。归肺、胃、大肠经。

【功效】清热化痰,宽胸散结,润肠通便。

【应用】

▷ 用于痰热咳喘。本品有清肺化痰之功。单以本品治幼畜膈热,咳嗽痰喘,久延不愈者,临床常配知母、浙贝母等同用。若痰热内结,咳痰黄稠,胸闷而大便不畅者,又可配以黄芩、胆南星、枳实等,如清气化痰丸。

▷ 用于肺痈、肠痈、乳痈等。本品能消肿散结。治肺痈咳吐脓血,则配鱼腥草、芦根等同用；治肠痈，则配败酱草、红藻等同用；治乳痈初起，红肿热痛，配当归、乳香、没药，亦可配蒲公英、金银花、牛蒡子等同用。

▷ 用于肠燥便秘。瓜蒌仁有润肠通便之功，常配火麻仁、郁李仁等同用。

【用法用量】煎服，马、牛 30～60 g，猪、羊 12～15 g，犬 6～8 g，家禽 0.5～1.5 g。

【使用注意】本品甘寒而滑，脾虚便溏及湿痰、寒痰者忌用。反乌头。

【现代研究】

主要成分：本品含三萜皂苷、有机酸及盐类、树脂、糖类和色素。种子含脂肪油、皂苷等。瓜蒌皮含多种氨基酸及生物碱等。

药理研究：①所含皂苷及皮中总氨基酸有镇咳祛痰作用；②瓜蒌注射液对豚鼠离体心脏有扩冠作用；③对垂体后叶引起的大鼠急性心肌缺血有明显的保护作用；④有降血脂作用；⑤对金色葡萄球菌、肺炎双球菌、绿脓杆菌、溶血性链球菌及流感病毒等有抑制作用；⑥瓜蒌仁有致泻作用。

川　贝　母

为百合科多年生草本植物川贝母、暗紫贝母、甘肃贝母或棱砂贝母的鳞茎。前三者按不同性状习称“松母”和“青贝”，后者称“炉贝”。夏、秋两季采挖，除去须根、粗皮，晒干，生用。主产于四川、云南、甘肃等地。

【性味归经】苦、甘，微寒。归肺、心经。

【功效】清热化痰，润肺止咳，散结消肿。

【应用】

▷ 用于虚劳咳嗽，肺热燥咳。本品性寒味微苦，能清肺泄热化痰，又味甘质润能润肺止咳，尤宜于内伤久咳、燥痰、热痰之证。用于肺虚劳咳，阴虚久咳有痰者，常配沙参、麦冬等养阴润肺化痰止咳；治肺热肺燥咳嗽，常配知母以清肺润燥化痰止咳，如二母丸。

▷ 用于瘰疬疮肿及乳痈、肺痈。本品能清热解郁化痰散结。治痰火郁结之瘰疬，配玄参、牡蛎等以化痰软坚消瘰疬，如消瘰丸；治热毒壅结之乳痈、肺痈，常配蒲公英、鱼腥草等以清热解毒，消肿散结。

【用法用量】煎服，马、牛 15～30 g，猪、羊 3～10 g，犬 1～2 g，家禽 0.5～1 g。

【使用注意】脾胃虚寒及有湿痰者忌用。反乌头。

【现代研究】

主要成分：本品含多种生物碱，如川贝母碱、西贝母碱、青贝母碱、炉贝母碱、松贝母碱等。

药理研究：①贝母总生物碱及非生物碱部分均有镇咳作用，川贝流浸膏、川贝母碱均有不同程度的祛痰作用,西贝母碱还有解痉作用;②猫静脉注射川贝母碱有降压作用,并有短暂的呼吸抑制,西贝母碱对麻醉犬也有降压作用;③贝母碱有使豚鼠离体子宫张力增加的作用;④贝母总碱有抗溃疡作用。

浙 贝 母

为百合科多年生草本植物浙贝母的鳞茎。初夏植株枯萎时采挖,洗净,擦去外皮,拌以煅过的贝壳粉,吸去浆汁,切厚片或打成碎块。原产于浙江象山,现主产地浙江鄞县。此外,江苏、安徽、湖南、江西等地亦产。

【性味归经】苦,寒。归肺、心经。

【功效】清热化痰,开郁散结。

【应用】

▷ 用于风热燥热痰热咳嗽。本品功似川贝母而偏苦泄。治风热咳嗽,常配桑叶、前胡等;治痰热郁肺之咳嗽,常配瓜蒌、知母等。

▷ 用于瘰疬,痈疡疮毒,肺痈等。本品能苦泄清热毒,开郁散结。治瘰疬结核,配玄参、牡蛎等,如消瘰丸;治疮痈,配连翘、蒲公英等;治肺痈,配鱼腥草、芦根等。

【用法用量】煎服,马、牛 15~30 g,猪、羊 3~10 g,犬 1~2 g,家禽 0.5~1 g。

【使用注意】同川贝母。

【现代研究】

主要成分:本品含浙贝母碱、去氢浙贝母碱、贝母醇等。

药理研究:浙贝母碱及去氢浙贝母碱有明显镇咳作用。浙贝母碱在低浓度下对支气管平滑肌有明显扩张作用,此外还有中枢抑制作用,有镇静、镇痛作用。

天 竺 黄

为禾本科植物青皮竹或华思劳竹等杆内分泌液干燥后的块状物。秋冬两季采收。砍破竹杆,取出生用。主产于云南、广东、广西等地。

【性味归经】甘,寒。归心、肝经。

【功效】清热化痰,清心定惊。

【应用】本品功专清热化痰,兼有清心定惊作用。用于痰热惊风,中风癫痫,热病神昏等心肝经痰热证。本品清化热痰之功与竹沥相似而无寒滑之弊,又兼清心定惊之功。治中风痰壅、癫痫等,常配黄连、菖蒲、郁金等;治肺热咳嗽痰多,常与瓜蒌、贝母等同用。

【用法用量】煎服,马、牛 20~45 g,猪、羊 6~10 g,犬 3~5 g。

【使用注意】非实热者忌用。

【现代研究】

主要成分:本品含甘露醇、硬脂酸、竹红菌甲素、竹红菌乙素及氢氧化钾、硅质等。

药理研究:竹红菌甲素具有明显的镇痛抗炎作用。

竹 沥

来源同竹茹。系新鲜的淡竹和青杆竹等竹杆经火烤灼而流出的淡黄色澄清液汁。

【性味归经】甘,寒。归心、肺、肝经。

【功效】清热豁痰,定惊利窍。

【应用】

▷ 用于痰热咳喘。本品性寒滑利,祛痰力强。治痰热咳喘,痰稠难咯,顽痰胶结者最宜,常配半夏、黄芩等,如竹沥达痰丸。

▷ 用于中风痰迷,惊痫癫狂等。本品入心肝经,善涤痰泄热而开窍定惊。治中风口噤,《千金方》以本品配姜汁饮之;治惊风,常配胆南星、牛黄等同用。

【用法用量】冲服,马、牛 20～45 g,猪、羊 6～10 g,犬 3～5 g。

【使用注意】本品性寒滑,对寒痰及便溏者忌用。

【现代研究】

主要成分:本品含有 10 余种氨基酸、葡萄糖、果糖、蔗糖以及愈创木酚、甲酚、苯酚、甲酸、乙酸、苯甲酸、水杨酸等。

药理研究:竹沥具有明显的镇咳、祛痰作用。

竹 茹

为禾本科多年生常绿乔木或灌木青杆竹、大头典竹或淡竹的茎的中间层。全年均可采制,取新鲜茎,除去外皮,将稍带绿色的中间层刮成丝条,或削成薄条,捆扎成束,阴干。生用或姜汁炙用。主产于长江流域和南方各地。

【性味归经】甘,微寒。归肺、胃经。

【功效】清热化痰,除烦止呕。

【应用】

▷ 用于痰热所致的咳嗽或烦躁不安等。竹茹甘寒,善清痰热。痰热除,肺气清肃则咳止;痰火清,心神得安则烦除,寐安。治肺热咳嗽,痰黄稠者,常配瓜蒌、桑白皮等同用;治痰火内扰心神烦躁不安者,配枳实、半夏、茯苓,如温胆汤。

▷ 用于胃热呕吐。本品能清胃止呕，常配黄连、半夏等同用。若胃虚有热而呕者，可配橘皮、生姜、人参等同用，如《金匮要略》橘皮竹茹汤。

此外，本品还有凉血止血作用，可用于吐血、衄血、崩漏等。

【用法用量】煎服，马、牛 20～45 g，猪、羊 6～10 g，犬 3～5 g。

【现代研究】竹茹粉对白色葡萄球菌、枯草杆菌、大肠杆菌、伤寒杆菌均有较强的抑制作用。

(二)止咳平喘药 本类药物其味或辛或苦或甘，其性或温或寒，其止咳平喘之理也就有宣肺、清肺、润肺、降肺、敛肺及化痰之别。而药物有的偏于止咳，有的偏于平喘，有的则兼而有之。

本类药物主治咳喘，而咳喘之证，病情复杂，有外感内伤之别，寒热虚实之异。临床应用时应审证求因，随证选用不同的止咳平喘药，并配伍相应的有关药物，不可见咳治咳，见喘治喘。

个别麻醉镇咳定喘药，因易成瘾，易恋邪，用之宜慎。

杏　　仁

为蔷薇科落叶乔木山杏、西伯利亚杏、东北杏或杏的成熟种子。夏季采收成熟果实，除去果肉及核壳，晒干，生用。主产于我国东北、内蒙古、华北、西北、新疆及长江流域。

【性味归经】苦，微温，有小毒。归肺、大肠经。

【功效】止咳平喘，润肠通便。

【应用】

▷ 用于咳嗽气喘。本品主入肺经。味苦能降，且兼疏利开通之性，降肺气之中兼有宣肺之功而达止咳平喘，为治咳喘之要药。随证配伍可用于多种咳喘病证。如风寒咳喘，配麻黄、甘草，以散风寒宣肺平喘，即三拗汤；风热咳嗽，配桑叶、菊花，以散风热宣肺止咳，如桑菊饮；燥热咳嗽，配桑叶、贝母、沙参，以清肺润燥止咳，如桑杏汤；肺热咳喘，配石膏等以清肺泄热宣肺平喘，如麻杏石甘汤。

▷ 用于肠燥便秘。本品含油脂而质润，味苦而下气，故能润肠通便。常配柏子仁、郁李仁等同用，如《世医得效方》五仁丸。

【用法用量】煎服，马、牛 25～45 g，猪、羊 5～15 g，犬 3～6 g。

【使用注意】阴虚咳嗽者忌用；本品有小毒，用量不宜过大。

【现代研究】

主要成分：本品含苦杏仁苷及脂肪油、蛋白质、各种游离氨基酸。

药理研究：苦杏仁苷分解后产生少量氢氰酸，能抑制咳嗽而起镇咳平喘作用。

过量中毒，可能致死，因苦杏仁口服后易在胃肠道分解出氢氰酸，故毒性比静脉注射大。苦杏仁油对蛔虫、钩虫及伤寒杆菌、副伤寒杆菌有抑制作用，且有润滑性通便作用。

［附药］甜杏仁

为蔷薇科植物杏或山杏的部分栽培种的成熟种子。性味甘平，功能润肺止咳。主要用于虚劳咳喘。

百　部

为百部科多年生草本植物直立百部、蔓生百部或对叶百部的块根。春、秋两季采挖，除去须根，洗净，置沸水中略烫或蒸至无白心，取出，晒干，切厚片生用，或蜜炙用。主产于安徽、江苏、湖北、浙江、山东等地。

【性味归经】甘、苦，微温，归肺经。

【功效】润肺止咳，杀虫。

【应用】

▷ 用于新久咳嗽，百日咳，肺痨咳嗽。本品甘润苦降，微温不燥，功专润肺止咳，无论外感内伤、暴咳、久嗽，皆可用之。治风寒咳嗽，配荆芥、桔梗、紫菀等，如止嗽散；若久咳不已，气阴两虚者，则配黄芪、沙参、麦冬等，如百部汤；治肺痨咳嗽，阴虚者配沙参、麦冬、川贝母等。现代临床以本品为主，配黄芩、丹参，治肺结核，对痰菌转阴及病灶的吸收均有一定疗效。治百日咳，可单用，亦可配贝母、紫菀、白前等同用。

▷ 用于蛲虫、阴道滴虫、头虱及疥癣等。本品有杀虫之功，可制成杀虫剂。治蛲虫病，以本品浓煎，内服；治阴道滴虫，可单用，或配蛇床子、苦参等煎汤外洗；治头虱、体虱及疥癣，可制成20％乙醇液，或50％水煎剂外搽。

【用法用量】煎服，马、牛15～30 g，猪、羊6～12 g，犬3～5 g。

【现代研究】

主要成分：本品含多种生物碱，如百部碱、百部定碱、原百部碱、次百部碱、直立百部碱、对叶百部碱、蔓生百部碱等，还含糖、脂类、蛋白质、琥珀酸等。

药理研究：①百部碱具有中枢性镇咳作用，对组胺所致的离体豚鼠支气管平滑肌有松弛作用；②水煎剂及醇浸剂对头虱、阴虱等均有明显杀灭作用，对鼠蛲虫有显著杀灭作用，对猪蛔虫、蛲虫、虱等有杀灭作用；③对人型结核杆菌有抑制作用，此外，对多种球菌、杆菌、皮肤真菌有抑制作用；④能降低亚洲甲型流感病毒对小鼠的致病力，对已感染的小鼠尚有治疗作用。

紫 菀

为菊科多年生草本植物紫菀的根及根茎。春、秋两季采挖,除去有节的根茎,编成辫状晒干,或直接晒干,切厚片生用,或蜜炙用。主产于河北、安徽及东北、华北、西北等地。

【性味归经】辛、甘、苦,温。归肺经。

【功效】润肺化痰止咳。

【应用】用于咳嗽有痰。本品甘润苦泄,辛温而不燥,主入肺经,长于润肺下气,开肺郁,化痰浊而止咳。凡咳嗽无论新久,寒热虚实,皆可用之。如风寒犯肺,咳嗽咽痒,配荆芥、桔梗等;若阴虚劳咳,痰中带血,则配阿胶、贝母等以养阴润肺化痰止嗽。此外,本品还可用于肺痈、肺痹及小便不通等证,盖取其宣开肺气之功。

【用法用量】煎服,马、牛 15～35 g,猪、羊 6～12 g,犬 2～5 g。

【现代研究】

主要成分:本品含紫菀皂苷、紫菀酮、槲皮素、无羁萜、表无羁萜醇、挥发油等。

药理研究:①煎剂及提取物有显著的祛痰镇咳作用;②对大肠杆菌、痢疾杆菌、伤寒杆菌、副伤寒杆菌、绿脓杆菌有一定抑制作用;③槲皮素有利尿作用;④表无羁萜醇对小鼠艾氏腹水癌有抗癌作用;⑤有溶血作用。

款 冬 花

为菊科多年生草本植物款冬的花蕾 12 月份或地冻前采挖,除去花梗,阴干,生用,或蜜炙用。主产于河南、甘肃、山西、陕西等地。

【性味归经】辛、微苦,温。归肺经。

【功效】润肺止咳化痰。

【应用】用于多种咳嗽。本品为治咳常用药,药性功效与紫菀相似,紫菀长于化痰,款冬花长于止咳,二者常相须而用。本品辛温而润,尤宜于寒嗽,常配麻黄等同用。若肺热咳喘,则配桑白皮、瓜蒌;若肺气虚而咳者,可配人参、黄芪同用;若阴虚燥咳,则配沙参、麦冬;咳喘日久痰中带血,常配百合同用,如百花膏;若肺痈咳吐脓痰,则配桔梗、薏苡仁等同用,如《疮疡经验全书》款花汤。

【用法用量】煎服,马、牛 15～45 g,猪、羊 3～10 g,犬 2～5 g。

【现代研究】

主要成分:本品含款冬二醇及其异构体阿里二醇、芸香苷、金丝桃苷、三萜苷、挥发油及鞣质等。

药理研究:①煎剂在动物试验中有镇咳作用;②醇提取液及煎剂有升血压作

用;③醚提取物能抑制胃肠平滑肌,有解痉作用;④对结核杆菌、金黄色葡萄球菌等多种细菌有抑制作用。

苏　子

为唇形科草本植物紫苏的成熟果实。秋季果实成熟时采收,晒干。生用或微炒,用时捣碎。主产于江苏、安徽、河南等地。

【性味归经】辛,温。归肺、大肠经。

【功效】降气化痰,止咳平喘,润肠通便。

【应用】

▷ 用于痰壅气逆,咳嗽气喘。本品长于降气化痰,气降痰消则咳喘自平。常配白芥子、莱菔子,即三子养亲汤。若上盛下虚之久咳痰喘,则配肉桂、当归、厚朴等温肾化痰下气之品,如苏子降气汤。

▷ 用于肠燥便秘。本品含油脂,能润燥滑肠,又能降泄肺气以助大肠传导。常配杏仁、火麻仁、瓜蒌仁等,如《济生方》紫苏麻仁粥。

【用法用量】煎服,马、牛 20～25 g,猪、羊 5～15 g,犬 3～8 g,兔、家禽 0.5～1.5 g。

【使用注意】阴虚咳喘及脾虚便溏者慎用。

【现代研究】

主要成分:本品含脂肪油(油中主要为亚油酸、亚麻酸)及维生素 B_1、氨基酸类等。

药理研究:有较强的平喘作用。

桑 白 皮

为桑科小乔木桑的根皮。秋末叶落时至次春发芽前采挖,刮去黄棕色粗皮,剥取根皮,晒干,切丝生用或蜜炙用。主产于安徽、河南、浙江、江苏、湖南等地。

【性味归经】甘,寒。归肺经。

【功效】泻肺平喘,利水消肿。

【应用】

▷ 用于肺热咳喘。本品性寒入肺经,能泻肺火兼泻肺中水气而平喘。治疗肺热咳喘,常配伍地骨皮等;若水饮停肺,胀满喘急,可配伍麻黄、杏仁、葶苈子等同用;若肺虚有热而咳喘气短、潮热、盗汗者,则与人参、五味子、熟地等同用。

▷ 用于多种水肿。本品能清降肺气,通调水道而利水。用治全身水肿,小便不利者常配伍茯苓皮、大腹皮等同用,如五皮饮。

【用法用量】煎服，马、牛 15～60 g，猪、羊 6～12 g，犬 3～5 g。

【现代研究】

主要成分：本品含多种黄酮衍生物（如桑皮素、桑皮色烯素、桑根皮素等），伞形花内酯，东莨菪素，类似乙酰胆碱的降低血压的成分，近来又提得桑皮呋喃 A。

药理研究：①有利尿作用，动物实验证明，尿量及钠、钾、氯化物排出量均增加；②对犬、兔、大鼠等有不同程度的降压作用，且较持久，伴心动徐缓；③对神经系统有镇静、安定、抗惊厥、镇痛、降温作用；④对兔离体肠和子宫有兴奋作用。

葶 苈 子

为十字花科草本植物独行菜或播娘蒿的成熟种子。夏季果实成熟时采割植株，晒干，搓出种子，除去杂质，生用或炒用。前者称“北葶苈”，主产于河北、辽宁、内蒙古、吉林等地；后者称“南葶苈”，主产于江苏、山东、安徽、浙江等地。

【性味归经】苦、辛，大寒。归肺、膀胱经。

【功效】泻肺平喘，利水消肿。

【应用】

▷ 用于痰涎壅盛，肺气喘促，咳逆之实证。本品苦降辛散，性寒清热，专泻肺中水饮及痰火而平咳喘。治疗肺热咳喘，配伍板蓝根、浙贝母、桔梗等，如清肺散。

▷ 用于水肿、胸腹积水、小便不利等。本品泄肺气之壅闭而通调水道，利水消肿。治腹水肿满属湿热蕴阻者，配防已、椒目、大黄，即已椒苈黄丸；治结胸证之胸胁积水，配杏仁、大黄、芒硝，即大陷胸丸。近代用本品配伍其它药物，治渗出性胸膜炎等有效。

现代临床有单以本品研末服，或配以生脉散、参附汤等同用，治疗肺心病心力衰竭，见水肿喘满者，有较好疗效。

【用法用量】煎服，马、牛 15～30 g，猪、羊 6～12 g，犬 3～5 g。

【使用注意】肺虚喘促、脾虚肿满、膀胱气虚者忌用。

【现代研究】

主要成分：北葶苈子含有强心作用的物质、芥子苷、脂肪油、蛋白质、糖类等，南葶苈子含挥发油（油中含异硫氰酸苄酯、异硫氰酸烯丙酯等）、脂肪油、强心苷（其一名七里香苷甲）等。

药理研究：两种葶苈子醇提取物，均有强心作用，能使心肌收缩力增强，心率减慢。对衰弱的心脏可增加输出量，降低静脉压。大剂量可引起心律不齐等强心苷中毒症状。本品尚有利尿作用。

马兜铃

为马兜铃科多年生藤本植物北马兜铃或马兜铃的成熟果实。秋季果实由绿变黄时采收，晒干生用或蜜炙用。前者主产于黑龙江、吉林、河北等地，后者产于江苏、安徽、浙江等地。

【性味归经】苦、微辛，寒。归肺、大肠经。

【功效】清肺化痰，止咳平喘。

【应用】主要用于肺热咳喘。本品性寒质轻，主入肺经，味苦泄降，善清降肺气而化痰止咳平喘。治肺热咳嗽痰喘者最宜，常配桑白皮、黄芩、枇杷叶等同用；若肺虚火盛，咳喘咽干，或痰中带血者，则配阿胶、牛蒡子、杏仁等同用，以养阴清肺止咳平喘，如补肺阿胶汤。此外，本品能清大肠积热。

【用法用量】煎服，马、牛 15～30 g，猪、羊 3～10 g，犬 2～5 g。

【使用注意】用量不宜过大，以免引起呕吐。本品中所含马兜铃酸有肾脏毒性，应慎用。

【现代研究】

主要成分：本品含马兜铃碱、木兰花碱、马兜铃酸、马兜铃次酸等。

药理研究：①煎剂对麻醉兔有微弱祛痰作用，对离体豚鼠支气管灌流，则 1% 浸剂可使之舒张，并能对抗毛果芸香碱、乙酰胆碱及组胺引起的支气管痉挛；②马兜铃碱皮下注射，可引起严重的肾炎，大量可引起血尿、尿闭、呼吸困难、脉搏不整，甚至呼吸停止而死亡；③对金黄色葡萄球菌、肺炎球菌、痢疾杆菌、皮肤真菌等有抑制作用。

白果

为银杏科乔木银杏的成熟种子。秋季种子成熟时采收，除去肉质外种皮，洗净，稍蒸或略煮后烘干，除去硬壳，生用或炒用。全国各地均有栽培。

【性味归经】甘、苦、涩，平。有毒。归肺经。

【功效】敛肺定喘，收涩除湿。

【应用】

▷ 用于肺虚久咳。本品性涩而收，能敛肺定喘，兼化痰之功，为治咳喘所常用。如肺肾两虚之虚喘，配五味子、胡桃肉等以补肾纳气，敛肺平喘；若外感风寒、内有蕴热而喘者，则配麻黄、黄芩等同用，如定喘汤；若肺热燥咳，咳喘无痰者，配天冬、麦冬、款冬花以润肺止咳。近代有以本品配地龙、黄芩等，治慢性气管炎属肺热型者。

▷ 用于小便频数，白浊，遗尿等。本品收涩而固下焦。治小便频数、遗尿，常配熟地、山萸肉、覆盆子等，以补肾固涩。

【用法用量】煎服，马、牛 25～60 g，猪、羊 6～12 g，犬 1～5 g。

【使用注意】本品有毒，不可多用。

【现代研究】

主要成分：种子含蛋白质、脂肪、淀粉、氰苷、维生素 B_2 及多种氨基酸，外种皮含有毒成分白果酸、氢化白果酸、白果酚、白果醇等。

药理研究：白果各部分，特别是白果酸，能抑制结核杆菌的生长，体外对多种细菌及皮肤真菌有不同程度的抑制作用。此外，尚有降血压作用。人过食白果可致中毒，出现腹痛、吐泻、发热、紫绀以及昏迷、抽搐，严重者可导致呼吸麻痹而死亡。

[附药] 银杏叶

为银杏树的叶，主要成分为银杏黄酮。性味苦、涩，平。功能敛肺平喘，活血止痛。用于肺虚咳喘以及高血脂、高血压、冠心病心绞痛、脑血管痉挛等。

洋 金 花

为茄科草本植物白花曼陀罗的花。4～11 月份花初开时采收，晒干或低温干燥。主产于江苏、浙江、福建、广东等地。

【性味归经】辛，温。有毒，归肺、肝经。

【功效】平喘止咳，镇痛止痉。

【应用】

▷ 用于气喘咳嗽。本品为麻醉镇咳药，对咳喘无痰者，可单用或配入复方中使用。

▷ 用于风湿痹痛，跌打损伤。本品有良好的麻醉止痛作用，单用或配伍川乌、姜黄等同用。

▷ 用于癫痫，惊风之证。本品有止痉之功，可配伍全蝎、天麻、天南星等同用。

▷ 可用作麻醉剂。

【用法用量】煎服，马、牛 5～15 g，猪、羊 0.3～0.5 g。

【使用注意】表证未解，痰多黏稠者忌用；孕畜，体质弱者慎用。

【现代研究】

主要成分：本品含有东莨菪碱及阿托品等多种生物碱。

药理研究：其作用与阿托品相似。中毒后阻滞 M-胆碱反应系统，抑制或麻痹迷走神经和副交感神经，对中枢神经起抑制作用。

二、化痰止咳平喘方

以化痰止咳平喘药为主组成，具有燥湿化痰，祛除湿浊，止咳平喘等作用，以治疗痰湿咳喘诸症的一类方剂，称为化痰止咳平喘方。

二陈汤（《和剂局方》）

【组成】制半夏 45 g　陈皮（原方用橘红）45 g　茯苓 60 g　炙甘草 25 g

研末冲服或水煎服。

【功效】燥湿化痰，理气和中。

【主治】湿痰咳嗽。症见咳嗽痰多，吐沫流涎，食欲不振，肚腹胀满，舌苔白润，脉滑。

【方解】本方是治疗湿痰的基础方。湿痰的形成多因脾胃不和，脾失健运，湿聚而成。痰饮犯肺，则咳嗽痰多；胃失和降，胃气上逆，则为呕吐。治宜燥湿化痰，理气健脾。方中半夏燥湿化痰，降逆止呕为主药；气顺则痰降，气化则痰消，故辅以陈皮理气化痰；又因痰由湿生，脾复健运则湿可化，湿去则痰消，故加茯苓健脾利湿为佐；甘草和中健脾，协调诸药，为使药。诸药合用，使脾健气畅，则痰湿去而胸膈舒，胃得和降则呕恶止。

【临床应用】临床上多用于因脾阳不足，运化失职，水湿聚滞成痰所引起的咳嗽、呕吐等症。本方为治疗以湿痰为主的多种痰证的基础方。如本方加杏仁、紫苏、枳壳、桔梗、前胡、生姜等，治风寒咳嗽；本方加党参、白芍可治脾胃虚弱，食少便溏，湿咳等症；本方加沙参、麦冬、芍药、丹皮、贝母、杏仁、蜂蜜，则名为沙参散，治劳伤咳嗽、久咳不止。

半夏散（《元亨疗马集》）

【组成】半夏 30 g　升麻 45 g　防风 25 g　枯矾 45 g　生姜 30 g

共为末，开水冲，候温加蜂蜜 60 g，同调灌服。

【功效】燥湿化痰，平胃止呕。

【主治】马肺寒吐沫。证见频频锉牙，吐沫垂涎，口鼻俱凉，精神倦怠，呼气感冷，耳耷头低，口色淡白，脉沉迟。

【方解】本方适应证皆因乘骑使役紧骤，遇冷水急饮，脾阳受损，胃失和降，湿聚成饮，寒饮犯肺，与肺气凝结成痰饮。方中半夏温化寒痰，枯矾燥湿利痰，二药相配乃是治寒痰湿痰的主药；防风、升麻理脾助阳，能增强脾运以化水湿，为辅药；生姜温中和胃止呕，并助半夏降逆，还可减半夏之毒性，为佐药；蜂蜜协调诸药，为使药。

【临床应用】应用于马肺寒吐沫。若寒重腹胀者，可加木香、草豆蔻、砂仁，以温胃化湿止涎沫。若寒湿甚者，加干姜、麻黄以温肺化饮，开宣肺气。

止嗽散(《医学心悟》)

【组成】荆芥 30 g　桔梗 30 g　紫菀 30 g　百部 30 g　白前 30 g　陈皮 25 g　甘草 15 g

共为末，开水冲，候温灌服。

【功效】止咳化痰，宣肺解表。

【主治】外感风邪，肺气不宣。症见咳嗽痰多，微恶风寒，或久咳不止，舌苔薄白，脉浮缓等。

【方解】本方为治外感咳嗽的常用方。它以止咳为主，化痰、解表为辅。方中紫菀、百部功专止咳，尤以久咳效优为主药；荆芥疏风散寒，使表邪去而肺气宣，肺气宣而咳嗽宁，为辅药；桔梗、白前、陈皮理气化痰，为佐药；甘草和中化痰，协调诸药。各药合用，止咳化痰，宣肺解表。本方虽不重在解表，而解表实不可缺，若不明此理，但祛痰止咳，则邪无出路，咳必不除。

【临床应用】本方专于止咳化痰，为外感咳嗽通用方，加贝母、杏仁效果更好。偏于风寒者，加苏叶、防风以散寒解表；偏于风热者，加牛蒡子、前胡、桑白皮以宣肺清热；痰湿盛者，加半夏、茯苓以燥湿化痰；若风寒化热，肺热较重者，可去荆芥，加栀子、黄芩、知母、贝母等以清肺化痰。

款冬花散(《元亨疗马集》)

【组成】款冬花 60 g　黄药子 60 g　僵蚕 30 g　郁金 30 g　白芍 60 g　玄参 60 g

水煎服，或共为末，开水冲调，候温加蜂蜜 120 g 灌服。

【功效】滋阴降火，止咳平喘。

【主治】阴虚肺热引起的咳嗽气急、咽喉肿痛。

【方解】本方证系因阴虚肺热，津液耗伤，燥痰阻肺而致。方中款冬花润肺化痰、止咳平喘，玄参养阴润肺、清热祛痰为主药；辅以白芍养阴清热，助主药滋阴降火，肺火上炎而致咽喉肿痛，故以黄药子、郁金、僵蚕清利咽喉且消肿痛；蜂蜜润肺清热，协调诸药，为使药。

【临床应用】用于阴虚火旺引起的咳嗽气急、咽喉肿痛。若见有表证者，可加桑叶、薄荷等；火盛咳剧者，可加桑白皮、枇杷叶等。

麻杏石甘汤(《伤寒论》)

【组成】麻黄 30 g 杏仁 45 g 炙甘草 45 g 石膏(打碎先煎)150～250 g

水煎服。

【功效】辛凉宣肺,清热平喘。

【主治】外感风热,肺热咳喘。证见咳逆喘急,发热有汗或无汗,口渴贪饮,鼻翼扇动,口色红,苔薄黄,脉浮滑而数。

【方解】本方是治肺热气喘的常用方剂。本方症之形成,多为外感风邪,入里化热,热壅于肺,或里热炽盛,壅闭于肺,肺受热迫而咳嗽喘急。故使用本方时应以喘急身热为依据。方中麻黄辛温宣肺平喘为主药,辅以大量石膏,辛凉宣泄,二药配合,能发散肺经郁热而平喘;杏仁宣降肺气,助麻黄止咳平喘,为佐药;甘草协调诸药为使药。四药合用,则有宣肺、清热、平喘之效。

【临床应用】用于肺热气喘。若热盛可加黄芩、栀子、连翘、银花;若兼有咳嗽者,可加贝母、桔梗等。

清燥救肺汤(《医门法律》)

【组成】石膏(先煎)100 g 桑叶 30 g 麦冬 30 g 阿胶(烊化)25 g 胡麻仁 30 g 杏仁 30 g 炙枇杷叶 25 g 党参 25 g 甘草 15 g

水煎服。

【功效】清肺润燥。

【主治】温燥伤肺。证见发热,干咳无痰,咽干鼻燥,口渴舌干无苔,脉虚大而数。

【方解】本方所治之证乃温燥伤肺,气阴两伤,肺气清润肃降失常所致,当以甘寒之品清肺燥,滋肺阴。方中石膏清肺胃之燥热,桑叶清宣肺燥,一宣一清,共同祛除燥热之邪,为本方主药;燥热盛,必耗损阴液,故以麦冬、胡麻仁、阿胶润肺滋阴,共为辅药;阴伤气也伤,故用党参、甘草补其气,肺伤则气逆,配杏仁、枇杷叶止咳平喘,共为佐药;又甘草调药和中,并为使药。诸药合用,清燥润肺,益气养阴。

【临床应用】用于燥热咳嗽。若阴虚血热者,加生地以养阴清热;痰多者,加贝母、瓜蒌皮以清润化痰;咳血者,加侧柏叶、仙鹤草以止血;热喘,枇杷叶、杏仁可重用。

苏子降气汤(《和剂局方》)

【组成】苏子 60 g 制半夏 30 g 前胡 45 g 厚朴 30 g 陈皮 45 g 肉桂

15 g　当归 45 g　生姜 10 g　炙甘草 15 g

水煎服。

【功效】降气平喘，温肾纳气。

【主治】上实下虚（痰壅于肺、肾阳不足）之痰喘。证见咳嗽痰多，痰涎壅盛，气促短气，胸膈满闷，头目昏眩，舌苔白滑或白腻等。

【方解】本方所治的咳喘痰多一症乃上实下虚所致。所谓“上实”是指痰涎壅盛于肺，肺气不得宣畅，升降失常，气逆于上，则为咳喘；所谓“下虚”是指肾阳虚，肾不纳气，则上下不相接续，以致气急而短，呼多吸少，发生咳喘。治宜降气、化痰、平喘，以治上实为主，下虚为辅。方中苏子降气止咳平喘，为主药；半夏燥湿化痰，为辅药；陈皮理气化痰，前胡降气祛痰，厚朴行气健脾，肉桂温肾纳气，当归补血活血，使血和则气降，生姜和中健脾，以上共为佐药；炙甘草和中，协调诸药，为使药。诸药合用，一以治其实，一以治其虚，标本兼治，而以治标实，治上为主。

【临床应用】常用于治疗慢性气管炎，轻度肺气肿等，方中再加入沉香，能升降诸气，温而不燥，其降气平喘之效更为显著。若兼有气虚者，可加党参、五味子以补肺敛气；若兼有风寒表证者，应去肉桂、当归，加入麻黄、杏仁以解表平喘。

第六节　温里药及方剂

一、温　里　药

凡以温里祛寒、治疗里寒证为主要作用的药物，称为温里药，又叫祛寒药。

本类药物多味辛而性温热，以其辛散温通、偏走脏腑而能温里散寒、温经止痛，个别药物还能助阳、回阳，故可以用治里寒证，即《内经》所谓“寒者热之”、《本经》所谓“疗寒以热药”之意。

本类药物因其主要归经之不同而奏多种效用。其主入脾胃经者，能温中散寒止痛，可用治脾胃受寒或脾胃虚寒证，症见脘腹冷痛、呕吐泄泻、舌淡苔白等；其主入肺经者，能温肺化饮而治肺寒痰饮证，症见痰鸣咳喘、痰白清稀、舌淡苔白滑等；其主入肝经者，能温肝散寒止痛而治肝经受寒少腹痛、寒疝作痛或厥阴头痛等；其主入肾经者，能温肾助阳而治肾阳不足证等；其主入心肾两经者，能温阳通脉而治心肾阳虚证，症见心悸怔忡、畏寒肢冷、小便不利、肢体浮肿等，或能回阳救逆而治亡阳厥逆证，症见畏寒倦卧、汗出神疲、四肢厥逆、脉微欲绝等。

使用本类药物应根据不同证候作适当配伍。若外寒内侵，表寒未解者，须配辛温解表药用；寒凝经脉、气滞血瘀者，须配行气活血药用；寒湿内阻者，宜配芳香化湿或温燥去湿药用；脾胃阳虚者，宜配温补脾胃药用；气虚欲脱者，宜配大补元气药用。

本类药物性多辛热燥烈，易耗阴助火，凡实热证、阴虚火旺、津血亏虚者忌用；孕畜及气候炎热时慎用。

附 子

为毛茛科植物乌头、华乌头、北乌头的子根的加工品。其主根称乌头。主产于广东、广西、云南、贵州、四川等地。

【性味归经】辛、甘，热。有毒。归心、肾、脾经。

【功效】回阳救逆，助阳补火，散寒止痛。

【应用】

▷ 用于亡阳证。本品能上助心阳、中温脾阳、下补肾阳，为"回阳救逆第一品药"。治久病体虚，阳气衰微，阴寒内盛，或大汗、大吐、大泻所致亡阳证，多与干姜、甘草同用，以回阳救逆，如四逆汤。治久病气虚欲脱或出血过多，气随血脱者，每配人参用，如参附汤。

▷ 用于虚寒性的脘腹冷痛，泄泻，水肿等证。本品辛甘大热，有峻补元阳、益火消阴之效。若治肾阳不足，命门火衰所致腰膝冷痛，常与肉桂、山茱萸、熟地等同用，如右归丸。治脾肾阳虚、寒湿内盛的脘腹冷痛、大便溏泻，常与党参、白术、干姜同用，如附子理中汤。治脾肾阳虚的阴寒水肿，多与白术、茯苓、生姜同用。治脾阳不足、寒湿内阻的阴黄证，可与茵陈、白术、干姜同用。治阳虚感寒，可配麻黄、细辛同用。

▷ 用于寒痹证。本品辛散温通，有较强的散寒止痛作用。凡风寒湿痹周身骨节疼痛者，每多用之，尤善治寒痹痛剧者，多与桂枝、白术、甘草同用。

【用法用量】煎服，马、牛 15～30 g，猪、羊 3～10 g。宜先煎 0.5～1 h，至口尝无麻辣感为度。

【使用注意】本品辛热燥烈，凡阴虚阳亢及孕畜忌用。反半夏、瓜蒌、贝母、白蔹、白及。因有毒，内服须经炮制。若内服过量，或炮制、煎煮方法不当，可引起中毒。

【现代研究】本品含乌头碱、次乌头碱、塔拉胺、川乌碱甲、川乌碱乙及消旋去甲基乌药碱、棍掌碱等。乌头及附子煎剂有明显的强心作用，熟附片强心作用较强，煎煮愈久，强心作用愈显著，毒性愈低，其强心作用与其所含消旋去甲基乌药碱有密切关系。附子对甲醛性和蛋清性关节肿有明显的消炎作用；所含次乌头碱与乌头原碱有镇痛和镇静作用，有抗心肌缺血缺氧的作用；对垂体-肾上腺皮质系统有兴奋作用；有促进血凝的作用。所含乌头碱有毒，中毒时可见心率变慢、传导阻滞、室性期外收缩或室性心动过速、室性纤维颤动，严重时出现抽搐、昏迷以致死亡。

干 姜

为姜科多年生草本植物姜的干燥根茎。炒黑后称炮姜。主产于四川、贵州、湖北、河南等地。

【性味归经】辛，热。归脾、胃、心、肺经。

【功效】温中散寒，回阳通脉，温肺化饮。

【应用】

▷ 用于脘腹冷痛，寒呕，冷泻。本品辛热燥烈，主入脾胃而长于温中散寒、健运脾阳。治胃寒呕吐，脘腹冷痛，每配高良姜用，如二姜丸。治脾胃虚寒，脘腹冷痛，呕吐泄泻，多与党参、白术等同用，如理中丸。

▷ 用于亡阳证。本品性味辛热，能回阳通脉，故可用治心肾阳虚，阴寒内盛所致之亡阳厥逆，脉微欲绝者，每与附子相须为用，如四逆汤。

▷ 用于寒饮咳喘，形寒背冷，痰多清稀之证。本品辛热，善能温肺化饮，常与细辛、五味子、麻黄等同用，如小青龙汤。

【用法用量】煎服，马、牛 30～60 g，猪、羊 10～15 g。

【使用注意】热证、阴虚及孕畜慎用。

【现代研究】本品含挥发油。油中主要成分为姜烯、姜醇、水芹烯、莰烯、柠檬醛、芳樟醇、姜辣素等。

姜的乙醇提取液能直接兴奋心脏，对血管运动中枢有兴奋作用；干姜有镇呕、镇静、镇痛、祛风、健胃、止咳等作用。

肉 桂

为樟科常绿乔木肉桂的干皮和粗枝皮。干皮去表皮者称肉桂心，采自粗枝条或幼树干皮者称官桂。主产于广东、广西、云南、贵州、四川等地。

【性味归经】辛、甘，热。归脾、肾、心、肝经。

【功效】补火助阳，散寒止痛，温经通脉。

【应用】

▷ 用于肾阳衰弱的宫冷，虚喘心悸等。本品甘热助阳补火，为治命门火衰之要药。常用治肾阳不足，命门火衰的腰膝冷痛，夜尿频多，多与附子、熟地、山萸肉等同用，如肾气丸、右归饮。若治下元虚衰，虚阳上浮的面赤、虚喘、汗出、心悸、失眠、脉微弱者，可用本品以引火归源，常与山茱萸、五味子、人参、牡蛎等同用。

▷ 用于脘腹冷痛，寒疝作痛等。本品甘热助阳以补虚，辛热散寒以止痛。治寒邪内侵或脾胃虚寒的脘腹冷痛，可单用研末，酒煎服，或与干姜、高良姜、荜茇等同用。治脾肾阳虚的腹痛呕吐、四肢厥冷、大便溏泄，常与附子、人参、干姜等同用，如桂附理中丸。治寒疝腹痛，多与吴茱萸、小茴香等同用。

▷ 用于寒痹腰痛，胸痹，阴疽。本品辛散温通，能通行气血经脉、散寒止痛。治风寒湿痹，尤以治寒痹腰痛，本品颇为常用，多与独活、桑寄生、杜仲等同用，如独活寄生汤。治胸阳不振，寒邪内侵的胸痹心痛，可与附子、干姜、川椒等同用。治阳虚寒凝之阴疽，亦取本品甘热助阳以补虚，辛热散寒以通脉，可与鹿角胶、炮姜、麻黄等同用，如阳和汤。

【用法用量】煎服，马、牛 25～30 g，猪、羊 3～10 g。宜后下。

【使用注意】畏赤石脂。

【现代研究】本品含挥发油，称桂皮油或肉桂油。油中主要成分为桂皮醛、乙酸桂皮酯、乙酸苯丙酯等。此外，尚含黏液质、鞣质等。

本品有扩张血管、促进血循环、增加冠脉及脑血流量、使血管阻力下降等作用。在体外，其甲醇提取物及桂皮醛有抗血小板凝集、抗凝血酶作用。桂皮油、桂皮醛、肉桂酸钠具有镇静、镇痛、解热、抗惊厥等作用。桂皮油对胃黏膜有缓和的刺激作用，并通过刺激嗅觉反射性地促进胃机能，能促进肠运动，使消化道分泌增加、增强消化机能、排除消化道积气、缓解胃肠痉挛性疼痛。桂皮油可引起子宫充血。桂皮油对革兰氏阳性菌及革兰氏阴性菌有抑制作用。桂皮的乙醚、醇及水浸出液对多种致病性真菌有一定的抑制作用。

吴 茱 萸

为芸香科落叶灌木或小乔木吴茱萸及多种同属植物的近成熟果实。生用或炙用。主产于广东、湖南、贵州、浙江、陕西等地。

【性味归经】辛、苦，热。有小毒。归肝、脾、胃、肾经。

【功效】散寒止痛，温中止呕，助阳止泻。

【应用】

▷ 用于寒滞肝脉诸痛证。本品辛散苦泄，性热祛寒，既散肝经之寒邪，又解肝气之郁滞，为治肝寒气滞诸痛之要药。治寒疝腹痛，常与小茴香、川楝子、木香等配伍，如《医方简义》导气汤。治冲任虚寒、瘀血阻滞，可与桂枝、当归、川芎等同用，如温经汤。

▷ 用于胃寒呕吐证。本品有温中散寒、降逆止呕之功。治中焦虚寒之脘腹冷痛，呕吐泛酸，常与人参、生姜等同用，如吴茱萸汤。治外寒内侵、胃失和降之呕吐，可与半夏、生姜等同用。

▷ 用于虚寒泄泻证。本品能温脾益肾、助阳止泻，为治脾肾阳虚，五更泄泻之常用药，多与补骨脂、肉豆蔻、五味子等同用，如四神丸。此外，以本品为末醋调敷足心（涌泉穴），可治口疮，现代临床用以治疗高血压病。

【用法用量】煎服，马、牛 10～30 g，猪、羊 3～10 g。外用适量。

【使用注意】本品辛热燥烈，易耗气动火，故不宜多用、久服。

【现代研究】本品含挥发油。油中主要成分为吴茱萸烯、罗勒烯、吴茱萸内酯、吴茱萸内酯醇等。此外，尚含吴茱萸酸、吴茱萸苦素及吴茱萸碱、吴茱萸次碱等多种生物碱。

本品有镇痛作用。能升高体温，大量时能兴奋中枢，并引起视力障碍、错觉。用其煎剂给犬灌胃，有明显的降压作用，但当与甘草配伍时，其降压作用消失，其降压作用主要是扩张外周血管所致，且与组胺释放有关。本品煎剂对家兔小肠活动的影响，低浓度时兴奋，高浓度时抑制。本品能抑制血小板聚集，抑制血小板血栓及纤维蛋白血栓形成。本品煎剂、吴茱萸次碱和脱氢吴茱萸碱对家兔离体及在体子宫有兴奋作用。

花　椒

为芸香科灌木或小乔木青椒或花椒的果皮。主产于四川、陕西、湖北、河南等地。

【性味归经】辛，热。归脾、胃、肾经。

【功效】温中止痛，杀虫止痒。

【应用】

▷ 用于中寒腹痛，寒湿吐泻。本品辛散温燥，长于温中燥湿、散寒止痛、止呕止泻。治外寒内侵，胃寒腹痛、呕吐，可与生姜、白豆蔻等同用。治脾胃虚寒，脘腹冷痛、呕吐、不思饮食，常与干姜、人参等同用，如大建中汤。治寒湿困中，腹痛吐泻，多与苍术、砂仁、草豆蔻等同用。

▷ 用于虫积腹痛。本品有驱蛔杀虫之功。治虫积腹痛，手足厥逆，烦闷吐蛔，可与乌梅、干姜、黄柏等同用，如乌梅丸。虫积腹痛较轻者，可与乌梅、榧子、使君子等同用。若治幼畜蛲虫病，可用本品煎液作保留灌肠。

▷ 用于湿疹瘙痒，阴痒。本品有杀虫燥湿止痒之功。可单用热水外洗。

【用法用量】煎服，马、牛 10～20 g，猪、羊 6～10 g。外用适量。

【现代研究】本品含挥发油。油中主要成分为牯牛儿醇、柠檬烯、卡枯醇、异茴香醚等。

本品挥发油有麻醉止痛作用。本品对白喉杆菌、炭疽杆菌、肺炎双球菌、金黄色葡萄球菌、伤寒杆菌、绿脓杆菌和某些皮肤真菌有抑制作用。

［附药］椒目

为花椒的种子。性味苦寒。归肺、肾、膀胱经。功能利水消肿、降气平喘。用于水肿胀满、痰饮咳喘等。煎服，3～10 g。

小茴香

为伞形科植物小茴香的干燥成熟果实。生用或盐水炒用。主产于山西、陕西、江苏、四川等地。

【性味归经】辛，温。入肝、肾、脾、胃经。

【功效与应用】散寒止痛，理气和中。

▷ 本品辛能行散，温能祛寒，理气止痛，用治子宫虚寒，伤水冷痛，肚腹胀满等，常与干姜、木香等同用。配肉桂、槟榔、白术、巴戟天、白附子等治寒伤腰胯，如茴香散。

▷ 本品芳香醒脾，开胃进食，用治胃寒草少，常与益智仁、白术、干姜等配伍。

【用法用量】煎服，马、牛 15～60 g，猪、羊 10～15 g。

【使用注意】热证及阴虚火旺者忌用。

【现代研究】本品含挥发油。油中主要成分为茴香醚、小茴香酮等。茴香油能增强胃肠运动，在腹气胀时促进气体排出，减轻疼痛，可作祛风剂。

［附药］八角茴香

为木兰科常绿小乔木八角茴香的成熟果实，又名大茴香、八角。性味功效与小茴香相似，但功力较弱。用法用量与小茴香同。

丁香

为桃金娘科常绿乔木丁香的花蕾。

【性味归经】辛，温。归脾、胃、肾经。

【功效】温中降逆，散寒止痛，温肾助阳。

【应用】用于胃寒呕吐，呃逆。本品温中散寒、降逆止呕止呃，为治胃寒呕逆之要药，用于胃寒脘腹冷痛，可与延胡索、五灵脂、橘红等同用。本品有温肾助阳起痿之功，可与附子、肉桂、淫羊藿等同用，用于肾虚阳痿，宫冷。

【用法用量】煎服，马、牛 10～30 g，猪、羊 3～6 g。

【使用注意】热证腹痛忌用。

【现代研究】本品含挥发油。油中主要成分为丁香油酚、乙酰丁香油酚、β-石竹烯等。本品内服能促进胃液分泌，增强消化力，减轻恶心呕吐，缓解腹部气胀，为芳香健胃剂。丁香油酚有局部麻醉止痛作用。其水或醇提取液对猪蛔虫有麻醉和杀灭作用。其煎剂对葡萄球菌、链球菌及白喉杆菌、变形杆菌、绿脓杆菌、大肠杆菌、痢疾杆菌、伤寒杆菌等均有抑制作用。丁香油及丁香油酚对致病性真菌有抑制作用。在体外,丁香对流感病毒 PR8 株有抑制作用。

高良姜

为姜科植物高良姜的干燥根茎。主产于广东、广西、福建、浙江等地。

【性味归经】辛,温。入脾、胃经。

【功效】散寒止痛,温中止呕。

【应用】用于胃寒冷痛,每与炮姜相须为用。

【用法用量】煎服,马、牛 15～30 g,猪、羊 3～10 g。

【使用注意】胃火亢盛者禁用。

【现代研究】本品含挥发油。本品的 0.25%～0.75%水煎剂对离体肠管有兴奋作用,1%～1.25%水煎剂及挥发油的饱和水溶液则呈抑制作用。本品煎剂对炭疽杆菌、白喉杆菌、溶血性链球菌、枯草杆菌、肺炎双球菌、金黄色葡萄球菌、人型结核杆菌等皆有不同程度的抑制作用。

二、温里方

以温性药物为主,具有温中散寒,回阳救逆等作用,用以治疗里寒证的方剂,称为温里方。温里方多用于脾肾虚寒,阴寒内盛,阳气衰微之证。

温里方剂辛燥温热,忌用于热证、阴虚证、真热假寒证。若夏季炎热感有寒证须用祛寒剂时,用量不宜过大,中病即止。

理中汤(《伤寒论》)

【组成】党参 60 g　干姜 60 g　炙甘草 60 g　白术 60 g

水煎服,或研末冲服。

【功效】温中散寒,补气健脾。

【主治】脾胃虚寒证,证见慢草不食,腹痛泄泻,口不渴,舌淡苔白,脉沉细或沉迟。

【方解】本方主治脾胃虚寒证。由于脾主运化,若脾虚有寒,则运化失调,升清降浊之机受阻,泄泻腹痛等症随之而起。治则温运中焦,补益脾胃。方中干姜温中散寒为主药;辅以党参补气健脾;佐以白术健脾燥湿;使以甘草调和诸药而健脾和中。合而用之,有温中散寒、补气健脾之功效。

【临床应用】用于脾胃虚寒而致的慢草、不食、呕吐、泄泻、腹痛等证。本方加附子,名附子理中汤,用于脾肾阳虚之阴寒重证。

桂心散(《元亨疗马集》)

【组成】桂心 20 g　青皮 15 g　益智仁 20 g　白术 30 g　厚朴 20 g　干姜 25 g　当归 20 g　陈皮 30 g　砂仁 15 g　甘草 15 g　五味子 15 g　肉豆蔻 20 g

研末,开水冲调,候温加炒盐 15 g、青葱 3 根、酒 60 mL,调匀灌服。

【功效】温脾暖胃,和血顺气。

【主治】脾胃阴寒所致的吐涎不食、腹痛泄泻等症。

【方解】本方主用于治马脾胃阴寒。脾胃阴寒证,皆因久渴失饮,空肠饮冷水太过,或食冰冻草料,或寒邪内侵,而阴气积于脏腑,寒湿流入脾经,传于胃,脾胃阴冷、土衰火弱不能运化所致。治则温脾暖胃,和血顺气。方中桂心温中散寒,为主药;辅以干姜、益智仁、砂仁、肉豆蔻温中散寒,增强祛寒之力;佐以白术、厚朴、五味子健脾燥湿,青皮、陈皮、当归和血顺气;使以甘草和中健脾,调和诸药。

【临床应用】用于脾胃阴寒的吐涎、不食、腹痛、泄泻等证。不食者加神曲 30 g、山楂 20 g、麦芽 30 g;泄泻重者,加猪苓 20 g、泽泻 30 g,去厚朴、当归;冷痛重者,加木香 15 g,去五味子、肉豆蔻。

四逆汤(《伤寒论》)

【组成】熟附子 45 g　干姜 45 g　炙甘草 30 g

水煎服。

【功效】回阳救逆。

【主治】少阴病和亡阳证,证见四肢厥冷,恶寒倦卧,神疲力乏,腹痛泄泻,不渴,舌淡苔白,脉沉微。

【方解】本方主用于回阳救逆。四肢为诸阳之末,阳气不足、阴寒内盛则阳气不能敷布,以致四肢厥冷;阳气衰微,不能温运全身,致使恶寒倦卧;阳气虚衰,不能鼓动血液运行,则见脉象沉微。当此阳衰证急之时,非用大辛大热纯阳之品不能破阴寒而复阳气。方中附子大辛大热,祛散寒邪,救命门火衰,为回阳救逆第一要药,为君药;"附子无干姜则不热",干姜温中散寒,以助附子回阳救逆之力;炙甘草和中益气,并缓和干姜、附子燥烈之性。三药合用,有回阳救逆之功。

【临床应用】因急性胃肠炎、大汗、大泻而引起四肢厥逆,属于阳虚阴盛者,都可用本方灌服。若正虚体衰者,可加入人参 30 g,以益阴救逆。

参附汤(《妇人良方》)

【组成】人参 30 g　制附子 45 g

水煎服。

【功效】回阳、益气、救脱。

【主治】元气大亏，阳气暴脱。症见四肢厥冷，神衰眼闭，汗出气短，呼吸微弱，脉细微，甚则无脉。

【方解】本方用于回阳固脱。由于阳气暴脱，一不能温通四肢，故四肢厥冷；二不能鼓动血流，故脉细微或无脉；三使神无所附，故神衰眼闭。因元气大伤，故冷汗自出，气息微弱。治宜温阳、益气、固脱。人参大补元气，急回真阳，为主药；附子壮肾阳，兼温脾阳，为辅药。二药合用，具有回阳、益气、固脱之功效。

【临床应用】本方为大温大补之剂，为回阳固脱的代表方剂，可用于阳气暴脱，冷汗厥逆之证。临床上遇心力衰竭时，亦可用本方抢救。

茴香散(《元亨疗马集》)

【组成】茴香 30 g　肉桂 20 g　槟榔 10 g　白术 25 g　巴戟天 25 g　当归 30 g　牵牛子 10 g　藁本 25 g　白附子 15 g　川楝子 25 g　肉豆蔻 15 g　荜澄茄 20 g　木通 20 g

共为末，开水冲调，候温加炒盐 30 g，醋 60 mL，同调灌服。

【功效】温肾散寒，祛湿止痛。

【主治】风寒湿邪引起的腰胯疼痛。

【方解】本方为治疗寒伤腰胯的常用方剂。方中茴香散寒理气，善入腰肾祛风寒邪气为主药。肉桂、荜澄茄、肉豆蔻温肾除寒、暖脾和中、行气止痛，巴戟天补肾壮阳、强筋骨、祛风湿，白术健脾燥湿，藁本、牵牛子、槟榔、木通祛风利湿，共为辅药。白附子、川楝子祛风止痛，当归活血止痛，同为佐药。盐、醋为引，入肾而活络为使药。诸药合用，温肾散寒，祛风除湿，通经止痛。

【临床应用】本方以温肾散寒为主，临床用于治疗寒邪偏胜的寒伤腰胯疼痛。若湿邪偏重，加羌活、独活、秦艽、苍术等。《元亨疗马集》中有金铃散(肉桂、茴香、没药、当归、槟榔、防风、荆芥、肉苁蓉、木通、川楝子、肉豆蔻、荜澄茄、白附子)，温肾祛湿，活血止痛，临证可与本方互参。

丁香散(《元亨疗马集》)

【组成】丁香 30 g　汉防己 45 g　当归 30 g　茴香 60 g　肉桂 20 g　川乌 20 g　元胡 20 g　麻黄 20 g　羌活 30 g

研末，开水冲调，候温加葱白一把(切细)、温酒 120 mL，同调灌服。

【功效】温肾壮阳，祛风除湿。

【主治】内肾积冷，腰胯疼痛。

【方解】本方主治内肾积冷，腰胯疼痛之证。由于寒性收引主痛，内肾积冷，气滞不行，致使腰胯疼痛。治则温肾壮阳，祛风除湿。方中丁香、肉桂、川乌温肾壮阳为主药；辅以麻黄解表散寒；佐以茴香、羌活暖肾腰，祛风湿，当归活血化瘀，汉防己利水渗湿，元胡行气止痛；使以葱、酒通阳活血。

【临床应用】用于寒伤腰胯。凡因肾受风寒湿邪而致的腰胯疼痛诸证，皆可加减使用。

阳和汤（《外科证治全生集》）

【组成】熟地 90 g　白芥子 15 g　肉桂 15 g　鹿角胶 25 g　炮姜 10 g　麻黄 10 g　甘草 20 g

水煎服，或研末，开水调服。

【功效】补血温阳，散寒通脉。

【主治】一切阴疽之证。证见患部漫肿无头，皮色不变，不热，舌淡，脉沉细或迟细。

【方解】本方用治阴疽。阴疽常因素体阳虚，阴寒之邪乘虚侵袭，阻于筋骨血脉之中，致使血瘀寒凝痰滞而成。治则补血温阳，散寒通滞。方中熟地、鹿角胶益精血为主药；辅以炮姜、肉桂温散寒邪兼通血脉；佐以麻黄达卫散寒，协同炮姜、肉桂宣通气血，使鹿角胶滋补而不滞，白芥子祛肌肤之痰，且能协同炮姜、肉桂散寒、化痰滞；使以甘草解毒，协调诸药。

【临床应用】用于阴疽之证。有气虚者，加党参、黄芪以补气；对于慢性淋巴腺炎、骨结核、风湿性关节炎、肌肉深部脓疡等属血虚寒凝者，均可酌情应用本方。

第七节　祛湿药及方剂

一、祛　湿　药

(一)祛风湿药　凡以祛除风寒湿邪，解除痹痛为主要作用的药物，称祛风湿药。祛风湿药主要具有祛寒除湿的作用，适用于风寒湿邪所致的肌肉、经络、筋骨、关节等处疼痛、重着、麻木和关节肿大、筋脉拘挛、屈伸不利等证。此外，部分药物还分别具有舒筋活络、止痛、强筋骨等作用。

根据祛风湿药的药性、功效特点分为祛风湿散寒药、祛风湿清热药、祛风湿强筋骨药三类。

应用本类药物时，可根据痹证的类型、病程新久，或邪犯部位的不同，作适当的选择和相应的配伍。如风邪偏盛的行痹，宜选善能祛风的祛风湿药，佐以活血养血之品；湿邪偏重的着痹，宜选温燥的祛风湿药，佐以燥湿，利湿健脾药；寒邪偏重的痛痹，宜选散寒止痛的祛风湿药，佐以通阳温经活血之品；郁久化热、关节红肿者，宜选寒凉的祛风湿药，佐以凉血清热药；感邪初期，病邪在表，多配解表药；病邪入里，肝肾虚损，当选用强筋骨的祛风湿药，配补肝胃之药，久病体虚，抗病能力不足的动物，应与补益气血药同用，以助正气而祛邪外出。痹证多属慢性疾病，为服用方便，可作酒剂或丸剂应用，酒剂还能增强祛风湿药的功效。本类药物药性多燥，易耗伤阴血，故阴虚血亏动物应慎用。

1. 祛风湿散寒药　本类药物多辛苦温，入肝脾肾经。辛以祛风，苦以燥湿，温以胜寒。具有祛风湿、散寒止痛、舒筋通络等作用，适用于风湿痹证属寒者。若配伍清热药同用，亦可用于风湿热痹。

独　活

为伞形科多年生草本植物重齿毛当归的根。主产于四川、湖北、安徽等地。秋末或春初采挖，晒干，切片生用。

【性味归经】辛、苦，微温。归肝、膀胱经。

【功效】祛风湿，止痹痛，解表。

【应用】

▷ 用于风寒湿痹证。以其祛风除湿、散寒通痹，凡风寒湿痹皆可用。取其性善下行，尤以腰膝、腿足关节疼痛属后部寒湿重者为宜。治行痹，常与附子、乌头、防风等同用，如《千金方》独活酒；若肾气虚弱，当风受冷所致腰膝痹痛等，多与桑寄生、杜仲、防风等同用，如《千金方》独活寄生汤。

▷ 用于外感风寒挟湿表证。以其发汗解表、散风祛湿，多与羌活、防风、荆芥等配用，如荆防败毒散。

【用法用量】煎服，马、牛 30～45 g，猪、羊 3～10 g。

【使用注意】阴虚火旺者及血虚者禁用。

【现代研究】本品含挥发油、当归醇、当归素、佛手柑内酯等。本品有抗关节炎、镇痛、镇静及催眠作用，并能直接扩张血管，降低血压，同时有兴奋呼吸中枢的作用。

羌　活

为伞形科多年生草本植物羌活或宽叶羌活的根茎及根。主产于四川、甘肃及云南等地。多于初春及秋季采挖，干燥，切片生用。

【性味归经】辛、苦，温。归膀胱、肾经。

【功效】散寒祛风，胜湿止痛。

【应用】

▷ 用于风寒感冒。本品辛温，气雄而散，发表力强，主散太阳经风邪及寒湿之邪，有散寒祛风、胜湿止痛之功，故善治风寒湿邪袭表，常与防风、细辛、苍术、川芎等药同用，如九味羌活汤；若寒湿偏重，头痛身重者，可配伍独活、藁本、川芎等药，如羌活胜湿汤。

▷ 用于风寒湿痹，前肢疼痛。本品辛散祛风、味苦燥湿、性温散寒，能去除风寒湿邪，通利关节而止痛，尤以前肢疼痛者佳，多配伍防风、姜黄、当归等药同用，如蠲痹汤。

【用法用量】煎服，马、牛 25～30 g，猪、羊 3～10 g。

【使用注意】本品气味浓烈，用量过多易致呕吐，脾胃虚弱患畜不宜服。血虚痹痛患畜慎用。

【现代研究】本品含挥发油、β-谷甾醇、欧芹属素乙、有机酸及生物碱等。羌活注射液有镇痛及解热作用，并对皮肤真菌、布鲁氏菌有抑制作用。羌活水溶部分有抗实验性心律失常作用。挥发油亦有抗炎、镇痛、解热作用，并能对抗垂体后叶素引起的心肌缺血和增加心肌营养性血流量。

木　瓜

为蔷薇科落叶灌木贴梗海棠和木瓜（冥楂）的成熟果实。前者习称“皱皮木瓜”，后者习称“光皮木瓜”。主产于安徽、四川、湖北等地。安徽宣城产者称“宣木瓜”，质量较好。夏、秋两季果实绿黄时采摘。皱皮木瓜置水中烫至外皮灰白色，对半纵剖后晒干；光皮木瓜纵剖成二或四瓣置沸水中烫后晒干。切片生用。

【性味归经】酸，温。归肝、脾经。

【功效】舒筋活络，除湿和胃。

【应用】

▷ 用于风湿痹痛，筋脉拘挛，脚气肿痛。本品有较好的舒筋活络作用，且能去湿除痹，为治久风顽痹、筋脉拘急之要药。治筋急项强，不可转侧，以木瓜配乳香、没药、生地，如木瓜煎。治脚气肿痛，冲心烦闷，常与吴茱萸、槟榔等配伍，如鸡鸣散。

▷ 用于吐泻转筋。本品能除湿和中，舒筋活络，以缓挛急，除吐泻。若湿浊中阻，升降失常所致呕吐泄泻、腹痛转筋者，常与吴茱萸、半夏、黄连等同用，如《三因方》木瓜汤、《霍乱论》蚕矢汤。

此外，本品尚能消食，可用于消化不良。

【用法用量】煎服，马、牛 15～30 g，猪、羊 6～12 g。

【使用注意】胃酸过多患畜不宜用。

【现代研究】本品含皂苷、黄酮类、维生素 C、苹果酸、酒石酸、枸橼酸等。此外，还含过氧化氢酶、过氧化物酶、鞣质等。本品对动物实验性关节炎有明显消肿作用，似有缓和胃肠肌痉挛和四肢肌肉痉挛的作用。

威 灵 仙

为毛茛科攀援性灌木威灵仙、棉团铁线莲或东北铁线莲的根及根茎。前一种主产于江苏、安徽、浙江等地，应用较广，后两种部分地区应用。秋季采挖，除去泥沙晒干。生用。

【性味归经】辛、咸，温。归膀胱经。

【功效】祛风湿，通经络，消骨哽。

【应用】

▷ 用于风湿痹痛。以其辛散温通，性猛善走，既能祛风湿，又能通经止痹痛。凡风湿痹痛，麻木不仁，无论上下皆可用，为风湿痹痛要药。常可单用威灵仙，为末，温酒调服，也可配当归、桂心为丸服，如神应丸。现多与羌活、防风、川芎、姜黄等同用。

▷ 用于诸骨哽咽。本品味咸，有软坚消骨哽作用，可单用或加砂糖、醋煎汤，慢慢咽下，一般可使骨哽消失。

【用法用量】煎服，马、牛 15～60 g，猪、羊 3～12 g。

【现代研究】本品含白头翁素和白头翁醇、皂苷等。本品具有镇痛、抗利尿作用。醋浸液对鱼骨刺有一定软化作用，并使局部肌肉松弛，促使骨刺脱落。其煎剂有明显的抗菌作用，对革兰氏阳性及阴性菌、霉菌均有较强抑制作用。

蕲 蛇

为蝮蛇科动物尖吻蝮蛇（五步蛇）除去内脏的干燥全体。主产于湖北、江西、浙江等地。夏、秋两季捕捉，剖开腹部，除去内脏，干燥，以黄酒润透去皮骨，切段用。

【性味归经】甘、咸，温。有毒。归肝经。

【功效】祛风通络，定惊止痉。

【应用】

▷ 用于风湿顽痹，肢体麻木，筋脉拘挛及中风口眼歪斜、半身不遂等。其祛风力猛，兼善通经活络，常与防风、独活、天麻等配伍同用，如《濒湖集简方》白花蛇酒。

▷ 用于麻风疠毒、皮肤痛痒等。以其祛风止痒，兼以毒攻毒，多与乌梢蛇、雄黄、生大黄等同用，如祛风散。

▷ 用于惊风、破伤风。本品能定惊止痉，常与乌梢蛇、蜈蚣同研末，煎酒调服。

【用法用量】煎服，5～15 g，研末服，每次 1～1.5 g。

【现代研究】本品含蛋白质、脂肪、皂苷等。本品提取物有镇静、镇痛作用，并能直接扩张血管而降血压。

2. 祛风湿清热药　本类药物多辛寒，入肝脾肾经，辛散苦泄寒清，故多具有祛风胜湿，通络止痛，清热消肿等作用。宜用于风湿热痹，关节红肿热痛诸症。但经配伍温经散寒药，亦可用于风寒湿痹。

秦　艽

为龙胆科多年生草本植物秦艽、麻花秦艽、粗茎秦艽或小秦艽的根。前三种按性状不同分别习称"秦艽"和"麻花艽"，后一种习称"小秦艽"。主产于陕西、甘肃、内蒙古、四川等地。春、秋两季采挖，晒干，去芦头，切片用。

【性味归经】苦、辛，微寒。归胃、肝、胆经。

【功效】祛风湿，止痹痛，退虚热，清湿热。

【应用】

▷ 用于风湿痹痛，筋脉拘挛及手足不遂等。本品能祛风湿，舒筋络，流利关节，又为风药中之润剂，故各种风湿痹痛均可用，但性寒清热，以热痹更宜。若关节发热肿痛，常与忍冬藤、防己、黄柏等同用；若风寒湿痹，肢节疼痛发凉，遇寒即发，可与天麻、羌活、当归、川芎等配伍，如《医学心悟》秦艽天麻汤。

▷ 用于骨蒸潮热。本品能退虚热、除骨蒸，常与知母、地骨皮、鳖甲等同用，如秦艽鳖甲汤。

▷ 用于湿热黄疸。本品能清利湿热退黄疸，常与茵陈蒿、栀子、猪苓等药配用，亦可单用，如《海上集验方》即单用治黄疸。

【用法用量】煎服，马、牛 15～45 g，猪、羊 3～12 g。

【现代研究】本品含有三种生物碱，即秦艽生物碱甲、乙、丙，以秦艽生物碱甲最多。另含挥发油及糖类。本品用于实验性关节炎，可使症状减轻，消肿加快，其原理是通过神经体液系统间接影响脑垂体，促使肾上腺皮质功能加强，皮质激素分泌增加。此外，还有镇静、镇痛、解热、升高血糖、抗菌、利尿等作用。秦艽水浸剂对皮肤真菌有不同程度的抑制作用。乙醇浸液对炭疽杆菌、副伤寒杆菌、痢疾杆菌、葡萄球菌、肺炎双球菌等均有抑制作用。

豨　莶　草

为菊科植物豨莶、腺梗豨莶或毛梗豨莶的干燥地上茎叶。切片生用或酒制用。

主产于安徽、江苏等地。

【性味归经】苦,寒。有小毒。入肝、肾经。

【功效】祛风湿,利关节,镇静安神。

【应用】用于风湿痹痛,骨节疼痛,单用即有效,若配海桐皮、五加皮等疗效更好;镇静安神常与含羞草、松叶等同用。

【用法用量】煎服,马、牛 15～60 g,猪、羊 10～15 g。

【使用注意】血虚痹痛忌用。

【现代研究】本品含生物碱、酚性成分、豨莶苷、豨莶苷元、氨基酸、有机酸、糖类、苦味质等。豨莶草水煎剂或醇浸剂与臭梧桐合用,有明显抗炎作用。其水浸液和 30%乙醇浸出液有降压及扩张血管作用,并对鼠疟原虫有抑制作用。

防　己

为防己科多年生木质藤本植物粉防己(汉防己)或马兜铃科多年生缠绕草本植物广防己(木防己)的根。汉防己主产于浙江、安徽、江西、湖北等地。木防己主产于广东、广西等地。秋季采挖,晒干,切片生用。

【性味归经】苦、辛,寒。归膀胱、肾、脾经。

【功效】祛风湿,止痛,利水消肿。

【应用】

▷ 用于痹证,尤宜于湿热偏胜者,症见骨节烦痛,屈伸不利。本品辛能宣散,苦寒降泄,能祛风湿、清热通络、止痛。常与薏苡仁、滑石、蚕沙同用,如宣痹汤。若风寒湿痹,关节疼痛,常与附子、桂心、白术等同用,如防己汤。

▷ 用于水肿,痰饮证。本品降泄,善走下行,能清湿热,利小便,尤以泄下焦膀胱湿热见长。若风邪外袭,水湿内阻,发为头面身肿,小便不利之风水证,用之散风除湿,常与黄芪、白术配伍,如防己黄芪汤;若一身肌肤悉肿,小便短少,可与茯苓、黄芪、桂枝等健脾、温阳化气之品合用,如防己茯苓汤。治湿热壅滞,腹胀水肿,用本品化湿利水,多与椒目、葶苈子、大黄同用,即己椒苈黄丸。

【用法用量】煎服,马、牛 15～45 g,猪、羊 6～12 g。祛风止痛宜木防己,利水退肿宜汉防己。

【使用注意】本品大苦大寒,易伤胃气,体弱阴虚,胃纳不佳者慎用。

【现代研究】汉防己含汉防己甲素及汉防己乙素、丙素等,亦含黄酮苷、挥发油等。木防己含木防己素甲、乙、丙及黑褐色结晶木防己素丁。本品有镇痛、解热、消炎、抗过敏性休克及利尿、降压、松弛肌肉等多种作用。在体内汉防己、木防己均有抗阿米巴原虫作用。

3. 祛风湿强筋骨药　本类药物多苦甘温，入肝肾经，苦燥，甘温补益，故具有祛风湿、补肝肾、强筋骨等作用，主要用于风湿日久累及肝肾所致的腰膝酸软无力、疼痛等风湿痹证。

桑寄生

为桑寄生科常绿小灌木桑寄生和槲寄生的带叶茎枝。前者主产于广东、广西等地；后者主产于河北、辽宁、内蒙古、河南等地。冬季至次春采割，除去粗茎，切段，干燥，或蒸后干燥。生用。

【性味归经】苦、甘，平。归肝、肾经。

【功效】祛风湿，益肝肾，强筋骨，安胎。

【应用】

▷ 用于风湿痹痛，腰膝酸痛等。本品既能祛风湿，又能养血益肝肾，强筋骨，故可用治营血亏虚、肝肾不足之风湿痹痛，腰膝酸软，筋骨无力等证。对肝肾不足之痹痛尤为适宜。常与独活、秦艽、桂枝、杜仲、当归等药同用，如独活寄生汤。

▷ 用于胎漏下血、胎动不安。本品补肝肾、养血，故有固冲任、安胎之效。多与阿胶、川续断、菟丝子等配用，如寿胎丸。

【用法用量】煎服，马、牛 30～60 g，猪、羊 6～12 g。

【现代研究】桑寄生含广寄生苷等黄酮类，槲寄生含齐墩果酸、β-香树脂醇等三萜成分、肌醇、黄酮类化合物等。本品具有降压、镇静、利尿作用，能舒张冠状血管，增加冠脉流量，对脊髓灰质炎病毒有抑制作用。槲寄生也有降血压作用。

五加皮

为五加科落叶小灌木细柱五加的根皮。主产于湖北、河南、安徽等地。夏、秋季采挖，剥取根皮，晒干，切厚片生用。

【性味归经】辛、苦，温。归肝、肾经。

【功效】祛风湿，强筋骨，利尿。

【应用】

▷ 用于风湿痹痛，四肢拘挛。本品辛散苦泄，可祛风湿，通经络。治风湿痹痛，筋脉拘挛，屈伸不利者，可单用浸酒服，如五加皮酒，亦可与木瓜、松节配伍，如五加皮散。

▷ 用于肝肾不足，腰膝软弱等。本品能补肝肾，强筋骨。治腰膝软弱，常与怀牛膝、杜仲、淫羊藿等药同用。

▷ 用于水肿，小便不利。本品有利尿作用，用治水肿，常与茯苓皮、陈皮、大腹皮等同用，如五皮饮。

【用法用量】煎服，马、牛 15～45 g，猪、羊 6～12 g。

【现代研究】南五加皮含挥发油、鞣质、棕榈酸、亚麻仁油酸及维生素 A、维生素 B_1。短梗五加根含木脂素苷类，刺五加根含多种糖苷。短梗五加有抗炎、镇痛作用。刺五加具有抗疲劳作用，其提取物的兴奋作用较人参为强，尚可增强大脑皮层的抑制作用，增强机体抗病能力，对放射性损伤有保护作用，有明显抗紧张作用。能增强机体免疫功能。能调整血压，使其恢复正常。能兴奋性腺、肾上腺，加速体内糖原形成，降低血糖。有抗利尿、抗炎作用，对肿瘤有一定抑制作用。还有祛痰和镇咳作用。南五加皮对金黄色葡萄球菌、绿脓杆菌有抑制作用。

(二)利水渗湿药 凡以通利水道，渗泄水湿，治疗水湿内停病证为主要作用的药物，称利水渗湿药。

本类药物味多甘淡，具有利水消肿，利尿通淋，利湿退黄等功效，适用于小便不利水肿、淋证、黄疸、湿疮、泄泻、湿温、湿痹等水湿所致的各种病证。

应用利水渗湿药，须视不同病证，选用有关药物，作适当配伍。如水肿骤起有表证者，配宣肺发汗药；水肿日久，脾肾阳虚者，配温补脾肾药；湿热合邪者，配清热药；寒湿相关者，配祛寒药；热伤血络而尿血者，配凉血止血药；至于泄泻、痰饮、湿温、黄疸等，则应分别与健脾、芳香化湿或清热燥湿药配伍。

此外，气行则水行，气滞则水停，故利水渗湿药还常与行气药配伍，以提高疗效。

利水渗湿药易耗伤津液，对阴亏津少、老幼体虚患畜及孕畜，宜慎用或忌用。

根据药物作用特点不同，将利水渗湿药分为利水消肿药、利尿通淋药和利湿退黄药三类。

利水消肿药：本类药物性味甘淡平或微寒，淡能渗泄，偏于利水渗湿，服药后能使小便通畅，尿量增多，故具有利尿消肿作用，用于水湿内停之水肿、小便不利以及泄泻、痰饮等证。临证时则宜根据不同病证之病因病机，选择适当配伍。

利尿通淋药：本类药物性味多苦寒，或甘淡而寒性较著。主入膀胱、肾经。苦能降泄，寒能清热，走下焦，尤能清利下焦湿热，长于利尿通淋，多用治小便短赤、热淋、血淋、石淋及膏淋等证。应酌情选用适当配伍，以提高药效。

利湿退黄药：本类药物多苦寒，入脾胃肝经。苦泄寒清而利湿、利胆退黄，主要用于湿热黄疸证。若热盛火旺者，可配清热泻火、清热解毒药；湿重者，可与燥湿或化湿药同用；若阴黄寒湿偏重者，则须与温里药配用。

茯苓(云苓)

为多孔菌科真菌茯苓的菌核。多寄生于松科植物赤松或马尾松等树根上。野生或栽培，主产于云南、湖北、四川等地。7～9月份采挖。堆置“发汗”后摊开晒干，再行“发汗”、晾干，如此反复3～4次，最后晾至全干。生用。

【性味归经】甘、淡，平。归心、脾、肾经。

【功效】利水渗湿，健脾安神。

【应用】

▷ 用于各种水肿。本品甘补淡渗，性平作用和缓，无寒热之偏，故可用治寒热虚实各种水肿。若表邪不解，随经入腑之膀胱蓄水证，或水肿、小便不利，多与猪苓、白术、泽泻等同用，如五苓散。若水热互结，阴虚小便不利水肿，可与滑石（泄膀胱热）、阿胶、泽泻（泄膀胱和肾热）同用，如猪苓汤。若脾肾阳虚水肿，可与附子、生姜同用，如真武汤。

▷ 用于脾虚诸证。本品能健脾补中。若脾胃虚弱，食少纳呆，倦怠乏力等，常与人参、白术、甘草同用，如四君子汤。若脾虚湿泻，可与山药、白术、薏苡仁同用，如参苓白术散。若脾虚停饮，常与桂枝、白术同用，如苓桂术甘汤。

▷ 用于躁动不安。本品益心脾而宁心安神。心脾两虚、气血不足之心神不宁，多与黄芪、当归、远志同用，如归脾汤。若水气凌心之心悸，与桂枝、白术、生姜同用，如茯苓甘草汤。

【用法用量】煎服，牛、马15～60 g，猪、羊6～12 g，禽1～2 g。

【现代研究】本品含茯苓聚糖、茯苓酸、蛋白质、脂肪、卵磷脂、胆碱、组氨酸、麦角甾醇等。茯苓具利尿作用，能增加尿中钾、钠、氯等电解质的排出。此外，还有镇静和降低血糖作用。

泽　泻

为泽泻科多年生沼泽植物泽泻的块茎。主产于福建、四川、江西等地。冬季茎叶开始枯萎时采挖，洗净，用微火烘干，撞去须根及粗皮，以水润透切片，晒干。麸炒或盐水炒用。本品又名建泽泻。

【性味归经】甘、淡，寒。归肾、膀胱经。

【功效】利水渗湿，泄热。

【应用】用于水肿、小便不利、泄泻、淋浊及痰饮等。本品淡渗，其利水作用较茯苓强，且性寒能泄肾与膀胱之热，对于下焦湿热者尤为适宜。常与猪苓、茯苓、薏苡仁等药同用。若用治水湿痰饮所致的眩晕，可与白术配伍，如泽泻汤。

【用法用量】煎服，马、牛15～45 g，猪、羊9～15 g，禽1～1.5 g。

【现代研究】本品主要含三萜类化合物、挥发油、生物碱、天门冬素树脂等。本品有显著的利尿作用，能增加尿量及尿素与氯化物的排泄，对肾炎患者利尿作用更为明显。有降压、降血糖作用，还有抗脂肪肝作用。对金黄色葡萄球菌、肺炎双球菌、结核杆菌有抑制作用。

薏 苡 仁

为禾本科多年生草本植物薏苡的成熟种仁。我国大部分地区均产，主产于福建、河北、辽宁等地。秋季果实成熟时采割植株，晒干，打下果实，再晒干，除去外壳及种皮。生用或炒用。

【性味归经】甘、淡，微寒。归脾、胃、肺经。

【功效】利水渗湿，健脾，除痹，清热排脓。

【应用】

▷ 用于小便不利、水肿、脚气及脾虚泄泻等。本品甘补淡渗，功似茯苓。对于脾虚湿滞者尤为适用。若脾虚湿盛之水肿腹胀，食少泄泻，脚气浮肿等，多与茯苓、白术、黄芪等药配伍。又因其性偏凉，能清利湿热，亦可用于湿热淋证，如《杨氏经验方》单用薏苡仁煎服，治疗砂石热淋。

▷ 用于湿痹拘挛。本品既能渗湿，又能舒筋脉，缓和挛急。若风湿身痛发热者，常与麻黄、杏仁、甘草同用，如麻杏薏甘汤。若风湿久痹，筋脉挛急、水肿，用薏苡仁煮粥服，如《食医心镜》薏苡仁粥。若湿郁热蒸，蕴于经络，可与滑石、连翘同用，如宣痹汤。

▷ 用于肺痈、肠痈。本品清肺肠之热，排脓消痈。若肺痈胸痛，咳吐脓痰，常与苇茎、冬瓜仁、桃仁等同用，如《千金方》苇茎汤；治肠痈，可与附子、败酱草、丹皮配伍，如附子薏苡败酱散。

【用法用量】煎服，马、牛 25～60 g，猪、羊 6～25 g。清利湿热宜生用，健脾止泻宜炒用。本品力缓，用量宜大。除入汤剂、丸散外，亦可作粥食用，为食疗佳品。

【现代研究】本品主要含薏苡仁油、薏苡仁酯、脂肪油、氨基酸等。薏苡仁油能阻止或降低横纹肌挛缩作用，对子宫呈兴奋作用。其脂肪油能使血清钙、血糖量下降，并有解热、镇静、镇痛作用。煎剂对癌细胞有一定抑制作用。

猪 苓

为多孔菌科寄生植物猪苓的干燥菌核。主产于山西、陕西、河北等地。

【性味归经】甘、淡，平。入肾、膀胱经。

【功效】利水通淋，除湿退肿。

【应用】本品以淡渗见长，其利水渗湿之功优于茯苓，但无补脾宁心的作用。用于因水湿停滞的水肿胀满，肠鸣作泻，尿不利，湿热淋浊等证，常与茯苓、泽泻、白术等同用;治阴虚小便不利、水肿,常配滑石、阿胶同用。

【用法用量】煎服,马、牛 15～30 g,猪、羊 6～12 g。

【现代研究】本品主含麦角甾醇、粗蛋白、可溶性糖分、多糖等。其水煎剂有较强利尿作用。其利尿机制主要是抑制肾小管对水及电解质,特别是钾、钠、氯的重吸收。猪苓多糖还有一定的抗肿瘤、防治肝炎的作用。

瞿　麦

为石竹科植物石竹和瞿麦的地上部分全草。切段用。主产于湖北、吉林、江苏、安徽等地。

【性味归经】苦,寒。入心、小肠、膀胱经。

【功效】清热利水,行血祛瘀。

【应用】本品甘寒沉降,通心经而行血,利小便而清热,故有利水通淋之功效。常用治小便短赤、血尿、便血、石淋、水肿等证,配木通、萹蓄、车前子、滑石、栀子等,如八正散。

【用法用量】煎服,马、牛 25～75 g,猪、羊 6～12 g。

【禁忌】孕畜忌用。

【现代研究】本品含维生素 A 样物质、皂苷、糖类。其煎剂口服有显著利尿作用,瞿麦穗较茎强。利尿的同时,氯化钠的排出量增加,还有兴奋肠管、抑制心脏、降低血压、影响肾血容积作用。对杆菌和葡萄球菌均有抑制作用。

海 金 沙

为海金沙科植物海金沙的干燥成熟孢子。主产于广东、湖南、安徽、江苏等地。

【性味归经】甘,寒。入小肠、膀胱经。

【功效】清热利湿,通淋。

【应用】本品甘淡而寒,其性下降,善泄小肠、膀胱血分湿热,功专通利水道。常配萹蓄、瞿麦、金钱草、旱莲草等治热淋疼痛。亦可用于小便不利、尿结石、尿血等证。

【用法用量】煎服,马、牛 15～45 g,猪、羊 6～12 g。

【现代研究】本品孢子含脂肪油,叶含多种黄酮苷。其煎剂对金黄色葡萄球菌、绿脓杆菌、福氏痢疾杆菌、伤寒杆菌等,均有抑制作用,有利尿作用。

地 肤 子

为藜科植物地肤的干燥成熟果实(胞果)。主产于河北、江苏、福建等地。

【性味归经】甘、苦,寒。入膀胱经。

【功效】清湿热,利水。

【应用】本品甘寒降泄,能清利下焦湿热,适用于尿不利,湿热淋痛等证,常与猪苓、通草、瞿麦等配伍。对于湿热引起的皮肤湿疮和瘙痒等证,亦有清热利湿和止痒之效,常与黄柏、滑石、白鲜皮等配伍。

【用法用量】煎服,马、牛 15～45 g,猪、羊 6～12 g。

【使用注意】阴虚无湿热和尿多者忌用。

【现代研究】本品含三萜皂苷、脂肪油、维生素A类物质。地肤子水浸剂(1∶3)对许兰氏黄癣菌、奥杜盎氏小芽胞癣菌、铁锈色小芽胞癣菌、羊毛状小芽胞癣菌、星形奴卡氏菌等皮肤真菌,均有不同程度的抑制作用。

萹 蓄

为蓼科植物萹蓄的干燥全草。主产于山东、安徽、江苏、吉林等地。

【性味归经】苦,微寒。入胃、膀胱经。

【功效】利水通淋,杀虫止痒。

【应用】本品利水通淋,泄热下行,适用于湿热淋证,尿短赤涩,黄疸、尿血等证,与瞿麦、滑石、木通、车前、大黄等同用。此外,水煎洗可治湿疹。

【用法用量】煎服,马、牛 25～60 g,猪、羊 6～12 g。

【使用注意】无湿热及胎前产后忌用。

【现代研究】本品含萹蓄苷、蒽醌类、鞣质、钾盐、蜡等。本品有显著利尿作用,能增加尿中钠的排出,连续给药也不会产生耐药性,用量可大些,过小则无利尿作用。本品还有驱虫(蛔虫、蛲虫)及缓下作用。此外,对葡萄球菌、福氏痢疾杆菌、绿脓杆菌以及须疮癣菌、羊毛状小芽胞癣菌、皮肤霉菌等均有抑制作用。

萆 薢

为薯蓣科植物绵萆薢和粉萆薢的干燥根茎。主产于四川、浙江等地。

【性味归经】苦,平。入肝、胃经。

【功效】祛风湿,利湿热。

【应用】

▷ 本品能祛风湿而舒筋通络。适用于风湿痹痛,关节不利等证。属寒湿者,与附子相配;若为湿热所致,可与桑枝、秦艽、薏苡仁等同用。

▷ 利湿而分清别浊,用于下焦湿浊所致的尿混浊等证。常与茯苓、石菖蒲、乌药等配伍,如萆薢分清饮。

【用法用量】煎服，马、牛 15～60 g，猪、羊 6～15 g。

【现代研究】本品含萆薢苷、鞣质、淀粉、蛋白质等。可缓解肌肉痉挛，并对肾炎水肿、乳糜尿有一定疗效。

车　前　子

为车前科多年生草本植物车前或平车前的成熟种子。前者分布全国各地，后者分布北方各地。主产于黑龙江、辽宁、河北等地。夏秋两季种子成熟时采收。生用或盐水炙用。

【性味归经】甘，寒。归肾、肝、肺经。

【功效】利尿通淋，渗湿止泻，清肝明目，清肺化痰。

【应用】

▷ 用于水肿，淋证。本品甘而滑利，寒凉清热，有利尿通淋之功。对湿热下注于膀胱而致小便淋漓涩痛者尤为适宜。常与木通、滑石、萹蓄等清热利湿药同用，如八正散。

▷ 用于暑湿泄泻。本品能利水湿，分清浊而止泻，即利小便以实大便，故用治湿盛于大肠而小便不利之水泻。可单用本品研末，米饮送服，或与白术、茯苓、泽泻等同用。

▷ 用于目赤涩痛，目暗昏花，翳障等。以其善清肝热而能明目，故用治目赤涩痛，多与菊花、决明子等同用；若肝肾阴亏，两目昏花或内障不明，则须配熟地黄、菟丝子等养肝明目药，如驻景丸。

▷ 用于痰热咳嗽。本品入肺经，能清肺化痰止咳。用治肺热咳嗽痰多，多与瓜蒌、贝母、枇杷叶等清肺化痰药同用。

此外，治疗高血压病，用本品煎汤代茶饮。

【用法用量】煎服，宜布包。马、牛 15～90 g，猪、羊 6～12 g。

【现代研究】本品含琥珀酸、车前烯醇、腺嘌呤、胆碱、车前子碱、脂肪油、维生素 A 和维生素 B 等。本品有显著利尿作用，能促进呼吸道黏液分泌，稀释痰液，故有祛痰作用，对大肠杆菌、伤寒杆菌和葡萄球菌均有抑制作用。

关　木　通

为马兜铃科藤本植物东北马兜铃的藤茎。主产于吉林、辽宁、黑龙江等省。秋季采收。晒干，切片，生用。

【性味归经】苦，寒。归心、小肠、膀胱经。

【功效】利尿通淋，下乳。

【应用】

▷ 用于热淋涩痛，心烦尿赤，水肿脚气。取其上清心火，下利湿热，使湿热之邪下行从小便排出。故若用治心火上炎，口舌生疮，或心火下移小肠而致的心烦尿赤等症，多与生地黄、甘草、竹叶等配用，如导赤散。若膀胱湿热，小便短赤，淋漓涩痛，常与萹蓄、瞿麦等配用，如八正散。若用于肿胀，小便不利，可与猪苓、苏叶、槟榔同用，如木通散。

▷ 用于乳少，湿热痹痛。本品通经下乳，并能利血脉通关节。若用治乳汁短少或不通，可与王不留行、穿山甲、漏芦等同用。用治血瘀，配红花、桃仁、丹参等同用。若治湿热痹痛，多配秦艽、防己、薏苡仁等同用。

【用法用量】煎服，马、牛 25～40 g，猪、羊 3～6 g。

【使用注意】据报道，关木通有致急性肾功衰竭者，故应慎用。

【现代研究】本品含马兜铃酸、鞣质和钙质、皂碱素、脂肪油等。本品有利尿和强心作用，对痢疾杆菌、伤寒杆菌及某些皮肤真菌有抑制作用。马兜铃酸有抑制肿瘤细胞生长作用。

滑　石

为硅酸盐类矿物滑石族滑石，主含含水硅酸镁[$Mg_3(Si_4O_{10})_2 \cdot (OH)_2$]，主产于山东、江西、山西、辽宁等地。全年可采。研粉或水飞用。

【性味归经】甘、淡，寒。归胃、膀胱经。

【功效】利水通淋，清解暑热，祛湿敛疮。

【应用】

▷ 用于小便不利，淋漓涩痛。本品能清膀胱热结，通利水道，是治湿热淋证常用药。若湿热下注之小便不利，热淋、石淋以及尿闭等，常与木通、车前子、瞿麦等同用，如八正散。若用于石淋，可与海金沙、金钱草、木通等配用，如二金排石汤。

▷ 用于暑湿，湿温。本品甘寒，既能利水，又能解暑热，是治暑湿之常用药。若暑热烦渴，小便短赤，可与甘草同用，即六一散；若暑湿，胸闷、气机不畅，可与薏苡仁、白蔻仁、杏仁等配用，如三仁汤。

▷ 用于湿疮，湿疹。本品外用有清热收湿敛疮作用。若湿疮、湿疹，可单用或与枯矾、黄柏等为末，撒布患处；与薄荷、甘草等配合制成痱子粉，以治痱子。

【用法用量】煎服，宜布包。马、牛 25～30 g，猪、羊 6～18 g。外用适量。

【使用注意】脾虚、热病伤津及孕畜忌用。

【现代研究】本品含硅酸镁、氧化铝、氧化镍等。本品所含硅酸镁有吸附和收敛作用，内服能保护肠壁。滑石粉撒布创面形成被膜，有保护创面、吸收分泌物，促进结痂的作用。

茵陈蒿

为菊科多年生草本植物茵陈蒿或滨蒿等的全草。我国大部分地区有分布，主产于陕西、山西、安徽等地。春季幼苗高约三寸时采收，或秋季花蕾长成时采割。除去根及杂质，晒干。生用。

【性味归经】苦，微寒。归脾、胃、肝、胆经。

【功效】清利湿热，利胆退黄。

【应用】

▷ 用于黄疸。本品苦泄下降，寒能清热，善清利脾、胃、肝、胆湿热，使之从小便出，故为治黄疸要药。若身目发黄，小便短赤之阳黄证，常与栀子、黄柏、大黄同用，如茵陈蒿汤；若黄疸湿重于热者，可与茯苓、猪苓同用，如茵陈五苓散；若脾胃寒湿郁滞，阳气不得宣运之阴黄，多与附子、干姜等配用，如茵陈四逆汤。

▷ 用于湿温，湿疹，湿疮。取其清热利湿之功，故亦可用于湿疮瘙痒，可与黄柏、苦参、蛇床子、地肤子等同用。也可煎汤外洗。

【用法用量】煎服，马、牛 25～45 g，猪、羊 6～15 g。外用适量。

【使用注意】蓄血发黄者及血虚萎黄者慎用。

【现代研究】本品含挥发油，油中主要成分为 β-蒎烯、茵陈烃、茵陈酮及叶酸。本品有显著利胆作用，在增加胆汁分泌同时，也增加胆汁中固体物、胆酸和胆红素的排泄量，并能解热和降压。其煎剂对人型结核杆菌有完全抑制作用。乙醇提取物对流感病毒有抑制作用。水煎剂对 $ECHO_{11}$ 病毒有抑制作用。

金钱草

为报春花科多年生草本植物过路黄（神仙对坐草）的全草，习称大金钱草。江南各地均有分布。夏、秋两季采收。晒干切段生用。

【性味归经】甘、咸，微寒。归肝、胆、肾、膀胱经。

【功效】除湿退黄，利尿通淋，解毒消肿。

【应用】

▷ 用于湿热黄疸。本品清肝胆之火，又能除下焦湿热，有清热利湿退黄之效。常与茵陈蒿、栀子、虎杖等同用。

▷ 用于石淋，热淋，如牛血尿。配伍石韦、海金沙。

【用法用量】煎服，马、牛 30～120 g，猪、羊 6～25 g。

【现代研究】本品含酚性成分和甾醇、黄酮类、氨基酸、鞣质、挥发油、胆碱、钾盐等。本品有显著利尿作用，并能促进胆汁从胆管排出，还有排石作用。对金黄色葡萄球菌有抑制作用。

(三)化湿药 凡气味芳香，性偏温燥，具有化湿运脾作用的药物，称为化湿药。

脾恶湿，“土爱暖而喜芳香”。若湿浊内阻中焦，则脾胃运化水谷之功能受阻而致病。芳香之品能醒脾化湿，温燥之药可燥湿健脾，故本类药物适用于湿浊内阻，脾为湿困，运化失常所致的脘腹痞满、呕吐泛酸、大便溏薄、食少体倦、多涎、舌苔白腻等证。此外，有芳香解暑之功，湿温、暑温等证，亦可选用。

在应用时，应根据不同证候，作适当的配伍。如脾胃虚弱者，配补脾健胃药；湿阻气滞、脘腹胀甚者，配行气药；寒湿中阻者，配温里药；若里湿化热者，配清热燥湿药等。本类药物多属辛温香燥之品，易于耗气伤阴，故阴虚血燥及气虚者宜慎用。又因其芳香，多含挥发油，系其有效成分，故入煎剂宜后下，不宜久煎，以免降低疗效。

苍　术

为菊科多年生草本植物茅苍术(茅术、南苍术)或北苍术的根茎。前者主产于江苏、湖北、河南等地，以产于江苏茅山一带者质量最好，故名茅苍术。后者主产于内蒙古、山西、辽宁等地。春秋季采挖，除去泥土、残茎，晒干。水或米泔水润透切片，炒微黄用。

【性味归经】辛、苦，温。归脾、胃经。

【功效】燥湿健脾，祛风湿。

【应用】

▷ 用于湿滞中焦证。本品善燥脾湿，对湿胜中焦，脾失健运而致脘腹胀满，呕恶食少，吐泻乏力，舌苔白腻等症，最为适宜，常与厚朴、陈皮等配伍，如平胃散。若湿热、湿温证，则配清热药同用，以化湿清热；若痰饮或湿溢水肿等证，亦可用之。

▷ 用于风湿痹证。因其辛散苦燥，长于祛湿，痹证湿胜者尤宜，常配独活、秦艽等同用；若湿热痹痛，配石膏、知母等，如白虎加苍术汤，亦常与黄柏合用，即二妙散，更可用于湿热痿躄、下部湿浊带下、湿疮、湿疹等。

▷ 用于外感风寒挟湿之表证。若风寒湿邪袭表，而致恶寒发热，头身痛，无汗等，本品能发汗解表、胜湿，多与白芷、细辛等同用，如《和剂局方》神术散。

【用法用量】煎服，马、牛 15～60 g，猪、羊 9～15 g。

【现代研究】本品含挥发油。油中主要成分为苍术醇和茅术醇的混合结晶物。此外，尚含少量苍术酮、维生素 A 样物质、维生素 B 及菊糖。所含挥发油，小剂量呈镇静作用，同时使脊髓反射亢进，大剂量则呈抑制作用。

藿　香

为唇形科多年生草本植物广藿香的地上部分。主产于广东。夏秋季枝叶茂盛时采割。趁鲜切段用,或阴干生用。

【性味归经】辛,微温。归脾、胃、肺经。

【功效】化湿,解暑,止呕。

【应用】

▷ 用于湿滞中焦证。本品为芳化湿浊要药。若湿浊内阻,中气不运所致脘腹痞闷,少食作呕,神疲体倦等症,每与苍术、厚朴等同用,如不换金正气散。

▷ 用于暑湿证及湿温证初起。既能化湿,又可解表。治暑月外感风寒,内伤生冷而致恶寒发热,头痛脘闷,呕恶吐泻者,配紫苏、厚朴、半夏等,如藿香正气散。若湿温病初起,湿热并重者,多与黄芩、滑石、茵陈等同用,如甘露消毒丹。

▷ 用于呕吐。既能化湿,又能和中止呕。治湿浊中阻所致之呕吐,本品最为捷要。常与半夏配伍。偏于寒湿者,可配丁香、白豆蔻等;偏于湿热者,配黄连、竹茹等;妊娠呕吐,配砂仁、苏梗等;脾胃虚弱者,配党参、白术等。

【用法用量】煎服,马、牛 25～45 g,猪、羊 6～10 g。鲜品加倍。

【现代研究】广藿香含挥发油,油中主要成分为广藿香醇和刺蕊草醇。挥发油能促进胃液分泌,增强消化力,对胃肠有解痉作用。有防腐和抗菌作用。此外,尚有收敛止泻、扩张微血管而略有发汗等作用。

厚　朴

为木兰科落叶乔木厚朴或凹叶厚朴的干皮、根皮及枝皮。主产于四川、湖北、安徽等地。4～6 月份剥取,根皮及枝皮直接阴干,干皮置沸水中微煮后堆置阴湿处,“发汗”至内表面变紫褐色或棕褐色时,蒸软取出,卷成筒状,干燥。姜汁制用。

【性味归经】苦、辛,温。归脾、胃、肺、大肠经。

【功效】行气,燥湿,消积,平喘。

【应用】

▷ 用于湿阻中焦,气滞不利所致的脘闷腹胀,腹痛,或呕逆等证。本品苦燥辛散,长于行气、燥湿、消积,为消除胀满之要药。常与苍术、陈皮等同用,如平胃散。

▷ 用于肠胃积滞,脘腹胀满,大便秘结。常与枳实、大黄同用,即厚朴三物汤。若热结便秘者,配大黄、芒硝、枳实,即大承气汤,以达峻下热结,消积导滞之效。

▷ 用于痰饮咳喘。本品能燥湿化痰,下气平喘。对于宿有喘病,因外感风寒而发者,可与桂枝、杏仁等同用,如桂枝加厚朴杏子汤。

【用法用量】煎服，马、牛 25～45 g，猪、羊 6～10 g。

【现代研究】厚朴树皮含厚朴酚、四氢厚朴酚、异厚朴酚和挥发油，另含木兰箭毒碱。厚朴煎剂对肺炎球菌、白喉杆菌、溶血性链球菌、枯草杆菌、志贺氏及施氏痢疾杆菌、金黄色葡萄球菌等有抑制作用。对肠管，小剂量呈现兴奋，大剂量则为抑制。对支气管亦有兴奋作用。木兰箭毒碱能使运动神经末梢麻痹，引起全身骨骼肌松弛；有降压作用，降压时反射性地引起呼吸兴奋、心率增加。

砂　　仁

为姜科多年生草本植物阳春砂、海南砂或缩砂的干燥成熟果实。阳春砂主产于我国广东、广西等地。海南砂主产于广东、海南岛及湛江地区。缩砂产于越南、泰国、印度尼西亚等地。以阳春砂质量为优。均于夏秋季间果实成熟时采收，晒干或低温干燥。用时打碎生用。

【性味归经】辛，温。归脾、胃经。

【功效】化湿行气，温中止呕止泻，安胎。

【应用】

▷ 用于湿困脾土及脾胃气滞证。其化湿醒脾，行气温中均佳，故湿阻或气滞所致脾胃不和诸证常用，尤寒湿气滞者多宜。常与厚朴、陈皮、枳实等同用。若脾虚气滞，多配党参、白术、茯苓等药，如香砂六君子汤。

▷ 用于脾胃虚寒吐泻。其化湿行气而调中止呕，温脾止泻，可单用研末吞服，或与干姜、附子等药同用。

▷ 用于气滞妊娠恶阻及胎动不安。以其行气和中而止呕安胎。若妊娠呕逆不能食，单用本品炒熟研末服。若胎动不安，可配人参、黄芪、白术等，如泰山磐石散。

【用法用量】煎服，马、牛 15～30 g，猪、羊 3～6 g。宜后下。

【现代研究】阳春砂含挥发油，油中主要成分为右旋樟脑、龙脑、乙酸龙脑酯、柠檬烯、橙花叔醇等，并含皂苷。缩砂含挥发油，油中主要成分为樟脑、萜烯等。砂仁挥发油有芳香健胃作用，能促进胃酸分泌，可排除消化道积气，故能行气消胀。

二、祛　湿　方

以祛湿药物为主组成的，具有胜湿、化湿、燥湿作用，用以治疗湿邪为患病证的方剂，称为祛湿方。

临床治疗湿证时，首先应辨别湿邪所在部位的内外上下。在外在上，宜微汗以解之；在内在下，宜健脾行水以利之。其次，审其寒热虚实。如湿从寒化，宜温化寒湿;湿从热化,宜清化湿热;若水湿壅盛脉证俱实,则宜用逐水之方;脉证俱虚,当选健脾化湿之剂。

祛湿剂多属辛温香燥,淡渗利水之剂,易伤阴耗液。对津液亏乏之证,使用时须配伍养阴药。以利水为主的祛湿剂药性多滑利,对于滑精、孕畜应当慎用。

独活散(《元亨疗马集》)

【组成】独活 30 g 羌活 30 g 防风 30 g 肉桂 30 g 泽泻 30 g 酒黄柏 30 g 大黄 30 g 当归 15 g 桃仁 10 g 连翘 15 g 汉防己 15 g 炙甘草 15 g

研末,开水冲调,候温加酒 120 mL,灌服。

【功效】疏风祛湿,活血止痛。

【主治】风湿痹痛。

【方解】本方主用于风湿痹痛。由于汗出当风,或久卧潮湿之地,致使风湿之邪,着于腰胯,郁于腠理,营卫受阻,引起风湿性腰胯疼痛。治则祛风除湿,活血止痛。方中羌活、独活、防风祛风除湿,使邪外出,为主药;辅以肉桂、泽泻、防己化气行水,驱湿下行,以助主药祛湿之力;佐以当归、桃仁、大黄活血化瘀止痛,黄柏、连翘清热燥湿解毒;炙甘草温中,调和诸药,为使药。诸药合用,共收祛风除湿,活血止痛之效。

【临床应用】用于风湿性腰胯痛。

独活寄生汤(《备急千金要方》)

【组成】独活 30 g 桑寄生 45 g 秦艽 30 g 防风 25 g 细辛 6 g 当归 30 g 白芍 25 g 川芎 15 g 熟地 45 g 杜仲 30 g 牛膝 30 g 党参 30 g 茯苓 30 g 桂心 15 g 甘草 20 g

水煎服,或研末,开水冲调,候温灌服。

【功效】祛风湿,止痹痛,益肝肾,补气血。

【主治】痹证日久,肝肾两亏,气血不足的风寒湿痹。证见腰胯疼痛,四肢屈伸不利,腰腿软弱,卧地难起,口色淡,脉象细弱。

【方解】本方主治风寒湿痹日久,入里着于肌肉筋骨之间,致使肝肾亏损,气血不足。治则祛风湿,补气血,益肝肾。方中独活、桑寄生祛风除湿,活络通痹为主药;熟地、杜仲、牛膝补肝肾、壮筋骨,当归、白芍、川芎养血和营,党参、茯苓、甘草益气健脾、扶正祛邪,为辅药;细辛、桂心可温散肾经风寒,防风、秦艽配伍又能将周身之风寒湿邪从肌表而解,为佐药。诸药合用,有祛风湿,止痹痛,补气血,益肝肾之功效。

【临床应用】慢性风湿症以及腰胯、肌肉、四肢、关节等处风湿,均可酌情加减运用。

活络丹(《和剂局方》)

【组成】制川乌 180 g　制草乌 180 g　地龙 180 g　制南星 180 g　乳香 60 g　没药 60 g

研末，酒面糊为丸，每丸重 3 g，每次服 15～20 丸，日服 1～2 次，服时加陈酒 100 mL 灌服。

【功效】祛风活络，除湿止痛。

【主治】着痹以及湿痰瘀血滞留经络的病证。

【方解】风寒湿邪或湿痰留阻经络，致使气血不能宣通，营卫不得流畅，致成肢体麻木疼痛等证。治则祛风活络，除湿止痛。方中川乌、草乌祛风除寒，温经通络为主药；辅以南星燥湿化痰，祛风活络；乳香、没药行气活络止痛为佐药；地龙通经活络，陈酒助药热，为使药。诸药合用，可祛风活络，除湿止痛。

【临床应用】用于日久不愈的着痹以及湿痰瘀血滞留经络的病证。本方宜于体质壮实者，若阴虚有热及孕畜忌服。

五苓散(《伤寒论》)

【组成】猪苓 30 g　茯苓 30 g　泽泻 45 g　白术 30 g　桂枝 25 g

研末，开水冲服，或水煎服。

【功效】健脾除湿，化气利水。

【主治】水湿内停所致的水肿，小便不利，或外感风寒，内有水湿，小便不利等。

【方解】本方为利水消肿的常用方。由于脾虚不运，气化不利，而致水湿停滞，流溢肌肤、经络，故见水肿，水注大肠则泄泻。若外感风寒，表邪不解，循经传入膀胱，以致膀胱气化失调，既见外证恶寒发热，又见里证小便不利。治则化气利水，健脾除湿。方中猪苓、茯苓渗湿利水，通利小便为主药；泽泻善利肾水，白术健脾燥湿，为辅药；佐以桂枝通阳化气、疏散表邪。诸药合用，有化气利水，健脾祛湿之功效。

【临床应用】用于水湿内停所致的水肿、尿不利、泄泻等。若无表证，将方中桂枝改为肉桂，以增强化气利水的作用；本方加桑白皮，利水之功更显；小便淋漓不通或癃闭，加车前子、木通等，有显著利水通淋作用；本方合平胃散为胃苓汤，治寒湿泄泻、尿不利；本方加茵陈，名茵陈五苓散，治湿热性黄疸；本方减桂枝，名四苓散，治脾虚湿阻，尿短少、粪便溏泻。

八正散(《和剂局方》)

【组成】木通 30 g　瞿麦 30 g　萹蓄 30 g　车前子 45 g　滑石 10 g　甘草梢

25 g　山栀子 25 g　大黄 15 g　灯芯草 10 g

研末，开水冲服，或水煎服。

【功效】清热泻火，利水通淋。

【主治】湿热下注膀胱所致热淋、石淋。证见小便淋漓不畅或癃闭不通，口干舌红，苔黄，脉数。

【方解】本方主治湿热下注所致的淋证。由于湿热下注膀胱，则水道不利，尿频涩痛，甚则闭而不通，治则清热通淋。方中木通利水降火，瞿麦利水通淋，清热凉血为主药；萹蓄、车前子、滑石、灯芯草清热除湿，利尿通淋为辅药；栀子、大黄清热泻火，引热下行为佐药；甘草梢止尿痛，协调诸药为使药。合而用之，达清热通淋之功效。

【临床应用】用于膀胱炎、尿道炎属湿热者。若内热甚者，加蒲公英、金银花等；若大便溏者，去大黄；若为血淋，排尿疼痛，加小蓟、白茅根等；若石淋，加金钱草、海金沙、石韦、鸡内金等。

五皮饮(《华氏中藏经》)

【组成】桑白皮 60 g　陈橘皮 60 g　生姜皮 60 g　茯苓皮 45 g　大腹皮 60 g

研末，开水冲服，或水煎服。

【功效】健脾渗湿，利水消肿。

【主治】水肿。证见全身水肿，或四肢、腹下水肿，或妊娠浮肿。

【方解】本方为平和的利水消肿之剂。所治水肿，乃脾虚湿盛，溢泛肌肤所致，治则健脾理气化湿。方中茯苓皮健脾利水渗湿，陈皮理气健脾和中，二药合用，行气健脾化湿为主药；辅以桑白皮肃降肺气，通调水道，泻肺行水；佐以生姜皮辛散水邪，大腹皮下气行水。诸药合用能消肿，理气，健脾。

【临床应用】用于全身水肿。以脾虚湿盛，一身肌肤肿为主。凡肾性水肿，心脏性水肿之属于脾虚湿盛者，均可用本方加减治疗。湿重者，可合五苓散；脾虚者，可加党参、白术；寒盛阳虚者，可加干姜、肉桂、附子等；腰以前水肿，加紫苏、秦艽、防风、荆芥以祛风散湿，腰以后水肿，加泽泻、车前子、赤茯苓以利水消肿；妊娠水肿，去桑白皮，加白术。

平胃散(《元亨疗马集》)

【组成】苍术 60 g　厚朴 45 g　陈皮 45 g　甘草 20 g　生姜 20 g　大枣 90 g

水煎服，或研末，开水冲服。

【功效】健脾燥湿，消胀散满。

【主治】胃寒草少，寒湿困脾等证。

【方解】本方主治湿困中焦之证。由于湿困脾土，运化失常，气机被阻，水草难于消化，因而食少、脘腹胀满，继则泄泻，湿滞往往又导致气滞，气通才有助于湿化滞消。治则健脾燥湿，行气导滞。方中苍术燥湿健脾为主药；辅以厚朴除湿行气，宽中散满；佐以陈皮理气健胃；使以甘草、生姜、大枣调和脾胃。诸药合用，有祛湿健脾，消胀散满之功。

【临床应用】凡湿困中焦，郁阻气机而出现的宿食不消，脾虚慢草，肚腹胀满，大便溏泻等，均可应用。本方加麦芽、炒神曲，名“加味平胃散”，用治宿食不消，嗳腐少食；本方加党参、茯苓，名“参苓平胃散”，用治脾虚少食，大便溏泻；本方加黄连、木香，名“香连平胃散”，用治食滞发热，腹痛泄泻；本方加猪苓、茯苓，名“二苓平胃散”，用治肠鸣水泻，腹胀，小便短少；本方加山楂、槟榔，名“消食平胃散”，用治牛脾虚不磨。

藿香正气散(《和剂局方》)

【组成】藿香 60 g　紫苏叶 45 g　茯苓 30 g　白芷 15 g　大腹皮 30 g　陈皮 30 g　桔梗 25 g　炒白术 30 g　厚朴 30 g　制半夏 20 g　甘草 15 g

水煎温服，或共为末，姜枣煎汤冲调，温服。

【功效】解表化湿，理气和中。

【主治】外感风寒，内伤湿滞。证见发热恶寒，肚腹胀满，肠鸣泄泻，或呕吐，舌苔白腻等。

【方解】本方主治四时不正之气所致的外感，同时兼有内伤湿滞者。治则疏散风寒，内化湿浊，理气和中。方中藿香散风寒，化湿浊，和脾胃，为主药；辅以半夏燥湿降气，和胃止呕，厚朴行气化湿，宽胸除满，苏叶、白芷散风寒，芳香化湿；佐以陈皮理气燥湿，茯苓、白术健脾运湿，大腹皮行气利湿，桔梗宣肺利膈；使以甘草、生姜或大枣调和脾胃及药性。诸药合用，共奏解表化湿、理气和中之功效。

【临床应用】用于内伤湿滞，复感风寒，而以湿滞脾胃为主之证。表邪偏胜者，可加香薷；兼有食积者，可加焦三仙、莱菔子；泄泻重者，加猪苓、泽泻、车前子。

第八节　理气药及方剂

一、理　气　药

凡以疏理气机、治疗气滞或气逆证为主要作用的药物，称为理气药，又叫行气药。

理气药性味多辛苦温而芳香。其味辛能行散，味苦能疏泄，芳香能走窜，性温能通行,故有疏理气机的作用。因本类药物主归脾、肝、肺经,故有理气健脾、疏肝解郁、理气宽胸、行气止痛、破气散结等不同功效。具有理气健脾作用的药物,主要用治脾胃气滞所致脘腹胀痛、嗳气吞酸、恶心呕吐、腹泻或便秘等。具疏肝解郁者,主要用治肝气郁滞所致胁肋胀痛、抑郁不乐、疝气疼痛、乳房胀痛等。具理气宽胸者,主要用治肺气壅滞所致胸闷胸痛、咳嗽气喘等。

使用本类药物,须针对病证选择相应功效的药物,并进行必要的配伍。如脾胃气滞因于饮食积滞者,配消导药用;因于脾胃气虚者,配补中益气药用;因于湿热阻滞者,配清热除湿药用;因于寒湿困脾者,配苦温燥湿药用。肝气郁滞因于肝血不足者,配养血柔肝药用;因于肝经受寒者,配温肝散寒药用;因于瘀血阻滞者,配活血祛瘀药用。肺气壅滞因于外邪客肺者,配宣肺解表药用;因于痰饮阻肺者,配祛痰化饮药用。

本类药物性多辛温香燥,易耗气伤阴,故气阴不足者慎用。

橘　　皮

为芸香科常绿小乔木橘及其栽培变种的成熟果皮,又称陈皮、广陈皮、陈广皮、新会皮。主产于长江以南各地。

【性味归经】辛、苦,温。归脾、肺经。

【功效】理气健脾,燥湿化痰。

【应用】

▷ 用于脾胃气滞证。本品辛行温通,有行气止痛、健脾和中之功,又因味苦燥湿,故寒湿阻中的脾胃气滞,脘腹胀痛、恶心呕吐、泄泻者,用之尤为适宜,常与苍术、厚朴等同用,如平胃散。治脾虚气滞,不思草料、食后腹胀、便溏舌淡者,可与党参、白术、茯苓等同用,如异功散。若脾胃气滞较甚,脘腹胀痛较剧者,每与木香、枳实等同用,以增强行气止痛之功。

▷ 用于湿痰,寒痰咳嗽。既能燥湿化痰,又能温化寒痰,且辛行苦泄而能宣肺止咳,为治痰之要药。治湿痰咳嗽,多与半夏、茯苓等同用,如二陈汤。治寒痰咳嗽,多与干姜、细辛、五味子等同用。

【用法用量】煎服,马、牛 30～60 g,猪、羊 6～10 g。

【现代研究】本品含挥发油、黄酮苷(如橙皮苷)、川皮酮及维生素 B_1、维生素 C 等。橘皮挥发油中主含柠檬烯。

本品煎剂对家兔及小鼠离体肠管,麻醉兔、犬胃及肠运动,小鼠离体子宫均有抑制作用,对麻醉兔的在体子宫则呈强直性收缩。小量煎剂可增强心脏收缩力,使心输出量增加;大剂量时可抑制心脏。鲜橘皮煎剂有扩张气管的作用。所含橙皮苷有维生素P样作用，可降低毛细血管的通透性、防止微细血管出血，能拮抗组胺、溶血卵磷脂引起的血管通透性增加，能增强纤维蛋白溶解、抗血栓形成，有利胆作用。

［附药］橘核，橘络，橘叶，化橘红

橘核：为橘的种子。性味苦平。归肝经。功能理气散结止痛。用于疝气痛、睾丸肿痛及乳房结块等。

橘络：为橘的中果皮及内果皮之间的纤维束群。性味甘苦平。归肝、肺经。功能行气通络、化痰止咳，用于痰滞经络之胸痛、咳嗽。

橘叶：为橘树的叶。性味辛苦平。归肝经。功能疏肝行气、散结消肿。用于胁肋作痛、乳痈、乳房结块等。

化橘红：为芸香科植物化州柚或柚的未成熟或接近成熟果实外层果皮。性味辛苦温。归肺、脾经。功能理气宽中、燥湿化痰。用于湿痰或寒痰咳嗽及食积呕恶胸闷等。

青　皮

为芸香科常绿小乔木橘及其栽培变种的幼果或未成熟果实的青色果皮。产地同橘皮。

【性味归经】苦、辛，温。归肝、胆、胃经。

【功效】疏肝理气，消积化滞。

【应用】

▷ 用于肝气郁滞诸证。本品辛散温通，苦泄下行而奏疏肝理气、散结止痛之功。治肝郁胸胁胀痛，可配柴胡、郁金、香附等。治乳房胀痛或结块，可配柴胡、浙贝母、橘叶等。治乳痈肿痛，可配瓜蒌皮、银花、蒲公英等。若治寒疝疼痛，多与乌药、小茴香、木香等同用，如天台乌药散。

▷ 用于食积腹痛。本品辛行苦降温通，有消积化滞、和降胃气、行气止痛之功。治食积气滞，脘腹胀痛，常与山楂、神曲、麦芽等同用，以增强消积化滞之功，如《沈氏尊生书》青皮丸。若气滞甚者，可配木香、槟榔或枳实、大黄等同用。

此外，取其破气散结之功，可用于气滞血瘀之癥瘕积聚、久疟癖块等，多与三棱、莪术、丹参等同用。

【用法用量】煎服，马、牛 25～30 g，猪、羊 6～10 g。醋炙疏肝止痛力强。

【现代研究】本品所含主要成分与橘皮相似，但所含对羟福林比橘皮为高。

本品所含挥发油对胃肠道有温和的刺激作用，能促进消化液的分泌和排除肠内积气。其煎剂能抑制肠管平滑肌，呈解痉作用，此作用强于陈皮。本品对胆囊平滑肌有舒张作用，有利胆作用。其挥发油有祛痰、平喘作用。其注射液静脉注射有显著的升压作用，对心肌的兴奋性、收缩性、传导性和自律性均有明显的正性作用。

枳 实

为芸香科常绿小乔木酸橙及其栽培变种或甜橙的幼果。主产于浙江、福建、广东、江苏、湖南等地。

【性味归经】苦、辛，微寒。归脾、胃、大肠经。

【功效】破气除痞，化痰消积。

【应用】

▷ 用于食积证、胃肠热结气滞证。本品辛行苦降，善破气除痞、消积导滞。治饮食积滞，脘腹痞满胀痛，多与山楂、麦芽、神曲等同用。治热结便秘、腹痞胀痛，多与大黄、芒硝、厚朴等同用，如大承气汤。治湿热泄痢、里急后重，多与黄芩、黄连同用，如枳实导滞丸。

▷ 用于痰滞胸脘痞满，胸痹结胸。本品能行气化痰，以消痞破气除满而止痛。治胸阳不振、痰阻胸痹，多与薤白、桂枝、瓜蒌等同用，如枳实薤白桂枝汤。现代用以治冠心病、心绞痛，有一定疗效。治痰热结胸，可与黄连、瓜蒌、半夏同用，如《温病条辨》小陷胸加枳实汤。治心下痞满，食欲不振，可与半夏曲、厚朴等同用，如枳实消痞丸。

此外，本品尚可用治胃扩张、胃下垂、子宫脱垂、脱肛等脏器下垂病证，可与补气、升阳药同用以增强疗效。

【用法用量】煎服，马、牛 30～60 g，猪、羊 9～12 g。炒后性较平和。

【使用注意】孕畜慎用。

【现代研究】酸橙果皮含挥发油并含黄酮苷（主要为橙皮苷、新橙皮苷、柚皮苷、野漆树苷及忍冬苷等）、甲基酪胺、对羟福林等。

枳实能缓解乙酰胆碱或氯化钡所致的小肠痉挛。对有胃瘘、肠瘘的犬灌服枳实或枳壳煎液，可使胃肠收缩节律增加。枳实或枳壳煎剂对已孕、未孕小鼠离体子宫有抑制作用，对已孕、未孕家兔离体、在体子宫均呈兴奋作用。枳实、枳壳煎剂或酊剂静脉注射，对动物离体心脏有强心作用。枳实注射液静脉注射能增加冠脉、脑、肾血流量，降低脑、肾血管阻力。枳实、枳壳煎剂及枳壳的乙醇提取液给麻醉犬、兔静脉注射有明显的升压作用。枳实能使胆囊收缩、奥狄括约肌张力增加，有较强的抗过敏活性。枳实、枳壳有抑制血栓形成的作用。

［附药］枳壳

为芸香科小乔木酸橙及其栽培变种的接近成熟的果实（去瓤），生用或麸炒用。性味、归经、功用与枳实同，但作用较缓和，长于行气宽中除胀。用法用量同枳实。

木　香

为菊科多年生草本植物云木香、川木香的干燥根。主产于四川、云南等地。

【性味归经】辛、苦，温。归脾、胃、大肠、胆、三焦经。

【功效】行气止痛。

【应用】

▷ 用于脾胃气滞证。本品辛行苦泄温通，善通行脾胃之滞气，为行气止痛之要药。治脾胃气滞，脘腹胀痛，可与陈皮、砂仁、檀香等同用。治脾虚气滞，脘腹胀满，食少便溏，可与党参、白术、陈皮等同用，如香砂六君子汤。

▷ 用于泄痢里急后重。本品辛行苦降，善行大肠之滞气，为治湿热泄痢里急后重之要药，常与黄连配伍，如香连丸。若治饮食积滞的脘腹胀满、大便秘结或泻而不爽，可与槟榔、青皮、大黄等同用，如木香槟榔丸。

▷ 用于腹痛胁痛，黄疸。本品既能行气健脾，又能疏理肝胆，故可用治脾失运化、肝失疏泄而致湿热郁蒸、气机阻滞之脘腹胀痛、胁痛、黄疸，可与郁金、大黄、茵陈等同用。现代用治胆石症、胆绞痛，亦有一定疗效。

【用法用量】煎服，马、牛 30～60 g，猪、羊 9～15 g。生用行气力强，煨用行气力缓而多用于止泻。

【现代研究】云木香含挥发油。油中成分为紫杉烯、α-紫罗兰酮、木香烯内酯、α-木香烃、β-木香烃、木香内酯、二氢脱氢木香内酯、木香酸、木香醇、水芹烯等。此外，尚含木香碱。

木香对胃肠道有兴奋或抑制的双向作用，有促进消化液分泌、松弛气管平滑肌及抑制伤寒杆菌、痢疾杆菌、大肠杆菌及多种真菌的作用，有利尿及促进纤维蛋白溶解等作用。

香　附

为莎草科多年生草本植物香附(莎草)的干燥块茎。去毛打碎，生用，醋炙或酒炙后用。主产于广东、河南、四川、浙江等地。

【性味归经】辛、微苦、微甘，平。归肝、脾、三焦经。

【功效】疏肝理气，止痛。

【应用】

▷ 用于气滞胁痛，腹痛。本品辛能通行、苦能疏泄、微甘缓急，为疏肝解郁、行气止痛之要药。治肝气郁结之胁肋胀痛，多与柴胡、川芎、枳壳等同用，如柴胡疏肝散。治寒凝气滞、肝气犯胃之胃脘疼痛，可配高良姜用，如良附丸。治寒疝腹痛，多与小茴香、乌药、吴茱萸等同用。

▷ 用于肝郁乳房胀痛。本品有疏肝解郁、行气散结、止痛之功。治乳房胀痛，多与柴胡、青皮、瓜蒌皮等同用。

【用法用量】煎服，马、牛 30～60 g，猪、羊 9～15 g。醋炙止痛力增强。

【现代研究】本品含挥发油。油中主要成分为 β-蒎烯、香附子烯、α-香附酮、β-香附酮、α-莎草醇、β-莎草醇。此外，尚含生物碱、黄酮类及三萜类等。

5%香附浸膏对实验动物离体子宫均有抑制作用，能降低其收缩力和张力。其挥发油有轻度雌激素样作用。其水煎剂有降低肠管紧张性和拮抗乙酰胆碱的作用。香附油对金黄色葡萄球菌有抑制作用。其提取物对某些真菌有抑制作用。其总生物碱、苷类、黄酮类及酚类化合物的水溶液有强心及降低血压的作用。

薤　白

为百合科多年生草本植物小根蒜和薤的地下鳞茎。全国各地均有分布。主产于江苏、浙江等地。夏、秋两季采挖，洗净，除去须根，蒸透或置沸水中烫透，晒干。生用。

【性味归经】辛、苦，温。归肺、胃、大肠经。

【功效】通阳散结，行气导滞。

【应用】

▷ 用于胸痹证。本品辛散苦降、温通滑利，善散阴寒之凝滞，行胸阳之壅结，为治胸痹之要药。治寒痰阻滞、胸阳不振所致胸痹证，常与瓜蒌、半夏、枳实等配伍，如瓜蒌薤白白酒汤、瓜蒌薤白半夏汤、枳实薤白桂枝汤等。若治痰瘀胸痹，则可与丹参、川芎、瓜蒌皮等同用。

▷ 用于脘腹痞满胀痛，泄痢里急后重。本品有行气导滞、消胀止痛之功。治胃肠气滞，泄痢里急后重，常与木香、枳实同用。若治胃寒气滞之脘腹痞满胀痛，可与高良姜、砂仁、木香等同用。

【用法用量】煎服，马、牛 30～60 g，猪、羊 9～15 g。

【现代研究】本品含大蒜氨酸、甲基大蒜氨酸、大蒜糖等。

薤白能促进纤维蛋白溶解，降低动脉脂质斑块、血脂、血清过氧化脂质，抑制血小板聚集和释放反应，抑制动脉平滑肌细胞增生等。

乌　药

为樟科植物乌药的干燥根。主产于浙江，天台所出者称“台乌”，质量最佳。安徽、湖北、江苏、广东等地也有出产。

【性味归经】辛，温。入脾、胃、肺、肾经。

【功效】行气止痛，温肾缩尿。

【应用】

▷ 本品辛散温通，顺气降逆，散寒止痛，适用于寒郁气滞所致肚腹胀痛，冷痛等证。常与木香、香附同用。

▷ 温肾缩尿。本品温肾散寒，除膀胱冷气，用于下焦虚寒之尿频、遗精等证，常与益智仁、山药等配伍。

【用法用量】煎服，马、牛 30～60 g，猪、羊 10～15 g。

【使用注意】血虚内热、体虚气虚者慎用。

槟 榔

为棕榈科植物槟榔的成熟种子。主产于广东、云南、福建、广西等地。

【性味归经】辛、苦，温。入胃、大肠经。

【功效】杀虫消积，行气利水。

【应用】

▷ 本品能驱杀多种肠内寄生虫，并有轻泻作用，有助于虫体排出。驱除绦虫、姜片虫疗效较佳，尤以猪、鹅、鸭绦虫最有效，如配合南瓜子同用，效果更为显著。对蛔虫、蛲虫、血吸虫等也有驱杀作用。

▷ 本品消积导滞，用治食积气滞、腹胀便秘、里急后重等证，多与木香、青皮等同用。

▷ 本品行气利水，为治四肢疼痛的要药，常与吴茱萸、木瓜、苏叶、陈皮等同用。

【用法用量】煎服，马、牛 15～60 g，猪、羊 6～12 g。

【使用注意】老弱气虚者禁用。

［附］大腹皮

为槟榔果实的外皮。辛，温。入脾、胃经。有下气宽中、利水消肿的作用。对水气外溢为肿，湿邪内停作胀者，常配桑白皮、茯苓皮等同用，效果较好。此外，本品对肚腹胀满、尿不利、腹泻等也常用。

草 果

为姜科植物草果的干燥种子或果皮。主产于广东、广西、云南、贵州等地。

【性味归经】辛，温。入脾、胃经。

【功效】燥湿健脾，温中散寒。

【应用】本品辛温燥烈，善除寒湿而温燥脾胃，为治脾胃寒湿要药。适用于寒湿阻滞中焦，脾不健运所致的肚腹胀满、冷痛、泄泻等证，常与草豆蔻、厚朴、苍术等配伍。

【用法用量】煎服，马、牛 10～30 g，猪、羊 3～6 g。

【使用注意】无寒湿者不宜用。

二、理 气 方

凡能疏理气机，调整脏腑功能，治疗各种气分病的方剂，称为理气方。气病有气滞、气逆和气虚三种，故理气方可相应分为行气、降气和补气三方面。这里仅介绍行气方。行气方主要由辛温香窜的理气药或破气药所组成，适用于气机郁滞，见有慢草、腹胀、腹痛、下痢、泄泻等症者。

越鞠丸(《丹溪心法》)

【组成】香附 30 g　苍术 30 g　川芎 30 g　神曲 30 g　栀子 30 g

水煎服，或为末冲服。

【功效】行气解郁。

【主治】由于气、火、血、痰、湿、食诸郁所致的肚腹胀满、嗳气呕吐、水谷不消等属于实证者。

【方解】本方为统治气、火、血、痰、湿、食六郁之剂。六郁中气、血、火三郁多责之于肝，食、湿、痰三郁多责之于脾。六郁之中，以气郁为主，气行则郁散，治宜行气开郁。方中以香附行气解郁为主，以治气郁；苍术燥湿健脾，以治湿郁，神曲消食和胃，以治食郁，川芎行气活血，以治血郁诸痛，栀子清热除烦，以治火郁，皆为辅佐药。诸药合用，可达祛郁之功。

【临床应用】应用时须按六郁的偏甚而加味使用。当气郁偏重，以香附为主，并加入厚朴、枳壳、木香等；若湿邪偏重，以苍术为主，加入茯苓、泽泻以利湿；如食郁偏重，以神曲为主，加山楂、麦芽等；如血郁偏重，以川芎为主，加红花、桃仁等以活血；如火郁偏重，以栀子为主，加黄连、青黛等以清热；如有痰郁者，加半夏、胆南星、瓜蒌等以化痰；若挟寒者，加吴茱萸等以祛寒。总之，应随证加减，灵活使用。

本方常用于治疗慢性胃肠病及消化不良等。

橘皮散(《元亨疗马集》)

【组成】青皮 25 g　陈皮 30 g　厚朴 30 g　桂心 15 g　细辛 5 g　茴香 30 g　当归 25 g　白芷 15 g　槟榔 15 g

共为末，开水冲，候温加葱白 3 根、炒盐 10 g、醋 120 mL，同调灌服。

【功效】理气散寒，和血止痛。

【主治】马伤水起卧。证见腹痛起卧、肠鸣如雷、口色淡青、脉象沉迟等。

【方解】本方证为伤水腹痛起卧，伤水为本，腹痛为标。急则治其标，气滞血瘀则疼痛，气血通调，则疼痛可止。方中青皮、陈皮、当归理气活血为主药；水为阴邪，"阴盛则寒"，故以桂心、茴香、厚朴、大葱等辛温散寒之品，以驱里寒，均为辅药；白芷、细辛、槟榔等温经行水，以驱肠内积水为佐药；盐、醋引经为使药。诸药合用，具有理气活血，散寒止痛，温经行水之效。

【临床应用】本方广泛用于治疗马属动物伤水冷痛。如小便不利，可加滑石、茵陈、木通；若肠鸣如雷，可加苍术。

健脾散(《元亨疗马集》)

【组成】当归 30 g　白术 30 g　甘草 15 g　菖蒲 25 g　泽泻 25 g　厚朴 30 g　官桂 30 g　青皮 25 g　陈皮 30 g　干姜 30 g　茯苓 30 g　五味子 20 g　砂仁 20 g

研末，开水冲调，候温加炒盐 30 g、酒 120 mL，调匀灌服。

【功效】温中健脾，行气利水。

【主治】脾气痛。症见蹇唇似笑，泄泻肠鸣，摆头打尾，卧地蹲腰等。

【方解】本方主治脾气痛。由于冷伤脾胃，气失升降，故腹痛作泻。治则温中健脾，利水止泻。方中厚朴、砂仁、干姜、官桂温中散寒为主药；辅以陈皮、青皮、当归、菖蒲行气活血；佐以白术、茯苓补脾燥湿，泽泻助茯苓利水，五味子补虚而止泻；使以甘草协调诸药。

【临床应用】用于脾胃虚寒、胃肠寒湿性的腹痛、泄泻等证。寒重者加干姜；湿重者重用白术、五味子、茯苓，加猪苓、车前子；草谷不消，加神曲、麦芽、山楂；体虚者，加党参、黄芪等。

旋复代赭汤(《伤寒论》)

【组成】旋复花 30 g　党参 40 g　生姜 30 g　代赭石 50 g　炙甘草 20 g　半夏 30 g　大枣 10 枚

水煎服。

【功效】降逆化痰，益气和胃。

【主治】胃气虚弱，痰湿内阻，胃气上逆而致的反胃呕吐、吐涎等。

【方解】本方用于胃虚痰阻，气逆不降之证。由于胃气上逆，故嗳气频发，反胃呕吐；痰湿内阻，升降失常，致使呕吐涎沫。治则降逆化痰，益气和胃。方中旋复花降气消痰，代赭石重镇逆气，以治胃气上逆、呕吐，为主药；党参补气益胃，以治其虚，半夏降逆祛痰，为辅药；甘草、大枣助党参以益气和中，生姜配半夏以降逆止呕，共为佐使。诸药合用，可收降逆化痰，益气和胃之功。

【临床应用】用于胃气虚弱，痰浊内阻，胃气上逆所致的反胃呕吐、吐涎等证。

第九节　理血药及方剂

一、理　血　药

(一)活血化瘀药　凡以通畅血行、消除瘀血为主要作用的药物，称活血化瘀药，或活血祛瘀药，简称活血药，或化瘀药。

活血化瘀药，味多辛、苦，主归肝、心经，入血分，善于走散通行，而有活血化瘀的作用，并通过活血化瘀作用，而产生止痛、破血消癥、疗伤消肿、活血消痈等作用。瘀血既是病理产物，又是多种疾病的致病因素。所以本类药物主治范围很广，体内之癥瘕积聚；中风后半身不遂，肢体麻木；关节痹痛日久；血证之出血色紫，夹有血块，外伤科之跌打损伤，瘀肿疼痛，痈肿疮疡等。凡一切瘀血阻滞之证，均可用之。活血化瘀药，根据其作用强弱的不同，有和血行血、活血散瘀及破血逐瘀之分。

应用活血化瘀药，除根据各类药物的不同特点加以选择应用外，还需针对形成瘀血的不同病因病情，随证配伍，以标本兼顾。如寒凝血瘀者，配温里散寒药；热搏血分，热瘀互结者，配清热凉血、泻火、解毒药；风湿痹阻，经脉不通者，配祛风湿药；癥瘕积聚，配软坚散结药；久瘀体虚或因虚而瘀者，配补益药。再则，为了提高活血祛瘀之效，常与理气药配伍同用，因“气为血帅”、“气滞血亦滞”、“气行则血行”。

本类药物易耗血动血，对其它出血证无瘀血现象者忌用；孕畜慎用或忌用。

川　芎

为伞形科多年生草本植物川芎的根茎。主产于四川，系人工栽培。5月份采挖，除去泥沙，晒后烘干，再去须根。用时切片或酒炒。

【性味归经】辛，温。归肝、胆、心包经。

【功效】活血行气，祛风止痛。

【应用】

▷ 用于血瘀气滞的痛证。本品辛散温通，既能活血，又能行气，为“血中气药”，能“下调经水，中开郁结”。治产后瘀滞腹痛等，常配当归、桃仁、香附等同用。若血瘀，配赤芍、桃仁等，如血府逐瘀汤；若寒凝血瘀者，配桂心、当归等，如《妇人良方》温经汤；若产后恶露不行，瘀滞腹痛，配当归、桃仁等，如生化汤。治肝郁气滞，胁肋疼痛者，常配柴胡、白芍、香附等，如柴胡疏肝饮。若心脉瘀阻，胸痹心痛者，常配丹参、桂枝、檀香等。近代以川芎及川芎为主的复方治冠心病、心绞痛，有较好疗效。

▷ 用于风湿痹痛。本品辛温升散，能“上行头目”，祛风止痛。治风湿痹证，肢体疼痛麻木，本品能“旁通络脉”祛风活血止痛，常配独活、桂枝、防风等祛风湿通络药同用。

此外，伤科之跌打损伤，外科之疮疡痈肿，亦可用之。治跌打损伤，瘀血肿痛，常配三七、乳香、没药等同用，以活血消肿止痛；治痈疡脓已成而正虚难溃者，配黄芪、当归、皂角刺，以托毒透脓，如《外科正宗》透脓散。

【用法用量】煎服，马、牛 20～25 g，猪、羊 6～10 g。

【使用注意】凡阴虚火旺，多汗患畜应慎用。

【现代研究】本品含挥发油、生物碱（如川芎嗪等）、酚性物质（如阿魏酸等）以及内酯素、维生素 A、叶酸、甾醇、蔗糖、脂肪油等。

川芎嗪能抑制血管平滑肌收缩，扩张冠状动脉，增加冠脉血流量，改善心肌缺氧状况及肠系膜微循环，并能降低心肌耗氧量，增加脑及肢体血流量，降低外周血管阻力；能降低血小板表面活性，抑制血小板聚集，可预防血栓的形成；可使孕兔离体子宫收缩加强，大剂量则转为抑制，并可抑制小肠的收缩。川芎水煎剂对动物中枢神经有镇静作用，并有降压作用，有抗维生素 E 缺乏作用；阿魏酸对免疫系统有一定调整作用，可提高 γ 球蛋白及 T 淋巴细胞；对 ^{60}Co γ 射线及氮芥所形成的动物损伤有明显的保护作用；对宋内氏痢疾杆菌、大肠杆菌及变形杆菌、绿脓杆菌、伤寒杆菌、副伤寒杆菌等有抑制作用。

延　胡　索

为罂粟科多年生草本植物延胡索的块茎。主产于浙江、江苏、湖北、湖南等地。夏初茎叶枯萎时采挖，除去须根，置沸水中煮至恰无白心时取出，晒干。切厚片或捣碎，生用，或醋炙用。

【性味归经】辛、苦，温。归肝、脾、心经。

【功效】活血，行气，止痛。

【应用】主要用于气血瘀滞诸痛证。本品辛散温通，“能行血中气滞，气中血滞，故专治一身上下诸痛。”其止痛作用优良，无论何种痛证，均可配伍应用。治胸痹心痛，配瓜蒌、薤白或丹参、川芎等；治胃痛，配白术、枳实、白芍等；若偏寒者，配桂枝或高良姜；偏热者，配山栀、川楝子；偏气滞者，配香附、木香；偏血瘀者，配丹参、五灵脂。治肝郁气滞胁肋胀痛，配柴胡、郁金等；治产后瘀滞腹痛，配当归、红花、香附等；治寒疝腹痛，配小茴香、吴茱萸等；治跌打损伤，配乳香、没药；治风湿痹痛，配秦艽、桂枝等。近代临床用治多种内脏痉挛性或非痉挛性疼痛，均有较好疗效。

【用法用量】煎服，马、牛 25～30 g，猪、羊 3～10 g。多醋炙后用。醋炙后可使其有效成分的溶解度大大提高而加强止痛药效。

【现代研究】本品块茎中分离出右旋紫堇碱(延胡索甲素)、原阿片碱(延胡索丙素)、消旋四氢掌叶防己碱(延胡索乙素)、右旋罂粟碱、黄连碱、去氢紫堇碱、延胡索丑素等多种生物碱。

有镇痛作用,效价为阿片的1/10,乙素和丑素作用较强,甲素次之,丙素亦有明显的镇痛作用;乙素有明显的镇静、催眠与安定作用,此外尚有轻度中枢性镇呕及降低体温的作用。醇提取物,特别是去氢延胡索甲素,可明显扩张动物冠状血管,增加冠脉血流,对某些实验性心律失常有效。总碱水溶部分对室性早搏有效,作用与奎尼丁相似。去氢紫堇碱能保护大鼠实验性溃疡病,减少胃液分泌及胃酸、胃蛋白酶的量。

郁　金

为姜科多年生草本植物温郁金、姜黄、广西莪术或蓬莪术的块根。主产于浙江、四川等地。冬季茎叶枯萎后采挖,摘取块根,除去细根,蒸或煮至透心,干燥。切片或打碎,生用,或矾水炒用。

【性味归经】辛、苦,寒。归肝、胆、心经。

【功效】活血行气止痛,解郁清心,利胆退黄,凉血。

【应用】

▷ 用于气滞血瘀的胸、胁、腹痛。本品味辛能散能行,既能活血,又能行气解郁而达止痛之效。常配木香同用,偏气郁者倍木香,偏血郁者倍郁金,即《医宗金鉴》颠倒木金散。临床亦常与丹参、柴胡、香附等配伍同用。治胸胁损伤,胸闷疼痛,配丹参、延胡索、杏仁等以疏肝宣肺,活血止痛;治胁下癥积,配鳖甲、莪术等以化瘀消癥。

▷ 用于热病神昏,癫痫痰闭之证。本品辛散苦泄,能解郁开窍,且其性寒,兼有清心之功。治湿温病湿浊蒙闭心窍者,配菖蒲、山栀等,如菖蒲郁金汤;治癫狂、癫痫痰火蒙心者,配白矾,如白金丸。

▷ 用于肝胆湿热证。本品性寒入肝胆经,能清热利胆退黄。治肝胆湿热黄疸,配茵陈、山栀等;若湿热煎熬成石之胆石症,常配金钱草等以利胆排石。

▷ 用于吐血、衄血等气火上逆之出血证。本品味苦辛而性寒,能顺气降火而凉血止血,常配生地、山栀等,如《医学心悟》生地黄汤。若热结下焦,伤及血络之尿血、血淋,亦可用之,常配生地、小蓟等。

近代临床以本品为主治结石症,对湿热型、气滞血瘀型等有效。

【用法用量】煎服,马、牛25～45 g,猪、羊6～12 g。

【现代研究】本品含挥发油、姜黄素、淀粉、脂肪油等。

郁金有减轻高脂血症的作用，并能明显防止家兔主动脉、冠状动脉及其分支内膜斑块的形成；能促进胆汁分泌和排泄，并可抑制存在于胆囊中的大部分微生物；有镇痛作用；姜黄素对肝脏损伤有保护作用，能明显扩张鼠肠系膜微血管和动静脉，并影响免疫功能而表现有抗炎作用。

【药材区别】郁金的药材品种有广郁金（黄郁金）与川郁金（黑郁金）之分。广郁金主产于四川，为姜黄的块根，色鲜黄；川郁金主产于浙江温州，又名温郁金，为郁金的块根，色暗灰。两者功效相似而稍异，广郁金偏于行气解郁，川郁金偏于活血化瘀。

乳　香

为橄榄科小乔木卡氏乳香树及其同属植物皮部渗出的树脂。主产于非洲索马里、埃塞俄比亚等地。春夏季均可采收。将树干的皮部由下向上顺序切伤，使树脂渗出数天后凝成固体，即可采取。入药多炒用。

【性味归经】辛、苦，温。归肝、心、脾经。

【功效】活血行气止痛，消肿生肌。

【应用】

▷ 用于外伤科跌打损伤，疮疡痈肿。本品既能活血化瘀止痛，又能活血消痈，去腐生肌，为外伤科要药。治跌打损伤瘀滞肿痛，常与没药、血竭等配伍，如七厘散；治疮疡肿毒初起，红肿热痛，常与金银花、白芷、没药等配伍，以清热解毒，活血消肿，如仙方活命饮；若痈疽、瘰疬、痰核，肿块坚硬不消，配伍没药、麝香、雄黄以解毒消痈散结，如醒消丸；治疮疡破溃，久不收口，常配没药研末外用，如《疮疡经验全书》海浮散，亦可加儿茶、血竭等同用，如《医宗金鉴》腐尽生肌散。

▷ 用于瘀血阻滞诸痛证，如心腹瘀痛、癥瘕积聚及风湿痹痛等。本品辛散温通，能活血行气止痛，又能化瘀伸筋蠲痹，故治上述诸证。治心腹瘀痛，癥瘕积聚，常配当归、丹参、没药同用，如活络效灵丹。治风寒湿痹，肢体疼痛麻木，常配羌活、独活、秦艽等同用，如《医学心悟》蠲痹汤。

【用法用量】煎服，马、牛 15～30 g，猪、羊 3～6 g。外用适量，生用或炒用，研末外敷。

【使用注意】孕畜及无瘀滞者忌用；本品易致恶心呕吐，故内服不宜多用；胃弱者慎用。

【现代研究】本品含树脂（主要为游离 α-乳香脂酸、β-乳香脂酸、结合乳香脂酸、乳香树脂烃），树胶（主要为阿糖酸的钙盐和镁盐，西黄蓍胶粘素），挥发油及少量苦味质，有镇痛作用。

丹　参

为唇形科多年生草本植物丹参的根及根茎。全国大部分地区均有，主产于江苏、安徽、河北、四川等地。春、秋两季采挖，洗净晒干。生用或酒炙用。

【性味归经】苦，微寒。归心、肝经。

【功效】活血，凉血消痈，安神。

【应用】

▷ 用于产后瘀滞腹痛。本品活血化瘀，可单味为末，酒调服，亦常配当归、川芎、益母草等同用，以加强疗效。

▷ 用于血瘀之心胸、脘腹疼痛及癥瘕积聚、风湿痹痛等。本品为活血化瘀之要药，广泛用于各种瘀血证。治胸痹心痛，脘腹疼痛，常配檀香、砂仁等同用，如《医学金针》丹参饮。临床上治冠心病、心绞痛，常配降香、川芎、红花等同用，亦可单用，如以本品提取物制成的丹参舒冠片。治癥瘕积聚，常配三棱、莪术以祛瘀消癥。治风湿痹痛，则配防风、秦艽等祛风湿药同用。

▷ 用于疮疡痈肿。本品性寒凉血，又能活血，有清瘀热以消痈肿之功，常配银花、连翘等清热解毒药同用。

▷ 用于热病烦躁昏迷及杂病心悸等。本品能凉血安神，治热病邪入心营，配生地、黄连、竹叶；治杂病血不养心，心火偏旺之心悸失眠，则配生地、酸枣仁、柏子仁等。

近代临床还以本品治缺血性中风、动脉粥样硬化、病毒性心肌炎、慢性肝炎、肝硬化以及防治支气管哮喘、慢性肺心病等，均有一定疗效。

【用法用量】煎服，马、牛 25～45 g，猪、羊 6～10 g。活血化瘀宜酒炙用。

【使用注意】反藜芦。

【现代研究】本品含脂溶性非醌类成分：丹参酮Ⅰ、丹参酮ⅡA、丹参酮ⅢB、隐丹参酮、二氢丹参酮等；水溶性成分：原儿茶醛、原儿茶酸、丹参素、维生素 E 等。

丹参能扩张冠状动脉，增加冠脉流量，改善心缺血、梗塞和心脏功能，调整心律，并能扩张外周血管，改善微循环；有抗凝、促进纤溶，抑制血小板聚集，抑制血栓形成的作用；能降血脂，抑制家兔实验性冠脉大分支粥样斑块的形成；可抑制或减轻肝细胞变性、坏死及炎症反应，促进肝细胞再生，并有抗纤维化作用；能提高机体的耐缺氧能力；能促进组织的修复，加速骨折的愈合，能缩短红细胞及血色素恢复期，使网织红细胞增多；对多种细菌及结核杆菌有抑制作用；有抑制中枢神经的作用。此外，还有增强免疫、降低血糖及抗肿瘤作用。

红　花

为菊科一年生草本植物红花的花。全国各地多有栽培，主产于河南、浙江、四川、江苏等地。夏季花由黄变红时采摘，阴干或晒干，生用。

【性味归经】辛，温。归心、肝经。

【功效】活血通经，祛瘀止痛。

【应用】

▷ 用于血滞、产后瘀滞腹痛等证。本品辛散温通，专入血分，功能活血祛瘀，通调经脉。常配桃仁、当归、川芎等相须为用。

▷ 用于癥瘕积聚、心腹瘀痛及跌打损伤、血脉闭塞紫肿疼痛等。本品能活血祛瘀消癥，通畅血脉，消肿止痛。治癥积，配三棱、莪术等；治跌打损伤，瘀滞肿痛，配苏木、乳香、没药等，或用红花酊、红花油涂擦；治心脉瘀阻、胸痹心痛，配桂枝、瓜蒌、丹参等。

▷ 用于斑疹色暗，热郁血瘀者，取本品活血化斑之功，以番红花为优，其性凉，有凉血解毒之功。常配当归、紫草、大青叶等以活血凉血泄热解毒，如《麻科活人书》当归红花饮。

【用法用量】煎服，马、牛 25～30 g，猪、羊 6～10 g。外用适量。

【使用注意】孕畜忌服，有出血倾向者不宜多用。

【现代研究】本品含红花黄素、红花油、红花苷、红花素、红花醌苷、新红花苷等。

红花水提取物有轻度兴奋心脏、增加冠脉流量的作用，红花对犬急性心肌缺血有减轻作用，并使心率减慢，心电图 S-T 段抬高的幅度显著下降；红花黄素对乌头碱所致心律失常有一定对抗作用，对麻醉动物有不同程度的降压作用，有抑制血小板聚集和增加纤溶作用；红花煎剂对各种动物，不论已孕及未孕子宫均有兴奋作用，甚至发生痉挛，对已孕子宫尤为明显。此外，红花油还有降低血脂的作用。

［附药］　番红花

为鸢尾科多年生草本植物番红花的花柱头，亦称藏红花。产于欧洲及中亚地区。以往多由印度、伊朗经西藏输入，现我国亦有栽培。性味甘微寒。归心、肝经。有与红花相似的活血化瘀通经作用，且力量较强，又兼凉血解毒之功。尤宜于温热病热入血分发斑，热郁血瘀，斑色不红活者。孕畜忌用。

益　母　草

为唇形科一年生或二年生草本植物益母草的地上部分。全国各地均产。通常在夏季茎叶茂盛，花未开或初开时采割，切段，晒干。生用或熬膏用。

【性味归经】苦、辛，微寒。归肝、心、膀胱经。

【功效】活血化瘀，利水消肿。

【应用】

▷ 用于血滞、产后瘀滞腹痛、恶露不尽等。本品苦泄辛散，主入血分，善于活血祛瘀，为产科要药，故有益母之名。可单用熬膏服，如益母草流浸膏、益母草膏。亦常配当归、川芎、赤芍等，以加强活血调经之功，如《集验良方》益母丸。近代以本品配马齿苋治产后出血有较好疗效。

▷ 用于水肿，小便不利。本品有利尿消肿之功，又因其具有活血化瘀作用，对水瘀互阻的水肿尤为适宜。可单用，亦可与白茅根、泽兰等同用。近代用治肾炎有效。

此外，本品又可用于跌打损伤、疮痈肿毒、皮肤痒疹等，有清热解毒消肿之功，近代报道用治心血管疾病如冠心病等有效。

【用法用量】煎服，或熬膏，入丸剂。马、牛 30～60 g，猪、羊 9～20 g。外用适量捣敷或煎水外洗。

【使用注意】孕畜忌服，血虚无瘀者慎用。

【现代研究】本品含益母草碱、水苏碱、益母草定碱等多种生物碱，以及苯甲酸、氯化钾、月桂酸、维生素、兰香苷等。

对多种动物的离体、在体、未孕、已孕或产后子宫均呈明显兴奋作用，使子宫收缩频率、幅度及紧张度增加。主要成分为益母草碱，能增加离体豚鼠心脏的冠脉血流量，减慢心率，改善微循环，对实验性血栓形成的各阶段均有明显抑制作用，能扩张外周血管及降低血压，对麻醉兔有利尿作用；水浸剂对皮肤真菌有抑制作用。

赤　芍

为毛茛科多年生草本植物芍药或川赤芍的根。全国大部分地区均产。春秋季采挖，晒干、切片。生用或炒用。

【性味归经】苦，微寒。归肝经。

【功效】清热凉血，散瘀止痛。

【应用】

▷ 用于热入营血、斑疹吐衄。本品苦寒，主入肝经，善走血分，能清肝火，除血分郁热而有凉血、止血、散瘀消斑之功。用治温病热入营血，斑疹紫暗以及血热吐衄，常配生地、丹皮同用。

▷ 用于跌打损伤，痈肿疮毒。本品苦降，有活血散瘀消痞，行滞止痛的功效。治血热瘀滞，常与益母草、丹参、泽兰同用；治血瘀癥瘕，可与丹皮、桃仁、桂枝等同用，如桂枝茯苓丸；用治跌打损伤、瘀肿疼痛，多与乳香、没药、血竭同用，以疗伤止痛；治热毒壅盛、痈肿疮毒，常与银花、连翘、栀子等同用。

▷ 用于目赤翳障。本品能清泻肝火，散瘀止痛，常配菊花、木贼、夏枯草等同用。

【用法用量】煎服，马、牛 20～45 g，猪、羊 9～15 g。

【使用注意】血寒患畜不宜用。反藜芦。

牛　膝

为苋科多年生草本植物牛膝（怀牛膝）或川牛膝的根。前者主产于河南，后者主产于四川、贵州、云南等地。冬季采挖，洗净，晒干。生用或酒炙用。

【性味归经】苦、甘、酸，平。归肝、肾经。

【功效】活血通经，补肝肾，强筋骨，利水通淋，引火（血）下行。

【应用】

▷ 用于瘀血阻滞、产后腹痛等及跌打伤痛。本品性善下行，活血通经。治经产诸疾，常配桃仁、红花、当归等同用；治跌打损伤，腰膝瘀痛者，配续断、当归、乳香、没药等同用。

▷ 用于肾虚腰痛及久痹腰膝酸痛乏力等。本品炙用能补肝肾、强筋骨，尤以怀牛膝为佳。治肝肾亏虚，腰痛膝软者，常配杜仲、续断、熟地等补肝肾药同用；若痹痛日久，腰膝酸痛者，常配独活、桑寄生等祛风湿强筋骨药同用。若湿热成痿，足膝痿软，则配苍术、黄柏同用，加三妙丸。

▷ 用于淋证，水肿，小便不利等。本品性善下行，能利水通淋。治热淋、血淋、砂淋等配冬葵子、瞿麦、滑石等，如牛膝汤。治水肿小便不利，配地黄、泽泻、车前子等，如济生肾气丸。

▷ 用于吐血、衄血等火热上炎、阴虚火旺之证。配白茅根、山栀、代赭石等，以引血下行，降火止血。

【用法用量】煎服，马、牛 20～60 g，猪、羊 6～12 g。活血通经、利水通淋、引火下行宜生用，补肝肾、强筋骨宜酒炙用。

【使用注意】孕畜忌用，肾虚滑精、脾虚溏泄患畜亦不宜用。

【现代研究】牛膝属及川牛膝属各植物均含昆虫变态激素。如牛膝中含促蜕皮甾酮、牛膝甾酮，牛膝及粗毛牛膝尚含三萜皂苷，水解后产生齐墩果酸，牛膝醇浸液对大鼠甲醛性关节炎有较明显抑制作用，提取的皂苷对大鼠蛋清性关节炎也有促进炎性肿胀消退的明显作用。对子宫的作用，因动物种类不同及是否怀孕而异，对家兔已孕及未孕子宫及小鼠子宫均显兴奋作用；对猫子宫未孕者弛缓，已孕者兴奋。川牛膝提取物有抗生育和着床作用，以苯提取物最显著，有降压及利尿作用，所含昆虫变态甾体激素具有强的蛋白质合成促进作用，所含蜕皮激素有缩短桑蚕龄期等作用。

【药材区别】牛膝有怀牛膝和川牛膝之分，两者功效基本相同，但怀牛膝偏于补肝肾、强筋骨，川牛膝偏于活血祛瘀。此外，另有一种土牛膝，为怀牛膝野生品种及柳叶牛膝、粗毛牛膝的根。性味、功效与牛膝相似，而长于清热利咽，活血通淋。主治咽喉肿痛、白喉、口舌生疮、痈肿丹毒及淋病等。用量 10～30 g。鲜品可至 60 g，煎服或捣汁饮。

桃　仁

为蔷薇科落叶小乔木桃或山桃的成熟种子。全国大部分地区均有，主产于中南部地区。果实成熟后收集果核，取出种子，去皮，晒干生用，或炒用。

【性味归经】苦、甘，平。有小毒。归心、肝、大肠经。

【功效】活血祛瘀，润肠通便。

【应用】

▷ 用于多种瘀血证，如产后瘀滞腹痛及跌打损伤等。本品味苦而入心肝血分，善泄血滞，祛瘀力较强，又称破血药。治血瘀，常配红花、当归、川芎等同用，如桃红四物汤；治产后瘀滞腹痛，常配炮姜、川芎等，如生化汤；治癥积痞块，配桂枝、丹皮、赤芍等，如桂枝茯苓丸，或配三棱、莪术等；若体内瘀血较重，需破血下瘀者，可配大黄、芒硝、桂枝同用，如桃核承气汤；治跌打损伤，瘀肿疼痛，常配当归、红花、大黄等，如复元活血汤。

▷ 用于肠燥便秘。常配当归、火麻仁等同用，如《脾胃论》润肠丸。

▷ 用于肺痈、肠痈。桃仁善泄血分之壅滞，痈之成者，热毒壅聚、气血凝滞所致。本品常配清热药同用，以清热解毒活血消痈。治肺痈，配苇茎、冬瓜仁，如苇茎汤；治肠痈，配大黄、丹皮，如大黄牡丹皮汤，亦可配红藤、败酱草、冬瓜仁等同用。

【用法用量】煎服，马、牛 25～30 g，猪、羊 6～10 g。宜捣碎入煎。

【使用注意】孕畜忌服，便溏者慎用。有毒，不可过量，过量可出现目眩、心悸，甚至呼吸衰竭而死亡。

【现代研究】本品含苦杏仁苷、苦杏仁酶、尿囊素酶、乳糖酶、维生素 B_1、挥发油、脂肪油等。

可促进初产母畜子宫收缩；有抗凝及较弱的溶血作用，对血流阻滞、血行障碍有改善作用；能增加脑血流量，扩张兔耳血管；对呼吸中枢呈镇静作用；脂肪油有润肠缓下作用。

鸡 血 藤

为豆科攀援灌木密花豆的藤茎。主产于广西。秋、冬两季采收，除去枝叶，切片，晒干。生用或熬制鸡血藤膏用。

【性味归经】苦、甘，温。归肝经。

【功效】行血补血，调经，舒筋活络。

【应用】

▷ 用于血瘀等证。本品既能活血，又能补血，对血瘀、血虚之证均适用。若因瘀滞者，则配川芎、红花、香附等以活血化瘀；若因血虚者，则配熟地、当归等以养血。

▷ 用于风湿痹痛及手足麻木、肢体瘫痪、血虚萎黄等。本品能养血活血而舒筋活络，治风湿痹痛、关节痛、肢体麻木，配祛风湿药同用；治中风后肢体瘫痪，配益气养血活血通络药同用；用于血虚萎黄，则配补益气血药同用。

【用法用量】煎服，马、牛 30～60 g，猪、羊 15～30 g。或浸酒服，或熬成膏服。

【现代研究】本品含鸡血藤醇、铁质、菜油甾醇、豆甾醇及谷甾醇。

密花豆及山鸡血藤煎剂对实验性贫血的家兔均有补血作用，密花豆的作用强于山鸡血藤。有抗炎作用。小剂量能增强子宫节律性收缩，较大剂量收缩更显著，已孕子宫较未孕子宫敏感。

莪 术

为姜科多年生宿根草本植物蓬莪术、广西莪术或温郁金的根茎。主产于广西、四川、浙江、江西等地。冬季采挖，蒸或煮至透心，晒干，切片生用或醋制用。

【性味归经】辛、苦，温。归肝、脾经。

【功效】破血行气，消积止痛。

【应用】

▷ 用于气滞血瘀所致的癥瘕积聚以及心腹瘀痛等。本品辛散苦泄温通，既能破血逐瘀，又能行气止痛，常与三棱相须而用。如《寿世保元》莪术散即以本品配三棱、当归、香附等，治经闭腹痛，腹中有块。临床治胁下痞块，配柴胡、鳖甲等；治胸痹心痛，配川芎、丹参等。若体虚而瘀血久留不去者，配黄芪、党参等以消补兼施。

▷ 用于食积脘腹胀痛。本品不仅能消血瘀癥积，同时又能破气消食积。治食积腹痛常配青皮、槟榔等，如《证治准绳》莪术丸。

此外，本品还可用于跌打损伤、瘀肿疼痛，亦取其化瘀消肿止痛之功。现代临床用本品治子宫颈癌等多种癌肿。

【用法用量】煎服，马、牛 25～60 g，猪、羊 6～12 g。醋制加强祛瘀止痛作用；外用适量。

【使用注意】孕畜忌用。

【现代研究】本品含挥发油，其中主要为莪术酮、莪术烯、姜黄素等。近年又从挥发油中分离出抗癌有效成分莪术醇、莪术双酮。

本品有抗癌作用，除直接作用外，还可使宿主特异性免疫功能增强而获得明显的免疫保护效应；姜黄素能抑制血小板聚积，有抗血栓形成作用，对消化道能兴奋胃肠平滑肌；莪术醇及其半萜化合物有显著的抗早孕作用；挥发油能抑制金黄色葡萄球菌、乙型溶血性链球菌、大肠杆菌、霍乱弧菌等。

水　　蛭

为环节动物水蛭科蚂蟥、水蛭或柳叶蚂蟥的全体。全国大部分地区均有。夏、秋两季捕捉，用沸水烫死，切段晒干或低温干燥，生用，或用滑石粉烫后用。

【性味归经】咸、苦，平。有小毒。归肝经。

【功效】破血逐瘀消癥。

【应用】用于癥瘕积聚、血瘀经闭及跌打损伤等。本品咸苦入血分，功擅破血逐瘀，其力峻效宏。治癥瘕，常配三棱、桃仁、红花等同用；若体虚者，配人参、当归等补益气血药同用，以防伤正，如《温病条辨》化癥回生丹。治跌打损伤，配苏木、自然铜等，如《普济方》接骨火龙丹。

【用法用量】以入丸散或研末服为宜，马、牛 9～15 g，猪、羊 1～3 g。或以鲜活者放置瘀肿局部吸血消瘀。

【使用注意】孕畜忌服。

【现代研究】新鲜水蛭液腺中含水蛭素，过热及稀盐酸易破坏，还含肝素、抗血栓素、蛋白质等。

水蛭素能阻止凝血酶对纤维蛋白原之作用，阻碍血液凝固。20 mg 水蛭素可阻止 100 g 人血的凝固。对细菌内毒素引起的大鼠血栓形成有预防作用，并能减少大鼠的死亡率。所含肝素也有抗凝血作用。

没　　药

为橄榄科植物低矮灌木或乔木没药的树脂。炒或炙后打碎用。主产于非洲、阿拉伯及印度等地。

【性味归经】苦，平。入心、肝、脾经。

【功效】活血祛瘀，止痛生肌。

【应用】本品的活血、止痛及生肌功效与乳香基本相似，其用法亦相同，故常与乳香配伍应用，相互增进疗效，如治气血凝滞、瘀阻疼痛，常与乳香、当归、丹参等合用。

【用法用量】入煎剂,马、牛 25～45 g,猪、羊 6～10 g。

【使用注意】同乳香。

五 灵 脂

为鼯鼠科动物橙足鼯鼠或飞鼠科动物小飞鼠的干燥粪便。灵脂米呈粒状,又称散灵脂,品质较差;灵脂块为粘连块状,中心溏软,又称溏灵脂,品质为上。主产于东北、华北及西北等地区。

【性味归经】咸,温。入肝经。

【功效】活血散瘀,止痛。

【应用】本品有活血散瘀和止痛的作用,故适用于各种血瘀疼痛及产后恶露不下等证。常与蒲黄同用。

【用法用量】入煎剂,马、牛 15～30 g,猪、羊 6～10 g。

【使用注意】孕畜慎用。畏人参。

【现代研究】本品含尿素、尿酸、维生素 A 类物质及多量树脂。本品动物实验能缓解平滑肌痉挛。水浸剂(1∶2)在试管内对多种致病性皮肤真菌具有不同程度的抑制作用,能抑制结核杆菌,对小鼠实验性结核病有一定的治疗效果。

三棱(荆三棱)

为黑三棱科植物黑三棱及莎草科植物荆三棱的去皮块茎。各地均产。

【性味归经】苦,平。入肝、脾经。

【功效】破血行气,消积止痛。

【应用】

▷ 本品破血祛瘀作用较强,又能行气止痛,适用于产后瘀滞腹痛,瘀血结块等证,常与莪术、当归、桃仁、红花、郁金等合用。

▷ 消食除积。用治食积气滞,肚腹胀满疼痛等证。常与木香、枳实、山楂等配伍。

【用法用量】入煎剂,马、牛 25～45 g,猪、羊 6～12 g。

【使用注意】孕畜忌用。

【现代研究】本品含挥发油等。本品通过减少血小板数、抑制血小板功能、抑制内外凝血功能、促进纤溶活性等,对体外血栓形成有抑制作用。三棱煎剂对离体兔肠管能加强收缩,使其紧张性升高。

自 然 铜

为天然硫铁矿石(黄铁矿),醋淬研细或水飞。主产于四川、广东、湖南等地。

【性味归经】辛，平。入肝经。

【功效】散瘀止痛，续筋接骨。

【应用】本品入血行血，有散瘀止痛的功效，为伤科接骨要药。用于创伤及跌打损伤，瘀滞疼痛等证。常与当归、乳香、没药等配伍。

【用法用量】入煎剂，马、牛 15～45 g，猪、羊 3～10 g。

【禁忌】无瘀者忌用。

土　鳖　虫

为蜚蠊科动物地鳖的干燥虫体，主产于福建、江苏、北京等地。

【性味归经】咸，寒。有毒。入肝经。

【功效】破血逐瘀。

【应用】本品破血逐瘀的作用较强，用治瘀血阻滞病证，常与大黄、水蛭、桃仁等同用；用治跌打损伤、骨折，常与自然铜、乳香、没药等配伍。

【用法用量】入煎剂，马、牛 10～15 g，猪、羊 3～6 g。

【使用注意】孕畜忌用。

酒

为谷类、甘薯或其它含淀粉植物经发酵酿制而成。各地均产。

【性味归经】辛、甘、苦，大热。入十二经。

【功效】活血通经，助药力，散湿气。

【应用】本品多与其它药物配合应用。入煎剂有促进药物有效成分迅速释出的作用，兑服则以其助药力，如与川芎、当归、桃仁等合用，治产后瘀痛或胎衣不下，与五加皮等合用，可治风湿痹痛。

【用法用量】兑服，马、牛 150～300 mL，猪、羊 30～60 mL。

【使用注意】热病忌用。

【备注】酒有白酒、黄酒之分。黄酒是以糯米、小米为原料酿制成的一种低度原汁酒，呈黄褐色，故名。两种酒都有舒经活络功效。白酒舒经活血，消肿止痛功效较强，黄酒则行血祛瘀，温暖下焦之力较胜，故前者多用于风寒湿痹、跌打损伤，后者多用于产后和下焦虚寒。

醋

为谷类及麸皮等经过发酵酿制而成。

【性味归经】酸、苦，温。入肝经。

【功效】活血散瘀，下气消胀，消肿解毒。

【应用】用治气胀、无名肿毒及作热敷灸料。

【用法用量】兑服或作热敷灸料，外用适量。马、牛 250～500 mL，猪、羊 20～50 mL。

(二)止血药 凡以制止体内外出血为主要作用的药物，称止血药。

止血药均具有止血作用，因其药性有寒、温、散、敛之异，所以其具体作用又有凉血止血、化瘀止血、收敛止血、温经止血的区别。止血药也就分为凉血止血药、化瘀止血药、收敛止血药、温经止血药四类。

止血药主要适用于内外出血病证，如咯血、咳血、衄血、吐血、便血、尿血、紫癜以及外伤出血等。

血循行脉道，环周不休，荣养全身。凡各种原因导致的出血，可造成阴血亏虚，并可因出血过多而造成机体衰弱。若大出血不止者，更会导致气随血脱而危及生命。所以，止血药物，不论在治疗一般出血证，还是创伤及战伤救护中，均具重要意义。

止血药物的应用，必须根据出血的不同原因和病情，选择药性相宜的止血药，并进行必要的配伍。如血热妄行而出血者，应选择凉血止血药，并配伍清热泻火、清热凉血之品；阴虚火旺，阴虚阳亢而出血者，宜配伍滋阴降火，滋阴潜阳的药物；若瘀血内阻，血不循经而出血者，应选化瘀止血药，并配伍行气活血药；若虚寒性出血，应选温经止血药、收敛止血药，并配伍益气健脾温阳之品；若出血过多，气随血脱者，则须急投大补元气之药以益气固脱。

又前贤有“下血必升举，吐衄必降气”之说，对便血、崩漏可适当配伍升举之品，而对吐血、衄血则可配伍降气之品。

凉血止血药、收敛止血药，易恋邪留瘀，出血兼有瘀血者不宜单独使用。

止血药前人经验多炒炭后用。一般而言，炒炭后其性苦、涩，可加强止血之效。也有少数以生品止血效果更好者。

小　　蓟

为菊科多年生草本植物刺儿菜等的地上部分。夏秋季采收，洗净晒干或鲜用。产于全国各地。

【性味归经】苦、甘，凉。归心、肝经。

【功效】凉血止血，散瘀解毒消痈。

【应用】与大蓟主治相同，常配伍同用。但小蓟兼有利尿作用，以治尿血、血淋尤宜，方如小蓟饮子。其散瘀消痈之功效略逊大蓟。近代临床还以本品制成浸膏，治产后子宫收缩不全者有效，也可用治高血压病。

【用法用量】同大蓟。

【现代研究】本品含生物碱、皂苷、刺槐素、7-鼠李葡萄糖苷、芸香苷、原儿茶酸、咖啡酸等。

小量可使出血时间明显缩短，止血成分为绿原酸和咖啡酸；能降低血胆固醇并有利胆作用；对溶血性链球菌、肺炎双球菌、白喉杆菌及结核杆菌等，均有一定的抑制作用。

地 榆

为蔷薇科多年生草本植物地榆的根。春秋季采挖，除去须根，洗净，干燥，或趁鲜切片，干燥。生用或炒炭用。主产于江苏、浙江等地。

【性味归经】苦、酸，微寒。归肝、胃、大肠经。

【功效】凉血止血，解毒敛疮。

【应用】

▷ 用于各种热性出血证，如吐血、咯血、衄血、便血、崩漏及血痢等。本品性寒味苦而酸，有凉血泄热、收敛止血之功，尤宜于下焦血热所致的便血、血痢、崩漏等。治便血、痔血，常配槐花同用；治崩漏，常配生地、黄芩、蒲黄等；治血痢，则配黄连、木香等。

▷ 用于烫伤、湿疹及疮疡痈肿等。本品能泻火解毒敛疮，为治烫伤之要药，可单味研末麻油调敷，或配大黄粉，或配黄连、冰片用之，可减少渗出，减轻疼痛，促进愈合。治湿疹及皮肤溃烂，可以本品浓煎，纱布浸药外敷，亦可配煅石膏、枯矾研末外搽，或和凡士林调膏外涂。治疮疡肿毒，可单用，或配清热解毒药用之。

【用法用量】煎服，马、牛 20～60 g，猪、羊 10～20 g。外用适量。

【现代研究】本品含地榆糖苷Ⅰ、Ⅱ，地榆皂苷 A、B、E，鞣质。

可缩短出凝血时间，并能收缩血管，故有止血作用；对实验性烫伤有治疗作用；体外抑菌试验对金黄色葡萄球菌、绿脓杆菌、志贺氏痢疾杆菌、伤寒杆菌、副伤寒杆菌、人型结核杆菌以及某些致病真菌均有作用。

三 七

为五加科多年生草本植物三七的根。种后第三年冬季及夏末初秋采挖。去须根，曝晒至半干，用手搓揉，再曝晒，重复数次，置麻袋中加蜡打光。主产于云南、广西、四川等地。

【性味归经】甘、微苦，温。归肝、胃经。

【功效】化瘀止血，活血定痛。

【应用】

▷ 用于各种内外出血证，尤以有瘀者为宜。本品既能止血，又能散瘀，药效卓著，有止血而不留瘀，化瘀而不伤正之特点，诚为血证良药。单味内服外用即可奏效，以治咳血、吐血、便血、尿血、崩漏及外伤出血等；亦可配花蕊石、血余炭同用，如《医学衷中参西录》化血丹。

▷ 用于跌打损伤，瘀滞疼痛。本品能活血化瘀而消肿定痛，为伤科要药。可单味内服或外敷，或配活血行气药同用。

此外，近年来以其化瘀之功，用治冠心病、心绞痛、缺血性脑血管病、脑出血后遗症等，均有较好疗效，还可用于血瘀型慢性肝炎。又有以本品注射液肌肉注射，并制成栓剂阴道用药来治疗子宫脱垂者。

【用法用量】多研末服，马、牛 10～30 g，猪、羊 3～6 g。外用适量，研末外掺或调敷。

【现代研究】本品含三七皂苷、黄酮苷、槲皮素、槲皮苷、β-谷甾醇、止血活性成分 α-N-乙二酸酰基-L-α，β-二氨基丙酸。

有止血作用，能缩短家兔凝血时间，有显著抗凝作用，能抑制血小板聚集，促进纤溶，并使全血黏度下降；能增加麻醉动物冠脉流量，降低心肌耗氧量，促进冠脉梗塞区侧支循环的形成，增加心输出量，并有抗心律失常作用；有抗炎及镇痛、镇静作用。此外，还有增强肾上腺皮质功能、调节糖代谢、保肝、抗衰老及抗肿瘤作用。

三七与人参同属五加科植物，民间有以三七滋补的习惯，研究表明三七能改善心血管系统功能，加速消除运动性疲劳，增强体质。又菊科的三七草的根，名菊叶三七，景天科景天三七的根或全草，名景天三七，两者有类似三七的功效而力弱，兼有解毒消炎之功。

茜 草

为茜草科植物茜草的根和根茎。生用或炒用。全国大部分地区均有分布。

【性味归经】苦，寒。归肝经。

【功效】凉血化瘀止血，通经。

【应用】

▷ 用于血热夹瘀的出血证，如吐血、衄血、崩漏、尿血、便血等。本品苦寒泄降，专入肝经血分，能凉血止血，又能活血散瘀。治吐血、衄血等，常配大蓟、侧柏叶等，如十灰散；若冲任不固之崩漏，则配黄芪、白术、乌贼骨等，如《医学衷中参西录》安冲汤。

▷ 用于血瘀经闭及跌打损伤、风湿痹痛等。本品能消瘀滞，通血脉，利关节，尤多用于妇科，早在《内经》中，就有以本品配乌贼骨、雀卵、鲍鱼，治血枯经闭的记载。临床治血瘀经闭，常配桃仁、红花、当归等同用。治跌打损伤及风湿痹痛，可单味泡酒服，或配其它活血疗伤药及祛风通络药同用。

【用法用量】煎服，马、牛 30～60 g，猪、羊 10～20 g。止血炒炭用；活血生用或酒炒用。

【现代研究】本品含蒽醌类物质，如茜素、茜草素、黑茜草素等。

能缩短家兔凝血时间，有一定止血作用；茜草素同血液内钙离子结合，有轻度抗凝血效应；水提取物有兴奋子宫作用；茜草提取物及人工合成的茜草双酯，均有升白细胞作用；茜草中的环己肽有抗肿瘤作用。此外，本品还对多种细菌及皮肤真菌有抑制作用。

白　及

为兰科多年生草本植物白及的块茎。夏秋季采挖，除去须根，置沸水中煮至无白心，晒至半干，撞去外皮，晒干。主产于贵州、四川、湖南、湖北、安徽、河南、浙江、陕西。

【性味归经】苦、甘、涩，寒。归肺、胃、肝经。

【功效】收敛止血，消肿生肌。

【应用】

▷ 用于内外诸出血证，如咯血、衄血、吐血、便血及外伤出血。本品质黏而涩，止血作用佳，为收敛止血要药。治诸内出血，可单味研末，糯米汤调服，如验方独圣散；临床常与三七粉同用，则既可加强止血作用，又不致瘀血留滞。治肺络受损之咯血，若肺阴不足者，配枇杷叶，阿胶等；若肺气不足者，配人参、黄芪等益气摄血。治胃出血之吐血、便血，常配乌贼骨，即乌及散。现代临床以本品治上消化道出血及肺结核空洞出血，不仅有良好的止血作用，而且对促进溃疡愈合，结核病灶的吸收，空洞闭合，痰菌转阴等，均有效。治外伤出血，可研末外用。

▷ 用于痈肿、烫伤及手足皲裂、肛裂等。本品能消肿生肌。治疮疡痈肿，初起者可消肿散结，常配银花、皂角刺、天花粉等，如《外科正宗》内消散；若痈肿已溃，久不收口，可生肌敛疮，常研末外用。治烫伤，可配虎杖制成药膜外用，能消炎止痛，生肌结痂。治肛裂，可研末麻油调涂，能促使裂口愈合。

【用法用量】煎服，马、牛 25～60 g，猪、羊 6～12 g。外用适量。

【使用注意】反乌头。

【现代研究】本品含黏液质 56.75％～60.15％，其中有多种聚糖，还含挥发油、淀粉。

有缩短凝血时间及抑制纤溶作用,具良好的局部止血作用,此与所含黏液质有关,能形成人工血栓而止血。体外试验对结核杆菌有明显的抑制作用。

艾　叶

为菊科多年生灌木状草本植物艾的叶片。夏季花未开时采收,除去杂质,晒干。分布于东北、华北、华东、西南各地。

【性味归经】苦、辛,温。归肝、脾、肾经。

【功效】温经止血,散寒调经,安胎。

【应用】

▷ 用于虚寒出血,尤宜于崩漏。本品能温经止血暖宫。常配阿胶、地黄等同用,如胶艾汤。若配入大队凉血止血药中,也可用于血热出血,如四生丸,是防其寒凉太过而留瘀,且可加强止血之效。

▷ 用于下焦虚寒或寒客胞宫所致的宫冷不孕、胎漏下血、胎动不安等。本品能温经散寒,调经止痛,又能止血安胎。治宫冷不孕等,常配香附、当归、肉桂等,如艾附暖宫丸;治胎漏下血、胎动不安,常配川断、桑寄生等同用。

▷ 近年以本品治寒性咳喘,有止咳、祛痰、平喘之功;制成注射液,行痔核黏膜层注射治内痔,有一定疗效。

此外,本品煎汤外洗又可治湿疹瘙痒。

【用法用量】煎服,马、牛 30～60 g,猪、羊 15～30 g。外用适量。温经止血宜炒炭用,余则生用。治咳喘入煎宜后下。

【现代研究】本品主要含挥发油。其中有桉油素、萜品烯醇-4,β-石竹烯等。

艾叶油吸入有与异丙肾上腺素相近的平喘作用,且有明显的镇咳及祛痰作用;艾叶油有抗过敏作用;煎剂对家兔离体子宫有兴奋作用;水浸剂及煎剂对多种致病细菌及真菌有轻度抑制作用,烟熏剂则抗菌作用较明显。

仙　鹤　草

为蔷薇科植物龙芽草的全草。全国大部分地区均有分布。

【性味归经】苦、涩,凉。入肝、肺、脾经。

【功效】收敛止血。

【应用】

▷ 本品止血作用较好,可用于各种出血证,如衄血、便血、尿血等。可单用,也可与其它止血药如茜草、侧柏叶、大蓟等合用。

▷ 能解毒疗疮和止痢，用治疮痈肿毒，久痢不愈等病证。

【用法用量】煎服，马、牛 30～60 g，猪、羊 10～15 g。

【现代研究】本品含仙鹤草素、仙鹤草酚、仙鹤草内酯、仙鹤草醇、鞣质及挥发油、维生素 C、维生素 K 等。

仙鹤草素早期报道有促凝血作用，近来报道有抗凝作用；有抗菌及抗阴道滴虫作用，对绦虫、蛔虫、血吸虫有杀灭作用，并有抗疟作用；对癌细胞有抑制作用；能调整心率，降低血糖等。

蒲　黄

为香蒲科植物水烛香蒲、东方香蒲或同属植物的干燥花粉。分布几遍全国。

【性味归经】甘，平。入肝、脾、心经。

【功效】活血祛瘀，收敛止血。

【应用】本品止血作用良好，用治各种出血证。可单用，也可配伍应用。如治子宫出血，常与益母草、艾叶、阿胶等同用；治尿血，常配伍白茅根、大蓟、小蓟；治咳血，常配伍白及、血余炭；治跌打瘀滞，多与桃仁、红花、赤芍等同用；用治产后瘀滞腹痛，常与五灵脂同用。

【用法用量】煎服，马、牛 15～30 g，猪、羊 6～10 g。

【现代研究】本品含黄酮、棕榈酸、异鼠李素、甾醇、酚类等。

本品有促进凝血作用，能使家兔凝血时间明显缩短，但另有报道蒲黄有明显抑制黏附和聚集，并有抗凝血酶Ⅲ活力的作用。生蒲黄有防止家兔食饵性动脉粥样硬化的作用，能抑制肠道吸收胆固醇，改变血脂成分，对离体及在体子宫有兴奋作用；注射液对豚鼠、小鼠中期引产有明显作用。有降压、扩大血管，增加冠脉流量，改善微循环的作用；对免疫有抑制作用，而大剂量又能增加巨噬细胞的吞噬功能；对结核杆菌有抑制作用。

棕　榈　炭

为棕榈科植物棕榈和棕树的叶柄基部的棕毛。炒炭用或生用。主产于广东、福建等地。

【性味归经】苦、涩，平。入肝、肺、大肠经。

【功效】收敛止血。

【应用】本品有收敛止血功效，可用于各种出血证，如衄血、咳血、便血、尿血、子宫出血等，常与侧柏叶、血余炭、仙鹤草同用。

【用法用量】煎服，马、牛 25～60 g，猪、羊 6～10 g。

【使用注意】出血兼瘀滞者不宜用。

【现代研究】本品含大量纤维素及鞣质。

棕榈子粉的醇提取物能收缩小鼠子宫，并有一定凝血作用。近年以棕榈子醇提取物制成的止血丸，治疗功能性子宫出血、子宫肌瘤、慢性宫颈炎、人工流产、上环后等出血，均有较好的止血效果。棕榈的子、根、花亦供药用，均有收敛止血作用。

血 余 炭

为人发煅成的炭。

【性味归经】苦，平。入肝、胃经。

【功效】收敛止血。

【应用】本品有显著止血功效，兼可化瘀，用于衄血、便血、尿血、子宫出血等证，常与侧柏叶、藕节、棕榈炭同用，方如十黑散。

【用法用量】冲服，马、牛 25～45 g，猪、羊 6～10 g。

【现代研究】本品含碳素、胱氨酸及脂类。灰分中含钙、钠、钾、锌、铜、铁、锰等多种微量元素。本品能缩短出凝血时间及血浆复钙时间。

大 蓟

为菊科植物大蓟的全草。生用或炒炭用。主产于江苏、安徽，全国各地均有分布。

【性味归经】甘，凉。入肝、心经。

【功效】凉血止血，散痈肿。

【应用】

▷ 本品能凉血止血，主要用于血热妄行所致的各种出血证，如衄血、尿血、便血、子宫出血等，常与生地、蒲黄、侧柏叶、丹皮同用；单用鲜根捣汁服亦能止血。

▷ 本品能消散痈肿，用治痈疮肿毒，可用鲜品捣服或煎水服，并敷患处。

【用法用量】煎服，马、牛 30～60 g，猪、羊 10～20 g。

【使用注意】虚寒病畜不宜用。

【现代研究】本品全草含生物碱、挥发油、苦味质等。大蓟炒炭能缩短出血时间。动物实验有降压作用，对人型结核杆菌有抑制作用。

侧 柏 叶

为柏科常绿乔木侧柏的嫩枝叶入药。生用或炒炭用。主产于辽宁、山东，我国大部分地区均有分布。

【性味归经】苦、涩,微寒。入肝、肺、大肠经。

【功效】凉血止血,清肺止咳。

【应用】

▷ 本品为收敛性凉血止血药,用于便血、尿血、子宫出血等属血热妄行者,常配生地、生荷叶、生艾叶同用;属虚寒出血者,则与炮姜、艾叶等温经止血药合用。

▷ 本品尚可清肺止咳,可用于肺热咳嗽。

【用法用量】煎服,马、牛 60～90 g,猪、羊 20～30 g。

【现代研究】本品含挥发油、黄酮类、槲皮苷、鞣质、维生素 C、异海松酸等。本品能明显缩短出、凝血时间,有镇咳、祛痰、平喘作用,有抗菌和抗结核作用,有一定的镇静及轻度降压作用。

血　竭

为棕榈科藤本植物麒麟血竭等植物果实和树干渗出的红色树脂加工而成。捣碎研末用。主产于马来西亚、印度尼西亚、印度及北非、南美洲的热带地区,我国海南省亦有分布。

【性味归经】甘、咸,平。入心、肝经。

【功效】止血,止痛,化瘀,敛疮生肌。

【应用】

▷ 本品有止血作用。用治外伤出血,可单用于出血局部或与蒲黄等同用;治鼻出血,可配伍血余炭研末吹鼻。

▷ 本品有敛疮生肌功效,兼能止痛,适用于疮面久不愈合者,常与乳香、没药、儿茶等同用,如生肌散。

▷ 本品有化瘀止痛功效,适用于外伤瘀滞疼痛,常与乳香、没药等配伍应用。

【用法用量】煎服,马、牛 15～25 g,猪、羊 3～6 g。

【使用注意】孕畜不宜用。

【现代研究】本品含血竭素、去甲基血竭素、去甲基血竭红素以及黄烷醇、查耳酮、树脂酸等。

本品能缩短家兔血浆再钙化时间,显著抑制血小板聚集,防止血栓形成。对多种致病真菌有不同程度的抑制作用。

槐　花

为豆科植物槐的花蕾。主产于辽宁、湖北、安徽等地。

【性味归经】苦,微寒。入肝、大肠经。

【功效】凉血止血，清肝明目。

【应用】

▷ 本品具有凉血止血作用，对衄血、便血、尿血、子宫出血等属于热证者，皆可应用。但多用于便血，并常与地榆配伍；也可与侧柏叶、荆芥炭、枳壳等配伍，如槐花散；若大肠热盛，伤及脉络而引起的便血，可与黄连配伍。

▷ 本品清肝明目，用治肝火上炎、目赤肿痛。常与夏枯草、菊花、黄芩、草决明等同用。

【用法用量】煎服，马、牛 20～45 g，猪、羊 10～15 g。

【使用注意】孕畜忌用。

【现代研究】本品含芸香苷，槐花甲素、乙素、丙素，鞣质等。本品能减少毛细血管的通透性及脆性，缩短出血时间；增强毛细血管的抵抗力；降血压，防治动脉硬化；有扩张冠状血管，改善心肌循环等作用。

二、常用理血方剂

主要由活血、逐瘀和止血药物所组成，具有调理血脉、通经络、凉血等作用，以治疗瘀血和出血病症的一类方剂，称为理血方。包括行血和止血方两类。

桃红四物汤(《医宗金鉴》)

【组成】桃仁 45 g　当归 45 g　赤芍 45 g　红花 30 g　川芎 20 g　生地 60 g

水煎温服。

【功效】活血祛瘀。

【主治】血瘀肢体疼痛，产后瘀血阻滞腹痛。

【方解】本方为治疗瘀血阻滞的基础方。由四物汤加桃仁、红花组成。四物汤有补血调血功效，在原方基础上加入桃仁、红花(为主药)活血行瘀，易白芍为赤芍，旨在突出活血化瘀作用。这一加一换，使补血之剂，变成了行瘀之方。熟地换生地，寓有防止瘀久化热之意，并且当归、生地合用能养血润燥。如果没有化热的顾虑，仍用熟地无妨。如《济阴纲目》桃红四物汤，即四物汤不作更动，加桃仁、红花组成，主治相同。

【临床应用】对于血瘀诸证均可在本方基础上加减运用。

血府逐瘀汤(《医林改错》)

【组成】当归 45 g　生地 45 g　牛膝 45 g　红花 40 g　桃仁 60 g　柴胡

20 g　赤芍 30 g　枳壳 30 g　川芎 20 g　桔梗 20 g　甘草 15 g

水煎温服。

【功效】活血行瘀，理气止痛。

【主治】跌打损伤及气滞血瘀诸证。

【方解】本方用治胸中血瘀，血行不畅所致的胸痛、急躁易怒诸证，为活血行瘀理气止痛的效方。方中当归、川芎、赤芍、桃仁、红花、牛膝活血行瘀，牛膝能引血下行，以上是方中主要部分。柴胡疏解肝郁，升达清阳；桔梗、枳壳二者相合，桔梗宣肺气，枳壳下气，升降上焦之气而宽胸，使气行促血行；生地、当归合用，养血润燥，使祛瘀而不伤阴；甘草协调诸药，以上皆为辅助部分。合而用之，既能行血中之瘀滞，又可解气分之郁结，活血而不耗血，祛瘀可以生新，瘀去气行则诸证可愈。

【临床应用】本方用于跌打损伤及血瘀气滞等证时，应适当加重川芎、红花用量。因本方祛瘀药较多，非确有瘀血证者不宜使用。

当归散(《元亨疗马集》)

【组成】当归 30 g　天花粉 20 g　黄药子 20 g　枇杷叶 20 g　桔梗 20 g　白药子 20 g　丹皮 20 g　白芍 20 g　红花 15 g　大黄 15 g　没药 20 g　甘草 10 g

共为末，水煎数沸，入童便 100 mL，候温灌服。

【功效】和血止痛，宽胸顺气。

【主治】胸膊痛。证见束步难行，频频换脚，站立困难。

【方解】本方为治闪伤胸膊痛的常用方剂。本方证多因踏空跌倒，闪伤前肢胸膊，瘀血瘖气凝结不通所致。方中当归、红花、没药、白芍活血散瘀止痛为主药；丹皮、大黄、天花粉、黄药子、白药子清热凉血消肿，且大黄还能助主药行瘀滞为辅药；桔梗、枇杷叶宽胸顺气、利膈散滞为佐药；甘草协调诸药，童便消瘀通经共为使药。诸药相合，共奏和血止痛，宽胸顺气之功效。

【临床应用】用于马胸膊痛。治疗时，可先放胸堂血或蹄头血，再灌服本方，针药结合，效果较好。

生化汤(《傅青主女科》)

【组成】当归 120 g　川芎 45 g　桃仁 45 g　炮姜 10 g　炙甘草 10 g

加黄酒 250 mL，童便 250 mL 煮，候温灌服。亦可水煎服。

【功效】活血化瘀，温经止痛。

【主治】产后恶露不行。

【方解】本方为治产后瘀血阻滞的基础方。产后恶露不行,瘀血内阻,肚腹疼痛,当以活血化瘀为主,使瘀去新生。方中重用当归活血补血为主药;川芎行气活血,桃仁活血行瘀为辅药;炮姜入血散寒,温经止痛为佐药;甘草和中,黄酒、童便助药力,且引药直达病所,均为使药。诸药合用,活血化瘀,温经止痛。因本方有使新血生,瘀血化而自行的功效,故名"生化"。

【临床应用】用于产后恶露不行。如产后腹痛,恶露中血块较多,则加蒲黄、五灵脂;寒甚者,可加肉桂;产后恶露已去,仅腹痛者,宜去桃仁,加延胡索、益母草;产后身热,宜去炮姜,加黄芩、柴胡。

通乳散(江西省中兽医研究所方)

【组成】黄芪 60 g　党参 40 g　通草 30 g　川芎 30 g　白术 30 g　续断 30 g　炮山甲 30 g　当归 60 g　王不留行 60 g　木通 20 g　杜仲 20 g　甘草 20 g　阿胶 60 g

共为末,开水冲,加黄酒 100 mL,候温灌服。

【功效】补气血,通乳汁。

【主治】气血不足所致的缺乳证。

【方解】本方用治气血不足之缺乳证。乳乃血液所化,血由水谷精微气化而成;气衰则血亏,血虚则乳少。方中黄芪、党参、白术、甘草、当归、阿胶双补气血为主药;杜仲、续断、川芎补肝益肾,通利血脉,木通、炮山甲、通草、王不留行通经下乳,以增加乳汁,治其标为辅佐药;黄酒助药势为使药。诸药相合,补气血,通乳汁。

【临床应用】用于母畜体质瘦弱,产后气血不足之缺乳证。如为气机阻瘀、经脉滞涩、阻碍乳汁通行的缺乳证,宜用当归、王不留行、路路通、炮甲珠、木香、瓜蒌、延胡索、通草、川芎组成的"通乳散",以调畅气机,疏通经脉,乳汁自下。

十黑散(《中兽医诊疗经验·第二集》)

【组成】知母 30 g　黄柏 30 g　地榆 30 g　蒲黄 30 g　栀子 20 g　槐花 20 g　侧柏叶 20 g　血余炭 20 g　杜仲 20 g　棕榈皮 15 g

各药炒黑,共为末,开水冲,候温加童便 200 mL,灌服。

【功效】清热泻火,凉血止血。

【主治】膀胱积热所致的尿血。

【方解】本方用治劳伤过度,热积膀胱之尿血证。方中黄柏、知母、栀子清降肾火,以治热淋尿血为主药;蒲黄、地榆、槐花、侧柏叶、血余炭、棕榈皮均为收敛止血凉血之品，且炒炭后止血作用更加显著，以之治尿血为辅药；杜仲补肝肾，以治劳伤，固本清源为佐药；童便清热降火，引药归经为使药。诸药合用，清热泻火，凉血止血。

【临床应用】适用于膀胱积热所致的尿血证。

小蓟饮子(《济生方》)

【组成】生地黄 120 g　小蓟 60 g　滑石 60 g　炒蒲黄 30 g　淡竹叶 30 g　藕节 30 g　木通 20 g　栀子 20 g　炙甘草 10 g　当归 25 g

水煎服。

【功效】凉血止血，利尿通淋。

【主治】热结下焦血淋证。症见尿血频数，赤涩疼痛，舌红，脉数有力。

【方解】本方用治血淋证。多因下焦邪热炽盛，瘀热互结，损伤脉络，下迫膀胱，血液外溢，随尿排出。方中小蓟、藕节、蒲黄清热凉血止血为主药；生地黄清热凉血养阴为辅药；木通、滑石、淡竹叶、栀子清心降火，利水通淋，导热下行，当归养血和营，共为佐药；炙甘草协调诸药为使药。各药相合，凉血止血，利尿通淋。

【临床应用】用于急性实证之血淋。如尿时疼甚者，将炙甘草改用生甘草，加琥珀末冲服；若湿热盛，加知母、黄柏，以增加清热祛湿之效。

本方与十黑散同治血尿。本方主治血淋，症见尿中带血，尿时疼痛，点滴难通；十黑散主治尿血鲜红，无瘀滞之尿血。临床宜根据不同证情区别应用。

槐花散(《本事方》)

【组成】炒槐花 30 g　炒侧柏叶 30 g　荆芥炭 30 g　炒枳壳 30 g

共为末，开水冲，候温灌服。

【功效】清肠止血，疏风理气。

【主治】肠风下血，血色鲜红，或粪中带血。

【方解】本方为治肠风下血之剂。肠风下血系因风邪热毒或湿毒壅遏于肠胃血分，血渗肠道所致。治宜清肠凉血止血为主。方中槐花专清肠道湿热，凉血止血，为方中主药；侧柏叶助槐花凉血止血，荆芥炒用，搜风并入血分止血，共为辅助药；枳壳下气宽肠，为佐使药。诸药合用，既能凉血止血，又能清肠疏风，风热湿毒既清，便血可止。

【临床应用】用于大肠湿热所致的便血。如大肠热甚，加黄连、黄芩以清肠热；下血多者，加地榆清肠止血。

第十节 收涩药及方剂

一、收 涩 药

凡具有收敛固涩作用,能治疗各种滑脱证的药物,称为收涩药。

滑脱病证,主要表现为子宫脱出、滑精、自汗、盗汗、久泻、久痢、粪尿失禁、脱肛、久咳虚喘等症。滑脱病证的根本原因是正气虚弱,而收敛固涩属于应急治标的方法,不能从根本上消除导致滑脱诸证的病机,故临床应选择适宜的补益药同用,以期标本兼顾。由于滑脱证表现各异,本类药物又分为涩肠止泻和敛汗涩精两类。

涩肠止泻药:具有涩肠止泻的作用,适用于脾肾虚寒所致的久泻久痢、粪便失禁、脱肛或子宫脱等证,在应用上常配补益脾胃药、温补脾肾药同用。

敛汗涩精药:具有敛汗涩精或缩尿的作用,适用于肾虚气弱所致的自汗、盗汗、阳痿、滑精、尿频等证,在应用上常配补肾药、补气药同用。

(一)涩肠止泻药

乌 梅

为蔷薇科植物梅的未成熟果实梅子,去核入笼在煤烟中熏至乌黑色,故名。主产于浙江、福建、广东、湖南、四川等地。

【性味归经】酸、涩,平。入肝、脾、肺、大肠经。

【功效】敛肺涩肠,生津止渴,驱虫止痢。

【应用】

▷ 本品有敛肺气止咳嗽功效,主要用于肺虚久咳,常与款冬花、半夏、杏仁等配伍应用。

▷ 本品有涩肠止泻作用,用治气虚脾弱久泻久痢,可与肉豆蔻、诃子、茯苓等同用,亦可与党参、白术等配伍。

▷ 本品能生津止渴,用于虚热所致的口渴贪饮,常与天花粉、麦门冬、葛根等同用。

▷ 本品味酸,蛔得酸则静,故有安蛔作用,适用于蛔虫引起的腹痛、呕吐等症,常与干姜、细辛、黄柏等合用。

【用法用量】煎服,马、牛 15～30 g,猪、羊 6～10 g。

【现代研究】本品主含柠檬酸、苹果酸、琥珀酸、碳水化合物、谷甾醇、蜡样物质及齐墩果酸样物质。本品水煎剂在体外对多种致病性细菌及皮肤真菌有抑制作用。煎剂能抑制离体兔肠管的运动，能促进胆汁分泌，能增强机体免疫功能。本品在体外对蛔虫的活动有抑制作用。

诃　子

使君子科植物诃子或绒毛诃子的干燥果实。煨用或生用。主产于云南、广东、广西等地。

【性味归经】苦、酸、涩，温。入肺、大肠经。

【功效】涩肠止泻，敛肺止咳。

【应用】

▷ 本品能涩肠，制止腹泻，适用于久泻久痢不止之证。对痢疾偏热者，常与黄连、木香、甘草同用；若泄痢日久，气阴两伤时，须与党参、白术、山药等配伍。

▷ 本品能敛肺利咽，适用于肺虚久咳，常与党参、麦冬、五味子等同用；用于肺热咳嗽，可配伍瓜蒌、百部、贝母、玄参、桔梗等合用。

【用法用量】马、牛 30～60 g，猪、羊 6～10 g。本品煨用涩肠，生用清肺。

【使用注意】泄痢初起者忌用。

【现代研究】本品含大量鞣质(可达 20%～40%)，其主要成分为诃子酸、原诃子酸等。所含鞣质有收敛、止泻作用。水煎剂在试管中对痢疾杆菌、伤寒杆菌、绿脓杆菌、金黄色葡萄球菌等均有抑制作用。

肉豆蔻(肉果)

为肉豆蔻科植物肉豆蔻的干燥种仁。煨用。主产于印度尼西亚、西印度半岛和马来半岛等地。我国广东有栽培。

【性味归经】辛，温。入脾、胃、大肠经。

【功效】收敛止泻，温中行气。

【应用】

▷ 本品善温脾胃，长于涩肠止泻，适用于脾肾虚寒引起的久泻不止，常与补骨脂、吴茱萸、五味子等同用，如四神丸。

▷ 本品又能温中行气，适用于脾胃虚寒引起的肚腹胀痛、食欲不振之症，常与木香、半夏、白术、干姜等配伍应用。

【用法用量】煎服，马、牛 15～30 g，猪、羊 6～10 g。

【使用注意】凡热泻热痢者忌用。

【现代研究】本品含挥发油 5%～15%，另含肉豆蔻醚、丁香酚、异丁香酚及多种萜烯类化合物。

本品所含挥发油具芳香健胃和祛风作用，具有显著的麻醉性能，肉豆蔻醚对正常人体有致幻作用。其萜类成分有抗菌作用。

石 榴 皮

为安石榴科植物石榴的干燥果皮。切碎生用。我国南方各地均有分布。

【性味归经】酸、涩，温。入肝、胃、大肠经。

【功效】收敛止泻，杀虫。

【应用】

▷ 本品有较强的收敛止泻作用，适用于虚寒所致的久泻久痢之症，常与诃子、肉豆蔻、干姜、黄连等合用。

▷ 本品还可用于驱杀蛔虫、蛲虫，可单用或配使君子、槟榔等同用。

【用法用量】煎服，马、牛 30～45 g，猪、羊 6～12 g。

【使用注意】有实邪者忌用。

五 倍 子

为漆树科植物盐肤木及同属数种植物叶上的虫瘿，由五倍子蚜虫寄生而形成。研末用。主产于四川、贵州、广东、广西、河北、安徽、浙江及西北各地。

【性味归经】酸、咸，平。入肺、肾、大肠经。

【功效】涩肠止泻，止咳止血，杀虫解毒。

【应用】

▷ 本品能涩肠止泻，用治久泻久痢、便血日久，可与诃子、五味子等同用。

▷ 本品有敛肺止咳功效，对于肺虚久咳，常与党参、五味子、紫菀等同用。

▷ 本品还能杀虫止痒，兼有消疮肿解毒作用，适用于疮癣肿毒，皮肤湿烂等症，可研末外敷或煎汤外洗。

【用法用量】煎服，马、牛 10～35 g，猪、羊 3～10 g。

【使用注意】肺热咳嗽及湿热泄泻者忌用。

【现代研究】本品主含没食子鞣质 60%～70%，没食子酸 2%～4%，及树脂、脂肪、蜡质等。

没食子酸对蛋白质有沉淀作用，与皮肤、黏膜的溃疡面接触后，其组织蛋白质即被凝固，造成一层被膜而呈收敛作用；腺细胞的蛋白质被凝固引起分泌抑制，产生黏膜干燥；神经末梢蛋白质的沉淀，可呈微弱的局部麻醉现象。没食子酸可与若干金属、生物碱、苷类形成不溶解化合物，因而用作解毒剂。没食子酸对小肠有收敛作用，可减轻肠道炎症，制止腹泻。此外，对金黄色葡萄球菌、链球菌、肺炎球菌及伤寒球菌、副伤寒杆菌、痢疾杆菌、炭疽杆菌、白喉杆菌、绿脓杆菌等均有抑制作用。

罂粟壳

本品为罂粟科植物罂粟成熟蒴果的外壳。醋炒或蜜炙用。国内部分地区药物种植场有少量栽培。

【性味归经】涩，平。有毒。入肺、大肠、肾经。

【功效】敛肺气，涩肠，止疼痛，固肾。

【应用】

▷ 本品能敛肺气止咳嗽，用治久咳虚咳，可与乌梅等合用。

▷ 本品有涩肠止泻功效，治久泻久痢或血痢，常与乌梅、大枣等同用，或配伍木香、黄连、生姜应用。

此外，本品有止痛功效，可治筋骨诸痛，常与其它活血化瘀药配伍。

【用法用量】煎服，马、牛 30～60 g，猪、羊 5～15 g。

【使用注意】咳嗽、泄痢初起者忌用。

【现代研究】本品主含吗啡、可待因、那可汀、罂粟碱等，有镇痛、镇咳作用，可使胃肠道及其括约肌张力提高，消化液分泌减少，而起止泻作用。

(二)敛汗涩精药

五味子

为木兰科植物北五味子、华中五味子的成熟果实。生用或经醋、蜜等拌蒸晒干。主产于东北、内蒙古、河北、山西等地。

【性味归经】酸，温。入肺、肾、心经。

【功效】敛肺，滋肾，敛汗涩精，止泻。

【应用】

▷ 本品能敛肺气和滋肾阴，对肺虚或肾虚不能纳气所致的久咳虚喘，可收止咳平喘功效，常与党参、麦冬、熟地、山萸肉等同用。

▷ 本品能生津止渴，敛汗。用治津少口渴，常与麦冬、生地、天花粉等同用；治体虚多汗，常与党参、麦冬、浮小麦等配伍。

▷ 本品能益肾固精，涩肠止泻，用治脾肾阳虚所致泄泻，常与补骨脂、吴茱萸、肉豆蔻等同用；治滑精及尿频数等症，可与桑螵蛸、菟丝子同用。

【用法用量】煎服，马、牛 30～60 g，猪、羊 10～20 g。

【使用注意】表邪未解及有实热者不宜用。

【现代研究】本品主含挥发油、有机酸、鞣质、维生素、糖及树脂等。种子挥发油中的主要成分为五味子素。

本品对神经系统各级中枢均有兴奋作用，对大脑皮层的兴奋和抑制过程均有影响，使之趋于平衡。对呼吸系统有兴奋作用，有镇咳和祛痰作用。能降低血压。能利胆，降低血清转氨酶，对肝细胞有保护作用。有与人参相似的适应原样作用，能增强机体对非特异性刺激的防御能力。对金色葡萄球菌、肺炎球菌、肠道沙门氏菌、绿脓杆菌等均有抑制作用。

龙　骨

为古代哺乳类动物如象类、犀牛类、三趾马等的骨骼化石，其牙齿的化石为龙齿。生用先煎，或煅用。主产于河南、河北、山西、内蒙古等地。

【性味归经】甘、涩，平。入心、肝、肾经。

【功效】安神镇惊，平肝潜阳，收敛固涩。

【应用】

▷ 本品能镇惊安神，适用于心神不宁，躁动不安等症，多与茯神、远志、朱砂、牡蛎等配伍。

▷ 本品平肝潜阳，适用于肝阴不足，肝阳上亢之症，多与白芍、牡蛎、代赭石等配伍。

▷ 本品煅用长于收敛固涩，适用于滑精、盗汗、久泻不止等症，常与牡蛎、山药等同用，还可外用于湿疹疮疡及疮疡溃后久不收口。

【用法用量】煎服，马、牛 30～60 g，猪、羊 6～10 g。

【现代研究】本品主要含碳酸钙、磷酸钙，尚含铁、钾、钠、氯、硫酸根等。本品所含钙盐吸收后，有促进血液凝固、降低血管壁通透性及抑制骨骼肌的兴奋等作用。

［附药］龙齿

性味涩凉。功同龙骨，长于镇惊，临床上定惊多用龙齿，固涩多用龙骨。

牡　蛎

为牡蛎科动物长牡蛎、大连湾牡蛎或近江牡蛎的贝壳。主产于台湾及沿海地区。

【性味归经】咸、涩，微寒。入肝、胆、肾经。

【功效】平肝潜阳，软坚散结，敛汗涩精。

【应用】

▷ 本品能平肝潜阳，适用于阴虚阳亢引起的躁动不安之症，常与龙骨、龟板、白芍等配伍。

▷ 本品有软坚散结作用,用于消散瘰疬,常与玄参、贝母等同用。

▷ 本品煅用敛汗涩精,可用于自汗、盗汗、滑精等症。治自汗、盗汗常与浮小麦、麻黄根、黄芪等配伍;治滑精常与煅龙骨、金樱子、芡实等同用。

【用法用量】煎服,马、牛 30～60 g,羊 10～20 g。

【现代研究】本品含 80%～95%的碳酸钙、磷酸钙及硫酸钙,并含镁、铝、硅、氧化铁及有机质等。煅烧后碳酸盐分解,产生氧化钙等,有机质则被破坏。本品所含钙盐有抗酸及轻度镇静、消炎作用。

浮　小　麦

为禾本科植物小麦的未成熟颖果或带稃的颖果。生用或炒用,各地均产。

【性味归经】甘,凉。入心经。

【功效】止汗。

【应用】主要用于治疗自汗、虚汗,常与龙骨、牡蛎等同用。用治产后虚汗不止,可与麻黄根、当归、牡蛎、黄芪、党参、白术、甘草等同用。

【用法用量】煎服,马、牛 60～90 g,猪、羊 15～30 g。

金　樱　子

为蔷薇科植物金樱子的干燥果实。擦去刺,剥去核,洗净晒干备用。四川、云南、湖北、贵州、广东均产,以广东产量为多。

【性味归经】酸、涩,平。入肾、膀胱、大肠经。

【功效】固肾涩精,涩肠止泻。

【应用】

▷ 本品有固精缩尿作用,适用于肾虚引起的滑精、尿频等症,常与芡实、莲子、菟丝子、补骨脂等同用。

▷ 本品能涩肠止泻,可用于脾虚泄泻,常与党参、白术、茯苓等同用。

【用法用量】煎服,马、牛 20～45 g,猪、羊 10～15 g。

【现代研究】本品主含柠檬酸、苹果酸、鞣质、树脂、维生素 C,还含皂苷 17.12%,另含丰富的糖类,其中有还原糖 10%、果糖 33%、蔗糖 1.9%以及少量淀粉。本品所含鞣质有收敛作用。其煎剂有降血脂作用,体外试验对金黄色葡萄球菌、大肠杆菌、绿脓杆菌、流感病毒 PR8 株有抑制作用。

桑　螵　蛸

为螳螂科昆虫大刀螂和小刀螂等具卵的卵鞘。主产于各地桑蚕区。生用或炙用。

【性味归经】甘、咸、涩，平。入肝、肾经。

【功效】益肾助阳，固精缩尿。

【应用】

▷ 本品能补肾固精及缩尿，主要用于肾气不固所致的滑精早泄及尿频数等症，常配伍益智仁、菟丝子、黄芪等使用。

▷ 本品有助阳功效，故治肾虚阳痿，可与巴戟天、肉苁蓉、枸杞子等配伍应用。

【用法用量】煎服，马、牛 20～45 g，猪、羊 3～10 g。

【使用注意】阴虚有火，膀胱湿热所致的尿频数者忌用。

芡　实

为睡莲科水生植物芡实的种仁。主产于湖南、江苏、广东、福建等地。

【性味归经】甘、涩，平。入脾、肾经。

【功效】固肾涩精，健脾止泻。

【应用】

▷ 本品固肾涩精，适用于肾虚，精关不固所致的滑精早泄及尿频数等症，常与菟丝子、桑螵蛸、金樱子等同用。

▷ 本品健脾止泻，用于脾虚久泻不止，常与党参、白术等同用。本品亦可用治气虚肛脱。

【用法用量】煎服，马、牛 30～60 g，猪、羊 10～20 g。

二、收涩方剂

凡以收敛固涩药为主，治疗气血精液耗散滑脱的方剂，称收涩方。收涩方主用于正气内虚所致的久泻、滑精、多汗等症，而对于热病出汗、热痢初起、伤食泄泻及相火妄动之滑精等存有实邪的病症，不可误用。

四神丸（《证治准绳》）

【组成】补骨脂 60 g　煨肉豆蔻 30 g　五味子 30 g　吴茱萸 15 g　生姜 60 g　大枣 30 枚

原方用丸，兽医现代多用水煎汤灌服。

【功效】温补脾肾，涩肠止泻。

【主治】脾肾虚寒泄泻。症见久泻不止，完谷不化，食少神疲，四肢不温，舌淡苔白，脉沉迟无力。

【方解】本方用治脾肾虚寒泄泻。泄泻有寒热之分,虚实之别。本方症久泻不止,食少神疲,肢体不温,舌淡苔白,脉沉迟无力,是为虚寒。前人有“久泻皆由肾命火衰,不能专责脾胃”的论断。因此,是症由于家畜体弱阳虚,命门火衰,不能温助脾阳,以致运化失职,而见久泻。方中补骨脂苦辛性热而补命门,益火消阴为主药;肉豆蔻暖脾涩肠止泻为辅;吴茱萸暖脾胃散寒除湿,五味子敛气固肠止泻为佐药;生姜、大枣温脾胃和中为使药。诸药合用,温肾暖脾,固肠止泻。

【临床应用】用于脾肾阳虚,久泻不止。久泻气陷甚者,宜加党参、黄芪、升麻等以益气提升;肾阳虚甚者,宜加肉桂或附子以温补肾阳。

金锁固精丸(《医方集解》)

【组成】沙苑子 60 g　芡实 60 g　莲须 30 g　煅龙骨 30 g　煅牡蛎 30 g　莲肉 30 g

水煎服。

【功效】补肾涩精。

【主治】肾虚滑精,腰胯四肢无力,尿频数,舌淡,脉细弱。

【方解】精漏滑之证,有因肾之阴精亏损,肾阳虚衰精关不固所致;有因心肝之火内动,或湿热下注,扰动精室所成。原因不一,但主要责之肾。《素闻》称:“肾者主蛰,封藏之本,精之处也。”本方所治为肾之精关不固所致。肾精亏损,封藏失职,则精液漏滑;阴精内亏,阴损及阳,以致下元虚惫,故见四肢腰胯无力,尿频数等。治宜补肾涩精。方中沙苑子补肾涩精,治其不足为主药,莲肉、芡实固肾涩精为辅药,主辅相配,以补其不足为主;莲须、煅龙骨、煅牡蛎性涩收敛,专以涩精为用,共为佐药。诸药合用,既可涩精液之外泄,又能补肾精之不足。但本方以固涩为主,故当漏精滑泄已止,便须用补肾之品,补虚固肾以图本。

【临床应用】用于肾虚滑精。若肾阳偏虚者,可加山萸肉、补骨脂以温补肾阳;若肾阴偏虚者,可加女贞子、龟板等以滋补肾阴。

乌梅散(《元亨疗马集》)

【组成】乌梅 15 g　诃子 15 g　黄连 15 g　姜黄 15 g　干柿 1 个

共为细末,开水冲,候温灌服,或水煎灌服。

【功效】涩肠止泻,清热燥湿。

【主治】初生幼驹奶泻。

【方解】本方为治疗幼驹因湿热积滞引起泄泻的方剂。幼畜乃稚阴稚阳之体,脾胃功能不全,治疗用药与成年动物有别。于此类湿热奶泻,宜迅速止泻,以防泻久津液亡失，伤阴损阳。方中以乌梅、诃子涩肠止泻为主药；辅以黄连清热燥湿；姜黄行气祛瘀止痛，干柿敛涩大肠，共为佐药。诸药合用，共奏涩肠止泻，清热燥湿之功效。

【临床应用】幼驹奶泻体热者，加银花、蒲公英、黄柏；体虚者，可加党参、白术、茯苓、山药等。

牡蛎散(《和剂局方》)

【组成】麻黄根 45 g　生黄芪 45 g　煅牡蛎 60 g　浮小麦 60 g

水煎温服。

【功效】固表敛汗。

【主治】体虚自汗。

【方解】本方用治体虚自汗。自汗者属卫阳虚不能外固，营阴亏不能内守所致。治宜益气阴、固肌表、敛汗液。方中牡蛎益阴潜阳，兼除烦敛汗为主药；黄芪益气固表实卫止汗，为辅药；麻黄根专于止汗，浮小麦益心气、养心阴、清心除烦止汗泄，共为佐使药。诸药合用，肌表得固，汗出可止。

【临床应用】主要用于阳虚卫气不固之虚汗证。若大汗不止，有阳虚欲脱之证者，则本方难以胜任，应用参附汤加龙骨、牡蛎，回阳固脱以止汗。

玉屏风散(《世医得效方》)

【组成】黄芪 90 g　白术 60 g　防风 30 g

水煎温服。

【功效】益气健脾，固表止汗。

【主治】表虚自汗及气虚易感风邪者。证见自汗、恶风、苔白、舌淡、脉浮缓。

【方解】卫气虚弱，不能固表，则腠理空疏，营阴不守，津液外泄，导致表虚自汗，兼见恶风、脉浮缓等症。由于表虚气弱，皮毛疏松，则易感风邪而感冒。治法当以益气固表止汗为要。方用黄芪益气固表为主药，白术健脾益气，辅助黄芪加强益气固表功效，二药合用，使气旺表实，则汗不易外泄，邪亦不易内侵，更配伍防风走表祛风并御风邪，为佐使药。对于表虚自汗，或表虚易感风邪者，用之有益气固表祛邪止汗的作用。

【临床应用】用于表虚自汗以及体虚患畜易感风邪者。若表虚自汗不止，可酌加牡蛎、浮小麦、五味子等，以增强固表止汗的作用。本方与桂枝汤均可用治表虚自汗，但本方功专固表止汗，以治卫虚不固之自汗为主，桂枝汤则能调和营卫，以治营卫不和的自汗为主，并长于解表而治外感风寒表虚证。

第十一节　补益药及方剂

一、补　益　药

凡能补益正气，增强体质以提高抗病能力，治疗虚证为主的药物，称为补虚药，亦称补养药或补益药。

虚证的临床表现比较复杂，其“证型”概括起来，不外气虚、阳虚、血虚、阴虚四类。补益药也可根据其功效和主要适应证的不同而分为补气、补阳、补血、补阴四类。

临床除应根据虚证的不同类型选用相应的补虚药外，还应充分重视动物机体气、血、阴、阳相互依存的关系。一般说来，阳虚者多兼有气虚，而气虚者也易致阳虚，气虚和阳虚表示机体活动能力的衰减。阴虚者每兼见血虚，而血虚者也易致阴虚，血虚和阴虚表示动物机体内精血津液的耗损。与此相应，各类补益药之间也有一定联系和共通之处。如补气药和补阳药多性温，属阳，主要能振奋衰减的机能，改善或消除因此而引起的形衰乏力，畏寒肢冷等证；补血药和补阴药多性寒凉或温和，属阴，主要能补充耗损的体液，改善或消除精血津液不足的证候。故补气药和补阳药，补血药和补阴药，往往相辅而用。至于气血两亏，阴阳俱虚的证候，又当气血兼顾或阴阳并补。

补虚药除有上述“补可扶弱”的功能外，还可配伍祛邪药，用于邪盛正衰或正气虚弱而病邪未尽的证候，以起到“扶正祛邪”的作用，达到邪去正复的目的。此外，还应注意顾护脾胃，适当配伍健脾消食药，以促进运化，使补虚药能充分发挥作用。

虚弱证一般病程较长，补虚药宜作蜜丸、煎膏（膏滋）、片剂、口服液、颗粒剂或酒剂等，以便保存和服用。如作汤剂，应适当久煎，使药味尽出。《医学源流论》说：“补益滋腻之药，宜多煎，取其熟而停蓄”，颇有法度。个别挽救虚脱的补虚药，则宜制成注射剂，以备急用。

补虚药原为虚证而设，凡动物机体康健，并无虚弱表现者，不宜滥用，以免导致阴阳平衡失调，“误补益疾”。实邪方盛，正气未虚者，以祛邪为要，亦不宜用，以免“闭门留寇”。

（一）补气药　凡能消除或改善气虚证的药物，称为补气药。

补气药多味甘，性平或微温，以入脾、胃、肺经为主，主要具有补脾气、益肺气之功效，适用于脾气虚、肺气虚等病证。兼血虚、阴虚或阳虚者，可与补血、滋阴、助阳药同用。由于气能生血、气能统血、气能生化津液，故在治疗血虚、津亏、出血等证时，常配伍补气药，以增强补血、止血、生津之效。

使用补气药，应酌情配伍理气药，使其补而不滞，以免影响食欲和消化。

党　参

为桔梗科多年生草本植物党参、素花党参或川党参的干燥根。因以山西上党者最有名，故名党参。秋季采挖，洗净，晒干。切厚片，生用。主产于山西、陕西、甘肃、四川等省。

【性味归经】甘，平。归脾、肺经。

【功效】益气，生津，养血。

【主治】

▷ 用于久病气虚、倦怠无力、脾虚泄泻、食少便溏、中气下陷、垂脱之证等。本品能补中益气，升阳举陷。治疗脾虚泄泻、食少便溏，常配白术、茯苓、甘草等；治疗中气下陷的垂脱之证常配黄芪、升麻、白术等。

▷ 用于肺气亏虚的咳嗽气促，叫声低微等。本品能补益肺气，可配伍黄芩、五味子等同用。

▷ 用于气津两伤的气短口渴及气血双亏的口色淡白、口干、心悸等。本品有益气生津和益气生血之效，可分别与麦冬、五味子、生地等生津药，或当归、熟地黄等补血药同用。

此外，对气虚外感及正虚邪实之证，亦可随证配解表药或攻里药同用，以扶正祛邪。

【用法用量】煎服，马、牛 20～60 g，猪、羊 10～20 g，犬 3～5 g，家禽 0.5～1.5 g。

【使用注意】反藜芦。

【现代研究】

主要成分：党参含有皂苷、微量生物碱、糖类、维生素 B_1、维生素 B_2、多种人体必需无机元素和氨基酸等。

药理研究：①党参对神经系统有兴奋作用，能增强机体抵抗力；②能使家兔红细胞及血红蛋白增加；③能扩张周围血管而降低血压，并可抑制肾上腺素的升压作用；④具有调节胃肠运动，抗溃疡，抑制胃酸分泌，降低胃蛋白酶活性等作用；⑤对化疗和放射线所引起的白细胞下降有提升作用；⑥可促进凝血。

另有明党参，系伞形科多年生草本植物明党参的干燥根。性味甘、微苦，微寒。归肺、脾经。能润肺化痰，养阴和胃。以治疗肺热咳嗽，食少口干为主。与党参并非一物，效用亦有差别。

人 参

为五加科多年生草本植物人参的根。野生者名“山参”，栽培者称“园参”。于秋季采挖。园参一般栽培6～7年后收获。鲜参洗净后干燥者称“生晒参”，蒸制后干燥者称“红参”，焯烫浸糖后干燥者称“糖参”或“白参”，加工断下的细根称“参须”。山参经晒干，称“生晒山参”。切片或研粉用。主产于吉林、辽宁、黑龙江。

【性味归经】甘、微苦，微温。归心、肺、脾经。

【功效】大补元气，补脾益肺，生津，安神。

【应用】

▷ 用于气虚欲脱，脉微欲绝的重危证候。无论因于大失血、大吐泻或久病、大病所致者，单用人参大量浓煎服，即有大补元气，复脉固脱之效，如独参汤。如兼见四肢厥冷，阳气衰微者，可配附子以益气回阳救逆，即参附汤(现代制剂有参附注射液)；若兼见汗多口渴，气阴两伤者，可配麦冬、五味子以益气敛阴，即生脉散(现有生脉注射剂)。

▷ 用于肺气虚弱的气短喘促，叫声低微，脉虚自汗等证。人参能补益肺气，可配黄芪、五味子等同用；若喘促日久，肺肾两虚者，常与胡桃肉、蛤蚧等补益肺肾药同用，如人参胡桃汤、人参蛤蚧散。

▷ 用于脾气不足的倦怠乏力，食少便溏等证。人参亦能补脾益气，常配白术、茯苓、甘草等益气健脾药同用，如四君子汤。

▷ 用于热病气津两伤，身热口渴等证，有益气生津之效。治身热汗多，口渴脉虚，常配石膏、知母等同用，如白虎加人参汤。

▷ 用于气血亏虚的心悸、躁动等证，有补气安神益智之效。可单用，亦可配伍生地、丹参、酸枣仁等养血安神药同用，如天王补心丹。

【用法用量】煎服，马、牛15～30 g，猪、羊5～10 g，犬0.5～2 g。兽医常用党参代替。

【使用注意】反藜芦，畏五灵脂。

【现代研究】

主要成分：人参根含多种人参皂苷。总皂苷含量约5%，为15种以上皂苷的混合物。另含少量挥发油(油中低沸点部分有β-榄香烯，高沸点部分主要有人参炔醇)、多种糖类及维生素等。

药理研究：①人参对高级神经活动的兴奋和抑制过程均有增强作用，能增强神经活动过程的灵活性，故有抗疲劳功能；②对多种动物心脏均有先兴奋，后抑制，小量兴奋，大量抑制的作用；③能兴奋垂体肾上腺皮质系统，提高应激反应能力；④有抗休克，抗疲劳，降低血糖，促进蛋白质、RNA、DNA的生物合成，调节胆固醇代谢，促进造血系统的功能，减轻辐射对造血系统的损害等作用；⑤能增强机体免疫功能；⑥能增强性腺机能，有促性腺激素样作用；⑦有抗过敏、抗利尿及抗癌等作用。人参的药理活性常因机体机能状态不同呈双向作用，因此认为人参是具有“适应原”样作用的典型代表药。

太子参（孩儿参）

为石竹科植物太子参的干燥根。主产于江苏、安徽、山东等地。

【性味归经】甘、苦，微寒。入脾、肺经。

【功效】补脾益气，养胃生津。

【应用】本品为补气药中一味清补之品，适用于脾胃虚弱、倦怠虚弱、食欲不振、肺气不足等症，常与黄芪、白术、山药、炙甘草等同用。用于热病津伤口渴，常与五味子、麦冬等同用；配竹叶、麦冬、白薇等用于久热不退。

【用法用量】煎服，马、牛 30～60 g，猪、羊 10～20 g。

【使用注意】反藜芦，畏五灵脂。

黄　芪

为豆科多年生草本植物蒙古黄芪或膜荚黄芪的根。春、秋两季采挖，除去须根及根头，晒干。生用或蜜炙用。主产于内蒙古、山西、甘肃、黑龙江等地。

【性味归经】甘，微温。归脾、肺经。

【功效】补气升阳，益卫固表，利水消肿，托疮生肌。

【应用】

▷ 用于脾胃气虚及中气下陷诸证。

用治脾胃气虚症：黄芪擅长补中益气，凡脾虚气短，食少便溏，倦怠乏力等，常配白术，以补气健脾；若气虚较甚，则配人参，以增强补气作用；若中焦虚寒，腹痛拘急，常配桂枝、白芍、甘草等（如黄芪建中汤），以补气温中；若气虚阳弱，体倦汗多，常配附子（如芪附汤），以益气温阳固表。

用治中气下陷证：脾阳不升，中气下陷，而见久泻脱肛，内脏下垂者，黄芪能补中益气，升举清阳，常配人参、升麻、柴胡等（如补中益气汤），以升阳举陷。

▷ 用于肺气虚及表虚自汗，气虚外感诸证。黄芪能补肺气、益卫气，以固表止汗。用治肺气虚弱，咳喘气短，常配紫菀、五味子等同用；治表虚卫阳不固的自汗，且易外感者配白术、防风同用（如玉屏风散），既可固表以止自汗，又能实卫而御外邪。

▷ 用于气虚水湿失运的浮肿，小便不利。黄芪能补气利尿，故能消肿。常与防己、白术等同用，如防己黄芪汤。

▷ 用于气血不足，疮疡内陷的脓成不溃或溃久不敛。黄芪能补气托毒，排脓生肌。治脓成不溃，常配伍当归、穿山甲、皂角刺等，以托毒排脓；治溃久不敛，可配伍当归、人参、肉桂等，以生肌敛疮。

【用法用量】煎服，马、牛 20～60 g，猪、羊 10～20 g，犬 5～15 g，兔、家禽 1～2 g。

【现代研究】

主要成分：主要含有苷类、多糖、氨基酸及微量元素等。

药理研究：①具有增强机体免疫功能、利尿、抗衰老、保肝、降压作用；②能消除实验性肾炎尿蛋白，增强心肌收缩力，还有促雌激素样作用和较广泛的抗菌作用；③膜荚黄芪皂苷甲具有降压、稳定红细胞膜、提高血浆组织内 cAMP 的含量、增强免疫功能、促进再生肝 DNA 合成等多种作用；④黄芪多糖具有提高小鼠抗应激能力、增强免疫功能、调节血糖含量、保护心血管系统、加速遭受放射线损伤机体的修复等作用；⑤有抑制发汗的作用；⑥有类性激素的作用。

白 术

为菊科多年生草本植物白术的根茎。冬季下部叶枯黄、上部叶变脆时采收，除去泥沙，烘干或晒干，再除去须根。切厚片。生用或土炒、麸炒用，炒至黑褐色，称为焦白术。主产于浙江、湖北、湖南、江西等地。

【性味归经】苦、甘，温。归脾、胃经。

【功效】补气健脾，燥湿利水，止汗，安胎。

【应用】

▷ 用于脾胃气虚，运化无力，食少便溏，脘腹胀满，倦怠乏力等证。白术有补气健脾之效。治脾气虚弱，食少胀满，常配人参、茯苓等同用，以益气补脾；治脾胃虚寒，肚腹冷痛，胀满泄泻，常配人参、干姜等同用，以温中健脾；治脾虚而有积滞，脘腹痞满，常配枳实同用，以消补兼施。

▷ 用于脾虚水停，而为痰饮，水肿，小便不利。白术既可补气健脾，又能燥湿利水，故用之甚宜。治痰饮，常配桂枝、茯苓等（如苓桂术甘汤），以温脾化饮；治水肿，常配茯苓、泽泻等（如五苓散），以健脾利湿。

▷ 用于脾虚气弱，肌表不固而自汗。白术能补脾益气，固表止汗。可单用为散服，或配黄芪、浮小麦等同用。

▷ 用于脾虚气弱，胎动不安。白术有补气健脾和安胎之功，常配砂仁同用，或配当归、白芍、黄芩等同用。

【用法用量】煎服，马、牛 20～60 g，猪、羊 10～15 g，犬 1～5 g，兔、家禽 1～2 g。

【现代研究】

主要成分：白术含挥发油，油中主要成分为苍术酮、白术内酯 A、白术内酯 B 及糖类（主要为甘露糖、果糖）等。

药理研究：①白术有强心、利尿、降血糖、抗血凝作用，并能保护肝脏，防止四氯化碳所致肝糖原减少的作用；②有升高因化学疗法或放射疗法引起的白细胞下降的作用。

山　药

为薯蓣科多年蔓生草本植物薯蓣的根茎。霜降后采挖。刮去粗皮，晒干或烘干，为“毛山药”，再经浸软闷透，搓压为圆柱状，晒干打光，成为“光山药”。润透，切厚片，生用或麸炒用。主产于河南、江苏、广西、湖南等地。

【性味归经】甘，平。归脾、肺、肾经。

【功效】益气养阴，补脾肺肾，固精止带。

【应用】

▷ 用于脾胃虚弱症。山药能平补气阴，且性兼涩，故凡脾虚食少，体倦便溏等，皆可应用。常配人参（或党参）、白术、茯苓、白扁豆等同用，如参苓白术散。

▷ 用于肺肾虚弱症。山药既补脾肺之气，又益肺肾之阴，并能固涩肾精。治肺虚咳喘，或肺肾两虚久咳久喘，常配人参、麦冬、五味子等同用。治肾虚不固的遗精、尿频等，常配熟地黄、山茱萸、菟丝子、金樱子等同用；治疗尿频、遗尿，常配益智仁、桑螵蛸等。

▷ 用于阴虚内热，口渴多饮，小便频数的消渴证。本品有益气养阴生津止渴之效，常配黄芪、生地黄、天花粉等同用。

【用法用量】煎服，马、牛 30～90 g，猪、羊 10～30 g，犬 5～15 g，兔、家禽 1.3～5 g。

【现代研究】

主要成分：山药含薯蓣皂苷、薯蓣皂苷元、胆碱、植酸、维生素、甘露聚糖等。

药理研究：具有滋补、助消化、止咳、祛痰、脱敏和降血糖等作用。

白 扁 豆

为豆科一年生缠绕草本植物扁豆的成熟种子。秋季果实成熟时采收，去皮或直接晒干。生用或炒用。主产于江苏、河南、安徽、浙江等地。

【性味归经】甘，微温。归脾、胃经。

【功效】健脾，化湿，消暑。

【应用】

▷ 用于脾虚湿盛，运化失常，而见食少便溏或泄泻等证。本品能健脾化湿，常配白术、木香、茯苓等，共收健脾止泻之功。

▷ 用于暑湿吐泻。本品能健脾化湿，消暑和中，如《千金方》单用本品水煎服。治暑湿吐泻也可配香薷、厚朴等同用，如香薷饮。

【用法用量】煎服，马、牛 15～45 g，猪、羊 5～15 g，兔、家禽 1.3～5 g。

【现代研究】

主要成分：含蛋白质、碳水化合物、钙、磷、铁、锌、维生素 B_1、维生素 B_2、维生素 C、烟酸、泛酸、酪氨酸酶等。此外，尚含豆甾醇、磷脂、蔗糖、血细胞凝集素等。

药理研究：对痢疾杆菌有抑制作用，并有一定的抗病毒作用。

甘　草

为豆科多年生草本植物甘草、胀果甘草或光果甘草的根及根茎。春、秋季采挖，除去须根，晒干。切厚片，生用或蜜炙用。主产于内蒙古、山西、甘肃、新疆等地。

【性味归经】甘，平。归心、肺、脾、胃经。

【功效】益气补中，清热解毒，祛痰止咳，缓急止痛，调和药性。

【应用】

▷ 用于心气不足的心悸动、脉结代，与脾气虚弱的倦怠乏力、食少便溏。本品能补益心脾之气。治心气虚，常以之为主，配伍人参、阿胶、桂枝等同用，如炙甘草汤；治脾气虚，常与党参、白术等同用。

▷ 用于痰多咳嗽。本品能祛痰止咳，并可随证作适宜配伍而应用广泛。如属风寒咳嗽，可配麻黄、杏仁；肺热咳喘，可配石膏、麻黄、杏仁；寒痰咳喘，配干姜、细辛；湿痰咳嗽，配半夏、茯苓。

▷ 用于脘腹及四肢挛急作痛。本品能缓急止痛。如属阴血不足，筋失所养而挛急作痛者，常配白芍，即芍药甘草汤；如属脾胃虚寒，营血不能温养所致者，常配白芍、饴糖等，如小建中汤。

▷ 用于药性峻猛的方剂中。本品能缓和烈性或减轻毒副作用，又可调和脾胃。如调胃承气汤，用甘草以缓和硝、黄之性，使泻下不致太猛，并避免其刺激大肠而产生腹痛；半夏泻心汤，甘草与半夏、干姜、黄芩、黄连同用，又能在其中调和寒热，平调升降，起到调和作用。

▷ 用于热毒疮疡，咽喉肿痛及药物、食物中毒等。本品能清热解毒。治热毒疮疡，常与金银花、连翘等同用。治咽喉肿痛，常与桔梗、牛蒡子等同用。治药物、食物中毒，在无特殊解毒药时，可以甘草治之，亦可与绿豆或大豆煎汤服。

【用法用量】煎服，马、牛 30～60 g，猪、羊 10～15 g，犬 1～5 g，兔、家禽 0.6～3 g。

【使用注意】湿盛胀满、浮肿者不宜用。反大戟、芫花、甘遂、海藻。久服较大剂量的生甘草，可引起浮肿等。

【现代研究】

主要成分：甘草根和根茎含甘草甜素，是甘草次酸的二葡萄糖醛酸苷，为甘草的甜味成分。此外，尚含多种黄酮成分。

药理研究：①甘草有类似肾上腺皮质激素样作用；②对组胺引起的胃酸分泌过多有抑制作用，并有抗酸和缓解胃肠平滑肌痉挛的作用；③甘草黄酮、甘草浸膏及甘草次酸均有明显的镇咳作用，祛痰作用也较显著，其作用强度为甘草次酸＞甘草黄酮＞甘草浸膏；④甘草还有抗炎、抗过敏作用，能保护发炎的咽喉和气管的黏膜；⑤甘草浸膏和甘草甜素对某些毒物有类似葡萄糖醛酸的解毒作用。

大　枣

为鼠李科落叶乔木枣的成熟果实。秋季果实成熟时采收，晒干。生用。主产于河北、河南、山东、陕西等地。

【性味归经】甘，温。归脾、胃经。

【功效】补中益气，养血安神，缓和药性。

【应用】

▷ 用于脾虚食少便溏，倦怠乏力。本品能补中益气，常配党参、白术等以增强疗效。

▷ 用于血虚躁动，神志不安。本品能养血安神，常配甘草、浮小麦以养心宁神，如甘麦大枣汤。

▷ 用于药性较峻烈的方剂中，可以减少烈性药的副作用，并保护正气。如十枣汤，以甘草缓解甘遂、大戟、芫花之峻下与毒性，保护脾胃，以防攻逐太过。

此外，常配伍生姜，入解表剂以调和营卫；入补益剂以调补脾胃，均可以增强疗效。

【用法用量】煎服，马、牛 30～60 g，猪、羊 10～15 g，犬 5～8 g，兔、家禽 1.3～5 g。

【现代研究】

主要成分：大枣含蛋白质，糖类，有机酸，黏液质，维生素 C、维生素 P，微量钙、磷、铁和多种氨基酸等。

药理研究：有提高体内单核-吞噬细胞系统的吞噬功能，保护肝脏，增强肌力和增加体重等作用。

(二)补阳药 凡能助阳益肾适用于阳虚证的药物,称为补阳药。肾阳为一身之元阳,因此阳虚诸证与肾阳关系密切,补阳药主要是补肾阳。

补阳药多味甘、辛、咸,性温、热,多入肝、肾经,主要具有补肾阳、益精髓、强筋骨之功效,适用于治疗形寒肢冷、腰胯无力、公畜生殖功能减退及肾阳不足所致泄泻、肾不纳气等症。

补阳药性多温燥,阴虚火旺的患畜不宜使用。

巴戟天

为茜草科多年生藤本植物巴戟天的根。全年均可采挖。晒干,再经蒸透,除去木心者,称"巴戟肉"。切段,干燥。生用或盐水炙用。主产于广东、广西、福建等地。

【性味归经】甘、辛,微温。归肾、肝经。

【功效】补肾阳,强筋骨,祛风湿。

【应用】

▷ 用于肾阳虚弱的阳痿,滑精早泄,不孕,少腹冷痛等。本品能温肾壮阳益精。治阳痿、不孕,常配淫羊藿、仙茅、枸杞子等。治下元虚冷,少腹冷痛,常与高良姜、肉桂、吴茱萸等同用,如《和剂局方》巴戟丸。

▷ 用于肝肾不足的筋骨痿软,腰膝疼痛,或风湿久痹,步履艰难。本品既可补阳益精而强筋骨,又兼辛温能除风湿。治疗筋骨痿软、腰膝疼痛,常配杜仲、续断、菟丝子等同用;治疗肾阳虚的风湿久痹,常配狗脊、续断、淫羊藿等同用。

【用法用量】煎服,马、牛 15～30 g,猪、羊 5～10 g,犬 1～5 g,家禽 0.5～1.5 g。

【使用注意】阴虚火旺者不宜用。

【现代研究】

主要成分:根皮含植物甾醇,根含蒽醌、黄酮类化合物、维生素 C、糖类等。

药理研究:①巴戟天有类皮质激素样作用及降低血压作用;②巴戟天水煎液能显著增加小鼠体重,延长游泳时间,抑制幼年小鼠胸腺萎缩,升高血中白细胞数;③对枯草杆菌有抑制作用。

肉苁蓉

为列当科一年生寄生草本植物肉苁蓉带鳞叶的肉质茎。多于春季苗未出土或刚出土时采挖,除去花序,干燥。切厚片生用或酒制用。主产于内蒙古、甘肃、新疆、青海等地。

【性味归经】甘、咸,温。归肾、大肠经。

【功效】补肾阳，益精血，润肠通便。

【应用】

▷ 用于肾阳不足，精血亏虚的阳痿，不孕，腰膝痿软，筋骨无力。本品能补肾阳，益精血，暖腰膝。治阳痿不育，常配熟地、菟丝子、五味子等，如肉苁蓉丸；治宫冷不孕，常配鹿角胶、当归、紫河车等；治腰膝痿软，筋骨无力，常配巴戟天、杜仲等，如金刚丸。

▷ 用于肠燥便秘。本品能润燥滑肠，对老弱肾阳不足，病后及产后精血亏虚便秘者尤宜，常配当归、枳壳、麻仁、柏子仁等同用。

【用法用量】煎服，马、牛 15～45 g，猪、羊 5～10 g，犬 3～5 g，家禽 1～2 g。

【使用注意】阴虚火旺、脾虚便溏者忌用。

【现代研究】

主要成分：本品含微量生物碱及结晶性中性物质等。

药理研究：①水浸液对实验动物有降低血压作用，又能促进小鼠唾液分泌；②有抗家兔动脉粥样硬化的作用；③有一定程度的抗衰老作用，能显著提高小鼠小肠推进速度，缩短通便时间，同时对大肠的水分吸收有明显抑制作用（研究发现肉苁蓉含通便有效物质无机盐类和亲水性胶质类多糖）。

淫羊藿

为小檗科多年生直立草本植物淫羊藿、箭叶淫羊藿、柔毛淫羊藿、巫山淫羊藿或朝鲜淫羊藿的地上部分。秋季茎叶茂盛时采割，除去粗梗及杂质，晒干。切丝生用或羊脂油（炼油）炙用。主产于陕西、辽宁、山西、四川等地。

【性味归经】辛、甘，温。归肝、肾经。

【功效】温肾壮阳，强筋骨，祛风湿。

【应用】

▷ 用于肾阳虚的阳痿、滑精、不孕、尿频、腰膝冷痛、肢冷恶寒等证。本品有温肾壮阳、益精起痿之效，常配伍仙茅、山茱萸、肉苁蓉等同用。

▷ 用于肝肾不足的筋骨痹痛，风湿拘挛麻木等证。本品能补肝肾，强筋骨，祛风湿。治肢体麻木拘挛，可单用浸酒服；兼见筋骨痿软，四肢不利，瘫痪等，可配威灵仙、独活、肉桂、当归、川芎等同用。

【用法用量】煎服，马、牛 15～30 g，猪、羊 5～10 g，犬 3～5 g，家禽 1～2 g。

【现代研究】

主要成分：本品主要有效成分为淫羊藿总黄酮、淫羊藿苷及多糖。此外，尚含有生物碱、甾醇、卅一烷及维生素 E 等。

药理研究:①淫羊藿能促进阳虚动物的核酸、蛋白质合成,并具有雄性激素样作用,能提高机体免疫功能,特别是对肾虚病畜免疫功能低下有改善作用;②能扩张外周血管,改善微循环,增加血流量,降低外周阻力,增加冠脉流量;③对金黄色葡萄球菌、肺炎双球菌、结核杆菌、脊髓灰质炎病毒及其它肠道病毒有抑制作用;④还具有抗缺氧、镇静、抗惊厥及镇咳、祛痰作用。

杜　仲

为杜仲科落叶乔木杜仲的树皮。4～6 月份剥取,刮去粗皮,堆置"发汗"至内皮呈紫褐色,晒干。切块或丝,生用或盐水炙用。主产于四川、云南、贵州、湖北等地。

【性味归经】甘,温。归肝、肾经。

【功效】补肝肾,强筋骨,安胎。

【应用】

▷ 用于肝肾不足的腰膝酸痛,四肢痿软,腰胯无力及阳痿、尿频等症。本品能补肝肾,强筋骨,暖下元。治腰膝痿软、酸痛,常配补骨脂、胡桃肉,如《和剂局方》青蛾丸;治阳痿尿频,可与山萸肉、菟丝子、覆盆子等同用。

▷ 用于肝肾亏虚,下元虚冷的胎动不安。本品能补肝肾,调冲任,固经安胎。治胎动不安,常配伍艾叶、续断、白术、党参、砂仁、熟地、阿胶等同用。

【用法用量】煎服,马、牛 15～60 g,猪、羊 5～10 g,犬 3～5 g。

【使用注意】阴虚火旺者不宜用。

【现代研究】

主要成分:本品含杜仲胶、杜仲苷、松脂醇二葡萄糖苷、桃叶珊瑚苷、鞣质、黄酮类化合物等。

药理研究:①杜仲有较好的降压作用,并能减少胆固醇的吸收(其降压作用,炒杜仲大于生杜仲,炒杜仲煎剂比酊剂好;但重复给药,易产生耐受性);②能使离体子宫自主收缩减弱,并有拮抗子宫收缩剂(乙酰胆碱、垂体后叶素)的作用而解痉;③煎剂对家兔离体心脏有明显加强作用;④对犬、大鼠、小鼠均有利尿作用;⑤有增强动物肾上腺皮质功能,增强机体免疫功能及镇静作用。

胡　卢　巴

为豆科一年生草本植物胡卢巴的成熟种子。夏季果实成熟时采割植株,晒干,打下种子,除去杂质。盐水炙,捣碎用。主产于安徽、四川、河南等地。

【性味归经】苦,温。归肾经。

【功效】温肾,祛寒,止痛。

【应用】用于肾阳不足、寒气凝滞所致的阳痿、寒伤腰胯等证。本品具有较强的温肾散寒及止痛的作用。治疗阳痿,常与巴戟天、淫羊藿等同用;治疗寒伤腰胯,多与补骨脂、杜仲等配伍。

【用法用量】煎服,马、牛 15~45 g,猪、羊 5~15 g,犬 3~5 g。

【使用注意】阴虚阳亢者忌用。

【现代研究】本品含龙胆宁碱、番木瓜碱、胆碱、胡卢巴碱,还含有皂苷、脂肪油、蛋白质、糖类及维生素 B_1。

续　断

为川续断科多年生草本植物川续断的根。秋季采挖,除去根头及须根,用微火烘至半干,堆置“发汗”至内部变绿色时,再烘干。切薄片用。主产于四川、湖北、湖南、贵州等地。

【性味归经】苦、甘、辛,微温。归肝、肾经。

【功效】补肝肾,强筋骨,续伤折,止血安胎。

【应用】

▷ 用于肝肾不足,腰膝痿软,风湿痹痛及跌打损伤、骨折、肿痛等。本品能补肝肾,强筋骨,又味兼苦辛,有行血脉,消肿止痛之效。治腰膝酸痛,软弱无力,常配杜仲、牛膝、补骨脂等,如《扶寿精方》续断丸;治风寒湿痹,筋挛骨痛,常与萆薢、防风、牛膝等同用,如《和剂局方》续断丸;治跌打损伤、骨折、肿痛等,常与骨碎补、当归、赤芍、红花、自然铜等同用。

▷ 用于肝肾虚弱,冲任失调的胎动不安。本品有补肝肾,调冲任,止血安胎之效,常配阿胶、艾叶、熟地等同用。

【用法用量】煎服,马、牛 15~60 g,猪、羊 5~10 g,家禽 1~2 g。

【使用注意】阴虚火旺者忌用。

【现代研究】

主要成分:川续断根含胡萝卜苷、β-谷甾醇、三萜皂苷、蔗糖、挥发油等。

药理研究:有排脓、止血、镇痛、促进组织再生及抗维生素 E 缺乏症等作用。

狗　脊

为蚌壳蕨科植物金毛狗脊的干燥根茎。去毛蒸后切片晒干用。主产于四川、广东、云南、贵州、浙江、江西、福建、广西等地。

【性味归经】苦、甘,温。归肾、肝经。

【功效】补肝肾,强筋骨,祛风湿。

【应用】本品适用于肝肾不足兼有风寒湿邪的病证，如劳伤乏力，寒伤腰胯、四肢风湿疼痛，骨软症等，常配伍杜仲、牛膝、巴戟天、茴香等。此外，狗脊上的茸毛有止血功效，一般只用于外伤出血。

【用法用量】煎服，马、牛 15～30 g，猪、羊 5～10 g，犬 1～3 g。

【使用注意】阴虚火旺者不宜用。

【现代研究】

主要成分：本品含绵马酚及淀粉，其茸毛含鞣质及色素。

药理研究：外用可治毒疮及不收敛的溃疡，取鲜品加白糖适量捣烂外敷。其茸毛外敷创伤出血，有良好的止血生肌之效。

补骨脂

为豆科一年生草本植物补骨脂的成熟果实。秋季果实成熟时采收。生用或盐水炙用。主产于河南、四川、陕西等地。

【性味归经】辛、苦，温。归肾、脾经。

【功效】补肾助阳，固精缩尿，暖脾止泻，纳气平喘。

【应用】

▷ 用于肾阳不足，命门火衰，腰膝冷痛，阳痿，遗精，尿频等。本品有温补命门，补肾强腰，壮阳，固精缩尿之效。治寒伤腰胯、腰膝冷痛，常配川牛膝、木瓜、续断、胡卢巴、肉桂等；与盐小茴、杜仲、川楝子等配伍，可治疗肾冷拖腰症；治阳痿因于下元虚败，常配巴戟天、肉桂、枸杞子等；治睾丸虚肿发热的阳黄证，可与盐小茴、胡卢巴、盐知母、盐黄柏等配伍；治遗精，可与青盐等份同炒为末服(《三因方》)；治肾气虚冷，小便无度，《魏氏家藏方》以之同茴香等份为丸服。

▷ 用于脾肾阳虚泄泻。本品能补肾阳以暖脾止泻，常配五味子、肉豆蔻、吴茱萸同用，如《内科摘要》四神丸。

▷ 用于肾不纳气的虚喘。本品能补肾阳而纳气平喘，常配人参、肉桂、沉香等同用。

【用法用量】煎服，马、牛 15～45 g，猪、羊 3～10 g，犬 3～5 g。

【使用注意】阴虚火旺、粪便秘结者不宜用。

【现代研究】

主要成分：本品含有脂肪油、挥发油、树脂及补骨脂素、异补骨脂素、补骨脂甲素、补骨脂乙素等。

药理研究：①补骨脂能扩张冠状动脉，兴奋心脏，促进心率；②能收缩子宫及缩短出血时间，减少出血量；③有致光敏作用，内服或外涂皮肤，经日光或紫外线照射,可使局部皮肤色素沉着;④尚有抗肿瘤、抗衰老、抑菌、杀虫及雌激素样作用;⑤对霉菌有抑制作用。

骨碎补

为水龙骨科植物槲蕨或中华槲蕨的干燥根茎。四季均可采挖,去毛晒干切片生用。主产于广东、浙江等地。

【性味归经】苦,温。归肾、肝经。

【功效】补肾健骨,活血。

【应用】

▷ 用于肾阳不足所致的久泻。本品有补肾壮阳而止泻之效,可与菟丝子、五味子、肉豆蔻等同用。

▷ 用于跌打损伤及骨折等。本品兼有补肾坚骨,活血疗伤之功,常与续断、自然铜、乳香、没药等配伍。

【用法用量】煎服,马、牛 30～60 g,猪、羊 10～15 g,犬 3～5 g,家禽 1～3 g。

【现代研究】

主要成分:本品含橙皮苷、淀粉及葡萄糖等。

药理研究:体外能抑制葡萄球菌的生长。

益智仁

为姜科多年生草本植物益智的成熟果实。夏秋间果实由绿变红时采收。晒干,去壳取仁,生用或盐水炒用。用时捣碎。主产于海南岛、广东、广西等地。

【性味归经】辛,温。归肾、脾经。

【功效】温肾固精缩尿,暖脾止泻摄唾。

【应用】

▷ 用于肾阳不足、不能固摄所致的滑精、尿频等。本品有温补肾阳,涩精缩尿的作用,常配伍山药、桑螵蛸、菟丝子等同用。

▷ 用于脾阳不振、运化失常引起的虚寒泄泻、腹部疼痛等证。本品有温脾止泻之功,常与党参、白术、干姜等配伍;治疗脾虚不能摄涎,以致涎多自流者,常与党参、茯苓、半夏、山药、陈皮等配伍。

【用法用量】煎服,马、牛 15～45 g,猪、羊 5～10 g,犬 3～5 g,兔、家禽 1～3 g。

【使用注意】阴虚火旺者不宜用。

【现代研究】

主要成分:本品含挥发油(油中有桉油精、姜烯、姜醇等倍半萜类)、多种微量元素和多种人体必需氨基酸等。

药理研究:有健胃,抗利尿,减少唾液分泌等作用。

冬虫夏草

为麦角菌科真菌冬虫夏草的子座及其寄主蝙蝠蛾科昆虫绿蝙蝠蛾幼虫的尸体,又叫虫草。初夏子座出土,孢子未发散时挖取。晒至六七成干,除去似纤维状的附着物及杂质,晒干或低温干燥。生用。主产于四川、西藏、青海、云南等地。

【性味归经】甘,平。归肺、肾经。

【功效】益肾壮阳,补肺平喘,止血化痰。

【应用】

▷ 用于肾虚腰痛,阳痿,遗精。本品有补肾助阳益精之效,可单用浸酒服,或配伍淫羊藿、巴戟天、菟丝子等同用。

▷ 用于肺虚或肺肾两虚之久咳虚喘,劳咳痰血。本品能补益肺肾,平定咳喘,止血化痰。治劳咳痰血,常配北沙参、川贝母、阿胶等;治咳喘短气,常与人参、胡桃肉、蛤蚧等同用。

此外,病后体虚不复、自汗畏寒等,可以之同鸭、鸡、猪肉等炖服,有补虚扶弱之效。

【用法用量】煎服,马、牛 10～20 g,猪、羊 5～15 g,犬 2～5 g,家禽 0.5～1 g。

【现代研究】

主要成分:本品含粗蛋白,其水解产物为谷氨酸、苯丙氨酸、脯氨酸、组氨酸、丙氨酸等。还分离出虫草酸、甘露醇、半乳甘露聚糖及多种微量元素。尚含有脂肪、粗纤维、碳水化合物等。

药理研究:①冬虫夏草有平喘作用,对离体豚鼠支气管平滑肌有明显扩张作用,且能增强肾上腺素的作用;②可明显改善肾衰患者的肾功能状态和提高细胞免疫功能,从尿蛋白定量、血清肌酐及病理学几方面证明对大鼠实验性 Heymann 肾炎有效;③有减慢心率,降血压,抗实验性心律失常,抗心肌缺血缺氧,抑制血栓形成,降低胆固醇、甘油三酯等作用;④有抗癌、抗菌、抗病毒、抗炎、抗放射及镇静、祛痰、平喘等作用。

蛤蚧

为壁虎科动物蛤蚧除去内脏的干燥体。全年均可捕捉,除去内脏,拭净,用竹片撑开,使全体扁平顺直,低温干燥。用时除去鳞片及头足,切成小块,黄酒浸润后,烘干。主产于广西,广东、云南亦产。

【性味归经】咸，平。归肺、肾经。

【功效】助肾阳，益精血，补肺气，定咳喘。

【应用】

▷ 用于肺肾两虚，肾不纳气的虚喘久咳。本品能峻补肺肾之气而纳气平喘，为治虚喘劳咳的要药，常与人参同用，如人参蛤蚧散，或配伍贝母、百合、天冬、麦冬等。

▷ 用于肾阳不足，精血亏虚的阳痿。本品有助肾壮阳，益精血的功效，可单用浸酒服，或配人参、鹿茸、淫羊藿等同用。

【用法用量】煎服，马、牛 1～2 对。

【使用注意】外感咳嗽者不宜用。

【现代研究】

主要成分：本品含蛋白质、脂肪、丰富的微量元素和氨基酸，还有一定的胆固醇、正交硫、硫酸钙等。

药理研究：①以小鼠前列腺、精囊、提肛肌的重量为指标，蛤蚧提取液具雄性激素样作用，其效力较蛇床子、淫羊藿、海马为弱；②能使小鼠交尾期延长，卵巢、子宫重量增加；③与注射雌性激素相似，能增强机体免疫功能，能解痉平喘、抗炎、降低血糖；④能显著提高自由基代谢酶的活性及 GSH 的含量，同时显著降低 LPO 含量，蛤蚧体尾均有一定抗衰老作用，尾部作用大于体部。

紫 河 车

为健康人的干燥胎盘。将新鲜胎盘除去羊膜及脐带，反复冲洗至去净血液，蒸或置沸水中略煮后，干燥，或研制为粉。

【性味归经】甘、咸，温。归心、肺、肾经。

【功效】温肾补精，益气养血。

【应用】

▷ 用于肾气不足，精血亏虚的不孕，阳痿遗精，腰酸耳鸣等。本品有温肾阳、益精血之效，可单用，或配伍补肾温阳益精之品，如鹿茸、人参、当归、菟丝子之类同用。

▷ 用于肺肾两虚的咳喘。本品能补益肺肾，纳气平喘，可单用或随证配伍人参、蛤蚧、胡桃肉、地龙等补肾纳气平喘药应用。

▷ 用于气血不足，萎黄消瘦，产后乳少、子宫脱等。本品能益气养血，可与党参、黄芪、当归、熟地黄等同用。治疗子宫脱，可用紫河车一具，血余炭、黄酒为引服用。

此外，还可治癫痫及某些过敏性疾病或免疫缺陷病症。

【用法用量】煎服，马、牛 60～120 g，猪、羊 30～60 g，犬 10～15 g。

【现代研究】

主要成分：本品含多种抗体及干扰素，多种激素（促性腺激素 A 和 B、催乳素、促甲状腺激素、催产素样物质、多种甾体激素和雌酮），还含有多种有价值的酶（如溶菌酶、激肽酶、组胺酶、催产素酶等）、红细胞生成素、磷脂（有磷脂酰胆碱、溶血磷脂酰胆碱和神经鞘磷脂等）及多种多糖等。

药理研究：①紫河车具有免疫作用，能增强机体抵抗力；②能促进乳腺、子宫、阴道、卵巢、睾丸的发育；③有抗过敏作用。

［附药］脐带

脐带为新生儿的脐带。又名坎炁。将新鲜脐带用银花、甘草、黄酒同煮，烘干入药。药性甘、咸，温，归肾、肺经。有补肾纳气，平喘，敛汗的功效。主要用于肺肾两虚的咳喘、盗汗等证。

菟丝子

为旋花科一年生寄生缠绕草本植物菟丝子的成熟种子。秋季果实成熟时采收植株，晒干，打下种子，除去杂质，生用或盐水炙用。我国大部分地区均有分布。

【性味归经】甘，温。归肝、肾、脾经。

【功效】补肾固精，养肝明目，止泻，安胎。

【应用】

▷ 用于肾虚腰痛，阳痿遗精，尿频等证。本品既能补肾阳肾阴，又有固精、缩尿之效。治腰膝痿软、酸痛，常配杜仲等；治阳痿滑精，常配枸杞子、五味子、覆盆子等；治小便失禁，常配桑螵蛸、鹿茸、五味子等。

▷ 用于肝肾不足，目失所养而致双眼干涩，视力减退之症。本品能益肾养肝，使精血上注而明目，常配熟地黄、枸杞子、车前子等。

▷ 用于脾肾虚泻。本品能温肾补脾而止虚泻，常配茯苓、白术、山药等同用。

▷ 用于肝肾不足的胎动不安。本品有补肝肾，固胎元之效，常与川续断、桑寄生、阿胶配伍应用，如寿胎丸。

【用法用量】煎服，马、牛 15～30 g，猪、羊 5～10 g。

【现代研究】

主要成分：本品含树脂苷、糖类、黄酮类化合物等。

药理研究：①能增强离体蟾蜍心脏收缩力；②有降低麻醉犬血压的作用；③抑制肠运动；④兴奋离体子宫；⑤延缓大鼠半乳糖性白内障的发展，并有一定的治疗作用；⑥对氢化可的松所致小鼠“阳虚”模型有治疗作用，并能增强非特异性抵抗力等。

沙 苑 子

为豆科多年生草本植物扁茎黄芪的成熟种子。秋末冬初果实成熟尚未开裂时采割植株，晒干，打下种子，除去杂质。生用或盐水炒用。主产于陕西、山西等地。

【性味归经】甘，温。归肝、肾经。

【功效】补肾固精，养肝明目。

【应用】

▷ 用于肾虚阳痿，遗精早泄，尿淋等证。本品能补肾阳，益肾阴，固精缩尿。治阳痿遗精，尿频尿淋，常配龙骨、莲须、芡实等同用，如金锁固精丸。

▷ 用于肝肾不足的眩晕目昏。本品有补养肝肾以明目之效，常配枸杞子、菟丝子、菊花等同用。

【用法用量】煎服，马、牛 18～45 g，猪、羊 9～15 g，犬 2～5 g，家禽 0.5～1 g。

【现代研究】

主要成分：本品含有氨基酸、多肽、蛋白质、酚类、鞣质、甾醇和三萜类成分、生物碱、黄酮类成分。此外，尚含多种人体所需的微量元素。

药理研究：①有抗炎作用；②能改善血液流变学指标，抑制血小板凝聚；③保护肝糖原积累，降脂降酶，是肝病治疗有前途的药物；④能增强机体免疫力，提高机体的非特异性和特异性免疫功能；⑤水煎醇沉液用于麻醉犬能减慢心率，降低血压和心肌张力指数，增加脑血流量；⑥小鼠灌胃，发现有抗利尿作用；⑦有镇痛、解热、耐寒、抗疲劳、镇静、增加体重等作用。

锁 阳

为锁阳科多年生肉质寄生草本植物锁阳的肉质茎。春季采挖，除去花序，切段，晒干。切薄片，生用。主产于内蒙古、甘肃、青海、新疆等地。

【性味归经】甘，温。归肾、大肠经。

【功效】补肾阳，益精血，润肠通便。

【应用】

▷ 用于肾虚阳痿、滑精等证。本品有补肾阳、益精血的功效，常与肉苁蓉、菟丝子等配伍。

▷ 用于肝肾阴亏、筋骨痿软、步行艰难等证。本品还有润燥养筋骨的作用，常与熟地、牛膝、枸杞子、五味子等配伍。

▷ 用于久病体虚，老年患畜及产后肠燥便秘。本品既有润肠通便，又有滋养作用，可与肉苁蓉、火麻仁、柏子仁等配伍。

【用法用量】煎服，马、牛 15～60 g，猪、羊 5～15 g，犬 3～6 g，兔、家禽 1～3 g。

【使用注意】肾火盛者忌用。

【现代研究】本品含花色苷、三萜皂苷、鞣质。

阳起石

为硅酸类矿石阳起石或阳起石石棉的矿石。全年可采，除去泥土、杂石。煅红透，黄酒淬过，碾细末用。主产于河北、河南、湖北、山东等地。

【性味归经】咸，温。归肾经。

【功效】温肾壮阳。

【应用】本品可用于肾气虚寒，阳痿，滑精，早泄，子宫虚寒，腰胯冷痹等证，可与补骨脂、菟丝子、肉苁蓉等配伍使用。

【用法用量】煎服，马、牛 30～50 g，猪、羊 5～10 g。

【现代研究】本品含硅酸镁、硅酸钙，并含有少量铁、镁、铝、钙等。

(三)补血药 本类药物的药性多甘温或甘平，质地滋润，能补肝养心或益脾，而以资生血液为主，有的兼能滋养肝肾，主要适用于心肝血虚所致的唇爪苍白，皮毛无华，蹄甲枯槁，心动无力，神疲力乏，脉细弱等证。若母畜冲任脉虚，则不发情或发情紊乱，或胎动，或早产，或流产等。

应用时，如兼见气虚者，要配伍补气药，使气旺以生血，兼见阴虚者，要配伍补阴药，或选用补血而兼能补阴的阿胶、熟地黄、桑椹之类。“后天之本在脾”，脾的运化功能衰弱，补血药就不能充分发挥作用，故还应适当配伍健运脾胃药。

补血药多滋腻黏滞，妨碍运化，故凡湿滞脾胃，脘腹胀满，食少便溏病畜应慎用。必要时，可配伍健脾消食药，以助运化。

当归

为伞形科多年生草本植物当归的根。秋末采挖，除去须根及泥沙，待水分稍蒸发后，捆成小把，上棚，用烟火慢慢熏干。切薄片，或身、尾分别切片。生用或酒炒用。主产于甘肃东南部岷县(秦州)，产量多，质量好；其次则为陕西、四川、云南等地。

【性味归经】甘、辛，温。归肝、心、脾经。

【功效】补血，活血，止痛，润肠。

【应用】

▷ 用于心肝血虚，面色萎黄，眩晕心悸等。当归甘温质润，为补血要药，常配熟地、白芍等同用，如四物汤。若气血两虚者，常与黄芪、人参等同用，如当归补血汤、人参养营汤等。

▷ 用于血虚，血滞而兼有寒凝，以及跌打损伤、风湿痹阻的疼痛证。当归补血活血，兼能散寒止痛，故可随证配伍应用。如治血滞兼寒的肿痛，常配川芎、白芷等；治气血瘀滞的胸痛、胁痛，常配郁金、香附等；治虚寒腹痛，常配桂枝、白芍等；治血痢腹痛，常配黄芩、黄连、木香等；治跌打损伤，常配乳香、没药、桃仁、红花等；治风湿痹痛、肢体麻木，常配羌活、独活、桂枝、秦艽等；治疗产后瘀血疼痛，常配益母草、川芎、桃仁等。

▷ 用于痈疽疮疡。当归既能活血消肿止痛，又能补血生肌，故亦为外科所常用。用于疮疡初期，常配银花、连翘、炮山甲、赤芍等，以消肿止痛；用于痈疽溃后，气血亏虚，常配人参、黄芪、熟地黄等，以补血生肌。

▷ 用于血虚、阴虚肠燥便秘。当归能养血润肠通便，常配火麻仁、肉苁蓉等同用。

【用法用量】煎服，马、牛 15～60 g，猪、羊 10～15 g，犬 2～5 g，兔、家禽 1～2 g。

【使用注意】阴虚内热者不宜用。

【现代研究】

主要成分：当归含有挥发油，油中主要成分为藁本内酯、正丁烯呋内酯、当归酮、香荆芥酚等。另含水溶性成分阿魏酸、丁二酸、烟酸、尿嘧啶、腺嘌呤、豆甾醇-*D*-葡萄糖苷、香荚兰酸、钩吻萤光素等。此外，尚含当归多糖，多种氨基酸，维生素A、维生素 B_{12}、维生素 E，及多种为人体必需的元素等。

药理研究：①当归挥发油和阿魏酸能抑制子宫平滑肌收缩，而其水溶性或醇溶性非挥发性物质，则能使子宫平滑肌兴奋，当归对子宫的作用取决于子宫的机能状态而呈双相调节作用；②正丁烯呋内酯能对抗组胺-乙酰胆碱喷雾所致豚鼠实验性哮喘；③当归有抗血小板凝集和抗血栓作用，并能促进血红蛋白及红细胞的生成；④当归有抗心肌缺血和扩张血管作用，并证明阿魏酸能改善外周循环；⑤当归对实验性高血脂症有降低血脂作用；⑥对非特异性和特异性免疫功能都有增强作用；⑦当归对四氯化碳引起的小鼠肝损伤有保护作用，并能促进肝细胞再生和恢复肝脏某些功能；⑧有镇静、镇痛、抗炎、抗缺氧、抗辐射损伤及抑制某些肿瘤株生长和体外菌的作用等。

熟 地 黄

为生地黄（见清热凉血药）经加黄酒拌蒸至内外色黑、油润，或直接蒸至黑润而成。切厚片用。

【性味归经】甘，微温。归肝、肾经。

【功效】补血滋阴，益精充髓。

【应用】

▷ 用于血虚体弱，萎黄，眩晕，心悸等证。本品为补血要药，常与当归、川芎、白芍同用，并随证配伍相应的药物。

▷ 用于肾阴不足的潮热骨蒸、盗汗、遗精等。本品为滋阴主药，常与山萸肉、山药等同用，如六味地黄丸。

▷ 用于肝肾精血亏虚的腰膝痿软，眩晕耳鸣等。熟地黄能补精益髓，常与制首乌、枸杞子、菟丝子等补精血药同用。

【用法用量】煎服，马、牛 30～60 g，猪、羊 10～15 g，犬 3～5 g。

【使用注意】脾虚湿盛者忌用。

【现代研究】

主要成分：本品含梓醇、地黄素、甘露醇、维生素 A 类物质、糖类及氨基酸等。

药理研究：①有强心、利尿、降血糖的作用；②有升高外周白细胞，增强免疫功能等作用；③对石膏样小芽胞癣菌、羊毛状小芽胞癣菌等真菌均有抑制作用。

何首乌

为蓼科多年生缠绕草本植物何首乌的块根。秋、冬两季叶枯萎时采挖，削去两端，洗净，切厚片，干燥，称生首乌；再以黑豆汁拌匀，蒸至内外均呈棕褐色，晒干，称为制首乌。我国大部地区，如河南、湖北、广西、广东、贵州、四川、江苏等地均有出产。

【性味归经】制首乌甘、涩，微温；归肝、肾经。生首乌甘、苦，平；归心、肝、大肠经。

【功效】制首乌养血填髓，固肾益精；生首乌截疟解毒，润肠通便。

【应用】

▷ 制首乌有补益精血的功效，常用于阴虚血少，腰膝痿软等，多与熟地、枸杞子、菟丝子等配伍。

▷ 生首乌能通便泻下，适用于体质虚弱及老年患畜之便秘，常与当归、肉苁蓉、麻仁等同用。

▷ 生首乌还能散结解毒，用治瘰疬、疮疡、皮肤瘙痒等，常与玄参、紫花地丁、天花粉等同用。

【用法用量】煎服，马、牛 30～90 g，猪、羊 10～15 g，犬 2～6 g，兔、家禽 1～3 g。

【使用注意】脾虚湿盛者不宜用。

【现代研究】

主要成分:本品含蒽醌衍生物,主要是大黄酚、大黄素,其次是大黄酸、大黄素甲醚和大黄酚蒽酮。此外,尚含有卵磷脂等。

药理研究:①何首乌对实验性家兔血清胆固醇的增高有抑制作用,能减轻动脉内膜斑块的形成和脂质沉积,从而缓解动脉粥样硬化的形成,对离体蛙心有兴奋作用,并有减慢心率及增加冠脉流量作用;②能增强免疫功能,主要是增强网状内皮系统吞噬功能和细胞免疫;③有强壮神经,健脑益智作用;④使动物血糖先升高后降低;⑤促进红细胞的生成;⑥促进肠管蠕动而呈泻下作用等(生首乌经炮制后,糖含量增加,结合蒽醌衍生物含量降低,游离蒽醌衍生物含量显著增加,故泻下作用不再出现);⑦对痢疾杆菌有抑制作用。

白　芍

为毛茛科多年生草本植物芍药的根。夏、秋两季采挖,洗净,除去头尾及细根,置沸水中煮后除去外皮,或去皮后再煮至无硬心,捞起晒干。切薄片,生用或炒用、酒炒用。主产于浙江、安徽、四川等地。

【性味归经】苦、酸、甘,微寒。归肝、脾经。

【功效】平抑肝阳,平肝止痛,敛阴止汗。

【应用】

▷ 用于肝阴不足、肝阳上亢、躁动不安等证。本品有养肝阴,调肝气,平肝阳,缓急止痛之效,常配生地、牛膝、石决明、女贞子等同用。

▷ 用于肝脾不调,腹痛泄泻。本品有柔肝止痛之效,常配甘草、防风、白术等同用。

▷ 用于阴虚盗汗及营卫不和的表虚自汗证。本品能敛阴、和营而止汗。治营卫不和,表虚自汗,常与桂枝配伍,调和营卫而止汗;治阴虚盗汗,可配生地黄、牡蛎、浮小麦等,敛阴而止汗。

【用法用量】煎服,马、牛 15～60 g,猪、羊 10～15 g,犬 1～5 g,兔、家禽 1～2 g。

【使用注意】反藜芦。

【现代研究】

主要成分:本品含有芍药苷、羟基芍药苷、芍药内酯苷、苯甲酰芍药苷以及苯甲酸、鞣质、挥发油、脂肪油、树脂、糖、黏液质、蛋白质、β-谷甾醇、草酸钙、芍药碱、牡丹酚及三萜类化合物等。

药理研究:①所含芍药苷有较好的解痉作用,对大鼠胃、肠、子宫平滑肌呈抑制作用;②有一定的镇静、镇痛、抗惊厥、降压、扩张血管等作用;③白芍总苷对小鼠免疫应答具有调节作用，有增强心肌营养性血流量的作用；④白芍醇提取物对大鼠蛋清性、甲醛性急性炎症及棉球肉芽肿等几种炎症模型均有显著抑制作用；⑤白芍煎剂对葡萄球菌、溶血性链球菌、肺炎双球菌、痢疾杆菌、伤寒杆菌、霍乱杆菌、大肠杆菌等细菌和致病真菌有抑制作用。

阿 胶

为马科动物驴的皮经煎煮、浓缩制成的固体胶。捣成碎块或以蛤粉烫炒成珠用。主产于山东、浙江、河北、河南、江苏等地。以山东省东阿县的产品最著名。

【性味归经】甘，平。归肺、肝、肾经。

【功效】补血，止血，滋阴润燥，安胎。

【应用】

▷ 用于血虚萎黄，眩晕，心悸等。本品为补血之佳品，常与熟地黄、当归、黄芪等补益气血药同用。

▷ 用于多种出血症。本品止血作用良好。对出血而兼见阴虚、血虚证者，尤为适宜。治血热吐衄，配伍蒲黄、生地黄、旱莲草、仙鹤草、茅根等；治肺破咳血，配伍人参、天冬、北五味子、白及等；治便血，配伍当归、赤芍或槐花、地榆等；治先便后血，配伍白芍、黄连等；治子宫出血，配伍生地黄、艾叶、当归等，如胶艾汤。

▷ 用于阴虚证及燥证。本品能滋阴润燥。治温燥伤肺，干咳无痰，配伍麦冬、杏仁等，如清燥救肺汤；治热病伤阴，烦躁不安，配白芍、黄连等，如黄连阿胶汤。

此外，用于妊娠胎动、下血，可与艾叶配伍使用。

【用法用量】煎服，马、牛 15～60 g，猪、羊 10～15 g，犬 5～8 g。

【使用注意】本品性滋腻，有碍消化，胃弱便溏者慎用。

【现代研究】

主要成分：本品主要由胶原及其部分水解产生的赖氨酸、精氨酸、组氨酸等多种氨基酸组成，并含钙、硫等。

药理研究：①阿胶能促进血中红细胞和血红蛋白的生成，作用优于铁剂；②改善动物体内钙平衡，促进钙的吸收和在体内的存留；③预防和治疗进行性肌营养障碍；④可使血压升高而抗休克。

龙 眼 肉

为无患子科常绿乔木龙眼的假种皮。初秋果实成熟时采摘，烘干或晒干，取肉去核，晒至干爽不黏。主产于广东、福建、广西、台湾等地。

【性味归经】甘，温。归心、脾经。

【功效】补益心脾,养血安神。

【应用】用于心脾虚损、气血不足的心悸、躁动不安等。本品能补益心脾,养血安神,为性质平和的滋补良药。单用即有效,亦可配伍黄芪、党参、当归、酸枣仁等同用。

【用法用量】煎服,马、牛 30～60 g,猪、羊 15～30 g,犬 2～5 g,家禽 1～2 g。

【现代研究】本品含葡萄糖、蔗糖、酒石酸、腺嘌呤、胆碱及蛋白质、脂肪等。

(四)补阴药 本类药物的药性大多甘寒(或偏凉)质润,能补阴、滋液、润燥,以治疗阴虚液亏之证为主,故历代医家相沿以"甘寒养阴"来概括其性用。"阴虚则内热",而补阴药的寒凉性又可以清除阴虚不足之热,故阴虚多热者用之尤宜。

阴虚证多见于热病后期及若干慢性疾病。最常见的证候为肺、胃及肝、肾阴虚。补阴药各有其长,可根据阴虚的主要证候,选择应用。但补胃阴者,常可补肺阴,补肾阴者,每能补肝阴,在实际应用时,又常相互为用。

补阴药各有所长,不仅应随证选用,同时还应作随证配伍。如热邪伤阴而邪热未尽者,应配伍清热药;阴虚内热者,应配伍清虚热药;阴虚阳亢者,应配伍潜阳药;阴虚风动者,应配伍息风药;阴血俱虚者,并用补血之品。

另外,尚需依据阴阳互根之理,在补阴药队中适当辅以补阳药,使阴有所化,并可借阳药之运,以制阴药之凝滞。张景岳说:"善补阴者,必于阳中求阴,则阴得阳升而源泉不竭",在实际应用中是颇有道理的。当然,他这里所说的主要是针对补肾阴而言,并不是说任何补阴药中都要辅以补阳药。

补阴药大多甘寒滋腻,凡脾胃虚弱,痰湿内阻,腹满便溏患畜不宜用。

北 沙 参

为伞形科多年生草本植物珊瑚菜的根。夏、秋两季采挖,洗净,置沸水中烫后,除去外皮,干燥,或洗净直接干燥。主产于山东、河北、辽宁、江苏等地。

【性味归经】甘,微苦,微寒。归肺、胃经。

【功效】养阴清肺,益胃生津。

【应用】

▷ 用于肺阴虚的肺热燥咳、干咳少痰,或劳伤久咳、咽干音哑等。本品能养肺阴而清燥热,常与麦冬、玉竹、天花粉、川贝母等同用。

▷ 用于胃阴虚或热伤胃阴、津液不足的口渴咽干,舌质红绛,胃脘隐痛,干呕等。本品有养胃阴,清胃热,生津液之功,常配麦冬、石斛等同用。

【用法用量】煎服,马、牛 30～60 g,猪、羊 10～15 g,犬 2～5 g,兔、家禽 1～2 g。

【使用注意】肺寒湿痰咳嗽者不宜用。反藜芦。

【现代研究】

主要成分:北沙参含生物碱、挥发油及淀粉等。

药理研究:①乙醇提取物有降低体温和镇痛作用;②水浸汁在低浓度时对离体蟾蜍的心脏能加强收缩,浓度增高则出现抑制直至心室停跳,但可以恢复。

南沙参

为桔梗科多年生草本植物轮叶沙参或杏叶沙参的根。春、秋两季采挖,除去须根,洗后趁鲜刮去粗皮,干燥。切厚片或短段生用。主产于安徽、江苏、浙江、贵州等地。

【性味归经】甘,微寒。归肺、胃经。

【功效】养阴清肺,化痰,益气。

【应用】

▷ 用于肺阴虚的燥热咳嗽,见干咳少痰或痰黏不爽者。本品有养肺阴,清肺热,润肺燥,化痰止咳之效,可与麦冬、桑叶、知母、川贝母等同用。

▷ 用于热病后气津不足或脾胃虚弱,而见咽干口燥,舌红少津,食少不饥者。本品养阴生津而兼益气,常与石斛、麦冬、山药、谷芽等配合。

【用法用量】煎服,马、牛 30～60 g,猪、羊 10～15 g,犬 2～5 g,兔、家禽 1～2 g。

【使用注意】肺寒湿痰咳嗽者不宜用。反藜芦。

【现代研究】

主要成分:轮叶沙参含三萜皂苷、生物碱、黄酮类、鞣质等。杏叶沙参含皂苷、花椒毒素。

药理研究:轮叶沙参有祛痰、强心和抗真菌作用,但其祛痰力较紫菀差。

麦门冬(麦冬)

为百合科多年生草本植物麦冬的块根。夏季采挖,反复暴晒、堆置,至七八成干,除去须根,干燥。生用。主产于四川、浙江、湖北等地。

【性味归经】甘、微苦,微寒。归心、肺、胃经。

【功效】养阴润肺,益胃生津,清心除烦。

【应用】

▷ 用于肺阴不足,而有燥热的干咳痰黏、劳热咳嗽等。本品能养阴、清热、润燥。治燥咳痰黏、咽干鼻燥,常与桑叶、杏仁、阿胶等配伍,如清燥救肺汤;治劳热咳嗽,常配天冬,如《张氏医通》二冬膏。

▷ 用于胃阴虚或热伤胃阴,口渴咽干,大便燥结等。本品能益胃生津,润燥。

治热伤胃阴的口渴咽干，常配玉竹、沙参等，如益胃汤；治热病津伤，肠燥便秘，常与玄参、生地黄配伍，如《温病条辨》增液汤。

▷ 用于心阴虚及温病热邪扰及心营，心烦不安，舌绛而干等。本品能养阴清心，除烦安神。治阴虚有热的心烦不安，常与生地黄、酸枣仁等同用，如天王补心丹；治邪扰心营，身热烦躁，舌绛而干等，常配黄连、生地黄、竹叶心等同用，如清营汤。

【用法用量】煎服，马、牛 30～60 g，猪、羊 10～15 g，犬 5～8 g，家禽 1～3 g。

【使用注意】寒咳多痰、脾虚便溏者不宜用。

【现代研究】

主要成分：麦冬含多种沿阶草甾体皂苷、β-谷甾醇、氨基酸、多量葡萄糖及葡萄糖苷等。

药理研究：①能增强网状内皮系统吞噬能力，升高外周白细胞，提高免疫功能；②能增强垂体肾上腺皮质系统作用，提高机体适应性；③有抗心律失常和扩张外周血管作用；④有降血糖作用；⑤体外实验对白色葡萄球菌、大肠杆菌、伤寒杆菌等多种细菌有抑制作用；⑥注射麦冬液能明显提高小鼠耐缺氧能力。

天门冬(天冬)

为百合科多年生攀援草本植物天冬的块根。秋、冬两季采挖，洗净，除去茎基和须根，置沸水中煮或蒸至透心，趁热除去外皮，洗净，干燥。切薄片，生用。主产于贵州、四川、广西等地。

【性味归经】甘、苦，寒。归肺、肾经。

【功效】养阴润燥，清火，生津。

【应用】

▷ 用于阴虚肺热的燥咳或劳伤咳血。本品能养阴清肺润燥。治燥热咳嗽，常配麦冬、沙参、川贝母等同用；治劳嗽咳血，或干咳痰黏、痰中带血，常配麦冬、川贝母、生地黄、阿胶等同用。

▷ 用于肾阴不足，阴虚火旺的潮热盗汗、滑精、低热、口渴、肠燥便秘等症。本品能滋肾阴，清降虚火，生津润燥。治肾虚火旺，潮热滑精等，常配熟地黄、知母、黄柏等同用；治热病伤津口渴，常配党参、生地黄等同用，如《温病条辨》三才汤；治热伤津液的肠燥便秘，可与生地黄、玄参、火麻仁等配伍。

【用法用量】煎服，马、牛 30～60 g，猪、羊 10～15 g，犬 1～3 g，家禽 0.5～2 g。

【使用注意】寒咳多痰、脾虚便溏者不宜用。

【现代研究】

主要成分：本品含天门冬素、黏液质、β-谷甾醇、5-甲氧基甲基糠醛及多种氨基酸等。

药理研究:①有镇咳祛痰作用;②对急性淋巴细胞型白血病、慢性粒细胞型白血病及急性单核细胞型白血病患者的脱氢酶有一定的作用,具抗肿瘤活性;③对金黄色葡萄球菌、绿脓杆菌、大肠杆菌、肺炎双球菌等多种细菌有抑制作用。

石　斛

为兰科多年生草本植物环草石斛、马鞭石斛、黄草石斛、铁皮石斛或金钗石斛的茎。全年均可采收,以秋季采收为佳。烘干或晒干,切段,生用。可栽于砂石内,以备随时取用。主产于四川、贵州、云南、安徽、广东、广西等地。

【性味归经】甘,微寒。归胃、肾经。

【功效】养阴清热,益胃生津。

【应用】用于热病伤津,低热烦渴,口燥咽干,舌红苔少。本品有清热生津之效,重在滋养肺胃之阴而退虚热,常配生地黄、麦冬、沙参、天花粉等。肺、胃有热,口渴贪饮者亦可使用。

【用法用量】煎服,马、牛 15～60 g,猪、羊 5～15 g,犬 3～5 g,兔、家禽 1～2 g。

【使用注意】湿热及温热尚未化燥者忌用。

【现代研究】

主要成分:本品含石斛碱、石斛胺碱、石斛次碱、石斛星碱、石斛因碱及黏液质、淀粉等。

药理研究:①石斛碱有一定的止痛退热作用,与非那西汀相似但较弱;②石斛煎剂内服,能促进胃液分泌,帮助消化。

玉　竹

为百合科多年生草本植物玉竹的根茎。秋季采挖,洗净,晒至柔软后,反复揉搓,晾晒至无硬心,晒干,或蒸透后,揉至半透明,晒干。切厚片或段用。主产于河北、江苏等地。

【性味归经】甘,微寒。归肺、胃经。

【功效】养阴润燥,生津止渴。

【应用】

▷ 用于阴虚肺燥的干咳少痰。本品能养阴、润肺而止燥咳,常与沙参、麦冬、川贝母等同用。

▷ 用于热病伤津,烦热口渴等。本品能益胃生津,并治内热消渴。治热病伤津的烦热口渴,常配生地、麦冬等同用,如益胃汤。

【用法用量】煎服,马、牛 30～60 g,猪、羊 10～15 g,兔、家禽 0.5～2 g。

【使用注意】寒湿盛者忌用。

【现代研究】

主要成分:本品含铃兰苦苷、铃兰苷、小柰酚苷、槲皮醇苷和维生素 A、黏液质等。

药理研究:①有强心、升高血压作用;②与党参合用,能改善心肌缺血;③有类似肾上腺皮质激素样作用;④有降血脂和降血糖作用。

黄　精

为百合科多年生草本植物黄精、滇黄精或多花黄精的根茎。春、秋两季采挖,洗净,置沸水中略烫或蒸至透心,干燥。切厚片生用或酒制用。黄精主产于河北、内蒙古、陕西,滇黄精主产于云南、贵州、广西,多花黄精主产于贵州、湖南、云南、安徽、浙江。

【性味归经】甘,平。归脾、肺、肾经。

【功效】滋肾润肺,补脾益气。

【应用】

▷ 用于阴虚肺燥、干咳少痰及肺肾阴虚的劳嗽久咳等。本品能滋肾阴,润肺燥。治阴虚肺燥咳嗽,可单用熬膏服,或配沙参、天冬、川贝母、知母等同用;治劳嗽久咳,可配地黄、天冬、百部等同用。

▷ 用于脾胃虚弱。本品既补脾阴,又益脾气。若脾胃气虚而倦怠乏力、食欲不振、脉象虚软者,可与党参、白术等同用;如脾胃阴虚而致口干食少、舌红无苔者,可与石斛、麦冬、山药等同用。

▷ 用于肾虚精亏的腰膝痿软。治肾虚精亏,常配枸杞子、熟地等同用。

【用法用量】煎服,马、牛 30～60 g,猪、羊 10～15 g,兔、家禽 1～3 g。

【使用注意】脾虚有湿者不宜用。

【现代研究】

主要成分:黄精含黏液质、淀粉及糖分。囊丝黄精含吖啶羧酸、天冬氨酸、高丝氨酸、毛地黄糖苷及多种蒽醌类化合物。

药理研究:①黄精具有增强免疫功能、抗衰老、耐缺氧、抗疲劳、增强代谢、降血糖、强心等作用;②对痢疾杆菌、伤寒杆菌、金黄色葡萄球菌等多种细菌和皮肤真菌有抑制作用。

百　合

为百合科多年生草本植物百合或细叶百合的肉质鳞茎。秋季采挖,洗净,剥取鳞茎，置沸水中略烫，干燥。生用或蜜炙用。全国各地均产，以湖南、浙江产者为多。

【性味归经】甘，微寒。归肺、心经。

【功效】养阴，润肺止咳，清心安神。

【应用】

▷ 用于肺阴虚的燥热咳嗽及劳嗽久咳，痰中带血等。本品能养阴清肺润燥止咳。治燥热咳嗽，痰中带血，常与款冬花配伍，如《济生方》百花膏；治肺虚久咳，劳嗽咯血，常配生地黄、玄参、川贝母等，如百合固金汤。

▷ 用于热病余热未清，惊悸，躁动不安等。本品能清心安神，常配知母、生地黄同用，如百合知母汤、百合地黄汤。

【用法用量】煎服，马、牛 30～60 g，猪、羊 5～10 g，犬 3～5 g。

【使用注意】外感风寒咳嗽者忌用。

【现代研究】

主要成分：百合含秋水仙碱等多种生物碱及淀粉、蛋白质、脂肪等。

药理研究：煎剂对氨水引起的小鼠咳嗽有镇咳作用，并能对抗组胺引起的蟾蜍哮喘。此外，尚有耐缺氧作用。

枸　杞　子

为茄科落叶灌木宁夏枸杞的成熟果实。夏、秋两季果实呈橙红色时采收，晾至皮皱后，再曝晒至外皮干硬、果肉柔软。生用。主产于宁夏、甘肃等地。

【性味归经】甘，平。归肝、肾经。

【功效】补肝肾，明目。

【应用】

▷ 用于肝肾亏虚，精血不足，腰胯乏力等。本品为滋阴补血的常用药，常与菟丝子、熟地、山茱萸等同用。

▷ 用于肝肾不足所致视力减退、内障目昏、瞳孔放大等。本品有补肝肾，益精血，明目之效，常配菊花、地黄等，如杞菊地黄丸。

【用法用量】煎服，马、牛 30～60 g，猪、羊 10～15 g，犬 5～8 g。

【使用注意】脾虚湿滞、内有实热者不宜用。

【现代研究】

主要成分：本品含甜菜碱、多糖、粗脂肪、粗蛋白、硫胺素、核黄素、胡萝卜素、抗坏血酸、烟酸及钙、磷、铁、锌等元素。

药理研究：①具有升高外周白细胞、增强网状内皮系统吞噬能力，增强细胞免疫与体液免疫的作用；②对造血功能有促进作用；③能抗衰老、抗突变、抗肿瘤、保肝、降血糖及降低胆固醇等。

龟　板

为龟科动物乌龟的背甲及腹甲。全年均可捕捉，杀死，或用沸水烫死，剥取甲壳，除去残肉，晒干。以砂炒后醋淬用。主产于浙江、湖北、湖南、安徽、江苏等地。

【性味归经】甘、咸，寒。归肝、肾、心经。

【功效】滋阴潜阳，益肾健骨，止血，养血补心。

【应用】

▷ 用于阴虚内热、阴虚阳亢及热病阴虚风动等证。本品既能滋补肝肾之阴而退内热，又可潜降肝阳而息内风。治阴虚内热，骨蒸盗汗，常配熟地黄、知母、黄柏等，如大补阴丸；治阴虚阳亢，头晕目眩，常配生地黄、石决明、菊花等同用；治热病伤阴，虚风内动，舌干红绛，常配生地黄、牡蛎、鳖甲等同用。

▷ 用于心虚惊悸。本品有养血补心之效，常与龙骨、远志等配伍，如孔圣枕中丹。

【用法用量】煎服，马、牛 30～60 g，猪、羊 6～12 g，犬 2～5 g。

【使用注意】脾虚泄泻及孕畜忌用。

鳖　甲

为鳖科动物鳖的背甲。全年均可捕捉，杀死后置沸水中烫至背甲上硬皮能剥落时取出，除去残肉，晒干，以砂炒后醋淬用。主产于河北、湖南、安徽、浙江等地。

【性味归经】咸，寒。归肝、肾经。

【功效】滋阴潜阳，软坚散结。

【应用】

▷ 用于阴虚发热，阴虚阳亢，阴虚风动等证。本品能滋阴清热，潜阳息风。治阴虚发热作用较龟甲为优，为治阴虚发热的要药，常配青蒿、秦艽、知母等，如青蒿鳖甲汤、秦艽鳖甲散等；治阴虚阳亢，头晕目眩，配生地、牡蛎、菊花等同用；治热病伤阴，阴虚风动、舌干红绛，常配生地黄、龟甲、牡蛎等同用。

▷ 用于癥瘕积聚作痛等。本品能软坚散结，通血脉而消癥瘕，常配三棱、莪术、木香、桃仁、红花、青皮等。

【用法用量】煎服，马、牛 30～60 g，猪、羊 6～12 g，犬 3～5 g。

【使用注意】阳虚及外感未解，脾虚泄泻及孕畜忌用。

【现代研究】

主要成分：鳖甲含动物胶、角蛋白、碘质及维生素 D 等。

药理研究：有抑制肝、脾之结缔组织增生，提高血浆蛋白水平及抗肿瘤等作用。

女贞子

为木犀科常绿乔木女贞的成熟果实。冬季果实成熟时采收，稍蒸或置沸水中略烫后，干燥。生用或酒制用。主产于浙江、江苏、湖南、福建、四川等地。

【性味归经】甘、苦，凉。归肝、肾经。

【功效】补肝肾阴，明目。

【应用】用于肝肾阴虚的目暗不明，视力减退，腰胯无力，滑精耳鸣及阴虚发热等。本品能补养肝肾之阴，唯药力平和，须缓慢取效，常配熟地黄、菟丝子、枸杞子等同用。治阴虚发热，常配地骨皮、生地黄等同用。

【用法用量】煎服，马、牛 15～60 g，猪、羊 6～12 g，犬 3～6 g。

【使用注意】阳虚及脾虚泄泻者忌用。

【现代研究】

主要成分：本品含齐墩果酸、甘露醇、葡萄糖、棕榈酸、硬脂酸、油酸、甘油酸等。

药理研究：①有增强免疫功能，升高外周白细胞，增强网状内皮系统吞噬能力，增强细胞免疫和体液免疫的作用；②对化疗或放疗所致的白细胞减少有升高作用；③有强心、利尿及保肝作用；④有止咳、缓泻、抗菌、抗癌等作用；⑤煎剂对痢疾杆菌有抑制作用。

桑椹

为桑科落叶灌木桑的果穗。4～6 月份果实变红时采收，晒干，或略蒸后晒干用。主产于江苏、浙江、湖南、四川等地。

【性味归经】甘，寒。归肝、肾经。

【功效】滋阴补血，生津，润肠。

【应用】

▷ 用于阴血亏虚的头晕耳鸣，视物不清，滑精等。本品有滋补肝肾之阴和补血之效。可单用，也可配伍制首乌、女贞子、墨旱莲等同用。

▷ 用于津伤口渴，肠燥便秘等。本品有生津止渴，润燥滑肠之效。治疗津伤口渴，可与麦冬、天花粉等配伍；治疗肠燥便秘，可与何首乌、火麻仁等配伍。

【用法用量】煎服，马、牛 30～90 g，猪、羊 10～30 g。

【现代研究】

主要成分：本品含糖、鞣酸、苹果酸及维生素 B_1、维生素 B_2、维生素 C。

药理研究:桑椹油脂肪酸,主要为亚油酸和少量硬脂酸等,有增强免疫,激发淋巴细胞转化的作用。

山茱萸(山萸肉)

为山茱萸科植物山茱萸除去种子的果实。主产于山西、陕西、山东、安徽、河南、四川等地。

【性味归经】酸,微温。入肝、肾经。

【功效】补益肝肾,敛汗涩精。

【应用】

▷ 本品滋补肝肾,固肾涩精,适用于肝肾不足所致的腰胯乏力、滑精早泄等证,常与菟丝子、熟地、杜仲等配伍。

▷ 本品固脱敛汗,适用于大汗亡阳欲脱之证,可与党参、附子、龙骨、牡蛎等同用;与地黄、牡丹皮、知母等配伍,可治阴虚盗汗之证。

【用法用量】煎服,马、牛 30～60 g,猪、羊 10～15 g。

二、补益方剂

以补益药物为主组成,具有补气、养血、滋阴、助阳以及培补脏腑的功能,以治疗各种虚证的一类方剂,称为补益方。

由于体内气血阴阳相互结合形成整体联系,所以在治疗上也往往互相兼顾。一般习惯上是补血药与补气药结合应用,而对气虚证,却不一定补血,因补血药性偏阴腻,反而滞气;对血虚导致的气虚,或气虚导致的血虚,则均应气血双补。阳虚应补以甘温,阴虚应补以甘凉,阴阳俱虚则阴阳双补。

应注意补益方禁用于表证和实证。补血、补阴方药多滋腻,患畜兼有脾胃虚弱,消化不良当慎用;补气、补阳方药多温热,对阴虚内热、肝阳上亢证应忌投。

四君子汤(《和剂局方》)

【组成】党参 60 g　炒白术 60 g　茯苓 60 g　炙甘草 30 g

共为细末,开水冲服或水煎服。

【功效】益气健脾。

【主治】脾胃气虚。证见精神倦怠,四肢无力,食少便溏,舌淡苔白,脉细弱。

【方解】脾胃为后天之本,气血营卫之源,补气必从脾胃着手。方中党参补中益气为主药;白术健脾燥湿为辅药;茯苓渗湿健脾为佐药;甘草益气和中为使药。诸药相合,益气健脾。

【临床应用】本方为治脾气虚弱的基础方。临床上对于各种原因引起的胃肠功能减退、消化不良及各种慢性疾患，表现为脾气虚弱者，均可加减运用。如脾虚不食者，加陈皮，名异功散；嗳气增多、食欲减退、咳嗽痰多者，加陈皮、半夏，名为六君子汤；脾胃寒痛者，加木香、砂仁，名为香砂六君子汤。

参苓白术散(《和剂局方》)

【组成】党参 45 g　白术 45 g　茯苓 45 g　炙甘草 45 g　山药 45 g　扁豆 60 g　莲肉 30 g　桔梗 30 g　薏苡仁 30 g　砂仁 30 g

共为细末，开水冲服或水煎服。

【功效】补气健脾，和胃渗湿。

【主治】脾胃气虚而挟湿之证。证见精神倦怠，体瘦毛焦，四肢无力，泄泻，草谷不消，食欲不振，脉缓弱。

【方解】脾胃气虚挟湿证，治当补其虚，除其湿，行其气，调其滞。方中党参、白术、山药、莲肉、炙甘草健脾补气为主药；辅以薏苡仁、茯苓、扁豆理脾渗湿；佐以砂仁行气和胃，桔梗上浮保肺，通调水道。诸药相合，补气健脾，和胃渗湿。

【临床应用】用于脾胃虚弱、慢性泄泻等。

补中益气汤(《脾胃论》)

【组成】炙黄芪 60 g　党参 45 g　白术 45 g　当归 45 g　陈皮 45 g　炙甘草 30 g　升麻 18 g　柴胡 18 g

共为细末，开水冲服或水煎服。

【功效】调补脾胃，升阳益气。

【主治】脾胃气虚及气虚下陷诸证。

【方解】本方为治中气虚弱的常用方，根据《内经》“劳者温之”，“损者益之”的治疗原理而创立。方中黄芪补中益气，升阳固表为主药；党参、白术、甘草温补脾胃为辅药；陈皮理气行滞，当归和营养血，升麻、柴胡升举清阳均为佐药。诸药相合，升阳益气，调补脾胃。

【临床应用】用于气虚下陷，泄痢脱肛，子宫脱垂，或气虚发热自汗，倦怠无力等证。

四物汤(《和剂局方》)

【组成】熟地黄 45 g　白芍 45 g　当归 45 g　川芎 30 g

共为细末，开水冲服或水煎服。

【功效】补血活血。

【主治】血虚诸证，证见舌淡、脉细，或血虚挟有瘀滞者。

【方解】本方是治疗血虚血滞的基础方剂。方中熟地滋阴补血为主药；当归养血活血为辅药；白芍养血敛阴，川芎行气活血，使补而不滞，营血调和为佐使药。同时，方中熟地、白芍是血中之血药，当归、川芎是血中之气药，两相配伍，可使补而不滞，营血调和。因此，不仅血虚证可用之补血，即使血滞之证，也可加减应用。

【临床应用】对于营血虚损，气滞血瘀，胎前产后诸疾均可以本方为基础，变通运用。如气血两虚，合入四君子汤名八珍汤，气血双补；再兼阳虚，加肉桂、附子，名为十全大补汤，用治气血双亏兼阳虚有寒者。血虚有热，可改熟地为生地，并加黄芩、丹皮。

归芪益母汤(《牛经备要医方》)

【组成】炙黄芪 90 g　益母草 60 g　当归 30 g

共为细末，开水冲服或水煎服。

【功效】补气活血。

【主治】劳伤气血虚弱及产后血虚血滞之证。

【方解】本方用治气血亏虚兼有血滞之证。方中重用黄芪补气为主药，当归生血为辅药，二药合用补气生血，益母草活血祛瘀为佐药。诸药合用，补气养血，活血祛瘀。

【临床应用】对于劳役过度所致气血俱虚及产后血虚瘀滞腹痛等证，均可加减应用。

归脾汤(《济生方》)

【组成】白术 45 g　党参 45 g　炙黄芪 45 g　龙眼肉 45 g　酸枣仁 45 g　茯神 30 g　当归 45 g　远志 30 g　木香 20 g　炙甘草 15 g　生姜 15 g　大枣 15 g

共为细末，开水冲服或水煎服。

【功效】健脾养心，益气补血。

【主治】心脾两虚、气血虚少所致的倦怠少食、心悸气短、舌淡脉弱以及脾不摄血所致的各种慢性出血证。

【方解】本方用治心脾两虚证。脾为气血生化之源，脾虚则血无以化生，血少则心失所养，脾虚又可致气不摄血。方中用党参、黄芪、白术、甘草补脾益气为主药；当归、龙眼肉养血充脉为辅药；远志、茯神、酸枣仁补心安神，木香理气醒脾，使补而不滞，共为佐药；生姜、大枣调和营卫为使药。诸药相合，健脾养心，益气补血。

【临床应用】用于心脾两虚、血不归经所致的倦怠少食、血弱气虚以及脾虚不能统血的各种慢性出血证。

炙甘草汤(《伤寒论》)

【组成】炙甘草 60 g　党参 60 g　阿胶 30 g　桂枝 30 g　麻仁 30 g　麦冬 30 g　生地 120 g　生姜 30 g　大枣 30 枚

水煎服或为末开水冲服。

【功效】补气养血，滋阴复脉。

【主治】气虚血少所致的脉结代、心悸气短。

【方解】本方为治疗气虚血少的脉结代、心悸动的常用方。方中炙甘草益气补中，化生气血以复脉为主药；党参、大枣补气养胃，以助气血生化之源，生地、麦冬、阿胶、麻仁滋阴复脉共为辅药；桂枝、生姜温通血脉，振奋心阳为佐使药。诸药相合，补气养血，滋阴复脉。

【临床应用】用于气血不足所引起的脉结代、心悸气短等。

六味地黄汤(《小儿药证直诀》)

【组成】熟地 80 g　山萸肉 40 g　山药 40 g　泽泻 30 g　茯苓 30 g　丹皮 30 g

共为细末，开水冲服或水煎服。

【功效】滋阴补肾。

【主治】肝肾阴虚，虚火上炎所致的潮热，腰膝痿软无力，耳鼻四肢温热，舌燥咽痛，盗汗，粪干尿少，舌红苔少，脉细数。

【方解】本方是补阴的主要方剂。其特点是补中有泻，而以补为主。方中熟地补肾滋阴，养血生津为主药，山萸肉补肾滋肝、固涩精气，山药补脾涩精为辅药，三药合用补脾又补肾，为本方的主体部分。又以泽泻泻肾利水，丹皮凉血清肝、泻伏火、退骨蒸，茯苓利脾除湿为佐药，三药合用以搜肾脾之伏邪，监制补药之滞腻，一开一阖，一补一泻，相使相须，寒热不偏，为治疗三阴不足的基础方。

【临床应用】用于肾阴不足诸证。本方加知母、黄柏，名知柏地黄汤，治阴虚火旺，潮热盗汗；加枸杞子、菊花，名杞菊地黄汤，治肝肾阴虚所致的夜盲、弱视；加五味子，名都气汤，治肾虚气喘；本方加肉桂、附子则为金匮肾气丸，功效温补肾阳，能治肾阳不足、阳虚阴寒诸证。

生脉散(《内外伤辨惑论》)

【组成】党参 90 g　麦冬 60 g　五味子 30 g

共为细末,开水冲服或水煎服。

【功效】补气敛汗,养阴生津。

【主治】暑热伤气,气津两伤之证。证见精神倦怠,汗多气短,口渴舌干,脉虚。

【方解】本方为治气津两伤的基础方。方中党参益气生津为主药;麦冬清热养阴而生津为辅药;五味子敛肺止汗而生津为佐药。诸药相合,一补、一清、一敛,有益气敛汗,养阴生津之效。

【临床应用】凡热伤汗出过多,气津耗伤,体倦乏力,气短舌燥,脉虚属气阴虚而无外邪者,均可应用。对于胃肠炎属气津两伤者,亦可应用。

百合固金汤(《医方集解》)

【组成】百合 45 g　麦冬 45 g　生地 60 g　熟地 60 g　川贝母 30 g　当归 30 g　白芍 30 g　玄参 20 g　桔梗 20 g　甘草 30 g

共为细末,开水冲服或水煎服。

【功效】养阴清热,润肺化痰。

【主治】肺肾阴虚,虚火上炎所致燥咳气喘,咽喉疼痛,舌红少苔,脉细数。

【方解】本方为治阴虚燥咳之剂。方中百合、生地、熟地滋养肺阴为主药;麦冬助百合润肺止咳,玄参助二地滋肾清热为辅药;当归、白芍养血和阴,贝母、桔梗清肺化痰为佐药;甘草协调诸药,并配桔梗清利咽喉为使药。诸药相合,养阴清热,润肺化痰。

【临床应用】用于肺阴不足的肺燥咳喘、咽喉疼痛、干咳无痰或痰中带血、舌红赤、脉细数等证。

透脓散(《外科正宗》)

【组成】黄芪 60 g　炮山甲 30 g　川芎 30 g　当归 45 g　皂角刺 30 g

共为细末,加白酒 100 mL,水调灌服。

【功效】补气养血,托毒排脓。

【主治】气血虚弱所致的疮疡久不成脓,或脓成而不溃者。

【方解】本方为治疮疡成脓,不易破溃的补虚透脓之剂。方中黄芪补气扶正,托毒外出为主药;辅以当归、川芎补血活血,炮山甲、皂角刺解毒软坚,穿溃肿疡;再以酒助药力。诸药相合,扶正祛邪,托毒排脓。

【临床应用】用于气血虚弱所致的疮疡不能成脓，或脓成而不易穿溃者。临床上，疮疡已成脓但不易穿溃者，可加白芷、银花解毒；气虚亏损，不能化毒成脓，或将溃之时，紫陷无根，根脚散大，可加党参、白术、炙甘草等以增强补气之力。

第十二节 平肝药及方剂

一、平 肝 药

凡能平抑肝阳，主要用治肝阳上亢病证的药物，称平抑肝阳药。

本类药物多为质重之介类或矿石类药物，具有平肝潜阳或平抑肝阳之功效，以及清肝热、安心神等作用。故主要用治肝阳上亢之头晕目眩、头痛、耳鸣和肝火上攻之面红目赤、头痛头昏、烦躁等证。其次，常与息风止痉药配伍，治疗肝风内动痉挛抽搐；与安神药配伍，治疗浮阳上扰之烦躁。

石 决 明

为鲍科动物杂色鲍（光底石决明）、皱纹盘鲍（毛底石决明）、羊鲍、澳洲鲍、耳鲍或白鲍的贝壳。夏、秋捕捉，剥除肉后，洗净贝壳，去除附着的杂质，晒干。生用或煅用。用时打碎。分布于广东、福建、辽宁、山东等沿海地区。

【性味归经】咸，寒。归肝经。

【功效】平肝潜阳，清肝明目。

【应用】

▷ 用于肝阳上亢，头晕目眩。本品为凉肝、镇肝之要药。用治肝肾阴虚，肝阳眩晕证，常与生地黄、白芍药、牡蛎等养阴、平肝药物配伍；用治肝阳上亢并肝火亢盛头晕头痛、烦躁易怒者，可与夏枯草、钩藤、菊花等清热、平肝药物同用。

▷ 用于目赤，翳障，羞明流泪。本品为治目疾之常用药。治疗肝火上炎目赤肿痛，可与夏枯草、决明子、菊花等配伍；治疗风热目赤、翳膜遮睛，可与蝉蜕、菊花、木贼等配伍；治疗阴虚血少之双眼干涩、目暗不明、视物不清者，常与熟地黄、枸杞子、菟丝子等配伍。

【用法用量】煎服，马、牛 60～90 g，猪、羊 15～30 g，犬 3～5 g，兔、家禽 1～2 g。

【现代研究】

主要成分：本品含碳酸钙 90％以上，有机质约 3.67％，尚含少量镁、铁、硅酸盐、磷酸盐、氯化物和极微量的碘，煅烧后碳酸盐分解，产生氧化钙，有机质则破坏。

药理研究：石决明有镇静作用，在胃中能中和过多之胃酸。

草决明

为豆科一年生草本植物决明或小决明的成熟种子。秋季采收，晒干，打下种子，生用或炒用。主产于安徽、广西、四川、浙江、广东等地，南北各地均有栽培。

【性味归经】甘、苦、咸，微寒。归肝、肾、大肠经。

【功效】清肝明目，润肠通便。

【应用】

▷ 用于目赤肿痛，羞明流泪，或双眼干涩，视物不清。用于肝经实火，目赤肿痛，羞明多泪者，常与夏枯草、栀子、菊花、黄芩、龙胆草等同用；若肝肾阴亏，双眼干涩，视物不清者，常与沙苑子、枸杞子等同用。

▷ 用于肠燥便秘。本品性质凉润，又有清热润肠通便之效。用于内热肠燥，大便秘结，常与火麻仁、瓜蒌仁等配伍。

【用法用量】煎服，马、牛 30～60 g，猪、羊 10～15 g，犬 5～8 g，兔、家禽 1.3～5 g。

【使用注意】气虚便溏者不宜应用。

【现代研究】

主要成分：本品新鲜种子含大黄酚、大黄素、决明素、橙黄决明素等，尚含维生素 A。

药理研究：①决明子水浸液及醇浸液对实验动物有降压及利尿作用；②所含蒽苷有缓下作用；③本品还能收缩子宫；④动物实验及临床应用均证明能抑制血清胆固醇升高和主动脉粥样硬化斑块的形成；⑤决明子水浸液对皮肤真菌有抑制作用，醇浸液对葡萄球菌、白喉杆菌、大肠杆菌、伤寒杆菌及副伤寒杆菌均有抑制作用。

羚羊角

为牛科动物赛加羚羊的角。全年均可捕捉，但以秋季猎取最佳。捕后锯取其角，晒干。用时镑成薄片、锉末或磨汁。主产于新疆、青海等地。

【性味归经】咸，寒。归肝、心经。

【功效】平肝息风，清肝明目，清热解毒。

【应用】

▷ 用于肝风内动，惊痫抽搐。本品为治疗肝风内动，惊痫抽搐之要药。如用治温热病热邪炽盛，热极动风之高热神昏、惊厥抽搐者，常与钩藤、菊花、白芍等配伍，即羚角钩藤汤。用治癫痫、惊悸，可与钩藤、天竺黄、郁金、朱砂等同用。

▷ 用于肝阳上亢，头晕目眩。可与石决明、牡蛎、天麻等平肝潜阳药物同用，共奏平肝阳、止眩晕之效。

▷ 用于肝火上炎，目赤头痛。常与龙胆草、决明子、黄芩等配伍，如羚羊角散。

▷ 用于温热病壮热神昏，热毒发斑。用治热病神昏、壮热、躁狂、抽搐等症，常与石膏、寒水石等配伍，如紫雪丹；用治热毒发斑，每以本品配入白虎汤中取效。

【用法用量】煎服，马、牛 3～9 g，猪、羊 1～2 g。

【现代研究】

主要成分：本品含磷酸钙、角蛋白及不溶性无机盐等。

药理研究：①羚羊角外皮浸出液对中枢神经系统有抑制作用，有镇痛作用；②能增强动物对缺氧的耐受能力；③煎剂能抗惊厥；④有解热作用；⑤煎剂或醇提取液，小剂量使离体蟾蜍心脏收缩加强，中等剂量可致心传导阻滞，大剂量则引起心率减慢、振幅减小，最后心跳停止。

珍 珠

为蚌科动物三角帆蚌和褶纹冠蚌的蚌壳，或珍珠贝科动物珍珠贝、马氏珍珠贝等贝类动物贝壳的珍珠层。全年均可采收。去肉后将贝壳用碱水煮过，漂净，刮去外层黑皮，晒干。生用或煅用。用时打碎。三角帆蚌和褶纹冠蚌在全国各地的江河湖沼中均产，珍珠贝和马氏珍珠贝主产于海南岛、广东、广西沿海。

【性味归经】咸，寒。归肝、心经。

【功效】平肝潜阳，清肝明目，镇心安神。

【应用】

▷ 用于肝阳上亢，头晕目眩，常与牡蛎、白芍、磁石等平肝药同用。若肝阳上亢并有肝热烦躁易怒者，可与钩藤、菊花、夏枯草等清肝火的药物配伍。

▷ 用于目赤肿痛，视物不清。用治肝热目赤、翳障，常与石决明、菊花、车前子配伍，可清肝明目退翳；用治肝虚目暗、视物昏花，则与枸杞子、女贞子、黑芝麻等配伍，可养肝明目；若与苍术、猪肝或鸡肝同煮服用，可治夜盲。

▷ 用于惊悸，心神不宁。可与朱砂、龙骨、琥珀等安神药配伍，治疗心悸，心神不宁。亦可与天麻、钩藤、天南星等息风止痉药配伍，治疗癫痫、惊风抽搐。

此外，本品研细末外用，可燥湿敛疮，用于湿疮瘙痒。近年来人医临床用珍珠层粉内服治疗胃、十二指肠球部溃疡，或制成眼膏外用治疗白内障、角膜炎及结膜炎，均有相当疗效。

【用法用量】煎服，马、牛 3～9 g，猪、羊 0.3～0.6 g。

【现代研究】

主要成分：本品含碳酸钙 90％以上，有机质约 0.34％，尚含少量镁、铁、硅酸盐、硫酸盐、磷酸盐和氧化物,并含多种氨基酸。

药理研究:①有效成分碳酸钙可以中和胃酸;②珍珠母30%硫酸水解产物,能增大离体心脏的心跳幅度;③乙醚提取液能抑制离体肠管、子宫的收缩,防止组胺引起的豚鼠休克及死亡;④珍珠母对四氯化碳引起的肝损伤有保护作用。

天　麻

为兰科多年生寄生草本植物天麻的块茎。冬春季节采集。冬季茎枯时采挖者名"冬麻",质量优良;春季发芽时采挖者名"春麻",质量较差。采挖后除去地上茎及须根,洗净,蒸透,晒干、晾干或烘干。用时润透,切片。我国南北各地均有分布,主产于四川、云南、贵州等地。

【性味归经】甘,微温。归肝经。

【功效】平肝息风,镇痉止痛。

【应用】用于多种风证。用治肝风内动引起的抽搐拘挛,可与钩藤、全蝎、川芎、白芍等配伍;用治破伤风,可与天南星、僵蚕、全蝎等同用;用治瘫痪、麻木之证,可与牛膝、桑寄生等配伍;用治风湿痹痛,常与秦艽、牛膝、独活、杜仲等配伍。

【用法用量】煎服,马、牛20~45 g,猪、羊6~10 g,犬1~3 g。

【使用注意】阴虚者忌用。

【现代研究】

主要成分:本品含香草醇、黏液质、维生素A样物质、苷类及微量生物碱。

药理研究:①有抑制癫痫发作的作用;②香草醇有促进胆汁分泌的作用;③有镇痛作用。

钩　藤

为茜草科常绿木质藤本植物钩藤、大叶钩藤、毛钩藤、华钩藤或无柄果钩藤的带钩茎枝。春、秋两季采收带钩的嫩枝,剪去无钩的藤茎,晒干。或先置锅内蒸片刻,或于沸水中略烫后,再取出晒干。切段入药。产于长江以南至福建、广东、广西等地。

【性味归经】甘,微寒,归肝、心包经。

【功效】息风止痉,清热平肝。

【应用】

▷ 用于肝风内动,惊痫抽搐。本品为治疗肝风内动,惊痫抽搐之常用药。如用治惊风壮热神昏、牙关紧闭、四肢抽搐等症,常与天麻、全蝎、蝉蜕等同用;用治温热病热极生风,痉挛抽搐,多与羚羊角、白芍药、菊花等配伍,如羚角钩藤汤。

▷ 用于肝经有热，肝阳上亢的目赤肿痛。常与天麻、石决明、菊花、白芍、夏枯草等配伍。

▷ 用于外感风热之证。本品兼有疏散风热之效，常与防风、蝉蜕、桑叶等同用。

【用法用量】煎服，马、牛 30～60 g，猪、羊 10～15 g，犬 5～8 g，兔、家禽 1.5～2.5 g。

【使用注意】不宜久煎，无实热及实火者忌用。

【现代研究】

主要成分：本品含钩藤碱、异钩藤碱等。

药理研究：①钩藤煎剂 0.1 g/kg，给小鼠腹腔注射，能产生明显的镇静作用，但无催眠作用；用钩藤煎剂 1 g/kg，给大鼠腹腔注射，可降低大脑皮层的兴奋性，使大鼠部分阳性条件反射消失，时间延长；②钩藤乙醇浸膏能制止豚鼠癫痫反应的发作，对中枢运动分析器的兴奋性增高有一定的抑制作用；③钩藤煎剂对麻醉犬、兔和实验大鼠均有降压作用；④钩藤碱能抑制离体肠管，兴奋大鼠离体子宫。

刺　蒺　藜

为蒺藜科一年生或多年生草本植物蒺藜的果实。秋季果实成熟时采收。割下全株，晒干，打下果实，碾去硬刺，除去杂质。炒黄或盐炙用。主产于东北、华北及西北等地。

【性味归经】苦、辛，平。归肝经。

【功效】平肝疏肝，祛风明目。

【应用】

▷ 用于肝阳上亢，头晕目眩。常与钩藤、珍珠母、菊花等同用，以增强其平肝之功。

▷ 用于肝郁气滞、胸胁胀痛及乳闭胀痛。可与柴胡、香附、青皮等疏理肝气药物配伍，用治胸胁胀痛；单用本品研末服或与穿山甲、王不留行等配伍，用治产后肝郁乳汁不通、乳房胀痛。

▷ 用于风热上攻，目赤翳障。用治风热目赤肿痛、多泪多眵或翳膜遮睛等症，多与菊花、决明子、蔓荆子等药配伍，如白蒺藜散。

▷ 用于风疹瘙痒。常与防风、荆芥、地肤子等祛风止痒药配伍。

【用法用量】煎服，马、牛 20～45 g，猪、羊 10～15 g，犬 3～5 g。

【使用注意】气血虚及孕畜慎用。

【现代研究】

主要成分：本品含脂肪油及少量挥发油、鞣质、树脂、钾盐、皂苷、微量生物碱等。

药理研究:①水浸液及乙醇浸出液对麻醉动物有降压作用;②有利尿作用;③生物碱及水溶部分均能抑制金黄色葡萄球菌、大肠杆菌的生长;④有止咳平喘及祛痰作用。

全　蝎

为钳蝎科动物东亚钳蝎的干燥体。如单用尾,名蝎尾。野生蝎春末至秋初均可捕捉。清明至谷雨前后捕捉者,称为“春蝎”,此时未食泥土,品质较佳;夏季产量较多,称为“伏蝎”,品质较次。饲养蝎一般在秋季,隔年收捕一次。捕捉后,先浸入清水中,待其吐出泥土,置沸水或沸盐水中,煮至全身僵硬,捞出,置通风处,阴干。主产于河南、山东、湖北、安徽等地。

【性味归经】辛,平。有毒。归肝经。

【功效】息风止痉,攻毒散结,通络止痛。

【应用】

▷ 用于惊痫及破伤风等内外风证。本品为息风止痉的要药。用治破伤风,常与蔓荆子、旋复花、乌蛇等同用;用治中风口眼歪斜,常与白附子、僵蚕、天麻、当归等同用;用治惊痫证,常与蜈蚣、钩藤、当归、川芎等配伍。

▷ 用于疮疡肿毒。本品有攻毒散结之效,可用于恶疮肿毒。常用麻油煎全蝎、栀子加黄蜡为膏药,外敷患处。

▷ 用于风湿痹痛。本品常与祛风胜湿药同用,治疗风湿痹痛之重症。常见搭配有蜈蚣、僵蚕、川芎、羌活等。

【用法用量】煎服,马、牛 15～25 g,猪、羊 3～6 g,犬 1～3 g,兔、家禽 0.5～1 g。

【使用注意】血虚生风者忌用。

【现代研究】

主要成分:本品含蝎毒,它是一种类似蛇毒神经毒的蛋白质,并含有三甲胺、甜菜碱、牛磺酸、软脂酸、硬脂酸、胆甾醇、卵磷脂及铵盐等。

药理研究:①蝎毒素可以使呼吸中枢产生麻痹作用,能使血压上升,且有溶血作用;②蝎毒素对心脏、血管、小肠、膀胱、骨骼肌等有兴奋作用;③全蝎有显著的镇静和抗惊厥作用。

蜈　蚣

为蜈蚣科动物少棘巨蜈蚣的干燥体。春、夏两季捕捉,用竹片插入头、尾,绷直,干燥,或先用沸水烫过,然后晒干或烘干。主产于江苏、浙江、湖北、湖南、河南、陕西等地。

【性味归经】辛，温。有毒。归肝经。

【功效】息风止痉，攻毒散结，通络止痛。

【应用】

▷ 用于痉挛抽搐。蜈蚣辛温，性善走窜，通达内外，有比全蝎更强的息内风及搜风通络作用，二者常相须为用，治疗多种原因引起的痉挛抽搐，如止痉散。经适当配伍，亦可用于急、慢惊风，破伤风，风中经络口眼歪斜等证。

▷ 用于疮疡肿毒，瘰疬结核。本品同雄黄、猪胆汁配伍制膏，外敷恶疮肿毒颇佳，如不二散；与茶叶共为细末，敷治瘰疬溃烂。若以本品焙黄，研细末，开水送服，或与黄连、大黄、生甘草等同用，又可治毒蛇咬伤。

▷ 用于风湿顽痹。本品亦有与全蝎相似的通络止痛作用，可与防风、独活、威灵仙等祛风、除湿、通络药物同用。

【用法用量】煎服，马、牛 10～15 g，猪、羊 1～2 g，犬 0.5～1 g。

【使用注意】本品有毒，用量不宜过大，孕畜忌服。

【现代研究】

主要成分：本品含两种类似蜂毒的有毒成分，即组胺样物质及溶血性蛋白质。此外，尚含脂肪油、胆甾醇、蚁酸及组氨酸、精氨酸、亮氨酸等多种氨基酸。

药理研究：①蜈蚣对戊四氮、纯烟碱和士的宁等引起的小鼠惊厥均有对抗作用；②水浸剂对结核杆菌及多种皮肤真菌有不同程度的抑制作用；③蜈蚣水蛭注射液对肿瘤细胞有抑制作用，对网状内皮细胞机能有增强作用。

僵　蚕

为蚕蛾科昆虫家蚕蛾的幼虫在未吐丝前，因感染白僵菌而发病致死的干燥体。收集病死的僵蚕，倒入石灰中拌匀，吸去水分，晒干或焙干。生用或炒用。主产于浙江、江苏、四川等养蚕区。

【性味归经】咸、辛，平。归肝、肺经。

【功效】息风止痉，祛风止痛，化痰散结。

【应用】

▷ 用于惊痫抽搐。用治痰热急惊，常与全蝎、牛黄、胆南星等清热化痰、息风止痉药物配伍，如千金散；用治肺虚久泻，惊厥抽搐，又当与党参、白术、天麻等益气健脾、息风止痉药物配伍，如醒脾散；治破伤风痉挛抽搐、角弓反张，则与全蝎、蜈蚣、钩藤等配伍，如摄风散。

▷ 用于风中经络，口眼歪斜。常与全蝎、白附子同用，共收祛风止痉之效，如牵正散。

▷ 用于风热上扰而致目赤肿痛、咽喉肿痛或风疹瘙痒等证。治疗肝经风热上攻之目赤肿痛、羞明流泪等症，常与桑叶、菊花、薄荷、木贼、荆芥等疏风清热之品配伍；用治风热上攻，咽喉肿痛，声音嘶哑者，可与桔梗、荆芥、甘草等同用，如六味汤；治疗风疹瘙痒，可单用研末服，或与蝉蜕、薄荷等祛风止痒药同用。

▷ 用于痰核，瘰疬。常与浙贝母、夏枯草、连翘等清热、化痰、散结药物同用取效。

【用法用量】煎服，马、牛 30～60 g，猪、羊 10～15 g，犬 5～8 g。

【现代研究】

主要成分：本品含蛋白质、脂肪等。

药理研究：所含蛋白质有刺激肾上腺皮质作用。

［附药］僵蛹

为近年中国科学院动物研究所等单位研制的以蚕蛹为底物，经白僵菌发酵的制成品。药理实验和临床观察证明，僵蛹与僵蚕的功用相近，而僵蛹作用较和缓，故僵蛹可代替僵蚕药用。现已制成片剂，用于人医临床，治疗癫痫、腮腺炎、慢性支气管炎等疾病，均取得了满意的疗效。

地　龙

为巨蚓科动物参环毛蚓或缟蚯蚓的全虫体。前者主产于广东、广西、福建等地，药材称“广地龙”；后者全国各地均有分布，药材称“土地龙”。夏季捕捉。广地龙捕捉后，及时剖开腹部，洗去内脏及泥沙，晒干或低温干燥；土地龙捕捉后，用草木灰呛死，去灰晒干或低温干燥。生用或鲜用。

【性味归经】咸，寒。归肝、脾、膀胱经。

【功效】清热，息风，通络，平喘，利尿。

【应用】

▷ 用于热病狂躁、痉挛抽搐等风证。可与全蝎、钩藤、僵蚕等配伍。

▷ 用于风湿痹痛。常与天南星、川乌、草乌等同用。

▷ 用于肺热喘息、膀胱实热，常与麻黄、杏仁等同用；用治热结膀胱，小便不利及水肿等，常与车前子、冬瓜等配伍。

【用法用量】煎服，马、牛 30～60 g，猪、羊 10～15 g，犬 1～3 g，兔、家禽 0.5～1 g。

【使用注意】非热证者忌用。

【现代研究】

主要成分：本品含蚯蚓解热碱、蚯蚓素、蚯蚓毒素及黄嘌呤、腺嘌呤、鸟嘌呤、胆碱等。

药理研究：①有降压作用；②浸剂对豚鼠实验性哮喘有平喘作用；③有解热、镇静、抗惊厥作用，并有抗组胺的作用。

罗 布 麻

为夹竹桃科多年生草本植物罗布麻的叶或根。在夏季开花前采摘叶子，晒干或阴干，也有蒸炒揉制后用者；全草在夏季割取，除去杂质，干燥，切段用。主产于我国东北、西北、华北等地。

【性味归经】甘、苦，凉。归肝经。

【功效】平抑肝阳，清热，利尿。

【应用】

▷ 用于肝阳上亢及肝火上攻之头晕目眩。本品味苦性凉，专入肝经，既有平抑肝阳之功，又有清泄肝热之效，故可治疗肝阳上亢及肝火上攻之头晕目眩，常与钩藤、菊花、夏枯草，或牡蛎、石决明、代赭石等同用。

▷ 用于水肿，小便不利。本品可清热利尿，用治水肿、小便不利而有热象者，单用或与车前子、木通、茯苓等同用。

【用法用量】煎服，马、牛 20～45 g，猪、羊 6～12 g。

【使用注意】不宜过量和长时间服用，以免中毒。

【现代研究】

主要成分：本品叶子含芸香苷、儿茶素、蒽醌、谷氨酸、丙氨酸、氯化钾等。根含有加拿大麻苷、毒毛旋花子苷元及 K-毒毛旋花子苷-β。

药理研究：①煎剂有降压作用；②罗布麻根煎剂有强心作用，对实验性心血管机能不足有治疗作用；③能增加肾血流，利尿作用较强。

木　　贼

为木贼科植物木贼的干燥全草。主产于陕西、吉林、内蒙古及长江流域各地。

【性味归经】甘、苦，平。入肝、肺经。

【功效】疏风散热，明目退翳。

【应用】本品有疏风热，退翳膜的作用，用治风热目赤肿痛、羞明流泪或睛生翳膜者，常与谷精草、石决明、草决明、白蒺藜、菊花、蝉蜕等同用。

【用法用量】煎服，马、牛 20～60 g，猪、羊 10～15 g。

【使用注意】阴虚火旺者忌用。

【现代研究】

主要成分:本品含木贼酸、硅酸盐、皂苷等。

药理研究:本品有降压、消炎、收敛及利尿等作用。本品所含硅酸盐有扩张外周血管、降压及镇静作用。硅酸盐和鞣质有收敛作用,可消炎、止血。木贼滴眼液局部应用,对金黄色葡萄球菌和绿脓杆菌所致角膜溃疡有治疗作用。

谷精草

为谷精草科植物谷精草的干燥花序。主产于华东、华南、西南及陕西等地。

【性味归经】辛、甘,微寒。入肝、胃经。

【功效】疏散风热,明目退翳。

【应用】本品散风热、退翳膜,适用于风热目疾,羞明流泪,翳膜遮眼等证,常与菊花、桑叶、防风、生地、赤芍、木贼、决明子等同用。

【用法用量】煎服,马、牛 30~60 g,猪、羊 10~15 g。

【现代研究】谷精草水浸剂体外试验对某些皮肤真菌有抑制作用,煎剂对绿脓杆菌、大肠杆菌、肺炎球菌有抑制作用。

密蒙花

为马钱科植物密蒙花的花蕾。主产于湖北、陕西、河南等地。

【性味归经】甘,微寒。入肝经。

【功效】清肝明目,退翳。

【应用】本品有较强的清肝热及退翳膜作用。用于肝热引起的目赤肿痛,羞明流泪,睛生翳障等证,常与石决明、青葙子、决明子、木贼等同用;用治肝虚有热之目疾,多与枸杞、菊花、熟地、蒺藜等配伍。

【用法用量】煎服,马、牛 30~60 g,猪、羊 10~15 g。

【现代研究】

主要成分:本品含刺槐素、刺槐苷等。

药理研究:本品所含刺槐素有维生素 P 样作用,可降低血管通透性及脆性,并有一定的抗炎及解痉作用。

青葙子

为苋科植物青葙子的干燥成熟种子。全国大部分地区均有分布。

【性味归经】苦,微寒。入肝经。

【功效】清肝火,退翳膜。

【应用】本品能清肝退翳，主要用于肝热引起的目赤肿痛、睛生翳膜、视物不见等证，常配决明子、密蒙花、菊花等同用。

【用法用量】煎服，马、牛 30～60 g，猪、羊 10～15 g。

夜明砂

为蝙蝠科动物蝙蝠或菊头蝠科动物菊头蝠的干燥粪便。主产于我国南方各地。

【性味归经】辛，寒。入肝经。

【功效】清肝明目，散瘀消积。

【应用】本品明目退翳，兼能消瘀积。用于肝热目赤，白睛溢血，可单用或配桑白皮、黄芩、赤芍、丹皮、生地、白茅根等同用；用治内外翳障，可与苍术等配伍。

【用法用量】煎服，马、牛 30～45 g，猪、羊 10～15 g。

【使用注意】孕畜忌用。

天竺黄

为禾本科植物大节竹的节孔中因病而生成的块状物。主产于云南、广东、广西等地。

【性味归经】甘，寒。入肝、心经。

【功效】清热化痰，凉心定惊。

【应用】本品功专清热豁痰，兼有定惊作用，适用于痰热惊搐、中风痰壅等症，常与朱砂、僵蚕、牛黄、郁金、黄连等同用；用于肺热咳嗽痰多，常与瓜蒌、贝母等配伍。

【用法用量】煎服，马、牛 20～45 g，猪、羊 6～10 g。

【使用注意】非实热证忌用。

白附子(禹白附)

为天南星科植物独角莲的块根。主产于河南、湖北、陕西、四川等地。

【性味归经】辛、甘，温。有毒。入脾、胃经。

【功效】燥湿化痰，祛风止痉，解毒散结。

【应用】

▷ 本品既能燥湿化痰，又可祛风止痉，适用于中风痰壅，常与天麻、天南星、川芎等同用；治中风口眼歪斜，常与僵蚕、全蝎同用，如牵正散；用治破伤风，常与半夏、南星、全蝎、僵蚕等配伍。

▷ 用治毒蛇咬伤，可单用本品内服或外敷。

【用法用量】煎服，马、牛 15～30 g，猪、羊 3～6 g。

【使用注意】阴虚忌用。

二、常用平肝方剂

以清肝明目、疏风解痉和平肝息风药物为主组成，具有清肝泻火、明目退翳、祛风、息风解痉作用，用以治疗肝火上炎、肝经风热、风邪外感和肝风内动等证的一类方剂，称为平肝方。

洗肝散(《和剂局方》)

【组成】羌活 30 g　防风 30 g　薄荷 30 g　当归 20 g　大黄 20 g　栀子 20 g　甘草 15 g　川芎 15 g

共为末，开水冲，候温灌服。

【功效】疏散风热，清肝解毒。

【主治】肝经风热。证见目赤肿痛，羞明流泪，四肢、关节肿痛等。

【方解】本方为治风热上攻，目赤肿痛之剂。方中薄荷、羌活、防风宣散内郁之风热为主药；川芎气香上行，宣散风热，当归和肝养血，大黄清热泻火，栀子泻心利尿，取其导下以清上之意，均为辅佐药；甘草泻火解毒，调和诸药为使药。诸药相合，疏散风热，清肝解毒。

【临床应用】用于风热上攻所致的目赤肿痛、眵盛难睁、羞明流泪等证。

千金散(《元亨疗马集》)

【组成】天麻 25 g　乌蛇 30 g　蔓荆子 30 g　羌活 30 g　独活 30 g　防风 30 g　升麻 30 g　阿胶 30 g　何首乌 30 g　沙参 30 g　僵蚕 20 g　天南星 20 g　蝉蜕 20 g　藿香 20 g　川芎 20 g　桑螵蛸 20 g　全蝎 20 g　旋复花 20 g　细辛 15 g　生姜 30 g

水煎取汁，化入阿胶，灌服。

【功效】散风解痉，息风化痰，养血补阴。

【主治】破伤风。

【方解】本方用治破伤风。风邪由表而入，用蝉蜕、防风、羌活、独活、细辛、蔓荆子解表散风为主药；风已入内，引动肝风，用天麻、僵蚕、乌蛇、全蝎息风解痉，以治内风为辅药；“治风先治血，血和风自灭”，用阿胶、沙参、何首乌、桑螵蛸、川芎养血滋阴，“去风先化痰，痰去风自安”，用天南星、旋复花化痰息风，藿香、升麻升清降浊，醒脾和胃均为佐药。诸药相合，散风解痉，息风化痰，补血养阴。

【临床应用】用治破伤风，可根据病情随证加减。

天麻散(《元亨疗马集》)

【组成】天麻 30 g　党参 30 g　川芎 25 g　蝉蜕 20 g　防风 30 g　荆芥 25 g　甘草 15 g　薄荷 20 g　何首乌 30 g　茯苓 30 g

水煎服。

【功效】和血息风,祛湿解表。

【主治】马脾虚湿邪。证见偏头直项,眼目歪斜,神昏似醉,行立如痴,口色青紫,脉象迟细。

【方解】本方用治马、骡脾虚湿邪挟风证。脾虚水湿不运,精微不化,不能散精于肝,肝失所养,虚风内动。方中天麻、蝉蜕解痉息风为主药;防风、薄荷、荆芥解表散风,清利头目为辅药;茯苓健脾渗湿,党参补气益脾,川芎行气活血,何首乌滋肝养血为佐药;甘草调和诸药为使药。诸药合用,息风和血,祛湿解表。

【临床应用】用治马、骡脾虚湿邪挟风证。若再加远志、石菖蒲等宁心安神之品,效果更好。本方对霉玉米中毒及慢性脑水肿有缓解症状之效。

镇肝熄风汤(《医学衷中参西录》)

【组成】怀牛膝 90 g　生赭石 90 g　生龙骨 45 g　生牡蛎 45 g　生龟板 45 g　生杭芍 45 g　玄参 45 g　天冬 45 g　川楝子 15 g　生麦芽 15 g　茵陈 15 g　甘草 15 g

水煎服。

【功效】镇肝息风,滋阴潜阳。

【主治】阴虚阳亢,肝风内动所致的口眼歪斜、转圈运动或四肢活动不利、痉挛抽搐、脉弦长有力。

【方解】本方为肝阳上亢,肝风内动诸证而设。多由阴虚阳亢,肝风内动,气血并走于上,蒙扰清窍所致。方中重用牛膝滋养肝肾引血下行,赭石降逆气,二药同用,平肝潜阳为主药;龙骨、牡蛎、龟板、杭芍潜阳降逆,柔肝息风,玄参、天冬滋阴清火,协助主药以制阳亢均为辅药;茵陈、麦芽、川楝子疏肝理气和胃调中,以缓金石之碍胃为佐药;甘草缓急和中为使药。诸药相合,镇肝息风,潜阳滋阴。

【临床应用】用于肝阳上亢,阴虚肝风导致的拘挛抽搐、口眼歪斜及圆圈运动等症,热重加生石膏,痰多加胆南星,便溏减龟板、赭石,加赤石脂。

补阳还五汤(《医林改错》)

【组成】黄芪 200～400 g　当归 40 g　赤芍 30 g　地龙 30 g　川芎 30 g

桃仁 30 g　红花 30 g

水煎服。

【功效】补气活血，祛瘀通络。

【主治】中风证。证见腰腿瘫痪，四肢软弱无力，口角流涎，口眼歪斜，视力障碍等。

【方解】本方是治疗中风后遗症之要方，为补气药与活血祛瘀药配伍之剂。本方证是由于气血瘀阻脑血管脉络，或中风后气虚血滞瘀阻所致，治宜补气活血通络。全方理血药用量较小，因其主要目的不在于逐瘀，而在于活血通络，故重用生黄芪为主，乃取其力专性走，运行周身，以助推动诸药之力，共成补气通络，恢复痿废之功。

【临床应用】主要适用于脑震荡及脑炎后遗症，而具有中风症状者。但患畜必须体温正常，出血停止时方可投服。同时，应用本方黄芪量不宜轻，祛瘀药量不能重。黄芪量应从小量开始逐渐增加。

决明散(《元亨疗马集》)

【组成】煅石决明 45 g　草决明 45 g　栀子 30 g　大黄 30 g　白药子 30 g　黄药子 30 g　黄芪 30 g　黄芩 20 g　没药 20 g　黄连 20 g　郁金 20 g

煎汤，候温加蜂蜜 60 g、鸡蛋清 2 个，同调灌服。

【功效】清肝明目，退翳消瘀。

【主治】肝经积热，外传于眼所致的目赤肿痛、云翳遮睛等。

【方解】本方为明目退翳之剂。方中石决明、草决明清肝热、消肿痛、退云翳为主药；黄连、黄芩、栀子、鸡蛋清清热泻火，黄药子、白药子凉血解毒，加强清肝解毒作用为辅药；大黄、郁金、没药散瘀消肿止痛，黄芪补脾气均为佐药，使以蜂蜜为引。诸药相合，清肝明目，退翳消瘀。

【临床应用】用于外障眼及鞭伤所致的眼目赤肿、睛生云翳、眵盛难睁、羞明流泪等症，方中黄芪可不用。

第十三节　安神开窍药及方剂

一、安神开窍药

(一)安神药　凡以安定神志为主要作用，用治神志失常病证的药物，称为安神药。

心藏神，肝藏魂，所以机体神志的变化与心、肝二脏的功能活动有密切的关系，安神药物亦多入心经和肝经。

安神药多以矿石、贝壳或植物的种子入药。矿石、贝壳类药物，质重沉降，故多有重镇安神作用，称重镇安神药；植物种子类药物，质润滋养，故多有养心安神作用，称养心安神药。

安神药主要用于心神不宁、躁动不安、惊痫、癫狂等证。

心神不宁等证，可由多种病因引发。如心火炽盛或邪热内扰，证见躁动不安、惊悸失瞩者，多偏于实。阴血不足，心神失养，证见虚烦不眠，心悸怔忡者，多偏于虚。因此，须根据不同的病因、病机，选择适宜的安神药，并进行相应的配伍。如心火亢盛者，当配伍清心降火药物；痰热扰心者，当配伍化痰、清热药物；肝阳上亢者，当配伍平肝潜阳药物；血瘀气滞者，当配伍活血化瘀药物；血亏阴虚者，当配伍补血、养阴药物及养心神药物；心脾气虚者，当配伍补气药物。至于惊风、癫狂等证，多以化痰开窍或平肝息风药物为主，本类药物多作辅助之品。

矿石类安神药，如入丸、散剂，易伤脾胃，故不宜长期使用，并须酌情配伍养胃健脾之品；入煎剂，应打碎煎、久煎；部分药物具有毒性，更须慎用，以防中毒。

朱　砂

为三方晶系硫化物类矿物辰砂族辰砂，主含硫化汞（HgS）。随时开采，采挖后，选取纯净者，用磁铁吸净含铁的杂质，再用水淘去杂石和泥沙，研细水飞，晒干装瓶备用。主产于贵州、湖南、四川、云南等地。

【性味归经】甘，寒。有毒。归心经。

【功效】镇心安神，清热解毒。

【主治】

▷ 用于躁动不安，心悸。常与黄连、茯神等合用，以增强清心安神作用。亦可用治其它原因之心神不宁。若心血虚者，可与当归、熟地等配伍，如朱砂安神丸；阴血虚者，又常与酸枣仁、柏子仁、当归等养心安神药配伍。

▷ 用于惊风，癫痫。用治高热神昏、惊厥，常与牛黄、麝香等开窍、息风药物同用，如安宫牛黄丸；治疗惊风，多与牛黄、全蝎、钩藤等配伍，如牛黄散；用治癫痫抽搐，每与磁石同用，如磁朱丸。

▷ 用于疮疡肿毒，咽喉肿痛，口舌生疮。治疗疮疡肿毒，多与雄黄、大戟、山慈姑等配伍，如紫金锭；治疗咽喉肿痛、口舌生疮，多与冰片、硼砂等配伍，如冰硼散。

【用法用量】研末冲服或入丸散，马、牛 3～6 g，猪、羊 0.1～0.9 g，犬 0.05～0.45 g。

【使用注意】本品有毒，内服不可过量或持续服用，以防汞中毒；忌火煅，火煅则析出水银，有剧毒。

【现代研究】

主要成分：本品主要成分为硫化汞(HgS)，但常夹杂雄黄、磷灰石、沥青质等。

药理研究：①朱砂有无镇静催眠作用，认识不甚一致；②有解毒防腐作用；③外用能抑制或杀灭皮肤细菌和寄生虫。朱砂为汞的化合物，汞对蛋白质中的巯基有特别的亲和力，高浓度时，可抑制多种酶的活动。进入体内的汞，主要分布在肝肾，而引起肝肾损害，并可透过血脑屏障，直接损害中枢神经。

龙　骨

见收涩药。

琥　珀

琥珀为古代松科植物，如枫树、松树的树脂埋藏地下经年久转化而成的化石样物质。随时可采，从地下或煤层挖出后，除去砂石、泥土等杂质，研末用。主产于云南、广西、辽宁、河南、福建等地。

【性味归经】甘，平。归心、肝、膀胱经。

【功效】镇惊安神，活血散瘀，利尿通淋。

【主治】

▷ 用于心神不安，心悸，惊风癫痫。对心神所伤、神不守舍之心神不宁、惊悸等症，可收定惊安神之效，常与朱砂、远志、石菖蒲等配伍，如琥珀定志丸。用治惊风、高热、神昏抽搐以及癫痫发作、痉挛抽搐等症，又有定惊止痉之功，可与天南星、天竺黄、朱砂等同用，如琥珀抱龙丸。

▷ 用于瘀血阻滞证。如产后血瘀肿痛等证，常与当归、莪术、乌药等配伍。

▷ 用于淋证。如《直指方》单用琥珀为散，灯心汤下即效。又因琥珀可散瘀止血，尤宜于血淋。用葱白煎汤冲服琥珀，可治砂石诸淋；本品配伍金钱草、海金沙、木通等利尿通淋之品，用治石淋或热淋。

此外，本品外用可作为生肌收敛药物，用于痈肿疮毒。

【用法用量】研末冲服，马、牛 15～24 g，猪、羊 3～9 g。

【现代研究】

主要成分：本品主要含树脂、挥发油。此外，含琥珀氧松香酸、琥珀松香酸、琥珀银松酸、琥珀脂醇、琥珀松香醇及琥珀酸等。

药理研究：琥珀酸具有中枢抑制作用，能明显减少小鼠自主活动，延长戊巴比妥钠引起的小鼠睡眠时间;对大鼠听源性惊厥、小鼠电惊厥以及士的宁引起的药物性惊厥,均具有对抗作用。

酸枣仁

为鼠李科落叶灌木或小乔木酸枣的成熟种子。秋末冬初果实成熟时采收,除去果肉,碾碎果核,取出种子,晒干。生用或炒用,用时打碎。主产于河北、陕西、山西、山东等地。

【性味归经】甘、酸,平。归心、肝、胆经。

【功效】养心益肝,安神,敛汗。

【应用】

▷ 用于心悸,躁动不安。多用于阴血虚,心失所养之心悸、怔忡、躁动不安等症,且主要用于心肝血虚之心悸、躁动不安,常与党参、熟地、柏子仁、茯苓、丹参等同用。若由心脾气虚引起,常与当归、黄芪、党参等配伍,如归脾汤;若由心肾不足,阴虚阳亢引起,可与麦门冬、生地黄、远志等配伍,如天王补心丹。

▷ 用于体虚多汗。本品味酸,可收敛止汗,用治体虚自汗、盗汗,多与五味子、山茱萸、白芍,或牡蛎、麻黄根、浮小麦、黄芪等同用。

【用法用量】煎服,马、牛 30～60 g,猪、羊 10～15 g,犬 3～5 g,兔、家禽 1～2 g。

【现代研究】

主要成分:本品含多量脂肪油、蛋白质和维生素 C,并含有两种甾醇,两种三萜化合物(白桦脂醇、白桦脂酸),酸枣仁皂苷。

药理研究:①酸枣仁煎剂有镇静、催眠作用,能对抗咖啡因引起的兴奋状态,与巴比妥类药物表现协同作用;②本品可使防御性运动性条件反射次数显著减少,内抑制扩散,条件反射消退;③煎剂还有镇痛、抗惊厥、降温作用;④酸枣仁水溶成分可引起血压持续下降和心传导阻滞;⑤本品亦有兴奋子宫作用。

柏子仁

为柏科常绿乔木侧柏的种仁。冬初种子成熟时采收,晒干,压碎种皮,簸净,阴干。主产于山东、河南、河北,此外陕西、湖北、甘肃、云南等地也产。

【性味归经】甘,平。归心、肾、大肠经。

【功效】养心安神,润肠通便。

【应用】

▷ 本品有与酸枣仁相似的功效,常用于血不养心引起的心神不宁等,常与酸枣仁、远志、熟地、茯神等同用。

▷ 用于阴血虚亏及产后血虚的肠燥便秘。本品油多质润，具有润肠通便作用，常与火麻仁、郁李仁等配伍。

【用法用量】煎服，马、牛 30～60 g，猪、羊 10～20 g，犬 5～10 g。

【使用注意】便溏及多痰者慎用。

【现代研究】

主要成分：本品含脂肪油约 14%，并含少量挥发油、皂苷。

药理研究：因含大量脂肪油，故有润肠通便作用。

远　志

为远志科多年生草本植物远志或卵叶远志的根。春季出苗前或秋季地上部分枯萎后，挖取根部，除去残基及泥土，晒干。生用或炙用。主产于河北、山西、陕西、吉林、河南等地。

【性味归经】苦、辛，微温。归心、肾、肺经。

【功效】宁心安神，祛痰开窍，消散痈肿。

【应用】

▷ 用于惊悸，躁动不安。远志主入心肾，既能开心气，又能通肾气，为交通心肾，安定神志之佳品，故多用治心肾不交之心神不宁，惊悸不安等症，常与朱砂、茯神等配伍。

▷ 用于痰阻心窍，癫痫发狂。如治癫痫、痉挛抽搐，可与半夏、天麻、全蝎等配伍；治疗癫狂发作，又与石菖蒲、郁金、白矾等同用。

▷ 用于咳嗽痰多。本品入肺祛痰止咳，故可治疗痰多黏稠、咳吐不爽者，每与杏仁、贝母、桔梗等同用。

▷ 用于痈疽疮毒，乳房肿痛。本品苦泄温通，疏通气血之壅滞而消痈散肿，可治一切痈疽，不问寒热虚实，单用研末，黄酒送服，并外用调敷患处即效。

【用法用量】煎服，马、牛 30～50 g，猪、羊 10～15 g，犬 3～6 g，兔、家禽 0.5～1.5 g。

【使用注意】有胃炎及胃溃疡者慎用。

【现代研究】

主要成分：本品含皂苷，水解后可分得远志皂苷元 A 和远志皂苷元 B。另含远志醇、细叶远志定碱、脂肪油、树脂等。

药理研究：①全远志有镇静、催眠及抗惊厥作用；②有较强的祛痰作用；③煎剂对离体之未孕及已孕子宫均有兴奋作用；④乙醇浸剂对人型结核杆菌、金黄色葡萄球菌、痢疾杆菌、伤寒杆菌等均有抑制作用;⑤所含皂苷亦有溶血作用;⑥有降低血压作用。

合　欢　皮

为豆科落叶乔木合欢的树皮。夏季间采,剥下树皮,晒干。切段用。全国大部分地区都有分布,主产于长江流域各地。

【性味归经】甘,平。归心、肝经。

【功效】安神解郁,活血消肿。

【应用】

▷ 用于肝气郁结,烦躁不安。本品为舒肝解郁,悦心安神之品,适宜于情志不遂,发愤烦躁之证,可单用或与柏子仁、夜交藤、郁金等配伍使用。

▷ 用于跌打损伤、血瘀肿痛及痈肿疮毒。本品活血祛瘀,消肿止痛。治疗跌打损伤、骨折肿痛,常与红花、桃仁、当归等活血祛瘀药物配伍;用于治疗内外痈疽,疖疮,常与蒲公英、紫花地丁、连翘等清热解毒药物配伍。

【用法用量】煎服,马、牛 25～60 g,猪、羊 9～21 g。

【现代研究】

主要成分:本品含皂苷、鞣质等。

药理研究:①有镇静作用;②对妊娠子宫能增强其节律性收缩,并有抗早孕效应。

(二)开窍药　凡具辛香走窜之性,以开窍醒神为主要作用,用于治疗闭证神昏病证的药物,称开窍药。心藏神,主神明,心窍开通则神明有主,神志清醒。若心窍被阻、清窍被蒙,则神明内闭、神志昏迷。开窍药味辛、芳香,善于走窜,皆入心经,有通关开窍、启闭回苏的作用,主要用治温病热陷心包、痰浊蒙蔽清窍之神昏谵语以及惊风、癫痫、中风等猝然昏厥、痉挛抽搐等症。

神志昏迷有虚实之别,虚证即脱证,实证即闭证。脱证治当补虚固脱,非本类药物所宜;闭证治当通关开窍、醒神回苏,宜用开窍药。然而闭证又有寒闭、热闭之不同,面青、身凉、苔白、脉迟之寒闭,须配伍温里祛寒之品;面红、身热、苔黄、脉数之热闭,须配伍清热解毒之品。如闭证神昏兼惊厥抽搐者,还须配伍息风止痉药物。

开窍药辛香走窜,为救急、治标之品,且能耗伤正气,故只宜暂服,不可久用;因本类药物性质辛香,其有效成分易于挥发,内服多不宜入煎剂,只入丸剂、散剂服用。

麝　香

为鹿科动物林麝、马麝或原麝成熟雄体香囊中的干燥分泌物。野生麝多在冬季至次春猎取，猎取后，割取香囊，阴干，习称“毛壳麝香”，用时剖开香囊，除去囊壳，称麝香仁。人工驯养麝多用手术取香法，直接从香囊中取出麝香仁，阴干。本品应密闭，避光贮存。主产于四川、西藏、云南、陕西、甘肃、内蒙古等地。

【性味归经】辛，温。归心、脾经。

【功效】开窍醒神，活血通经，止痛，催产。

【应用】

▷ 用于闭证神昏。麝香走窜之性甚烈，有极强的开窍通闭醒神作用，为醒神回苏之要药，最宜闭证神昏，无论寒闭、热闭，用之皆可。治疗温病热陷心包，痰热蒙蔽心窍，惊风及中风痰厥等热闭神昏，常配伍牛黄、冰片、朱砂等药，组成凉开之剂，如安宫牛黄丸等；用治中风卒昏，胸腹满痛等寒浊或痰湿阻闭气机，蒙蔽神明之寒闭神昏，常配伍苏合香、檀香、安息香等药，组成温开之剂，如苏合香丸。

▷ 用于疮疡肿毒，咽喉肿痛。用治疮疡肿毒，常与雄黄、乳香、没药同用，即醒消丸，或与牛黄、乳香、没药同用；用治咽喉肿痛，可与牛黄、蟾酥、珍珠等配伍，如六神丸。

▷ 用于血瘀肿痛，跌打损伤，风寒湿痹等证。用治痹证疼痛，顽固不愈者，可与独活、威灵仙、桑寄生等祛风湿药同用。

▷ 用于难产，死胎，胞衣不下。本品活血通经，有催生下胎之效。常与肉桂为散，如香桂散；亦有以麝香与猪牙皂、天花粉同用，葱汁为丸。

【用法用量】入丸、散剂，马、牛 0.6～1.5 g，猪、羊 0.1～0.2 g，犬 0.05～0.1 g。

【使用注意】孕畜忌用。

【现代研究】

主要成分：本品主要芳香成分为麝香酮及含氮化合物、胆甾醇、脂肪酸和无机盐等。

药理研究：①小剂量麝香及麝香酮对中枢神经系统呈兴奋作用，大剂量则可抑制；②可显著地减轻脑水肿，增强中枢神经系统对缺氧的耐受性，改善脑循环；③对离体心脏有兴奋作用，增加冠状动脉血流量；④人工或天然麝香酮对麻醉猫有升压及增加呼吸频率的作用；⑤麝香对离体及在体子宫均呈明显兴奋作用，后者更为敏感，妊娠子宫又较非妊娠子宫敏感；⑥麝香酊的稀释液，在试管内能抑制大肠杆菌、金黄色葡萄球菌、猪霍乱菌；⑦有抗炎作用。

近代研究从小灵猫可采取灵猫香，具有与麝香相似的功效，可外用或内服。另外，人工合成的人工麝香，与天然麝香的性能、功用基本相同，现已广泛用于人医临床，代替天然麝香，弥补药源的不足。

冰　片

为龙脑香科常绿乔木龙脑香树脂加工品，或龙脑香的树干经蒸馏冷却而得的结晶，称“龙脑冰片”，亦称“梅片”。由菊科多年生草本植物艾纳香（大艾）叶的升华物经加工劈削而成，称“艾片”。现多用松节油、樟脑等，经化学方法合成，称“机制冰片”。冰片成品须贮于阴凉处，密闭。研粉用。龙脑香主产于东南亚地区，我国台湾有引种；艾纳香主产于广东、广西、云南、贵州等地。

【性味归经】辛、苦，微寒。归心、脾、肺经。

【功效】开窍醒神，清热止痛。

【应用】

▷ 用于闭证神昏。本品有开窍醒神之功效，但不及麝香，二者常相须为用。然冰片性偏寒凉，为凉开之品，宜用治热病神昏、痰热内闭、暑热卒厥、惊风等热闭，常与牛黄、麝香、黄连等配伍，如安宫牛黄丸。与温里祛寒及性偏温热的开窍药配伍，也可以治疗寒闭。

▷ 用于目赤肿痛，喉痹口疮。本品苦寒，有清热止痛、消肿之功，为治疗五官热毒常用药。治疗目赤肿痛，单用点眼即效，也可与炉甘石、硼砂、熊胆等制成点眼药水，如八宝眼药水。治疗咽喉肿痛、口舌生疮，常与硼砂、朱砂、玄明粉共研细末，吹敷患处，如冰硼散。治疗风热喉痹，《濒湖集简方》以之与灯芯草、黄柏、白矾共为末，吹患处取效。

▷ 用于疮疡肿痛，溃后不敛。本品亦有清热解毒、防腐生肌作用。以本品与银朱、香油制成红褐色药膏外用，可治烫火伤；与象皮、血竭、乳香等同用，治疗疮疡溃后不敛，如生肌散。

【用法用量】入丸散剂，马、牛 3～4 g，猪、羊 0.5～1 g，犬 0.5～0.75 g。

【使用注意】孕畜慎用。

【现代研究】

主要成分：龙脑冰片含右旋龙脑，葎草烯、β-榄香烯、石竹烯等倍半萜，以及齐墩果酸、麦珠子酸、积雪草酸、龙脑香醇、古柯二醇等三萜化合物。艾片含左旋龙脑。机制冰片的主要成分为消旋混合龙脑。

药理研究：①冰片局部应用对感觉神经有较微刺激，有一定的止痛及温和的防腐作用；②较高浓度（0.5%）对葡萄球菌、链球菌、肺炎双球菌、大肠杆菌及部分致病性皮肤真菌等有抑制作用；③对中、晚期妊娠小鼠有引产作用。

苏 合 香

为金缕梅科乔木苏合香树的树脂。初夏时将树皮击伤或割破，深达木部，使香树脂渗入树皮内。至秋季剥下树皮，榨取香树脂，即为普通苏合香。如将普通苏合香溶解于酒精中，过滤，蒸去酒精，则为精制苏合香。成品应置阴凉处，密闭保存。主产于非洲、印度及土耳其等地，我国广西有栽培。

【性味归经】辛，温。归心、脾经。

【功效】开窍醒神，辟秽止痛。

【应用】

▷ 用于寒闭神昏。苏合香辛香气烈，有开窍醒神之效，且长于温通，辟秽，故宜治面青、身凉、苔白、脉迟之寒闭神昏。如治疗中风痰厥、惊痫等属于寒邪、痰浊内闭者，每与麝香、安息香、檀香等同用，如苏合香丸。

▷ 用于胸腹冷痛，满闷。本品温通、走窜，可收化浊开郁，祛寒止痛之效。用治痰浊、血瘀或寒凝气滞之胸脘痞满、冷痛等症，常与冰片等同用，如冠心苏合丸或苏冰滴丸。

【用法用量】入丸、散剂，马、牛 3～6 g，猪、羊 1～2 g。

【现代研究】

主要成分：本品含游离桂皮酸、桂皮酸、桂皮酯及挥发油。油中成分为苯乙烯、香荚醛、乙基香荚醛。

药理研究：①苏合香为刺激性祛痰药，并有较弱的抗菌作用，可用于各种呼吸道感染；②有温和的刺激作用，可缓解局部炎症，并能促进溃疡与创伤的愈合；③有增强耐缺氧能力的作用，对犬实验性心肌梗塞有减慢心率、改善冠脉流量和降低心肌耗氧的作用；④有抗血小板聚集活性的作用。

石 菖 蒲

为天南星科多年生草本植物石菖蒲的根茎。秋、冬两季采挖，除去叶、须根及泥沙，晒干或鲜用。我国长江流域以南各地均有分布，主产于四川、浙江、江苏等地。

【性味归经】辛、苦，温。归心、胃经。

【功效】开窍宁神，化湿和胃。

【应用】

▷ 用于痰湿蒙闭清窍之神志昏迷。本品辛开苦燥温通，芳香走窜，不但有开窍宁心安神之功，且兼具化湿、豁痰、辟秽之效。开心窍、去湿浊、醒神志为其所长，故宜用治痰湿秽浊之邪蒙蔽清窍所致之神志昏乱。若治痰热蒙蔽，高热、神昏者，常与郁金、半夏、竹沥等配伍，如菖蒲郁金汤；用治痰热癫痫抽搐，可与枳实、竹茹、黄连等配伍，如清心温胆汤。用治湿浊蒙蔽，头晕，嗜睡等症，又常与茯苓、远志、龙骨等配伍，如安神定志丸。

▷ 用于湿阻中焦，脘腹胀闷，痞塞疼痛。本品辛香，化湿消胀、醒脾开胃。用治湿浊中阻，脘闷腹胀，常与香附、砂仁、苍术、陈皮、厚朴等化湿、行气之品同用。

【用法用量】煎服，马、牛 30～60 g，猪、羊 10～15 g，犬 3～5 g，兔、家禽 1～1.5 g。

【现代研究】

主要成分：本品含挥发油 0.11%～0.42%，其中主要为 β-细辛醚、α-细辛醚、细辛醚等，尚含有氨基酸、有机酸和糖类。

药理研究：①石菖蒲水煎剂、挥发油或细辛醚、β-细辛醚均有镇静作用；②水煎剂有抗惊厥作用；③对豚鼠离体气管和回肠有很强的解痉作用，煎剂可促进消化液分泌，制止胃肠的异常发酵；④高浓度浸出液对常见致病性皮肤真菌有抑制作用。

蟾　酥

为蟾蜍科动物中华大蟾蜍、黑眶蟾蜍或其同属它种蟾蜍的耳后腺及皮肤腺所分泌的白色浆液，经收集加工而成。产于全国大部分地区。

【性味归经】甘、辛，温。有毒。入心、胃经。

【功效】解毒消肿，辟秽通窍。

【应用】

▷ 本品有较强的解毒消肿止痛作用，主要用于痈肿疔毒，咽喉肿痛等症，多外用，也常入丸剂用，如六神丸。

▷ 本品辟秽通窍醒脑，适用于感受秽浊之气猝然昏倒之症，常与麝香、丁香等配伍。

【用法用量】入丸、散剂，马、牛 1.5～3 g，猪、羊 0.1～0.3 g。

【使用注意】孕畜忌用。

【现代研究】

主要成分：本品所含主要成分在化学上属甾族化合物，总名蟾蜍二烯内酯，其中包括蟾蜍它灵、华蟾蜍精、华蟾蜍它灵、蟾蜍灵等多种。

药理研究：蟾酥毒有洋地黄样强心作用，蟾蜍灵、华蟾蜍精具有与肾上腺素相似的升压作用和中枢性兴奋呼吸作用。蟾酥 80%酒精提取物有表面麻醉作用，其中蟾蜍灵作用最强，相当于可卡因的 90 倍。蟾蜍总苷注射液对变形杆菌、绿脓杆菌、四联球菌、白色葡萄球菌、卡他球菌有抑制作用。蟾酥有镇痛作用，对横纹肌、子宫和输卵管有兴奋作用，还有平喘、镇咳、抗炎、抗肿瘤、抗放射及升高白细胞等作用。

皂角（皂荚）

为豆科植物皂荚树的干燥果实。主产于东北、华北、中南、四川、贵州等地。

【性味归经】辛，温。有小毒。入肺、大肠经。

【功效】豁痰开窍，消肿排脓。

【应用】本品辛散走窜，豁痰开窍作用较强，主要用于顽痰或风痰阻闭所致猝然倒地之症，常配细辛、天南星、半夏、薄荷等研末吹鼻，促使通窍苏醒。本品还有消肿排脓之效，外用治恶疮肿毒（破溃疮禁用）。

【用法用量】煎服，马、牛 20～40 g，猪、羊 5～10 g。

【使用注意】孕畜及体虚者不宜用。

牛　黄

为牛科动物牛（黄牛）的胆囊结石。研细末用。主产于东北、西北、华北等地。

【性味归经】苦、甘，凉。入心、肝经。

【功效】豁痰开窍，清热解毒，息风止痉。

【应用】

▷ 本品豁痰开窍，兼能清热，适用于热病神昏，痰闭癫痫，邪热狂乱等症，多与麝香、冰片等同用。

▷ 本品清热解毒，适用于热毒郁结所致的咽喉肿痛，口舌生疮，痈疽疔毒等症，常与黄连、雄黄、麝香同用。

▷ 本品息风止痉，用治温病高热引起的痉挛抽搐之症，常与朱砂、水牛角等配伍。

【用法用量】入丸、散剂，马、牛 3～12 g，猪、羊 0.6～2.4 g。

【使用注意】脾胃虚弱及孕畜不宜用，无实热者忌用。

【现代研究】

主要成分：本品含胆酸、脱氧胆酸、胆甾醇及胆红素、麦角甾醇、维生素 D、钠、钙、镁、铁、铜、磷等，尚含类胡萝卜素及丙氨酸、甘氨酸等多种氨基酸。

药理研究：本品有镇静、镇痉作用，对离体豚鼠心脏有兴奋作用，有使血管扩张及抗肾上腺素作用而使血压下降。所含大多数胆酸，尤其是脱氧胆酸，均能松弛胆道口括约肌，促进胆汁分泌而有利胆作用。牛磺酸 *N*-二硫代氨基甲酸钠对四氯化碳引起的急性及慢性大鼠肝损害有显著的保护作用。家兔口服牛黄能显著增加末梢血内的红细胞。本品亦能与多种有机物结合成稳定化合物,而起到解毒作用。

二、安神开窍方剂

以养心、重镇安神的药物为主,具有镇静安神作用,主治惊悸、狂躁不安等症的方剂,称为安神方。以通关开窍药物为主,具有醒神开窍,理气止痛作用,治疗神志昏迷及气滞痰闭等症的方剂,称为开窍方。

朱砂散(《元亨疗马集》)

【组成】朱砂(另研)10 g　党参 30 g　茯神 45 g　黄连 45 g

共为末,开水冲,候温入朱砂,加猪胆汁 50 mL,灌服。

【功效】安神清热,扶正祛邪。

【主治】心热风邪。证见全身出汗,肉颤头摇,气促喘粗,左右乱跌,口色赤红,脉洪数。

【方解】本方用治心热风邪。此由外受热邪,热积于心,扰乱神明所致。方中朱砂镇心安神,茯神宁心安神,二药相配,增进安神作用为主药;黄连清降心火,宁心除烦为辅药;党参益气宁神,固卫止汗,扶正祛邪为佐药;猪胆汁泻火解毒,加强清热作用为使药。诸药合用,安神清热,扶正祛邪。

【临床应用】随证加减,可用于心热风邪等证。心热风邪往往风热挟痰迷乱心窍,应酌加祛痰、开窍药物,如胆南星、天竺黄、石菖蒲等效果更好。

镇心散(《元亨疗马集》)

【组成】朱砂(另研)10 g　茯神 30 g　党参 30 g　防风 30 g　远志 30 g　栀子 30 g　郁金 30 g　黄芩 30 g　黄连 20 g　麻黄 20 g　甘草 20 g

共为末,开水冲,候温加鸡蛋清 4 个、蜂蜜 120 g 入朱砂,灌服。

【功效】清热泻火,镇心安神。

【主治】马心黄。证见眼急惊恐,浑身肉颤,咬身啮足,口色赤红,脉洪数。

【方解】本方为治心热炽盛的标本同治方剂。方中黄连、黄芩、栀子、郁金、鸡蛋清清心泻火,除三焦郁热为主药;朱砂、茯神、远志宁心安神为辅药;麻黄、防风疏风解表,以散热自表出,党参、甘草、蜂蜜益气和中,以扶正气均为佐药。诸药相合,清热泻火,镇心安神。

【临床应用】用于表里热盛,热极生风的惊狂、抽搐及神失所主等。昏迷痴呆加天竺黄、石菖蒲,惊恐加龙齿、珍珠母,热盛加大青叶、板蓝根等。

通关散(《丹溪心法附余》)

【组成】猪牙皂角、细辛各等份

共为极细末,和匀,吹少许入鼻取嚏。

【功效】通关开窍。

【主治】高热神昏,痰迷心窍。

【方解】本方是回苏醒神的救急之剂。方中皂角味辛散,性燥烈,祛痰开窍,细辛辛香走窜,开窍醒神,合用有开窍通关作用。因鼻为肺窍,用于吹鼻,能使肺气宣通,气机畅利,神志苏醒而用于急救。

【临床应用】急救高热神昏,痰迷心窍,昏迷不醒,以及胃肠冷痛等。

第十四节　驱虫药及方剂

一、驱　虫　药

凡能驱除或杀灭畜禽体内外寄生虫的药物叫作驱虫药。

虫证一般具有毛焦肷吊,口色、结膜淡白,饱食不长或大便失调等症状,进行粪便检查时可发现虫卵或虫体。

使用驱虫方药时,必须根据寄生虫的种类、病情的缓急和体质的强弱,采取急攻或缓驱。对于体弱脾虚的病畜禽,可采用先补脾胃后驱虫,攻补兼施的办法。同时要注意驱虫药对寄生虫的选择作用,如治蛔虫病选用使君子、苦楝皮,驱绦虫时选用槟榔等。驱虫方药以空腹投服为好,驱虫时应保证畜禽不受惊扰,同时要加强饲养管理,使虫去而不伤正,迅速恢复健康。

驱虫药不但对虫体有毒害作用,而且对畜体也有不同程度的副作用,所以使用时必须掌握药物的用量和配伍,以免引起中毒。

雷　丸

为多孔菌科植物雷丸菌的干燥菌核。多寄生于竹的枯根上,切片生用或研粉用,不宜煎煮。主产于四川、贵州、云南等地。

【性味归经】苦,寒。入胃、大肠经。

【功效】杀虫。

【应用】本品有杀虫作用,以驱杀绦虫为主,亦能驱杀蛔虫、钩虫。使用时可以单用或配伍槟榔、牵牛子、木香等同用。

【用法用量】入丸、散剂，马、牛 30～60 g，猪、羊 6～12 g。

【现代研究】本品含雷丸素(一种蛋白酶)，为驱绦虫有效成分。雷丸素的驱绦虫作用，是因其对蛋白质的分解，致虫节破坏所致。对蛔虫、钩虫、阴道滴虫及囊虫也有杀灭作用。

使君子

为使君子科植物使君子的果实。打碎生用或去壳取仁炒用。主产于四川、江西、福建、台湾、湖南等地。

【性味归经】甘，温。入脾、胃经。

【功效】杀虫消积。

【应用】本品为驱杀蛔虫要药，也可以治疗蛲虫病，可单用或配槟榔、苦楝子等同用；外用可治疥癣。

【用法用量】煎服，马、牛 30～60 g，猪、羊 15～20 g。

【现代研究】本品含使君子酸钾、吡啶、蔗糖、胡卢巴碱及 20%～27%的脂肪油。本品对蛔虫、蛲虫均有较强的麻痹作用。其驱虫的有效成分主要是使君子酸钾，亦有报道与所含的吡啶有关。使君子水浸剂对某些皮肤真菌有抑制作用。

川楝子

为楝科植物川楝的干燥成熟果实。生用或炒用。主产于四川、湖北、贵州、云南等地。

【性味归经】苦，寒。有小毒。入肝、心包、小肠、膀胱经。

【功效】杀虫，理气，止痛。

【应用】用于驱杀蛔虫、蛲虫时多入复方，常与使君子、槟榔等同用，但本品驱虫之力不及苦楝根皮，故少用以驱虫；因能理气止痛，主要用于湿热气滞所致的肚腹胀痛，常配延胡索、木香等同用。

【用法用量】煎服，马、牛 20～45 g，猪、羊 6～10 g。

【现代研究】本品含川楝素、楝树碱、山柰醇及脂肪油等。川楝素对猪蛔虫、蚯蚓、水蛭等有明显的杀灭作用；能兴奋肠管平滑肌，使其张力和收缩力增加。川楝子对金黄色葡萄球菌有抑制作用。内服过量可出现中毒反应，主要表现为肝损害、中毒性肝炎、精神失常、视力障碍、胃及小肠炎症、内脏出血、血压下降、呼吸循环衰竭，甚至死亡。

[附药] 苦楝根皮

本品苦，寒。有毒。入脾、肝、胃经。具有驱杀多种肠内寄生虫的作用，但以驱杀蛔虫效强。马、牛一般可用100～150 g，猪、羊30～50 g。

南瓜子

为葫芦科植物南瓜的干燥成熟种子。主产于我国南方各地。

【性味归经】甘，平。入胃、大肠经。

【功效】驱虫。

【应用】用于驱杀绦虫，可单用，但与槟榔同用疗效更佳。也可用于血吸虫病。

【用法用量】煎服，马、牛250～500 g，猪、羊60～90 g。

【现代研究】本品含南瓜子氨酸、脂肪油、蛋白质及维生素A、维生素B_1、维生素B_2、维生素C等。南瓜子氨酸对绦虫的中段及后段有麻痹作用，并与槟榔有协同作用；对血吸虫幼虫有抑制和杀灭作用，使成虫虫体萎缩、生殖器退化、子宫内虫卵减少，但不能杀灭。

大蒜

为百合科植物蒜的鳞茎，俗称蒜头。去皮捣碎用。各地均产。

【性味归经】辛，温。入肺、脾、胃经。

【功效】驱虫健胃，化气消胀，消疮。

【应用】

▷ 内服有解毒杀虫作用，主要用以驱杀蛲虫、钩虫，但须与槟榔、鹤虱等配伍；用治痢疾、腹泻，可单用，亦可用5%的浸液灌肠。

▷ 外用有解毒消痈作用，用于疮痈初起，可捣烂外敷。

【用法用量】煎服，马、牛60～120 g，猪、羊15～30 g。

【现代研究】本品主含挥发油，主要成分为大蒜素，为一种植物杀菌素。

大蒜的挥发油、浸出液及大蒜素对多种致病细菌、真菌、阿米巴原虫及阴道滴虫等具有明显的抑菌或杀菌作用。其水浸液腹腔注射，对小鼠艾氏腹水癌有一定的效果。饲以新鲜大蒜之雌小鼠可完全抑制乳腺癌发生。大蒜素同系物乙基硫代磺酸乙酯对小鼠S180肉瘤及大鼠Murphy-Sturm淋巴肉瘤均有明显抑制作用。此外，本品还有降血脂、降压、增强免疫功能、促进分娩的作用。

蛇床子

为伞形科植物蛇床的干燥成熟果实。主产于山东、河北、江苏、浙江等地。

【性味归经】辛、苦，温。有小毒。入肾、三焦经。

【功效】燥湿杀虫，温肾壮阳。

【应用】

▷ 外用有杀虫止痒之效，主要用于湿疹瘙痒，多与白矾、苦参、银花等煎水外洗；用于荨麻疹，可配地肤子、荆芥、防风等煎水外洗。

▷ 内服有温肾壮阳之功，可治肾虚阳痿、腰胯冷痛、宫冷不孕等证，可与五味子、菟丝子、巴戟天等同用。

【用法用量】煎服，马、牛 15～30 g，猪、羊 5～10 g。

【使用注意】阴虚火旺者忌用。

【现代研究】本品含香豆精类成分蛇床子素、二氢山芹醇等。另含挥发油，油中主要成分为左旋蒎烯、莰烯、异戊酸龙脑酯等。

本品有杀灭阴道滴虫的作用，对絮状表皮癣菌等有抑制作用，对流感病毒有明显抑制作用，对新城疫病毒有一定抑制功能。本品有类性激素样作用，能延长小鼠的动情期，缩短动情间期，并能使去势鼠出现动情期。

鹤　虱

为菊科植物天名精（北鹤虱）或伞形科植物野胡萝卜（南鹤虱）的干燥成熟果实。前者各地均产，后者主产于江苏、浙江、安徽等地。

【性味归经】苦、辛，平。有小毒。入肝、大肠经。

【功效】杀虫。

【应用】可用于治疗多种肠内寄生虫病，但较多用于驱杀蛔虫、蛲虫、绦虫、钩虫等，常与川楝子、槟榔等同用。此外，还可外治疥癞。

【用法用量】煎服，马、牛 15～30 g，猪、羊 3～6 g。

贯众（贯仲）

为鳞毛蕨科植物贯众的干燥根茎及叶柄残基。主产于湖南、广东、四川、云南、福建等地。

【性味归经】苦，寒。有小毒。入肝、胃经。

【功效】杀虫，清热解毒。

【应用】用于驱杀绦虫、蛲虫、钩虫，可与芜荑、百部等同用；用于湿热毒疮，时行瘟疫，可单用或配伍白药子、金银花等清热解毒药。本品炒炭与旱莲草、生地等同用，可治疗子宫出血、衄血等血热出血证。外用还可治疗疥癞。

【用法用量】煎服，马、牛 30～90 g，猪、羊 3～10 g。

【使用注意】肝病、贫血、衰老病畜及孕畜忌用。

【现代研究】本品主含东北贯众素、三叉蕨素、东北贯众醇、绵马酸、黄绵马酸、绵马酚等。

本品对乙脑病毒、流感病毒、腮腺炎病毒等有抑制作用。绵马酸、黄绵马酸有较强的驱虫作用，对绦虫有强烈毒性，可使绦虫麻痹而排出。紫萁贯众能驱钩虫、蛔虫、鞭虫等。贯众对离体子宫有较强的收缩作用。

石榴皮

见收涩药。

常山

为虎耳草科植物黄常山的根。晒干切片，生用或酒炒用。主产于长江以南各地及陕西、甘肃等地。

【性味归经】苦、辛，寒。有小毒。入肝、肺经。

【功效】截疟，杀虫，解热。

【应用】本品是抗疟专药，除杀灭疟原虫外，还可杀球虫，故能治鸡疟、鸭疟及鸡、兔球虫病。此外，还可退热。

【用法用量】煎服，马、牛 25～50 g，猪、羊 5～10 g。

【现代研究】本品主含常山碱甲、乙、丙，其次还含常山次碱及伞形花内酯等。

生物碱对疟原虫有较强的抑制作用。其中：常山碱丙的抗疟作用最强，约相当于奎宁的 100 倍；常山碱乙次之，约为奎宁的 50 倍；常山碱甲最弱，大致与奎宁相等。常山碱乙有抗阿米巴原虫和催吐作用，其催吐作用主要是通过刺激胃肠的迷走与交感神经末梢而反射性地引起的。常山煎剂对人工发热兔有退热作用。常山碱有降压作用。常山水提取液对流感病毒有抑制作用。常山碱乙对艾氏腹水癌细胞有明显毒杀作用。常山碱有毒，中毒主要表现为恶心、呕吐、腹泻及胃肠黏膜充血出血。

二、驱虫方剂

以驱虫药为主组成，具有驱杀体内寄生虫作用，主治蛔虫、蛲虫、绦虫等胃肠道寄生虫病的一类方剂，称为驱虫方。

万应散(《医学正传》)

【组成】槟榔 30 g　大黄 60 g　皂角 30 g　苦楝根皮 30 g　黑丑 30 g　雷丸 20 g　沉香 10 g　木香 15 g

共为末，温水调服。

【功效】攻积杀虫。

【主治】蛔虫、姜片虫、绦虫等虫积、内阻证。

【方解】方中雷丸、苦楝根皮能驱虫、杀虫共为主药；黑丑、大黄、槟榔、皂角既能攻积、又可杀虫为辅药；木香、沉香行气温中为佐药。合为攻积杀虫之方。

【临床应用】用于驱蛔虫、姜片虫、绦虫等虫积证。本方攻逐之力较强，对孕畜及体虚脉弱者慎用。

肝蛭散(《中兽医药方及针灸》)

【组成】苏木 30 g　肉豆蔻 20 g　茯苓 30 g　贯众 45 g　龙胆草 30 g　木通 20 g　甘草 20 g　厚朴 20 g　泽泻 20 g　槟榔 30 g

共为末，温水调服(羊剂量酌减)。

【功效】杀虫利水，行气健脾。

【主治】肝片吸虫病。

【方解】方中贯众、槟榔杀虫为主药；苏木活血止痛，龙胆草利湿健脾，木通、泽泻利水消肿，茯苓健脾渗湿，厚朴、豆蔻、甘草理气健脾均为佐使药。

【临床应用】适用于牛羊肝片吸虫病。

化虫汤(《中兽医药方及针灸》)

【组成】鹤虱 30 g　使君子 30 g　槟榔 30 g　芜荑 30 g　雷丸 30 g　贯众 30 g　乌梅 30 g　百部 30 g　诃子肉 30 g　大黄 30 g　榧子 30 g　干姜 15 g　附子 15 g　木香 15 g

共为末，蜂蜜 250 g 为引，开水冲调，空腹服。服后 1 h 再灌植物油或石蜡油 500 mL。

【功效】驱虫。

【主治】胃肠道虫积证。

【方解】方中鹤虱、使君子、槟榔、芜荑、雷丸、贯众、乌梅、百部、榧子驱杀胃肠诸虫；干姜、附子、诃子肉温脾暖肠胃；大黄通肠利便，引药下行；木香行气止痛；蜂蜜和中。

【临床应用】驱杀胃肠诸虫。

第十五节　外用药及方剂

凡以外用为主，通过涂敷、喷洗形式治疗畜禽外科疾病的方药叫作外用方药。

外用方药一般具有杀虫解毒，消肿止痛，去腐生肌，收敛止血等功用。临床多用于疮疡肿毒、跌打损伤、疥癣等病证。由于疾病发生部位、过程及症状不同，外用方药采用外敷、喷射、熏洗、浸浴等不同的使用方法。

外用药多数具有毒性，内服时必须严格按照制药的方法进行处理及操作（如砒石、雄黄等），以保证安全。外用方较少单用，一般都是复方。

一、外　用　药

冰　片

见安神开窍药。

硫　磺

硫磺为斜方晶系黄矿或含硫矿物的提炼品。色光质脆者佳。主产于山西、陕西、河南、广东、台湾等地。

【性味归经】酸，温。有毒。入肾、心包、大肠经。

【功效】外用解毒杀虫，内服补火助阳。

【应用】

▷ 治疗皮肤湿烂、疥癣阴疽等证，常制成10％～25％的软膏外敷，或配伍轻粉、大风子等；对于顽癣瘙痒等，可配伍冰片、轻粉、蛇床子、明矾等制成散剂外用。

▷ 用于命门火衰、腰膝酸冷、阳痿等症，可与附子、肉桂配伍；治脏寒气滞、大便冷秘，常与生姜、半夏配伍；治肾虚不纳气之喘逆，可配胡卢巴、补骨脂、五味子等。

【用法用量】宜做丸、散、膏剂用。马、牛10～30 g，猪、羊3～6 g。

【使用注意】阴虚阳亢及孕畜忌用。

【现代研究】纯品主含硫。本品内服后在肠内一部分变为硫化物或硫化氢，能刺激肠壁而有致泻作用。升华硫有杀菌及杀疥虫作用，局部应用对皮肤有溶解角质的作用。空气中硫化氢浓度过高，可直接麻痹中枢神经细胞而导致死亡。

雄　黄

为含硫化砷的矿石。主产于湖南、贵州、湖北、云南、四川等地。

【性味归经】辛，温。有毒。入肝、胃经。

【功效】杀虫解毒。

【应用】本品有解毒止痒的作用，用于治疗各种恶疮疥癣，毒蛇咬伤。治疥癣，研末撒或制成油剂外涂；治湿疹，与煅白矾末外撒；治毒蛇咬伤，以本品与五灵脂共为末，酒调 2～3 g 涂伤处。

【用法用量】可入丸、散剂，马、牛 2～3 g，猪、羊 0.1～0.3 g。

【使用注意】孕畜禁用。

【现代研究】本品主含硫化砷，并含少量其它重金属盐。本品水浸剂(1∶2)，在试管内对多种皮肤真菌有不同程度的抑制作用。用菖蒲、艾叶、雄黄合剂烟熏 2～4 h 以上，对金黄色葡萄球菌、变形杆菌、绿脓杆菌均有杀菌作用，有抗血吸虫及疟原虫作用。

铅丹(章丹、黄丹)

为纯铅制炼而成的四氧化三铅(Pb_3O_4)。主产于河南、广东、福建、湖南等地。

【性味归经】辛，微寒。有毒。入心、脾、肝经。

【功效】解毒生肌，坠痰镇惊。

【应用】外用有良好的解毒、止痒、收敛、生肌等功效，用于治疗各种疮疡肿毒、溃疡久不收口及毒蛇咬伤。疮疖肿毒外敷本品可使脓溃肿消，已溃者能拔毒生肌。除散剂外，多以本品与植物油加热化合制成膏剂使用。内服与除痰安神药同用，可治癫痫。

【用法用量】宜外用，马、牛 3～6 g，猪、羊 1～2 g。

【使用注意】不宜多次服用，以防中毒。

炉甘石

为天然产的菱锌矿(含碳酸锌矿石)。火煅或醋淬后，研末用或水飞用。主产于广西、湖南、四川等地。

【性味归经】甘，平。入胃经。

【功效】明目去翳，收湿生肌。

【应用】

▷ 本品为眼科要药，外用点眼，既能解毒，又长于去翳脱腐及收敛止泪。主要用于肝热目赤肿痛、羞明多泪及睛生翳膜等证。常与冰片、硼砂、玄明粉等共为末点眼。

▷ 本品具有解毒、止痒和吸湿敛疮之效，用于湿疹，疮疡多脓或久不收口等证，多与铅丹、煅石膏、枯矾、冰片等合用。

【用法用量】外用适量。

石　　灰

为石灰石($CaCO_3$)煅烧而成的氧化钙(CaO)。各地均产。

【性味归经】辛,温。有小毒。

【功效】生肌,杀虫,止血,消胀。

【应用】

▷ 本品具有较强的解毒和止血作用。外用于汤火烫伤、创伤出血,用风化石灰 0.5 kg,加水四碗,浸泡、搅拌,澄清后吹去水面浮衣,取中间清水,加等量麻油调成乳状,搽涂烫伤处。陈石灰研末单用或配伍大黄调制成"桃花散"用于治疗新鲜创伤,具有止血消肿之功。

▷ 本品有化气消胀作用,制取 10%的清液 500～1 000 mL 灌服,可治牛臌胀症。

【用法用量】外用适量。除治疗牛臌胀外,一般不作内服用。

明矾(白矾)

为含硫酸盐类矿石中的明矾石煎炼而成。煅后名枯矾。生用或煅后研末用。主产于山西、甘肃、湖北、浙江、安徽等地。

【性味归经】酸,寒。入脾经。

【功效】杀虫,止痒,燥湿祛痰,止血止泻。

【应用】

▷ 本品有解毒杀虫之功,外用枯矾,收湿止痒效果更好,主要应用于疮痈肿毒,湿疹疥癣,口舌生疮等证。治疮痈肿毒,常配等份雄黄,浓茶调敷;治湿疹疥癣,多与硫磺、冰片同用;治口舌生疮可与冰片、青黛、黄柏共研末外敷;治疗耳内流脓,可与黄丹、冰片配伍吹患处。

▷ 本品内服多用生白矾,具有较强的祛痰作用,用于风痰壅盛或癫痫等证。如治风痰壅盛,喉中声如拉锯,常配半夏、牙皂为末,温水调灌。

▷ 用于久泻不止,单用或配伍五倍子、诃子、五味子等;本品有较好的收敛止血作用,用于便血、子宫出血可与五倍子、血余炭同用。

【用法用量】入丸、散剂,马、牛 15～30 g,猪、羊 3～10 g。

【现代研究】本品主含硫酸铝钾。本品对金黄色葡萄球菌、变形杆菌、绿脓杆菌、炭疽杆菌、痢疾杆菌、伤寒杆菌、副伤寒杆菌、白色念珠菌、链球菌、肺炎双球菌、白喉杆菌等多种细菌有抑制作用,并有明显的抗阴道滴虫作用。此外,白矾有收敛、消炎、防腐、止血等作用。白矾水有净水及灭菌作用。

儿茶(孩儿茶)

为含羞草科植物儿茶的枝叶加水煎汁浓缩而成的干燥浸膏。主产于云南南部,海南岛有栽培。

【性味归经】苦、涩,微寒。入肺经。

【功效】外用收湿敛疮、止血,内服清热化痰。

【应用】

▷ 用于湿疮、疮疡多脓久不收口,常以本品配伍龙骨、轻粉、冰片,如龙骨儿茶散;治口疮牙龈溃烂,可与青黛、黄柏、薄荷等同用;治咽喉肿痛,配冰片、硼砂研末吹患处。

▷ 本品性收敛,具有止泻、止血之功。内服治泄痢、便血,常配黄柏、黄连;治外伤出血,单用或同三七研末敷患处。

▷ 本品具有清热化痰生津作用,用治肺热咳嗽,常配伍桑叶、硼砂等药。

【用量】马、牛 15～30 g,猪、羊 5～10 g。

【现代研究】本品含儿茶鞣酸、赭朴鞣质以及非瑟素、槲皮素等,还含原儿茶鞣质和没食子酚鞣质。本品有收敛、止泻作用;体外试验对多种皮肤真菌及金黄色葡萄球菌、多种杆菌有不同程度的抑制作用。

硇 砂

为含氯化铵的结晶体。主产于青海、新疆、四川、西藏、陕西等地。

【性味归经】咸、苦、辛,温。入肝、脾、胃经。

【功效】软坚散结,消积祛瘀。

【应用】外伤痈疽疮毒,未成脓者可消,已成脓者能溃,有散结去腐的作用,常配伍穿山甲、黄丹等同用;用治目翳胬肉,单味研末,喷患处。

【用量】马、牛 15～30 g,猪、羊 3～10 g。

硼 砂

为硼砂矿经精制而成的结晶。主产于西藏、青海、四川等地。

【性味归经】苦、咸,凉。入肺、胃经。

【功效】解毒防腐,清热化痰。

【应用】

▷ 外用有良好的清热和解毒防腐作用,主要用于口舌生疮、咽喉肿痛、目赤肿痛等。治口舌生疮、咽喉肿痛,常与冰片、玄明粉、朱砂等配伍,也可单味制成洗眼剂用。

▷ 内服主要适用于肺热痰嗽黏稠及久咳疼痛声嘶等，能清肺热、稀释稠痰，使之易于咳出，常与瓜蒌、青黛、贝母等同用，以增强清热化痰之效。

此外，本品还有化石作用，用于砂淋，常与车前、金钱草等配伍。

【用法用量】马、牛 15～30 g，猪、羊 2～3 g，外用适量。

【现代研究】本品主要成分为四硼酸钠。煅硼砂为脱水四硼酸钠。本品对皮肤黏膜有收敛保护作用和抑制某些细菌生长的作用，内服可防止尿路感染。

斑　蝥

为昆虫南方大斑蝥、黄黑小斑蝥的干燥全体。夏、秋两季捕捉，闷死或烫死，晒干。全国大部分地区均有分布，以安徽、河南、广东、广西、江苏等地产量较大。

【性味归经】辛，寒。有大毒。入胃、肺、肾经。

【功效】攻毒蚀疮，破癥散结。

【应用】

▷ 本品对皮肤有强烈的刺激性，能引起皮肤发赤起泡，外用有攻毒止痒和腐蚀恶疮的功效，用于疥癣恶疮等证。

▷ 内服有破癥散结和解毒之功，用治瘰疬，配玄明粉可消散癥块。

【用法用量】可入丸、散剂，马、牛 10～20 枚，猪、羊 5～10 枚。

【使用注意】孕畜忌用。

【现代研究】本品含斑蝥素、脂肪及树脂、蚁酸、色素等。斑蝥素对小鼠 S180 肉瘤有抑制作用，斑蝥水浸剂对皮肤真菌有不同程度的抑制作用，斑蝥粉与蜂蜜调涂，对甲醛所致兔实验性关节炎有明显的抑制作用。小鼠注射给药的 LD_{50} 为 1.25 mg/kg。小鼠亚急性毒性试验，对心、肝、脾、肺、肾均有不同程度的损害，尤以心、肝为明显。

二、外用方剂

生肌散（《外科正宗》）

【组成】煅石膏 500 g　轻粉 500 g　赤石脂 500 g　黄丹 100 g　龙骨 150 g　血竭 150 g　乳香 150 g　冰片 150 g

共为细末，混匀装瓶备用。用时撒患部。

【功效】去腐，敛口，生肌。

【主治】外科疮疡。

【方解】方中轻粉、黄丹、冰片清热解毒、防腐消肿为主药；乳香、血竭活血化瘀、消肿止痛，煅石膏、龙骨、赤石脂敛疮生肌为辅佐药。诸药相合，可去腐、敛口生肌。

【临床应用】适用疮疡溃后，久不收口。

桃花散(《医宗金鉴》)

【组成】陈石灰 500 g　大黄 90 g

陈石灰用水泼成末，与大黄同炒至石灰呈粉红色为度，去大黄，将石灰研细末备用。

【功效】止血，结痂，加速新鲜创伤愈合。

【主治】新鲜创伤出血。

【方解】方中石灰敛伤止血为主药；大黄凉血消肿为辅药。二药同炒能增强石灰敛伤止血之功效。

【临床应用】外撒创面或撒布后用纱布包扎以止新鲜创伤出血，效果良好。

冰硼散(《外科正宗》)

【组成】冰片 50 g　朱砂 60 g　硼砂 500 g　玄明粉 500 g

共为极细末，混匀，用时吹撒患处。

【功效】清热解毒，消肿止痛。

【主治】口舌生疮，咽喉肿痛。

【方解】方中诸药均具寒凉之性，有清热解毒作用，冰片、硼砂又可消肿止痛、生肌敛疮，朱砂能防腐疗疮，玄明粉泻火解毒。诸药合用，共奏清热解毒，消肿止痛，敛疮之功效。

【临床应用】用于各种家畜的口舌生疮，咽喉肿痛之症。

青黛散(《元亨疗马集》)

【组成】青黛、黄连、黄柏、薄荷、桔梗、儿茶各等份共为极细末，混匀装瓶备用。用时可装入纱布袋内让家畜口噙，或多次吹撒于患处。

【功效】清热解毒，消肿止痛。

【主治】舌疮。

【方解】本方为治心热舌疮之专剂，心外应于舌，舌为心之苗，心经积热，则口舌生疮。方中青黛、黄连清心热为主药；儿茶生肌敛疮为辅药；黄柏清热解毒，薄荷性轻浮，清上焦风热，利咽喉，桔梗清热到咽喉，载药上行共为佐药。诸药合用，共奏清热解毒、消肿止痛、敛疮之功效。

【临床应用】适用于心经实热而致口舌生疮，咽喉肿痛。

如意金黄散（《外科正宗》）

【组成】天花粉 300 g　黄柏 150 g　大黄 150 g　白芷 150 g　生南星 60 g　苍术 60 g　厚朴 60 g　陈皮 60 g　生甘草 60 g　姜黄 150 g

共研细末，混匀，装瓶备用。用时以醋或蜂蜜调敷患部。

【功效】清热解毒，清肿止痛。

【主治】体表热性疮肿。

【方解】方中天花粉、黄柏、大黄药性大寒，均具清热泻火、解毒、消肿散结之功，为主药；白芷、南星消肿散结为辅药；姜黄、苍术、厚朴、陈皮理血行气为佐药，甘草调和诸药。诸药合用，加之用醋或蜂蜜调敷以除热毒，本方既能清热泻火解毒，又能使气行血活而痛止，为热性疮肿之良方。

【临床应用】临床多用于热性疮疡未成脓者，也可用于湿疹等。

雄黄散（《元亨疗马集》）

【组成】雄黄、白及、白蔹、龙骨、大黄各等份，共为细末，温醋或水调敷，亦可撒布创面。

【功效】拔毒消肿，活血止痛。

【主治】体表各种急性黄肿初中期而见红、肿、热、痛者或外伤肿痛等，将溃者勿用。

【方解】方中大黄清热泻火、逐瘀消肿，雄黄解毒防腐共为主药；白及、白蔹、龙骨消肿止痛，为辅药；使醋以黏附诸药，并增强活血消肿之效。诸药寒凉，能散热结，疏邪滞，对肿胀未溃属热者，可使肿消痛止。

【临床应用】各种外科热性肿胀。对外伤瘀血、肿痛、发热者，可加用红花。

九一丹（《医宗金鉴》）

【组成】煅石膏 9 份　红升丹 1 份

共为细末，混匀，装瓶备用，用时撒于疮口或纱布条蘸药插入脓腔中。

【功效】提脓拔毒，去腐生肌敛口。

【主治】疮疡久溃不收者。

【方解】疮疡久溃不收是因余腐不尽，新肉不生之故。方中红升丹拔毒祛腐，生肌止痛为主药，煅石膏洁净疮面，吸湿祛腐，煅石膏量大于红升丹，可防止红升丹腐蚀健肌，为辅药。二药合用，可提脓去腐，生肌敛口。

【临床应用】主要用于疮痈溃烂，创口不敛之症。应用时，根据疮肿溃烂情况，可以灵活掌握煅石膏与红升丹的用量比例，溃烂时间长、烂肉多时应减少煅石膏用量而加大红升丹用量。如对于疮疡溃后，局部坚硬肿胀，肉色暗红者，可用五五丹（石膏、黄丹各等份），有利于坏死组织的溶解脱落，加速创口的愈合。五五丹提脓化腐之力较九一丹强，而敛口生肌之力较九一丹弱。

防腐生肌散（《中兽医诊疗》）

【组成】枯矾 500 g　陈石灰 500 g　熟石膏 400 g　没药 400 g　血竭 250 g　乳香 250 g　黄丹 50 g　冰片 50 g　轻粉 50 g

共为极细末，混匀，装瓶备用，用时撒布创面或填塞创腔。

【功效】防腐吸湿，生肌敛口。

【主治】痈疽疮疡和外伤出血等。

【方解】方中枯矾、石灰、石膏吸湿生肌敛疮，乳香、没药、血竭活血消肿止痛生肌，冰片清热消肿止痛，轻粉防腐止痒，黄丹防腐、拔毒生肌，且增加黏性，使各药易于附着创面。诸药相合，防腐生肌、吸湿敛口。

【临床应用】用于疮痈溃烂，疮口不敛。

防风汤（《元亨疗马集》）

【组成】防风、荆芥、花椒、薄荷、苦参、黄柏各等份，水煎二沸，去渣，候温洗患部。

【功效】消肿解毒。

【主治】疮疡肿毒。

【方解】本方为外洗消肿解毒之剂。方中防风、荆芥、薄荷消瘀散结为主药，黄柏、苦参清热解毒兼燥湿，花椒走窜，活血消肿为辅佐之药。诸药合用，共奏清热解毒，活血消肿之功。

【临床应用】外洗治疗各种疮疡。

拨云散（《元亨疗马集》）

【组成】炉甘石 30 g　硼砂 30 g　青盐 30 g　黄连 30 g　铜绿 30 g　硇砂 10 g　冰片 10 g

共为极细末，过筛，点眼用。

【功效】退翳明目。

【主治】外障眼。

【方解】方中炉甘石明目退翳，冰片清热消肿，硼砂清热解毒，青盐凉血明目，四药配伍共奏退翳明目之功，为主药；铜绿去腐解毒，硇砂去胬肉，收湿止痒，为辅药；黄连清热解毒燥湿为使药。诸药合用，解毒去腐，明目退翳。

【临床应用】应用于暴发火眼，红肿流泪，眼边红烂和外障云翳遮睛等眼疾。在治疗外障眼时，也可以炉甘石、硼砂、硇砂、冰片、细瓷（用少许研成极细粉末）组方应用，效果也好。

擦疥方（《元亨疗马集》）

【组成】狼毒 120 g　牙皂 120 g　巴豆 30 g　雄黄 9 g　轻粉 6 g

共为细末，用热油调匀擦，隔日一次。

【功效】灭疥止痒。

【主治】疥癞。

【方解】本方诸药均系辛散有毒之品，合用可以增强解毒、杀疥螨、消肿止痒之功。

【临床应用】治疗家畜疥癞。应用时分片涂擦，并要给家畜带笼嘴，单拴单喂。

临 床 篇

第十章　猪病的防治

一、猪　　瘟

猪瘟是猪的一种急性、热性、高度接触性传染病。其特征是：急性型呈败血症变化，实质器官出血、坏死。亚急性和慢性型除见不同程度的败血性变化外，还发生纤维素性、坏死性肠炎。本病一年四季均可发生，不同品种、年龄、性别的猪均易感染。

(一)病因病机　因未按免疫程序进行免疫或免疫失败，导致猪体抗御特异病原能力丧失，若直接或间接接触该病疫邪，疫邪乘虚而入引起发病。疫疠之气直入营血充斥表里可致高热稽留，全身痉挛、四肢抽搐，皮肤黏膜青紫、出血，并很快死亡；热邪伤肝，肝开窍于目，故见眼结膜潮红肿胀，眼屎增多，眼睑粘连；热结于肠，可见大便秘结或便秘与腹泻交替出现；热伤于肾，冲任不固，则引起母猪流产、早产、死胎、弱胎等。

(二)主证　本病的潜伏期一般为5～7天，最短的2天。根据病程长短和临诊症状可分为最急性型、急性型、亚急性型、慢性型和温和型。

1. 最急性型　多见于流行初期，主要表现为突然发病，高热稽留，体温可达41℃以上，全身痉挛，四肢抽搐，皮肤和可视黏膜发绀、有出血点，倒卧地上，很快死亡，病程1～5天。

2. 急性型　体温升高到41～42℃，稽留不退；精神沉郁，行动缓慢，头尾下垂，嗜睡，发抖，行走时拱背，不食。病猪早期有急性结膜炎，眼结膜潮红，眼角有多量脓性分泌物，甚至使眼睑粘连。口腔黏膜发绀，有出血点。公猪包皮积尿，用手可挤出混浊恶臭尿液。病初出现便秘，排出球状并带有血丝或伪膜的粪块，随病程的发展呈现腹泻或腹泻、便秘交替出现。皮肤初期潮红充血，随后在耳、颈、腹部、四肢内侧出现出血点和出血斑。死亡前期，体温下降至常温以下，病程一般1～2周。

3. 亚急性型　症状与急性型相似，但较缓和，病程一般3～4周。不死亡者常转为慢性型。

4. 慢性型　主要表现消瘦，全身衰弱，体温时高时低，便秘、腹泻交替，被毛枯燥，行走无力，食欲不佳，贫血。有的病猪在耳端、尾尖及四肢皮肤上有紫斑或坏死痂，病程一个月以上。病猪甚难恢复，不死者长期发育不良，常成为僵猪。

5. 繁殖障碍型(母猪带毒综合征)　孕猪感染后可不发病，但长期带毒，并能通过胎盘传给胎儿。孕猪流产、早产，产死胎、木乃伊胎、弱仔，或新生仔猪先天性头部和四肢颤抖，存活的仔猪可出现长期病毒血症，一般数天后死亡。

6. 温和型　症状较轻且不典型，有的耳部皮肤坏死，俗称干耳朵；有的尾部坏死，俗称干尾巴；有的四肢末端坏死，俗称紫斑蹄。病猪发育停滞，后期四肢瘫痪，不能站立，部分病猪跗关节肿大。病程一般半个月以上，有的经 2～3 个月后才能逐渐康复。

7. 神经型　多见于幼猪。病猪表现为全身痉挛，或不能站立，或盲目奔跑，或倒地痉挛，常在短期内死亡。

(三)防治　目前本病尚无特效药物治疗，应以免疫接种等综合预防措施来控制本病的发生。有的采取一些对症疗法和中草药治疗，可获得一定疗效。

中医治宜清热解毒、活血化瘀、凉血救阴，可选用下列方法之一进行治疗。

▷ 玄参 14 g，连翘 13 g，桔梗 16 g，枳壳 14 g，荆芥 7 g，车前子 16 g，麦冬 16 g，生地 7 g，知母 30 g，生石膏 30 g，薄荷 7 g，银花 25 g，蒲公英 25 g，甘草 10 g。共为细末，白米粥为引冲灌，每天 1 剂，分 2 次服用。该方对早期温和型猪瘟有一定疗效。

▷ 早期用白虎汤加减——生石膏 40 g（先煎），知母 20 g，生山栀 10 g，板蓝根 20 g，玄参 20 g，金银花 10 g，大黄 30 g（后下），炒枳壳 20 g，鲜竹叶 30 g，生甘草 10 g。每天 1 剂，连用 3～5 剂。中晚期用清瘟败毒饮——生石膏 24 g，生地黄 6 g，水牛角 12 g，黄连 5 g，栀子 6 g，牡丹皮 5 g，黄芩 5 g，赤芍 5 g，玄参 5 g，知母 6 g，连翘 6 g，桔梗 5 g，甘草 3 g，淡竹叶 5 g。水煎灌服，每天 1 剂，连用 3～5 剂。

▷ 白砒卡耳：取一耳的中下部无血管处的背侧，用宽针在皮下刺成一皮下囊，放入适量白砒（约 0.06 g），再将白酒 0.5 mL 滴入针眼内，用胶布覆盖针眼即可。药用：板蓝根 30 g，生石膏 100 g，生地 30 g，桔梗 20 g，黄连 15 g，黄芩 20 g，栀子 20 g，玄参 20 g，连翘 30 g，知母 30 g，丹皮 20 g，金银花 20 g，红花 20 g，桃仁 20 g，赤芍 15 g，大黄 40 g，芒硝 100 g，鲜竹叶 20 g，甘草 20 g（50 kg 猪的用量）。水煎 2 次，取汁候温灌服。粪稀者减大黄、芒硝，渴甚者加天花粉、麦冬各 20 g。此法对早期温和型猪瘟有一定效果。

二、猪繁殖与呼吸系统综合征

猪繁殖与呼吸系统综合征是近年来对养猪业损害较大的一种传染病。其特征是：厌食、发烧，孕猪发生流产、产死胎弱仔，仔猪死亡率增高，新生仔猪至育肥猪发生呼吸道症状。本病一年四季均可发生，不同品种、性别、年龄的猪都可感染，但以繁殖母猪和仔猪较易感。

(一)病因病机 一旦病原传至，经口鼻、胎盘或配种等均可传入猪体，若再遇猪舍卫生条件差，饲养密度大，高湿、低温等不良因素致猪非特异免疫力进一步降低，即可暴发本病。邪热在卫则表现发热、食欲不振；邪热入里，壅闭肺气，使肺失宣降，肺气上逆而见呼吸困难或急促；伤于肾，则冲任不固引起流产或早产；母病及子故见仔猪死亡率高；热邪伤气，则气滞血瘀，可见双耳、外阴、尾部、腹部、皮肤及口鼻黏膜青紫、发绀。

(二)主证 猪感染猪繁殖与呼吸系统综合征病毒后，由于饲养管理条件、猪体健康状况、环境条件、有无继发感染等不同，临诊症状不尽相同。临床症状多样性和亚临床感染较多为本病特点。在临床上一般分急性型、慢性型、亚临床型。

1. 急性型

初期：一般持续 1～3 周，主要临诊症状为发热、食欲不振、嗜睡和精神沉郁。幼猪呼吸困难和呼吸急促。另外，少数病猪(5%以下)可在双耳、外阴、尾部、腹部和口部等部位出现一过性(数小时或数天)的青紫、发绀。

高峰期：一般持续 8～12 周，主要临诊症状为妊娠母猪早产、流产，产死胎、木乃伊胎及弱仔，哺乳仔猪死亡率高。同时，部分母猪和其它猪出现中等程度呼吸系统症状。

末期：生殖功能逐渐恢复，仔猪和生长猪发生不同程度呼吸系统症状。

2. 慢性型 仔猪成活率较正常低，生长缓慢，容易继发感染。

3. 亚临床型 无临诊症状，但血清学检查呈阳性。

(三)防治 目前对本病尚无特效的治疗方法，必须以预防为主。选用中药治宜清热解毒、宣肺、安胎。

▷ 可用于仔猪或育成猪：大青叶 9 g，板蓝根 9 g，麻黄 15 g，桔梗 9 g，金银花 9 g，黄芩 9 g，连翘 12 g，杏仁 6 g，百部 9 g，炙甘草 6 g。加水煎两次，合并两次滤液，浓缩到 1∶1 浓度，每千克体重 2 mL 灌服，每天一次，连用 3～5 次。

▷ 可用于怀孕母猪：黄体酮注射液 25 mg，一次肌肉注射；配合中药白术散(白术 30 g，当归 25 g，川芎 15 g，党参 30 g，甘草 15 g，砂仁 20 g，熟地黄 30 g，陈皮 25 g，紫苏梗 25 g，黄芩 25 g，白芍 20 g，炒阿胶 30 g)，每次 60 g 拌入饲料中喂给，每天一次，连用 5 天。

三、猪流行性乙型脑炎

猪流行性乙型脑炎又称日本乙型脑炎，是一种人兽共患的传染病。其特征是：母猪流产和产死胎，公猪发生睾丸炎，少数猪特别是仔猪呈现典型脑炎症状，如高热、狂暴、沉郁等。本病的发生有明显的季节性，主要发生在蚊子猖獗的夏秋季节，不同品种、性别、年龄的猪均可感染。但多呈隐性过程，幼猪和初产母猪发病有明显的临床症状。

(一)病因病机 由于未按程序免疫或免疫失败，造成猪体对该病的特异病原体抵抗力降低或丧失，夏秋季节遭带毒蚊子叮咬而发病。母病及子也是导致仔猪发病的重要原因。热邪直入气分，气分热盛，故见高热稽留，精神沉郁，食欲减少，口渴多饮，小便短赤；热邪伤肝，肝开窍于目，故见结膜潮红；热结大肠，故见粪便干燥；热伤于肾，冲任不固，可见母猪流产、早产，公猪睾丸肿胀热痛；热入营血扰乱心神，故见转圈、磨牙、盲目冲撞、口流白沫等神经症状。

(二)主证 突然发病，体温升高达40～41℃，稽留，可持续几天至十几天。精神沉郁，食欲减退，饮欲增加，喜卧嗜睡。结膜潮红，粪便干燥，尿呈深黄色。仔猪可发生神经症状，磨牙，口流白沫，转圈，视力障碍，盲目冲撞，倒地不起而死亡。怀孕母猪突然发生早产、流产，产木乃伊胎、死胎、弱仔等。死胎儿大小不等，小的如人的大拇指，大的与正常胎儿无大的差别，但多为死胎。弱仔产下后几天内出现痉挛症状，抽搐死亡。母猪流产后，症状很快减轻，体温、食欲慢慢恢复。也有部分母猪流产后，胎衣滞留，发生子宫炎，发烧不退，并影响下次发情和怀孕。公猪发病后，可出现单侧或双侧的睾丸炎，睾丸肿大、发红、发热，手压有痛感，体温稍升高。大多患病数日后，肿胀消退，逐渐恢复正常。少数患猪睾丸逐渐萎缩变硬，性欲减退，精子活力下降，失去配种能力而被淘汰。病猪可以通过精液排出病毒。

(三)防治 预防应注意保持猪场的环境卫生，排除积水，消灭蚊蝇，定期消毒，杜绝传染媒介。一般对后备公母猪在乙脑流行季节前1个月，采用乙脑弱毒疫苗免疫注射两次(间隔10～15天)，以后每年注射一次即可。夏秋季分娩的初产母猪，经免疫后产活仔率可由50%提高到90%以上。

本病一般无特效疗法，临症用抗生素和磺胺类药物防止并发症。以下治疗方法，供选择试用：

▷ 综合治疗方案。①康复猪血清40 mL，一次肌肉注射；②10%磺胺嘧啶钠注射液20～30 mL，25%葡萄糖注射液40～60 mL，一次静脉注射；③生石膏120 g，板蓝根120 g，大青叶60 g，生地30 g，连翘30 g，紫草30 g，黄芩20 g，拳参30 g，热闭心包可去连翘、黄芩，加石菖蒲、钩藤，水煎，成猪一次灌服，每天一剂，连用3～5天，小猪每剂分3～4次灌服；④母猪出现流产先兆可参照“猪繁殖与呼吸系统综合征”治法试治。

▷ 大青叶30 g，黄芩、栀子、丹皮、紫草各10 g，黄连3 g，生石膏100 g，芒硝6 g，鲜生地50 g。水煎至100 mL，候温灌服。

▷ 板蓝根、生石膏各 100 g，大青叶 60 g，生地 50 g，连翘、紫草各 30 g，黄芩 18 g。水煎取汁，一次灌服。

▷ 板蓝根注射液 40 mL（相当生药 20 g），肌肉注射，每天 1 次，连用 3～4 次。

四、猪流行性感冒

猪流行性感冒简称猪流感，是由猪流感病毒引起的一种急性、热性、高度接触性传染病。其特征是：发病急、传播快、发病率高、死亡率低，病猪表现发热，肌肉或关节疼痛和呼吸道症状。本病的发生有明显的季节性，于秋末、寒冬、早春多发，不同品种、性别、年龄的猪均易感。

（一）病因病机　因饲养管理不良，长途运输过于疲劳，拥挤等致猪体虚弱，卫外不固；当气候骤变、冷热失常时，风邪疫毒乘虚而入，侵犯肺卫，肺失宣降，表卫调节失司而致本病。因邪毒犯肺故有咳嗽、流涕、气喘等。

（二）主证　潜伏期 2～7 天，病初体温突然升高至 40.3～42℃，食欲减少或食欲废绝，精神沉郁，呼吸急促，打喷嚏，咳嗽。鼻流出浆液性或脓性鼻涕，眼结膜潮红、流泪并有分泌物。肌肉、关节疼痛，病猪躺卧，不愿站立，不愿行走，强迫行走，表现跛行。病程一般 4～7 天，大部分病猪自行康复，极少死亡。若继发支气管肺炎，则病情加重，甚至发生死亡。

（三）防治　在阴雨潮湿和气候剧变的季节，要保持猪舍清洁、干燥，做到防寒、保暖，定期驱除猪丝虫和消灭蚯蚓。发现病猪应立即隔离治疗，栏舍彻底消毒，以防病情蔓延。本病因无特效药，故一般采用对症疗法以及用抗生素类药物抗继发感染。常见的疗法如下（药量均按 50 kg 体重猪计算）：

▷ 柴胡注射液 2～5 mL，青霉素 120 万 IU 肌肉注射，每天 2 次。

▷ 贯众 60 g，水煎，分 2 次灌服。

▷ 柴胡 30 g，紫苏 15 g，葛根 30 g，知母 15 g，麦冬 15 g，芦根 30 g。水煎，候温灌服。

▷ 金银花、连翘、黄芩、柴胡、牛蒡子、陈皮、甘草各 15～20 g。水煎，候温灌服。

▷ 大青叶、板蓝根各 15 g，双花、荆芥、防风、桂枝各 10 g。肌肉疼痛者加牛膝、木瓜各 15 g；咳喘者加马兜铃、麻黄各 10 g，杏仁 5 g；高热者加黄芩、黄柏、黄连各 10 g；食欲减退者加神曲、麦芽各 15 g，槟榔末 5 g；拉稀粪且发热者加白头翁、黄柏各 15 g，秦皮 10 g。煎汤灌服，每天 1 剂，1～2 剂见效，可再服 1～2 剂善后巩固疗效。

▷ 青蒿 25 g，银柴胡 25 g，桔梗 25 g，黄芩 25 g，连翘 25 g，银花 25 g，板蓝根 25 g。高热不退伴阵咳，且粪干硬者加生石膏、知母、紫草；全身骨节疼痛者加桑叶、葛根、荆芥;体虚者加党参、黄芪、何首乌、甘草。煎汤灌服。

五、猪传染性胃肠炎

猪传染性胃肠炎是由猪传染性胃肠炎病毒引起的猪的一种高度接触性肠道传染病。其特征是:呕吐,水样腹泻,脱水和新生仔猪病死率高。本病多发于冬春寒冷季节,各种品种、性别、年龄的猪均可感染发病,但7日龄以内仔猪发病率和死亡率高(近乎100%),断奶后幼猪、育肥猪、成猪发病症状轻微,多能自然康复。

(一)病因病机 由于猪场卫生条件差,湿热毒邪污染饲料、饮水、用具等,加之冬春季节天气寒冷,猪舍湿度高,饲养密度大,使猪体卫外能力下降,湿热毒邪经口鼻而入,导致本病发生。湿热疫毒内侵,湿热相搏,里结胃肠,故出现呕吐;脾阳不振,水湿运化失司,如命门火衰,不能蒸化水湿,水湿下注而成泄痢。

(二)主证 潜伏期很短,一般为18 h至3天,传播非常迅速,2~3天可传遍全群。

▷ 仔猪突然发病,先发生呕吐,吐出白色乳块并混有少量黄色液体,接着发生水样腹泻,粪便呈黄绿色或灰白色,带有未消化的凝乳块,有恶臭。部分病猪初期体温升高,发生腹泻后体温下降。病猪极度脱水,体重明显下降,被毛粗乱,出现口渴,日龄越小,病程越短,病死率越高,一般在1周内死亡。耐过痊愈仔猪发育不良,常成为僵猪。

▷ 断奶猪、育成猪和成年猪症状较轻。食欲不振,个别猪呕吐,水样腹泻,呈喷射状,粪水呈黄绿色或灰白色。哺乳母猪泌乳量下降或停止。1周左右好转康复,极少死亡。发病猪体温一般正常或低于常温。

(三)防治 预防首先要注意饲养管理,不要引进带毒猪,在晚秋至早春之间的寒冷季节,搞好清洁卫生,定期消毒。目前仍无有效药物治疗,一般采取对症疗法,如止泻、输液等,可采用以下方法试治:

▷ 氯化钠3.5 g,氯化钾1.5 g,碳酸氢钠2.5 g,葡萄糖20 g,常水1 000 mL。配成口服液,让其自饮。为防止继发感染,对2周龄以下的仔猪可适当应用抗生素及其它抗菌药物。

▷ 铁苋菜、地锦草、老鹳草、酢浆草各60 g。煎汤,候温灌服。

▷ 大黄10 g,白芍12 g,白头翁15 g,地榆炭12 g,乌梅15 g,诃子15 g,黄连9 g,甘草12 g,车前子12 g(25 kg体重猪的剂量)。煎汤,候温灌服。

▷ 取黄柏100 g加水煎至200 mL,候温,进行肛门灌注,一剂三煎,当天早晚各灌注一次,次日再灌注一次。

▷ 苍术20 g,白术20 g,川朴20 g,桂枝15 g,陈皮20 g,泽泻20 g,猪苓20 g,

茯苓 20 g,甘草 15 g。水煎取汁灌服。粪干者加大黄或人工盐;腹胀加木香、莱菔子;体弱加党参、当归、苁蓉;体温偏低加附子、肉桂、小茴香;胃寒加干姜或生姜;有表证者加重桂枝;水泻不止加补骨脂、豆蔻、吴茱萸、五味子。

六、猪　肺　疫

猪肺疫是由多杀性巴氏杆菌引起的一种急性传染病,又称猪巴氏杆菌病、猪出血性败血症,世界各国广泛分布,是多种畜禽和野生动物共患的传染病。临床上以体温升高,咽喉肿胀,呼吸困难为特征,一年四季均可发生,中、小猪易感,呈散发性流行。

(一)病因病机　饲养管理不良及气候骤变、受凉感冒或患其它疾病,机体正气受损,卫外能力减弱,病邪经口鼻侵入肺卫,热蒸化毒以致气滞血瘀,继之邪热上冲咽喉则咽喉红肿热痛;痰火郁于肺经,肺失宣降而气逆咳喘、呼吸困难;热入营血,则见皮肤红疹等。

(二)主证　潜伏期 1～5 天,根据病程和临床症状可分为最急性型、急性型和慢性型。

1. 最急性型　常看不到前驱症状,少数猪突然发病迅速死亡。病程稍长的猪表现体温升高到 41～42℃,衰弱,卧地不起或烦躁不安,食欲废绝,呼吸困难,可视黏膜发绀,耳、颈、腹下皮肤出现红斑,指压不褪色,咽喉红肿、坚硬,严重的延伸至耳根、胸前。死前呈犬坐姿势,伸颈呼吸,发出痛苦的喘鸣声,口鼻流出泡沫,有时带血,很快死亡。本型死亡率 100%,病程 1～2 天。

2. 急性型　本型最为常见,病猪体温升高到 40～41℃,先干咳后湿咳,呼吸困难,口鼻流出黏液性分泌物,有时分泌物带血,胸部触诊有痛感,听诊有啰音和摩擦音。先便秘,后下痢。病情严重时,呼吸极度困难,常呈犬坐姿势,伸颈呼吸,可视黏膜发绀,皮肤出现紫斑(瘀血斑或出血斑点),最后衰弱,多因窒息而死亡。部分猪转为慢性。病程 4～6 天。

3. 慢性型　多见于流行后期,猪表现食欲不振,持续咳嗽和呼吸困难,鼻流黏液性、脓性分泌物,消瘦,关节肿胀,常腹泻。如不治疗,多数死亡。病程 3～6 周。

(三)防治　本病应以预防为主,除加强饲养管理,保持猪舍清洁,定期消毒外,还应做好预防注射,发现病猪应及早隔离治疗。治宜清热解毒、泻肺利咽。争取早诊断、早治疗。

1. 最急性型　若发现及时可采取:①静脉或肌肉注射青霉素每千克体重 1 万 U 或链霉素每千克体重 1 万 U,或 0.5%磺胺二甲嘧啶每 50 kg 体重 20～40 mL,或盐酸环丙沙星每千克体重 5 mg;②注射高免血清,小猪 20～30 mL,后备猪 40～

60 mL,成猪 60～80 mL;③清营汤加减:犀角(锉细末冲服,可用 10 倍量水牛角代)3 g,生地 30 g,玄参 20 g,竹叶 20 g,二花 30 g,连翘 30 g,黄连 15 g,麻黄 20 g,百部 15 g,桔梗 15 g,豆根 25 g。若气分热重,重用二花、连翘,减少水牛角、生地、玄参用量。为末水调或煎汤灌服,每天一剂,分两次用。早期发现的可用银翘散加减治疗。

2. 急性型或慢性型　①二花 30 g,连翘 24 g,桔梗 30 g,丹皮 15 g,紫草 30 g,射干 12 g,山豆根 20 g,黄芩 9 g,麦冬 15 g,大黄 20 g,元明粉 15 g,若为慢性型去丹皮、紫草、射干、豆根,加知母、生地,重用黄芩、麦冬,为末水调或煎汤灌服,每天一剂,分两次用;②加减冰硼散:硼砂 1 g,冰片 0.6 g,人中白 1 g,青黛 0.6 g,共为末吹入喉内,每天 3～4 次;③盐酸强力霉素按每千克体重 3～5 mg 肌肉注射,每天一次,连用 2～3 天,也可用卡那霉素等治疗;④针肺俞、苏气、尾尖、山根、玉堂、六脉、耳尖、大椎穴。

3. 慢性型　药用党参、五味子、炙甘草各 7 g,白术 10 g,茯苓 15 g,麦冬 10 g,生姜 3 片,大枣 4 个。煎汤,候温一次灌服。

七、猪　丹　毒

猪丹毒是由猪丹毒杆菌引起的一种急性、热性人畜共患传染病。病情多为急性败血型或亚急性的疹块型,部分病例由急性型转变为慢性的关节炎型或心内膜炎型。本病主要侵害架子猪,哺乳猪和幼龄猪很少发病。发病季节为夏秋季。

(一)病因病机　由于饲养管理不良,气候变化异常,猪舍潮湿不洁,猪吃了被病猪污染的饲料、饮水等引起。猪体正气内虚,感受湿热邪毒,邪毒侵袭肺胃,肺胃内热炽盛,外观肺胃热象;邪热深入营血,血热损伤脉络,外溢肌肤,故见皮肤红色斑疹;邪入于肺,可发咳喘;邪陷胃肠则呕吐、便秘或拉稀。病重后期可因肺胃津枯,肝失所养,邪毒损害筋脉而出现瘫痪。

(二)主证

1. 急性型(败血型)　为最常见的病型。流行初期常见一头或数头不见明显症状而突然死亡。多数病猪体温升至 42℃以上,稽留不退。食欲减少或废绝,有时呕吐。喜卧,行走不稳。结膜潮红,眼睛清亮。粪便干硬,附有黏液,小猪后期可能下痢。病猪可在胸、腹、四肢内侧及耳部皮肤上出现大小不等的红斑,指压时红色暂时消退。病程短促,可以突然死亡。有些病猪经 3～4 天体温降至正常以下而死。病死率约 80%,不死者转为疹块型或慢性型。哺乳仔猪和刚断乳的小猪发生猪丹毒时,一般突然发病,表现神经症状,抽搐,倒地而死,病程多不超过 1 天。

2. 亚急性型(疹块型)　此型经过较轻,以皮肤上出现疹块为特征,俗称"打火印”。病初食欲减少，饮欲增加，便秘，精神不振，体温很少超过 42℃。再经 2～3 天，在背、胸、肩、腹部等处皮肤发生疹块，呈方块形、菱形或圆形，稍突出于皮肤表面。初期疹块充血呈红色，指压褪色，后期转为瘀血，压之不褪色。出现疹块后体温开始下降，病情减轻，数日后可自愈。疹块部皮肤有的发生坏死，变成革样痂皮。部分病例在发病过程中突然恶化，发展为败血症而死。孕母猪可能发生流产。

3. 慢性型　一般由上述两型转变而来。常见的有慢性关节炎、慢性心内膜炎和皮肤坏死等。慢性关节炎型主要表现为四肢的炎性肿胀与变形，跛行或卧地不起。食欲正常，但生长缓慢，消瘦，病程可长达数周或数月。慢性心内膜炎主要表现为心跳加快，听诊有杂音，心律不齐，呼吸急促，消瘦，喜卧，举步缓慢，常由于心脏麻痹而猝死。慢性型的猪丹毒有时形成皮肤坏死，常发生于背、肩、耳、蹄和尾等部，干硬似皮革，经数月可自愈。

(三)防治　种公猪、种母猪每年定期注射猪丹毒菌苗 2 次。育肥猪在 60 日龄时注射猪丹毒菌苗 1 次即可。发病应尽早诊断，早期治疗，以抗生素治疗效果较好。中医治宜清热解毒或宣毒发表、透疹外出。

▷ 大青叶 120 g，生石膏 40 g，贝母 40 g，板蓝根 40 g。共为末，开水冲调，候温灌服，每天 1 剂，连服 3 剂。

▷ 双花 12 g，连翘 12 g，地骨皮 12 g，黄芩 19 g，大黄 12 g，蒲公英 15 g，地丁 15 g，木通 10 g，滑石 12 g，生石膏 30 g。水煎，25 kg 体重的猪一次灌服，连服数剂。

▷ 加减普济消毒饮——大黄 25 g，黄芩 12 g，甘草 30 g，马勃 10 g，薄荷 25 g，酒玄参 30 g，牛蒡子 15 g，升麻 12 g，柴胡 30 g，桔梗 25 g，滑石 60 g，板蓝根 30 g，青黛 30 g，陈皮 20 g，连翘 30 g，荆芥 30 g。水煎灌服，每天 1 剂，连服 3～4 剂。另用：黄柏、苍术、马齿苋、蒲公英各 25 g，水煎取汁洗刷疹块处。

八、仔猪副伤寒

仔猪副伤寒又称猪沙门氏菌病，是主要发生于 2～4 月龄仔猪的一种传染病。其特征是：急性型呈败血症变化，慢性型在大肠发生弥漫性纤维素性坏死性肠炎，临床表现为慢性腹泻，有时有卡他性或干酪性肺炎。本病主要通过消化道感染，也可通过交配感染。一年四季均可发病，但以阴雨潮湿季节发病较多。

(一)病因病机　由于气候多变，饲养管理不当，卫生条件差，长途运输以及寄生虫或病毒感染导致猪体正气虚弱，卫外能力降低，外邪乘虚而入，入里化热，故体温升高，热入脾胃为湿所困，出现食欲减退或废绝，热袭大肠故下痢、腹泻、粪便恶臭，热入于肝，肝开窍于目，故见目肿眵多，热入营血则见胸前、耳后及腹下等处皮肤出现紫斑。

(二)主证 潜伏期几天到数周,在临诊上可分为急性型(败血型)、亚急性型和慢性型(坏死性肠炎型)。

1. 急性型(败血型) 主要见于断乳前后仔猪,常突然死亡,病程稍长的表现体温升高至41～42℃,精神不振,食欲减退或废绝,不愿站立,呼吸困难,腹泻,呕吐,耳根、前胸和腹下皮肤出现紫斑。病程2～4天,致死率极高。

2. 亚急性型和慢性型(坏死性肠炎型) 本型临床上较多见,以下痢为主要特征,长期腹泻,排出灰白色或黄绿色恶臭水样粪便,混有大量坏死组织碎片或纤维素性分泌物。后躯被粪便污染,被毛粗乱,皮肤有痂状湿疹。体温升高,精神、食欲不佳,贫血消瘦,眼结膜发炎或有脓性分泌物。病程持续可达数周,腹泻时停时发,最终死亡,不死亡者成为僵猪。

(三)防治 由于本病的发生常常有明显的诱因,因此在预防本病时应重视兽医综合卫生措施的贯彻执行。按时接种仔猪副伤寒菌苗,或在猪只多发年龄阶段在饲料中添加敏感药物进行预防。如能中西结合药物治疗,则效果更佳。

1. 以清热解毒,扶正健脾为治则 药用复方银黄苡米汤:金银花、黄芩、山楂各50 g,苡米仁250 g,柴胡10 g,茯苓、大青叶、生姜各30 g,白芍、陈皮、甘草各20 g。水煎3次,合并药汁,文火浓缩至1 000 mL,备用。按每千克体重每次内服2 mL,日服3次,连续2～5天即可。

2. 以清热燥湿,解毒止痢,凉血消斑为治则组方

(1)急性型或亚急性型

▷ 香连汤加味:木香15 g,黄连15 g,白芍20 g,槟榔10 g,茯苓20 g,滑石25 g,甘草10 g。血斑重者可加水牛角20 g,紫草15 g以消斑。为末水冲调或水煎分3次灌服,每天1剂,连用2～3剂。

▷ 磺胺嘧啶钠注射液(10%)每千克体重5 mL,配25%葡萄糖注射液40～60 mL,一次静脉注射,或盐酸强力霉素注射液每千克体重3～5 mg,每天一次,肌肉注射。

(2) 慢性型 黄芩6 g,陈皮6 g,莱菔子9 g,神曲9 g,柴胡9 g,连翘6 g,二花9 g,槐花炭6 g,苦参9 g。以上方药为末,开水冲调或水煎,分两次灌服,每天1剂,连用2～3剂。

九、仔猪大肠杆菌病

仔猪大肠杆菌病是由大肠埃希氏菌引起的一类仔猪肠道传染病的总称,包括仔猪黄痢、仔猪白痢和仔猪水肿病。仔猪黄痢,国外称为新生仔猪腹泻,是初生仔猪的一种急性、高度致死性肠道传染病;仔猪白痢是10～30日龄仔猪多发的一种

急性肠道传染病；仔猪水肿病是由致病性大肠杆菌毒素引起的断奶前后仔猪多发的肠毒血症。这类疾病在我国广泛存在，能使仔猪发生严重的肠炎和肠毒血症，对仔猪的健康构成严重的威胁，对养猪生产危害极大。

(一)仔猪黄痢

1. 病因病机　本病多由于母猪体内藏伏温热疫毒，母病及子，或由于天气寒冷，圈舍狭小，阴暗潮湿污秽，导致初生仔猪卫外能力减弱，感受外界湿热毒邪而为病。湿热结于大肠，损伤肠道致其功能失调、清浊不分而出现腹泻下痢。本病感受湿热毒邪故拉便腥臭，黏腻而色黄。热为阳邪易伤阴液，故很快出现口渴、皮干毛燥等阴亏症状，阴亏至极阴阳离决，导致昏迷死亡。

2. 主证　潜伏期最短为 8～12 h，长的 2～3 天，一般在 24 h 左右，窝内第一头仔猪发病后，1～2 天内同窝仔猪几乎全部发病。最初为突然拉稀，排出稀薄如水的粪便，黄色至灰黄色，混有小气泡，有腥臭味，随后拉稀愈加严重，数分钟拉一次，肛门松弛，不断流出稀粪，污染后躯及尾巴。病猪口渴，脱水，精神沉郁，食欲废绝，但无呕吐现象，最后昏迷死亡。

3. 防治　加强母猪的饲养管理，尤其是怀孕后期，特别要注意饲料的搭配，适当补喂中药苍术粉。产前对产房必须彻底清扫消毒，产后立即将母猪及仔猪放到温暖、干燥、日光充足及清洁卫生的猪舍中。目前用仔猪大肠杆菌四价基因工程苗对怀孕母猪作肌肉注射(使用方法参考产品说明书)，具有一定的预防效果。中药防治宜清热解毒、燥湿止痢。

▷ 白头翁散 60 g，加氟哌酸(每千克体重 10 mg)拌入饲料喂母猪，每天 2 次，连喂 3 天；对脱水严重的仔猪可行腹腔注射，补给液体，同时可加强心药物。

▷ 黄连、黄柏、黄芩、白头翁各 30 g，诃子肉、乌梅肉、山楂肉、山药各 15 g。共为末，分 9 包，每次 1 包，用温水调匀灌服，每天 3 次，连服 3 天。

(二)仔猪白痢

1. 病因病机　气候变化无常，猪舍阴冷潮湿或闷热不通风，母猪缺乳使仔猪发育不良或母乳过浓仔猪食后不能正常消化，圈舍卫生差以致粪便污染母猪乳房或饲料饮水，仔猪惊吓转圈等引起应激反应的诸多因素均可损伤仔猪体内正气，降低机体对疫毒的抵抗力，暑湿热毒乘虚而入或外感寒邪入里化热，损伤脾胃致使清浊不分、混杂而下成泄泻，毒滞肠中使肠道气血阻滞化为腐物故排粪腥臭。

2. 主证　分湿热型和虚寒型两型。

(1)湿热痢　多见于发病初期，体质较好的仔猪。病猪精神沉郁，被毛粗乱，食欲减退，下痢，粪呈乳白色、灰白色或灰黄色稀糊样，腥臭难闻，混有黏液，有时带有血液。

(2)虚寒痢　多见于久病体弱的仔猪。病猪体瘦毛焦，食欲减退，畏寒肢冷，四肢无力，行走不稳或卧地难起；下痢日久不愈，粪呈灰白色恶臭；后期肛门松弛，粪便失禁，阴液耗损，眼窝下陷，极度虚弱而死亡。

3. 防治　该病应以预防为主，平时加强母猪及仔猪的饲养管理，搞好栏舍清洁卫生，母猪喂食要做到定时定量，少喂勤添，注意饲料的全价搭配，经常饲喂清洁饮水、木炭块末、带草根的清洁土壤和新鲜黄红泥土，尽早给仔猪补饲及补铁等。同时采用大肠杆菌基因工程苗对母猪进行免疫(产前及产后各1次，免疫方法详见菌苗产品说明书)，均可预防本病的发生。

本病的发生与饲养管理的关系很大，无论采取何种疗法，首先必须改善饲养管理和卫生条件，才能收到良好的效果。

(1)热痢　一般热痢宜清热解毒，燥湿止痢，可试用下方：

▷ 白头翁7 g，龙胆草4 g，黄连1 g。共为末，和米汤灌服，每天1次，连服2～3天可愈。

▷ 乌梅20 g，煨诃子肉15 g，姜黄15 g，黄连15 g，柿饼2个。煎汤，分3～5次服完，每天1～2次，候温灌服。

▷ 杨树花250 g拌料饲喂母猪，或杨树花煎液(每毫升含药1 g)5～10 mL，喂小猪。

(2)寒痢　宜温中健脾，涩肠止泻，可选用下方治疗：

▷ 地榆(醋炒)5份，白胡椒1份，百草霜3份。共为末，每次每头喂服5 g。

▷ 炮姜、炒白术、炒山药各等量。共为末，饲喂母猪，每次40 g。如仔猪能吃，也可喂给少许，连喂2～3天。

▷ 穿心莲或黄连素注射液1.5～2 mL，交巢穴注射1次即可。穿心莲的疗效优于黄连素。

(三)仔猪水肿病

1. 病因病机　气候多变或饲养管理不当致使幼猪卫外能力减弱，毒邪乘虚而入，直中筋脉故出现肌肉震颤，不时抽搐，四肢划动如游泳，湿邪积聚头颈故出现头颈部皮下水肿。

2. 主证　突然发病，精神沉郁。食欲减退或废绝，体温一般无变化，呼吸心跳加快，肌肉震颤，不时抽搐，四肢划动如游泳状，步态不稳，共济失调，口吐白沫，叫声嘶哑，继而发生后躯麻痹，卧地不起，在昏迷状态中死亡。水肿是本病的特征性症状，表现为眼睑、面部水肿。有时颈部和腹部皮下也出现水肿，少数病猪没有水肿变化。病程最短的只有数小时，长的不超过1周，致死率非常高。

3. 防治　目前对本病尚无特异的有效疗法。药物治疗的早期效果较好，后期一般无效。

仔猪断奶前7～10天用猪水肿病多价浓缩灭活菌苗肌肉注射1～2 mL,有一定预防作用。同时也可采用以下药物进行预防:马齿苋50 g,松针叶5 g,侧柏叶5 g,苍术5 g,石决明2 g。共为细末,混饲料中饲喂,每天早晚各服1次,3天为1个疗程,隔10天再服1个疗程,最好连用3个疗程。

治疗可采用中西药物结合和对症疗法。

维生素B_{12}每千克体重0.15 mg,板蓝根注射液每千克体重0.6 mL,链霉素每千克体重30 mg,三药混合肌肉注射,每天2次,连用3天。配合用中药:芒硝50 g,大青叶25 g,大黄25 g,牵牛子20 g,茵陈25 g,栀子20 g,龙胆草15 g,茯苓15 g,郁金15 g,陈皮15 g,川朴15 g,车前子15 g,芦荟10 g,瓜蒂10 g。共为细末,开水3 000 mL冲调,加红糖250 g为引(以上为10头10 kg体重猪的剂量)。一次灌服或让猪自饮,隔日1次,连用2次。

十、猪　痢　疾

猪痢疾又称为猪血痢、黑痢、黏液出血性下痢,是由猪痢疾密螺旋体引起的一种肠道传染病。本病特征是黏液性或黏液出血性下痢。本病一年四季均可发生,但以春秋季多见,各种年龄的猪均可发病,但以7～12周龄猪高发。本病的发病率约为75%,病死率为5%～25%。

(一)病因病机　气候突变,长途运输,饲养管理不当,导致猪体卫外能力下降,湿热毒邪乘虚而入引发本病。湿热内蕴,下注大肠,故见持续腹泻;湿热困脾致脾虚不能统血,故见拉棕色、红色或黑色粪便;湿热毒邪长期留滞猪体,伤津耗液,故见阴亏虚脱。

(二)主证　潜伏期2天至2个月,或更长,一般为10～20天。根据病程可分为以下三型。

1. 最急性型　多见于流行初期,往往突然死亡,不表现临床症状。

2. 急性型　较多见,病猪体温升高到40～40.5℃,精神萎顿,食欲不振,持续腹泻。初期粪便为黄色至灰色的软粪,后期粪便呈棕色、红色或黑红色,并混杂黏液、血液、纤维素性物质和坏死组织碎片。病猪拱背,消瘦脱水,最后衰竭而死或转为慢性。病程1～2周。

3. 慢性型　本型病情较缓,病猪精神、食欲不振,消瘦,贫血。腹泻时轻时重,粪便呈黑色(称黑痢)、黑红色或褐色,内含黏液、血液和坏死组织碎片。

(三)防治　无本病的猪场应坚持自繁自养,严禁从疫区引进种猪。加强饲养管理和防疫消毒工作,一旦发现病猪应及时淘汰或隔离治疗,同群未发病的猪,可立即用药物预防。

治宜清热解毒,凉血止痢。

▷ 白头翁 15 g,黄柏 20 g,黄连 15 g,苦参 20 g,秦皮 20 g,诃子 20 g,乌梅 20 g,甘草 15 g。煎汤胃管投服,每天 1 次,连服 5 天。

▷ 白矾 1 g,白头翁 5 g,石榴皮 10 g。先将白头翁和石榴皮加水煎汁,滤汁再加入白矾使之溶解,分 2 次拌入饲料中饲喂或灌服,每天 1 剂(25～35 kg 体重猪用量),连用 3～5 天。

十一、猪接触性传染性胸膜肺炎

猪接触性传染性胸膜肺炎又称猪副溶血嗜血杆菌病,是猪的一种呼吸系统传染病。其特征是:急性出血性纤维素性胸膜肺炎和慢性纤维素性坏死性胸膜炎。急性者大多数死亡,慢性者常可以耐过。猪接触性传染性胸膜肺炎是近年来危害养猪业的重要传染病之一。不同品种、性别、年龄的猪均可感染,以 3 月龄左右的仔猪最易感。本病主要通过呼吸道传播。

(一)病因病机 由于猪舍饲养密度大、通风不良或长途运输致使猪体卫外能力下降,温热疫毒乘虚而入引发本病。疫邪郁里化热,导致体温升高至 42℃以上;热邪犯肺,灼肺津而成痰,痰热壅盛阻塞气道,使肺失宣降,肺气上逆故呼吸困难,伴有咳痰气喘;热伤肺脉故口鼻流出淡红色泡沫样液。

(二)主证 潜伏期 1～7 天,或更长。根据病程本病可分为最急性型、急性型、亚急性型和慢性型四种类型。

1. 最急性型 病猪突然发病,体温升高到 41.5℃以上,沉郁,食欲废绝,短时的轻度腹泻和呕吐,卧地。开始时无明显的呼吸道症状,但心跳加快,鼻、耳、腿、体侧皮肤发绀。后期呼吸极度困难,犬坐,张口呼吸,临死前口鼻流出血性泡沫样分泌物,病猪一般在 24～36 h 内死亡。个别仔猪突然死亡,不表现任何症状。死亡率达 100%。

2. 急性型 病猪体温升高到 40.5℃以上,精神沉郁,食欲不振,呼吸困难,咳嗽。病程随饲养管理、气候、治疗情况长短不定,短的 24～48 h 发生死亡,长的经 4～5 天或更长时间,自行康复或转为亚急性型或慢性型。

3. 亚急性型或慢性型 病猪体温稍高或正常,食欲不振,有不同程度的呼吸道症状,间歇性咳嗽,生长阻滞。病程一般为 5 周,有的猪病情进一步恶化死亡,部分猪康复,但康复猪仍带菌。

(三)防治 一旦发现病猪,应及时隔离治疗。猪舍、场地、工具应彻底消毒,以阻止本病的蔓延。

中兽医方法治疗此病，可根据疾病发展的不同情况，划分为风热犯肺期（初期），肺热壅盛期（中期），正气虚弱期（后期）三个时期。

1. 初期　治宜辛凉解表，清肺化痰。方用银翘散（二花、连翘、淡竹叶各 6 g，豆豉、荆芥穗、桔梗、牛蒡子各 5 g，薄荷 3 g，芦根 12 g，甘草 2 g），咳重者加百部、贝母、知母。

2. 中期　治宜清热解毒，宣肺化痰。方用清肺散（板蓝根 16 g，葶苈子 6 g，浙贝母 6 g，桔梗 6 g），或麻杏石甘汤（麻黄 6 g，杏仁、炙甘草各 9 g，石膏 50 g）加味。

3. 后期　治宜益气养阴，清热化痰。方用清燥救肺汤（桑叶 9 g，石膏 15 g，甘草 3 g，人参、杷叶各 6 g，麦冬 4 g，杏仁 3 g），或用沙参散（沙参、贝母、知母各 6 g，麦冬、丹皮各 5 g，当归、白芍、杏仁、花粉、生地各 4 g，半夏、甘草各 3 g）。

以上中药方剂可根据发病具体情况选用，为末，水调灌服，每天 2 次，连用 3 天。为提高疗效，各期均可配合西药治疗。

十二、猪气喘病

猪气喘病也称为猪喘气病、猪支原体肺炎，国外称猪地方流行性肺炎，是猪的一种慢性接触性呼吸道传染病，其主要表现为气喘、咳嗽。本病死亡率不高，但长期不愈，影响猪的生长发育，同时易继发感染其它疾病，能给养猪业造成重大损失。本病发病无明显季节性，不同品种、年龄、性别的猪都可感染本病，但 2～5 月龄仔猪发病率和死亡率均高。

（一）病因病机　由于寒冷，潮湿多雨，气候剧变，饲养管理不良等因素，导致猪体卫外能力下降，疫疠之气乘虚而入，内闭肺气，肺气壅滞不能宣发，上逆为咳喘而引发本病。

（二）主证　潜伏期 10～16 天，最短的 3～5 天，最长的潜伏期可超过 1 个月。根据病程临床上可分为急性型、慢性型和隐性型，以慢性型较多见。

1. 急性型　多见于新感染的猪群，各种年龄均可感染，以仔猪、孕猪和哺乳母猪为严重。猪群突然发病，呼吸次数剧增，严重者张口喘气，口鼻流沫，并发出哮鸣声，呈犬坐式呼吸或腹式呼吸。一般咳嗽少而低沉，有时发生痉挛性咳嗽。精神和食欲下降，一般体温正常，当有继发感染时体温升高。病程 7～10 天。

2. 慢性型　急性病例不死亡者一般转为慢性型，老疫区也多出现原发性慢性型。病猪表现长期咳嗽，尤以清晨、夜间及驱赶运动和进食后明显。初为单咳，严重时痉挛性咳嗽。咳嗽时站立不动，拱背，伸颈，头下垂，直到呼吸道中分泌物咳出咽下为止。随病程延长，出现不同程度的呼吸困难，呼吸增数，呈腹式呼吸，夜间听到呼吸困难的鼻鼾声。以上症状，时而明显，时而缓和。病猪消瘦衰弱，病程可达

2～3 个月或更长。

3. 隐性型 基本不表现临床症状,偶有咳嗽和轻微气喘。

(三)防治 对无本病的猪场,应坚持自繁自养或不从有病猪场引进猪源,并做好经常性的防疫工作。对发病猪场,要经常注意临床观察,听咳嗽,查呼吸,进行X光检查,以早期检出病猪,对猪舍环境经常消毒。

治疗可选用下列方法:

1. 实喘病猪

▷ 麻黄 30 g,白果 25 g,杏仁 25 g,苏叶 20 g,甘草 20 g,石膏 100 g,黄芩 20 g。煎汤 2 次,混合候温灌服。

▷ 麻杏石甘汤加减:麻黄 9 g,杏仁 9 g,葶苈子 12 g,石膏 50 g,甘草 9 g,百部 12 g,桔梗 9 g。为末水调,分 2 次灌服,连用 3 天以上。

2. 虚喘病猪

▷ 炙麻黄 10 g,炒白芍 20 g,葶苈子 20 g,桔梗 15 g,桂枝 12 g,天花粉 12 g,连翘 30 g,柴胡 10 g,五味子 12 g,杏仁 12 g,党参 20 g,山药 30 g,甘草 10 g,金银花 30 g。煎汤,候温灌服。

▷ 定喘汤加减:白果、麻黄、甘草、杏仁、款冬花、半夏各 6 g,苏子、黄芩各 8 g,桑白皮 10 g。为末水调,分 2 次灌服,连用 3 天以上。

十三、猪链球菌病

猪链球菌病是由 C、D、E 及 L 群链球菌引起的猪的一种多型性传染病的总称。其特征是:急性型常表现为出血性败血症和脑炎;慢性型表现为关节炎、心内膜炎、淋巴结化脓和组织化脓等。各种年龄、品种的猪均易感染,但是新生仔猪和哺乳仔猪发病率、死亡率较高。本病发生无季节性,常呈地方性流行。呼吸道、消化道和伤口为主要感染途径。

(一)病因病机 因病猪污染饲料、饮水和圈舍,温热疫毒经口鼻或伤口侵入猪体,导致卫分热证,故见高热流涕、流泪和结膜红肿;继而热邪入里,使肺气郁闭肺失宣降,出现呼吸困难,咳嗽;瘀结肠道,出现便秘、腹泻;热邪损伤脉络则出现便血、皮肤出血斑点及结膜出血等血分症;热毒壅聚局部肌肉,气血凝滞,阻塞经络乃成肿块,进而肉腐化脓形成疮疡;热毒壅聚关节,阻滞气血致关节肿胀,出现跛行或卧地难起;热闭心包出现抽搐、昏迷、口吐白沫等危症。

(二)主证 潜伏期 1～3 天,最短为 4 h,长的可达 6 天以上。根据临诊症状可分为最急性型、急性型和慢性型。

1. 最急性型 见不到任何症状而突然死亡。

2. 急性型　又分为败血型、脑膜炎型、胸型。

(1)败血型　突然不食,体温升高至 41～42℃,呈稽留热。病猪嗜卧,步态踉跄,精神沉郁,呼吸困难,流浆液性鼻汁,腹下、四肢及耳端呈紫红色,并有出血斑点。结膜潮红、充血、出血,流泪。便秘或腹泻,粪便带血,尿色黄或发生血尿。常在 1～2 天内死亡。

(2)脑膜炎型　病猪尖叫或抽搐,共济失调,做圆圈运动或盲目行走,或突然倒地,口吐白沫,四肢呈游泳状,最后衰竭或麻痹死亡。

(3)胸型　部分病猪表现肺炎或胸膜炎症状,病猪呼吸急促,咳嗽,呈犬坐姿势,最后窒息死亡。

3. 慢性型　多为急性型转化而来,也有直接发生的慢性型。

(1)关节炎型　病猪食欲降低,常表现四肢关节炎症状,出现一肢或多肢的关节肿胀疼痛,跛行或卧地不起。

(2)化脓性淋巴结炎型　多见于颌下、咽部、耳下及颈部淋巴结,淋巴结发炎、肿胀,可为单侧或双侧,发炎淋巴结可成熟化脓,破溃流出脓汁,以后全身症状好转,形成疤痕愈合。

(3)局部脓肿型　在肘或跗关节以下以及咽部浅层组织形成脓肿,破溃后流出脓汁。深部的脓肿触诊有波动,穿刺可见脓汁,常出现跛行。

(三)防治　每年定期进行链球菌苗预防注射。对发病的猪群应及早诊断,进行隔离治疗,猪舍、场地、用具可用 10%石灰乳或 2%烧碱消毒。

中兽医分型治疗,以清热解毒、凉血救阴、清心开窍、宣肺平喘为原则组方,配合西药抗菌消炎:

1. 热入营血(败血型)　①青霉素每千克体重 4 万 U,配地塞米松 4 mg,一次肌肉注射,每天 2 次,连用 3 天以上;②清瘟败毒散一次 80 g 水调灌服,每天 2 次,连用 3 天。

2. 热闭心包(脑膜炎型)　①磺胺嘧啶钠注射液 20～40 mL,一次肌肉注射,每天 2 次,连用 3 天;②人工牛黄 1.5 g,冰片 0.5 g,黄连 3 g,蒲公英 20 g,紫花地丁 20 g。为末,水冲调灌服。

3. 热邪闭肺(胸型)　①大青叶 6 g,板蓝根 6 g,拳参 6 g,连翘 6 g,二花 6 g,桔梗 9 g,麻黄 12 g,百部 9 g,石膏 30 g,为末水调灌服,每天 2 次,连用 3 天;②乳酸环丙沙星每千克体重 2.5 mg,或其它敏感抗生素适量,每天 2 次,连用 3 天。

4. 慢性型(淋巴结脓肿或局部组织脓肿型)　①青霉素按每千克体重 4 万 U 一次肌肉注射,每天 2 次至愈;②局部脓肿切开后,以 0.2%高锰酸钾冲洗干净,并涂以 5%碘酊,必要时加引流条。

十四、猪传染性萎缩性鼻炎

猪传染性萎缩性鼻炎是由支气管败血波氏杆菌引起的猪的一种慢性呼吸道疾病，其特征是喷嚏、鼻塞等鼻炎症状和颜面部变形。病猪生长发育受阻，可造成严重经济损失。本病一年四季均可发生，各种品种、年龄的猪都可感染，但以 6～8 周龄以内的仔猪感染后症状比较明显。

(一)病因病机 由于饲养管理不良，如猪舍潮湿、拥挤或饲料中缺乏蛋白质、矿物质、维生素等，造成猪体卫外能力减弱，一旦直接或间接接触鼻炎疫毒，疫毒经鼻而入可成其患。鼻为肺之窍，热邪入肺卫首中鼻窍，故见鼻流清涕、脓涕或带血鼻液，打喷嚏，流眼泪；鼻道不通则见呼吸困难或张口呼吸；剧烈喷嚏损伤鼻道脉络，可见鼻孔出血；病程拖延，毒邪损伤鼻骨故见向一侧倾斜或变短、上翘等。

(二)主证 猪传染性萎缩性鼻炎多见于 6～8 周龄仔猪，病仔猪表现打喷嚏和呼吸困难，喷嚏呈连续性或断续性，饲喂或运动时加剧，并流浆液性、黏液性、脓性或带血的鼻液。呼吸困难，吸气时鼻孔张开，并发鼾声，严重时张口呼吸。病猪不安，摇头，鼻端拱地或在墙上摩擦鼻部。由于强烈喷嚏损伤鼻黏膜，发生不同程度的鼻出血，有时可见血污染食槽、墙壁。鼻炎使鼻泪管阻塞，引起结膜炎，使泪液增多，常在眼眶下部的皮肤上形成弯月形的湿润区，被尘土沾污后黏结成灰色或黑色的痕迹称为泪斑。鼻甲骨在发病后 3～4 周开始萎缩，鼻腔阻塞，呼吸困难，面部变形也开始出现。若单侧鼻甲骨萎缩，可引起鼻向一侧歪斜；若双侧鼻甲骨萎缩，则出现上颌骨变短，使脸部变短或上翘，上下门齿错开，不能正常咬合。生长迟缓，饲料报酬低。30～40 kg 或以上的猪感染本病一般仅见到鼻炎、鼻出血症状，很难见到鼻骨变形。有的病猪可同时出现肺炎症状，表现咳嗽和呼吸困难。

(三)防治 从无本病的种猪场引进种猪，对引进的种猪隔离观察 1 个月以上。做好经常性的防疫工作。治疗以疏风、清热、通窍为原则。

▷ 苍耳子散加减：苍耳子、辛夷、白芷各 9 g，薄荷 8 g，二花、黄芩各 12 g。为末水调灌服，每天 2 次，连用 3 天。

▷ 0.1%高锰酸钾溶液冲洗鼻腔，后用卡那霉素、链霉素或金霉素粉吹入鼻道。

十五、猪坏死杆菌病

猪坏死杆菌病是由坏死杆菌所引起的猪的一种慢性传染病。其特征是：组织坏死，多见于受伤的皮肤、皮下组织和消化道黏膜，有的在内脏形成转移性坏死灶。本病多发于炎热、多雨、潮湿季节，幼猪比成年猪易感。

(一)病因病机　由于天气炎热多雨,空气闷热潮湿,圈舍污秽拥挤,长途运输,营养不良,吸血昆虫叮咬,或由于感染其它疾病(猪瘟、副伤寒、口蹄疫等),导致猪体正气虚弱,卫外能力降低,外界疮疡毒邪经伤口侵入猪体而发病。热毒侵于肌表,气血凝滞,肉腐成脓形成疮痈,则见皮肤破溃流出黄色恶臭液体。热毒侵于口鼻,黏膜受损形成疮疡,则见口鼻流出黄色脓性分泌物,进食困难,呼吸急促。热毒由表入里,结于肠道则见腹泻,粪便中混腐肉。

(二)主证　潜伏期1～3天,短的仅数小时。根据发病部位不同,可分为坏死性皮炎、坏死性口炎、坏死性鼻炎和坏死性肠炎。

1. 坏死性皮炎　临床较多见,仔猪和架子猪多发。表现为体表皮肤和皮下组织发生坏死和溃疡。病初表面病灶较小,为突起的小丘疹,盖有可剥离的干痂,进而痂皮下组织迅速坏死,形成创口小而坏死腔深的囊状坏死灶。病变部位皮肤颜色苍白,脱毛并有液体渗出,坏死灶内积有大量黄色恶臭的液体。皮肤溃烂,重者病变深达肌层和骨骼。坏死性皮炎多发生于颈部、体侧和四肢的皮肤,病猪全身症状不明显,若治疗及时则预后良好,病变处留下疤痕。但当内脏出现转移性病灶或继发感染时,全身症状明显,表现为体温升高,厌食,消瘦,甚至发生死亡。

2. 坏死性口炎　又称"白喉",多发生于仔猪。病猪食欲不振,口臭,气喘,鼻孔流出黄色脓性分泌物。唇、舌、齿龈及颊部黏膜发生溃疡,上面附有污秽的伪膜。病变发生在咽喉者,呼吸和进食严重困难,颌下水肿。

3. 坏死性鼻炎　主要发生于仔猪和架子猪,病猪的鼻黏膜上出现溃疡,溃疡面上附有黄白色的伪膜,鼻孔流出污秽不洁的恶臭鼻涕,鼻部肿胀,呼吸困难。严重时病变波及鼻甲骨和面骨,甚至延至鼻窦、额窦和肺。应注意与传染性萎缩性鼻炎区别。

4. 坏死性肠炎　临诊症状不明显,仅见病猪腹泻,粪便中带有血液或肠黏膜坏死碎片。消瘦。

(三)防治　预防本病的发生,关键在于避免咬伤和其它外伤,发生外伤应及时处理创口,涂擦碘酒以防感染。发现病猪应及时隔离治疗,以防蔓延。

本病的治疗,按中兽医外伤科治疗疮疡论治,即内治与外治相结合。

1. 内治　要根据疮疡发病过程中的三个阶段,初起阶段用消法,酿脓阶段用托法,溃后用补法。

(1)消法　用消散药物使初起尚未成脓的肿疡得以消散,治则以清热解毒为主。方用黄连解毒汤:黄连、栀子各9 g,黄芩、黄柏各6 g。为末水调一次灌服,每天2次,连用3天。

(2)托法　以托毒排脓的方法托毒外出,以防毒邪内陷(形成脓毒败血症)。适用于疮疡中期正虚毒盛，不能托毒外达，方用托里消毒饮：党参、二花 12 g，川芎、当归、白芍、白术、茯苓、白芷、皂刺、桔梗各 6 g，甘草 4 g，黄芪 18 g。水煎一次灌服，每天 2 次，连用 3 天。

(3)补法　应用补益药物，恢复正气，以助肉芽组织新生，促进创面愈合，方用八珍汤：党参、白术、茯苓各 12 g，当归、熟地、白芍各 9 g，川芎、甘草各 6 g。水煎一次灌服，连用 3 天。

无论哪个类型或发展阶段，均可配合西药抗菌治疗：硫酸庆大霉素注射液 16 万～32 万 U，维生素 C 注射液 2～4 mL，一次肌肉注射，每天 2 次，连用 3～5 天。

2. 外治　彻底清除坏死组织；皮肤型用 3%过氧化氢或 0.2%高锰酸钾清洗，涂 5%的碘酊。黏膜型(口鼻)用 0.1%高锰酸钾清洗后涂碘甘油或龙胆紫。

另外，对坏死灶有转移的病猪，还应配合全身疗法，注射磺胺类药物、四环素、土霉素等抗菌药物。

十六、蛔　虫　病

猪蛔虫病是由猪蛔虫寄生于猪小肠内引起的一种常见寄生虫病。本病对 6 月龄内的猪危害最大，导致猪生长缓慢或停滞，严重者可引起病猪死亡。

(一)病原　猪蛔虫是大型线虫，虫体长圆似蚯蚓，粉红而稍带黄白色，两端较细。

(二)主证　病猪食欲不振，被毛焦枯，结膜苍白，消瘦，生长缓慢。幼虫移行至肺时，可引起咳嗽气喘；虫体过多聚结成团，可阻塞肠管甚至导致肠破裂，病猪表现腹痛甚至死亡；幼虫损伤肠壁时，可引起呕吐和下痢。有时蛔虫可进入胆道，病猪出现黄疸等症状。有的病猪可随粪便排出成虫。

(三)防治　保持栏舍卫生，猪粪集中堆积处理；仔猪断奶后驱虫一次，每年春、秋两季各对猪群作预防性驱虫一次。病猪可选用下列方药进行驱虫治疗：

▷ 盐酸左旋咪唑注射液按每千克体重 5～10 mg 剂量，肌肉或皮下注射，也可用该药片剂拌料内服(空腹服效果更好)。

▷ 丙硫咪唑，每千克体重 5～20 mg，拌料内服，不仅可驱蛔虫，对鞭虫、结节虫等也有效。

▷ 苦楝树二层皮 10 g，百部 10 g(体重 50 kg 左右的猪的用量)。煎汤，候温灌服。

▷ 槟榔、苦楝树二层皮、大黄、芒硝各 10 g。煎汤，候温灌服(供 50 kg 体重猪用)。

▷ 石榴皮、使君子各 15 g，乌梅 3 个，槟榔 13 g (25 kg 体重的用量)。煎汤，一次空腹灌服。

十七、姜片吸虫病

姜片吸虫病是一种人畜共患的寄生虫病，主要寄生于人和猪的小肠内，导致人或猪消瘦、贫血、腹泻和生长发育不良，严重者可导致死亡。

（一）病原 猪姜片吸虫病的病原为布氏姜片吸虫。成虫虫体为肉红色，扁平，头狭尾宽而圆，形似姜片。猪多因生食水生植物而感染发病。

（二）主证 病猪精神萎顿，食欲减少，异嗜，消瘦，贫血，水肿，腹泻，粪便中带有黏液或血液。幼猪生长缓慢。

（三）防治 在本病流行地区，水生植物饲料改生喂为熟喂，猪粪进行堆积发酵以消灭虫卵。每年5～6月份间对低洼地区和水塘用0.1%生石灰水或硫酸铵、或二十万分之一的硫酸铜消毒，以消灭中间宿主扁卷螺。每年定期对猪群驱虫2次，驱虫后的粪便应集中堆积处理。平时加强检查，发现病猪及时隔离驱虫治疗。治疗可选用下列方法之一：

▷ 吡喹酮，每千克体重30～50 mg，拌料一次喂服。

▷ 将槟榔研成粉末，每头每次5～25 g，早晨空腹时拌少量料喂服，连用3次。

▷ 50 kg体重猪用新鲜松针500 g，将松针洗净后放锅内文火煎煮，至松针变黄、煎汁呈青绿色时停火，待凉至35℃左右将松针捞出，取汁拌精料喂药，可达到驱虫目的。

十八、猪球虫病

猪球虫病是仔猪的一种肠道寄生原虫病，主要危害7～21日龄的仔猪，其特征是仔猪腹泻，呈现急性或慢性肠炎症状。本病在高度集中饲养条件下最易发生，其病死率较低，但康复猪多生长不良而成为僵猪。成年猪一般不呈现临床症状而成为带虫者。

（一）病原 本病是由寄生在猪肠上皮细胞的艾美耳属球虫和等孢属球虫引起，一般为数种球虫混合感染而发病，其中以狄氏艾美耳球虫对猪的致病力最强。本病一年四季均可发生，以8～10月份多发，卫生条件差、拥挤、突然改变饲料等因素易诱发本病的流行。

（二）主证 本病的潜伏期为4～5天。病仔猪表现精神沉郁、食欲不振、消瘦、贫血，排土灰色、黄色胶冻状或水样稀便，并混有大量黏液和未消化的饲料，有时下痢与便秘交替发生。一般病程为4～6天，重症可因严重脱水而死亡，耐过猪往往体况差、被毛粗乱、生长发育受阻而成为僵猪。

(三)防治　加强环境卫生管理，保持猪舍清洁干燥，粪便及时清扫并堆积发酵处理。

发现病猪应及时进行治疗，可选用下列方药之一：

▷ 氨丙啉，按每千克体重 25～65 mg 剂量，拌料或混入饮水中喂服，连用 3～5 天。

▷ 旱莲草、地锦草、鸭跖草、败酱草、翻白草各等份，每头猪用 50～100 g，水煎灌服，每天 1 剂，连用 3～5 天。

十九、弓形体病

弓形体病又称弓状体病、弓浆虫病和毒浆原虫病，是由龚地弓形虫引起的一种人畜共患寄生虫病。猪弓形体病的主要特征是以 3 月龄左右的猪多见，突然暴发，高热稽留，呼吸困难，皮肤出现紫红色瘀斑，剖检见肺、肝、淋巴结等脏器肿胀，有出血点和坏死灶。弓形体对中间宿主的选择不严，人类、45 种哺乳动物、70 多种鸟类以及 5 种冷血动物均能自然感染本病，猪的病死率可达 60%以上。本病呈世界性分布，我国很多地区均有流行。

(一)病原　本病的病原是龚地弓形虫，属细胞内寄生原虫。

(二)主证　本病的潜伏期为 3～7 天，临床症状酷似猪瘟。病猪体温升高至 40.5～42℃，稽留 7～10 天不退，精神沉郁，食欲减少或废绝；便秘，粪干呈板栗状，表面附有黏液或血丝，小猪多呈水样拉稀，有的便秘、拉稀交替发生；病情严重时，咳嗽、呼吸加快，呈腹式呼吸；后肢无力，行走摇摆，喜卧，昏睡，耳、腹下及四肢内侧可见片状紫红色斑块。病程一般 10 天左右，15 天后不死的可逐渐康复。怀孕母猪可发生流产，产死胎和木乃伊胎。

(三)防治　猪场严禁养猫，加强饲料和饮水管理，防止被猫粪污染；严禁用未经煮熟的屠宰废弃物喂猪，消灭老鼠等啮齿动物。在疫区应对猪群加强检验，发现病猪应及早进行隔离治疗。磺胺类药物对本病有较好的疗效，抗生素类药物则无效。临床确诊后，可选用下列方法之一进行治疗：

▷ 增效磺胺-5-甲氧嘧啶(或-6-甲氧嘧啶)注射液，按每千克体重 0.2 mL(首次量加倍)剂量肌肉注射，每天 2 次，连用 3～5 天。

▷ 复方磺胺嘧啶钠注射液，按每千克体重 70 mg(首次量加倍)剂量肌肉注射，每天 2 次，连用 3～5 天。

▷ 蟾蜍 2～3 只(大者 2 只，小者 3 只，鲜品、干品均可)，苦参、大青叶、连翘各 20 g，蒲公英、金银花各 40 g，甘草 15 g。水煎温服(体重 50 kg 猪的剂量，小猪用量酌减)。

▷ 常山 20 g,槟榔 12 g,柴胡、桔梗、麻黄、甘草各 8 g(体重 35～45 kg 猪用量)。先用文火煎煮常山、槟榔 20 min,然后将柴胡、桔梗、甘草加入同煎 15 min,最后加入麻黄煎 5 min,过滤去渣,灌服。每天 2 剂,连用 3 天。

▷ 黄花蒿 60～120 g,柴胡 15～25 g。水煎一次灌服,每天 1 剂,5 天为一疗程。

▷ 在猪耳背侧中上部,用三棱针或小宽针刺破皮肤并扩成囊状创口,取麦粒大小的蟾酥锭片卡入创口中,体重 50 kg 猪卡入 2 粒。

二十、疥　　癣

猪疥癣病俗称猪癞,是由疥螨寄生在猪皮肤内引起的以瘙痒、脱毛、皮肤粗糙增厚为主要症状的一种慢性皮肤病。

(一)病原　猪疥癣的病原为穿孔疥螨,成虫呈淡黄色,近似圆形,有 4 对短粗的圆锥形节足和一钝圆形口器。

(二)主证　疥螨多寄生在猪的耳、眼睑、背及体侧的皮肤内,摄取上皮细胞和淋巴液为营养,破坏上皮组织,并排出排泄物。机械刺激和排泄物刺激可引发剧烈痒感,故见病猪到处揩擦,局部脱毛、皮肤增厚,有的引起皮肤发炎并伴有淋巴液渗出,使皮肤粗糙皲裂或形成痂屑。严重者病猪食欲减退,精神萎顿,拱腰吊肷,形体消瘦,生长停滞。幼猪因皮肤较嫩,适合疥螨寄生,发病多而重,有的变成僵猪。

(三)防治　搞好栏舍卫生,保持舍内清洁、干爽、通风,定期用药灭虫消毒;用新鲜辣蓼草或新鲜樟树叶垫栏,可预防或减少本病的发生。引进猪只应隔离观察,防止引进带螨病猪。

发现病猪应及时隔离治疗,并用杀螨药消毒猪舍和用具。用药局部涂抹或喷洒治疗时,为使药物充分接触虫体,宜先用肥皂水或清洁水洗刷患部,清除痂壳和污物。然后选用下列药剂之一:

▷ 阿维菌素或伊维菌素每千克体重 0.3 mg,颈部皮下注射。

▷ 硫磺、石灰和水按 1∶2∶25 的比例配合,置锅中煮沸至黄色,去渣取液冷却后用喷雾器喷洒患部,间隔 3 天再用 1 次。

▷ 植物油 100 mL 放锅中烧开,沫消后加入硫磺 15 g、花椒面 5 g,用木棒搅拌成粥状。冷却后,用毛刷将药刷在患部。

▷ 硫磺 100 g,明矾 50 g。混合研末过筛,加棉籽油(无棉籽油可用其它植物油代替)500 mL,搅匀涂擦患部。

▷ 花椒、荆芥、防风、苍术各等份,研细末,用凡士林调成膏,均匀涂于患部,轻者 1 次可愈,重者 2～3 次痊愈。

二十一、泄　泻

泄泻是指大便稀薄、排便次数增加的一种病症，又称腹泻，俗称拉稀。

(一)病因　天气突变，突然改变饲料，饲喂霉败变质饲料，饮水不洁，某些传染病和寄生虫病等均可引起泄泻。

(二)主证　大便稀薄、排便次数增加，在尾和肛门附近粘有稀粪为本病主证。泻粪酸臭，食少腹满，舌苔厚浊者为伤食泻；泻粪如浆、赤浊腥臭，舌红苔黄，鼻镜干燥者为湿热泻；粪稀不成形，或完谷不化，体瘦毛焦，四肢无力，口色淡白者为脾虚泻；久泻不止、遇寒则甚，或黎明腹泻，肛门不收，形寒肢冷，腰胯痿软、四肢无力者为肾虚泻；泻粪如水，肠鸣腹痛，饮多食少，口色青黄者为寒湿泻。

(三)防治　平时加强饲养管理，冬季防寒保温；保持栏舍清洁干爽，做好驱虫和防疫工作；改变饲料宜逐渐进行，不喂霉败变质饲料，定时定量饲喂。治疗应先查明病因。因中毒、寄生虫和传染病引起的泄泻，参考有关病症对因、对症治疗；伤食泻、湿热泻不重者，也可参考消化不良、湿热证方法治疗。

1. 用于湿热泻(选一方)

▷ 苦参、地榆、神曲各 10 g，大黄、知母、柴胡、石膏、山楂、陈皮、木通、罂粟壳、甘草各 5 g(体重 10～30 kg 猪用量，大猪酌加用量)。文火煎煮 3 次，合并煎液约 500 mL，分早晚 2 次灌服，每天 1 剂，连用 2～3 剂。

▷ 乌梅、诃子、黄连、姜黄各 30 g，黄芩 35 g。煎汤，候温灌服，每天 1 剂，连用 2～3 剂。

2. 用于脾虚泻　苍术、山药各 10 g，白芍、泽泻各 20 g。共为细末，混于饲料内服，每天 1 剂，连用 2～3 剂。

3. 用于脾肾虚寒泻　诃子(煨)、肉桂、炙甘草各 40 g，罂粟壳(蜜炙)160 g，肉豆蔻(煨)25 g，木香 50 g，当归、炒白术、党参各 30 g，白芍 60 g，干姜、附子各 20 g。泄泻无度、脱肛者加柴胡 40 g，升麻、黄芪各 50 g。共研粗末，每次用 150 g，水煎，食前温服，每天 1 次，连用 3～4 次。

4. 用于寒湿泻(选一方)

▷ 党参 50 g，白术、干姜各 30 g，附子 20 g，炙甘草 15 g。煎汤，候温灌服，每天 1 剂，连用 2～3 剂。

▷ 丁香、木通、茯苓各 20 g，藿香 30 g，木香、青皮各 10 g，陈皮、官桂、车前子各 15 g，生姜、红茶叶各 25 g。腹痛者加香附 20 g，呕吐者加姜半夏 15 g，久泻者加石榴皮 15 g，食欲不振者加神曲、山楂各 25 g(均为体重 50 kg 重猪 1 次用量)，水煎服，每天 1 剂，连用 3～4 剂。

5. 用于仔猪腹泻　生姜 60 g,乌梅、茯苓、制半夏各 30 g,新鲜杉木炭粉 80 g,黄连、甘草各 20 g。混合研细末,每千克体重 0.5～1 g 拌料服,每天 2 次,连用 2～3 天。

二十二、便　　秘

便秘是大便干燥、排出困难的一种常见病。各种年龄的猪都有发生,但以小猪多发,便秘部位多见于结肠。

(一)病因病机　本病多因长期饲喂粗硬坚韧不易消化的饲料,如红薯藤、花生藤、豆秸等劣质饲料,或因饲喂精料过多、突然变换饲料、饮水不足和缺乏适当运动引起,也见于妊娠后期或分娩不久伴有肠道蠕动迟缓的母猪;某些热性病、慢性胃肠病以及肠道传染病或寄生虫病也常继发本病。

(二)主证　病初精神不振,少食喜饮,频频努责,排少量干小粪球,继则食欲停止,腹部膨胀,有的腹痛呻吟,起卧不安,尿黄而短,不排粪,触摸腹部可摸到肠中的干硬粪块。腹部听诊,肠蠕动音减弱或无。若无并发症体温一般正常,继发于热性病的常伴有原发病的症状。

(三)防治　合理搭配饲料,保证饮水和运动,给予适当量的食盐,多给青绿多汁饲料。

病猪停喂干粗饲料而仅给青绿多汁饲料,多给饮水。治疗以通肠导滞为治则,采用中药、西药或中西药结合治疗均有良好效果。

1. 用于热性便秘　中药用石膏 30 g,芒硝 24 g,当归、大黄各 12 g,黄芩、金银花、枳壳、连翘各 9 g,火麻仁 18 g,木通 6 g。加适量水煎煮 2 次,滤液合并浓缩至 200～300 mL,候温灌服(以上为中猪用药量,大猪、小猪据体重酌情增减用药量)。同时用西药:体温高者肌肉注射青霉素 160 万～320 万 IU、链霉素 40 万～100 万 IU,每天 2 次;病情严重、食欲废绝者,静脉注射 5%葡萄糖盐水 500～1 000 mL、10%磺胺嘧啶钠 30～50 mL、10%安钠咖 5～10 mL。

2. 用于妊娠母猪便秘　10%氯化钠 8～10 mL,10%氯化钾 8～10 mL,注射用水 50～60 mL,混合后一次交巢穴注射,每天 1 次,连用 2～3 天。

3. 用于顽固性便秘　大黄、生地、玄参各 30 g,枳实、厚朴、麦冬各 20 g。高热者加银花、山楂各 30 g,柴胡、桔梗、青皮各 20 g;阴津亏虚者,加白芍、当归各 30 g,肉苁蓉 20 g,蜂蜜 100 g。上药加动物油或植物油 100 g,煎水灌服,并用部分药液灌肠,每天 1 剂,连用 1～2 剂。

4. 用于实热便秘　大黄 25 g,芒硝 50 g,黄连、黄芩、黄柏、栀子、枳实、厚朴、玄参、麦冬、生地各 15 g,甘草 10 g。水煎喂服,每天 1 剂,连用 1～2 剂。

5. 用于阴血亏虚便秘　麦冬、生地、厚朴各 12 g，大黄、建曲各 18 g，石斛、白芍、甘遂、甘草各 9 g，枳实、槟榔各 15 g。共为细末，混食喂服，每天 1 剂，连用 3 剂。

6. 用于老弱虚寒便秘　艾叶 50～100 g 用温水浸泡或煎煮 20 min，取小块肥皂削成锥状后浸入艾叶温水中 10～20 min，取出插入病猪肛门内，适当进退、转动肥皂，停留片刻取出肥皂再浸入艾叶水中，再插入猪肛门内，如此多次反复，连用 2～3 天。

7. 用于母猪产后便秘　桃仁 20～30 个，捣烂加适量蜂蜜，水煎取汁，候温灌服，每天 2 次，连用 2～3 天。

8. 按中兽医通肠导滞为原则治疗　①大承气汤；②芒硝 100 g，滑石 50 g，大黄 25 g，石蜡油 200 mL，混合灌服，结合肥皂水灌肠；③棉籽油 250 mL，石膏 30 g，莱菔子 60 g，温水灌服。针治：10％氯化钾溶液 10 mL 后海穴注射。

二十三、感　　冒

感冒是猪感受风寒、风热之邪引起，以发热恶寒、流涕咳嗽、体表温度不均为主要临床特征的病证。本病一年四季均有发生，多发于气候多变的早春和晚秋，仔猪更易发生。

（一）病因病机　感冒的发生，主要因饲养管理不善，畜体虚衰，卫阳不固，加之天气骤变，忽冷忽热，风寒或风热之邪乘虚侵犯机体，邪束肌表，腠理不通，内热不得外泄而发生。

（二）主证

1. 风寒感冒　耳尖、鼻端发凉，皮温不均。恶寒重，发热轻，喜阳光或钻草堆，常卧于背风向阳的地方。鼻流清涕，咳嗽，舌苔薄白，食欲减退。

2. 风热感冒　精神沉郁，少食或不食，发热，恶寒轻或不恶寒，喜阴凉，口干色稍红，咳嗽流涕，呼吸音增强，呼吸加快，咳嗽或鼻塞喘息，大便干燥，舌边（尖）红赤，苔黄白相间，脉搏增数。

（三）治疗　加强饲养管理，做好防寒保温工作。根据病情，选用下列方药进行治疗。

1. 用于风寒感冒（选用一方）

▷ 黄豆 250 g，葛根 25 g，葱 10 根，鲜萝卜 1 000 g，生姜 15 g。切碎煎水喂服，每天 1 剂，连用 2～3 剂。

▷ 荆芥、防风、柴胡、羌活、独活、川芎、前胡、桔梗、生姜、枳壳各 30 g，茯苓 20 g，薄荷、甘草各 10 g。四肢不重而冷者去独活加桂枝 30 g，苔白兼黄、舌尖边微红者去川芎加黄芩 20 g，食欲不振者加焦山楂、炒谷芽、炒麦芽各 30 g，粪便干燥者加大黄(后下)30 g(以上为体重50～100 kg猪1次用量)。水煎投服,每天1剂,连用2～3剂。

▷ 麻黄汤煎汤,候温灌服。

2. 用于风热感冒

▷ 银花、连翘、芦根各40 g,淡豆豉、桔梗、荆芥穗、牛蒡子各25 g,竹叶30 g,薄荷15 g,甘草10 g(体重15～100 kg猪1次用量)。水煎服,或为末开水冲服,每天1剂,连用2～3剂。

▷ 芦根35 g,草决明100 g,防风35 g,瞿麦30 g,绿豆150 g,蒲公英30 g,萹蓄30 g,藿香30 g,黄芩10 g。煎汤,候温灌服。

3. 用于母猪产后风寒感冒(选一方)

▷ 麻黄、杏仁、玉竹、前胡、紫苏、陈皮、川芎、桃仁、生姜、大枣各20 g,当归15 g,甘草10 g。水煎服,或研末混料服,每天1剂,连用1～2天。

▷ 当归、川芎、葛根、升麻、白芍、香附、紫苏、陈皮各35 g,麻黄30 g,白芷20 g,益母草50 g,炙甘草15 g,生姜5片,葱白3根。体温升高者去白芷加黄芩30 g,便结难下者重用当归并加白术45 g、麻仁30 g,食欲废绝者重用香附并加山楂35 g,无瘀血者去川芎、益母草。每天1剂,煎3次分3次服,连用1～2剂(以上为体重100 kg猪用量)。

(四)护理与预防　防止猪只突然受寒,风吹雨淋,特别是大出汗之后;气温下降时,要注意猪舍的保暖,及时采取防寒措施;天气转热时,应使猪舍通风凉爽;在病期要多给清洁饮水,天气变化要注意猪舍保暖,天寒应加垫草。

二十四、风　湿　症

风、寒、湿邪侵犯机体,引起肌肉、关节疼痛的一种病症,称为风湿症,又称风痹。

(一)病因病机　猪栏潮湿,天气寒冷或突然变化,贼风吹袭,风寒湿邪相结,侵入经络,气血凝滞而致病。

(二)主证　往往突然发生,多先发于后肢,出现跛行,继而扩展到前肢。有的关节肿大而发热,患肢肌肉僵硬疼痛,行走不稳。患部常可转移,患肢持续运动后跛行,疼痛减轻。严重时不能起立,发生瘫痪。能吃食,但食欲降低,体温一般正常。

(三)防治　保持猪栏干燥,冷天注意防寒保暖,让猪适当运动和晒太阳。治疗可选用祛风湿的中、西药物,并配合针灸疗法。

▷ 中药以活血散瘀、祛风止痛为治则,方用独活、桑寄生、羌活、酒当归、川芎、桂枝、牛膝、防风、荆芥、秦艽、威灵仙各10 g,甘草3 g。混合煎汤,过滤去渣取汁,每头每次胃管投服 250 mL，每天 2 次，每剂药分 6 次灌服。另用火针治疗，主穴百会，配穴抢风、大胯、小胯、六脉，每 3 天针刺 1 次。中药配合火针治疗，一般轻症 2～3 次，重症 3～5 次即可。

▷ 一般针灸治疗：前肢风湿取抢风、七星等穴，后肢风湿取大胯、小胯等穴，腰背风湿取百会、肾门、尾根等穴，白针、水针、电针或灸熨。水针可选用安痛定注射液等，每穴 1 次 3～5 mL。

▷ 姜蒜酊：生姜、大蒜、白酒，按 1∶2∶7 比例，先将生姜、大蒜捣碎，然后用白酒浸泡 3～7 天后备用。将患猪患部用温水洗干净，然后用姜蒜酊涂擦，每天 2 次，连用 1 周左右。

二十五、脱　肛

直肠部分脱出于肛门外，称为脱肛，又叫直肠脱出。多发生于小猪和瘦弱的大猪，也继发于便秘和顽固性的下痢。

(一)病因病机　饲养管理不善，伤及脾胃，致使气血亏损，中气不足，元阳衰弱。初期，大便时肠头脱出，便后收回，进而气虚下陷，提举无力，肛门括约肌松弛，直肠脱出肛门外而不能收回。此外，便秘过度努责或长期腹泻损伤脾胃，导致中气下陷而脱肛。

(二)主证　初期直肠脱出于肛门外，多呈红色，久之，发生水肿，变成暗红色或紫黑色。脱出部分常黏附泥土，甚至坏死、龟裂。病猪精神衰弱，消瘦，少食，排粪困难，常努责，严重者可因肠管破裂而死亡。

(三)治疗　手术整复，并投补中益气之剂。

1. 手术整复　用 3%明矾水，或艾叶、花椒煎汤去渣的药液，或食盐水，清洗脱出部分及肛门周围，洗净后，用手捏破水肿的黏膜和剥去坏死的组织，涂上枯矾与食油，将脱出部分送入肛门。整复后仍再脱出者，可沿肛门周围缝合固定。

2. 方药　可选用：

▷ 党参、黄芪各 30 g，当归、白术各 25 g，升麻、柴胡各 15 g，陈皮 20 g，炙甘草 10 g。煎汤，候温灌服，小猪用量酌减。

▷ 当归、白芍、羌活、独活、炙黄芪、党参、柴胡各 10 g，炒白术 8 g，升麻 4 g，甘草 4 g。煎汤，候温分 2 次灌服，小猪酌减。

▷ 蝉蜕 10 g，为末，用香油适量，调搽患部。

(四)护理与预防　加强饲养管理，饲喂易消化的饲料，防止便秘和腹泻的发生。

第十一章　家禽疾病的防治

一、鸡新城疫

鸡新城疫又称"鸡瘟"，是由新城疫病毒引起的一种急性、高度接触性、败血性传染病。其特征是患鸡发热，呼吸困难，严重下痢，神经紊乱，黏膜和浆膜出血。典型病例死亡率可达90%以上，非典型病例虽然死亡率不高，但严重危害鸡群的健康和成鸡的生产性能。本病一年四季都可发生，但以春、秋两季多发。各种年龄的鸡均可感染本病。

(一)病因病机　由于未按免疫程序免疫或免疫失败，而使鸡体对该病特异病原体失去抵抗能力。若遇本病流行，疫邪经口鼻或伤口等途径进入鸡体引起发病。疫热之邪直中营血可不见临床症状而死亡；热邪由表入里可见体温升高，精神萎顿，闭眼嗜睡；热邪犯肺，肺失宣降则见呼吸困难，重者张口喘息；热入肠胃则见倒提病鸡时口中流出大量酸臭液体，拉黄绿色或白色稀便；热入心包则见头颈歪斜仰视，全身抽搐倒地旋转等神经症状。

(二)主证　自然感染潜伏期一般为3～5天。根据症状和病变不同，可分为四型。

1. 速发嗜内脏型　又称亚洲型，是发病最急、最严重、病死率最高的一个型，也是我国常见的病型。根据病程长短又分为最急性、急性和慢性型。最急性型一般没有先兆症状而突然发病死亡。急性型较常见，典型症状为体温升高，精神萎顿，闭眼嗜睡，呼吸困难或张口呼吸，嗉囊积液，倒提病鸡时常有大量酸臭液体从口内流出。拉稀便，呈黄绿色或黄白色，有时混有少量血液。泄殖腔充血、出血、肿胀。大多数于明显发病后3～5天死亡。病程较长者和慢性型病鸡可见神经症状，如头颈垂搁于地上，或头颈歪斜仰视，或突然后仰倒地，全身抽搐倒地旋转等。病死率可达80%～100%。

2. 速发嗜肺脑型　又名速发嗜神经型，是由强毒株引起，主要症状及病变在呼吸道和神经系统。表现呼吸困难，有明显的咳嗽和喘鸣音，发病1～2天后(一般不超过1周)就可出现神经症状，翅腿麻痹，头颈扭转。病鸡产蛋量下降或停产，一般没有腹泻。取急性经过，发病率和病死率不定，仔鸡有时可达90%，大鸡可能只有10%左右。

3. 中发型　是由一些中等毒力的病毒株引起。主要侵害幼龄鸡，表现呼吸道症状，有时出现神经症状，神经系统受侵害的鸡大多数死亡。成年鸡只表现呼吸系统症状，明显咳嗽，但很少有喘鸣音。食欲减退，产蛋减少或停止。持续1～3周即自然停止。

4. 缓发型　是由毒力较弱的病毒株引起。无明显症状，或只见轻度的呼吸道症状，有时会引起产蛋量下降。各种年龄的鸡均很少死亡，但发病小鸡并发其它传染病时，病死率可达30%。

(三)治疗　治宜清瘟败毒、凉血止痢、开窍。

▷ 二花、连翘、板蓝根、蒲公英、青黛、甘草各120 g。水煎取汁，100羽鸡1次饮服，每天1剂，连用3～5天。

▷ 清瘟败毒散按2%比例混饲，连用3～5天。

▷ 紧急预防：鸡新城疫弱毒疫苗Ⅱ系或Ⅳ系1羽份饮水，待鸡群恢复以后，42周龄以上鸡群可用鸡新城疫油佐剂苗0.5～1 mL肌肉注射。

二、禽　流　感

禽流感是由A型流感病毒引起的禽类的全身性或呼吸器官的传染病。鸡、火鸡、鸭和鹌鹑等家养禽类以及水禽、野鸟、海鸟等均可感染。其发病情况决定于病毒毒株一级宿主的易感性，可以是无症状感染，也可引起败血症死亡。禽流感是一种对养鸡业危害严重的疾病，每一次严重的暴发都给养鸡业造成巨大的经济损失。

(一)病因病机　鸡场饲养管理不当，鸡群营养状况不良或遇应激因素等使鸡体非特异免疫力进一步降低，往往可导致鸡群暴发本病，发病率和死亡率大幅度增高。急性暴发，热邪直入营血常不见症状而死亡；热邪由表入里可见体温升高，精神沉郁，羽毛松乱，头翅下垂，不食，冠髯发黑，头面水肿，结膜发炎等；邪热客肺则见呼吸困难，常发出"咯咯"声，鼻腔分泌物增多；邪客胃肠则见下痢；邪入心包则见惊厥，瘫痪等神经症状。

(二)主证　潜伏期一般为3～5天。本病常突然暴发，症状多种多样。流行初期的急性病例，可不出现任何症状而死亡。一般病程为1～2天，此类病例可见体温升高（43～44.4℃），精神沉郁，不吃，不愿走动，羽毛松乱，头翅下垂，鸡冠和肉髯发黑，母鸡产蛋停止，头部常出现水肿，眼睑、肉髯肿胀。眼结膜发炎，分泌物增多。呼吸困难，常发出"咯咯"声。鼻分泌物增多，并有灰色或红色渗出物，病鸡常摇头，企图甩出分泌物。严重者可引起窒息。口腔黏膜有出血点，甚至有纤维蛋白渗出物。有的病鸡出现神经症状，惊厥、瘫痪和眼盲，病死率50%～100%。

(三)防治　本病尚无有效治疗药物，主要采取综合防治措施，加强饲养管理，做好平时消毒、防疫工作。一旦发病，要立即报告疫情，封锁鸡场，销毁病鸡和可疑病鸡，用消毒液消毒。对非高致病性禽流感，可用防治新城疫方剂试治。

三、鸡传染性法氏囊病

鸡传染性法氏囊病又称鸡传染性腔上囊炎，是由传染性法氏囊病病毒引起的一种急性、高度接触性传染病。主要侵害雏鸡及幼年鸡，其特点是排白色稀粪，法氏囊肿大、出血、变黄，然后迅速萎缩，骨骼肌出血，肾小管尿酸盐沉积。病鸡法氏囊受到破坏，发生免疫抑制，导致多种疫苗免疫失败，抵抗力降低。

(一)病因病机 由于未按免疫程序免疫或免疫失败，使鸡群对本病病原缺乏特异性免疫力，若遇毒邪侵袭可致本病发生。病邪由表入里可见羽毛松乱，低头沉郁，畏寒发抖，少食或不食；邪客肠道则见拉白色或水样稀粪，继之引起伤津耗液，阴亏阳离而死亡。

(二)主证 潜伏期2～3天。被感染鸡群的早期症状是有些鸡有啄自己肛门的倾向。随后出现羽毛松乱，低头沉郁，采食减少或不食，畏寒发抖，排出浅白色(含尿酸盐)或水样稀粪，肛门周围的羽毛被粪便污染，病鸡脱水，常因极度衰竭而死亡。病程5～7天。如有混合感染，则病程延长。

(三)治疗 治宜扶正祛邪，清热解毒，凉血止痢。

▷ 板蓝根150 g，黄芩、藿香各25 g，黄柏、甘草、石膏、鱼腥草、金银花各50 g，蒲公英100 g。水煎2次取汁加白糖250 g，每天分4次给100羽鸡饮用，连用3天。

▷ 清瘟败毒散按1%～1.5%拌料混饲，连用3～5天。

▷ 生地4 g，白头翁4 g，银花3 g，蒲公英3 g，丹参3 g，茅根3 g。为10羽鸡一次用量，水煎2次，合并药液加糖让鸡自饮，每天1剂，连用3剂。

▷ 黄芪300 g，黄连、生地、大青叶、白头翁、白术各150 g，甘草80 g。供500羽鸡，每天1剂，每剂水煎2次，取汁加5%白糖自饮或灌服，连服2～3剂可愈。

▷ 生石膏130 g，生地40 g，赤芍30 g，丹皮30 g，栀子30 g，连翘20 g，黄连20 g，黄芩30 g，板蓝根40 g，大黄20 g，元参30 g，甘草10 g。供300羽鸡，煎汁饮用。

▷ 党参30 g，黄芪30 g，蒲公英40 g，金银花30 g，板蓝根30 g，大青叶30 g，甘草(去皮)10 g，蟾蜍(100 g以上)1只。先将蟾蜍加水1.5 kg煮沸，再加其它药文火煎汁，供100羽鸡，每天分3次饮服。

▷ 大青叶、板蓝根、蒲公英各100 g，金银花、黄芩、黄柏各50 g，生石膏、生地、栀子各20 g，甘草40 g。水煎2次，煎至2 kg药液，供200羽病鸡服用。

(四)护理与预防 疫苗免疫接种是预防此病的主要方法。此外，鸡舍内要保持安静,鸡群密度不宜过大,适当补充多种维生素,尤其是维生素C,由于病鸡采食减少,饮水可加4%～5%的葡萄糖,以补充能量、改善体质。

四、鸡传染性喉气管炎

鸡传染性喉气管炎是由传染性喉气管炎病毒引起的鸡的急性高度接触性传染病,其特征是呼吸困难,咳嗽,气喘和咳出血液渗出物,喉头和气管黏膜肿胀、充血、出血并有糜烂。本病多发于春秋季节,传播快,病死率高。各种年龄的鸡均可感染。本病多发生于秋末冬季干燥和寒冷季节。

(一)病因病机 由于未按免疫程序免疫或免疫失败,使鸡群对本病病原缺乏特异抵抗力,遇到毒邪侵袭可致本病发生。鸡舍通风不良,饲养密度过大,饲养管理不善,寄生虫感染等,都可加速本病的传播。毒邪在表可见部分病鸡流眼泪;病邪入肺阻于肺经,导致肺气不宣,酿液成痰,痰阻气逆,肺失肃降,则咳嗽,气喘;喉为肺之门户,邪阻肺经,郁而化热,热结咽喉则咽喉肿胀糜烂,最后常因气道堵塞而窒息。

(二)主证 潜伏期,自然感染为6～12天,人工感染(气管内接种)为2～4天。根据临床表现可分为两型。

1. 喉气管型 主要发生于大鸡,传播较迅速,经过较急。开始有少数鸡流眼泪,继而头部发绀,突出的症状是呼吸困难,病鸡张嘴伸头喘气,并可听到喘鸣音和吹笛音。严重病例,则咳嗽频繁,常从气管咳出带血的黏液,并有鼻汁。由于大量的渗出物、干酪样物或血凝块在喉头,气管堵塞,常可窒息而死。在产蛋鸡群,则产蛋量下降,平均减少12%,30天后逐渐恢复,病程约2周。

2. 结膜型 主要发生于30～40日龄鸡。病初见眼角有分泌物,流泪,眼痒,眼结膜轻度充血,怕光,眼睑肿胀,上下眼睑被分泌物所粘连,结膜囊内充满干酪样物。病的后期角膜混浊、溃疡,鼻腔有浆黏性分泌物,眶下窦肿胀。病鸡偶见呼吸困难。发病率为80%～90%,病死率为5%～20%,病程2～3周。

(三)治疗 以清热解毒,豁痰,通利咽喉为治则。在临床上可选用以下方药:

▷ 知母25 g,石膏25 g,双花35 g,连翘30 g,豆根、射干、桔梗、栀子、苏子、款冬花各25 g,生地、陈皮各30 g,半夏、麻黄各13 g,板蓝根40 g。为100羽成鸡每天量。共为末,水煎1 h,连渣带汁拌料,每天分2次喂服,连用3天。

▷ 石膏5份,麻黄、杏仁、甘草、桔梗、葶苈子、山豆根、牛蒡子各1份,鱼腥草3份。为末,按4%拌料混饲,连用3天,或水煎,按每千克体重每天3～4 g生药,取汁加入饮水中混饮。

▷ 麻黄、知母、贝母、黄连各30 g,桔梗、陈皮各25 g,紫苏、杏仁、百部、薄荷、桂枝各 20 g，甘草 15 g，水煎 3 次，合并滤汁，供 100 羽鸡饮用，每天 1 剂，连用 3 天。

▷ 紫草 900 g，龙胆草（或龙胆末）500 g，白矾 100 g，供 900 羽鸡服用。先将紫草浸泡 20 min 后再文火煎煮 1 h，滤汁再加龙胆草、白矾文火煎 20 min，取汁饮服，每天 1 剂，连用 4 天。

▷ 金银花 500 g，水煎取汁，供 1 000 羽鸡服用。

▷ 雄黄 1 份，玄明粉 9 份，研成细末，取少许吹入咽喉部。

（四）预防　定期进行预防注射，加强饲养管理，鸡舍内外及用具等严格消毒。

五、鸡传染性支气管炎

鸡传染性支气管炎是由传染性支气管炎病毒引起的鸡的一种急性、高度接触性传染病。其特征为气管与支气管黏膜发炎，呼吸困难，气管内发出啰音，咳嗽、喷嚏，幼鸡流鼻液，产蛋鸡产蛋量和蛋品质量下降。肾病变型呈现肾肿大、苍白，有大量尿酸盐沉积。30 日龄以内的雏鸡极易感染发病，随着鸡的日龄增长，发病率随之降低。本病传播快，死亡率 25%左右。本病一年四季均可发生，但以冬季多见。

（一）病因病机　由于未按程序免疫或免疫失败，导致鸡群对本病病原的特异性免疫功能丧失，疫邪经不同途径（空气、饲料、饮水、用具等）进入机体，在呼吸道上皮细胞内繁殖，导致气管上皮纤毛麻痹，使黏液性渗出物能在纤毛上积累和黏着，造成呼吸困难、咳嗽、气管啰音、流鼻汁、食欲减少、羽毛松乱等表证；病邪入里侵害肾脏及肠道，可见腹泻、下痢、拉白色粪便，并很快出现阴液亏损，可造成大批死亡。另外鸡舍温度太低，日粮中粗蛋白和钙含量过高，维生素 A 缺乏，鸡痘等疾病免疫及其它不良因素刺激，均可促使本病的发生，使病死率明显增加。

（二）主证　潜伏期，自然感染约为 36 h 或更长些，人工感染为 18～36 h。病鸡突然出现呼吸症状，随着病鸡年龄的大小，症状有轻重之别。4 周龄以下的雏鸡表现气喘，咳嗽，气管啰音，流鼻汁，精神沉郁，食欲减少，羽毛松乱，常挤在一起，互相取暖。个别鸡鼻窦肿胀，流眼泪。5～6 周龄以上的鸡症状较轻，突出的症状是气管啰音，气喘和咳嗽轻微。成年产蛋鸡虽然也有气管啰音、气喘、咳嗽、打喷嚏等症状，但较轻微，突出的表现是产蛋量显著下降（约为发病前的 1/2），并产软壳蛋、畸形蛋和粗壳蛋。病后相当一段时间内，蛋的质量变差，蛋白稀薄呈水样，蛋黄与蛋白分开，或者蛋白粘在壳膜的内层。甚至病后的雏鸡在产蛋时也产上述劣质蛋。病程 6～18 天。

被侵害肾脏的毒株感染时（肾病变型），可引起肾炎、肠炎，发生下痢等症状，而呼吸系统的症状不一定出现，或先出现很轻微的呼吸道症状，这些症状消失后，受感染的鸡群整群突然发病，并于两三天内逐渐加剧，病鸡聚堆，厌食，白色腹泻（几乎全是尿酸及尿酸盐），体重明显减轻，面部和皮肤颜色变暗，胫部干瘪，肛门周围羽毛粘水样白色粪便，于感染后 10 天左右大批死亡。

（三）治疗　本病由热毒内蕴，引起痰涎阻塞气管，导致咳嗽气喘，故宜清肺化痰，止咳平喘。可选用以下方药治疗：

▷ 麻黄 300 g，大青叶 300 g，石膏 250 g，制半夏 200 g，连翘 200 g，黄连 200 g，金银花 200 g，蒲公英 150 g，黄芩 150 g，杏仁 150 g，麦冬 150 g，桑白皮 150 g，菊花 100 g，桔梗 100 g，甘草 50 g。水煎，取煎液，为 5 000 羽雏鸡 1 天拌料用量，用药 3～5 天。

▷ 每 100 羽病雏用伸筋草（鲜品）150 g 的嫩枝叶用冷水洗净切细，拌料，余下的茎条水煎取汁，饮用。个别不采食的病鸡，将嫩枝叶揉成米粒大塞入口中，每次 2 粒，每天 2～3 次，用药 3 天。

▷ 板蓝根 50 g，连翘 50 g（300 羽鸡用量），水煎 2 次，混合，每天喷雾 2 次，连用 3 天。

▷ 石膏粉 5 份，麻黄、杏仁、甘草、葶苈子各 1 份，鱼腥草 4 份。为末混饲，预防量每千克体重 2～3 g，治疗量每千克体重 3～4 g。

（四）预防　疫区的雏鸡定期进行鸡传染性支气管炎疫苗接种。育雏室注意保暖通风，避免鸡群拥挤，供给充足的维生素 A 和维生素 D，增强抗病力。

六、禽　　痘

禽痘是由禽痘病毒引起的禽类的一种急性、热性、高度接触性传染性疾病。通常分为皮肤型和黏膜型。皮肤型以皮肤（尤以头部皮肤明显）的痘痂为特征。黏膜型可引起口腔和咽喉黏膜的纤维素性炎症，常形成假膜，故又称禽白喉。家禽中以鸡最易感，其它禽类也可发生。对雏鸡和中雏危害较大，死亡率可达 5%～10%，成年鸡死亡率较低，但可使产蛋量下降。本病一年四季均可发生。任何季节都可发病，秋冬发病率最高，若无并发症，病程一般为 3～4 周，治愈的禽具有免疫性。

（一）病因病机　痘毒通过皮肤、黏膜破损部位或蚊虫叮咬侵入禽体皮肤腠理而发病。若禽体正气虚弱、痘毒内陷，可造成死亡。病禽脱落的痘痂、皮屑，以及粪便，喷嚏、咳嗽的飞沫，都含有痘毒，均可传染本病。

（二）主证　鸡痘的潜伏期 4～8 天。依患病部位不同，可分为皮肤型、黏膜型（又叫白喉型）、混合型或败血型。

1. 皮肤型　在身体的无羽毛部位，如冠、肉髯、嘴角、眼皮、耳球、腿、脚、泄殖腔和翅的内侧等部位形成一种特殊的痘疹。最初痘疹为细小的灰白色小点，随后体积迅速增大，形成豌豆大灰色或灰黄色的结节。结节坚硬而干燥，表面凹凸不平。有时几个结节相互融合成大的痂块。痘痂的形成脱落需 3～4 周。一般无明显的全身症状。

2. 黏膜型 病禽精神萎顿，厌食，眼鼻有浆黏性或脓性分泌物。时间稍长，则眼睑肿胀，结膜蓄脓或有纤维素性渗出物。口腔和咽喉等处的黏膜发生痘疹，初呈圆形的黄色斑点，逐渐形成一层黄白色假膜(由坏死的黏膜组织和炎症渗出物凝固而成)，覆盖在黏膜上面，故又称白喉型。随着假膜的扩大和增厚，口腔和喉部受到阻塞，致使病禽吞咽和呼吸困难，严重时病禽窒息死亡。痂块与黏膜下层组织紧密粘连，剥脱后留下红色而易出血的溃疡面。

3. 混合型 皮肤和口腔、咽喉黏膜同时受到侵害，发生痘斑。

4. 败血型 极少见。全身症状严重。可发生肠炎等而死亡。

火鸡痘与鸡痘的症状相似。产蛋火鸡的产蛋量减少，受精率降低。病程 2～3 周。

(三)治疗

1. 皮肤型 治宜疏散风热，透疹解毒。药用：栀子、甘草各 100 g，金银花、黄柏、板蓝根各 80 g，丹皮、黄芩、山豆根、苦参、白芷、皂角刺、防风各 50 g。水煎取汁，按每羽每天 0.5～2 g 生药量拌料喂鸡。

2. 黏膜型 治宜清热解毒，凉血散瘀。药用：板蓝根 75 g，麦冬、生地、丹皮、连翘、莱菔子各 50 g，知母 25 g，甘草 15 g。水煎取汁喂服，为 500 羽鸡的用量。

3. 混合型 治宜清热解毒，疏风解表。药用：金银花、连翘、板蓝根、赤芍、葛根各 20 g，蝉蜕、竹叶、桔梗、甘草各 10 g。水煎取汁，拌料喂服，为 100 羽鸡的用量。

(四)护理与预防 搞好禽舍的清洁卫生，并注意做好病禽的隔离、死禽的无害处理等工作。对种禽场和常年发生此病的养禽场，应按时接种疫苗。

七、鸭 瘟

鸭瘟又叫鸭病毒性肠炎，是鸭和鹅的一种急性、热性、败血性传染病。病原是一种疱疹病毒。其临诊表现为高热稽留，排绿色稀粪，两脚麻痹，行走困难，流泪和部分病鸭头颈肿大，俗称大头瘟。剖检特征是血管损伤，组织出血，食道黏膜有灰黄色假膜覆盖的溃疡，泄殖腔黏膜充血、出血、水肿和坏死，实质器官退行性变化。各品种的鸭均可发病，以番鸭最为易感，野鸭、鸳鸯、大雁可人工感染发病。本病一年四季均可发生，但以春、夏、秋季流行最为严重，发病率和死亡率都很高。

(一)病因病机 由于未按程序免疫或免疫失败，鸭群对本病病原缺乏特异性抵抗力。若直接或间接接触疫毒即可感染发病。热邪在表则见体温急剧上升，高热稽留，精神食欲差，喜饮水；病邪入里则见精神萎顿，食欲完全废绝；热结肠道则见下痢，排绿色或灰绿色腥臭粪便，泄殖腔周围羽毛被排泄物污染；热入营血，充斥表里，则见全身皮肤、消化道黏膜及实质脏器出血坏死；热伤津液，则阴亏阳离衰竭而死。

（二）主证 自然感染潜伏期为2～5天。病鸭体温升高，精神沉郁，羽毛松乱，减食或停食，两脚麻痹无力，行动缓慢，甚者伏地不起，不能走动。下痢，粪便呈绿色或灰白色，污染肛门周围的羽毛。泄殖腔黏膜充血、出血、水肿，覆盖一层灰褐色或绿色的坏死结痂，黏着很牢固，严重者黏膜外翻。体表皮肤有散在的出血斑。

一个特征性症状是眼睑水肿和流泪，病初流出浆性分泌物，以后变为黏性或脓性分泌物。严重者上下眼睑粘连，眼睑水肿，眼结膜充血水肿，并有散在的小出血点或溃疡，一侧角膜混浊。部分病鸭头颈部肿胀，俗称"大头瘟"。与此同时，病鸭从鼻腔流出浆性或黏性分泌物，呼吸困难，叫声嘶哑，个别病鸭频频咳嗽。病鸭濒死前体温下降，极度衰竭，病程一般为2～5天，慢性可拖至1周以上。

病鹅的症状与鸭相似，表现体温升高，两眼流泪，鼻孔流浆性或黏性分泌物，两脚麻痹无力，不愿走动，肛门水肿，排灰白色或草绿色稀粪。食道和泄殖腔黏膜覆盖有灰黄色假膜，黏膜充血或有出血斑点和坏死。

（三）治疗 治宜清瘟败毒，凉血消斑，燥湿止痢。

▷ 清瘟败毒散按2%比例拌料混饲，连用3～5天。

▷ 黄芩80 g，黄柏45 g，黄连须50 g，大黄20 g，二花藤100 g，白头翁100 g，龙胆草100 g，茵陈45 g，板蓝根90 g，车前草20 g，陈皮20 g，甘草10 g。水煎去渣。以药汁煮谷至干，每100羽鸭分6次喂完，每天3次，连喂2天。

▷ 大青叶25 g，板蓝根200 g，茵陈300 g，金银花125 g，白茅根500 g，红花125 g，穿山甲125 g，马勃750 g。共研末，拌入饲料喂鸭，每羽每次1 g，每天3次，3～5天为1个疗程。

（四）预防 雏鸭进行疫苗免疫。自繁自养，不从疫区购买鸭只，如需购买，也需隔离检疫，观察2周后才能合群饲养。如本病流行，就地处理病鸭，对未发病的鸭只进行紧急预防注射。

八、鸭病毒性肝炎

鸭病毒性肝炎是由鸭肝炎病毒（有Ⅰ型、Ⅱ型和Ⅲ型三种）引起的雏鸭的一种急性高度致死性传染病。其特征是发病急、传播迅速、病程短和死亡率高，其临床表现特点为角弓反张。病理变化特征为肝肿大和有出血斑点。3周龄以内的雏鸭最易感染，5周龄以内的幼鸭多发。一年四季均可发生，但冬春季节多发，发病率

100%,死亡率可达 90%,给养鸭业带来严重的经济损失。

(一)病因病机 由于雏鸭既未从母体获得母源免疫力,又未在出壳后进行免疫注射,使鸭群对本病特异病原缺乏免疫能力,外来疫毒经口鼻而入可引起本病发生。热邪在表则见雏鸭精神萎顿,厌食,垂翅缩颈,离群独蹲;热邪由表入里直中心包,则见运动失调,身体倒向一侧,两脚痉挛踢动,死前头向背部扭曲,角弓反张等神经症状。

(二)主证 根据感染的病毒类型不同,其临床症状和剖检病变也不一样。

Ⅰ型肝炎的潜伏期 2～3 天,人工感染仅 1～2 天。病初病鸭精神萎顿,厌食,缩颈,垂翅,离群,眼半闭而蹲伏。不久病鸭出现特征性神经症状,运动失调,身体侧卧,两脚痉挛性地向后蹬,有的在地上旋转。最后头向背部后仰,呈角弓反张姿势,腿伸直向后张开,很快死亡,病程数小时至十几小时。病死率因年龄而异,1 周龄以内雏鸭可达 95%,1～3 周龄的不到 50%,4～5 周龄的仅有零星死亡。

Ⅱ型肝炎病鸭死前可能抽搐和角弓反张,常见剧渴,粪便中含过量尿酸盐。通常于出现病状后 1～2 h 内死亡。

Ⅲ型肝炎的症状与Ⅰ型相同。

(三)治疗 治宜清热解毒,疏肝利胆。

▷ 茵陈 20 g,板蓝根 20 g,金钱草 20 g,大青叶 20 g,银花 20 g,连翘 20 g,龙胆草 20 g,黄芩 20 g,甘草 20 g。煎汤,自饮。

▷ 黄芩、黄柏、黄连、连翘、金银花、紫金牛、茵陈、乌梅、枳壳、甘草各 50 g。煎汤,拌料喂服,不食者滴服。

▷ 茵陈、板蓝根、山栀子、香附、连翘、菊花各 30 g,龙胆草、茯苓、薏苡仁各 20 g,甘草 10 g。煎汁,饮服,每天 1 剂,连服 3 剂。

(四)预防 坚持防疫注射和消毒的制度。避免从疫区购入雏鸭,最好自繁自养。购入鸭子需检疫隔离,确认健康后方可混群饲养。

九、小 鹅 瘟

小鹅瘟是由小鹅瘟病毒引起的雏鹅的一种急性败血性传染病,其临床特征是急剧下痢,有时有神经症状。本病主要侵害 3～20 日龄小鹅,引起急性死亡。传染性、死亡率高,是严重危害养鹅业的一个重要传染病。

(一)病因病机 先天未从母体获得抗体而后天又未及时进行免疫注射的雏鹅,若饲料、饮水、用具、场地等受到本病疫毒的污染,疫毒由口而入,则导致本病发生。热毒直入营血可不见任何症状而死;热邪在表则见精神沉郁,缩颈离群,食欲减少或拒食,饮水量剧增;热邪入里则见严重下痢,排出黄白色或绿色水样、混有气泡的稀粪;热邪直中心包可见两腿麻痹、头颈不自主动作等神经症状。

(二)主证 潜伏期为3～5天。由于患病雏鹅的日龄不同,病程长短也不同,可分为最急性型、急性型和亚急性型。

1. 最急性型 常见于3～5日龄的最初发病鹅,往往突然衰竭倒地而死。

2. 急性型 多见于15日龄内的雏鹅。表现精神萎顿,行动迟缓,减食或拒食,饮水量剧增,排黄白或淡黄绿色稀粪,混有气泡。鼻孔流出浆液性分泌物,喙端色泽变暗。濒死前出现头颈扭转、两脚麻痹或抽搐等神经症状。病程1～2天。

3. 亚急性型 见于流行后期或15～20日龄的雏鹅。病鹅精神不振,明显消瘦,下痢,病程稍长,少数幸存者生长发育迟缓。成年鹅的主要症状为排黏性稀粪,两腿麻痹而伏地,头及颈有不自主动作,3～4天后死亡或自愈。

(三)治疗 治宜清热解毒,燥湿止痢。

▷ 清瘟败毒散按每只每天2～3 g拌料喂给,每天2次,连用3～5天。

▷ 金银花、连翘、板蓝根、蒲公英、青黛、甘草各120 g。水煎浓缩成1∶1比例,每只每次3 mL灌服,每天2次,连用3～5天。

十、禽　霍　乱

禽霍乱又叫禽巴氏杆菌病,是由多杀性巴氏杆菌引起的一种接触传播的烈性传染病。病的特征是急性型呈败血症和剧烈下痢,慢性型发生肉髯水肿和关节炎。鸡、鸭、鹅和野禽均可感染发病。本病在世界多数国家中呈散发性或地方性流行发生。我国各地均有本病流行。在我国北方地区多呈季节性流行,多发于夏末秋初,在南方各地本病可常年流行。成年鸡特别是性成熟鸡对本病最易感。

(一)病因病机 由于饲养管理不当,使鸡舍潮湿拥挤、营养缺乏(主要是维生素、矿物质和蛋白质),或因气候剧变,长途运输,感染体内寄生虫及其它疾病导致机体正气虚弱,使体内伏邪相对强盛或外遇强邪而发病。热邪直中三焦,充斥表里者可迅速死亡;热邪在表者则见体温升高,精神不好,缩颈,呆立不动,羽毛松乱,不食但欲饮;热邪入里,在肺则见呼吸困难,鸡冠、肉髯蓝紫,口鼻流出淡黄色带泡沫黏液,在肠则见剧烈下痢,粪便呈灰黄色或铜绿色,有时带血;热邪滞留体内长期不去则见慢性呼吸困难和下痢不止,损伤关节则见脚和翅部关节肿大,出现跛行。

(二)主证 潜伏期2～9天或更长。鸡霍乱可分为三型:

1. 最急性型 常见于流行初期,以产蛋量高的鸡最常见。病鸡突然发病死亡,或于死前不久体温升高,鸡冠呈蓝紫色,倒地抽搐,经数分钟或数小时死亡。

2. 急性型 最为常见。体温升高,精神萎顿,缩颈,呆立不动,羽毛松乱,呼吸困难,鸡冠、肉髯蓝紫。从口鼻流出淡黄色带泡沫的黏液,常发生剧烈下痢,粪便呈灰黄色或铜绿色，有时混有血液。无食欲，但有渴感。最后衰竭昏迷死亡，病程1～3天，病死率很高。

3. 慢性型　多见于流行后期。以慢性肺炎、慢性呼吸道炎和慢性胃肠炎较常见。病鸡鼻孔流黏性分泌物，鼻窦肿大，喉头积有分泌物，常腹泻。病鸡精神萎顿，消瘦，冠髯苍白。有些病鸡一侧或两侧肉髯肿大，随后可能有脓性干酪样物质，或干结、坏死、脱落。有的病鸡有关节炎，常见脚或翼关节和腱鞘肿大，有疼痛，发生跛行，病程1个月以上。病死率不高，但生长发育长期不能恢复。

鸭霍乱多为急性型，表现全身衰弱，停止鸣叫，不下水觅食嬉戏，行动缓慢无力，不随群活动，或呆立一隅。尾羽下垂不动，羽毛松乱无光。无食欲，但渴欲增加。口鼻有黏液流出，常张口呼吸，并常常摇头，企图排出积在喉头的黏液，故有"摇头瘟"之称。病鸭剧烈腹泻，粪便腥臭，呈灰白色或铜绿色，有时混有血液。有些病鸭两脚瘫软，行走困难，经1～3天死亡。病程稍长者可见关节肿胀、化脓，有干酪样坏死。雏鸭可呈多发性关节炎，表现一侧或两侧的跗、腕及肩关节肿胀、发热和疼痛，脚麻痹，行动困难，雏鸭消瘦，发育迟缓。

成年鹅的症状与鸭相似。仔鹅发病率和死亡率较成年鹅高，以急性为主，无食欲，拉稀，喉头有黏稠的分泌物，喙和蹼发紫，眼结膜有出血斑点，病程1～2天死亡。

(三)治疗　治宜清热解毒，燥湿止痢。

1. 急性禽霍乱治疗　白头翁60 g，连翘20 g，黄连、黄柏、金银花各40 g，野菊花、板蓝根、明矾、蒲公英各80 g，雄黄4 g。共为末(雄黄研细)充分混匀，按4%比例拌料或每天每千克体重2 g水煎取汁饮服。

2. 慢性禽霍乱治疗

▷ 茵陈80 g，大黄60 g，茯苓60 g，白术60 g，泽泻60 g，车前子60 g，白花蛇舌草80 g，半枝莲80 g，生地50 g，生姜50 g，半夏50 g，桂枝50 g，白芥子50 g。此方剂量为100羽鸡一次用量。水煎取汁饮服或粉碎拌入饲料喂给。

▷ 穿心莲6份，板蓝根6份，蒲黄5份，旱莲草5份，苍术3份。混合粉碎拌料喂给，每羽鸡每天5 g，连用3天。

(四)预防　加强饲养管理，搞好禽舍环境卫生，妥善处理病禽粪便及排泄物。定期免疫预防，应用自家菌苗效果更好。

十一、禽沙门氏菌病

禽沙门氏菌病是由沙门氏菌属中的一种或多种沙门氏菌所引起的禽类急性或慢性疾病的总称。依其病原体的不同可分为三种，即鸡白痢、禽伤寒、禽副伤寒。

(一)鸡白痢 鸡白痢是由鸡白痢沙门氏菌引起的一种传染病。主要侵害2～3周龄以内的雏鸡,多数呈急性败血症经过而死亡,临床上以排白色糊状粪便为特征。雏鸡的发病率和死亡率很高,呈流行性发生,随着日龄的增加,鸡的抵抗力也增强。成年鸡感染多呈慢性、隐性经过或呈带菌状态,病变多局限于生殖器官。

1. 病因病机 本病多因种鸡体内伏邪通过种蛋传给小鸡,或由于种蛋和出壳后小鸡受外界热邪侵袭而发病。热邪在表则见精神萎顿,绒毛松乱,两翅下垂,缩头颈,闭眼昏睡,不愿走动,拥挤在一起。邪热入里则见腹泻,排白色糊状粪便,致肛门周围被粪便污染,严重者可见粪便干结封住肛门,使鸡不能排便。病久不愈则阴伤阳离而死亡。

2. 主证

(1)雏鸡 经卵感染者,常在孵化过程中死亡,或孵出病弱鸡。出壳后感染的雏鸡,经4～5天潜伏期后开始出现症状,7～10日龄时发病率和病死率逐渐升高,2～3周龄达最高峰。病雏聚团,不食,绒毛松乱,两翼下垂,低头缩颈,闭眼昏睡。排白色糊样粪便,肛门周围的绒毛被粪便污染,有的因粪便与绒毛干结在一起,封住肛门,影响排粪,故病雏排粪时常发生叫声。有的病雏出现盲眼或肢关节肿胀。肺部有病变时,则可见呼吸困难。病程短者1天,一般为4～7天,病死率40%～70%。3周龄以上发病的,病死率较低。耐过鸡生长发育不良,或转为慢性病鸡或带菌鸡。

(2)中雏 症状与幼雏相似,但腹泻明显,粪色不一,鸡冠苍白,病程较长,病死率在10%～20%。

(3)成年鸡 一般无明显症状,可使种蛋的受精率和孵化率下降。极少数病鸡表现精神萎顿,鸡冠苍白,缩颈垂翅,食欲减少,产蛋停止,排白色稀粪。有的感染鸡可发生卵黄性腹膜炎,使腹膜增厚而呈"垂腹"现象。

3. 治疗 治宜清热解毒、燥湿止痢。

▷ 白头翁15%,马齿苋15%,黄柏10%,雄黄10%,马尾连15%,诃子15%,滑石10%,藿香10%。共研为末,按3%比例拌料作预防用。病重雏鸡,每羽取药0.5 g与少量饲料混合制成面团填服。

▷ 大蒜33 g,马齿苋250 g。共捣成泥,或用手搓,使汁液渗入料内,与饲料混匀,在雏鸡开食第三天,供100羽雏鸡,分6次饲喂完。第五天时,大蒜量增至50 g,马齿苋为500～1 000 g,以后随日龄,逐渐增加用量。

▷ 白术、苍术、茯苓各等份,共为末。预防量,每天每羽0.1～0.3 g;治疗量,每天每羽0.2～0.5 g,连喂10天。

▷ 鱼腥草240 g,地锦草120 g,绵茵陈90 g,桔梗90 g,马齿苋120 g,蒲公英

150 g,车前草 60 g。煎汁,供 600 羽雏鸡喂服。

▷ 大黄、龙胆、黄连各等份。共研为末,制成绿豆大小的药丸,雏鸡每次 2 粒,每天 2 次,成年鸡每次 4 粒,连喂数天。

4. 预防 加强种鸡的检疫工作,建立无白痢病的种鸡群;无病鸡群的种蛋孵化,以获得无病的鸡苗;孵化器、用具和种蛋都要熏蒸消毒,减少在孵化过程中的污染,育雏室在进鸡前应彻底消毒,搞好清洁卫生,防止鸡粪污染饲料和饮水。

(二)禽伤寒 禽伤寒是由鸡伤寒沙门氏菌引起的家禽的一种急性或慢性败血性传染病。主要特征是拉黄绿色稀粪,肝脾肿大。本病主要侵害鸡和火鸡,特别是生长期和产蛋期的母鸡。其它家禽如鸭、珍珠鸡及野禽也能自然感染。本病多发于气候寒冷多变的冬春季节。

1. 病因病机 由于母禽体内,或孵化器内潜伏的湿热毒邪,通过种蛋传给幼禽潜伏于幼禽体内,或感染外界毒邪,若遇外界不良因素,如气候多变、鸡舍拥挤等不良刺激,使机体正气虚弱,卫外能力下降时即可引起家禽发病。邪在卫分则体温升高,精神呆滞,羽毛蓬乱,口渴,饮水增加,呼吸加强;邪入气分则见下痢,拉黄绿色或泡沫状粪便。

2. 主证 潜伏期一般 4～5 天。雏鸡和雏火鸡的症状与鸡白痢极为相似。

中鸡和成年鸡在急性暴发时,表现精神萎顿,羽毛松乱,食欲废绝,冠、髯暗紫色或苍白色,发热,口渴,排黄绿色稀粪,血中红细胞数减少,异嗜性粒细胞增加,病程 5～10 天,病死率 10%～50%。亚急性或慢性病例,食欲减少,生长不良,冠、髯苍白而皱缩,下痢,病程较长,病死率低,耐过后长期带菌。

3. 治疗 治宜清热解毒,燥湿止痢。

白头翁散加减:黄连 30 g,黄柏 45 g,秦皮 60 g,白头翁 60 g,马齿苋 60 g,滑石 45 g,雄黄 30 g,诃子 45 g,藿香 30 g。为末,按 2.5%比例拌料喂给作为预防;也可水煎去渣,药液加水稀释至每千克水含生药 20 g 浓度,替代饮水用于病鸡治疗,连续使用 5 天。

(三)禽副伤寒 禽副伤寒是由有鞭毛能运动的沙门氏菌引起的疾病,主要侵害幼禽,其特征是下痢和内脏器官的灶性坏死。各种家禽和野禽均易感,以鸡、鸭和火鸡最常见,常于孵出后 2 周之内发病,6～10 天中的损失最大,1 月龄以上的家禽很少死亡。雏鸡呈地方流行性发生,病死率为 10%～20%。成年鸡呈隐性感染或慢性经过。

1. 病因病机 种禽体内潜伏毒邪,母病及子或孵化器潜伏毒邪感染出壳雏禽可致本病发生。热邪直中营血可不见症状而死亡;湿热结于肠道可见白色水样下痢,肛门周围被粪便严重污染。

2. 主证 潜伏期 12～18 h 或稍长。2 周龄内的幼禽多呈急性败血症，日龄较大的禽呈亚急性、慢性或隐性经过。

(1)幼禽 在卵内或出雏器内感染的雏禽，往往不显任何症状而迅速死亡。各种幼禽副伤寒的症状很相似，主要表现嗜睡呆立，垂头闭眼，两翅下垂，羽毛松乱，食欲减少，饮水增加，水样下痢，雏禽怕冷聚团，病程 1～4 天。

雏鸭则见颤抖、喘息和眼睑肿胀等症状，常猝然倒地而死。

(2)成年禽 一般不出现急性症状，有时可出现厌食，倦怠，翅下垂，水样下痢等症状，大多数能很快痊愈，但内脏器官和肠道长期带菌。

3. 治疗 治宜清热解毒、燥湿止痢。

狼牙草 10 g，血箭草 9 g，车前子 6 g，白头翁 6 g，木香 6 g，白芍 8 g。煎汁拌料，每 1000 羽 10 日龄雏鸡 1 次喂服，连喂 5～7 天。

十二、禽大肠杆菌病

禽大肠杆菌病是由致病性大肠杆菌引起的多种家禽共患的传染病。其病型复杂多样，或引起腹泻，或发生败血症，或为各器官的局部感染，或发生纤维素性浆膜炎，或出现肿瘤样病灶。主要侵害雏禽。

(一)病因病机 该病疫邪广泛存在于自然界，当出现饲养管理不良、气候骤变、禽舍卫生条件差或感染传染性法氏囊病等疾病后，使家禽群体卫外能力下降时，易引起暴发或与其它病并发。湿热毒邪直中营血可见突然死亡；热邪由表入里走于肺则见呼吸喘促，鼻分泌物增多；热结于肠可见拉黄色或绿色稀粪；热邪伤肝可见肝呈铜绿色，表面散布多量针头大的坏死点；热邪侵害心脏包膜可出现纤维素性心包炎；热邪侵害腹腔器官可见各器官表面有纤维素性渗出物，使各部浆膜增厚或见卵巢破裂，蛋黄污染腹腔等。

(二)主证 潜伏期数小时至 3 天。根据症状和病变分为大肠杆菌败血症、卵黄性腹膜炎、输卵管炎、关节炎、肠炎、全眼球炎、大肠杆菌性肉芽肿、死胚、初生雏卵黄感染和脐炎等。

1. 败血症型 鸡、鸭中最为常见。4～10 周龄雏鸡多发，病死率一般为 5%～10%。最急性病例不见任何症状而突然死亡。病程较长的病鸡，常有呼吸道症状，鼻分泌物增多，呼吸时发生咕咕的声响或张口呼吸，结膜发炎，拉黄色或黄绿色稀粪，羽毛松乱，两翅下垂，鸡冠暗紫，食欲减少或废绝，全身衰弱。

鸭的败血症型主要发生于 2～8 周的幼鸭，冬末春初散发。急性病例死前很少出现可见症状。

2. 浆膜炎型 包括心包炎、肝周炎、卵黄性腹膜炎、气囊炎等，比较常见，病理

变化的共同特点是纤维素性渗出物增多，附着于浆膜表面，浆膜增厚，严重病例常与其周围器官发生粘连。卵黄性腹膜炎主要发生在产蛋期的母禽，病禽精神萎顿，食欲减少或废绝，肛门周围羽毛上有蛋白或蛋黄状物，排泄物中含有黏性蛋白状物及黄白色碎块或凝块。

3. 肉芽肿型　常见于鸡或火鸡，多发生于产蛋期将近结束的母禽，主要是在肝、肠或肺生长出椰菜花状的肿瘤样结节。镜检可见器官组织内有灶性坏死，坏死区呈均质红染，内有多量破碎的细胞核，坏死灶周围有多核巨细胞，其外围有结缔组织包囊，易与禽结核或肿瘤混淆，必要时可用抗酸染色加以区分。

4. 其它病型　包括输卵管炎、肠炎、全眼球炎、关节炎、脐炎等。输卵管炎多发生于产蛋期家禽，病原可能由泄殖道侵入，病变为输卵管膨大，管内有条索状干酪样物，干酪样物中含有许多坏死组织、异嗜性粒细胞和细菌，病禽在感染后数月内死亡，耐过者不再产蛋。肠炎是禽大肠杆菌病的常见病变，肠黏膜充血、出血，肠内容物稀薄，并含有黏液或血液，有的可见脚麻痹，后期有的病鸡眼睛失明。关节炎是中雏感染大肠杆菌后的一种慢性经过，病禽关节肿胀，跛行，逐渐消瘦。

病禽产的带菌蛋或蛋壳污染可使孵化率和幼雏成活率下降，发生死胚或幼雏卵黄感染。感染的胚胎多数在孵化后期死亡，孵出的弱雏卵黄吸收不良，卵黄呈污褐色。多数病雏并发脐炎，脐环周围发生炎性肿胀，多在孵出后 6 天内死亡。

(三)治疗　治宜清热解毒、燥湿。

▷ 黄连、黄柏、大青叶、穿心莲各 100 g，大黄、龙胆草各 50 g。加水 3 000 mL 煎至 2 000 mL，稀释 10 倍供 2 000 羽鸡 1 天饮用，连用 5 天。

▷ 三黄汤(黄连 100 g，黄柏 100 g，大黄 50 g)，水煎成 1 000 mL，10 倍稀释于饮水中，供 1 000 羽雏鸡饮用，每天 1 剂，连用 5 天。

十三、鸡弧菌性肝炎

本病由空肠弯杆菌引起，主要侵害产蛋不久的鸡和将近开产的后备鸡，主要病变是肝脏的炎症和坏死。

(一)病因病机　由于饲养管理不善，各种应激性因素的刺激，滥用抗生素使肠道正常菌群失调，球虫侵袭等不良因素降低了鸡体卫外能力，若遇鸡场卫生条件差，本病疫邪污染饲料饮水，病从口入引发本病。病邪在表，症状轻微、无症状或见精神不好，逐渐消瘦，病邪入里可见发热，不食，饮欲增强，腹泻，粪便带泡沫呈浊绿色。

(二)主证　病鸡精神沉郁，体重减轻，鸡冠发白、干燥、萎缩，常有腹泻。产蛋鸡产蛋量下降 25%～35%，约 1 个月恢复正常。肉用仔鸡感染后，则发育受阻，增重缓慢。

(三)治疗 治宜清热解毒、疏肝利胆。

肝复康散(主要成分:大青叶、茵陈、栀子、虎杖、大黄、车前子等)按 100 kg 饲料 0.5～1 kg 拌料混饲,连用 5～7 天效果良好。

十四、禽葡萄球菌病

葡萄球菌病又称传染性骨关节炎,是由金黄色葡萄球菌或其它葡萄球菌引起的家禽的一类传染病总称。鸡、鸭、鹅、火鸡均可感染发病。主要特征是化脓性关节炎、水疱性皮炎、脐炎、滑膜炎和翼尖坏疽,死亡率有时可达 50%。本病以 30～90 日龄的中雏易发。鸡为慢性,呈关节炎、浮肿性皮炎经过。在雏禽可呈败血症经过。

(一)病因病机 本病病原广泛存在于自然界和禽的皮肤上,当禽的皮肤或黏膜受损,机体的防卫机能受到破坏时,热毒之邪进入体内,致气血壅滞,经络阻塞,化热成脓而发病。若正气亏虚,正不抗邪,热毒内陷营血则出现急性败血症经过。

(二)主证 急性败血症型病鸡,表现精神不振或沉郁,不爱跑动,常呆立一处或蹲伏,两翅下垂,缩颈,眼半闭呈睡眠状,羽毛蓬松零乱、无光泽,病鸡饮、食欲减退或废绝,部分病鸡下痢,排出灰白色或绿色稀粪。

除前述的一般症状外,较为特征的症状是:胸腹部、大腿内侧皮下浮肿,潴留数量不等的血样渗出液体,外观呈紫色或紫黑色,有波动感,局部羽毛脱落,或用手一摸即可脱落。有的病鸡局部自然破溃,流出茶色或紫红色液体,局部污秽;有部分病鸡在翅膀背侧、腹面及翅尖、尾、头、脸、肉髯、背、腿等部位的皮肤上有大小不等的出血、炎性坏死,局部干燥结痂,暗紫色,无毛。早期病例,局部皮下湿润,暗紫红色,溶血,糜烂。病程 2～5 天,短者 1～2 天死亡。

有关节炎症状的病鸡,表现为多个关节炎性肿胀,以跖、趾关节肿大为多见,呈紫红或紫黑色,有的破溃结成污黑痂,有的出现趾瘤,脚底肿大,有的病鸡趾端坏疽、干脱。发生关节炎的病鸡表现跛行,不能站立或伏卧,但仍有饮食欲,多因采食困难,病鸡逐渐消瘦,最后衰弱死亡。病程十多天。

鸡胚及新出壳的雏鸡脐环闭合不全,葡萄球菌感染后,可引起脐炎。病鸡除有一般症状外,可见腹部膨大,脐孔发炎肿大,局部呈黄红、紫黑色,质硬,俗称"大肚脐"。一般在出壳后 2～5 天死亡。

(三)治疗 治宜清热解毒、凉血止痢。

▷ 黄芩、黄连、焦大黄、板蓝根、茜草、大蓟、地榆、丹皮、神曲、甘草各等份,为末拌料或每只鸡每天 2.5 g(成鸡用量,雏鸡酌减),连续灌用 3～5 天。

▷ 二花 2 g,连翘、栀子、甘草各 0.5 g,地丁 1 g。为 1 羽份每天用量,水煎分 2 次饮用,连用 3～5 天。

▷ 金荞麦全草或根制剂,预防量以 0.1%比例拌料,连喂 8 天,治疗量以 0.2%比例拌料,连喂 3～5 天。

(四)护理与预防　经常注意环境卫生,禽舍应清除零碎铁丝、玻璃等杂物,避免造成外伤。

十五、鸡慢性呼吸道病

鸡慢性呼吸道病是由鸡败血支原体引起的鸡和火鸡的一种呼吸道传染病。其临床特征是流鼻液,咳嗽,呼吸时发出啰音,在火鸡常有窦炎。疾病发展缓慢,病程长。在老疫区常见隐性感染,可在鸡群中长期蔓延传播。

(一)病因病机　由于气候寒冷,饲养密度大,鸡舍通风不良,或因其它病原微生物和寄生虫侵袭,营养不良等因素使鸡体的卫外能力下降,该病病原乘虚而入引起发病。病初,邪在肺卫则见打喷嚏,流鼻涕,结膜发炎,眼睑肿胀;继之病邪入里则见咳嗽,气喘,气管啰音;最后因阴亏衰弱,或喉头部被干酪样物堵塞而死亡。

(二)主证　人工感染的潜伏期为 4～21 天。一般呈慢性经过,病程较长,常达 1 个月以上,甚至延续 3～4 个月。有不少病例呈轻症经过,典型症状主要发生于幼龄鸡中,若无并发症,则从上呼吸道及邻近黏膜发炎开始,出现浆性或浆黏性鼻液,打喷嚏,鼻窦发炎肿胀,结膜发炎,眼睑肿胀。当炎症蔓延到下呼吸道时,则引起气囊炎、咳嗽、气喘,气管啰音明显。病禽食欲不振,生长发育缓慢,或逐渐消瘦。最后因衰弱或喉头被干酪样物堵塞而死亡。单纯感染的病禽,病死率仅 10%左右,存在并发症时,雏鸡的病死率可高达 40%～60%。产蛋鸡感染后,一般呼吸系统症状不显著,只表现产蛋量和孵化率低,新孵出的雏鸡生活力降低。火鸡的症状与鸡的相似,常呈窦炎,病侧的窦部出现肿胀。

(三)治疗　治宜解毒化痰、止咳平喘。

▷ 六神丸每次 4～6 粒,每天 2 次,连服 2～3 天。

▷ 石决明、草决明各 50 g,大黄、黄芩各 40 g,栀子、郁金各 35 g,苏叶、紫菀、黄药子、白药子各 45 g,陈皮、苦参、甘草各 40 g,龙胆草、三仙各 30 g,苍术、桔梗各 50 g,鱼腥草 100 g。按每只鸡每天 2.5～3.5 g,混于全天饲料的 1/4 中混饲,待吃尽后再喂未加药的料,连续使用 3 天。

十六、鸡传染性鼻炎

鸡传染性鼻炎是由副鸡嗜血杆菌引起的鸡的急性呼吸道病。其特征是鼻腔和鼻窦发炎，表现脸部肿胀，打喷嚏，流鼻液。

(一)病因病机 由于气候寒冷，鸡舍条件差，营养不良或寄生虫的侵袭，导致鸡体正气虚弱，这时若遇本病毒邪即可发病。病在肌表则见打喷嚏，流鼻涕，眼结膜发炎，眼睑与脸部肿胀，仔鸡生长阻滞，母鸡产蛋减少；病邪入里则见呼吸困难，伴有啰音；若与其它病邪合并感染可造成气道不通窒息而死。

(二)主证 潜伏期，鼻腔内或鼻窦内接种为 24～48 h，自然接触感染为 1～3 天。

病鸡由于鼻腔和鼻窦发生炎症，从鼻孔流出浆液性分泌物，以后转为黏液性或脓性，有时打喷嚏，眼睑及脸肿胀，有眼结膜炎，食欲和饮欲减少，仔鸡生长不良，成年母鸡产蛋减少，公鸡肉髯常见肿大。如果炎症蔓延到呼吸道，则呼吸困难，并有啰音。如果转为慢性或与其它细菌合并感染时，则鸡群中散发出一种恶臭的气味，呼吸道被分泌物堵塞，最后窒息而死，病程一般为 4～18 天。

(三)治疗 治宜解毒化痰、止咳平喘。

白芷、防风、益母草、乌梅、猪苓、诃子、泽泻各 100 g，辛夷、桔梗、黄芩、半夏、生姜、葶苈子、甘草各 80 g。为末，为 300 羽成鸡一次用量，每天一剂，连用 9 天。

十七、鸭疫里默氏菌病

鸭疫里默氏菌病又称鸭传染性浆膜炎、鸭败血症，是幼鸭的一种急性或慢性败血性传染病。主要临床特征是昏睡，腿软，眼鼻分泌物增多，下痢，头颈震颤，斜颈。主要病理特征是广泛性的浆膜纤维素性炎症。

(一)病因病机 由于幼鸭转群，饲养密度过大，阴雨潮湿，育雏温度过高或过低，营养(蛋白质、维生素、微量元素)缺乏，脚垫部损伤等不良因素影响，使鸭体抵御外邪能力减弱，若遇本病毒邪侵袭即可发病。热邪直入营血往往看不见症状而死亡；热邪由表入里初期可见喷嚏，咳嗽，流鼻汁，流眼泪，继而出现拉黄绿色稀粪，热入心包可见痉挛、抽搐、角弓反张等神经症状。

(二)主证 潜伏期 1～3 天，有时可长达 1 周。本病在临床上可分为最急性、急性和慢性三种病型。最急性病例往往看不到明显症状就突然死亡。急性病鸭常见眼鼻分泌物增多，眼周围羽毛黏结而形成眼镜框样湿圈，咳嗽，喷嚏，拉黄绿色稀粪。2～4 周龄的雏鸭，常昏睡，缩颈，不愿走动，拥挤成堆。4～6 周龄的雏鸭，多两腿软弱，不能站立或站起时全身发抖，频频点头或头颈左右摇摆，身体后翻或倒向一侧，挣扎时不停地拍动两翅，后蹬两腿。少数慢性病例，头颈歪斜，转圈运动，进食困难，逐渐消瘦死亡。本病流行过后，鸭群生长发育参差不齐。

(三)治疗 治宜清热解毒、止痢。

黄柏 15 g,黄连 9 g,蒲公英 15 g,二花 9 g,连翘 12 g,桔梗 9 g,穿心莲 9 g,苍术 12 g,木香 9 g,黄芪 9 g,大黄 15 g,马齿苋 15 g,甘草 6 g。共为末,按 2.5%～3.5%拌料混饲,连用 3～5 天。

十八、家禽球虫病

家禽球虫病是由一种或多种球虫,寄生于鸡的小肠和盲肠,或鹅的肾脏和小肠内引起的鸡或鹅的寄生虫病。主要发生在 3 月龄以内的鸡和 3～12 周龄的鹅。本病的发病率和死亡率都很高,是一种对养鸡和养鹅危害非常严重的疾病。

(一)病因病机　由于鸡或鹅直接接触或间接接触本病特异致病原,疫邪经口而入引发本病。病邪在表则见精神不振,羽毛蓬乱,缩颈垂翅,食欲减少,饮欲增加;病邪入里则见拉稀,粪中带血(鸡)或呈白色石灰样(鹅)。

(二)主证

1. 鸡球虫病　有盲肠球虫病和小肠型球虫病之分,其症状和病变也有区别。

(1)鸡盲肠球虫病　病初精神不振,羽毛蓬乱,常缩颈闭目呆立;食欲减退或停止,但渴欲增加,嗉囊内充满液体;特征症状是拉稀,粪中带血,甚至全为血粪,或呈肉馅样;可视黏膜和冠髯苍白,消瘦,怕冷;后期衰竭,昏迷,运动失调。病后 1～2 天开始死亡,死亡率可达 50%以上。

(2)鸡小肠型球虫病　由于本型主要发生于 2.5～7 月龄的中鸡,其特征虽与盲肠球虫病的症状基本相似,但经过较缓,发病率和死亡率都低一些,且无排鲜血的表现。

(3)混合型球虫病　急性盲肠球虫病和小肠型球虫病混合感染者,病情加剧,可引起 100%的死亡,但较少见。

2. 鹅球虫病　鹅球虫病有寄生于肾和寄生于肠道两种类型。

(1)肾球虫病　本病死亡率很高,达 30%～100%,甚至引起暴发流行。发病急,病鹅精神沉郁,衰弱,拉白色稀粪,厌食。翅下垂,目光迟钝,眼睛凹陷。幸存者歪头扭颈,步态摇晃或侧身卧地。剖检见肾肿大呈淡灰黄色或红色,可见有针头大小的白色病灶或条纹状出血斑点,在灰白色病灶中含有尿酸盐沉积物及大量卵囊。

(2)肠道球虫病　引起出血性肠炎。病鹅厌食,步态蹒跚,下痢,衰弱,小肠肿大,充满浓稠淡红棕色液体。小肠中下段有卡他性肠炎,肠黏膜出血糜烂,有假膜覆盖,或假膜脱落,并与粪便等内容物形成坚实的肠芯栓,阻塞肠管。

(三)治疗　治宜清热燥湿,杀虫止痢。

▷ 大黄 5 g,黄芩 15 g,黄连 4 g,黄柏 6 g,甘草 8 g。为末,每羽每次 2～3 g,每天 2 次拌料喂给,连喂 3 天。

▷ 常山 120 g,柴胡 30 g。加水 1.5～2 kg 煎汁,供 150 羽鸡饮水。

▷ 青蒿全草煎汁,使每毫升含生药 1 g,按每千克体重投喂 10 g,饲料拌喂或自饮均可。每连服 3 天,停服 2 天。

▷ 铁苋菜、旱莲草各等份。煎汤,每羽每天服药 2～4 g,连服 3 天,效果较好。

▷ 青蒿、常山各 80 g,地榆、白芍各 60 g,茵陈、黄柏各 50 g。研末,按 1.5%比例拌料投服。

(四)预防 加强饲养管理,保持鸡舍干燥卫生,避免拥挤,防止饲料、饮水被鸡粪污染,饲槽、饮水器要定期洗涤消毒。对易感日龄的雏鸡用旱莲草煎汁自饮,连喂数天,可降低发病率。

十九、鸡盲肠肝炎

鸡盲肠肝炎是由组织滴虫寄生于鸡的盲肠和肝脏中引起的一种疾病,又称鸡组织滴虫病或黑头病(火鸡),以患鸡表现便血、贫血以及盲肠、肝脏的炎症为特征。

(一)病因病机 由于鸡场卫生条件差,本病特异病原通过饲料、饮水和用具被鸡食入体内而发病。病邪在表则见精神倦怠,翅下垂,步态僵硬,羽毛松乱、无光泽,怕冷挤堆等;病邪入里则见排黄色、淡绿色稀粪,有泡沫,臭味大,或排血便。

(二)主证 该病的潜伏期为 7～12 天,最常在 11 天出现症状。表现精神倦怠,翅下垂,步态僵硬,羽毛粗乱、无光泽,食欲下降或废绝。怕冷挤堆,排黄色、淡绿色稀粪,有泡沫,臭味大,严重者排血便。贫血,消瘦,体重下降,衰竭死亡。死亡率有时可超过 30%。

(三)治疗 治宜清热燥湿,杀虫止痢。

▷ 白头翁散按 2%比例拌料混饲。

▷ 二甲硝咪唑或甲硝唑按每 100 kg 饲料 50 g 拌料混饲,也可按 100 kg 水 25 g 混饮,连续使用 7 天。

二十、鸡住白细胞原虫病

鸡住白细胞原虫病又称为白冠病,是由住白细胞原虫属的卡氏住白细胞原虫或沙氏住白细胞原虫寄生于鸡白细胞(主要是单核细胞)和红细胞中引起的寄生虫病。雏鸡和中雏的发病率高,危害严重,可造成大批死亡。本病的发生有明显的季节性,南方发生于 4～10 月份,北方为 7～9 月份。

(一)病因病机 炎热天气,昆虫叮咬是本病发生的最直接原因。卡氏住白细胞原虫的发育需要库蠓参加,发育可分为裂殖发育、配子发育和孢子发育三个阶段。第一阶段和第二阶段的大部分是在鸡体内完成的；第二阶段的一部分及第三阶段是在库蠓体内进行的。在库蠓叮咬病鸡时，将病鸡体内的原虫大小配子吸入胃中，大小配子在库蠓体内形成合子，再继续发育成成熟卵囊聚集在唾液腺中；库蠓叮咬健康鸡时，将成熟卵囊传染给健康鸡，卵囊中逸出子孢子随血流到达各个组织器官中。原虫在完成其各阶段发育的同时，破坏鸡的血细胞和其它组织细胞，导致鸡体发热和各器官组织的广泛性出血。

(二)主证　吸血昆虫(库蠓)，叮咬病鸡后再去叮咬健康幼鸡，经 5～10 天的潜伏期即表现如下症状，尤其是 3～6 周龄的雏鸡常呈急性经过。病鸡可能有高热，精神高度沉郁，伏地不起，咯血。呼吸困难，突然死亡。死前口流鲜血。亚急性型患鸡表现食欲明显降低或废绝，羽毛松乱，伏地不动，口流黏涎，贫血，消瘦，鸡冠和肉髯苍白，绿色下痢，呼吸困难，多在 1～2 天内死亡。成鸡感染者多为慢性经过，腹泻，粪呈白色或绿色，有多量黏液，消瘦，贫血，产蛋量减少或完全停产。

(三)治疗　治宜清热凉血，止血止痢。

▷ 白头翁散按 2%～3%比例拌料混饲疗效明显。

▷ 泰灭净按每千克饲料加入 200 mg，连续使用 3～7 天，有特效。

二十一、肉鸡腹水综合征

肉鸡腹水综合征是由多种病因引起的以腹腔内大量积液为主要特征的一种病证。

(一)病因病机　引起肉鸡腹水综合征的病因较复杂，但概括起来有：

1. 遗传因素　肉鸡快速生长，对能量和氧的消耗量多，易造成红细胞不能在肺毛细血管内通畅流动，导致肺动脉高压及右心衰竭。

2. 慢性缺氧　在高海拔地区，空气稀薄，氧的分压低，或者冬季门窗关闭，通风不良，二氧化碳、氨、尘埃浓度增高导致氧气减少，引起肉鸡肺毛细血管增厚、狭窄，肺动脉压升高，出现右心肥大衰竭。此外，天气寒冷，肉鸡代谢率增高，耗氧量大，引发腹水综合征。

3. 饲喂高能日粮或颗粒料　饲喂颗粒料，肉鸡采食量增加，导致消耗能量多、需氧多而发病。

4. 继发因素　如某些营养物质的缺乏或过剩(如硒和维生素 E 缺乏或食盐过剩)，环境消毒药剂用量不当，莫能霉素过量或霉菌毒素中毒等，均可导致肉鸡腹水综合征。

(二)主证　病初精神沉郁，食欲减退或废绝，个别鸡排白色稀便。随后很快(1 天左右)发展为“大肚子”，即腹部高度膨大，不能维持身体的正常平衡状态，站立困难，以腹部着地呈企鹅状，行动困难，腹部皮肤发紫，用手触摸腹部软如水袋状，有明显波动感。

（三）治疗 治宜健脾利水。

▷ 二丑、泽泻、木通、商陆根、苍术、猪苓、灯芯草各 500 g，竹叶 250 g。共研细末，每羽每次喂服 1 g，连用 3 天。

▷ 白术、茯苓、桑白皮、泽泻、大腹皮、茵陈、龙胆草各 30 g，白芍、木瓜、姜皮、青木香、槟榔、甘草各 25 g，陈皮、厚朴各 20 g。煎汁加清水适量，供 40 羽鸡饮用，连饮 3 天。

（四）护理与预防 在冬季和早春养鸡，应加强鸡舍的通风换气，并防止慢性呼吸道病的发生；饲喂时，注意饲料中各种维生素和微量元素的给量，防止食盐及各种药物超量。

第十二章　牛羊疾病防治

一、牛羊口蹄疫

口蹄疫是由口蹄疫病毒引起的牛等偶蹄兽和人的一种急性、热性、高度接触性传染病。病牛和病羊的临床特征为口腔黏膜、鼻镜、蹄部和乳房皮肤发生水疱和烂斑，流涎，跛行，中兽医称为“口疮”、“蹄癀”。本病的致死率不高但传染性极强，发病率非常高，不易消灭和控制，常带来很大的经济损失。

（一）病因病机　由于未按免疫程序进行免疫，或免疫失败，使畜体对本病病原不具有特异性免疫能力，易感牛羊直接或间接接触疫毒即可引起发病。病邪在表见体温升高，精神不好，食欲减退，流涎，口唇、蹄部等部位发生水疱等。

（二）主证

1. 牛　潜伏期平均2～4天，最长可达1周左右，病牛体温升高达40～41℃，精神萎顿，食欲减退，闭口流涎，开口时有吸吮声。1～2天后，在唇内面、齿龈、舌面和颊部黏膜发生蚕豆至核桃大的水疱。口温高，此时口角流涎增多，呈白色泡沫状，常常挂满嘴边，采食反刍完全停止。水疱约经一昼夜破裂形成浅表的边缘整齐的红色溃烂。以后体温降至正常，溃烂逐渐愈合，全身状况逐渐好转。如有细菌感染，则溃烂加深，发生溃疡，愈合后形成瘢痕。有时继发纤维素性坏死性口膜炎、咽炎和胃肠炎，有时在鼻咽部形成水疱，引起呼吸障碍和咳嗽。

在口腔发生水疱的同时或稍后，趾间及蹄冠的柔软皮肤表现红、肿、痛。迅速发生水疱，并很快破溃，出现溃烂，以后干燥结痂，逐渐愈合。若病牛衰弱，或饲养管理不当，溃烂部位可能发生继发性感染，化脓坏死，病畜站立不稳，有跛行，甚至蹄匣脱落。有时乳房皮肤也可出现水疱和烂斑。如波及乳腺引起乳房炎，则泌乳量显著减少，甚至停止泌乳。

良性口蹄疫经1～3周可愈。恶性口蹄疫常于恢复期突然恶化，因心脏麻痹而死亡，病死率可达20％～50％。哺乳犊牛患病时，一般见不到明显水疱，主要表现为出血性肠炎和心肌炎，最后因心肌麻痹死亡，病死率很高。

2. 山羊和绵羊　潜伏期1周左右，症状与牛大致相同。但绵羊蹄部症状明显，口腔变化较轻，山羊多见口腔有弥漫性口膜炎，水疱发生于硬腭和舌面，蹄部病变较轻。羔羊常因发生出血性胃肠炎和心肌炎而死亡。

(三)治疗 目前对该病尚无特异的治疗方法,主要是扑杀处理,严格消毒,封锁疫区。治宜清热解毒,敛疮。可选用下列治法,有一定效果:

▷ 青黛、明矾、黄连、地榆、冰片、黄柏、儿茶各 10 g。共为末,局部用高锰酸钾溶液洗涤后撒布本药。每天 2 次,直到创伤愈合。

▷ 贯众 20 g,山豆根 20 g,甘草 15 g,桔梗 20 g,赤芍 10 g,生地 10 g,花粉 10 g,大黄 15 g,荆芥 10 g,连翘 15 g。共为末,加蜂蜜 150 g,绿豆粉 20 g,开水冲服。每天 1 次,连用 3~5 天。此为牛用量,羊用量酌减。

二、牛 流 行 热

牛流行热是由牛流行热病毒引起的一种急性热性传染病。其临床特征是高热,呼吸促迫,流泪,流涎,流鼻汁及因四肢关节疼痛引起的跛行。本病常为良性经过,大部分病牛经 2~3 天即恢复正常,故又称为三日热或暂时热。但也有部分病牛可出现瘫痪而被淘汰。

(一)病因病机 由于未按程序免疫或免疫失败,牛体对本病特异病原失去抵抗力,若遇带毒蚊虫叮咬即可引发本病。病邪在表则见恶寒战栗,体温升高,精神萎顿,结膜红肿,流眼泪,流鼻涕等;病邪由表入里则见食欲、反刍废绝,粪便先干后稀或见呼吸促迫,支气管音粗厉。

(二)主证 潜伏期 3~7 天。病牛恶寒战栗,继则突然高热 40℃以上,并维持 2~3 天。此时病牛高度萎顿,皮温不整。眼结膜潮红、肿胀,羞明流泪。鼻镜干燥,流鼻汁。口角大量垂涎,口边粘满泡沫。食欲废绝,反刍停止,常有轻度臌胀。粪便初干硬,后变软,个别的发生腹泻。尿量减少,尿液混浊。病牛呆立不动,强迫行走,步态不稳,并可因关节软肿和肌肉疼痛而引起跛行,甚至卧地不能起立。奶牛产奶量迅速下降或完全停止。妊娠母牛可发生流产、死胎。

除上述症状外,呼吸系统变化也很明显。病牛呼吸促迫,呼吸次数每分钟可达 80 次以上。肺部听诊肺泡音高亢,支气管音粗厉。常发出苦闷的呻吟声。个别重剧者,可因肺气肿引起肺纵隔破裂,从而使气体扩散到肩、背、腰、臀等处肌膜中,形成全身性皮下气肿。

本病大部分病例呈良性经过,病死率一般在 1%以下。部分病例常因长期瘫痪而被淘汰。

(三)治疗 治宜辛凉解表,清热解毒。

▷ 二花、连翘、芦根各 45 g,桔梗、薄荷、竹叶、荆芥、牛蒡子、淡豆豉、甘草各 30 g。水煎候温一次灌服,每天 1 次,连用 3 天。

▷ 羌活、防风、苍术各 50 g,细辛 30 g,川芎、白芷、黄芩、甘草、生姜各 45 g。

水煎候温一次灌服，每天一次，连用 3 天。

▷ 板蓝根注射液 20 mL，肌肉注射，每天 2 次，连用 3 天。

三、牛羊巴氏杆菌病

牛羊巴氏杆菌病又称为牛羊出血性败血症，是由多杀性巴氏杆菌引起的牛和绵羊的一种急性热性病。常以高热，呼吸道及肺部炎症，间或呈现急性胃肠炎以及内脏器官广泛性出血为特征。本病发生无明显的季节性，但以冷热交替季节多见。在新疫区，奶牛发病率比较高，可达 10%～50%。

(一)病因病机　由于气候剧变，闷热，潮湿，多雨，或饲料突变，营养不良，缺奶，长途运输，寄生虫病等不良因素的影响，致使畜体正气虚弱，卫外能力下降，体内潜伏毒邪或外部毒邪经口鼻入侵而致本病发生。湿热毒邪直入营血，可看不到明显症状而倒地死亡；热在卫分可见病畜被毛逆立，精神沉郁，食欲减少或废绝，反刍减少或停止，结膜潮红，鼻镜干燥；热入肠胃见下痢腹痛，粪中含有黏液或血液；热邪入肺见呼吸困难、咳嗽，鼻流泡沫样或脓性鼻汁；热结喉部、颈部或胸前可见局部出现炎性水肿，呼吸困难，流涎。

(二)主证

1. 牛　潜伏期 2～5 天。病状可分为败血型、浮肿型和肺炎型。

(1)败血型　有的呈最急性经过，没有看到明显症状就突然倒地死亡。大部分病牛初期有高热，精神沉郁，脉搏加快，食欲废绝，反刍停止，结膜潮红，鼻镜干燥，肌肉震颤。继而腹痛、下痢，粪中含有黏液及血液，体温随之下降而死，病程 12～24 h。

(2)浮肿型　除呈现上述全身症状外，咽喉部、颈部及胸前皮下出现炎性水肿，初有热痛，后逐渐变凉，疼痛减轻。病牛高度呼吸困难，流涎，流泪，并出现急性结膜炎，往往因窒息而死，病程 12～36 h。

(3)肺炎型　呈现纤维素性胸膜肺炎症状，呼吸困难，有干咳，流泡沫样或脓性鼻汁。胸部叩诊有浊音区，听诊有支气管呼吸音及水泡音，胸膜受害时有胸膜摩擦音。病畜便秘或下痢。病程一般为 3 天或 1 周左右。

2. 羊　潜伏期不够清楚。病型可分为最急性、急性和慢性 3 种。

(1)最急性型　多见于哺乳羔羊。羔羊往往突然发病，呈现寒颤、虚弱、呼吸困难等症状。可于数分钟至数小时内死亡。

(2)急性型　精神沉郁，食欲废绝，体温升高至 41～42℃。呼吸急促，咳嗽，鼻孔常有出血，有时混杂于黏性分泌物中。眼结膜潮红，有黏性分泌物。初期便秘，后期腹泻，有时粪便全部变为血水。颈部、胸下部发生水肿。病羊常在严重腹泻后虚脱而死，病期 2～5 天。

(3)慢性型　病羊消瘦，不思饮食。流黏液脓性鼻液，咳嗽，呼吸困难。有时颈部和胸下发生水肿，且有角膜炎。病羊腹泻，粪便恶臭。临死前极度衰弱，四肢厥冷，体温下降。病程可达 3 周。

(三)治疗　治宜清热凉血，止痢，清肺、利咽、平喘。

▷ 金银花、黄连、茵陈、黄芩、马勃、栀子各 50 g，山豆根、天花粉、连翘、射干、桔梗各 60 g，牛蒡子 30 g。水煎取汁，牛 1 次灌服，羊分 5 次灌服，连用 3 天。

▷ 大黄、薄荷、玄参、柴胡、桔梗、连翘、荆芥、板蓝根各 60 g，酒黄芩、甘草、马勃、牛蒡子、青黛、陈皮各 30 g，滑石 120 g，酒黄连 25 g，升麻 20 g。水煎取汁牛 1 次、羊分 3～5 次灌服，连用 3 天。

四、牛羊传染性胸膜肺炎

牛传染性胸膜肺炎又称牛肺疫，是由丝状支原体引起的牛的一种传染性肺炎；山羊传染性胸膜肺炎是由山羊支原体引起的一种高度接触性传染性疾病。它们的临床特征是呈现纤维素性肺炎和胸膜炎症状。本病一年四季都可发生。但以冬季及早春多见，且发病较急，夏秋季节发病少、症状轻。

(一)病因病机　由于冬季和早春气候寒冷加之枯草季节营养不良，如若再遇圈舍拥挤，寒冷潮湿或畜群迁移，可导致畜体正气虚弱，卫外能力下降，外界疫邪经鼻而入引发本病。疫邪在表则见病畜被毛逆立，精神不好，食欲减少或停止，遇寒冷刺激或运动时有干咳；病邪由表入里则见体温升高，稽留不退，呼吸困难，咳嗽，流鼻液；邪入营血则见可视黏膜发绀，鼻流铁锈色鼻液，心跳快而弱或窒息而死亡。

(二)主证

1. 牛　潜伏期一般为 2～4 周，短则 1 周，长可达 4 个月。通常本病症状发展徐缓，间或也有发展迅速的。发展徐缓者，常在清晨冷空气、冷饮刺激或运动时，发生短干咳嗽，以后逐渐加重，相继出现食欲减退，反刍迟缓，泌乳减少等症状。发展迅速者，常以体温升高 0.5～1℃开始。本病按其经过不同，可分为急性和慢性两型。

(1)急性型　主要呈急性胸膜肺炎的症状。病牛体温升高到 40～42℃，呈稽留热。鼻孔扩大，前肢开张，呼吸困难，往往发“吭”声，按压肋间，有疼痛表现，病牛不愿卧下，呈腹式呼吸，常发弱痛咳。有时流浆液性或脓性鼻汁。如果肺的病变面积较大，或有大量的胸水时，胸部叩诊，呈浊音或水平浊音，该部听诊，肺泡音减弱或消失，可听到啰音、支气管呼吸音，常有胸膜摩擦音。病的后期，心脏衰弱，胸前、腹下和肉垂发生水肿，可视黏膜呈蓝紫色。消化机能障碍，反刍迟缓或停止，常有慢性臌胀，或腹胀、便秘交替发生，乳牛则完全停止泌乳。病牛迅速消瘦，多因窒息而死亡。

(2)慢性型　大多数由急性型转来，少数病例一开始就取慢性经过。病牛消瘦，常发生短咳，胸部听诊、叩诊变化不如急性型明显。使役能力降低，食欲时好时坏。这种病畜日益衰竭，预后不良。

2. 山羊　潜伏期短者5～6天，长者3～4周，平均18～20天。按病状可分为三型。

(1)最急性型　病初体温升高，可达41～42℃，精神萎顿，食欲废绝，呼吸急促而有痛苦的咩叫，数小时后出现肺炎症状，呼吸困难，咳嗽，并流浆液性带血鼻汁。肺部叩诊呈浊音，听诊肺泡呼吸音减弱、消失或呈捻发音。12～36 h内，由于胸腔渗出液增多，病羊卧地不起，呼吸极度困难，黏膜发绀，不久窒息而死。病程一般不超过4～5天，有的仅12～24 h。

(2)急性型　最常见。病初体温升高，食欲减退，呆立一隅，不久出现短而湿的咳嗽，伴有浆液性鼻汁。4～5天后，咳嗽变干而痛苦，鼻汁转为黏液脓性并呈铁锈色，黏附于鼻孔和上唇，结成干涸的棕色痂垢。多在一侧出现胸膜肺炎变化，叩诊有浊音区，听诊呈支气管呼吸音和摩擦音，按压胸壁表现敏感、疼痛。此时高热稽留不退，食欲锐减，头颈伸直，腰背拱起，腹部紧缩。孕羊大批(70%～80%)发生流产。最后病羊倒卧，极度衰弱萎顿，有时发生臌胀和腹泻，甚至口腔中发生溃烂，唇、乳房等部皮肤发疹。濒死前体温降到常温以下，病程多为7～15天，有的可达1个月，幸而不死的转为慢性。

(3)慢性型　多见于夏季。全身症状轻微，体温升至40℃左右。病羊间有咳嗽和腹泻，鼻汁时有时无，衰弱。在此期间，由于某种因素使机体抵抗力降低时，很容易复发或出现并发症而迅速死亡。

(三)治疗　治宜清热宣肺、祛痰止咳。

▷ 郁金、当归、连翘各25 g，黄芩、丹皮、花粉、贝母、青皮、白芍、制乳香、制没药、延胡索各19 g，柴胡12 g，甘草9 g。共为末，开水冲调，候温灌服，牛每次200～300 g，羊每次50～80 g，每天1次，连用5～6天。

▷ 紫花地丁90 g，黄芩60 g，苦参60 g，生石膏60 g，甘草18 g。共为末，开水冲调，候温灌服，牛每次250～300 g，山羊每次30～60 g，每天2次，连用3～5天。

五、牛羊破伤风

破伤风又名强直症、锁口风，是由破伤风梭菌经创伤感染后，产生外毒素而引起的一种急性中毒性传染病。其临床表现主要是骨骼肌持续性痉挛和病畜对外界刺激的敏感性增高。各种动物和人都有易感性，其中马属动物和人最易感，牛、羊次之，猫、犬少见。

(一)病因病机 由于本病病原广泛存在于自然界，特别是园土、尘埃中，手术、分娩或外伤造成的创口被污染即有可能造成本病发生。病邪经伤口(尤其是深层创伤)乘机而入腠理，经脉聚邪成毒，正邪相搏卫气被郁，营卫不调经脉失荣，风毒之邪流窜经络，内犯肝脏，引起肝风，筋脉失荣则拘急，肝风内动则肌肉痉挛、强拘，牙关紧闭，四肢僵硬。

(二)主证 瘤胃臌气，兴奋不安。行走时步态僵硬，转弯困难，腰背拱起，四肢广踏，卧地或跌倒后不易起立。两耳向后竖起，双眼圆睁，露出第三眼睑。头向前伸，鼻孔外翻似喇叭口。尾根上举。牙关紧闭。吞咽障碍，流涎。呼吸困难，脉细弱、节律不齐。对外界刺激如声音、飞虫的骚扰、人的接近等敏感性增强。大多数病牛死于呼吸衰竭，或跌倒后引发的股骨骨折或髋关节脱臼。

(三)治疗 治宜解毒，祛风止痉。

1. 初期 用追风散：防风 31 g，荆芥 31 g，白芷 25 g，胆南星 16 g，薄荷 31 g，蝉蜕 31 g，升麻 25 g，葛根 19 g，天麻 16 g，僵蚕 25 g。水煎灌服。

2. 中期 用防风散：防风 25 g，羌活 25 g，天麻 19 g，炒僵蚕 19 g，蝉蜕 31 g，全蝎 12 g，川椒 12 g，细辛 12 g，白芷 22 g，红花 9 g，姜半夏 19 g，胆南星 19 g。水煎去渣，候温加黄酒 200 mL 灌服。

3. 后期 用天麻散：党参 31 g，黄芪 31 g，当归 31 g，玄参 25 g，二花 31 g，连翘 31 g，天麻 31 g，僵蚕 22 g，乌蛇 12 g，胆南星 12 g，蝉蜕 12 g，全蝎 9 g，蜈蚣 3 条。水煎灌服。

以上用量为治牛破伤风用量，治疗羊破伤风用其 1/5 量即可。

六、牛羊布鲁氏菌病

布鲁氏菌病简称布病，是由布鲁氏菌属细菌引起的急性或慢性人畜共患传染病。动物发病的特征是流产、不育、睾丸炎及各种组织的局部病灶。

(一)病因病机 由于易感牛、羊直接或间接接触本病疫邪，病从口入或通过皮肤、黏膜和交配进入体内潜伏，当机体遇到不良刺激而正气虚弱时，疫邪乘虚大量繁殖进入易感脏器引起发病。本病主要侵害生殖系统，故见妊娠母畜流产和公畜睾丸发炎。

(二)主证

1. 牛 潜伏期 2 周至 6 个月。缺乏明显的全身症状，母牛最明显的症状是流产，通常发生于妊娠后的 5～7 个月。流产前阴道黏膜潮红肿胀，有粟粒大的红色结节,阴唇及乳房肿胀,不久即发生流产。流产胎儿多为死胎,有时产下弱犊,往往存活不久。大多数母牛流产后伴发胎衣停滞和子宫内膜炎,从阴道内流出污秽不洁的红褐色恶臭的分泌物,可持续2～3周,有的病例长期不愈,不能妊娠。非妊娠牛,常常发生关节炎和局部肿胀,多见于膝关节。病公牛往往发生睾丸炎或附睾肿胀、关节炎及局部肿胀,配种能力降低。牛布鲁氏菌病的病程为慢性经过,可延续数年之久。在明显症状消失后,如不伴发慢性子宫炎,常可以自愈,否则长期不妊而淘汰。病种公牛,一般均应淘汰。

2. 羊　妊娠病母羊的主要临床症状是流产,多发于妊娠后的3～4个月,流产前的症状一般不明显。部分病羊在流产前2～3天,呈现胃肠弛缓,精神沉郁。常喜伏卧,食欲减退,饮欲增加,体温升高,阴道流出黏液性或黏性血样分泌物。其它症状可能还有乳房炎、关节炎、滑膜炎及支气管炎。病公羊经常发生睾丸炎、附睾炎及多发性关节炎。绵羊布鲁氏菌可引起绵羊附睾炎和不育。

(三)治疗　本病尚无特效疗法,可试用下法治疗。

▷ 胎儿尚活,仅有流产先兆,但还没有发生明显的流产症状的可试行保胎法。①孕酮牛50～100 mg,羊10～30 mg,一次肌肉注射;②炒白术30 g,当归30 g,砂仁20 g,川芎20 g,白芍20 g,熟地20 g,炒阿胶25 g,党参20 g,陈皮25 g,苏叶25 g,黄芩25 g,甘草10 g,生姜15 g为引。共为末,开水冲调,候温一次灌服(为牛的用量,羊酌减),每天一剂。

▷ 胎儿已死或已发生明显的流产症状,应让其将胎儿产出,必要时可用药物催产堕胎:①催产素牛25～100 U,羊30～50 U,一次肌肉注射;②桃仁25 g,红花20 g,当归60 g,川芎20 g,白芍20 g,熟地30 g,益母草45 g,炙甘草15 g,党参30 g,牛膝25 g。共为末,开水冲调,候温一次灌服(为牛的用量,羊酌减)。

▷ 已流产母畜应采取活血祛瘀,解毒治疗。

益母草50 g,黄芩30 g,川芎、当归、熟地、白术、双花、连翘、白芍各25 g。共为细末,开水冲服,每天一剂,连用3～5天。

七、羊梭菌性疾病

羊梭菌性疾病是由梭状芽胞杆菌属中的微生物所致的一类疾病,包括羊快疫、羊肠毒血症、羊猝狙、羊黑疫、羔羊痢疾等病。其中羊肠毒血症及羔羊痢疾临床常见。这些疾病都可能造成急性死亡,对养羊业危害很大。

羊快疫、羊猝狙和羊黑疫,由于发病特急,病程短,多来不及治疗而死亡。病程稍长可用抗生素、磺胺药或抗血清紧急注射治疗,可有一定效果,一般不采取中药治疗。

羊肠毒血症和羔羊痢疾发病也比较急，但病程稍长的采取中西药结合治疗可收到较好效果。因此我们在这里只介绍这两个病。

（一）羊肠毒血症　羊肠毒血症主要是绵羊的一种急性传染病，是由D型魏氏梭菌在羊肠道中大量繁殖、产生毒素所引起。由于死后肾组织多软化，故又称为“软肾病”。本病在临床上症状类似羊快疫，所以又称“类快疫”。各种品种、年龄的羊都可感染，但以1岁左右和肥胖的绵羊发病较多。

1. 病因病机　由于本病病原为土壤中的常在细菌，而正常羊只真胃中的酸性物可将其杀死，所以经口进入体内的病邪一般难于致病。但由于气候骤变，饲料饲草改变，特别是从干草改变吃了大量谷类或青绿多汁和富有蛋白质的草料之后，使胃功能难于适应，胃液pH发生改变，失去杀灭病邪的作用，本病病邪乘机进入肠道繁殖，释放毒素而致本病发生。病邪直入营血或心包，常见不到症状而死亡。病程稍长可见抽搐、昏迷，或腹泻、下痢。

2. 主证　本病的特点为突然发病，很少能见到症状。往往在看出症状后绵羊便很快死亡。病状可分为两种类型：一类以搐搦为其特征，另一类以昏迷和静静地死去为其特征。前者在倒毙前四肢出现强烈的划动，肌肉搐搦，眼球转动，磨牙，口水过多，随后头颈显著抽搐，往往于2～4 h内死亡。后者的早期症状为步态不稳，以后倒卧，并有感觉过敏，流涎，上下颌“咯咯”作响。继而昏迷，角膜反射消失。有的病羊发生腹泻，排黑色或深绿色稀粪，常在3～4 h内静静地死去。感染D型魏氏梭菌的自然病例，临死前有明显的高血糖（从正常的每100 mL 40～65 mg升高到360 mg）和糖尿（从正常的1%升高至6%）。

3. 治疗　治宜解毒和排毒。

由于发病急，病程短，一旦发现疫情应采取紧急预防注射。

▷ 12%复方磺胺嘧啶注射液8 mL，一次肌肉注射，每天2次，连用5天，首量加倍。

▷ 苍术10 g，大黄10 g，贯众5 g，龙胆草5 g，甘草10 g，雄黄1.5 g（另包研细）。将前五味水煎取汁，混入雄黄，一次灌服，灌药后再加服一些食用植物油。

（二）羔羊痢疾　羔羊痢疾是初生羔羊的一种急性毒血症，病原主要是B型魏氏梭菌，以剧烈腹泻和小肠发生溃疡为特征。本病主要危害7日龄以内的羔羊，以2～3日龄发病率最高，冬春产羔季节常可使羔羊发生大批死亡，给养羊业带来重大损失。

1. 病因病机　由于母羊怀孕期营养不良，初生羔羊体质瘦小，脾胃虚弱，或由于气温骤变，产房温度低，湿度大（超过90%），接羔、育羔的清洁卫生不良，哺乳不当，羔羊饥饱不均，乳食所伤等使羔羊脾胃虚弱，卫外能力降低，湿热疫毒经口而入侵犯胃肠，致脾胃不调，大肠传导失司而发病。

2. 主证　自然感染的潜伏期为1～2天。病初精神萎顿，垂头拱背，不吃奶，随即发生持续性的腹泻，开始似粥状，后如水样，粪便恶臭，呈黄白色或白色。后期便中带血并含有黏液和气泡，肛门失禁，严重脱水。卧地不起。

有的病初呼吸困难，腹胀而不下痢或只排少量稀粪，而主要表现为神经症状，四肢瘫软，卧地不起，呼吸急促，口流白沫。最后昏迷，头向后仰，体温降低，常于数小时到十几小时内死亡。

3. 治疗　治宜清热化湿，凉血止痢。

▷ 白头翁散加味：白头翁60 g，黄连30 g，黄柏45 g，秦皮60 g，白术25 g，枳实30 g，茯苓25 g，甘草15 g。为末，每次10 g，开水冲调，候温灌服，每天1～2次，连用3天。

▷ 病初灌服加减承气汤20～30 mL，6～8 h后改服加减乌梅汤，每次30 mL，每天1～2次。已下痢2天以上的病羔，一开始即灌服加减乌梅汤。

加减承气汤：大黄、酒黄芩、焦栀子、枳实、厚朴、青皮、甘草各6 g，朴硝15 g(另包)。将前七味药研碎，加水400 mL，煎汤150 mL，然后加入朴硝使之溶解。

加减乌梅汤：乌梅(去核)、炒黄连、黄芩、郁金、炙甘草、猪苓各10 g，诃子肉、焦山楂、神曲各12 g，泽泻8 g，干柿饼1个(切碎)。共研碎加水400 mL，煎汤150 mL，红糖50 g为引。

▷ 苦参2 g，穿心莲1 g，罂粟壳1 g，神曲3 g，水煎浓汁10 mL，一次投服，日服2次，连用1～3天(以上为一只羊羔用量)。

▷ 马齿苋粉100 g，干姜粉10 g，加水1 500 mL，煎熬至1 000 mL，取汁冲红糖200 g，每服20 mL，日服2次，连用2天。

▷ 针治：针刺或激光穴位照射后海、脾俞、后三里穴。

4. 护理与预防　产前加强母羊饲养管理，适当补饲草料。圈舍及羔棚要清洁、干燥、保暖，圈舍应通风良好，阳光充足，定期消毒。初生羔羊应早食初乳，防止喂奶间隔时间过长，过饥过饱。病羔应及时隔离治疗。

八、牛伊氏锥虫病(苏拉病)

本病是由锥体属的伊氏锥虫寄生于牛的血液和造血器官中引起的黄牛和水牛的一种慢性原虫病。

(一)病因病机　牛对锥虫的易感性比马属动物、犬等弱，虽有少数在本病流行初期因急性发作而死亡，但多数呈带虫状态而不发病。气候变冷，枯草季节，畜体抵抗力降低时，则开始发病。呈慢性经过，最后陷于恶病质而死亡。传染源是各种带虫动物。

本病流行于热带和亚热带地区。发病季节与吸血昆虫的出现时间有关，如华南地区，吸血昆虫活动时间长，本病流行时间就长一些。

锥虫在生活过程中，产生大量有毒代谢产物，宿主产生溶解锥虫的抗体，使锥虫溶解死亡，释放出毒素。这些毒素，作用于中枢神经系统，引起机能障碍，体温升高，运动失调，继而侵害造血器官，使红细胞溶解，导致红细胞数减少出现贫血；毒素对血管壁渗透作用的损伤，导致皮下水肿。虫体对糖的大量消耗，可引起低血糖症和酸中毒现象。后期由于氧化不全产物的蓄积，使中枢神经系统遭到抑制，引起精神沉郁，以至昏迷等症状。

(二)主证 发病时体温升高，数日后又恢复正常。经一定时间间歇后，体温再次升高。病牛逐渐消瘦。发生水肿时，皮肤常出现龟裂，流出黄色或血色液体，后结成痂皮，而后脱落，脱毛，出现无毛皮肤。精神沉郁，四肢无力，走路摇晃，伏卧昏睡。结膜有出血点或出血斑，颈淋巴结肿大。耳、尾干枯，严重时，部分或全部干僵脱落(俗称焦尾症)。病牛流产或死胎。经胎盘感染，犊牛于产下后2～3周发生死亡。

(三)治疗 治宜解毒，杀虫。

▷ 当归31 g，白芍25 g，白术22 g，防风9 g，大腹皮31 g，泽泻25 g，槟榔31 g，川楝子25 g，银花25 g。加水煎服，连服5剂，早期有效。

▷ 贝尼尔(血虫净、三氮脒)，牛每千克体重5 mg，每天1次。肌肉深部分点注射。同时用夏枯草、鱼腥草、蒲公英、野菊花根、葛根各100 g，皂角刺25 g，灯芯草、车前草、薄荷、苦参根、土大黄各50 g，煎水服，每天1次，连服7～10天。

九、牛焦虫病

牛焦虫病是由于血孢子虫寄生于家畜红细胞内，引起的以发热、贫血、黄疸、血尿为特征的一种原虫病。多发生于夏、秋两季，亚洲、欧洲、北美洲等地都有牛双芽巴贝斯虫病的发生流行，我国南方各省区也有流行。另外，在我国西北、华北、东北各省还有牛环形泰勒虫病流行，给畜牧业造成巨大的经济损失。

(一)病因病机 本病不能接触传染，必须通过中间宿主蜱的传播才能将病原散布开来。蜱的种类和分布是有地区性的，蜱的活动是有季节性的，因而本病的流行具有明显的地区性和季节性。本病的发生，多因长途运输，饥饿缺食，产后体虚，使役过度，管理不善，在家畜抵抗力降低时，中间宿主蜱将病牛体内血液中的焦虫传播给健康牛体，牛受到侵袭而发病。主要病原体为牛双芽巴贝斯虫和环形泰勒虫。前者寄生于牛的红细胞内而致病，称牛双芽巴贝斯虫病或牛焦虫病，2岁以内的犊牛发病率高，死亡率低。后者主要寄生于牛的红细胞及网状内皮系统淋巴细胞和组织内形成石榴体（柯赫氏兰体），随后进入红细胞内寄生，称为牛环形泰勒虫病，本病发病率高，死亡率高，各种年龄的牛都易感。牛双芽巴贝斯虫病主要发生于黄牛和水牛。牛环形泰勒虫病多见于黄牛、山羊和绵羊。

（二）主证　牛双芽巴贝斯虫病证见高热不退，气促喘粗，精神沉郁，食欲减退，反刍停止，血尿，消瘦，黄疸，下泻或便秘。初期口色红燥，脉洪数，后期口色苍白，脉细数。镜检从红细胞内发现虫体即可确诊。

牛环形泰勒虫病证见高热不退（39～41.8℃），心跳、呼吸加快，体表、肩前和鼠蹊淋巴结肿大，有压痛，头低耳耷，精神不振，食欲不佳，反刍迟缓，肷部下陷，拱腰收腹。先便秘后腹泻，粪便常带有黏液和血液。眼结膜充血，眼睑下有粟粒大小的溢血点，流泪，角膜变为灰色，视力受损，血尿，黄疸不明显。病初口色红黄，脉洪数；后期口色苍白，脉细数。镜检从红细胞中发现虫体或从淋巴细胞内发现石榴体即可确诊。

（三）治疗　治宜清热杀虫。

▷ 新鲜黄花蒿 2～4 kg 捣碎，冷水浸泡 30～60 min，连渣灌服，每天 2 次，连用 3～5 天。

▷ 常山、黄花蒿各 100 g，炒鸦胆子、柴胡、雄黄、乌梅各 60 g。共为末，开水冲调，候温一次灌服，每天一剂，连用 3～5 剂有良效。

▷ 贝尼尔（血虫净）按每千克体重 5～7 mg，用注射用水配成 7%溶液臀部深层肌肉一次分点注射，隔天一次，连用 2～3 次。

▷ 贯众 80 g，槟榔 45 g，木通 40 g，泽泻 40 g，茯苓 30 g，龙胆草 30 g，鹤虱 40 g，厚朴 35 g，甘草 15 g。水煎一次灌服，每天一剂，连用 2～3 剂。先用上面治法一次后续用本方效果更好。

▷ 黄色素用生理盐水配成 0.5%～1%溶液，按每千克体重 3～4 mg，一次静脉注射。必要时隔 1～2 天再重复一次。

十、脾虚不磨

脾虚不磨又称脾虚慢草，是因脾胃气虚，运化无力，导致前胃蠕动减弱，水草迟细，反刍减少的病证，是牛、羊等反刍动物的常见病。

（一）病因病机　主要原因是饲养管理不良，饥饱不均，劳役过度，寒湿燥热内伤脾胃，或内伤阴冷，或体质素虚，气血不足，命门火衰，均可导致脾胃升降失和，运化无力，精少神乏而发病。其它疾病如宿草不转、瘤胃臌胀、百叶干、产后瘫痪、肝病、慢性中毒等也可导致本病的发生。

(二)主证

1. 湿困脾土　湿伤脾胃而成。证见食欲异常,喜吃干草或粗饲料,不喜饮水,食欲或反刍减少,瘤胃蠕动缓慢,持续时间短,缺乏蠕动高峰音。触压瘤胃壁回复缓慢而乏力,胃内容物柔软,精神倦怠,喜卧懒动,粪便溏泻。口色稍黄,苔腻;舌津泫滑,脉象濡缓。

2. 寒伤脾胃　寒邪内侵或内伤阴冷而成。证见全身寒颤,喜卧暖处,食欲大减,瘤胃蠕动弱,持续时间短,耳鼻及角均冷,皮温低,口吐清涎。口色淡白或挟青,舌津多而滑利,舌苔薄白,脉象沉迟。

3. 热燥伤胃　暑热燥邪或劳伤过甚而发。证见体热,耳鼻及角温热,鼻镜干,食欲、反刍减少,喜吃青草,口渴喜饮。瘤胃蠕动弱,持续时间短,触压瘤胃回复缓慢,精神萎顿。口色红,舌津黏稠,舌苔黄,口温高,脉象洪大或洪数。

(三)治疗

1. 湿困脾土　以燥湿健脾,消食开胃为治则。

方用平胃散、消食平胃散等加减。

针治:针脾俞、关元俞、后三里等穴,也可用电针、火针、白针(留针)、水针、光针。

2. 寒伤脾胃　治宜温中散寒,健脾消食。

方用理中汤、和胃消食汤、曲麦散或平胃散加肉桂、高良姜、槟榔、山楂等,或理中汤合消食平胃散,或桂心散等加减。

针治:针脾俞、关元俞、六脉、后三里等穴,也可用电针、火针、白针(留针)、水针、光针。

3. 热燥伤胃　治宜清热养阴,开胃健脾。

方用清胃散、白虎汤合增液汤加消食平胃散等加减。

针治:血针带脉、通关、尾本穴,针脾俞、关元俞、后三里等穴。

(四)护理与预防　病初须节制饲喂,给予优质青干草或青草及多汁饲料,饮以淡盐水,忌冷水及冰冻饲料。按摩瘤胃,适当牵行运动。役畜应立即停止使役,喂养于温暖、空气流通的畜舍中,寒夜注意防寒保暖。

十一、宿 草 不 转

宿草不转又名瘤胃积食、瘤胃食滞。反刍动物过食草料损伤脾胃,中焦腐熟运化失职,大量草料停积于胃,使瘤胃体积增大,胃壁过度扩张,瘤胃运动机能障碍。冬季多发。

(一)病因病机　多因使役或饥饿后,一次贪食或连续喂给过多难消化而易膨胀的草料，诸如干稻草、麦秸、豆角皮、花生秧、玉米、豆类等，或突换可口饲料，或脱缰偷食过多精料，或长期运动不足等，导致脾胃受伤而发病。家畜脾胃虚弱，腐熟运化无力，加之长期饲养管理不当，如劳役过重，久喂粗硬干草，或久渴失饮，致草料难以消导，停滞于胃，也可导致本病的发生。

（二）主证

1. 过食伤胃　发病较急，病初精神不振，耳耷头低，食欲、反刍减少或停止，鼻镜干燥；左腹胀痛，触如面团样，或坚硬如板，时现疼痛起卧，卧地短暂又复起，回头顾腹，后肢踢腹；拱背拧尾，时作排粪状，粪便干黑难下且臭；空嚼伸舌，嗳气酸臭，偶见喷出食团。口色赤红而燥；脉象沉涩。听诊瘤胃蠕动音减弱或消失。病重者，左腹胀大似鼓，呼吸喘急，四肢张开，口色青紫，脉象滑数。后期，痛苦呻吟，卧地难起，或昏迷不醒。过食豆谷引起者，可见视力障碍，盲目直行或转圈，甚或狂躁，冲墙撞壁，攻击人畜。

2. 脾胃虚弱　发病缓慢，病势较轻，左腹胀满。上虚下实，腹痛不明显或无；呆立拱背，神疲乏力，肢体颤抖，或卧地呻吟；粪便干少，间有拉稀。口色稍红，间有青白，口津少黏，或流口水；脉象细数。

（三）治疗

1. 过食伤胃　治宜消积导滞，攻下通便，狂躁者辅以镇惊息风。

方用大戟散、大承气汤、木香槟榔丸、和胃消食汤或曲麦散加减。

亦可用洗胃法进行治疗。经胃导管灌入温水，反复灌入和导出多次。对偷吃、过食精料的病畜，须基本洗空瘤胃；对一般积食，须洗出大部分内容物，并取健牛口内反刍食团接种纤毛虫。危重病例应及时行瘤胃切开术，掏出内容物约 1/3 以上，随即接种健牛瘤胃液。

针治：针脾俞、百会、山根、滴明穴，电针两侧关元俞穴。必要时，配合补液、强心、镇静，解除酸中毒。

2. 脾胃虚弱　治宜补脾健胃，消积导滞。

方用曲麦散合四君子汤加减。亦可采用洗胃法及接种健牛胃液。

（四）护理与预防　治疗期间禁饲，饮水不宜过多。适当牵遛，并按摩腹部。恢复期给予适当容易消化的草料。

十二、瘤胃臌气

瘤胃臌气是饲料在瘤胃内发酵大量产气，不能及时排出，致使瘤胃容积急骤增大，胃壁发生急性扩张而肚腹胀大，并呈现反刍和嗳气障碍的病证。常见于牛和绵羊，山羊少见。特别是夏季放牧于茂盛的草地时，可使大群牛羊发生急性臌气。

(一)病因病机

1. 草料所伤　过食易于膨胀发酵的饲料，如鲜嫩多汁的青草、禾苗、块根、酒糟、糖糟、玉米、大麦、豆类等，或突然更换饲料而采食过量可口饲料，或长期舍饲突然放牧而过食青草，或春初放牧过食青草，草料在瘤胃中产生大量气体，或过饥喂急，料伤脾胃，运化腐熟乏力，升降转运失司，气滞结聚而发病。

2. 水湿内阻　空腹过饮冷水或饲以冰凉霜露草料，或被阴雨苦淋，久卧湿地等，致脾胃受损寒湿内侵，湿困脾土，运化失常，清阳不升，浊阴不降，清浊相混，气水相杂，湿浊不化，聚于瘤胃而发病。

3. 湿热蕴脾　天气炎热，久渴失饮，过饮污秽浊水，或使役过重，乘热过饮冷水或喂堆积发热、霉败变质饲料，或秘结经泻虽通而脾胃受戕，或水湿困脾失治，久郁化热等，致湿热相搏，阻遏气机，脾胃运化失职而发病。

4. 脾胃素虚　畜体素虚，长期饮喂失宜，饥饱不均，营养缺乏，劳役过度，损伤脾胃而致病。

5. 采食毒物　误食有毒植物，如曼陀罗、夹竹桃等，或采食时误食有毒昆虫、毒蜘蛛等，毒物损伤脾胃而发。

此外，本病还可继发于食道阻塞、创伤性胃膈炎、瓣胃阻塞等病。

(二)主证

1. 急性瘤胃臌气　突然发作，左腹部急剧臌胀，叩之如鼓，喘粗不安，回头顾腹，后脚踢腹；腹壁紧张，前肢张开；食欲、反刍、嗳气及瘤胃蠕动停止；心动急速，不愿卧地；口色红，脉象虚数。严重者，呼吸困难，张口伸舌，呻吟，口中流涎，肛门突出，四肢张立，站立不稳，口色青紫，脉象细弱。最后神志痴呆，左右摇晃，倒地不起，全身痉挛。若不及时救治，可能很快窒息而亡。

2. 慢性瘤胃臌气　病势发展缓慢，病程较长。反复发作，腹胀较轻，多于食后臌气，时胀时消，按之上虚下实；体倦乏力，体瘦毛焦，食欲、反刍减少，瘤胃蠕动音弱，或时好时坏；粪便多溏或偶干；穿刺放气后不久又胀气；口色淡白，舌体绵软；脉象迟细，或虚细。

(三)治疗

1. 急性瘤胃臌气　急则治其标，宜行气消胀，化食导滞。可采取以下方法排除瘤胃中的气体：①肷俞穿刺法；②探咽法，用一根直径 3 cm，长约 60 cm 的圆木棒，一头包扎适量纱布，浸植物油，并蘸少许食盐，然后打开口腔，用它刺激牛的咽部，促使嗳气；③衔棒法，用一根直径 3～4 cm，长约 30 cm 的圆木棒，横衔在病畜口中，两端系绳固定于角根。也可在木棒的中间系绳，将木棒的一头纵向放入口腔，绳分两股，通过两侧口角固定于角基部。药物治疗可用丁香散或枳实消痞散加减:枳实、厚朴、莱菔子、青皮、茯苓、乌药、白术各 60 g,黄连、槟榔各 30 g,神曲(研末候温加入)、山楂 120 g,大黄 60 g,芒硝(后入)150 g。水煎去渣,加麻油 250 mL 调服。也可用消食平胃散加枳实、青皮、青木香、醋香附、郁金、醋。

2. 慢性瘤胃臌气　缓则治其本,宜健脾益气。方用四君子汤或参苓白术散合平胃散加槟榔、枳实、乌药、醋香附、山楂、藿香、半夏,或香砂六君子汤、补中益气汤等加减。

针治:用顺气穴巧治,或针刺关元俞、食胀、肚角、脾俞、六脉、后三里等穴。

此外,穿刺放气后可选用以下验方治疗:

▷ 烟丝 125 g,食用油 125 mL,混合成团,一次灌服。

▷ 食醋 250～500 mL,食用油 120 mL,明矾 60 g,混合灌服。

▷ 碱面 60 g,加水适量,与食用油 500 mL 混合灌服。

▷ 松节油 30～40 mL,食用油 500～1 000 mL,混合灌服。

▷ 食用油 250 mL,入陈石灰 50～100 g,去沫灌服。

▷ 甘遂 30 g,甘草 60 g,食醋 250 mL,为末灌服。

▷ 广木香 50 g,甘草 30 g,麻油 500 mL,为末灌服。

十三、百　叶　干

百叶干又名瓣胃阻塞或津枯胃结,是反刍兽瓣胃失润,食物干涸燥结而不能向后运转的病证。老龄体瘦牛多发,羊偶见。常发于冬末春初之际。

(一)病因病机　多因饲养管理不当,长期饲喂糠谷类或粉碎过细的饲料,或坚韧富含粗纤维的饲料,特别是甘薯藤、花生秧、麦秸,或未经粉碎的粗硬及混有大量泥沙的饲料,加之长期饮水不足,胃液耗损,百叶失润,后送无力,食积不化,遂发本病。过度劳累,饮喂失宜,或草料不足,生化不及,气血双亏,胃液无源,或胃肠积热,宿草不转,真胃及小肠疾患和其它热性病亦可伤津耗液继发本病。

(二)主证　病初精神不振,食欲减退,反刍减少,或仅食粗料与新鲜青绿饲料而恶食精料,粪干,尿短黄,皮紧毛乱。奶牛泌乳量下降。鼻镜少汗,口津黏少,口色偏红,脉象沉迟。继则食欲废绝,反刍停止或偶尔反刍,行动无力,卧多立少,鼻镜干燥,有的龟裂起壳,粪干小色褐,状如算盘珠,或附有黏液、血液,腹部上缩,时而空口咀嚼磨齿。叩诊瓣胃,常出现蹴踢、回头顾腹、咬牙等疼痛现象,听诊蠕动音极弱或完全消失。口干舌燥、酸臭,舌面乳头色黄、粗长坚硬。口色赤红,脉沉实。后期反刍停止,常左侧横卧不愿站立,头靠于腹部或贴于地面,眼神痴呆,磨牙,呻吟。最后全身症状恶化,迅速衰竭而死。

(三)治疗　治宜润燥通便,消积导滞,且愈早愈好。方用大承气汤加槟榔、桃仁,或加甘遂、芫花、三棱、莪术、生甘草、植物油。或用增液承气汤加减:大黄 30 g,生地 30 g,麦冬 30 g,水煎取汁,冲芒硝 100 g、猪油(切细擂烂)500 g、蜂蜜 100 g,调和一次灌服。病情较重,可用猪膏散加当归、白术、肉苁蓉。若口色红燥为胃火炽盛,加生石膏、知母。腹胀重,加枳实、厚朴,水煎取汁,加滑石、麻油、蜂蜜。后期宜攻补兼施。方用黄芪散:生黄芪、大黄、芒硝、牵牛子、枳实、槟榔、厚朴、滑石、黄芩、榆白皮、火麻仁、千金子、甘草、元明粉、蜜、油,或黄龙汤加减。瓣胃注射是比较好的治疗方法,可选用高渗盐水,或 25%芒硝溶液 400～600 mL 与等量的植物油,于右侧肩关节水平线上第 8～10 肋间,用 16～18 号针头,向前下方刺入 8～10 cm,经鉴定准确后注入药液。由于胃内干硬食物十分板结,在一处难以吸收多量药液,可多注射几个点,以便软化积食,稀释排出。每天 1 次,连续注射 2～3 天。注射时,术部应常规剪毛消毒,防止感染。

针治:针脾俞、八字、百会、山根、舌底穴。

(四)护理与预防　加强饲养管理,不要长期饲喂干硬粗纤维饲料及其粉碎料,不喂带有泥沙的饲料;增喂多汁饲料;给予充足饮水,饮水中可加些食盐;发病后应停食,或喂少量多汁青饲料;注意劳逸结合。

十四、不　孕　症

成年母畜不发情或发情后经多次配种而不能受孕的病证。分先天性缺陷和后天性病变两种,前者难治。这里主要指后天性不孕。

(一)病因病机　饲养管理不良,使役过度,奶牛利用过度,体质虚弱,气血双亏,先天后天(肾、脾)受损。肾阳不足,冲任不固,卵巢功能低下,长期不发情;或肾阳虚亏,下元火衰,阴盛宫寒,胞冷不育;或肾阴亏虚,阴虚火旺,内热血枯,血不养胞而不孕;脾胃气虚,运化失司,不能化营血为精气,或脾气偏盛,食欲过旺,并缺乏运动,身体肥胖,脂肪壅积,致使痰湿滞塞胞宫,不能受精而不孕。

(二)主证

1. 体虚不孕　证见形体消瘦,精神倦怠,四肢无力,食欲减少,口色淡白,脉象沉迟。

2. 宫寒不孕　证见患畜喜热恶寒,体温偏低,四肢末端、腰后欠温。肠鸣或大便溏薄,或出现五更泻,阴户流白色黏液,性欲低,尿清长,或发情期有轻微腹痛。口色淡,脉沉弱。

3. 肥胖不孕　膘肥肉满,肢体沉重,四肢乏力,不愿行走,不耐劳役,役则气喘、出汗。口有黏液,口色微黄,发情分泌物黏浊,脉滑。

(三)治疗

1. 体虚不孕　治宜益气补血,健脾温肾。用党参、白术、茯苓、甘草、山药、芡实、莲子、陈皮、车前子、巴戟天、补骨脂、当归、小茴香、干姜、砂仁、黄芪、杜仲、大枣,加黄酒 100 mL,调和灌服。

2. 宫寒不孕　治宜温宫祛寒。方用艾附暖宫丸:艾叶、香附、当归、续断、吴茱萸、川芎、白芍药、黄芪、生地黄、肉桂水煎灌服。

3. 肥胖不孕　治宜燥湿化痰。选用苍术散:苍术、滑石、香附、半夏、神曲、茯苓、陈皮、枳壳、白术、当归、三棱、莪术、升麻、柴胡、甘草煎汤灌服。也可用苍附导痰丸加减:苍术、香附、炒枳壳、制半夏、陈皮、茯苓、炒神曲、南星、益母草、淫羊藿,水煎服,日服 1 剂,连用 3～5 剂。或用当归、川芎、补骨脂、枸杞、炒艾叶、益母草、淫羊藿、肉桂、炮姜水煎或研末冲服,日服1 剂,连用 3～5 剂。

针治:取雁翅、百会、后海等穴。电针或白针,每天或隔天 1 次,连续针 3～5 次,也可用 10 mW 氦氖激光照射后海、阴蒂,每天 1 次,每次每穴照射 10～20 min,连续照射 3～5 天。

(四)护理与预防　平时应加强饲养管理,合理使役(奶牛、奶羊要合理利用);体虚瘦弱者减轻使役,增加营养;肥胖者适当使役或增加运动。

十五、产后恶露不尽

产后恶露不尽又称恶露不绝。分娩后,子宫内残留的羊水、瘀血、脱落的黏膜等混合化为暗红色血水,从阴道向外排出,称为恶露。在正常情况下,经 2～5 天即可排尽。如果分娩 1 周以后,阴户仍流出恶露,称为恶露不尽。不及时治疗,可导致子宫内膜炎、阴道炎等,甚至造成不孕症。

(一)病因病机　多因产前使役过度,饮喂失调,畜体虚弱,加之分娩时间过长,气血消耗过多,气虚失摄,宫体未能复原,余血未尽,淋漓不断。或因助产及剥离胎衣,损伤胞宫,引起感染;或产后失于护理,风寒乘虚侵袭,寒凝血滞;或胎衣滞留,血瘀胞宫所致。

(二)主证

1. 气虚型　证见产后从阴道流出淡红色污浊液体,量多而稀薄,无特殊气味,患畜精神倦怠,四肢无力,食欲减退,口色淡白,舌质较绵,脉象细弱,有时表现形寒肢冷,耳鼻欠温。

2. 血瘀型　证见阴道内流出暗红色浊液,或带黑色血凝块,有时表现轻度腹痛。如血瘀化热,则恶露量减少,色暗红,质浓稠,味腥臭,全身发热,食欲、反刍减少或停止。口色赤红,脉数。

(三)治疗

1. 气虚型 治宜补气摄血。选用加味补中益气汤:黄芪、党参、白术、升麻、柴胡、当归、艾叶(炭)、何首乌、金樱子、甘草灌服。形寒肢冷加肉桂、干姜,恶露日久不止加龙骨、牡蛎。或选用归脾汤加减:党参 50 g,黄芪 50 g,白术 45 g,茯苓 45 g,当归 40 g,大枣 45 g,益母草 80 g,炒艾叶 40 g。水煎服。泄泻者,去当归,加怀山药、车前子(布包)。

2. 血瘀型 治宜活血祛瘀。药用生化汤加减:当归 50 g,川芎 30 g,桃仁 30 g,炮姜 20 g,益母草 100 g,甘草 15 g。水煎取汁,兑童便灌服。食欲减少者,加神曲、山楂;兼有腹痛、恶露紫红夹血者,加五灵脂、延胡索;体热口色红赤者,加丹皮、二花、公英、黄柏,去炮姜;小便淋漓不畅者,加滑石、木通、灯芯草。或选用加减当归红花散:当归、川芎、桃仁、红花、蒲黄、五灵脂、王不留行、牛膝、黄芪、党参、滑石、益母草煎服。

(四)护理与预防 母畜在妊娠期间,应劳役有节,增加营养。对患畜加强护理,搞好厩舍卫生,勿受风寒侵袭。

十六、产后缺奶

产后缺奶,指母畜产后乳汁缺少或全无的病证,又称少乳或乳汁不行。

(一)病因病机 多因产前使役过度,营养不良,或老龄体弱及难产、出血过多,气随血耗,气血两亏。乳汁为血所化生,赖气以运行,血虚则化生无源,气虚则难以运行。或因喂养太盛,缺乏运动,气机不畅,经脉壅滞,乳络运行受阻。或因泌乳期受惊吓,挤乳技术不良,致使肝失条达,气机不畅,乳络涩滞所致。

(二)主证

1. 气血虚弱 证见身瘦体弱,乳房缩小而柔软,乳汁稀薄,缺少或全无。幼畜吮吸奶头次数增多,久吸不放,用嘴频频顶撞乳房,母畜拒哺幼仔,仔畜日渐消瘦。舌淡如绵,脉象细弱。

2. 气血瘀滞 证见精神沉郁,食欲减少,乳房胀痛,触之稍硬或有肿块。乳汁涩少,口色正常或偏红,脉弦而数。

(三)治疗

1. 气血虚弱 治宜补血益气,佐以通乳。方用四物汤加味:当归 60 g,川芎 40 g,熟地 60 g,白芍药 50 g,炒王不留行 45 g,木通 40 g。先用猪蹄 1 个加水煮烂去骨,再将上药研末,加入猪蹄汤内煎煮,连汤带药渣候温灌服。外用葱白打烂纱布包频擦乳房。气血双虚者,加党参、黄芪,去白芍。外感风寒者,加桂枝、桔梗。

2. 气血瘀滞 治宜活血、行气、通络。选用下乳涌泉汤:当归、白芍药、生地、川草、木通、穿山甲、王不留行、漏芦、花粉、甘草、青皮、牛膝、柴胡水煎灌服。

(四)护理与预防 加强对怀孕牛羊的饲养管理,产仔后增加青绿、多汁、富含蛋白质的饲料;注意防寒保暖,合理使役。

十七、胎衣不下

母畜产后,胎衣在正常时间内不能自行脱落的病证称胎衣不下,又名胞衣不下或胎盘滞留。以奶牛多见。

(一)病因病机 产前劳役过度,营养不良,畜体羸弱,气血不足,使胞宫功能减弱,或产程过长,畜体倦乏,胞宫收缩无力,或胎儿过大,胎水过多,长期压迫致宫壁松缓,或临产时受风寒侵袭,气血凝滞,宫颈过早收缩关闭,均可导致胎衣滞留。此外,产后血入胞衣,致使胞衣胀大,胞宫壁和胎盘病理性粘连,以及早产、流产、子宫病变等,也可继发本病。

(二)主证 证见胎衣部分或全部滞留于子宫内,或胎衣部分垂露阴门之外。患畜站立不安,回头顾腹,拱腰努责,时有腹痛。如滞留过久,多腐败溃烂,从阴道流出褐红色并杂有胎衣碎片的液体,极腥臭。患畜精神萎靡,食欲、反刍减少,奶量大减,多卧少立,口色淡白,脉象沉迟。

(三)治疗 治疗以手术剥离为主,药物治疗为辅。剥离牛的胎衣时,将患畜站立保定,用消毒药液将外阴周围洗净。然后术者将手指甲剪短磨光,洗净涂油,左手握住垂于阴户外的胎衣,右手伸入子宫内胎衣与子宫黏膜之间找到胎盘。用拇指、食指、中指三指配合把胎儿胎盘由后向前逐个从母体胎盘上剥离,待全部剥离,胎衣即可完整地取出。最后,向子宫内送入防腐、抗菌药物。手术中,严格消毒,细心操作,切勿损伤子宫。奶山羊胎衣不下,可用腹外按摩法,促进胎衣排出。

药物治疗宜补气养血,祛寒行瘀,选用加味生化汤(当归、川芎、桃仁、干姜、甘草、党参、益母草),加黄酒 120 mL 调和灌服。气虚者,加黄芪;寒凝者,加肉桂、附子;气滞者,加木香、香附;瘀血化热者,酌加金银花、连翘、紫花地丁、蒲公英、黄柏。也可选用参灵汤(党参、五灵脂、蒲黄、当归、川芎、益母草)灌服。

(四)护理与预防 母畜在妊娠期间,应劳役有节,增加营养。对患畜要加强护理,搞好环境卫生,防止胎衣露出部分污染。严防风寒侵袭,忌饮冷水。

十八、乳痈

乳痈又称奶肿、奶黄、乳房炎,是奶牛的常见病,其它母畜也可发生。患病乳房红、肿、热、痛,乳汁异常。相当于急性乳房炎。

(一)病因病机 多因邪毒内侵,流注于乳房;或因久卧湿地,产后外感风寒热邪；或因乳头、乳房损伤，邪毒乘虚而入；或因劳役过重，饲养管理失宜，精料过多，胃热壅盛，湿热浊气蕴结，气滞血瘀；或因肝气郁结，气机不畅，乳房经络阻塞；或乳孔闭塞，积乳郁结，乳房胀满，气血郁滞而成患。

（二）主证

1. 热毒壅盛型　证见乳房红、肿、热、痛，拒绝幼畜吮乳，两后肢张开站立。严重者食欲减少，精神不振，体温升高，口干舌燥，尿短赤，脉象洪大。乳量减少，乳质变性，呈淡棕色或黄褐色，有凝乳块或血丝，疼痛加剧。如化脓，触之有波动感。日久破溃出脓，症状逐渐消失。

2. 气血瘀滞型　证见乳房内有大小不等的硬块，皮色不变，触之不热或微热，乳汁排出不畅。若延误不治，肿块往往溃烂，病畜躁动不安。口色黄，舌苔黄，脉弦数。

3. 气血两虚型　多因患畜体弱，热毒瘀滞，久治不愈，气血亏损，病程转为慢性所致。证见乳房局部肿硬经久不消，乳汁变性长期不得改善。身体虚弱，倦怠无力，舌淡苔薄，脉沉细缓。

（三）治疗

1. 热毒壅盛型

初期：治宜清热解毒，消肿散瘀。选用公英散。或用瓜蒌牛蒡汤加减：瓜蒌、牛蒡子、花粉、连翘、金银花、黄芩、陈皮、生栀子、蒲公英、柴胡、生甘草、青皮水煎灌服。发热恶寒，加荆芥、防风；乳汁壅滞，加漏芦、王不留行、木通、路路通；新产母畜恶露未尽，加当归、川芎、益母草；有肿块硬结，加桃仁、当归、赤芍药或三棱、莪术。同时轻揉乳房，挤尽乳汁，外敷金黄散。针阳明穴或氦氖激光穴位照射。

成脓期：脓成而不溃，宜穿刺排脓。选用透脓散：当归、川芎、黄芪、炒穿山甲、皂角刺灌服。

溃破期：痈肿已溃，脓汁清稀，但排出不畅，日久不愈而伤正气，宜补养气血，扶正排脓。选用托里消毒散加减：黄芪、党参、白术、茯苓、川芎、当归、芍药、熟地黄、甘草、金银花水煎灌服。

2. 气血瘀滞型　治宜舒肝解郁，清热散结。选用逍遥散加枳壳、香附、陈皮。外敷冲和膏：炒紫荆皮、独活、炒赤芍、白芷、菖蒲共研末，与葱汤或酒调敷患处。

3. 气血两虚型　治宜补益气血，选用八珍汤加减或用黄芪散加减（生黄芪、当归、元参、肉桂、金银花、连翘、乳香、没药、赤芍、红糖）煎服。

痈肿未溃破者，选用以下外用药：

▷ 艾叶煎水患部温洗，再用芙蓉花及叶（干品），打烂为细末，4 倍量凡士林与药末调成药膏，外敷痈肿部。

▷ 牛膝 100 g,吴茱萸 100 g,大黄 100 g,共研细末,装瓶备用。临用时取药末适量,鸡蛋清调匀,洗净患部后涂敷,每天 1~2 次。

(四)护理与预防 经常挤奶,以排除乳房内毒素并减轻乳房的压力。厩舍宜保持清洁卫生,减少污物污染乳房。同一牛舍内挤奶,先挤健康牛,后挤病牛,防止疾病传播。避免乳房和乳头外伤,以防外邪从伤口而入,引起乳腺感染。

十九、产后发热

母畜产后数日内持续发热的病证,又称产褥热。

(一)病因病机 在风道巷口分娩,时间延长外感风寒而致病;或助产不当,损伤气血,元气受损,腠理疏泄,寒风乘虚而入,邪正交争而发热;或因胎儿腐败,胞衣残留胞宫,致使瘀血停滞胞宫内,瘀久化热而致病;或因久卧湿地,阴道子宫脱出,产程失血过多,阴血大亏,阴虚阳亢而发热。

(二)主证

1. 外感风寒型 证见恶寒发热,呼吸不畅,肢体疼痛,拘紧束步,时有恶露。口色淡白,舌苔薄白,脉象浮数。

2. 胞宫热毒型 证见高热口渴,烦躁不安,行走僵硬,回头顾腹,恶露较多,其色赤红,秽臭难闻。粪便燥结,尿短赤。舌苔黄燥,脉象洪数。

3. 阴虚发热型 证见身热不甚,午后略高,心悸少食,粪便干燥。口干舌红,脉细弦数。

(三)治疗

1. 外感风寒型 治宜解表和营。选用桂枝汤合生化汤加减(桂枝、白芍药、当归、益母草、川芎、生姜、大枣、甘草)灌服。

2. 胞宫热毒型 治宜清热解毒,活血散瘀。选用银翘红酱解毒汤(金银花、连翘、红藤、败酱草、苡仁、丹皮、栀子、赤芍药、桃仁、延胡索、川楝子、乳香、没药)灌服。

3. 阴虚发热型 治宜滋阴降火,选用青蒿鳖甲汤灌服。

(四)护理与预防 产后护理对本病的防治甚为重要。厩舍要保温、清洁,防止外感风寒。

二十、牛腐蹄病

以牛蹄角质腐败分解,蹄底腐烂为特征的病证。

(一)病因病机 多因畜舍不洁、泥泞,长期被粪水侵蚀,患畜立于湿地,久不修蹄,刺伤蹄底,或过削蹄底,日久腐烂成漏而致病;长久舍饲,久不使役,或长期营养不良，饲料中缺少矿物质、维生素等也可引起本病发生。

(二)主证 跛行，虚行下地，敢抬不敢踏，行动困难，特别是硬地行走时症状加重。急性发病时，病牛突然跛行，体温升高，病蹄肿胀、增温、敏感，轻叩有疼痛反应，蹄底可发现小孔或大洞，有污褐色的坏死组织或有奇臭的液体流出。常伴有全身症状，妊娠后期或分娩前尤为明显。有时出现湿毒内陷，引起败血症。慢性病例多半是深部组织感染而形成较深的化脓灶或瘘管，跛行虽轻，但经久不愈，病畜逐渐消瘦，病肢粗大，病区变硬。化脓时能波及蹄关节，造成严重跛行。深部感染的腐蹄病，出脓开口可多个，形成多个窦道。

(三)治疗 治宜修蹄、防腐、生肌。清洗蹄底，找出病灶，用手术刀挖去病灶内腐物脓汁。修挖漏洞时尽量使洞内的范围大些(洞口小些)。然后将白酒或酒精倒入洞内，洗涤干净，使患肢蹄底向上，将血竭粉填满洞内，边倒血竭粉边用烧红烙铁(可用火钳代替)将血竭粉烧烙熔解，直到血竭粉填满漏洞，紧密封口。然后用绷带包扎，漏洞内也可填去腐生肌散封口。化脓严重，腐肉不易脱落者可用煅石膏、升丹填塞漏洞。也可用二氧化碳激光器烧灼患部。奶牛腐蹄病严重病例，波及一病指(趾)趋于坏死者，为避免向其它部位蔓延，可用截指(趾)术。

(四)护理与预防 畜舍保持清洁，切勿使患肢污染粪尿。每天作适当运动，补充钙磷饲料，奶牛运动场应较干燥。

第十三章　犬猫病证防治

一、犬流行性感冒

本病是由犬流感病毒引起的一种急性上呼吸道传染病。其特点是传播快、流行广。

(一)病因病机　据文献记载,我国曾从犬体内分离出流感甲3型病毒,人的甲3型病毒也能自然感染动物。当外界气候突变,或因长途运输等原因,使犬正气受损,流感疫邪乘虚而入,伤及肺部而发病。

(二)主证　根据病情,可分为轻型和重型两种。

1. 轻型　轻度咳嗽,流少量水样鼻液,体温略高,常为39～39.5℃,结膜潮红,食欲减退,舌红,脉浮数。此型多见于2岁以上的成年犬。病程3～5天。

2. 重型　体温39.5～41℃,高热稽留5～7天。呼吸加快,心跳增速。咳嗽,打喷嚏,早晨刚从犬舍放出时更甚。流灰白色脓样鼻液,鼻黏膜潮红,鼻镜干燥,有时脓性鼻液团阻塞鼻道,病犬呈现短暂的呼吸困难,并用力咳嗽、打喷嚏。结膜潮红,流泪,眼睑肿胀,个别犬由于眼眵遮盖上下眼睑几乎不能睁开。患犬精神沉郁,体弱无力,食欲大减或废绝,喜饮冷水。个别病犬后期出现运动障碍,一肢或两肢跛行。尿少色浓,粪干。口干、色红,苔黄,脉数。此型多见于5月龄至1岁的犬。

(三)治疗　采用中西结合疗法,一般均可治愈。

▷ 对结膜炎患犬,可用2%硼酸水洗眼、红霉素眼膏点眼,为防止脱水和酸中毒,可行输液补碱。

▷ 对高热不退者,可配合肌肉注射板蓝根、柴胡或鱼腥草注射液4 mL,每天2次,连用7天,或内服板蓝根汤加味:板蓝根20 g,金银花、连翘、党参、茯苓各10 g,薄荷、菊花、桔梗、杏仁、半夏、黄芩、白术、甘草各7 g,石膏40 g。每天1剂,水煎2次,灌服,连服3～5剂。

▷ 对病后出现运动障碍的病犬,用羌活汤加味:羌活15 g,黄芪、桂枝各10 g,当归、牛膝、白术、茯苓、巴戟各8 g,川芎、乳香、没药、甘草各6 g,细辛3 g。每天1剂,水煎2次,灌服,连服2～3剂(以上药量为中等犬剂量)。

二、犬 瘟 热

犬瘟热是由犬瘟热病毒引起的犬科动物的一种急性传染病。临床上以发热，皮疹，消化道和呼吸道卡他性炎症，严重的脾、肺功能障碍为特征。本病主要发生于3～6月龄的幼犬，冬季多发。纯种犬的抵抗力较杂种犬差，死亡率很高。凡是养犬的地方(特别是城市或犬比较集中的地方)均有本病发生。

(一)病因病机 主要由于健犬与病犬或带毒犬直接接触，或通过污染的空气或食物，病毒经呼吸道或消化道侵入体内，只要健犬正气虚弱便可感染发病。一旦发病，正气更加衰弱，进一步引起继发性细菌感染。近年来已经明确，除了继发大肠杆菌、葡萄球菌、链球菌、沙门氏菌、支气管败血波氏杆菌、星形诺卡氏菌等细菌感染外，还经常与犬传染性肝炎混合感染。病初首先引起发热，进而损害脾肺，最后毒入营血而危及全身。

(二)主证 潜伏期为2～3周。病初体温升高，精神沉郁，被毛粗刚，少食纳呆，喜冷饮，鼻镜干燥，流涕，常为黏脓性，口流黏涎，眼角附有多量黄色脓性眼眵。口色红，脉数。若病情进一步发展，或以肺热咳喘为主，或以呕痢为主。前者呈现咳嗽，呼吸促迫，肺部听诊呼吸音粗厉，有湿性啰音；废食，粪干，尿少，无力，消瘦；舌色绛，脉细数。后者出现频频呕吐，呕吐物多为黏涎，不能进食；腹部有压痛，排恶臭暗红色血便。病至末期，由于毒入营血，肝风内动，呈现肌肉阵发性痉挛，共济失调，惊厥，昏迷，有的后肢麻痹。一般出现惊厥症状后不久即死亡。

(三)治疗 及时采用中西结合疗法，可使部分病犬康复。

▷ 抗血清5～20 mL，皮下或肌肉一次注射，隔日再用一次。

▷ 氨苄青霉素0.1～0.8 g，卡那霉素0.05～0.4 g，注射用水10 mL，一次肌肉注射，每天2次，连用3～5天(氨苄青霉素用前必须做皮试)。

▷ 金银花、连翘、甘草各9 g，黄芩、葛根各6 g，山楂、山药各12 g。水煎候温灌服。

▷ 呈现肺热咳喘时，可配合中药二母丹地散：知母、贝母、丹皮、生地、桔梗、半夏、白术各30 g，龙胆草、茵陈、陈皮、白芍、当归、甘草各20 g。水煎分2次灌服。呈现肝风内动症状时，多数预后不良，难以救治。

▷ 具有神经症状时，可试用水牛角6 g，生地、玄参、银花、竹叶心、丹参、麦冬各4 g，黄连3 g，水煎灌服。

▷ 根据临床症状采取强心、补液等对症处理。

针治：针刺山根、肺俞、脾俞、百会、尾尖、后三里等穴。

(四)预防 加强饲养管理，增强机体抗病能力。定期接种犬瘟热疫苗。

三、犬细小病毒病

犬细小病毒病又称犬病毒性肠炎，是由犬细小病毒引起的一种急性传染病，其特征是呈现出血性肠炎(血痢)和非化脓性心肌炎症状。多发于幼犬，常常同窝暴发。

(一)病因病机　染病犬是本病的主要传染源，通过病犬与健犬直接接触或通过污染的饲料经消化道传染。染病犬的粪便、尿液、呕吐物及唾液中均含有多量病毒，并不断向外排毒。仔犬断奶前后正气不足，脾胃虚弱，若与病犬直接接触或食入被污染的饲料，病毒便可乘虚而入，伤及脾胃，特别是小肠下段郁而化热，侵淫营血，迫血妄行，呈现出血性肠炎症状；伤及心肺，肺失宣发肃降，心肌受损，扰乱心神，呈现心肌炎症状。

(二)主证

1. 出血性肠炎型　各种年龄的犬均可发生，但以3～4月龄的断乳犬更为多发。患犬常突然发病，体温升高至40～41℃，也有体温始终不高者。神倦喜卧，频频呕吐，不食，不久发生腹泻，里急后重，粪便先呈黄色或灰黄色，被覆多量黏液及伪膜，而后粪便呈番茄汁样，带有血液，甚至频排血便，腥臭难闻。小便短黄，眼窝凹陷，皮肤弹性明显下降。口干、发出臭味，舌色鲜红或绛，舌苔黄腻，脉滑数或细数。

2. 心肌炎型　多见于4～6周龄的幼犬。突然起病，呼吸困难，脉快弱，个别病犬表现呕吐。常离群呆立，可视黏膜苍白，口色淡。常因急性心力衰竭而死亡。

(三)治疗　心肌炎型病犬，多因表现临床症状时已来不及救治而导致死亡。出血性肠炎型宜清热解毒、凉血止痢。西医治疗可酌情输液强心补碱，中医治疗可试用下列方剂。

▷ 白头翁汤：白头翁、秦皮各20 g，黄连、黄柏各10 g。煎汤去渣，浓缩至100 mL，候温灌服。里急后重者，加木香、槟榔；夹食滞者，加枳实、山楂。

▷ 四黄郁金散：黄连、黄芩、黄柏、大黄、栀子、郁金、白头翁、地榆、猪苓、泽泻、白芍各30 g，诃子20 g。水煎，分2次灌服。呕吐者加半夏、生姜；里热炽盛者加金银花、连翘；热盛伤阴者加玄参、生地、石斛；下痢脓血较重者重用地榆、白头翁；气血双亏者减黄芩、黄柏、栀子、大黄，加党参、黄芪、白术等。

▷ 加味葛根芩连汤：葛根40 g，黄芩、白头翁各20 g，山药、甘草各10 g，地榆、黄连各15 g。水煎服，每天1剂，分3～4次，每次50～100 mL。幼犬药量酌减。便血重者加侧柏炭15 g；津伤重者加生地、麦冬各20 g；里急后重者加木香10 g；呕吐剧烈者加竹茹15 g。

▷ 犬细小病毒高免血清 5～20 mL,皮下或肌肉一次注射,隔日重复注射一次。

(四)预防 加强饲养管理,定期免疫接种。

四、犬传染性肝炎

犬传染性肝炎是由犬传染性肝炎病毒(Ⅰ型腺病毒)引起的一种急性败血性传染病。1 岁以内的幼犬易感染,常导致急性坏死性肝炎。成年犬多数呈隐性感染。在临床实践中常发现犬传染性肝炎与犬瘟热混合感染,给诊断带来一定困难。混合感染时的症状比单一感染严重得多。

任何季节及任何品种、性别的犬均可发生本病。以 1 岁以内的幼犬多发,死亡率也高。成年犬多为隐性感染,一般发病率为 40%～70%,死亡率为 10%～40%。

(一)病因病机 健康犬因接触病犬的排泄物与分泌物如唾液、粪便、尿液、呕吐物等而感染。康复犬的尿液排毒可长达 6～9 个月,是本病传播的潜在隐患。感染后的犬还可经胎盘将病毒传染给仔犬。

(二)主证 自然感染的潜伏期通常为 6～9 天。病初病犬表现精神沉郁,食欲不振,眼结膜充血,流泪,呼吸急促,并有流涎、呕吐、腹泻及体温升高(可达 41.5℃),症状与犬瘟热相似,不同的是本病病犬渴感明显,大量饮水,体温升高并持续 4～6 天(呈马鞍热型),呕吐和腹泻时常带血液,口腔齿龈有小出血点。扁桃体红肿,眼睑、头颈和腹下水肿,常有腹痛,拱背,触压剑状突时有痛感反应。可视黏膜苍白,少数病例有轻度黄染。尿液色深暗,呈暗褐色或茶色。幼犬病情发展快,死亡率高,并常伴有肠套叠发生,急性者多在高热 1～2 天后死亡。部分病犬在急性症状消退后 7～10 天发生角膜暂时性混浊,呈白色乃至蓝白色角膜翳,称为"肝炎性蓝眼"(俗称蓝眼),这种角膜变化一般经 2～8 天即自愈并不留痕迹。

(三)治疗 治宜清肝,利湿,退黄。

▷ 犬传染性肝炎高免血清 5～20 mL,一次皮下或肌肉注射,隔日重复注射一次。

▷ 青霉素 50 万～200 万 U,注射用水 10 mL,一次肌肉注射,每天 2 次,连用 2～4 天。

▷ 龙胆泻肝汤:龙胆草 15 g,黄芩 15 g,栀子 10 g,泽泻 10 g,木通 10 g,车前子 10 g,当归 10 g,柴胡 10 g,生地 10 g,甘草 15 g。煎汤去渣,一次灌服,每天一剂。

▷ 50%葡萄糖液 20～40 mL,维生素 C 250 mg,三磷酸腺苷(ATP)15～20 mg。静脉注射,每天一次,连用 3～5 天。若出现酸中毒可加碳酸氢钠适量。

▷ 根据病情变化采取止吐、止血等对症治疗。

▷ 犬传染性肝炎疫苗，幼犬 1 mL、成犬 2 mL，皮下注射，每年一次，用于预防。

五、犬传染性支气管炎(犬病毒性呼吸道病)

本病是一种病因较复杂的呼吸道病毒感染性疾病。可致病的病毒有犬瘟热病毒、Ⅰ型腺病毒、Ⅱ型腺病毒、副流感病毒、疱疹病毒和呼肠孤病毒等。除病毒外，还常有支气管败血波氏杆菌介入，所以本病实质上不是一种单一的疾病。主要临床症状是由呼吸道炎症而诱发咳嗽。多发生于初生仔犬，有时同窝仔犬同时发病，形成所谓“窝咳”。

(一)病因病机　本病主要通过气雾感染。在同次暴发感染中，可由某一种病原引起，也可由不同病原引起，特别是易并发支气管败血波氏杆菌的感染。一种或多种疫毒侵袭肺部，致使肺气宣发失常，引起咳嗽，毒邪郁久化热，表现出发烧。

(二)主证　主要症状为发热、咳嗽。两侧或一侧鼻孔流出水样黏性分泌物。人工诱咳可致阵发性咳嗽。胸部听诊支气管及肺部呼吸音粗厉及或啰音。少数犬可有腹泻症状。本病有自限性，大部分病犬可以完全康复。

临床可根据同窝仔犬同时暴发病症、多限于上呼吸道症状做出初步诊断。确诊须做病原学检验。

(三)治疗　治宜清热解毒，祛痰止咳。

▷ 川贝止咳糖浆 5～10 mL，氨茶碱 10 mg，一次口服，每天 3 次，连用 3～5 天。

▷ 鱼腥草注射液 2 mL，肺俞穴一次注射。

▷ 乌药 50 g 煎汤去渣，一次灌服，每天一剂，连用 2～3 剂。

六、犬　痢　疾

犬痢疾是以排便次数增多、腹痛、里急后重、下痢赤白脓血为主要症状的病证。多发生于春夏季节。

(一)病因病机　多因外感暑湿、疫毒之邪，侵害胃肠，湿热郁蒸，气血阻滞，气血与暑湿、疫毒相搏结，化为脓血，而形成湿热痢或疫毒痢。饲喂不节，素蕴内热，或误食不洁之物，气滞血凝化热，损伤肠络，化为脓血而下痢。久痢不愈，脾肾亏虚，可导致虚寒下痢。

(二)主证

1. 湿热痢　精神沉郁，食欲废绝。下痢赤白相夹，腹痛，发热，里急后重，部分病例伴有呕吐，小便短赤，口色红黄，苔黄腻。

2. 疫毒痢　发热，神昏气粗。下痢鲜紫脓血，腥臭，里急后重，腹痛较严重，常有呕吐，口色红绛，脉细数。

3. 虚寒痢　精神短少，少食，体瘦毛焦，肢寒耳冷，腹痛下痢，粪稀但多无腥臭。严重病例排粪失禁，口色淡白，脉迟细。

(三)治疗

1. 湿热痢　宜清热解毒，调气行血。

▷ 芍药汤：芍药 5 g，当归、黄芩、黄连各 2.5 g，大黄 1.5 g，肉桂 2 g，槟榔 3 g，木香、炙甘草各 10 g。水煎服。

▷ 白头翁 4 g，郁金、黄连、猪苓、藿香、地榆炭、炒槐花、大黄炭各 3 g。前五味药水煎 2 次合并药液，后三味药共为末拌入药液，分 6 次服，4 h 一次。

2. 疫毒痢　宜清热、凉血、解毒。方用白头翁汤加银花、黄芩、赤芍、丹皮、马齿苋。神昏加石菖蒲；腹胀，脓血多，加枳壳、地榆、大黄；热甚动风抽搐，加生石膏、全蝎、钩藤。

3. 虚寒痢　宜温补脾肾，收涩固脱。方用四神丸加味。寒盛，加肉桂；腹痛，加木香；久泻不止，加诃子；粪中带血，加血余炭、地榆。

针治：针后三里、后海、脾俞、关元俞。

(四)预防　要保持犬舍卫生，禁喂不卫生和变质的食物。

七、犬 疥 癣

犬疥癣又称狗癞，是疥螨和痒螨寄生在皮肤而引起的以剧痒和脱毛为特征的寄生虫病。

(一)病因病机　多因皮毛不洁，接触病犬而感染本病。

(二)主证　鼻梁、颊部，或外耳、耳根等处长癣。病初皮肤长小结节，后成水疱。疱破流出黄色黏水，继而皮肤出现鳞片状痂皮。患部剧痒，病犬常以爪抓挠，或擦墙、擦树桩，患部脱毛或见擦伤，病犬躁动不安。

(三)治疗　杀虫灭疥。方用：

▷ 花椒、艾叶等份，水煎取汁，涂洗患部。

▷ 雄黄 10 g，硫磺 10 g，豆油 100 mL。先将豆油烧开，再入雄黄、硫磺粉，拌匀，将药油涂于已洗净的患部。

▷ 硫磺粉、植物油适量，煎成软膏，涂于患部。

(四)护理与预防　病犬隔离治疗，注意皮毛清洁卫生，消毒周围环境，烧毁污染垫草。

八、猫泛白细胞减少症(猫瘟热)

本病又称猫瘟热或猫传染性肠炎，是一种高度接触性、急性传染病，所有猫科动物及浣熊、环尾雉、貂等均可感染。特征是高热、呕吐、腹泻、高度脱水和白细胞明显减少。

该病自1939年以来陆续发生于欧美及日本，近年来我国江苏、山东、河南、陕西、北京、贵州等十多个省市也有类似暴发流行的报道。它是家猫最重要的传染病。目前未有证据证明本病能引起人的感染。

猫泛白细胞减少症多发生于家猫群和猫饲养场，1岁以下的幼猫最易感染，感染率可达70%，致死率为50%～60%，最高可达90%。但也可感染各种年龄的猫，成猫仅占2%，猫科动物(野猫、虎、豹、山猫、豹猫等)也有易感性，貂和浣熊也能感染。

(一)病因病机　在自然条件下，主要经直接或间接的接触传染。患猫在感染后出现病毒血症，7天内即由尿、粪便、鼻和眼分泌物、唾液、呕吐物中排毒，即使康复后粪尿中仍能排毒数周至一年以上。所以病猫是本病的传染源。蚤、虱、螨等吸血昆虫可成为传染媒介。有些痊愈猫可成为带毒者。病程一般7天左右。自然感染的18天死亡。

病毒侵入猫体后首先在咽部繁殖，18 h后进入血流呈病毒血症。48 h后扩散到全身，7天后病毒在各脏器组织繁殖达最高峰。随着血清抗体的出现，病毒滴度迅速下降，到14天时大多数脏器组织已很少有病毒或检测不出，但肾脏带毒排毒可持续1年以上。猫经口感染病毒后，导致肠黏膜细胞的破坏和发育不全，并造成淋巴造血组织和骨髓的抑制，出现白细胞减少和明显的临床症状。

(二)主证　潜伏期2～9天，病初表现倦怠，缺乏食欲。首次发烧体温在40℃左右，持续24 h左右，然后恢复正常，经2～3天后再次上升，呈明显的复相热型，此时症状明显，精神沉郁，被毛粗乱，出现明显的白细胞减少，继而表现呕吐和带血的水样腹泻，粪便有特殊臭味。严重脱水。体重迅速下降，眼、鼻流出脓性分泌物。通常在二次升温达到高峰后不久死亡。病程长的十多天，短的7天左右，妊娠母猫经子宫感染可引起流产、死胎、早产或小脑发育不全的畸形胎。

(三)治疗　治宜清热燥湿，凉血止痢。

▷ 云南白药1瓶，复方新诺明40 mg。一半口服，余药溶于50 mL温水中深部灌肠。

▷ 黄连15 g，黄柏5 g，三颗针15 g，半边莲15 g，川军15 g，白头翁15 g，花生衣15 g(研细、冲)。水煎去渣分早晚2次灌服，连用2～3天。

▷ 山茱萸、茯苓、怀山药、熟地黄、泽泻各 5 g，丹皮 3 g。加水 500 mL，煎至 60 mL，分 3 次服完，每 4 h 1 次。

▷ 党参、黄芪、陈龟板各 10 g，白芍、熟地黄、麦冬、当归各 5 g。加水 500 mL，煎至 50 mL，分 2 次服。

▷ 郁金散（郁金、诃子、大黄、黄连、黄芩、黄柏、栀子、白芍）加减。热甚，加银花、连翘；泄泻，去大黄，重用诃子、白芍，加乌梅、石榴皮。

▷ 党参、黄芪、酒知母、酒黄柏、郁金、甘草各 4 g，二花 5 g，荆芥 5 g，半夏 3 g，水煎，早晚各 1 次，每次 2 匙。若呕吐不止，加姜朴、竹茹各 3 g；口渴喜饮，加麦冬 3 g、五味子 3 g、生地 3 g；口腔有炎症，加牛蒡子、射干、山豆根各 3 g；体温降到常温以下，加肉桂、附子、干姜各 2 g。

针治：针后海、后三里、脊中、大椎。

（四）预防　定期接种疫苗。

九、呕　　吐

呕吐是由于脾胃虚弱，胃失和降，气逆于上而引起食物由胃吐出的病证，是犬、猫的常见证。

（一）病因病机　因风寒暑湿之邪以及秽浊之气，侵犯胃腑，或因采食过多的生冷油腻之物，停滞不化，使胃气失降而上逆致呕吐；或病后脾胃虚弱，阳气不振，寒凝胃腑，不能承受水谷，食后即吐。此外，许多疾病过程也伴发呕吐。

（二）主证

1. 胃热呕吐　发热，食欲不振或食后呕吐，喜呆阴凉处，喜饮冷水，口色红，少津，舌苔黄腻，脉数。

2. 伤食呕吐　酸臭，吐后病减，肚腹胀满，口色稍红，脉沉有力。

3. 虚寒呕吐　消瘦，少食，便溏，耳鼻俱凉，寒颤，呕吐物气味不明显，吐后口内多涎，口色淡白，口津滑利，脉沉迟无力。

（三）治疗

1. 胃热呕吐　清热止呕。方用白虎汤加半夏、陈皮、茯苓。

2. 伤食呕吐　消积止呕。方用保和丸。

3. 虚寒呕吐　温中止呕。方用理中汤或旋复代赭汤。

针治：针脾俞、后三里、中脘。

（四）预防　加强饲养管理，防止外邪侵袭和过食生冷油腻食物。

第十四章　兔病证防治

一、兔传染性水疱性口炎

本病是由水疱性口炎病毒引起的以口腔黏膜发生水疱性炎症和大量流涎为特征的兔的一种急性传染病，故称为传染性水疱性口炎，俗称流涎病。本病常在兔场广泛流行。多发于1～3月龄小兔，春、秋两季发病较多，成年兔发生较少，发病率与死亡率较高，给养兔业带来一定的经济损失。

（一）病因病机　多因采食被污染的饲料经口传染，或饲喂霉烂、粗硬饲料，引起口腔黏膜受损，感染发病。

（二）主证　本病潜伏期为3～7天。病初，病兔口腔黏膜潮红、充血，随后在唇、舌、硬腭及口腔黏膜等处出现粟粒大至扁豆大的水疱，水疱内充满含纤维素的清亮液体。不久，水疱破溃，形成烂斑和溃疡，同时大量流涎。随着流涎使下颌、髯、颈、胸部和前爪的绒毛粘成一片。局部的皮肤，由于经常浸湿和刺激，而发生炎症和脱毛。外生殖器也可见溃疡性损害。常由于细菌的继发感染而引起唇、舌和口腔其它部位黏膜的坏死，并伴有恶臭。由于口腔损害，食欲减退或不食，随着损害加重，病兔发热、沉郁、腹泻、日渐消瘦、虚弱。病程一般2～10天，最后因衰竭而死亡。

（三）治疗

▷ 2%硼酸溶液15～30 mL清洗口腔后涂以碘甘油。

▷ 青黛10 g，黄连10 g，黄芩10 g，儿茶6 g，冰片6 g，桔梗6 g。共研末，每次2～3 g内服。每天3次，连用3～5天。

▷ 青黛0.5 g，白及1 g，白蔹1 g，甘草1 g 。共研末，每次0.2 g吹入患部，每天3次，连用3～5天。

二、兔巴氏杆菌病

兔巴氏杆菌病又称兔出血性败血症，是由多杀性巴氏杆菌引起的一种急性传染病，由于病原感染部位的不同，而有败血症、传染性鼻炎、地方流行性肺炎、中耳炎、结膜炎、子宫积脓、睾丸炎和脓肿等病型。

本病主要经呼吸道和消化道传播，皮肤及黏膜的伤口也可感染，有时也能发生内源性传染。各种年龄的兔都可感染发病,但以仔兔发病率最高,常达60%以上。各品种的兔均有易感性。一年四季均可发生,但多见于冷热交替、气候多变的春秋季节以及多雨、闷热的季节。常呈地方性流行或散发。

(一)病因病机 饲养环境不卫生,寒冷、闷热、潮湿、气候剧变,兔舍拥挤,通风不良,阴雨连绵,饲料突变,营养缺乏,疲劳,长途运输,寄生虫病等诱因,使机体抵抗力降低,可引起本病在兔群中暴发传播。

(二)主证 本病潜伏期为几小时至6天。由于病菌侵入部位不同,临床上表现为以下几种类型:

1. 鼻炎型 为一种常见病型。临床特征为浆液性、黏液性或黏液脓性鼻汁,上呼吸道呈卡他性炎。患兔常打喷嚏、咳嗽。由于分泌物刺激鼻黏膜,患兔前爪揉擦外鼻孔,使局部被毛潮湿、黏结,甚至脱落。严重时分泌物堵塞鼻孔,致使呼吸困难。唇及鼻孔周围皮肤肿胀、发炎。

2. 肺炎型 病初,患兔食欲不振,精神沉郁,呈现急性、纤维素性、化脓性肺炎和胸膜炎,常死于败血症,很少见到明显的肺炎症状。

3. 中耳炎型 单纯的中耳炎可能无临床症状。当感染扩散到内耳及脑部时,患兔表现为斜颈,吃食、饮水困难,体重减轻,脱水。如感染扩散到脑膜及脑实质,则可出现运动失调和其它神经症状。

4. 败血症 病兔不食,精神沉郁,呼吸困难。体温升高到40℃以上,鼻腔有浆液性、黏液性分泌物,有时出现腹泻。死前体温下降,四肢抽搐,24 h内死亡。流行初期也有不见临床症状即迅速死亡的病例。

5. 结膜炎型 眼睑中度肿胀,结膜发红,在眼睑处常有浆液性、黏液性或黏液脓性分泌物存在。炎症转为慢性时,红肿消退,而流泪经久不止。

6. 脓肿型 全身各部皮下和内脏器官(如肺、肝、脑、心等)发生脓肿,脓肿转移可引起脓毒败血症而导致死亡。

7. 生殖器官型 多见于成年兔,母兔多发,多表现为不孕,阴道流出黏液性分泌物。如转为败血症往往引起死亡。其它类型的病兔,病原也可转移到生殖系统,引起感染。

(三)治疗 治宜清热凉血、止血。

▷ 黄连5 g,黄芩5 g,黄柏10 g。水煎服,每天1剂,连用3~5天。或蒲公英20 g,菊花10 g,赤芍10 g。水煎服,每天1剂,连用3~5天。

▷ 清瘟败毒散,按每千克体重1 g,水冲灌服,每天1次,连用3天。

▷ 兔巴氏杆菌灭活苗0.5 mL,皮下或肌肉注射,用以预防。

三、兔支气管败血波氏杆菌病

支气管败血波氏杆菌病是由支气管败血波氏杆菌(简称波氏菌)引起的一种慢性呼吸道传染病。临床上以鼻炎、支气管肺炎和脓疱性肺炎为主要特征。各种品种、年龄的兔都可感染发病,但以幼兔发病率和死亡率为高,本病一年四季均可发生,但以春、秋两季发病率高。

(一)病因病机　当机体受到各种应激刺激(如气候突变、感冒、寄生虫病、营养不良等)的影响时机体正气虚弱,难以抗御本病特异病原侵袭,直接或间接接触病原即可引起本病发生。

(二)主证　根据本病的临床表现,可分为以下两种病型。

1. 鼻炎型　多数病例鼻腔黏膜充血,流出多量浆液或黏液性分泌物,一般不变为脓性。当除去诱因,经过治疗,短时间内即可康复。

2. 支气管肺炎型　多见于成年兔。病兔鼻炎长期不愈,鼻腔流出黏液性或脓性分泌物,打喷嚏,呼吸加快,食欲不振,精神萎顿,逐渐消瘦,病程长,一般7～60天死亡。

(三)治疗　治宜解毒,祛痰止咳。

▷ 白及15 g,白茅根15 g,桔梗5 g。煎汤去渣,一次拌料喂服或灌服。

▷ 黄芩、桔梗、制半夏各5 g,麻黄、杏仁各3 g,穿心莲6 g。煎水去渣一次灌服。

四、兔大肠杆菌病

兔大肠杆菌病是由一定血清型致病性大肠杆菌及其毒素引起的一种暴发性、死亡率很高的仔兔的肠道传染病。临床上以排胶冻样或水样粪便和严重脱水而死亡为主要特征。

大肠杆菌在自然界分布很广,又经常存在于兔的肠道内,故本病发生于世界各国,我国各地均存在本病。

致病性大肠杆菌不仅能引起各种家畜、家禽、实验动物及人发生有明显临床症状的疾病,而且也是污染肉、蛋、奶、食品、饮水、饲料及环境的重要病原菌,其发病率为35%～90%,病死率可高达100%,严重威胁养兔业的发展,还与公共卫生密切相关,应引起人们的高度重视。

本病主要经消化道感染,病兔及带菌兔是传染源,各种年龄的兔都可感染本病,但以20日龄及断奶前后的仔兔发病率最高,成年兔很少发生。各品种的兔均有易感性,但高产毛用兔的发病率高于皮肉兔,群养兔高于笼养兔。本病一年四季均可发生。

(一)病因病机 饲养管理差、卫生条件不良和气候变化等应激因素，使肠道的正常菌群发生变化时，容易暴发本病，并常与沙门氏菌病、梭菌病及球虫病等混合感染，可大大增加死亡率。

(二)主证 本病的潜伏期为 4～6 天。最急性病兔，不见任何症状即暴死。

多数病兔病初精神沉郁，食欲不振，腹部膨胀，粪便细小、成串，外包有透明、胶冻状黏液，随后出现水样腹泻，肛门、后肢、腹部和足部的被毛被黏液及黄色水样稀粪污染。病兔四肢发冷，磨牙，流涎，眼球下陷，迅速消瘦。1～2 天内死亡，死亡率极高。

(三)治疗 治宜清热燥湿，止痢。

▷ 大蒜酊每只兔每次口服 2～3 mL，每天 2 次，连用 3 天。

▷ 白头翁散每次每千克体重 1 g，水冲灌服，每天 1 次，连用 3～5 天。

五、兔沙门氏菌病

兔沙门氏菌病是由鼠伤寒沙门氏菌和肠炎沙门氏菌引起的一种消化道传染病。临床上以败血症急性死亡，腹泻和流产为主要特征。各种品种和年龄的家兔都可感染本病，但以 3～20 日龄的仔兔发病率最高，病死率可达 60%以上；母兔流产多见于怀孕后 15～28 天，发病率高达 57%，流产率为 70%，病死率为 44%。本病一年四季均可发生，但以多雨、潮湿及炎热的季节多发。

(一)病因病机 病兔与带菌兔是传染源，主要经消化道传播，也可发生内源性感染，幼兔还可经子宫内或脐带而感染。饲养管理不良，卫生条件不好，污染的环境，气候突变，多雨潮湿，长途运输，内寄生虫和病毒感染等均可促进本病的发生。

(二)主证 本病的潜伏期为 3～5 天。临床可见下列病型：

1. 急性型 兔突然发病，多不出现症状，仅排绿色稀粪，24 h 内死亡。

2. 亚急性型 病兔精神沉郁，不食，渴欲增加，体温升高达 40～41℃，排暗绿色或灰黄色稀粪，消瘦，死前体温下降。少数不死者，可转为慢性，病兔咳嗽，流鼻汁，呼吸增数，拉稀，腹部膨胀。

3. 孕兔 流产前精神沉郁，食欲减少，伏于兔笼内不愿活动。从阴道排出黏液或脓性分泌物，阴道黏膜潮红、水肿，流产胎儿体弱，皮下水肿，很快死亡。母兔常于流产当日或次日死亡。康复母兔不能再怀孕产仔。

(三)治疗 治宜清热燥湿，止泄痢。

▷ 黄连 5 g，黄芩 10 g，黄柏 10 g，马齿苋 12 g。水煎服，每天 1 次，连用 3～5 天。

▷ 车前子 25 g，鲜竹叶 25 g，马齿苋 25 g，鱼腥草 25 g。水煎服，每天 1 剂，连用 3～5 天。

六、兔球虫病

球虫病是兔常见的一种寄生虫病。患球虫病的兔极易再感染其它传染病，使幼兔生长发育受影响，甚至造成大批死亡，常呈地方性流行，给养兔业带来的经济损失极大。临床表现以幼兔消瘦、贫血、黄疸、腹胀、腹泻、便血为特征。由于球虫的种类和寄生的部位不同而分为肝球虫、肠球虫和混合感染三种类型，但以混合感染型多见。

(一)病因病机 各种品种的家兔对球虫都有易感性。断乳后至 3 月龄的幼兔感染最为严重，成年兔发病轻微。感染是由于经口吞食成熟卵囊引起的。饲养管理过程中，饲料、饮水被兔粪污染，兔舍卫生条件恶劣，以及营养不良、兔体瘦弱，最易促成本病的发生和传播。本病的流行与温度、湿度有关，一般常在温暖多雨的季节流行。如兔舍温度、湿度较高，任何季节均可发生。成年兔多系带虫者，常为幼兔球虫病的感染源。鼠类和昆虫可以机械地散布卵囊，对本病流行也起一定作用。

(二)主证 肠型兔球虫病有顽固性下痢，甚至血痢或便秘与腹泻交替发生，病重者，死亡迅速；肝型球虫病表现腹围增大，腹部下垂，眼结膜黄疸，肝区触诊疼痛，病程长，不易死亡。临床上多为混合型，开始减食，随后不食，精神沉郁，伏卧不动，眼、鼻分泌物增多，贫血、下痢、尿频，常作排尿姿势，腹围增大，临死前四肢抽搐，头后仰，尖叫，衰竭而死。

(三)治疗 治宜清热燥湿、止痢。

▷ 四黄散：黄连 6 份，黄柏 6 份，黄芩 15 份，大黄 5 份，甘草 8 份。共为末，每只每次 2 g，拌料喂服，每天 2 次，连用 3～5 天。

▷ 球虫九味散：白僵蚕 10 份，生大黄 5 份，桃仁 5 份，地鳖虫 5 份，生白术 3 份，桂枝 3 份，茯苓 3 份，泽泻 3 份，猪苓 3 份。共为末，每只每次 3 g，每天 2 次，连用 3 天。病初使用效果显著。

▷ 黄连 6 g，贯众 10 g，苦楝皮 6 g。水煎，分 2 次服，每天 1 剂。

▷ 黄连 7 g，黄芩 20 g，黄柏 10 g，柴胡 15 g，仙鹤草 30 g，贯众 15 g。煎汁，10 只兔分 2 次服，每天早晚各 1 次。

▷ 青蒿粉碎按 4%比例拌料喂给。

(四)预防 保持兔舍清洁干燥；无害化处理粪便；平时可用药物添加饲料预防。

七、兔 螨 病

兔螨病又称疥癣病，是由不同种类的螨虫（疥螨或痒螨）寄生于体表或表皮内引起的慢性、接触性、寄生虫性皮肤病。临床上以剧痒、脱毛和结痂为主要特征。本病呈世界性分布，具有高度侵袭性，传染性强，若不及时采取措施，会迅速传遍兔群，造成较大经济损失。本病不仅影响家兔生长发育和繁殖，重者可造成死亡，而且影响皮毛质量。一旦兔群感染本病，很难彻底扑灭。因此，防患于未然，尤为重要。

（一）病因病机 由于健兔与病兔直接接触，或通过兔舍的用具、运输车辆、饲草、饲料、饲养员等间接接触而感染本病。在秋冬季节，尤其是阴雨天气，蔓延最广，发病最烈。幼兔患病率高，发病也较严重。

（二）主证 感染疥螨先由嘴、鼻周围和脚爪部发病，用嘴舔脚，用脚搔嘴、鼻部解痒。以后患部有结节形成，互相粘连、结痂，使患部皮肤变硬，造成采食困难，脚面上产生较薄的灰色痂块。病变向鼻梁、眼圈、前脚底面和后脚底部蔓延，出现皮屑和血痂。病兔奇痒，迅速消瘦，极易死亡。

痒螨和足螨主要寄生于兔的外耳道。患病部位皮肤皱褶形成不明显，病先发于长毛的部位，被侵害部位的毛易脱落。痒觉在夜间加剧。该病可引起严重的外耳道炎。耳垢过盛分泌，干涸成痂，厚厚地嵌于耳道内如卷纸样，甚至完全堵塞耳道，耳变重下垂。病变部发痒，病兔摇头、搔耳。少数病例可蔓延到脑部，引发癫痫。

（三）治疗 治宜杀虫止痒，消肿散结。

▷ 伊维菌素 300～600 μg，一次肌肉注射。一周后再重复注射一次。

▷ 雄黄 20 g，豆油 100 g。将豆油加热煮沸后加入雄黄混匀。冷却后涂擦患部，每天 1 次，连用 2～3 天。治疗前先用温水软化痂皮，去除痂皮后再涂药物，疗效更佳。

▷ 硫磺 30 g，大枫子 10 g，蛇床子 12 g，木鳖子 10 g，花椒子 25 g，五倍子 15 g。共为细末，用植物油 120～200 mL 调和，涂擦患部。

八、兔 泄 泻

泄泻是家兔的常见病，一年四季均有发生，尤其以严寒和夏暑之日，湿度大时发病最多，患兔以排粪次数增多、粪便稀薄或黏腻、迅速脱水、体瘦毛焦为主要特征。

（一）病因病机 多因长途运输、环境变换、兔舍潮湿、气候骤变，致使兔体感受寒湿或湿热而遂成其患；或饲养管理失调、饮喂不节、草料质劣，损伤脾胃及小肠，运化失司，清浊不分而致病；脾胃虚弱、中气下陷也可造成泄泻。

(二)主证

1. 虚寒泄泻　发病急，肠鸣如雷，泻下如水，气味不臭，尿量减少，食欲减退或不食，神疲乏力，形寒肢冷，耳鼻俱凉，口色淡白，舌苔薄白。

2. 湿热泄泻　病兔精神沉郁，草料减少乃至不食，泻下暴注，日泻数次，里急后重，粪便糊状，带有黏液，气味恶臭，体温升高，耳鼻俱热，喜饮冷水，嗜卧，尿短少，苔黄腻。

3. 伤食泄泻　病兔精神倦怠，食欲不振，厌食，肚腹微胀，粪便稀薄，内含有未消化的食物，气味酸臭，舌苔厚腻。

(三)治疗

1. 虚寒泄泻　治宜温中散寒、利水止泻，方用：茯苓、苍术、白术、益智仁、干姜各 20 g，诃子、甘草各 10 g。为 15 只成兔一天用量，幼兔用量酌减。水煎去渣，取汁稍凉，拌料自食或灌服，每只成兔 15～20 mL，幼兔 10～15 mL。

2. 湿热泄泻　治宜清热解毒、化湿固涩，方用加减白头翁汤(白头翁、黄连、黄芩、茯苓、苍术、诃子、甘草)，水煎灌服或拌料喂服。

3. 伤食泄泻　治宜消食导滞，调中止泻，方用保和散加减，水煎灌服。

(四)护理与预防　不论何种泄泻，都要加强护理。寒冷季节要做好防寒保暖，保持笼舍清洁卫生、干燥，闷热天时则保持通风良好。当病兔一天以上不食时，灌服淡盐水 10～20 mL。疾病好转开始吃料时，喂给易消化的嫩青草，暂不喂精料，且充足供应口服补液盐，让其自饮，促进康复。

第十五章　鸽病证防治

一、鸽　流　感

鸽流行性感冒是由A型禽流感病毒引起的接触性传染病。本病发病率高，传播快，多呈暴发性流行。鸽子、鸡、珍珠鸡、鹌鹑等均易感。

(一)病因病机　气候突变，鸽舍防寒保暖条件差，饲养密度过大，易促使本病发生，通过排泄物污染环境、饮水、饲料，经消化道、伤口感染。

(二)主证　主要表现为咳嗽，打喷嚏，流泪，羽毛松乱、焦燥、无光泽，眼睑水肿，腹泻，精神沉郁，不爱活动，食欲减退。

(三)治疗　治宜清热解毒，凉血止痢。

▷ 中成药银翘解毒片1片，灌服。

▷ 大青叶、板蓝根、连翘、紫苏、薄荷、金银花适量，煎水后饮用，加水稀释即可。

▷ 黄芩100 g，桔梗、半夏各70 g，桑白皮、枇杷叶各80 g，陈皮、甘草、薄荷(后下)各30 g。煎水供100只鸽饮用，每天1剂，连用3天。

二、鸽葡萄球菌病

鸟类的葡萄球菌病遍布全世界。病菌广泛分布于土壤、空气、水中和各种动物的皮肤上。野生鸟类、鸽子多呈散发，鸡多为群发。

(一)病因病机　通常经伤口、汗腺、毛囊侵入机体，引起化脓，导致脓毒败血症、败血症和肠炎，因葡萄球菌能产生多种毒素和酶，如溶血毒素、杀白细胞素、肠毒素等。

(二)主证　初期精神沉郁，食欲减退，翅下垂，羽毛蓬松无光泽，水泻不止，缩颈怕冷，独居一角，闭眼，皮肤上有出血点，由红变紫，最后形成坏死斑块，羽毛很易脱落，头颈、背腹及腿部皮肤出现炎性水肿，呈紫蓝色，有渗出物分泌，随后结痂，关节肿大，行走困难。

(三)治疗　鱼腥草、丁香、土木香、九节风(接骨金粟兰)适量，煎汤灌服。

(四)护理与预防　鸽舍应定期消毒清扫，病鸽应隔离饲养。信鸽因饲养量较少，密度小，常能外出晒太阳，进行飞翔运动，所以发病较少。偶有外伤亦可感染发病。肉用鸽饲养密度较大，繁殖快，运动量小，易发生葡萄球菌病。应采取相应措施防止本病发生。

三、鸽溃疡性肠炎

鸽溃疡性肠炎是以坏死性肠炎和下痢为特征的一种急性传染病。

（一）病因病机　在自然条件下经粪便传播，经口食入被肠道梭菌污染的饲料、饮水或垫草感染，在鸽群中有时呈大流行。因肠道梭菌可形成芽胞，抵抗力强，要消灭本病不容易，慢性者带菌，亦是本病持续存在的重要原因。

（二）主证　食欲不振，排粪为白色水样，精神不振，眼半闭，羽毛蓬松无光泽。缩颈、拱背，慢性者极度消瘦，产蛋量减少或停产，孵化率明显下降。

（三）治疗　西药磺胺脒有较好疗效，第一次灌服半片（0.25 g），以后每次 1/4 片，每天 2 次。尚可用中草药预防：黄连 80 g，黄柏 100 g，金银花 70 g，诃子、石榴皮、甘草各 30 g。煎水后，供 100 只鸽饮用，每天 1 剂，连喂 3 天。

（四）护理与预防　注意鸽舍、饲料、饮水等卫生，及时清扫粪便，隔离治疗病鸽，死鸽应烧毁或深埋，鸽舍、环境应进行消毒。

四、鸽钩端螺旋体病

螺旋体介于细菌与原虫之间，具有细菌的基本结构，有细胞壁，无定型核与原虫相似，菌体外无鞭毛，但胞壁之间有轴丝，能收缩，故能自由活泼运动。钩端螺旋体有致病性与非致病性两大类。前者对人类、兽类、鸟类等有致病性。

（一）病因病机　钩端螺旋体病是自然疫源性传染病，因而遍布全世界，凡温血动物都能感染。一年四季都有发生，尤以 6～9 月份多发。潮湿、饥饿、缺水、阴雨季节均可促进本病的发生与流行。鼠类是自然疫源地的主体，带菌时间长，甚至终生带菌。

（二）主证　体温升高，食欲不振，羽毛蓬松，嗜睡，口渴，贫血，消瘦，排绿色稀粪，轻瘫，足麻痹，翅膀轻度麻痹，头垂于地，有的病鸽眼睑、喙部、皮肤等发黄。

（三）治疗　金银花、茯苓各 20 g，鱼腥草、青蒿各 25 g，甘草 5 g。一剂煎 2 次，供 100 只鸽饮水用，或每只鸽灌服 10 mL，连用 3～5 天。

（四）护理与预防　灭鼠是消灭钩端螺旋体的根本措施，田鼠与本病最密切。注意通风、干燥，改善饲养管理，注意清洁卫生。

五、鸽　　痘

鸽痘是由痘病毒引起的一种急性、热性传染病。临床特征是明显的一过性皮肤、黏膜发炎。上皮毛囊增生、变性，上皮结痂，脱皮，有的以口腔、食道内发生白喉性的假膜为特征。各种年龄、品种、性别的鸽均易感，秋、冬两季易发。

(一)病因病机 痘病毒可以引起鸽、鸡、火鸡发病，一些痘病毒可感染不止一种动物。康复后可获得免疫力。一般经过皮肤伤口感染，吸血昆虫叮咬亦可传播本病。卫生条件差，饮水、饲料污染，能增加病原传播。幼年鸽、雏鸽在窝内即可感染发病。

(二)主证

1. 皮肤型 少毛处和眼睑、嘴角、腿、脚等部出现痘疹(灰白色小结节)，很快痘疹变成水疱，变大，发黄、发亮，随后结痂，经过3～4周痊愈，死亡率低于50%。

2. 白喉型 又称黏膜型，有一层灰白色假膜，影响呼吸和吞咽，流脓涕，眼睑肿胀，结膜充满脓汁，最后成为干酪样，甚至失明，多呈慢性经过。

(三)治疗 一般作对症治疗，中药治疗有效。

▷ 对症治疗：去除患部痂皮，涂3%碘甘油或5%蛋白银溶液。

▷ 板蓝根、大青叶、金银花、虎杖各5 g，生石膏1 g。煎水2次，混合内服。每天2次，连用3～5天。

(四)护理与预防 注意及时隔离、治疗、消毒，或淘汰病鸽。

六、鸽血变原虫病(鸽疟疾)

本病是由血变原虫寄生于鸽红细胞内引起的一种血液寄生虫病。血变原虫与疟原虫同属于疟原虫科，故又称为鸽疟疾。

(一)病因病机 鸽血变原虫的生活史较复杂，无性生殖在鸽肺泡中隔的血管内皮细胞中生成裂殖子，称为裂殖体增殖；裂殖子侵入红细胞，逐渐发育成小滋养体(环状体)，其后呈阿米巴运动，称为大滋养体(阿米巴样体)，最后发育成雌配子体和雄配子体，开始有性生殖。雌配子体呈月牙形，雄配子体呈短腊肠形；雌配子体较大，位于红细胞一侧，雄配子体较小，位于红细胞中央。必经第二宿主鸽虱蝇或蠓才有致病力。侵入鸽虱蝇或蠓肠内生成合子，进入上皮细胞形成卵囊，随后逸出梭状的子孢子，随血液、淋巴进入鸽虱蝇唾液腺，鸽虱蝇叮咬鸽子，重复在鸽体内发育繁殖。

(二)主证 食欲减退，精神不振，有饮欲，不爱活动，经数天后可恢复，转为慢性，逐渐消瘦、贫血，繁殖力下降，不愿孵化和哺育幼雏。幼鸽感染多呈急性经过，缩颈，羽毛松乱，呆立，食欲废绝，贫血，疲劳乏力，不能作飞翔训练，精神沉郁。作血片镜检，若红细胞内有香肠样配子体即可确诊。

(三)治疗 青蒿粉按5%浓度混于保健砂中，任鸽自由食用，有预防作用，简便易行。

(四)护理与预防 消灭鸽虱蝇和其它中间宿主，加强卫生管理，淘汰病鸽。

第十六章　鱼虾病证防治

一、草鱼出血病

草鱼出血病是鱼种培育阶段的一种广泛流行、危害严重的病毒病。每年5～9月份为主要流行季节，水温在27℃以上最流行，水温降至2～5℃或以下，病情逐渐消失。病毒生长的最适温度为30℃。

(一)病因病机　草鱼出血病病原为呼肠孤病毒，本病主要流行于长江、珠江流域的主要产区，往往造成草鱼大批死亡，主要危害全长2.5～15 cm的草鱼，人工感染健康草鱼7～10天即发病死亡。水温20℃以下，呈隐性感染。

(二)主证　病鱼离群独游水面，游动缓慢，对外界反应迟钝，不吃食，鱼头发黑，头顶部、下颌、口腔、眼眶、鳃盖、鳍和鳍基部充血、出血。剥去皮肤，可见肌肉星点状或斑状充血、出血，严重时全身肌肉呈鲜红色。鳃贫血，常呈"白鳃"。肠壁、肠系膜、脂肪组织充血。肝、胆、肾、鳔有出血点。有的病鱼以头、鳍出血为主，或以肌肉和肠道出血为主。

(三)治疗　以预防为主，可用出血鱼组织浆灭活疫苗或细胞培养灭活疫苗注射。

中药治疗，处方如下：

▷ 大黄、黄芩、黄柏、板蓝根各250 g，食盐250 g。供100 kg鱼食用，连喂7天；或用中药粉末，用热水浸泡过夜，与饵料混合投喂，连服5天。

▷ 用大黄或枫树叶，研末或制成煎汁、浸泡汁，做成药饵投喂，每万尾鱼用药500 g，连续投喂5天。然后每立方米水体用0.7 g硫酸铜全池泼洒，能使发病得到控制。

(四)护理与预防　严格执行检疫制度，不将带有病毒的鱼苗、鱼种、亲鱼(专门作为繁殖后代的良种鱼，已性成熟的雌雄种鱼称亲鱼)输出及运入。

二、白头白嘴病

本病由黏球菌属细菌引起，是夏花培育阶段常见的一种严重疾病，草鱼、青鱼、鲢鱼、鳙鱼、鲤鱼的鱼苗和夏花均易发病，尤其对夏花草鱼危害最大，呈暴发流行，不及时采取措施，会导致严重损失。5月下旬开始流行，6月中旬为发病高峰期，

7月下旬以后少见。病鱼自吻至眼球区的皮肤变白，唇部肿胀，张闭不灵活，呼吸困难，口圈周围的皮肤溃烂，有絮状物黏附其上。在池边观察水面浮动的鱼，可见白头白嘴症状。若将病鱼提出水面观察，则症状不太明显。个别病鱼头部出现充血现象，呈红头红嘴症状。有些尾鳍边缘有白色镶边或尾尖蛀蚀。病鱼体瘦发黑，反应迟钝，有气无力地浮游在下风近岸水面，不久出现大批死亡。可采取如下措施防治本病。

▷ 每666.7 m^2 深1 m的水面，用金银花、白芷各135 g，干姜、甘草、白芍各900 g，煎汁拌入豆浆全池泼洒。

▷ 每666.7 m^2 深1 m的水面，用菖蒲1～1.5 kg、艾叶2.5 kg、食盐1.5 kg研末混合，全池泼洒，连用3天。

▷ 发现病情用漂白粉遍洒，每立方米水体用1 g，每隔10天洒1次。

▷ 每立方米水体用2 g五倍子煎汁，全池遍洒。

▷ 每立方米水体用生石灰20 g，全池遍洒。

▷ 每立方米水体用2.5～3.75 g大黄，每千克大黄用0.3%氨水20 kg浸泡12 h，药液呈红棕色后，用水稀释后全池泼洒。

三、鲢鱼打印病

鲢鱼打印病又称鲢鱼腐皮病，是感染点状产气单胞菌点状亚种引起的细菌病。同池草鱼也会轻度感染。全年都可发生，夏、秋两季最严重。病鱼不一定会死亡，但严重影响生长发育。

（一）病因病机　主要危害1龄以上的鲢、鳙成鱼及亲鱼，一般不引起大批死亡，但影响生长和亲鱼产卵量及市场售价。本病只有当鱼体受伤后才会发生，发病率可高达80%以上，病程较长，人工感染草鱼、青鱼、鲤鱼也可发病。

（二）主证　患病部位常在尾鳍基部或肛门两侧，很少在躯体前部。初期症状是表皮和下层肌内出现红斑，然后发生鳞片脱落，肌肉溃烂直至烂穿，露出肋骨和脏器。由于病灶开始呈椭圆形或圆形，周围充血发红，形如打上“红印”，故称“打印病”。病鱼显痛苦，常翘尾于水面奔游，食欲减退，逐渐消瘦，头大尾小，生长发育不良。

（三）治疗　可进行一般外科处理，用双氧水冲洗伤口，除去腐烂组织，涂上消炎油膏，还可选用以下方药：

▷ 五倍子，1 m^3 水用药2～4 g，全池遍洒有效。

▷ 苦参，每666.7 m^2 水深1 m的鱼池用药1 kg，加水10 kg，煮沸后再用慢火煮30 min，然后把药渣药汁一齐泼入池中，3天为1个疗程。结合使用漂白粉，

$1\ m^3$ 水用 1.5 g,全池泼洒有效。

(四)护理与预防　彻底清塘。经常保持池水清洁,夏季经常加注新水。在打捞、搬运时尽量避免鱼体损伤。适当增喂精料,以增强鱼抵抗力。

四、鱼烂鳃病

鱼烂鳃病主要危害草鱼,造成大批死亡。水温在 20℃以上开始流行,25～35℃是流行盛期,流行季节为 5～9 月份。常与出血病、赤皮病并发。病原为柱状屈挠杆菌,是我国危害严重的一种鱼病。

(一)病因病机　带菌鱼是最主要的传染源。本病的流行与被污染的水及塘泥、水温、水质有关,可直接接触感染,鳃受损伤后更易感染。水温越高,越易暴发流行;水中病原越多、密度越大,水质越差,也越易暴发流行。

(二)主证　鱼头发黑,俗称"乌头瘟"。游动缓慢,呼吸困难,食欲减退或不食,消瘦,病重者离群独游水面,对外界刺激失去反应,捕捉起来可见鳃盖内发炎充血,部分常糜烂成透明小窗,俗称"开天窗",鳃上黏液增多,鳃丝肿胀,有出血点,严重时鳃小片坏死脱落,鳃丝软骨外露,鳍的边缘色泽变淡,呈"镶边"状。

(三)治疗

▷ 漂白粉,$1\ m^3$ 水用药 1 g,全池遍洒。

▷ 五倍子,$1\ m^3$ 水用药 3 g,煎汁,全池遍洒。

▷ 大黄,$1\ m^3$ 水用药 2.5～3 g,全池遍洒。或 $1\ m^3$ 水用大黄 1 kg,0.3%氨水 20 kg,在缸内浸泡 12 h,药液呈红棕色,连同药渣、药液一起,全池泼洒。

▷ 用 60%蓖麻叶和 40%辣蓼混合加工成粉末,每立方米水体用药粉 50 g,均匀泼洒,每天 1 次,连续 2～3 天。

▷ 每 50 kg 鱼,每天用地锦草干粉 125～250 g,以面粉制糊,拌和饲料,连喂 3～4 天。

(四)护理与预防　加强饲养管理,定期加注清水,增强鱼体抵抗力。鳃上有寄生虫寄生,要及时杀灭。用乌桕叶扎成数小捆,放在鱼池中沤水,隔天翻动,有预防本病的作用。

五、鱼赤皮病

鱼赤皮病是由细菌引起的皮肤和内脏充血、出血的一种疾病,又称出血性腐败病,俗称赤皮瘟、擦皮瘟,是草鱼、青鱼的主要疾病之一,鲤鱼也可患此病,常与肠炎、烂鳃病并发。病原为荧光假单胞菌。

(一)病因病机　传染源为病原污染的塘水、工具及带菌病鱼。当鱼体体表完整无损时，病原不能侵入鱼的皮肤。如在捕捞、运输、放养时，鱼体受伤或冻伤，病原乘虚而入。草鱼、青鱼、鲤鱼、鲫鱼等多种淡水鱼均可患此病，我国各养鱼区一年四季均有流行，北方越冬后最易暴发流行。

(二)主证 病鱼体表局部或大部充血、出血，鳞片脱落，尤其鱼体两侧和腹部最为明显。轻者鳍末端烂去一段，或鳍条间组织腐烂，形成“蛀鳍”，形如破烂纸扇；重者全部鳍基充血，上颌、下颌及鳃盖部分充血，出现块状红斑，有时病鱼肠道黏膜也有明显充血。

(三)治疗

▷ 漂白粉，1 m^3 水用药 1 g，全池遍洒，严重者间隔 24 h 再洒 1 次。

▷ 明矾，每 666.7 m^2 水面用 1.5 kg，全池遍洒，第二天用生石灰 51 g，遍洒 1 次，第四天再用漂白粉，1 m^3 水用药 1 g，全池遍洒 1 次。

▷ 五倍子，1 m^3 水用药 3 g，煎汁遍洒。

▷ 每 100 kg 饵料用 1 kg 大蒜头打浆拌饵投喂，连喂 3 天。

▷ 每 666.7 m^2 水面用鲜蓖麻叶 15 kg，捆束放池塘进水口处浸泡，3 天换 1 次，连用 3～4 次。

▷ 每 666.7 m^2 水面用菖蒲 3.5 kg、大蒜 0.5～0.75 kg、食盐 0.5 kg 捣烂撒池。

(四)护理与预防 在捕捞、搬运、放养时尽量避免损伤鱼体，鱼体表有寄生虫要及时杀灭。

六、鱼肠炎病

鱼肠炎病是由肠型点状产气单胞菌感染引起的细菌性肠炎。在全国各养鱼区均有流行，危害草鱼、青鱼、鲤鱼等多种淡水鱼，严重时全部死亡，是我国危害严重的鱼病之一。

(一)病因病机 水温在 20℃以上开始流行，水温在 25～30℃时为流行高峰期。病原存在于天然水体及水底淤泥之中，健康鱼肠道也常有此菌。当水质恶化、溶氧低、饲料变质等引起鱼体抵抗力下降时，常暴发本病。病鱼与带菌鱼的粪便排入水中，或污染饲料，经口传入而感染。

(二)主证 病鱼离群独游，游动缓慢，鱼体发黑，食欲减退或不食，肛门红肿，排出黄色黏液状粪便，剖开肠管，肠壁充血，肠中无食物，肠内黏液较多，腹腔内有淡黄色腹水。

(三)治疗

▷ 中草药：地锦草、马齿苋、铁苋菜、辣蓼等。每 100 kg 鱼用 1 kg 中草药，加食盐 200 g,拌料投服,连喂 3 天有效。

▷ 穿心莲,每 100 kg 鱼用药 2 kg,再加食盐 200 g,拌料投服,连喂 3 天有效。

▷ 鱼腥草,每 100 kg 鱼用药 1 kg,煎煮后,取汁拌饵料投服。

(四)护理与预防 鱼种应及时放养,密度要合理,严格执行“四消四定”,定期灌注清水,开动增氧机,全池遍洒生石灰,使池水保持弱碱性,溶氧充足。保持水质清洁,夏天增加水深,使水温变化较小,水温不过高。

四消:鱼池消毒,鱼种消毒,饵料、工具消毒,水体消毒。

四定:投喂饵料做到定质、定量、定位、定时。

七、竖 鳞 病

本病由水型点状极毛杆菌引起,主要危害鲤鱼和鲫鱼,可造成大批死亡,白鲢和草鱼偶有发生。主要流行季节为 4～7 月份。病鱼体表粗糙,部分鳞片向外张开像松球,故又称松球病;鳞的基部水肿,呈半透明的小囊状,其内部聚集着半透明渗出液,致使鳞片竖立,故又称竖鳞病。用手指在鳞片上稍加压力,鳞下的水状液喷射出来,鳞片也随着脱落。有时见鳍基充血,皮肤轻微充血,眼球突出,腹部膨胀等症状。随病情发展,病鱼表现游动迟缓,呼吸困难,身体倒转,腹部向上,持续 2～3 天后死亡。可采取以下措施防治本病:

▷ 大蒜 250 g 捣烂加入 50 kg 水中,浸洗病鱼。

▷ 苦参浸出液,浸洗病鱼 20～30 min,每天 1 次,连续 4～5 天。

▷ 2%食盐水与 3%小苏打水混合,浸洗病鱼 10 min。

▷ 1 m^3 水体用 3 g 黄烟叶煎水,全池泼洒。

▷ 1 m^3 水体用五倍子 5 g,碾碎,加 5 倍水煮沸后全池泼洒,隔 2 天 1 次,连用 3 次。

▷ 茵陈 20 g,陈皮 15 g,板蓝根 7.5 g,车前子 7.5 g,甘草 7.5 g。加水 7 倍,煎汁拌饵投喂 100 kg 鱼,连用 3 次。

八、九江头槽绦虫病

本病病原是九江头槽绦虫,寄生于草鱼、青鱼、鲢鱼、鳙鱼等鱼种的肠内,草鱼最普遍。对越冬期的草鱼种危害最大,死亡率可达 90%。虫体寄生于肠,吸取鱼的营养。严重感染时,使肠前端膨大如胃,并出现炎症。虫体密集,可造成肠阻塞,食物难以通过,肠内食物显著减少,鱼体瘦弱,不摄食,体色变黑,离群独游,或漂浮水面,张口呈不安状。可采取如下措施防治本病:

▷ 彻底清塘,清除淤泥,每立方米水体用石灰 20 kg 撒池。

▷ 槟榔粉 1 份与 5 份饵料混匀喂鱼，连喂 7 天。

▷ 每万尾 5～7 cm 鱼种，用南瓜子 250 g 研末，与 0.5 kg 面粉，0.8 kg 米糠拌匀喂鱼，连喂 3 天。

▷ 每万尾 5～7 cm 鱼种，用使君子 2.5 kg，葫芦金 5 kg，捣烂煮成 5～10 kg 液汁，将液汁拌入 7.5～9 kg 米糠，连喂 4 天，第 2～4 天药量减半，米糠量不变。

九、虾背脊甲壳变红症(白浊病)

为蚀食几丁质的细菌感染所致。发病初期，虾体背脊出现一条不透明、淡绿色白浊线，故又称白浊病。以后逐渐变红，与熟虾一样红，病虾腹部向上弯曲，蜕壳困难，生长抑制，甚至长时间不能脱壳而死亡。本病属慢性病，如不治疗，有部分病虾经过一定时间就会死亡。可采取每 666.7 m^2 水面用 0.5～1 kg 黄连煎汁或 2～3 kg 穿心莲煎汁泼洒的方法预防本病。

附录　畜禽针灸图谱

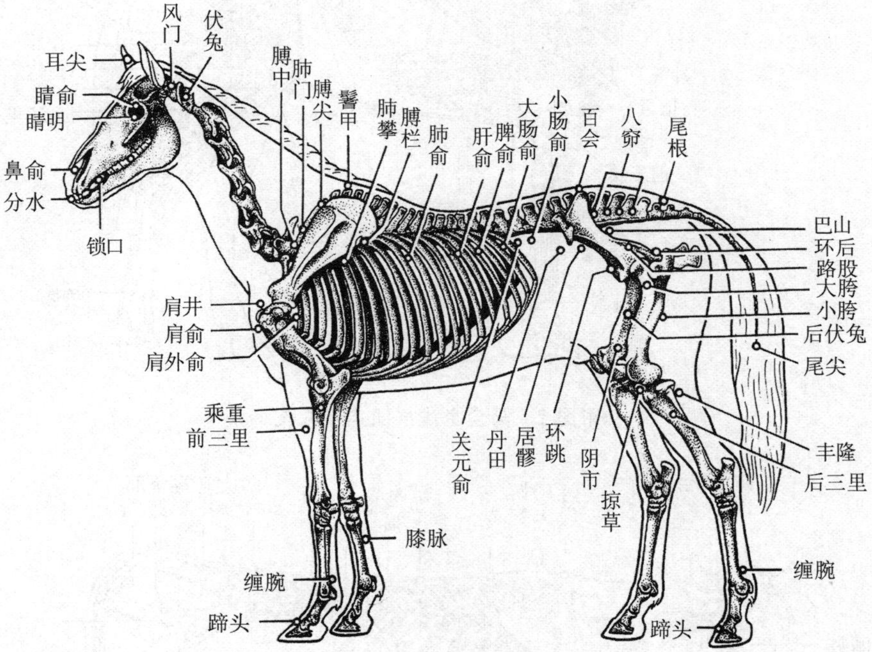

附图 1　马全身骨骼及穴位

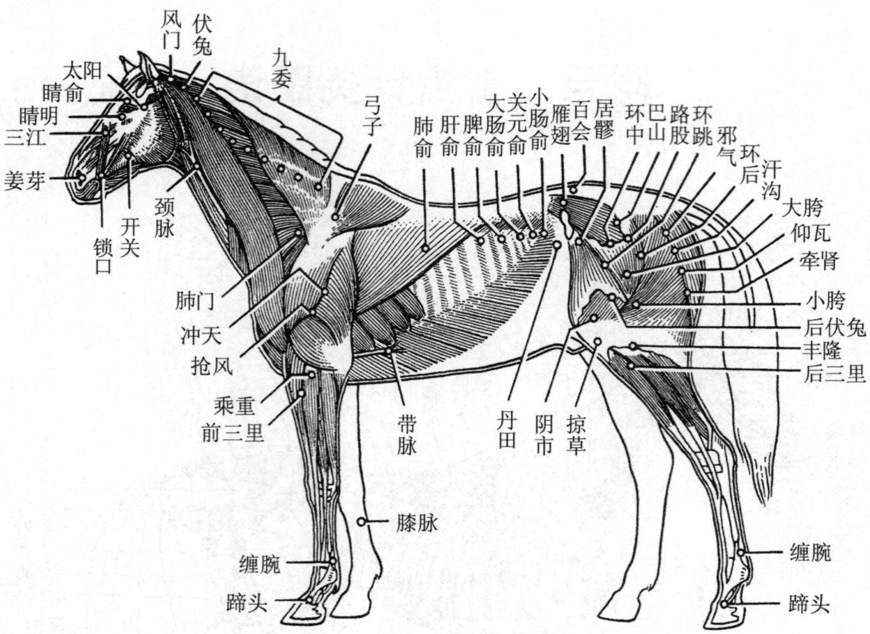

附图 2 马全身浅层肌肉及穴位

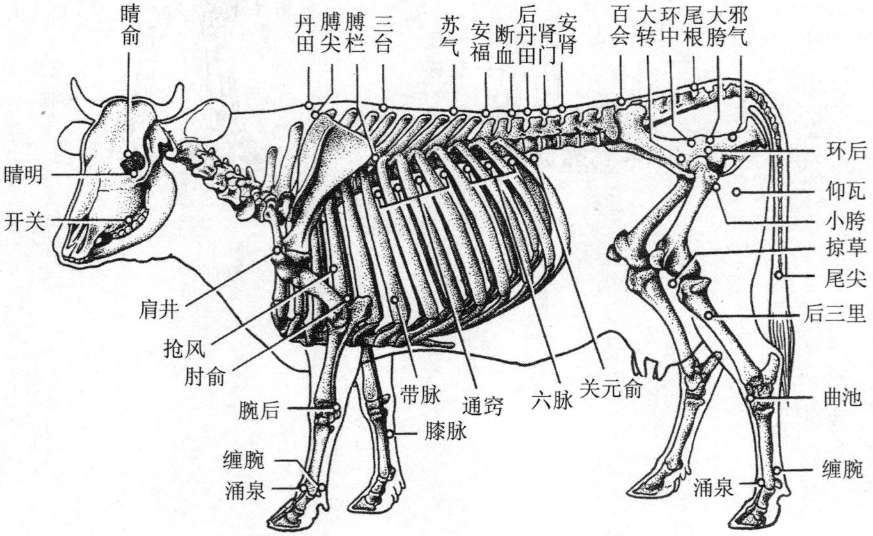

附图 3 牛的骨骼及穴位

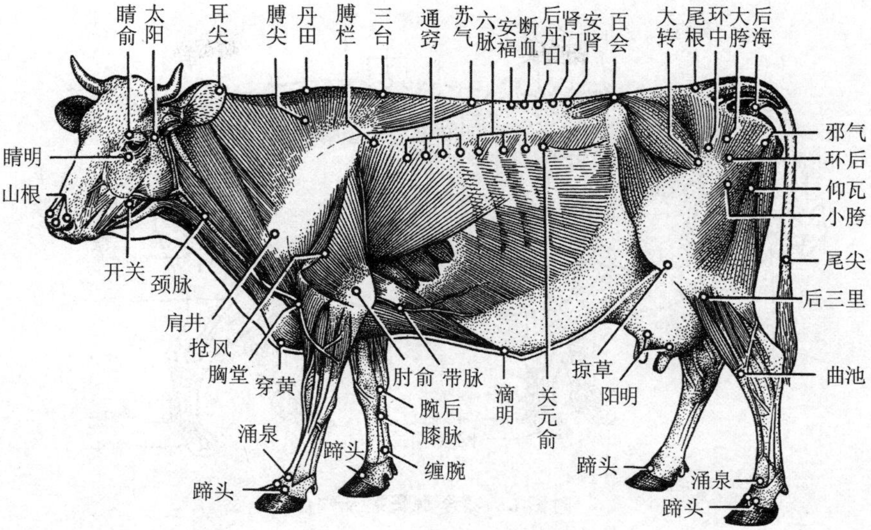

附图 4　牛浅层肌肉及穴位

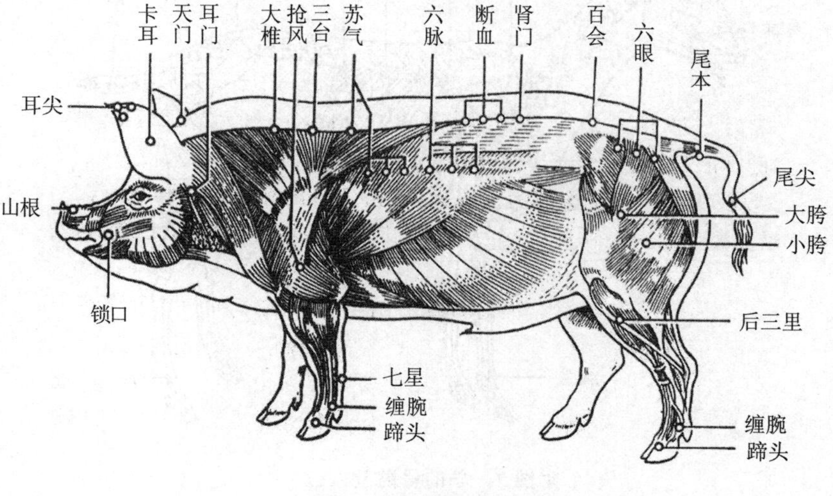

附图 5　猪浅层肌肉及穴位

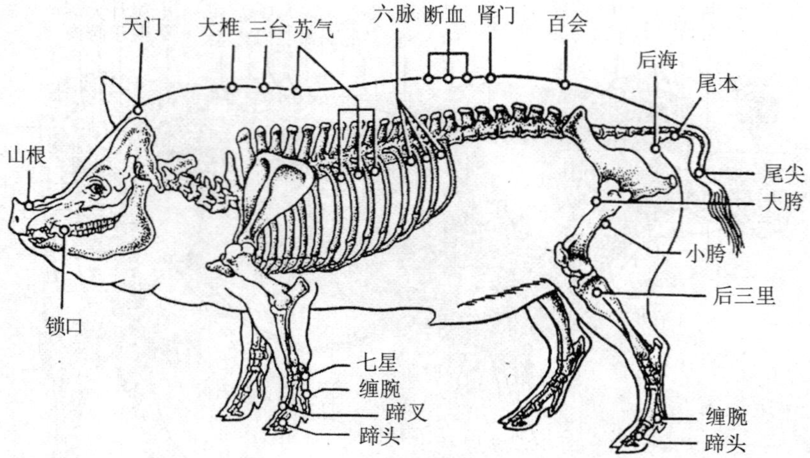

附图 6　猪全身骨骼及穴位

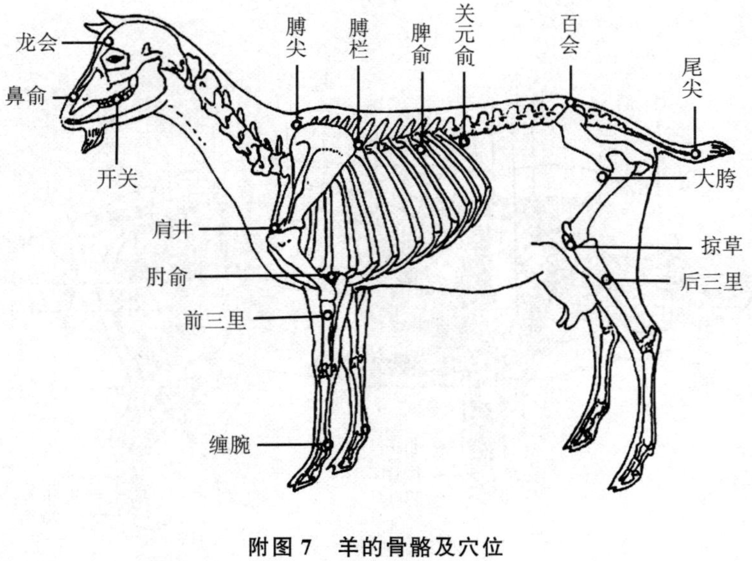

附图 7　羊的骨骼及穴位

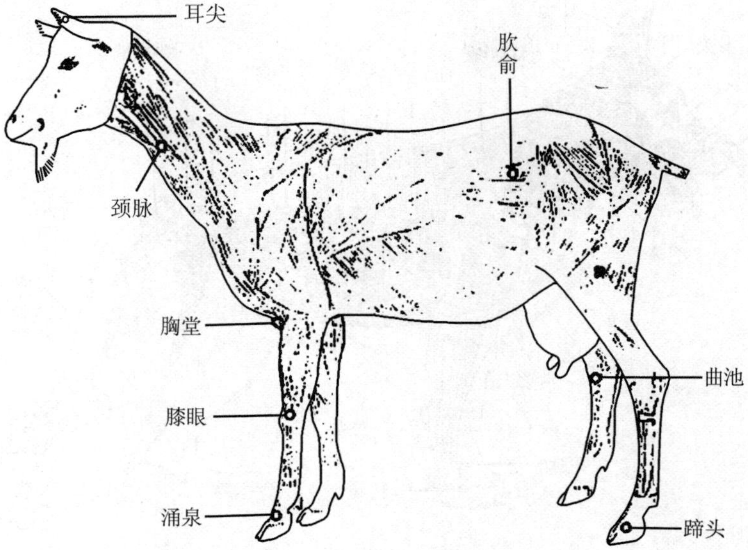

附图 8　羊浅层肌肉及穴位

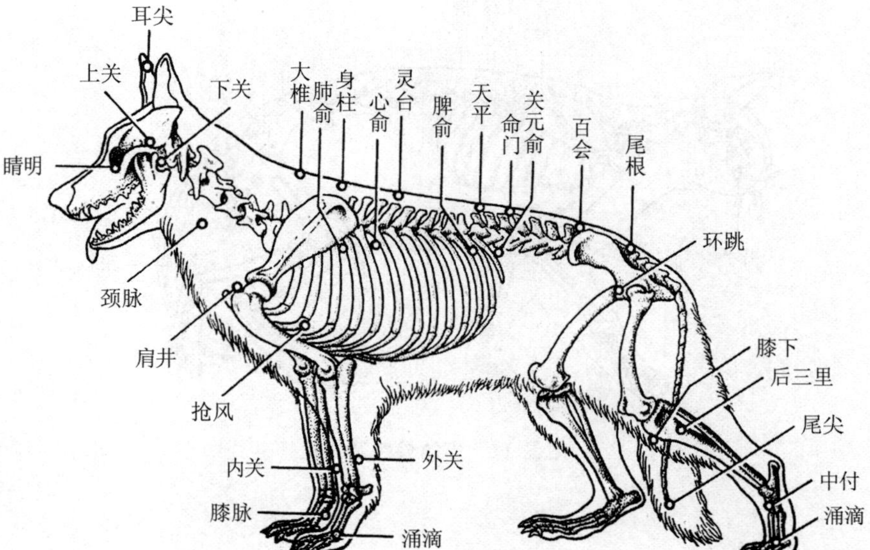

附图 9　犬全身骨骼及穴位

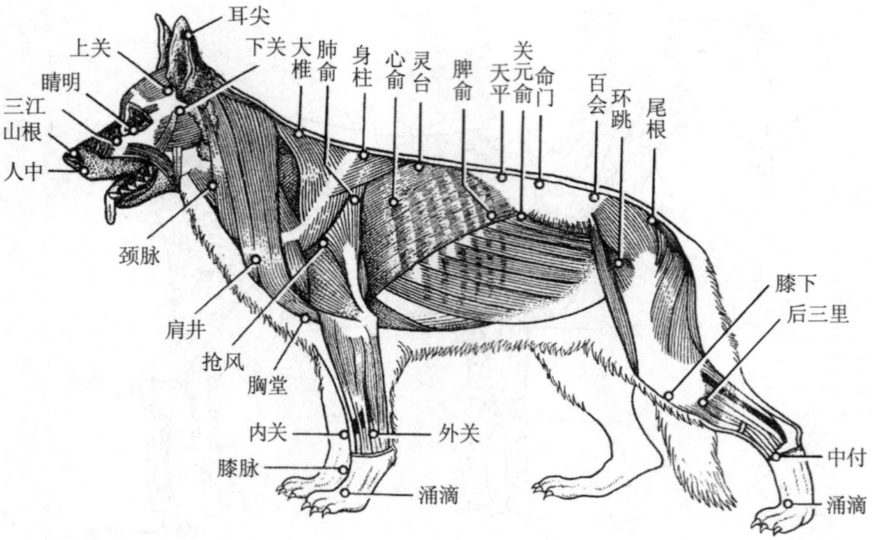

附图 10　犬全身肌肉及穴位

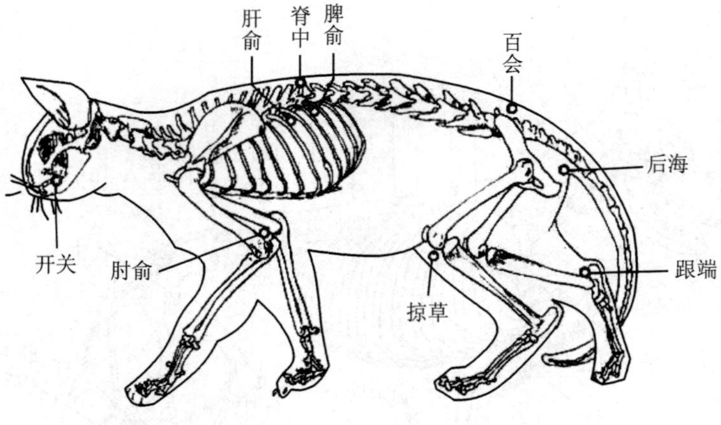

附图 11　猫的骨骼及穴位

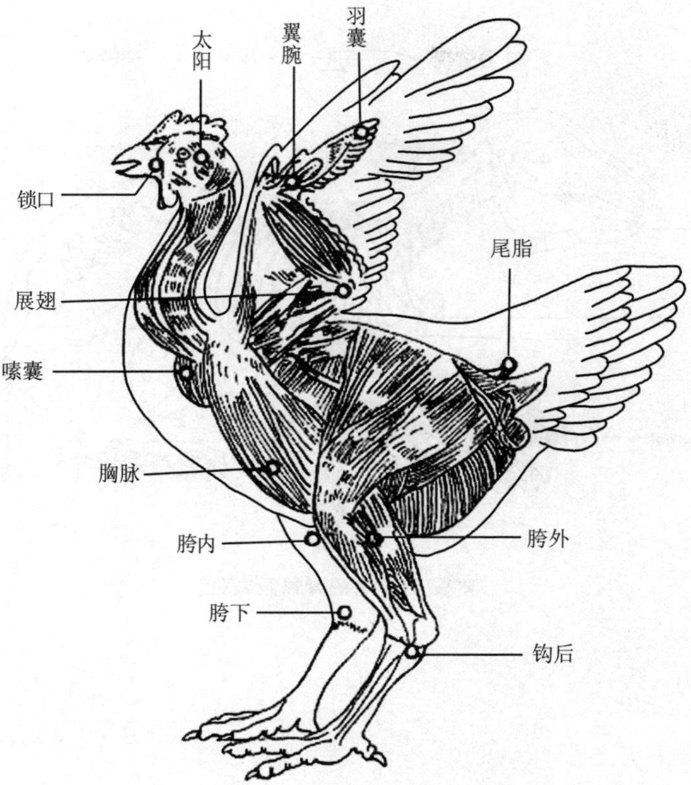

附图 12　鸡的肌肉及穴位

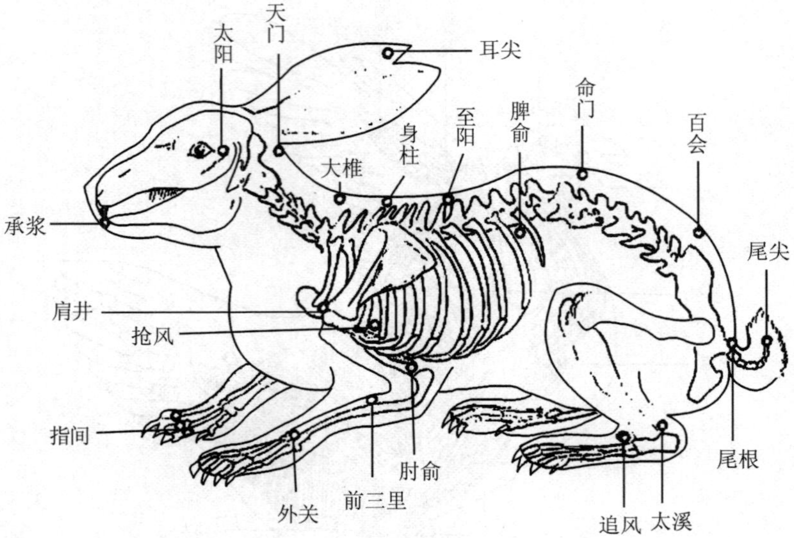

附图 13　兔的骨骼及穴位

参考文献

[1] 刘钟杰,等.中兽医学.3版.北京:中国农业出版社,2002.
[2] 北京农业大学. 中兽医学.2版. 北京:农业出版社,1985.
[3] 钟秀会,汪德刚.兽医中药学.北京:中国科学文化出版社,2003.
[4] 钟秀会,等.中兽医基础理论.北京:中国农业科技出版社,2002.
[5] 汪德刚,张晓根. 中兽医学.北京:北京农业大学出版社,1995.
[6] 谢仲权,等. 天然物中草药饲料添加剂大全. 北京:学苑出版社,1996.
[7] 韦旭斌,等.中兽医学.长春:吉林科学技术出版社,1998.
[8] 张泉鑫.猪病中西医综合防治大全.2版.北京:中国农业出版社,2002.
[9] 张贵林.禽病中草药防治技术.北京:金盾出版社,1998.
[10] 赵阳生.兽医针灸学.北京:农业出版社, 1993.
[11] 雷载权.中药学.上海:上海科学技术出版社, 1995.
[12] 王芳.猪病中药防治.延吉:延边人民出版社,2003.